“十三五”普通高等教育本科重点规划教材

高电压与绝缘技术系列教材

电力系统过电压

（第二版）

主编　解广润

主审　司马文霞

中国电力出版社
CHINA ELECTRIC POWER PRESS

内 容 提 要

本书内容分为理论基础、雷电过电压、内部过电压和电力系统绝缘配合四部分。书中着重介绍集中参数和分布参数电路的暂态分析方法，各种过电压的发生与发展机理，过电压保护装置的原理及其应用，电力系统过电压保护与绝缘配合的原理及措施。本书还扼要介绍了过电压的数值计算方法和处理随机变量的有关知识。

本书可作为高等院校相关专业的本科、研究生参考用书，也可供电力系统以及从事过电压及其防护工作的技术人员参考。

图书在版编目（CIP）数据

电力系统过电压/解广润主编．—2版．—北京：中国电力出版社，2018.8（2024.8重印）
“十三五”普通高等教育本科重点规划教材　高电压与绝缘技术系列教材
ISBN 978-7-5198-1715-2

Ⅰ.①电…　Ⅱ.①解…　Ⅲ.①电力系统—过电压—高等学校—教材　Ⅳ.①TM86

中国版本图书馆CIP数据核字（2018）第017904号

出版发行：中国电力出版社
地　　址：北京市东城区北京站西街19号（邮政编码100005）
网　　址：http://www.cepp.sgcc.com.cn
责任编辑：陈　硕（010-63412532）
责任校对：黄　蓓　郝军燕
装帧设计：赵姗姗
责任印制：吴　迪

印　　刷：北京九州迅驰传媒文化有限公司
版　　次：2018年8月第二版
印　　次：2024年8月北京第六次印刷
开　　本：787毫米×1092毫米　16开本
印　　张：22.25
字　　数：542千字
定　　价：56.00元

前 言

由解广润主编，陈慈萱和方瑜参编的，原“高电压技术及设备”专业使用的《电力系统过电压》教材，于1985年6月由水利电力出版社出版发行。该书1987年获水利电力部水利电力类专业优秀教材一等奖，至1997年累计印刷5次，发行16 530册，后因专业调整和规程修订而终止发行。该书迄今仍被诸多院校的相关专业选作本科生教材或研究生参考用书，并受到从事电气工程，特别是高电压工程等专业技术人员的关注。

为使该教材能继续服务于“电力系统过电压”课程的教学，决定对原书进行增补和修订。保留了原教材的结构体系，并在原教材“培养学生分析和解决工程问题能力”特点的基础上，融入了电力系统过电压及保护中的新技术以及国家和行业的新标准、新规定，为促进学生科技创新提供技术支持。

本书第一部分（理论基础）包括第一至三章，内容基本未变；第二部分（雷电过电压）包括第四至八章，由陈慈萱和蓝磊负责增补和修订；第三部分（内部过电压）和第四部分（电力系统绝缘配合）包括第九至十二章，由方瑜和张博负责增补和修订。全书由陈慈萱协助统稿。

本书由重庆大学司马文霞教授主审，谨致深切的谢意！

编 者

2018年7月

第一版前言

本书是根据 1982 年 12 月全国“高电压技术及设备”专业教学计划及教材编审规划会议所通过的“电力系统过电压”课程的教学大纲编写的。

编者力图使学生在学习本书后能掌握集中参数及分布参数电路的暂态及稳态分析方法，以及产生过电压的机理；掌握过电压保护装置的原理及其应用；掌握电力系统过电压保护的基本方法；使学生有分析和解决工程问题的能力，并对有关规程有一定的理解。

在目录中打有 * 的部分，其内容较深，一般可不讲授，只作为基础较好的学生自学之用。该部分也可以满足工程技术界的参考需要。

本书第一部分（理论基础）包括第一章到第三章，是由陈慈萱编写的；第二部分（雷电过电压）包括第四章到第八章，是由解广润编写的；第三部分（内部过电压）包括第九章到第十一章，以及第四部分（电力系统绝缘配合—第十二章）是由方瑜编写的。全书由解广润主编，王秉钧同志主审本书书稿。

本书内容参考了陈维贤同志编的《内部过电压基础》和吴维韩同志编的《输电线路暂态计算》讲义。在编写时还吸收了各兄弟院校及本院的多年教学经验和资料。王秉钧同志、陈维贤同志和程启武同志对书稿提出了很多宝贵意见。编者在此对他们表示衷心的感谢。

由于编者的水平有限，书中不妥及错误之处在所难免，恳切希望读者批评指正。

编者

1983 年 8 月

目　录

前言
第一版前言

第一部分　理　论　基　础

第一章　线性集中参数回路的过渡过程 …… 1
　第一节　由 R、L、C 组成的电路在直流电压作用下的过渡过程 …… 1
　第二节　任意电压作用在 L、C 串联电路上的过渡过程 …… 8
　第三节　参数突变时的过渡过程 …… 15
　第四节　多网孔振荡回路的过渡过程 …… 27
　习题 …… 35
第二章　分布参数回路的过渡过程 …… 36
　第一节　均匀无损导线的波过程 …… 36
　第二节　波的折射与反射 …… 42
　第三节　等值集中参数定理 …… 50
　第四节　波的多次折、反射 …… 57
　第五节　用特性线法（白日朗法）进行波过程计算 …… 66
　第六节　多导体系统的波过程 …… 82
　第七节　用模量变换法计算平行多导线系统的波过程 …… 87
　第八节　线路损耗对波过程的影响 …… 96
　习题 …… 101
第三章　绕组内的波过程 …… 103
　第一节　无穷长直角波作用于 L-C-K 分布参数回路时的过渡过程 …… 103
　第二节　任意波形的电压源作用于 L-C-K 分布参数回路时的过渡过程 …… 110
　第三节　三相变压器绕组内的波过程及其内部保护 …… 113
　第四节　波在变压器绕组间的传播 …… 118
　第五节　旋转电机绕组内的波过程 …… 120
　习题 …… 123

第二部分　雷电过电压

第四章　雷电过电压的产生 …… 124
　第一节　雷电放电过程 …… 124
　第二节　雷电参数 …… 127
　第三节　雷电过电压的形成 …… 131

习题…… 134
第五章　防雷保护装置…… 135
第一节　避雷针与避雷线…… 135
第二节　保护间隙和排气式避雷器…… 138
第三节　阀式避雷器…… 140
第四节　金属氧化物避雷器…… 141
第五节　消弧线圈…… 146
第六节　电力系统的接地装置…… 148
习题…… 160
第六章　输电线路的雷电过电压及其防护…… 162
第一节　架空线路上的雷电感应过电压…… 162
第二节　架空线路上的雷电直击过电压…… 167
第三节　架空线路耐雷水平及雷击跳闸率的计算…… 169
第四节　架空线路防雷的基本原则及措施…… 176
第五节　雷电绕击输电线的电气几何分析模型…… 178
第六节　特高塔的直击雷电过电压计算…… 183
第七节　电缆线路防雷…… 189
习题…… 191
第七章　变电站防雷…… 193
第一节　发电厂、变电站的直击雷保护…… 193
第二节　发电厂、变电站的侵入波过电压…… 194
第三节　变电站的进线保护…… 200
第四节　变压器中性点保护…… 203
第五节　自耦变压器及三绕组变压器保护…… 204
第六节　配电变压器的保护…… 206
第七节　气体绝缘变电站的防雷保护…… 207
习题…… 209
第八章　旋转电机防雷…… 210
第一节　旋转电机防雷的特点…… 210
第二节　直配电机的防雷…… 211
第三节　非直配电机的防雷…… 218
习题…… 223

第三部分　内 部 过 电 压

第九章　工频过电压…… 224
第一节　长线路电容效应引起的工频过电压…… 225
第二节　不对称短路引起的工频电压升高…… 238
第三节　突然甩负荷引起的工频电压升高…… 240
习题…… 242

第十章　谐振过电压 …… 243
第一节　概述 …… 243
第二节　线性谐振过电压 …… 244
第三节　含有非线性电感的电路 …… 252
第四节　断线引起的铁磁谐振过电压 …… 262
第五节　电磁式电压互感器饱和引起的过电压 …… 267
第六节　超高压电网中的谐振过电压 …… 273
第七节　参数谐振过电压 …… 279
习题 …… 282
第十一章　操作过电压 …… 284
第一节　间歇电弧接地过电压 …… 285
第二节　开断电感性负载时的过电压 …… 290
第三节　开断电容性负载时的过电压 …… 297
第四节　电力系统解列过电压 …… 307
第五节　空载线路合闸过电压 …… 308
第六节　接地故障及故障清除过电压 …… 316
第七节　GIS 中的快速暂态过电压（VFTO） …… 318
第八节　限制操作过电压的主要措施 …… 322
习题 …… 327
第四部分　电力系统绝缘配合
第十二章　电力系统绝缘配合 …… 329
第一节　中性点接地方式对绝缘水平的影响 …… 329
第二节　绝缘配合的原则 …… 329
第三节　绝缘配合的统计法 …… 330
第四节　线路和变电站架空导线绝缘的选择 …… 333
第五节　电气设备绝缘水平的确定 …… 340
习题 …… 344
参考文献 …… 345

第一部分　理　论　基　础

第一章　线性集中参数回路的过渡过程

电力系统是各种电气设备（诸如电机、变压器、互感器、避雷器、断路器、电抗器和电容器等）经线路连接成的一个保证安全发供电的整体。从电路的观点看，电力系统除电源外，可以用R、L、C三个典型元件的不同组合来表示。其中，L、C为储能元件，它们是过电压形成的条件；R为耗能元件，一般可抑制过电压的发展[1]。当电路中元件及其连线的最大实际线性尺寸l比起我们所感兴趣的谐波的波长λ小得多时，可以作为集中参数处理，否则应按分布参数分析。本章先讨论集中参数电路的过渡过程问题，有关分布参数电路的过渡过程问题将在下一章讨论。

第一节　由*R*、*L*、*C*组成的电路在直流电压作用下的过渡过程

一、直流电压作用下*L*、*C*串联回路上的过渡过程

在电力系统中，过电压可以在回路中有串联的L、C时出现。作为分析复杂状态下过渡过程的基础，先来研究直流电压作用在L、C串联回路上的过渡过程以及由之而产生的过电压，并且着重讨论它的物理概念。

如图1-1-1所示，在未合闸时，$i=0$，$u_C=0$。合闸后根据基尔霍夫电压定律，可写出

$$E=u_L+u_C \tag{1-1-1}$$

$$u_L=L\frac{di}{dt} \tag{1-1-2}$$

$$u_C=\frac{q}{C}=\frac{1}{C}\int i dt \tag{1-1-3}$$

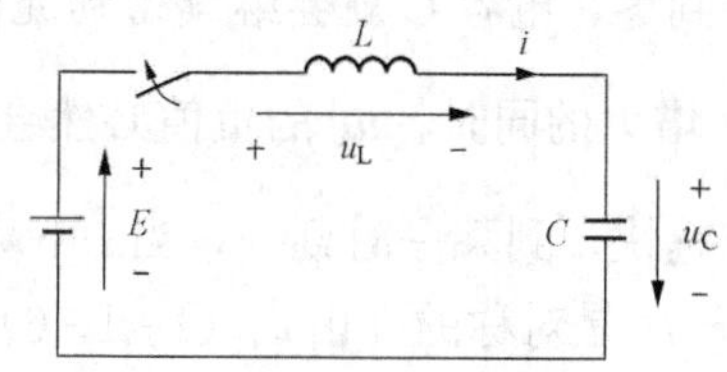

图1-1-1　直流电压作用在L、C串联回路上

因此，电路方程可写成为

$$E=L\frac{di}{dt}+\frac{1}{C}\int i dt$$

或

$$LC\frac{d^2u_C}{dt^2}+u_C=E \tag{1-1-4}$$

式（1-1-4）的解为

$$u_C=E(1-\cos\omega_0 t) \tag{1-1-5}$$

$$\omega_0=\frac{1}{\sqrt{LC}}$$

[1] 在个别情况下，在电路中不适当地加入电阻，也可能导致过电压出现，参看本章第一节式（1-1-19）。

将式(1-1-5)代入式(1-1-3),并将式(1-1-3)改写为$i=C\frac{du_C}{dt}$,则得

$$i=\frac{E}{\sqrt{\frac{L}{C}}}\sin\omega_0 t \qquad (1-1-6)$$

现在用物理概念来说明数学解的意义。由于电感中电流不能突变,因此在$t=t_1=0^+$时(见图1-1-2),$i_L=0$。又由于$t=t_1=0^+$时电容C上的电荷q为零,即$u_C=0$,$u_L=E-u_C=E$,故有$\frac{di}{dt}=\frac{E}{L}$,即$t=t_1=0^+$时$i$曲线将自零向上增长,且在整个过渡过程中,此时电流增长最快。到时刻t_2时,由于$q=\int_0^{t_2} i\mathrm{d}t$已有一定的数值,即$u_C=\frac{1}{C}\int_0^{t_2} i\mathrm{d}t$已上升到一定的数值。此时,$u_L=E-u_C$的值必然下降,因此$\frac{di}{dt}=\frac{U_L}{L}$也随之下降,即$i$曲线向上增长的势头已渐趋平缓。到某一时刻$t_3$,当$u_C$上升到电源电压$E$时,将有$u_L=E-E=0$,即$\frac{di}{dt}=0$,此时$i$达到最大值,不再增长。由于电感中电流不能突变,所以尽管电容上的电压已充至电源电压,i将继续经L向C流通,即电源将继续对电容充电。在$t_3<t\leqslant t_5$的时段中,u_C值会越来越大。但应注意到此时$u_L=E-u_C$已变为负值,即$\frac{di}{dt}$为负,所以随着t的加大,电流i将逐渐下降。然而,只要i未下降到零,电容C就会继续得到充电,u_C就会继续增大,只不过增大速度逐渐变慢而已。在u_C增大的同时,u_L的负值必然会越来越大,即$\frac{di}{dt}$的负值越来越大,这意味着i将下降得越来越快。到某一时刻t_5,当i下降到零时,u_C将上升到最大值U_m。由于电流由$t_1\sim t_3$以及$t_3\sim t_5$是对称的[由式(1-1-6)可以看出此点],所以由$t_3\sim t_5$间C上电荷的增多必然等于由$t_1\sim t_3$间C上电荷的增多,因此到t_5时u_C的值必为t_3时u_C值的2倍,即$U_m=2E$(当C上无初始电荷时)。

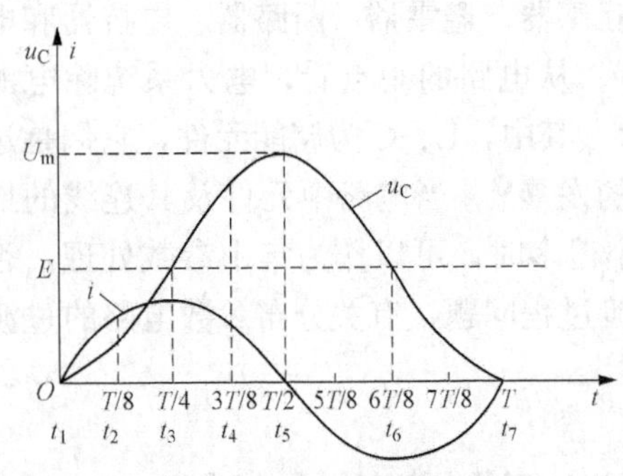

图1-1-2 图1-1-1回路中i和u_C随时间的变化

上述分析说明,C上电压u_C的最大值之所以会比电源电压E高出1倍,是因为当电源通过电感L向电容C充电时,除使C获得静电场能量$\frac{1}{2}Cu_C^2$外,电源所提供的电流同时使电感L中储有磁能$\frac{1}{2}Li^2$。当$t=t_3$,C上电压u_C到达E时,i正好到达最大值,即L中的磁能最大,为$\frac{1}{2}Li^2=\frac{1}{2}L\left(E/\sqrt{\frac{L}{C}}\right)^2=\frac{1}{2}CE^2$。此时,电源供出的能量将为$CE^2$。当$t_3<t\leqslant t_5$时,由于电流方向未变,电源仍继续供给能量,当$t=t_5$时,$i=0$,电源供出的总能量$2CE^2=\frac{1}{2}C(2E)^2$将完全以静电场的形式储存于电容中,所以有$(u_C)_m=U_m=2E$。

显然,当$t>t_5$时电容将开始经过L向电源放电,此时电流i将为负值(放电电流)。与

前述充电过程一样，初时放电电流很小，随着时间的增长，放电电流将不断增加；同时，随着电容上电压的不断下降，放电电流的增加也将不断减慢。当电容上的电压下降到 $u_C=E$ 时（图 1-1-2 中时刻 t_6），将有 $\frac{di}{dt}=0$，此时放电电流将不再增加，也就是说电流到达负的最大值。同样，由于电感中电流不能突变，当 $t_6 \leqslant t < t_7$，$u_C \leqslant E$ 时，电容还将继续经电感向电源放电，直到放电电流减小到零，电容上的电压也下降到零为止（图 1-1-2 中时刻 t_7）。

从 t_7 开始，电流和电压的变化将重复上述过程。由于回路中没有电阻存在，这一过程将一直重复下去，即回路中的电流 i 及电容上的电压 u_C 将发生周期性的振荡。实际上，回路中不可避免地要存在电阻，只要回路中有少量电阻 $R\left(R<2\sqrt{\frac{L}{C}}\right)$ 存在，则经过若干周期后，电容上的电压最终一定会衰减到它的稳态值——电源电压 E。

下面再来讨论直流电源 E 通过电感 L 作用到初始电压为 $u_C(0)$ 的电容 C 上的情况［见图 1-1-3（a）］。显然，此时 u_C 的解为

$$u_C = E - [E - u_C(0)]\cos\omega_0 t \tag{1-1-7}$$

从上式可知，u_C 可以看作是由两部分叠加而成：第一部分为稳态值 E；第二部分为振荡部分，后者是由于起始状态和稳定状态有差别而引起的。振荡部分的振幅=稳态值-起始值。因此，由于振荡而产生的过电压可以用下列更普遍的式子求出

$$\begin{aligned}过电压 &= 稳态值 + 振荡幅值 \\ &= 稳态值 + (稳态值 - 起始值) \\ &= 2倍稳态值 - 起始值\end{aligned} \tag{1-1-8}$$

式（1-1-8）是最大过电压估算的基础，利用这个关系式，可以很方便地估算出由振荡而产生的过电压的值。例如，当电容 C 上的起始电压 $u_C(0)=-E$ 时，由于稳态电压为 E，电容上出现的最大过电压将为 $3E$。u_C 的波形如图 1-1-3（b）所示。

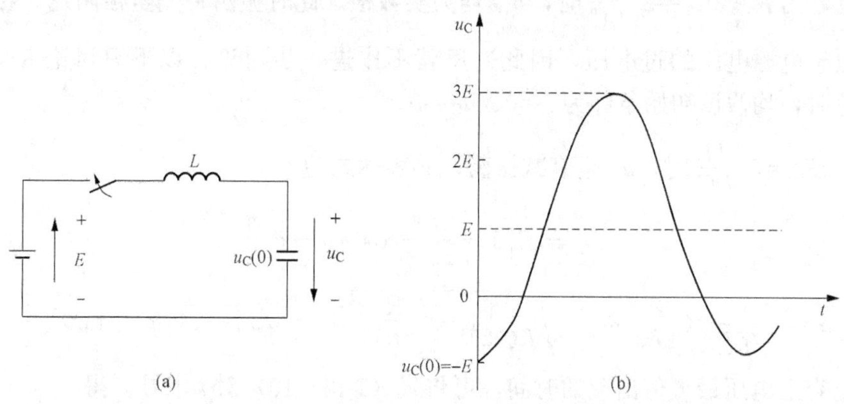

图 1-1-3　直流电源 E 通过电感 L 加到初始电压为 $u_C(0)$ 的电容 C 上

（a）接线图；（b）电容 C 上的电压

二、电阻对振荡的阻尼作用

为了抑制过电压的发展，可采用串联阻尼——在 L、C 回路中串入电阻（见图 1-1-4），或并联阻尼——在 L 或 C 上并联电阻（见图 1-1-5）的方式。定量的分析要借助于回路的

特征方程和特征根。

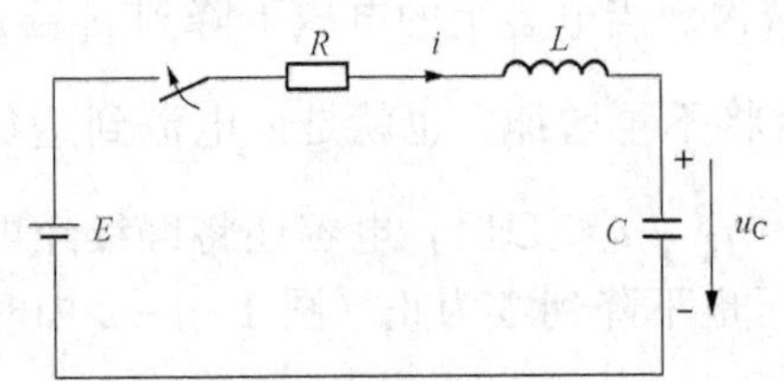

图 1-1-4 串联阻尼

1. 串联阻尼

仿照式（1-1-4）列出图1-1-4回路的微分方程

$$LC\frac{d^2u_C}{dt^2}+RC\frac{du_C}{dt}+u_C=E$$

其特征方程为

$$LCp^2+RCp+1=0 \qquad (1-1-9)$$

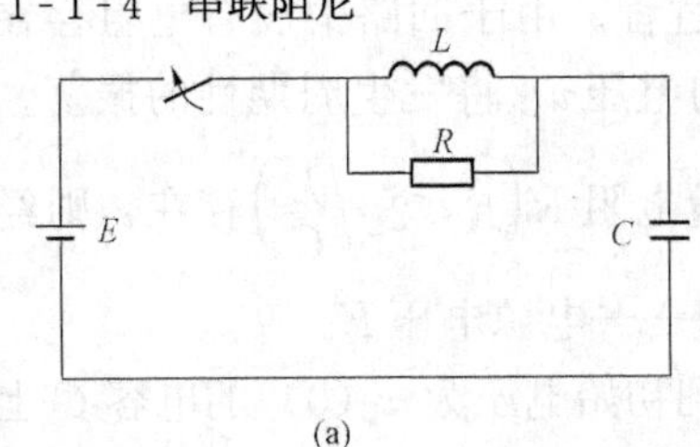

(a)

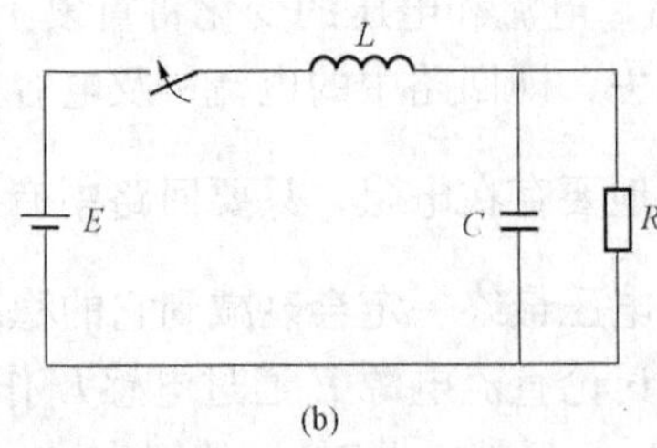

(b)

图 1-1-5 并联阻尼

(a) 在 L 上并联电阻；(b) 在 C 上并联电阻

其特征根为

$$p_{1,2}=-\frac{R}{2L}\pm\sqrt{\left(\frac{R}{2L}\right)^2-\frac{1}{LC}}$$

取 $R_0=\sqrt{\frac{L}{C}}$，上式可改写为

$$p_{1,2}=-\frac{1}{\sqrt{LC}}\times\frac{R}{2R_0}\pm\sqrt{\frac{1}{LC}\left(\frac{R}{2R_0}\right)^2-\frac{1}{LC}}$$

由上式可见，当 $R\geqslant 2R_0=2\sqrt{\frac{L}{C}}$ 时，$p_{1,2}$ 均为实数根。此时振荡将完全被阻尼，在电容上不会出现高出于电源电压的过电压，因此这里就不作进一步讨论，以下只讨论 $R<2R_0$ 的情况。在讨论时，均假设初始条件为 $i=0$、$u_C=0$。

当 $R<2R_0=2\sqrt{\frac{L}{C}}$ 时，u_C 呈衰减振荡，其表达式为

$$u_C=E\left[1-\frac{e^{-\alpha t}}{\cos\varphi}\cos(\omega t-\varphi)\right] \qquad (1-1-10)$$

$$\alpha=\frac{1}{\sqrt{LC}}\times\frac{R}{2R_0},\omega=\sqrt{\frac{1}{LC}\left[1-\left(\frac{R}{2R_0}\right)^2\right]}=\sqrt{\omega_0^2-\alpha^2},\varphi=\tan^{-1}\frac{\alpha}{\omega}$$

为求电容上电压最大值出现的时间，可将式（1-1-10）对 t 求导，得

$$\frac{du_C}{dt}=\frac{E}{\cos\varphi}[\omega e^{-\alpha t}\sin(\omega t-\varphi)+\alpha e^{-\alpha t}\cos(\omega t-\varphi)] \qquad (1-1-11)$$

令 $\frac{du_C}{dt}=0$，得 $\frac{\sin(\omega t-\varphi)}{\cos(\omega t-\varphi)}=-\frac{\alpha}{\omega}$，即

$$\tan(\omega t-\varphi)=-\tan\varphi$$

由此可见，电容上的电压最大值将出现在 $\omega t=\pi$ 时，其值为

$$(u_c)_m = E(1+e^{-\frac{\alpha}{\omega}\pi}) \tag{1-1-12}$$

在这里，串联电阻的作用是使电感中的磁能和电容中的电能在相互转换的过程中不断被消耗，显然其值越大越好。

2. 并联阻尼

同样，根据图 1-5 可得并联阻尼时回路的特征方程为

$$LCRp^2 + Lp + R = 0 \tag{1-1-13}$$

其特征根为

$$\begin{aligned} p_{1,2} &= -\frac{1}{2RC} \pm \sqrt{\left(\frac{1}{2RC}\right)^2 - \frac{1}{LC}} \\ &= -\frac{1}{\sqrt{LC}} \times \frac{R_0}{2R} \pm \sqrt{\left(\frac{1}{\sqrt{LC}} \times \frac{R_0}{2R}\right)^2 - \frac{1}{LC}} \end{aligned} \tag{1-1-14}$$

由此可知，在并联阻尼的情况下，当 $R \leqslant \frac{1}{2}R_0 = \frac{1}{2}\sqrt{\frac{L}{C}}$ 时，$p_{1,2}$ 均为实根，电容上将不会出现过电压，而当 $R > \frac{1}{2}R_0 = \frac{1}{2}\sqrt{\frac{L}{C}}$ 时，电容上的最大过电压仍可用式（1-1-12）表示，只要取 $\alpha = \frac{1}{\sqrt{LC}} \times \frac{R_0}{2R}$，$\omega = \sqrt{\frac{1}{LC}\left[1-\left(\frac{R_0}{2R}\right)^2\right]}$ 即可。在这里，并联电阻的作用是直接消耗掉 L(或 C) 中的能量，使之不能全部转送到 C(或 L) 中去，因此它越小越好。

综上所述，采用阻尼电阻后，电容上的电压值均可按式（1-1-12）进行计算，即过电压的值将由 $\frac{\alpha}{\omega}$ 决定。由式（1-1-12）不难算出，在不满足临界阻尼的条件下，在串联阻尼时只要满足 $R \geqslant 1.4R_0$，在并联阻尼时只要满足 $R \leqslant \frac{1}{1.4}R_0$ 就有 $e^{-\frac{\alpha}{\omega}\pi} \leqslant 0.05$，就可使 $(u_C)_m$ 不超过 $1.05E$。

3. 串、并联电阻同时存在

此处再来讨论已存在串联阻尼电阻 R 后再设置并联电阻 R_b 的情况（见图 1-1-6）。

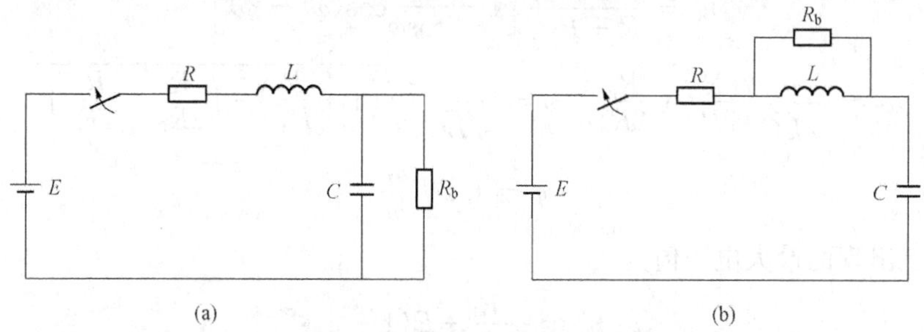

图 1-1-6　同时存在串联和并联电阻

(a) 在 C 上并联电阻；(b) 在 L 上并联电阻

图 1-1-6 (a) 为 R_b 和电容并联的情况，其特征方程及特征根为

$$LCR_bp^2 + (CRR_b + L)p + R + R_b = 0 \tag{1-1-15}$$

$$p_{1,2}=-\frac{1}{\sqrt{LC}}\left(\frac{R}{2R_0}+\frac{R_0}{2R_b}\right)\pm\frac{1}{\sqrt{LC}}\sqrt{\left(\frac{R}{2R_0}+\frac{R_0}{2R_b}\right)^2-\left(1+\frac{R}{R_b}\right)}\tag{1-1-16}$$

图 1-1-6（b）为 R_b 和电感并联的情况，其特征方程及特征根为

$$LC(R+R_b)p^2+(CRR_b+L)p+R_b=0\tag{1-1-17}$$

$$p_{1,2}=-\frac{1}{\sqrt{LC}}\left(\frac{R}{2R_0}+\frac{R_0}{2R_b}\right)\left(\frac{R_b}{R+R_b}\right)\pm\frac{1}{\sqrt{LC}}\times\frac{R_b}{R+R_b}\sqrt{\left(\frac{R}{2R_0}+\frac{R_0}{2R_b}\right)^2-\left(1+\frac{R}{R_b}\right)}\tag{1-1-18}$$

可见，无论 R_b 和电容并联还是和电感并联，其不振荡的条件均为

$$R_b^2R^2-2R_0^2R_bR+(R_0^4-4R_0^2R_b^2)\geqslant 0\tag{1-1-19}$$

如取 R 为串联阻尼的临界值 $2R_0$，即 $R=2R_0$，则式（1-1-19）可改写为

$$R_0-4R_b\geqslant 0$$

这一结果说明，在已被串联电阻 $2R_0$ 完全阻尼的 L、C 串联回路（$R_b=\infty$）中，加并联电阻 R_b 后，有时反而会引起振荡，只有当 $R_b\leqslant\frac{1}{4}R_0$ 时，振荡才能消除。

如在式（1-1-19）中取 $R_b=\frac{1}{2}R_0$，则该式可改写为

$$\frac{1}{4}R-R_0\geqslant 0$$

即在已被并联电阻 $\frac{1}{2}R_0$ 完全阻尼的 L、C 回路（$R=0$）中，加串联电阻后也可能引起振荡；而只有当 $R\geqslant 4R_0$ 时，振荡才会消除。

可见，**电阻不是在任何情况下都可以起到阻尼振荡的作用，不正确地使用电阻有时反而可导致振荡**。还需说明的是，在已实现串联阻尼的条件下，由于在电容上并联电阻或在电感上并联电阻而促使电容上电压重新振荡的机制是不同的。前者是由并联电阻 R_b 和 R 的分压使电容上的稳态电压降低所造成的，振荡只是围绕稳态值 $\frac{R_b}{R+R_b}E$ 进行，其方程为

$$u_C=\frac{R_b}{R+R_b}E\left[1-\frac{e^{-\alpha t}}{\cos\varphi}\cos(\omega t-\varphi)\right]\tag{1-1-20}$$

$$\alpha=\frac{1}{\sqrt{LC}}\left(\frac{R}{2R_0}+\frac{R_0}{2R_b}\right),\omega=\frac{1}{\sqrt{LC}}\sqrt{\left(1+\frac{R}{R_b}\right)-\left(\frac{R}{2R_0}+\frac{R_0}{2R_b}\right)^2}$$

$$\varphi=\tan^{-1}\frac{\alpha}{\omega}$$

此时，电容上出现的最大电压值为

$$(u_C)_m=\frac{R_b}{R+R_b}E(1+e^{-\frac{\alpha}{\omega}\pi})\tag{1-1-21}$$

在 $R=2R_0$，且 $R_b>\frac{1}{4}R_0$ 的情况下所算得的与不同的 R_b 对应的 $\frac{(u_C)_m}{E}$ 值列于表 1-1-1 中。由表 1-1-1 显见，当 $\frac{R_b}{R_0}\to\infty$ 时，振荡将因幅值趋于零而消失，当 $\frac{R_b}{R_0}\to\frac{1}{4}$ 时，振荡的幅值也将趋于零，而当 $R_b=R_0$ 时，振荡发展最充分。然而，虽然当 $R=2R_0$ 时，在 $R_b>\frac{1}{4}R_0$

的所有范围内，回路都有振荡，但由于其稳态值$\frac{R_b}{2R_0+R_b}$低且衰减又强，所以根本不会出现任何过电压。可见，振荡虽然常常会产生过电压，但它并不是形成过电压的充分条件。

表 1-1-1　　在电容上并联电阻时的$\frac{(u_C)_m}{E}$值

R_b	$\frac{R_b}{2R_0+R_b}$	$e^{-\frac{\alpha}{\omega}\pi}$	$\frac{(u_C)_m}{E}$
$\to\frac{1}{4}R_0$	$\to\frac{1}{9}$	$\to 0$	$\to$0.111
$\frac{1}{3}R_0$	$\frac{1}{7}$	0.000 115	0.143
$\frac{1}{2}R_0$	$\frac{1}{5}$	0.001 867	0.200
R_0	$\frac{1}{3}$	0.004 334	0.335
$2R_0$	$\frac{1}{2}$	0.002 640	0.501
$4R_0$	$\frac{2}{3}$	0.000 675	0.667
$6R_0$	$\frac{3}{4}$	0.000 200	0.750
$8R_0$	$\frac{4}{5}$	0.000 068	0.800
$10R_0$	$\frac{5}{6}$	0.000 026	0.833
$\to\infty$	$\to 1$	$\to 0$	$\to 1$

在电感上并联电阻而引起电容上电压振荡的机制是：R_b 与 L 的并联加速了电源对电容的充电过程，它会使C上产生过电压。L 上并联电阻后，电容上的电压仍可用式（1-1-10）表示，电容上出现的最大过电压值也可用式（1-1-12）表示。只是式中α、ω、φ应取为

$$\alpha=\frac{1}{\sqrt{LC}}\frac{R_b}{R+R_b}\left(\frac{R}{2R_0}+\frac{R_0}{2R_b}\right)$$

$$\omega=\frac{1}{\sqrt{LC}}\frac{R_b}{R+R_b}\sqrt{\left(1+\frac{R}{R_b}\right)-\left(\frac{R}{2R_0}+\frac{R_0}{2R_b}\right)^2}$$

$$\varphi=\tan^{-1}\left[\frac{\alpha}{\omega}-\frac{1}{\omega C(R+R_b)}\right]$$

在$R=2R_0$，且$R_b>\frac{1}{4}R_0$ 的情况下，在 L 上并联不同的R_b 时所求得的$\frac{(u_C)_m}{E}$值列于表 1-1-2 中。计算结果同样说明当$\frac{R_b}{R_0}\to\infty$和$\frac{R_b}{R_0}\to\frac{1}{4}$时振荡将消失，而且最严重的振荡发生在$R_b=R_0$ 时。由于此时，R_b 是与电感并联的，它不再能够使电容上的稳态电压得到降低，所以振荡可以使电容上的电压高出电源电压。虽然如此，由于振荡的衰减极快，所呈现的过电压值是极为微小的，最大不超过 1.005E，在工程上完全可以忽略不计。

表 1-1-2 在电感上并联电阻时的$\frac{(u_C)_m}{E}$值

R_b	$e^{-\frac{\alpha}{\omega}\pi}$	$\frac{(u_C)_m}{E}$
$\to\frac{1}{4}R_0$	$\to 0$	$\to$1.000 000
$\frac{1}{3}R_0$	0.000 115	1.000 115
$\frac{1}{2}R_0$	0.001 867	1.001 867
R_0	0.004 334	1.004 334
$2R_0$	0.002 640	1.002 640
$4R_0$	0.000 675	1.000 675
$6R_0$	0.000 200	1.000 200
$8R_0$	0.000 068	1.000 068
$10R_0$	0.000 026	1.000 026
$\to\infty$	$\to 0$	$\to$1.000 000

鉴于这种既有并联阻尼电阻又有串联阻尼电阻的回路衰减极快，所以通常将这种回路称为“超衰减回路”。其衰减系数为$\alpha=\frac{1}{2\sqrt{LC}}=\left(\frac{R_0}{R_b}+\frac{R}{R_0}\right)$。在这种回路中，只要其中一个电阻能满足临界阻尼的条件，虽然仍有产生振荡的可能，但已不必担心产生过电压。

第二节 任意电压作用在 L、C 串联电路上的过渡过程

在实际情况下，作用在 L、C 振荡回路上的电源电压可以具有各种不同的波形。在已知 L、C 振荡回路在直流电压作用下的解（或阶跃函数下的响应）时，任意波形电压作用下的解就可以利用丢阿莫尔（Duhamel）积分求出。即将任意电压波形分解成作用时间相隔 dτ 的无数阶跃函数（见图 1-2-1），分别求出各阶跃函数的解后叠加而得。其数学表达式为

$$u_C = e(0)y(t)+\int_0^t e'(\tau)y(t-\tau)\mathrm{d}\tau \tag{1-2-1}$$

其中，$e(t)$ 为任意电压波形，$y(t)$ 为单位阶跃函数的解。

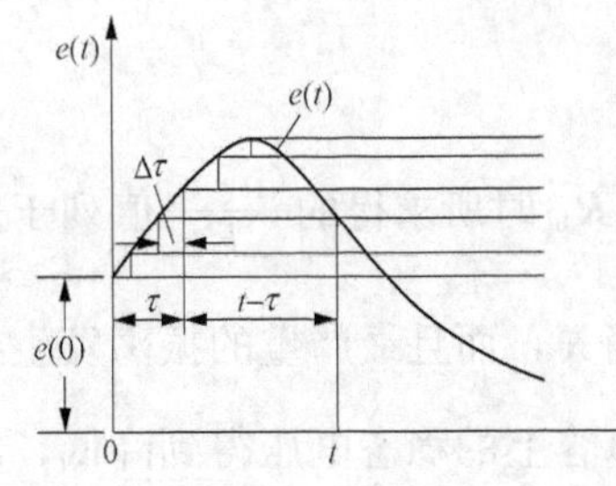

图 1-2-1 将任意波形分解为阶跃函数

下面来讨论过电压计算中常遇到的几种电压波形作用于 L、C 振荡回路时的过渡过程及电容上可能出现的过电压。

一、波长为 S 的矩形波电压作用于 L、C 振荡回路

由于这种波形比较简单，可以直接分解为两个幅值相同、极性相反、作用时间相差 S 的直流电压，如图 1-2-2（a）中虚线所示。因此，应用叠加定理很容易得出 u_C 上的电压为

当 $t \leqslant S$ 时
$$u_C = E(1-\cos\omega_0 t) \tag{1-2-2}$$
当 $t \geqslant S$ 时
$$\begin{aligned} u_C &= E(1-\cos\omega_0 t) - E[1-\cos\omega_0(t-S)] \\ &= 2E\sin\frac{\omega_0 S}{2}\sin\omega_0\left(t-\frac{S}{2}\right) \end{aligned} \tag{1-2-3}$$

式中：ω_0 为振荡频率，$\omega_0=\dfrac{1}{\sqrt{LC}}$。

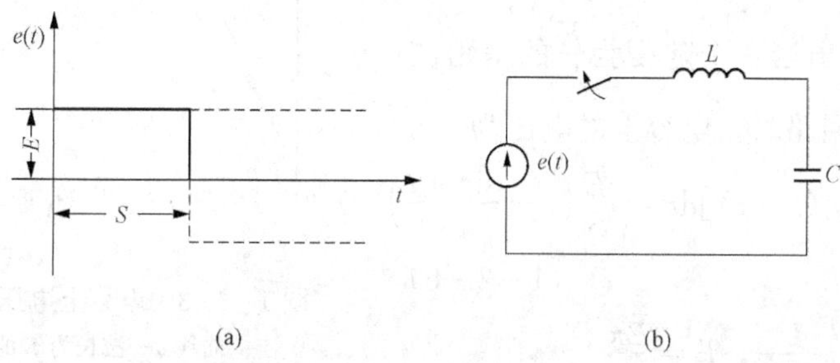

图 1-2-2　波长为 S 的矩形波电压作用于 L、C 回路
(a) 电压波形；(b) L、C 回路

据此可得振荡周期 $T=\dfrac{2\pi}{\omega_0}$。

由式（1-2-2）可知，如 $S=\dfrac{T}{2}=\dfrac{\pi}{\omega_0}$，则在 $\omega_0 t=\pi$，即 $t=\dfrac{\pi}{\omega_0}=S$ 时，振荡恰好能得到完全发展，电容上电压恰达其最大值 $2E$。显然，在 $S>\dfrac{T}{2}$ 的情况下，由于在 $t=\dfrac{\pi}{\omega_0}<S$ 时，振荡已得到完全发展，所以电容上的电压可达最大值 $2E$。但如波长较短，即 $S<\dfrac{T}{2}$，则在 $t=S$ 时，电容上电压还来不及上升到其最大值 $2E$。此时，电容上电压的最大值应根据 $t \geqslant S$ 时的式（1-2-3）进行判定，也就是说电容上电压的最大值将出现在 $\omega_0\left(t-\dfrac{S}{2}\right)=\dfrac{\pi}{2}$ 或 $t=\dfrac{\pi}{2\omega_0}+\dfrac{S}{2}$时，其值为
$$(u_C)_m = 2E\sin\frac{\omega_0 S}{2} \tag{1-2-4}$$

式（1-2-4）说明，在 $S<\dfrac{T}{2}$时，$(u_C)_m$ 与 S 的关系式由正弦函数决定，只有当 $\sin\dfrac{\omega_0 S}{2}\geqslant\dfrac{1}{2}$，即 $S\geqslant\dfrac{1}{3}\dfrac{\pi}{\omega_0}=\dfrac{T}{6}$时，$u_C$ 上才会出现高于电源电压的过电压。而当 S 增至$\dfrac{T}{2}$时，u_C 将达 $2E$，与由式（1-2-3）所得的结果相同。

由以上分析可知，由于振荡的发展需要时间，因此并不是所有有限波长的矩形波作用在 L、C 振荡回路上都可以使电容上出现过电压。只有当波长和回路的自振频率相比满足 $S\geqslant\dfrac{T}{6}$ 的条件时，才可能出现过电压。图 1-2-3 中的曲线 a 给出了有限长矩形波作用在 L、C 振荡回路时波长和过电压的关系。

二、波头时间为 S、幅值为 E 的斜角波头电压作用于 L、C 振荡回路

波头时间为 S、幅值为 E 的斜角波头电压可以分解成两个极性相反在时间上相差 S 的斜角波，如图 1-2-4（a）中虚线所示。

首先，利用丢阿莫尔积分由式（1-1-5）及式（1-2-1）求出当一个陡度为$\frac{E}{S}$的斜角波作用在 L、C 振荡回路时，电容上的电压为

$$u_C = \int_0^t \frac{E}{S}[1-\cos\omega_0(t-\tau)]d\tau = \frac{E}{S}\left(t-\frac{\sin\omega_0 t}{\omega_0}\right) \tag{1-2-5}$$

$$\omega_0 = \frac{1}{\sqrt{LC}},\ T = \frac{2\pi}{\omega_0}$$

然后，利用叠加原理得出当两个极性相反、作用时间相差 S 的斜角波同时作用时，电容上的电压为

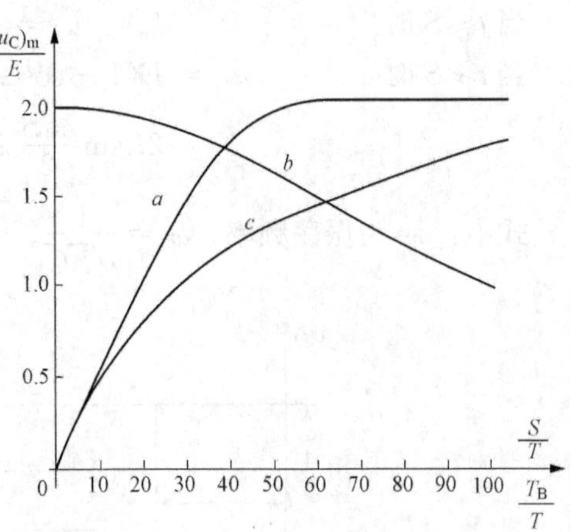

图 1-2-3 电容上电压和波形的关系
曲线 a—波长为 S 的矩形波；
曲线 b—波头长度为 S 的斜角波（$S<T$）；
曲线 c—时间常数为 T_B 的指数波

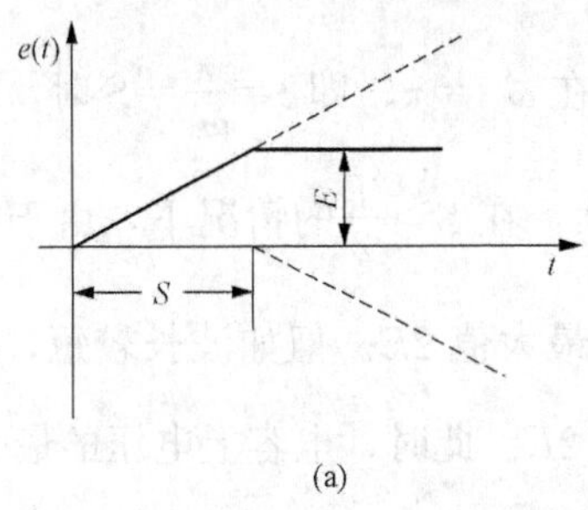

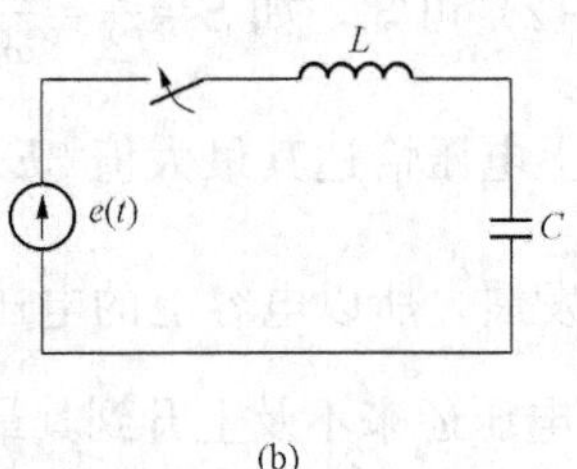

图 1-2-4 波头为 S 的斜角波电压作用于 L、C 回路

（a）电压波形；（b）L、C 回路

当 $t\leqslant S$ 时

$$u_C = \frac{E}{S}\left(t-\frac{\sin\omega_0 t}{\omega_0}\right) = \frac{E}{S}\left(t-\frac{\sin\frac{2\pi}{T}t}{\omega_0}\right) \tag{1-2-6}$$

当 $t\geqslant S$ 时

$$u_C = \frac{E}{S}\left[t-\frac{\sin\omega_0 t}{\omega_0}-(t-S)+\frac{\sin\omega_0(t-S)}{\omega_0}\right]$$

$$= E\left[1-\frac{\sin\frac{\omega_0 S}{2}}{\frac{\omega_0 S}{2}}\cos\omega_0\left(t-\frac{S}{2}\right)\right]$$

$$= E\left[1-\frac{\sin\frac{\pi S}{T}}{\frac{\pi S}{T}}\cos\frac{2\pi}{T}\left(t-\frac{S}{2}\right)\right] \tag{1-2-7}$$

下面分几种情况对电容上的电压进行讨论：

1. $S=T$

由式（1-2-6）知，当 $t\leqslant S$ 时电容上电压的最大值将在 $t=S=T$ 时出现，其值显然为 E。又由式（1-2-7）知，由于 $S=T$ 时，$\sin\frac{\pi S}{T}=\sin\pi=0$，因此在 $t\geqslant S$ 的任何时刻，u_C 上的电压均为 E。即 $S=T$ 时，将无过电压出现。这一现象很容易从图 1-2-5 得到解释。由图显见，由于 $T=S$，负波投入后的过渡过程恰好和正波的过渡过程相抵消，因此过渡过程在电容电压上升到 E 时即告终止。图中粗线所示即为电容上的电压。

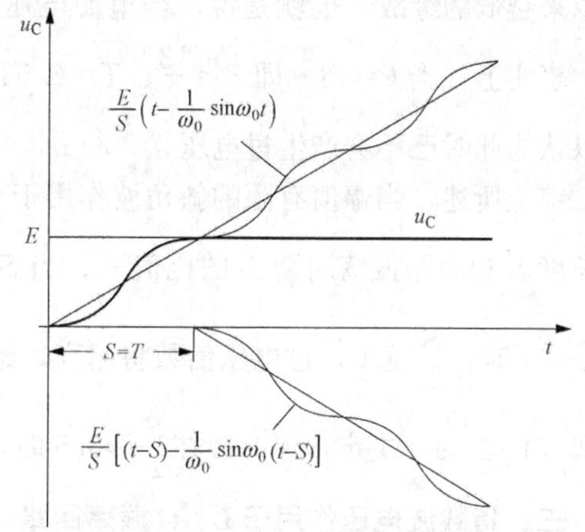

图 1-2-5　当斜角波头 $S=T$ 时电容上电压的变化

2. $S<T$

在 $S<T$ 时，负波投入后过渡过程还将继续发展。当 $t>S$，u_C 的最大值将为

$$(u_C)_m=E\left(1+\left|\frac{\sin\frac{\pi S}{T}}{\frac{\pi S}{T}}\right|\right)\tag{1-2-8}$$

而当 $S\ll T$ 时，$\sin\frac{\pi S}{T}\approx 0$，将有 $(u_C)_m\approx 2E$，和直角波作用的情况相当。图 1-2-3 中的曲线 b 给出了 $S<T$ 时，斜角波头长度 S 对过电压的影响。

3. $S>T$

不难看出，当 $S=kT$（k 为任何正整数）时，由于负波投入后的过渡过程正好和正波的过渡过程抵消，所以电容上的电压是不会超出电源电压 E 的。只有当 $S\neq kT$ 时，u_C 上才会出现高于电源电压的过电压，而其中以 $S=\frac{kT}{2}$（$k=3,5,7,\cdots$）的情况比较严重。此时，负波的过渡过程恰好和正波的过渡过程完全重合，过电压最大值可达

$$(u_C)_m=\left(1+\frac{T}{\pi S}\right)E=\left(1+\frac{2}{k\pi}\right)E\tag{1-2-9}$$

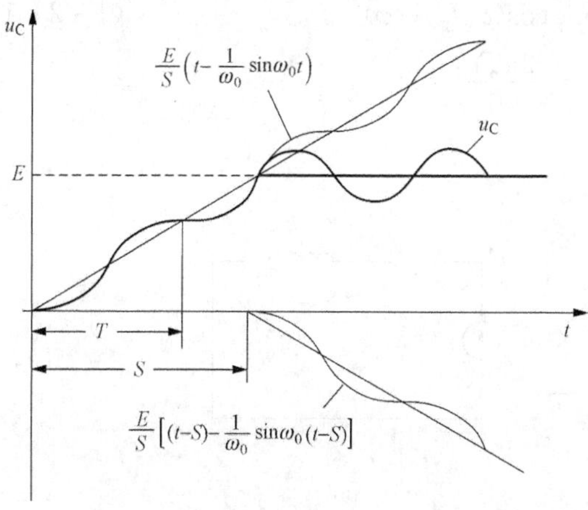

图 1-2-6　当斜角波头 $S=\frac{3}{2}T$ 时电容上电压的变化

图 1-2-6 中给出了 $k=3$ 时，电容上的电压变化曲线（图中粗线所示）。其过电压最大值可达

$$(u_C)_m=\left(1+\frac{2}{3\pi}\right)E=1.21E$$

显然，随着 k 的增大，即 S 的增大，$(u_C)_m$ 将越来越小。当 $S\gg T$ 时，$(u_C)_m$ 将趋近于 E。这是因为随着 S 的增大，电容上电压和电源电压间的差值在电源电压幅值中所占比

重越来越低的缘故。也就是说，当电源电压的幅值一定时，波的陡度越小，则越难引起振荡。事实上，当$k=13$，即$S=\frac{13}{2}$、$T=6.5T$时，$(u_C)_m$已下降到$1.05E$，从工程实际出发，可以认为此时已不会产生过电压。

综上所述，当幅值有限的斜角波作用于L、C振荡回路上时，过电压的大小将取决于波头长度S和回路振荡周期T的比值$\frac{S}{T}$。当S为T的整数倍时，电容上将没有过电压出现。当$\frac{S}{T}<1$时，$\frac{S}{T}$越小，过电压倍数将越高，最大可达$2E$。当$\frac{S}{T}>1$时，过电压和$\frac{S}{T}$的关系可由式（1-2-9）决定，但一般在$\frac{S}{T}\geqslant 6.5$时，过电压就可以忽略。

三、指数波电压作用于L、C振荡回路（见图1-2-7）

当$e(t)=Ee^{-\frac{t}{T_B}}$的指数波作用于L、C振荡回路时，电容C上的电压可由丢阿莫尔积分求得，即

$$u_C=E(1-\cos\omega_0 t)+\int_0^t -\frac{E}{T_B}e^{-\frac{\tau}{T_B}}[1-\cos\omega_0(t-\tau)]d\tau$$

$$=E\frac{\omega_0^2}{\alpha^2+\omega_0^2}\left(e^{-\alpha t}+\frac{\alpha}{\omega_0}\sin\omega_0 t-\cos\omega_0 t\right) \tag{1-2-10}$$

$$\omega_0=\frac{1}{\sqrt{LC}}\quad \alpha=\frac{1}{T_B}$$

为求出$(u_C)_m$，可将式（1-2-10）对t求导，可得

$$\frac{du_C}{dt}=\frac{E\omega_0^2}{\alpha^2+\omega_0^2}(-\alpha e^{-\alpha t}+\alpha\cos\omega_0 t+\omega_0\sin\omega_0 t) \tag{1-2-11}$$

令$\frac{du_C}{dt}=0$，即可求出和$(u_C)_m$相对应的时刻t_m应满足

$$e^{-\frac{\alpha}{\omega_0}\omega_0 t_m}=\cos\omega_0 t_m+\frac{\omega_0}{\alpha}\sin\omega_0 t_m$$

$$=\sqrt{1+\tan\varphi}\cos(\omega_0 t_m-\varphi) \tag{1-2-12}$$

$$\tan\varphi=\frac{\omega_0}{\alpha}=\frac{2\pi T_B}{T}$$

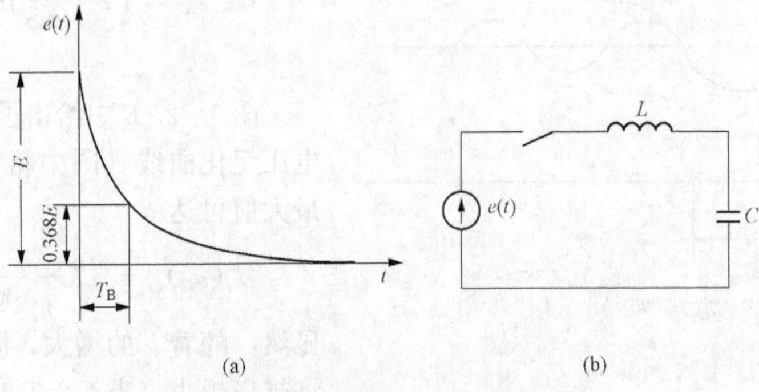

图1-2-7 指数波电压作用于L、C振荡回路

（a）电压波形；（b）L、C振荡回路

在式（1-2-10）中，取 $t=t_m$，利用式（1-2-12）可得

$$(u_C)_m = E\frac{\omega_0}{\alpha}\sin\omega_0 t_m \tag{1-2-13}$$

式（1-2-12）和式（1-2-13）说明：t_m 和 $(u_C)_m$ 均与$\frac{\omega_0}{\alpha}$或$\frac{T_B}{T}$有关。分别取$\frac{T_B}{T}=0.25$、0.5、0.75、1，由式（1-2-12）和式（1-2-13）计算而得的$\omega_0 t_m$ 和$\frac{(u_C)_m}{E}$的值列于表 1-2-3。图 1-2-1 中的曲线 c 给出了指数波的时间常数 T_B 对过电压幅值的影响。显见$\frac{T_B}{T}$越大时，过电压越高。当 $T_B \gg T$ 时，指数波将趋近于直角波的情况，此时过电压可上升到电源电压的 2 倍。而$\frac{T_B}{T}$减小时，由于振荡来不及发展，过电压将减小。在$\frac{T_B}{T}\leqslant\frac{1}{4}$的情况下，电容上将不再出现高于电源电压的过电压。

表 1-2-1　指数波的时间常数 T_B 对过电压幅值的影响

$\frac{T_B}{T}$ (%)	25	50	75	100
$\tan\varphi$	$\frac{\pi}{2}$	π	$\frac{3\pi}{2}$	2π
φ	57.5	72.6	78	80
$\omega_0 t_m$	140	155	161	164
$\frac{(u_C)_m}{E}$	1	1.33	1.55	1.75

四、交流电压作用于 L、C 振荡回路（见图 1-2-8）

当 $e(t)=E_m\sin(\omega t+\varphi)$ 的交流电压作用于 L、C 振荡回路时，电容上的电压同样可由丢阿莫尔积分求出（当然也可以用其他方法得出），其公式为

$$\begin{aligned} u_C &= E_m\sin\varphi(1-\cos\omega_0 t)+\int_0^t \omega E_m\cos(\omega\tau+\varphi)[1-\cos\omega_0(t-\tau)]\mathrm{d}\tau \\ &= E_m\frac{\omega_0^2}{\omega_0^2-\omega^2}\sin(\omega t+\varphi)-E_m\frac{\omega_0^2}{\omega_0^2-\omega^2}\sqrt{\sin^2\varphi+\left(\frac{\omega}{\omega_0}\cos\varphi\right)^2}\times\sin(\omega_0 t+\psi) \end{aligned} \tag{1-2-14}$$

$$\omega_0=\frac{1}{\sqrt{LC}},\quad \psi=\tan^{-1}\frac{\sin\varphi}{\frac{\omega}{\omega_0}\cos\varphi}$$

而电容上电压的最大值将为

$$(u_C)_m = E_m\left|\frac{\omega_0^2}{\omega_0^2-\omega^2}\right|\left[1+\sqrt{\sin^2\varphi+\left(\frac{\omega}{\omega_0}\cos\varphi\right)^2}\right] \tag{1-2-15}$$

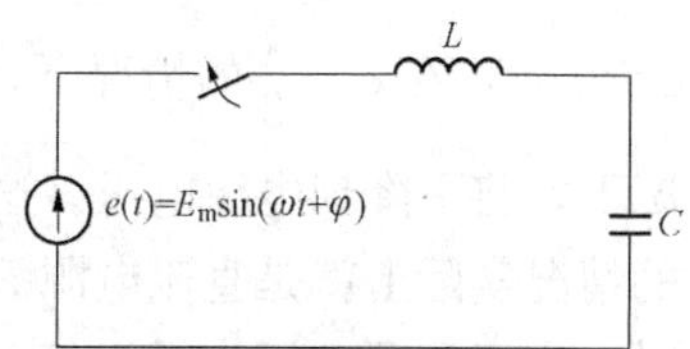

图 1-2-8　交流电压作用于 L、C 振荡回路

它与交流电源合闸时的相位角 φ 有关。如果 $\varphi=0$，即在电源电压过零时合闸，则

$$(u_C)_m = E_m\left|\frac{\omega_0}{\omega_0-\omega}\right| = E_m\left|\frac{1}{1-\frac{\omega}{\omega_0}}\right| \tag{1-2-16}$$

如果 $\varphi=\frac{\pi}{2}$，即在电源电压过最大值时合闸，则

$$(u_C)_m = 2E_m\left|\frac{\omega_0^2}{\omega_0^2-\omega^2}\right| = 2E_m\left|\frac{1}{1-\left(\frac{\omega}{\omega_0}\right)^2}\right| \tag{1-2-17}$$

可见，当 $\omega=\omega_0$ 时，无论在什么相位时合闸，电容上的电压都可达无穷大，这就是所谓谐振。也就是说，正弦交流电源合闸到 L、C 振荡回路和其他非周期振荡电源合闸到 L、C 振荡回路的主要差别是，前者可能存在谐振现象。谐振可使电容上的电压大大升高（而在前述其他电源时，电容上电压最大只能上升到电源电压的 2 倍）[❶]，同时还可使电感上的电压也大大升高。在过渡过程中，电感上电压的变化 u_L 可根据电源电压 $e(t)$ 与电容上电压 u_C 之差算出，即

$$u_L = e(t) - u_C$$

$$= -E_m\frac{\omega^2}{\omega_0^2-\omega^2}\sin(\omega t+\varphi) + E_m\frac{\omega_0^2}{\omega_0^2-\omega^2}\sqrt{\sin^2\varphi+\left(\frac{\omega}{\omega_0}\cos\varphi\right)^2}\times\sin(\omega_0 t+\psi) \tag{1-2-18}$$

因此，电感上电压的最大值可求出为

$$(u_L)_m = E_m\left[\left|\frac{\omega^2}{\omega_0^2-\omega^2}\right| + \left|\frac{\omega_0^2}{\omega_0^2-\omega^2}\right|\sqrt{\sin^2\varphi+\left(\frac{\omega}{\omega_0}\cos\varphi\right)^2}\right] \tag{1-2-19}$$

当 $\varphi=0$ 时

$$(u_L)_m = E_m\left|\frac{\omega}{\omega_0-\omega}\right| = E_m\left|\frac{\frac{\omega}{\omega_0}}{1-\frac{\omega}{\omega_0}}\right| \tag{1-2-20}$$

当 $\varphi=\frac{\pi}{2}$ 时

$$(u_L)_m = E_m\left|\frac{\omega^2+\omega_0^2}{\omega_0^2-\omega^2}\right| = E_m\left|\frac{1+\left(\frac{\omega}{\omega_0}\right)^2}{1-\left(\frac{\omega}{\omega_0}\right)^2}\right| \tag{1-2-21}$$

图 1-2-9 中给出了 $(u_C)_m$ 和 $(u_L)_m$ 随 $\frac{\omega}{\omega_0}$ 变化的曲线。由图可知，当 $\omega<\omega_0$ 时，随着电源频率的下降，$(u_C)_m$ 和 $(u_L)_m$ 都将降低，但 $(u_C)_m$ 大于 $(u_L)_m$，而且其中电源电压在零点合闸时（$\varphi=0$ 时）过电压的下降要比电源电压在幅值合闸时 $\left(\varphi=\frac{\pi}{2}\right)$ 更快。当电源频率下降到 $\omega=0$ 时，在 $\varphi=\frac{\pi}{2}$ 的情况下，电容上的过电压将下降到电源电压幅值的 2 倍；在 $\varphi=0$ 的情况下，将下降到电源电压。这是因为 $\omega=0$ 的交流电源在幅值 E_m 时，合闸到 L、C 振荡回路的情况实际上就是直流电源 E_m 合闸到 L、C 回路的情况；而 $\omega=0$ 的交流电源在零点合闸时，由于电源电压为零，其上升速度又极慢，因此电容上不可能出现振荡而形成过电压。

当 $\omega>\omega_0$ 时，随着电源频率的增大，$(u_C)_m$ 和 $(u_L)_m$ 也将降低，但 $(u_L)_m$ 恒大于 $(u_C)_m$，而电源电压在零点合闸时过电压的下降要比电源电压在幅值合闸时为慢。当 $\omega\to\infty$

❶ 注意：这是指当 $u_C(0)=0$ 和 $i_L(0)=0$ 的情况。

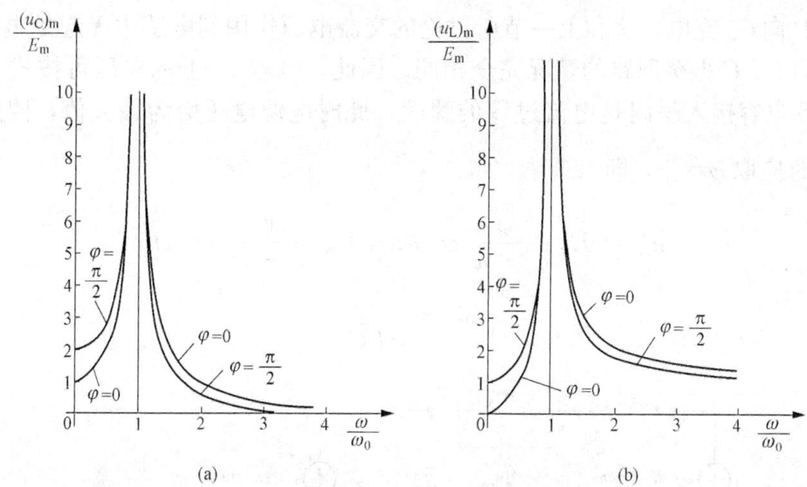

图 1-2-9 交流电源时电容和电感上的电压和频率的关系

(a) 电容上的电压；(b) 电感上的电压

时，$(u_L)_m \to E_m$。

综上所述，交流电源合闸到 L、C 振荡回路时，回路中总会有高于电源电压的过电压出现，在 $\omega<\omega_0$ 时最大过电压出现在电容上，当 $\omega>\omega_0$ 时最大过电压出现在电感上。

考虑到从工程实际出发允许 $(u_C)_m$ 和 $(u_L)_m$ 上升到 $1.05E_m$，则在 $\varphi=0$ 合闸的情况下根据式（1-2-16）可以算出，$\omega<\omega_0$ 时不考虑过电压的条件为 $\frac{\omega}{\omega_0}<0.05$；根据式（1-2-20）可以算出，$\omega>\omega_0$ 时不考虑过电压的条件为 $\frac{\omega}{\omega_0}>21$。同样，根据式（1-2-21）可以算出在 $\varphi=\frac{\pi}{2}$ 合闸的情况下，当 $\omega>\omega_0$ 时不考虑过电压的条件为 $\frac{\omega}{\omega_0}>6.5$。然而应该注意到，在 $\varphi=\frac{\pi}{2}$ 合闸的情况下，在所有 $\omega<\omega_0$ 的范围内都可以出现比 $2E_m$ 大的过电压。由于交流电源的合闸相角是随机的，回路的过电压应根据最严重的情况考虑，即在 $\omega<\omega_0$ 时应考虑 $\varphi=\frac{\pi}{2}$ 的情况，在 $\omega>\omega_0$ 时应考虑 $\varphi=0$ 的情况。因此，只有当 $\frac{\omega}{\omega_0}\geqslant 21$ 时才可以不考虑交流电源合闸到 L、C 振荡回路时的过电压。

第三节 参数突变时的过渡过程

除了在 L、C 振荡回路上突然加上一定的电压，会激起过渡过程而出现过电压外，回路参数的突然改变也会激起过渡过程而产生过电压。本节将讨论这些过渡过程的计算。

参数突变可以发生在断路器操作或系统发生故障时。其中一个简单的例子就是断路器开断短路故障，如图 1-3-1 所示。由图可见，在电弧未熄灭前，触头间的电容 C_0 是被电弧所短接的［见图 1-3-1（a）］，此时回路中只有电感 L，而电弧熄灭后电容 C_0 将突然接入电路［见图 1-3-1（b）］，这就引起了回路参数的突变。由于交流电弧一般都在电流过工频零点时熄灭，因此电路只能在电流过零时开断，即 C_0 只能在回路电流过零时接入。电容接入后，

电源将通过 L 向 C_0 充电。这和上一节所讨论的交流电源作用到电感中无起始电流、电容上无起始电压的 L、C 振荡回路的情况完全相同。因此，电容 C_0 上的电压可按式（1-2-14）计算。考虑到电容接入瞬间是电流过零的瞬间，此时电源电压恰为最大值，因此在使用式（1-2-14）时应取 $\varphi=\frac{\pi}{2}$，即

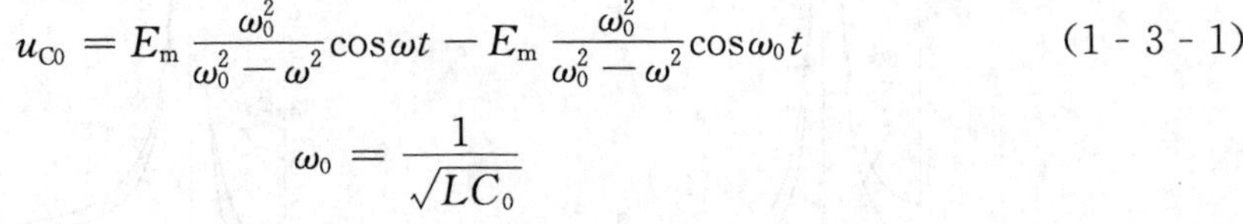

$$u_{C0}=E_m\frac{\omega_0^2}{\omega_0^2-\omega^2}\cos\omega t-E_m\frac{\omega_0^2}{\omega_0^2-\omega^2}\cos\omega_0 t \tag{1-3-1}$$

$$\omega_0=\frac{1}{\sqrt{LC_0}}$$

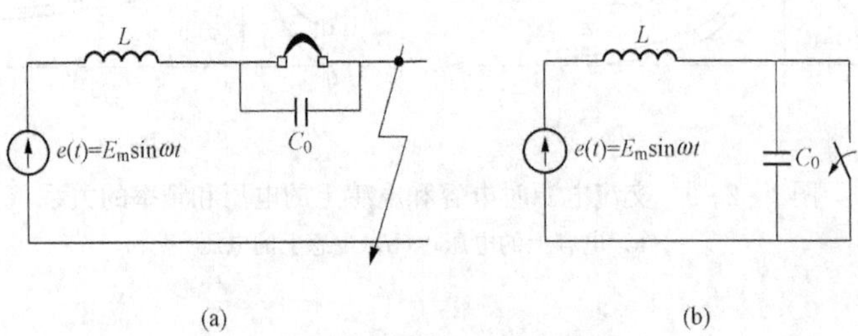

图 1-3-1 开关开断短路故障

(a) 电弧熄灭前；(b) 电弧熄灭后

当 $\omega_0 \gg \omega$ 时，上式可简化为

$$u_{C0}=E_m(\cos\omega t-\cos\omega_0 t) \tag{1-3-2}$$

即在参数突变后出现在电容 C_0 上的高频振荡将围绕工频进行（见图 1-3-2），而出现在电容 C_0 上的最大电压（即作用在开关断口上的电压或断口上的恢复电压）可达电源电压幅值的 2 倍。实际上电路中不可避免地会存在电阻，因此出现在电容 C_0 上的高频振荡将很快衰减，即开关断口上的恢复电压将如图 1-3-3 所示。一般当回路自振频率远大于电源频率的情况下，在高频衰减殆尽时，工频电压将仍处在幅值附近。所以实际上在计算开关断口上的恢复电压时，常常不必解微分方程，而将这一参数突变的过程简化为电压为 E_m 的直流电源作用到 L、C 振荡回路的情况，而直接按式（1-1-5）写出电容 C_0 上电压变化的方程，即

$$u_{C0}=E_m(1-\cos\omega_0 t) \tag{1-3-3}$$

$$\omega_0=\frac{1}{\sqrt{LC_0}}$$

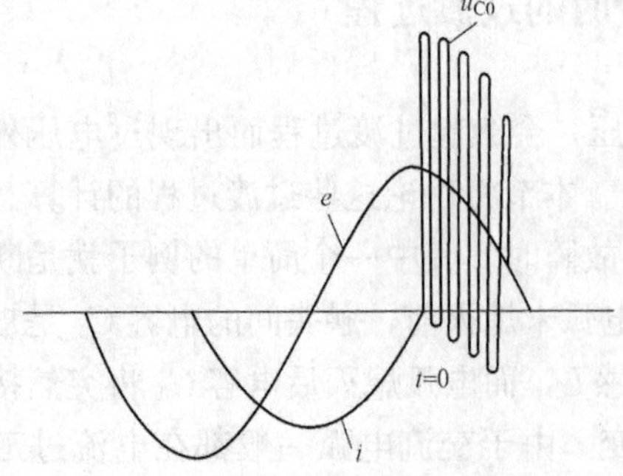

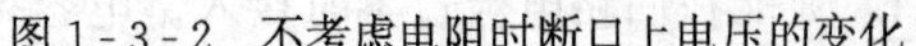

图 1-3-2 不考虑电阻时断口上电压的变化

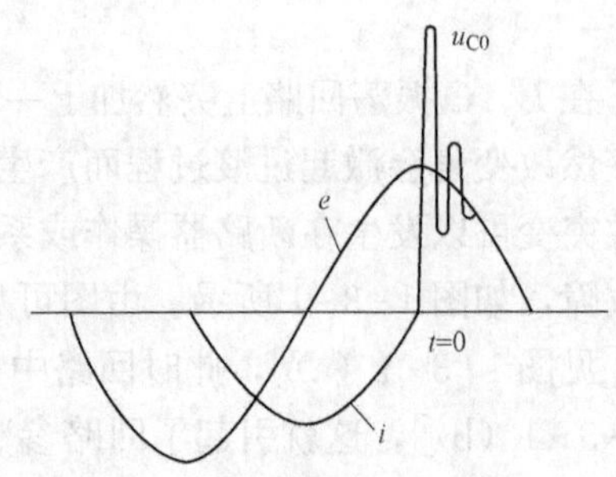

图 1-3-3 考虑电阻时断口上电压的变化

由式（1-3-3）可推算出出现在电容上的最大电压为 $2E_m$。

应该指出，以上所讨论的还只限于单相回路的情况，而实际的电力系统都是三相的。在参数突变时三相对称回路将变成不对称回路。直接进行三相不对称回路的过渡过程计算一般是比较复杂的。在计算中为简化三相系统过渡过程的计算可采用等效电源定理、叠加定理和对称分量法。

一、用等效电源定理化三相交流电路为单相等值电路

仍以断路器开断短路故障为例来说明这一计算。图 1-3-4 为断路器开断三相短路故障的情况。由于三相交流电流不会同时为零，所以三相电弧不会同时熄灭。假定 $t=0$ 时 A 相电流首先过零，A 相电弧先熄灭，也就是 $t=0$ 时 C_0 突然接入电路使原来三相对称的电路变成三相不对称的电路。现在来求加在 A 相触头电容 C_0 上的电压变化。

注意到 $t=0$ 时 $i_A=0$，此时三相电流的表达式应为

$$\left.\begin{aligned} i_A &= I_m\sin\omega t \\ i_B &= I_m\sin(\omega t-120°) \\ i_C &= I_m\sin(\omega t+120°) \end{aligned}\right\} \tag{1-3-4}$$

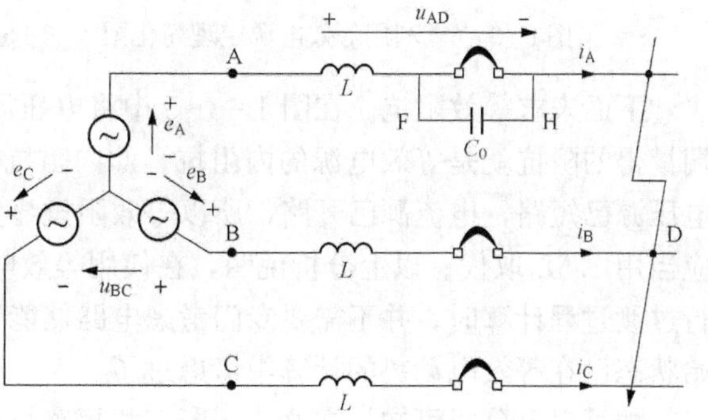

而三相电动势的表达式为

$$\left.\begin{aligned} e_A &= E_m\cos\omega t \\ e_B &= E_m\cos(\omega t-120°) \\ e_C &= E_m\cos(\omega t+120°) \end{aligned}\right\} \tag{1-3-5}$$

图 1-3-4　开断三相短路故障

由此可知，在 $t=0$ 参数突变时，B 相和 C 相的电感中将有起始电流 $i_B(0)$ 和 $i_C(0)$，显然

$$i_B(0)=I_m\sin(-120°), i_C(0)=I_m\sin(120°)$$

即

$$i_B(0)=-i_C(0)=-\frac{\sqrt{3}}{2}I_m$$

所以这一参数突变所引起的过渡过程计算应按图 1-3-5 所示的等效电路进行。

由等效电源定理可知：任何一个复杂的电路，对外都可以转化为由等效电动势和等效内阻串联的简单等效电路。为求 C_0 上的电压，可在图 1-3-5 中将 A 相触头间的电容 C_0 作负荷，将其余部分作电源画出等效电路图（见图 1-3-6）。图中的等效电动势 $e_d(t)$ 应为在图 1-3-5 中将 C_0 拿开后用电压表在 FH 两点间量得的电压值。此电压可以从矢量图（见图 1-3-7）中算出。参看图 1-3-5，由于此时 FH 间的电容 C_0 已经拿开，AF 间无电流流过，因此 F 点与 A 点等电位。这样 FH 两点间的电压也就是 A 点和短路点 D 间的电压 u_{AD}。又考虑到图 1-3-5 中电压源 BC 的负荷

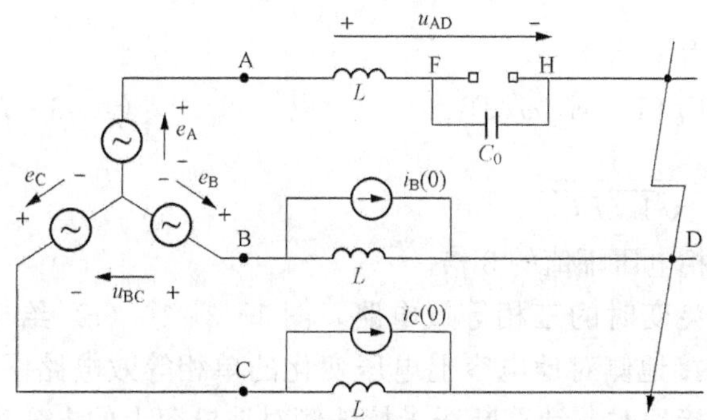

图 1-3-5　计算开断三相短路故障过渡过程的等效电路

是对称的，而且电流源 $i_B(0)=-i_C(0)$ 共同以电压源 BC 为回路，所以 D 点的电位应当就是 u_{BC} 的中点。从图 1-3-7 的矢量图显见，$u_{AD}=1.5e_A$。也就是说等效电源的电动势应为

$$e_d(t)=1.5E_m\cos\omega t$$

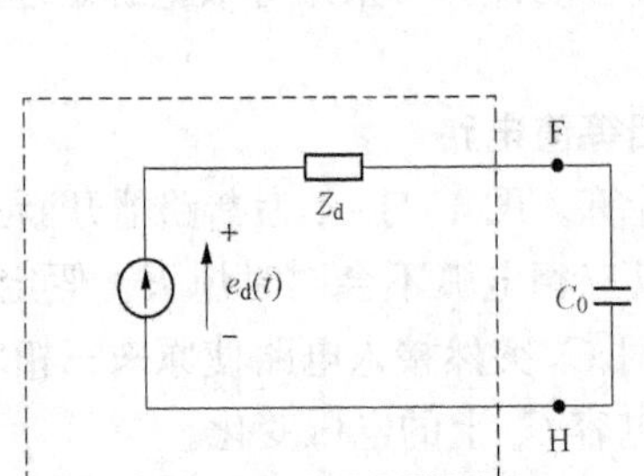

图 1-3-6 利用等效电源定理简化图 1-3-5

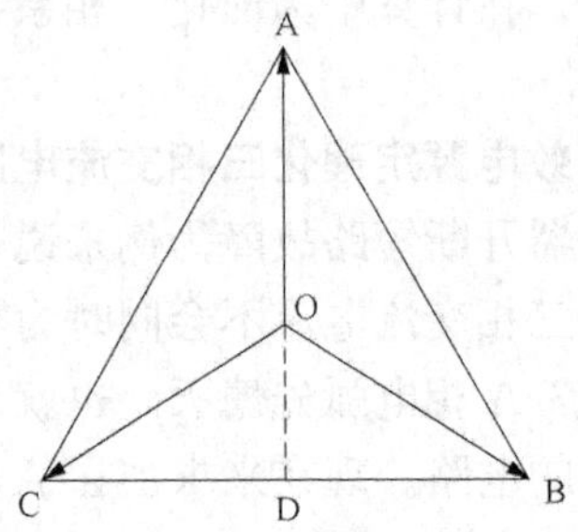

图 1-3-7 求等效电动势

下面来求等效阻抗。在图 1-3-5 中将电压源全部短路，电流源全部开路后，从 FH 两端量得的阻抗就是等效电源的内阻抗。此内阻抗也可以直接从图 1-3-5 中算出。由于此时电压源已短路，电流源已开路，所以等效阻抗显然如图 1-3-8 所示，即图 1-3-6 中的 Z_d 应当用 $1.5L$ 取代。以上分析说明，在使用等效电源定理来简化参数突变的三相电路从而进行过渡过程计算时，并不需要专门考虑电路储能元件的起始状态，因为事实上储能元件的起始状态已在等效电动势的计算中考虑过了。

根据以上分析可知，在这一开断三相短路故障所引起的参数突变的过渡过程中，断口电容 C_0 上的电压变化可用图 1-3-9 所示的单相等效电路图进行计算。这就是交流电源通过电感向电容充电的过渡过程，因此电容 C_0 上的电压可按式（1-2-12）进行计算，即

$$u_{C_0}=1.5E_m\frac{\omega'^2_0}{\omega'^2_0-\omega^2}(\cos\omega t-\cos\omega'_0t) \qquad (1-3-6)$$

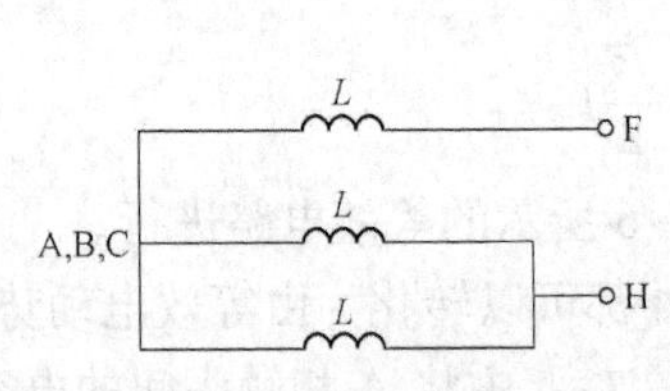

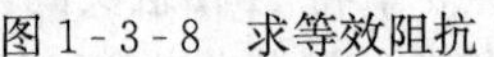

图 1-3-8 求等效阻抗

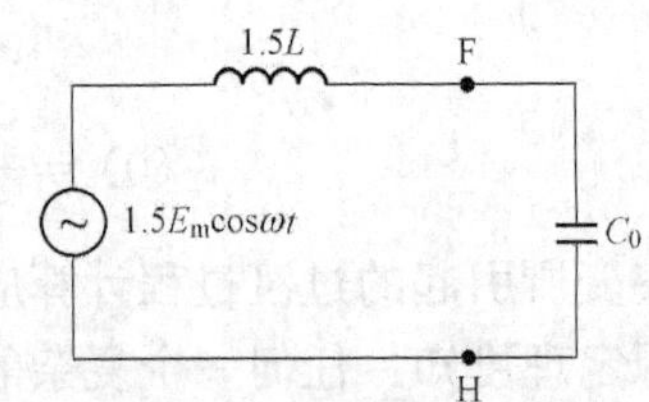

图 1-3-9 计算三相短路故障的单相等效电路

而当 $\omega'_0\gg\omega$ 时，式（1-3-6）可简化为

$$u_{C_0}=1.5E_m(1-\cos\omega'_0t) \qquad (1-3-7)$$

$$\omega'_0=\frac{1}{\sqrt{1.5LC_0}}$$

可见，电容 C_0 上的最大电压可达电源相电压幅值的 3 倍。

等效电源定理也可用来简化其他参数突变时的三相等效电路。图 1-3-10（c）给出了 A 相断线且电源侧接地时，计算断线末接地侧对地电容上电压变化的单相等效电路图。图 1-3-11（c）给出了 A 相断线且负载侧接地时，计算断线末接地侧对地电容上的电压变化的单相等效电路图。图中，C'_0 为负载侧线路对地的自部分电容，C''_0 为电源侧线路对地的

自部分电容，C'_1为负载侧的线间互部分电容，C''_1为电源侧的线间互部分电容，L 为负载变压器的励磁电感。

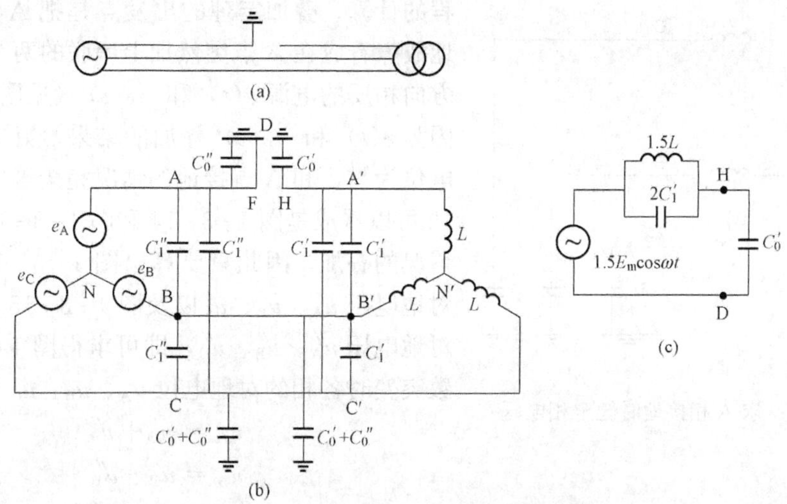

图 1-3-10　A 相断线电源侧接地

(a) 接地故障；(b) 三相等效电路；(c) 单相等效电路

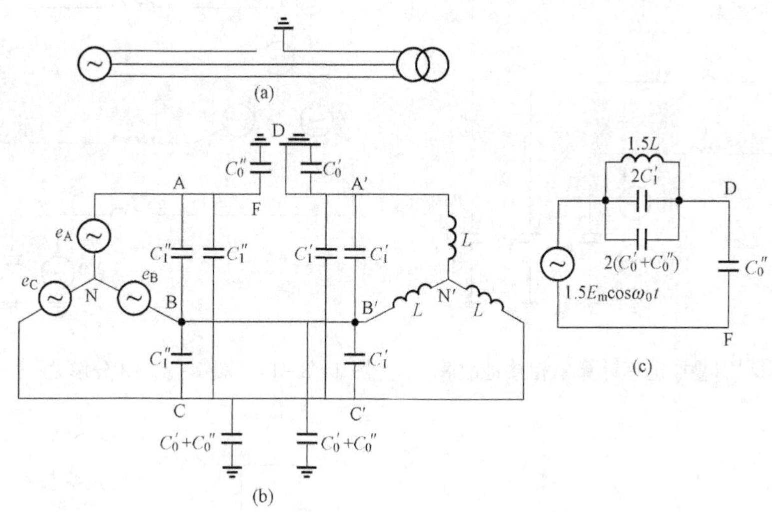

图 1-3-11　A 相断线负载侧接地

(a) 接地故障；(b) 三相等效电路；(c) 单相等效电路

但是应该注意到，使用等效电源定理简化所得的等效电路图只能用来计算被看作负载的元件上的过渡过程，不能用来计算等值阻抗内所包含的各元件的过渡过程。所以，并不是在所有参数突变的过渡过程计算中，都能很容易地将三相电路化成单相等效电路。以图 1-3-12 为例，L 为电源内电感，C_0 为线路对地的自部分电容，欲求 A 相突然接地、健全相对地自部分电容上电压的过渡过程时，应用等效电源定理就会遇到一定的困难。因为，以健全相对地自部分电容为负荷求 CD 两点（或 BD 两点）的开路电压时，电路是不对称的。此时求取等效电动势就比较复杂了。

二、用叠加定理计算参数突变时的过渡过程

用叠加定理可以比较容易地解决图 1-3-12 中 A 相突然接地时健全相对地电压过渡过程的计算。叠加定理的出发点是把 A 点的突然接地故障看成在 A 点突然加上串联的两个大小相等、方向相反的电源 $e(t)$ 和 $-e(t)$（见图 1-3-13）。因为 $e(t)$ 和 $-e(t)$ 叠加的结果恰好能使 A 点的电位为零，和 A 点接地的情况完全等价。图 1-3-13 可以看成是图 1-3-14 和图 1-3-15（a）两种情况的叠加，因此只要算出图 1-3-14 中各相的对地电压 u'_A、u'_B、u'_C 以及图 1-3-15（a）中各相对地电压 u''_A、u''_B、u''_C，即可求得图 1-3-13 中参数突变时各相的对地电位 u_A、u_B、u_C 为

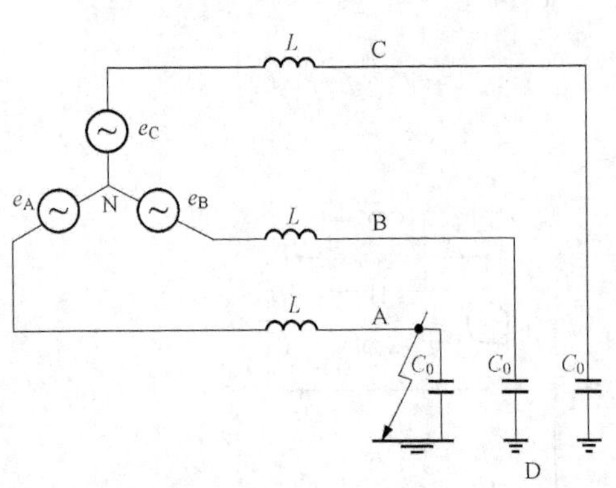

图 1-3-12 求 A 相接地时健全相电压

$$\left.\begin{aligned}u_A &= u'_A + u''_A\\ u_B &= u'_B + u''_B\\ u_C &= u'_C + u''_C\end{aligned}\right\}\tag{1-3-8}$$

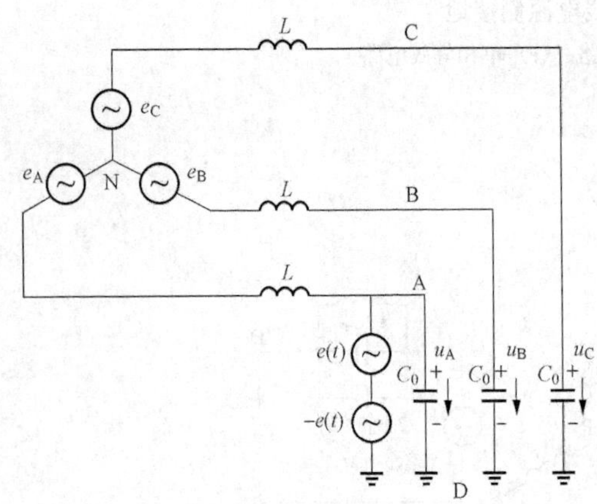

图 1-3-13 利用叠加定理计算单相接地故障

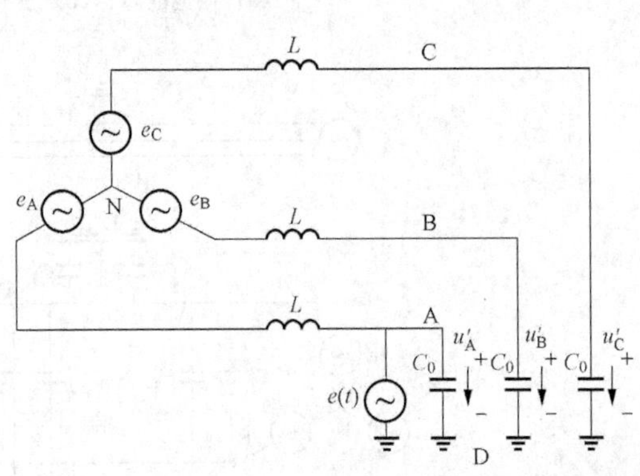

图 1-3-14 图 1-3-13 分解之一（求 u'_A、u'_B、u'_C）

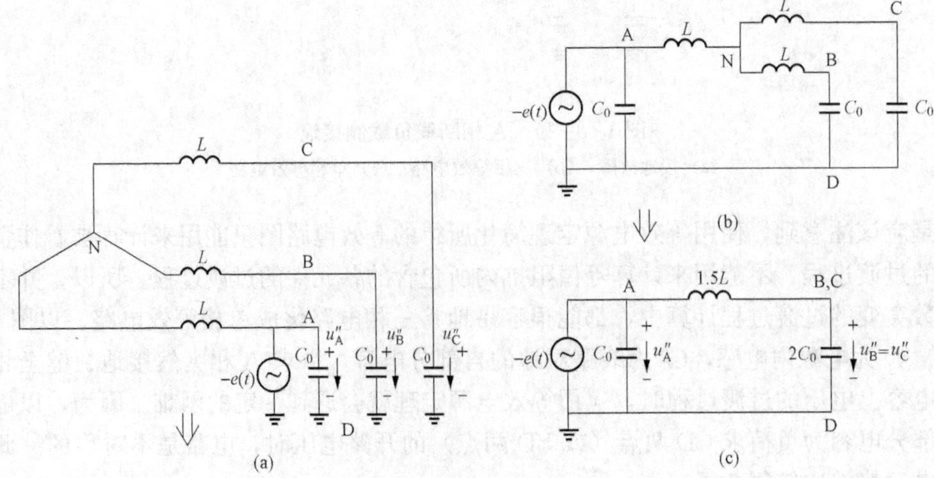

图 1-3-15 图 1-3-13 的分解之二（求 u''_A、u''_B、u''_C）

设电源电压为

$$\left.\begin{aligned} e_{\mathrm{A}} &= E_{\mathrm{m}}\sin(\omega t+\varphi) \\ e_{\mathrm{B}} &= E_{\mathrm{m}}\sin(\omega t+\varphi-120^{\circ}) \\ e_{\mathrm{C}} &= E_{\mathrm{m}}\sin(\omega t+\varphi+120^{\circ}) \end{aligned}\right\} \tag{1-3-9}$$

则由图 1-3-12 不难算出，短路前 A、B、C 三相的对地电压分别为

$$\left.\begin{aligned} u_{\mathrm{A}} &= \frac{\omega_0^2}{\omega_0^2-\omega^2}E_{\mathrm{m}}\sin(\omega t+\varphi) = E'_{\mathrm{m}}\sin(\omega t+\varphi) \\ u_{\mathrm{B}} &= \frac{\omega_0^2}{\omega_0^2-\omega^2}E_{\mathrm{m}}\sin(\omega t+\varphi-120^{\circ}) = E'_{\mathrm{m}}\sin(\omega t+\varphi-120^{\circ}) \\ u_{\mathrm{C}} &= \frac{\omega_0^2}{\omega_0^2-\omega^2}E_{\mathrm{m}}\sin(\omega t+\varphi+120^{\circ}) = E'_{\mathrm{m}}\sin(\omega t+\varphi+120^{\circ}) \end{aligned}\right\} \tag{1-3-10}$$

$$E'_{\mathrm{m}} = \frac{\omega_0^2}{\omega_0^2-\omega^2}E_{\mathrm{m}},\ \omega_0 = \frac{1}{\sqrt{LC_0}}$$

如取 $e(t)=E'_{\mathrm{m}}\sin(\omega t+\varphi)$，则图 1-3-14 中各相线路的对地电压显然就是式（1-3-10）所给出的结果，即

$$\left.\begin{aligned} u'_{\mathrm{A}} &= E'_{\mathrm{m}}\sin(\omega t+\varphi) \\ u'_{\mathrm{B}} &= E'_{\mathrm{m}}\sin(\omega t+\varphi-120^{\circ}) \\ u'_{\mathrm{C}} &= E'_{\mathrm{m}}\sin(\omega t+\varphi+120^{\circ}) \end{aligned}\right\} \tag{1-3-11}$$

u''_{A}、u''_{B}、u''_{C}则可按由图 1-3-15（a）简化所得的等效电路图 1-3-15（c）求得。仿照式（1-2-12）不难写出

$$\left.\begin{aligned} u''_{\mathrm{B}} &= u''_{\mathrm{C}} = -E'_{\mathrm{m}}\frac{\omega'^2_0}{\omega'^2_0-\omega^2}\sin(\omega t+\varphi)+E'_{\mathrm{m}}\frac{\omega'^2_0}{\omega'^2_0-\omega^2}\sqrt{\sin^2\varphi+\left(\frac{\omega}{\omega'_0}\cos\varphi\right)^2}\sin(\omega'_0 t+\psi') \\ u''_{\mathrm{A}} &= -E'_{\mathrm{m}}\sin(\omega t+\varphi) \end{aligned}\right\} \tag{1-3-12}$$

$$\omega'_0 = \frac{1}{\sqrt{1.5L\times 2C_0}},\ \psi' = \tan^{-1}\frac{\sin\varphi}{\dfrac{\omega}{\omega'_0}\cos\varphi}$$

将式（1-3-11）与式（1-3-12）叠加，即得 C 相接地时健全相上的电压为

$$\left.\begin{aligned} u_{\mathrm{B}} &= u'_{\mathrm{B}}+u''_{\mathrm{B}} = -E''_{\mathrm{m}}\sin(\omega t+\varphi+\psi'')+E'_{\mathrm{m}}\frac{\omega'^2_0}{\omega'^2_0-\omega^2} \\ &\quad\times\sqrt{\sin^2\varphi+\left(\frac{\omega}{\omega'_0}\cos\varphi\right)^2}\sin(\omega'_0 t+\psi') \\ u_{\mathrm{C}} &= u'_{\mathrm{C}}+u''_{\mathrm{C}} = -E''_{\mathrm{m}}\sin(\omega t+\varphi-\psi'')+E'_{\mathrm{m}}\frac{\omega'^2_0}{\omega'^2_0-\omega^2} \\ &\quad\times\sqrt{\sin^2\varphi+\left(\frac{\omega}{\omega'_0}\cos\varphi\right)^2}\sin(\omega'_0 t+\psi') \end{aligned}\right\} \tag{1-3-13}$$

$$E''_{\mathrm{m}} = E'_{\mathrm{m}}\sqrt{\left[\frac{3\omega'^2_0-\omega^2}{2(\omega'^2_0-\omega^2)}\right]^2+\frac{3}{4}},\ \psi'' = \tan^{-1}\left[\frac{\sqrt{3}(\omega'^2_0-\omega^2)}{3\omega'^2_0-\omega^2}\right]$$

叠加定理在进行参数突变时的过渡过程计算中得到广泛的应用。前述断路器开断短路故障（见图 1-3-4）时触头电容上的电压变化也可用叠加定理求出。在解决这一问题时，可

用两个和断口电容并联的大小相等、方向相反的电流源 $i(t)$ 和 $-i(t)$ 来表示 $t=0$ 时 A 相的突然开断。

三、用对称分量法求参数突变时的过渡过程

对称分量法特别适用于求开断电路时的过渡过程。下面首先用对称分量法来求图 1-3-16 所示开断三相短路时，在最先开断的 A 相断口（电容 C_d）上电压的变化。

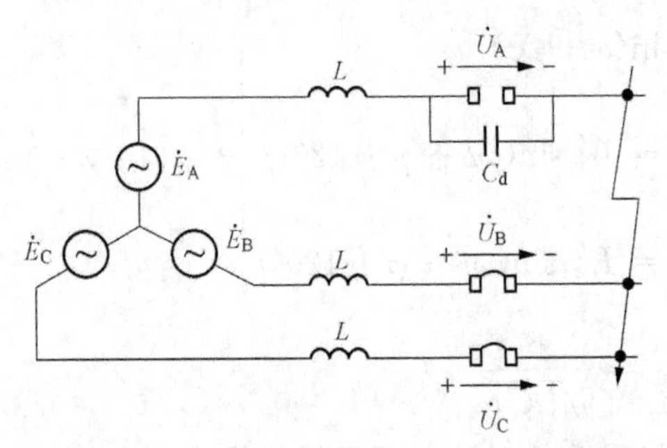

图 1-3-16 用对称分量法计算三相短路的开断

先来讨论稳态。用 $\dot{U}_A$、$\dot{U}_B$、$\dot{U}_C$ 分别表示三相断口上的稳态电压，$\dot{I}_A$、$\dot{I}_B$、$\dot{I}_C$ 分别表示流经断路器断口的三相稳态电流。在 A 相开断前它们都是对称的，其值为

$$\left.\begin{aligned}\dot{U}_A=\dot{U}_B=\dot{U}_C=0\\ \dot{I}_B=a^2\dot{I}_A\\ \dot{I}_C=a\dot{I}_A\end{aligned}\right\}\tag{1-3-14}$$

式中：$a=e^{j\frac{2\pi}{3}}$。

当 A 相开断后，$\dot{U}_A$、$\dot{U}_B$、$\dot{U}_C$ 及 $\dot{I}_A$、$\dot{I}_B$、$\dot{I}_C$ 已不对称，其值为

$$\left.\begin{aligned}\dot{U}_A=\dot{I}_AZ\\ \dot{U}_B=\dot{U}_C=0\\ \dot{I}_B=-\dot{I}_C\end{aligned}\right\}\tag{1-3-15}$$

式中：Z 为断口 A 所接负载阻抗。

稳态的对称分量法说明：一个包含有三个量的三相不对称的电压（或电流）系统可以分解成三组独立的对称电压（或电流）系统：①正序系统——一个正常相序的三相对称电压系统 $\dot{U}_1$、$a^2\dot{U}_1$、$a\dot{U}_1$（或电流系统 $\dot{I}_1$、$a^2\dot{I}_1$、$a\dot{I}_1$）；②负序系统——一个相序与正常相序相反的三相对称电压系统 $\dot{U}_2$、$a\dot{U}_2$、$a^2\dot{U}_2$（或电流系统 $\dot{I}_2$、$a\dot{I}_2$、$a^2\dot{I}_2$）；③零序系统——一个三相同相位的对称电压系统 $\dot{U}_0$（或电流系统 $\dot{I}_0$）。它们的关系是

$$\left.\begin{aligned}\dot{U}_A=\dot{U}_0+\dot{U}_1+\dot{U}_2\\ \dot{U}_B=\dot{U}_0+a^2\dot{U}_1+a\dot{U}_2\\ \dot{U}_C=\dot{U}_0+a\dot{U}_1+a^2\dot{U}_2\end{aligned}\right\}\tag{1-3-16}$$

$$\left.\begin{aligned}\dot{I}_A=\dot{I}_0+\dot{I}_1+\dot{I}_2\\ \dot{I}_B=\dot{I}_0+a^2\dot{I}_1+a\dot{I}_2\\ \dot{I}_C=\dot{I}_0+a\dot{I}_1+a^2\dot{I}_2\end{aligned}\right\}\tag{1-3-17}$$

或者

$$\left.\begin{aligned}\dot{U}_0=\frac{1}{3}(\dot{U}_A+\dot{U}_B+\dot{U}_C)\\ \dot{U}_1=\frac{1}{3}(\dot{U}_A+a\dot{U}_B+a^2\dot{U}_C)\\ \dot{U}_2=\frac{1}{3}(\dot{U}_A+a^2\dot{U}_B+a\dot{U}_C)\end{aligned}\right\}\tag{1-3-18}$$

$$\left.\begin{aligned}\dot{I}_0 &= \frac{1}{3}(\dot{I}_A + \dot{I}_B + \dot{I}_C)\\ \dot{I}_1 &= \frac{1}{3}(\dot{I}_A + a\dot{I}_B + a^2\dot{I}_C)\\ \dot{I}_2 &= \frac{1}{3}(\dot{I}_A + a^2\dot{I}_B + a\dot{I}_C)\end{aligned}\right\} \tag{1-3-19}$$

将断口电压分成三组对称电压后，就可以用叠加定理将这一不对称网络看成正序、负序和零序三个网络之和。图 1-3-17 给出了各序网络图。图中 Z_1、Z_2 和 Z_0 分别为从断口处测得的网络正序、负序和零序阻抗。$\dot{E}_1$ 为从断口处测得的网络的开路电动势（电力系统一般只有正序电动势）。对各序网络可以写出下列关系式

$$\left.\begin{aligned}&\text{正序}:\dot{U}_1 = \dot{E}_1 - \dot{I}_1 Z_1\\ &\text{负序}:\dot{U}_2 = -\dot{I}_2 Z_2\\ &\text{零序}:\dot{U}_0 = -\dot{I}_0 Z_0\end{aligned}\right\} \tag{1-3-20}$$

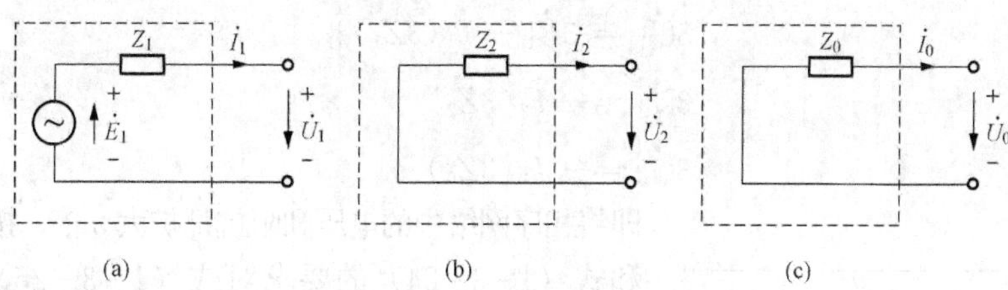

图 1-3-17　序网络图

(a) 正序网络；(b) 负序网络；(c) 零序网络

将式（1-3-14）中的条件代入式（1-3-18）和式（1-3-19），可得开断三相故障前有

$$\left.\begin{aligned}\dot{U}_0 = \dot{U}_1 = \dot{U}_2 = 0\\ \dot{I}_A = \dot{I}_0 + \dot{I}_1 + \dot{I}_2\end{aligned}\right\} \tag{1-3-21}$$

按式（1-3-21）的要求将相序网络进行互联后可得图 1-3-18 所示的等值电路图。

将式（1-3-15）中的条件（为便于区别，将 $\dot{I}_A$ 改为 $\dot{I}'_A$，将 $\dot{U}_A$ 改为 $\dot{U}'_A$）代入式（1-3-18）和式（1-3-19），可得 A 相开断后有

$$\left.\begin{aligned}&\dot{U}_0 = \dot{U}_1 = \dot{U}_2 = \frac{\dot{U}'_A}{3} = \frac{\dot{I}'_A Z}{3}\\ &\dot{I}'_A = \dot{I}_0 + \dot{I}_1 + \dot{I}_2\end{aligned}\right\} \tag{1-3-22}$$

按式（1-3-22）的要求将相序网络进行互联后，可得图 1-3-19 所示的等效电路图。此电路图中 XY 两点间的电压 $\frac{1}{3}\dot{I}'_A Z$，即为欲求的断口电压的 1/3。

为计算方便起见，将式（1-3-21）和式（1-3-22）分别改写为

$$\left.\begin{aligned}\dot{I}_A = \dot{I}_0 + \dot{I}_1 + \dot{I}_2\\ 3\dot{U}_0 = 3\dot{U}_1 = 3\dot{U}_2 = 0\end{aligned}\right\} \tag{1-3-23}$$

$$\left.\begin{aligned} \dot{I}'_A &= \dot{I}_0 + \dot{I}_1 + \dot{I}_2 \\ 3\dot{U}_0 &= 3\dot{U}_1 = 3\dot{U}_2 = \dot{U}'_A = \dot{I}'_A Z \end{aligned}\right\} \tag{1-3-24}$$

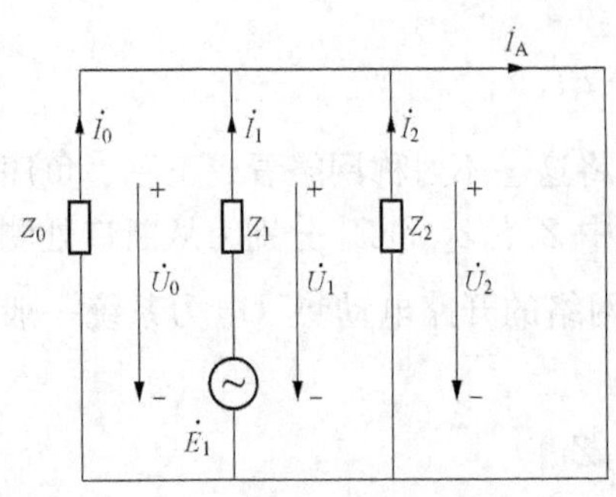

图 1-3-18 三相短路时相序网络互联的等效电路图

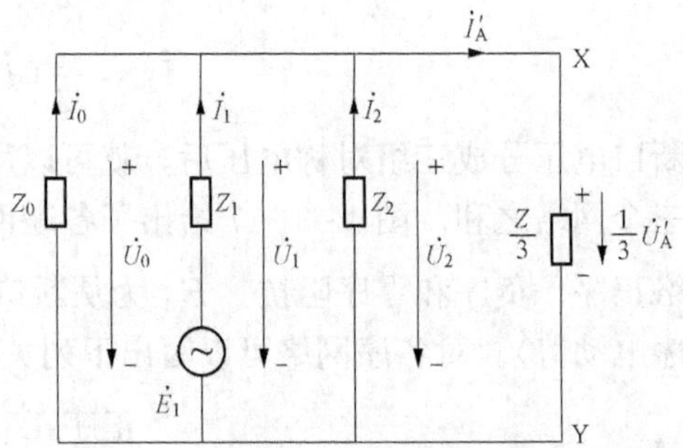

图 1-3-19 A 相开断后相序网络互联的等效电路图

将式（1-3-20）再改写为

$$\left.\begin{aligned} 3\dot{U}_1 &= 3\dot{E}_1 - \dot{I}_1(3Z_1) \\ 3\dot{U}_2 &= -\dot{I}_2(3Z_2) \\ 3\dot{U}_0 &= -\dot{I}_2(3Z_0) \end{aligned}\right\} \tag{1-3-25}$$

即将相序网络中的电压和阻抗都扩大 3 倍。按式（1-3-23）和式（1-3-24）的要求对式（1-3-25）所示的相序网络进行互联后，可得图 1-3-20 和图 1-3-21 所示的等效电路图。

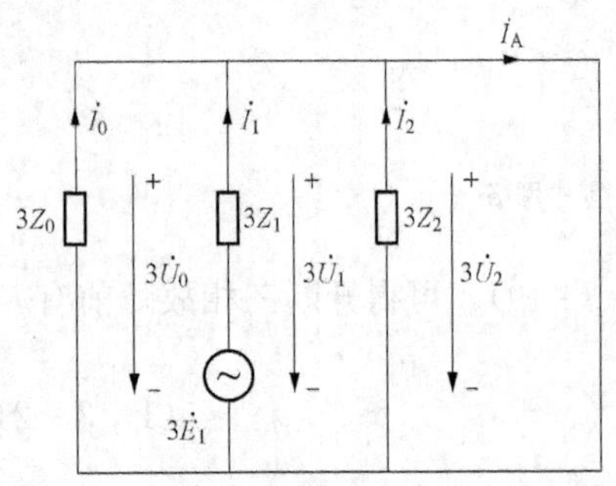

图 1-3-20 将图 1-3-18 中的电压和阻抗都扩大 3 倍

显然，图 1-3-20 和图 1-3-21 两种情况可以用图 1-3-22 加以综合。图 1-3-22 在断口 K 接通时代表图 1-3-20，断口 K 断开时代表图 1-3-21。这样三相短路时最先开断的 A 相断口电压 $\dot{U}_A$ 的计算就可归结为求图 1-3-22 中 K 断开前后 XY 两点间的电压的变化。

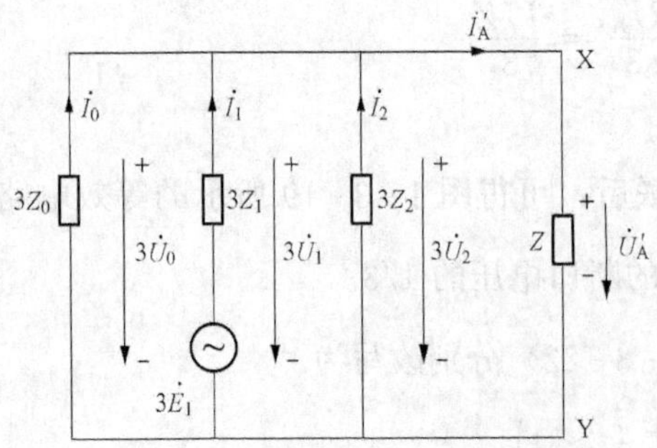

图 1-3-21 将图 1-3-19 中的电压和阻抗都扩大 3 倍

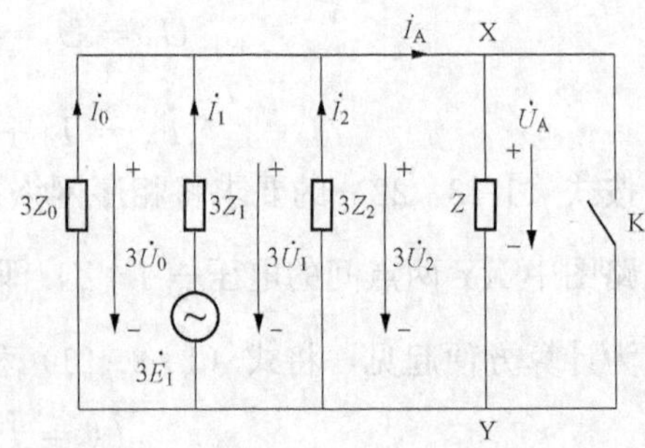

图 1-3-22 图 1-3-20 和图 1-3-21 的合成

应当注意，图 1-3-22 的电路不仅适用于稳定状态的计算，也适用于过渡过程的计算，只要将 $\dot{E}_1$、$\dot{I}_A$改为瞬时值，而 Z_0、Z_1、Z_2 及 Z 等用组成它的 L、C、R 代替即可。这是对称分量法的一个发展。例如，由叠加定理可知，欲求 $\dot{I}_A$ 在过零断开后出现在 XY 两点间的电压，只要将电压源短接，并在 XY 两点间加入一个 $-i_A$ 的电流源，直接求电流源引起的过渡过程即可。图 1-3-23（a）为计算所用的等效电路图。考虑到在所讨论的条件下（见图 1-3-16），稳态时 $Z_1=Z_2=\omega L$，$Z_0=\infty$，$Z=\dfrac{1}{\omega C_d}$，而 $i_A=\dfrac{E_m}{\omega L}\sin\omega t$，图 1-3-23（a）可进一步改为稳态及暂态通用的图 1-3-23（b）。

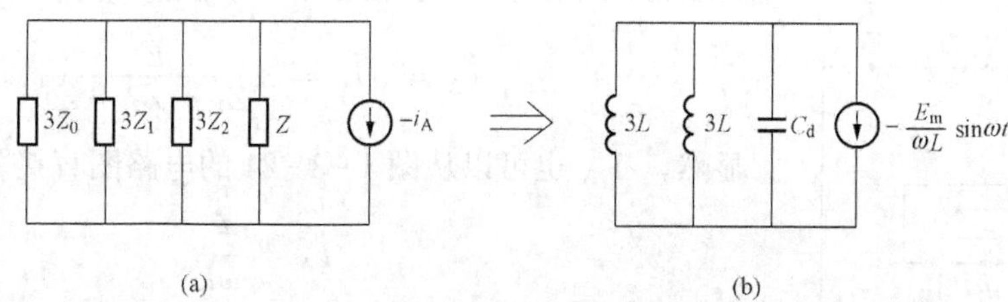

图 1-3-23　用对称分量法求首开相断口恢复电压的等效电路图

（a）计算用等效电路；（b）与图 1-3-16 对应的等效电路

下面再用对称分量法来计算一个比较复杂的回路，即开断单相接地故障时，故障相断口电容上电压的变化（见图 1-3-24）。图中，C_P 为线路对地自部分电容，C_Q 为接在线路上的调整功率因数的电容器组，C_R 为电容器组中性点对地电容，线路 A 相接地。

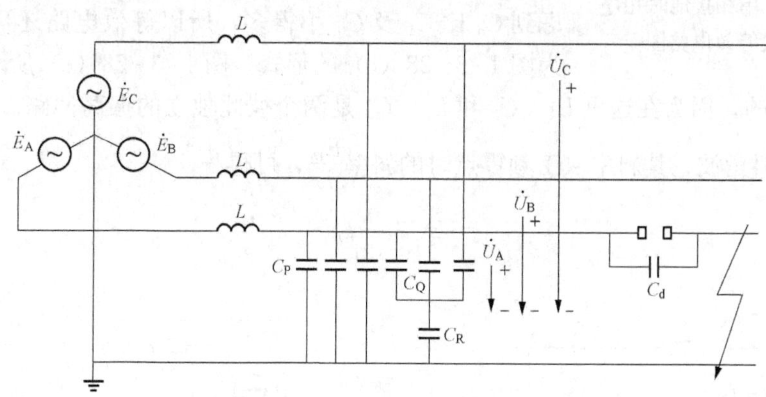

图 1-3-24　开断单相接地故障

在 A 相接地时将有

$$\left.\begin{aligned}\dot{U}_A &= 0\\ \dot{I}_B &= \dot{I}_C = 0\end{aligned}\right\}\qquad(1-3-26)$$

当 A 相断路器断开接地故障后将有

$$\left.\begin{aligned}\dot{U}_A &= \dot{I}_A Z\\ \dot{I}_B &= \dot{I}_C = 0\end{aligned}\right\}\qquad(1-3-27)$$

将式（1-3-26）和式（1-3-27）的条件代入式（1-3-18）和式（1-3-19），可分别得到断开故障前后的方程为

$$\left.\begin{aligned}\dot{U}_0+\dot{U}_1+\dot{U}_2=0\\ \dot{I}_0=\dot{I}_1=\dot{I}_2=\frac{\dot{I}_A}{3}\end{aligned}\right\}\tag{1-3-28}$$

$$\left.\begin{aligned}\dot{U}_0+\dot{U}_1+\dot{U}_2=\dot{U}_A=\dot{I}_AZ\\ \dot{I}_0=\dot{I}_1=\dot{I}_2=\frac{\dot{I}_A}{3}\end{aligned}\right\}\tag{1-3-29}$$

按式（1-3-28）的要求，将相序网络进行互联后可得图1-3-25所示的等效电路图。由之可求得A相未开断时流经断口的电流 $\dot{I}_A$ 为

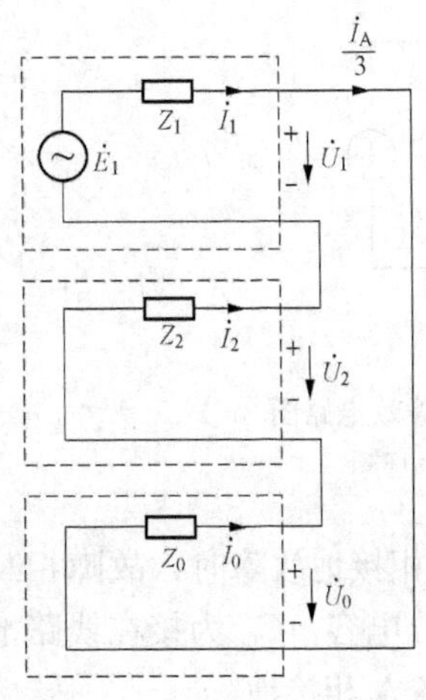

图1-3-25 单相接地时相序网络互联等效电路图

$$\dot{I}_A=3\dot{I}_0=3\frac{\dot{E}_1}{Z_1+Z_2+Z_0}$$

显然，$\dot{I}_A$ 也可以从图1-3-24的电路图直接写出，即

$$\dot{I}_A=\frac{\dot{E}_1}{\omega L}$$

按式（1-3-29）的要求将相序网络进行互联后，可得图1-3-26所示的计算断口电压的等效电路图。图中XY两点间的电压即为断口电压。

应用叠加定理将图1-3-25和图1-3-26综合成图1-3-27后，不难得出图1-3-28所示的计算断口电压的等效电路图。图1-3-28（b）中的 Z_1、Z_2 和 Z_0 可按图1-3-24求得。考虑到 C_d 比 C_1 及 C_0 小得多，所以等效电路还可进一步简化为图1-3-28（c）的形式。图1-3-28（c）所示的等效电路是很容易计算的，因为在这里 L_1、C_1 和 L_0、C_0 是两个彼此独立的振荡回路。近似计算时，$i_A(t)$ 可取为斜角波，其斜率取工频零点时的斜率$\frac{E_m}{L}$，可得

$$\frac{i_A}{3}=\frac{E_m}{3L}t$$

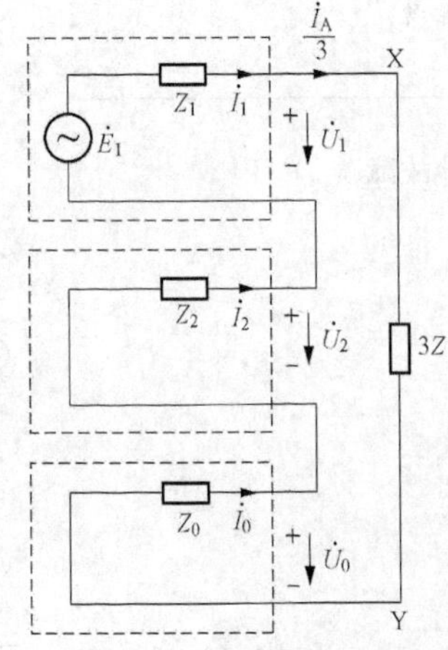

图1-3-26 开断单相接地故障后相序网络互联的等效电路图

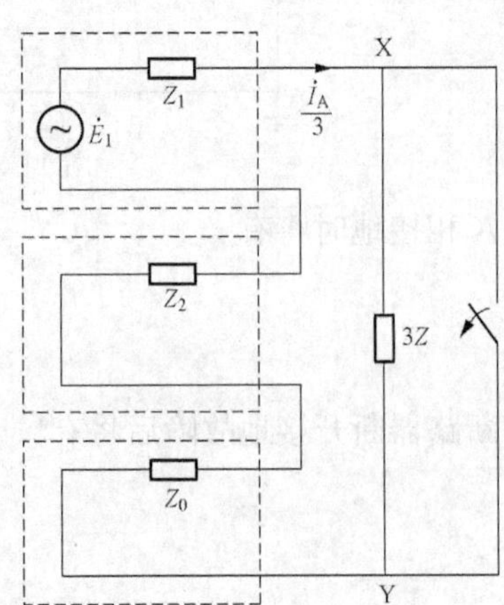

图1-3-27 图1-3-25和图1-3-26的合成

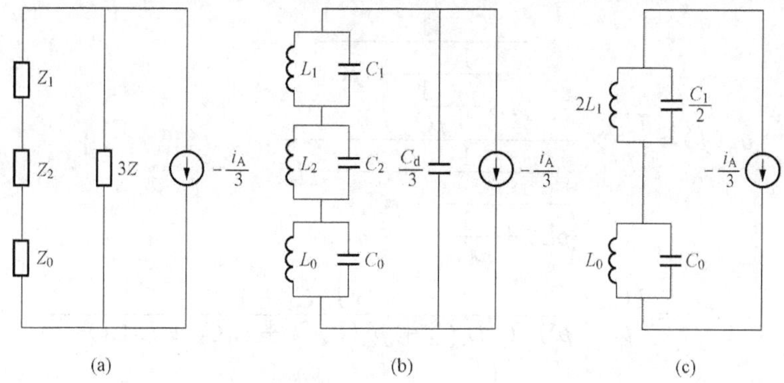

图 1-3-28　利用对称分量法求开断单相接地故障后，故障相断口电压的等效电路图

$L_1=L_2=L_0=L$；$C_1=C_2=C_P+C_Q$；$C_0=\dfrac{3C_PC_Q+C_PC_R+C_QC_R}{3C_Q+C_R}$

据此，不难求出$\dfrac{C_1}{2}$上电压的近似解为

$$u_{\frac{C_1}{2}}=E_m\frac{L_1}{3L}(1-\cos\omega_1 t)=\frac{2}{3}E_m(1-\cos\omega_1 t)$$

C_0 上电压的近似解为

$$u_{C0}=E_m\frac{L_0}{3L}(1-\cos\omega_0 t)=\frac{1}{3}E_m(1-\cos\omega_0 t)$$

而断口两端的电压就是 $u_{\frac{C1}{2}}$ 和 u_{C0}之和，即

$$u_A=\frac{2}{3}E_m(1-\cos\omega_1 t)+\frac{1}{3}E_m(1-\cos\omega_0 t)$$

$$\omega_1=\frac{1}{\sqrt{L_1C_1}},\ \omega_0=\frac{1}{\sqrt{L_0C_0}}$$

当然图 1-3-24 的问题也可以采用叠加定理在 A 相断口上直接加一对大小相等、方向相反的并联电流源的方法求解。但此时将得到图 1-3-29 所示的极为复杂的等效电路图，而对称分量法可以帮助简化等效电路图。

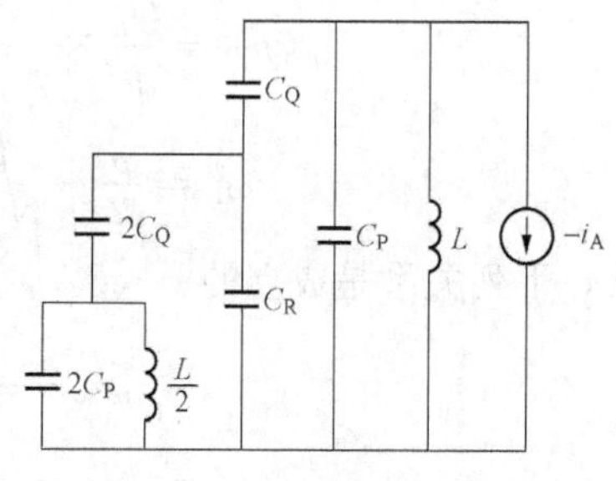

图 1-3-29　采用叠加定理时的等效电路图

第四节　多网孔振荡回路的过渡过程

在处理实际问题时，还常会遇到较为复杂的多网孔振荡回路。上节已介绍了一些把多网孔回路简化成单网孔回路进行计算的方法，但并不是对所有复杂的多网孔回路都是有效的。这一节将介绍一些常见的多网孔回路的计算方法。

一、用拉氏变换法计算双网孔振荡回路的过渡过程

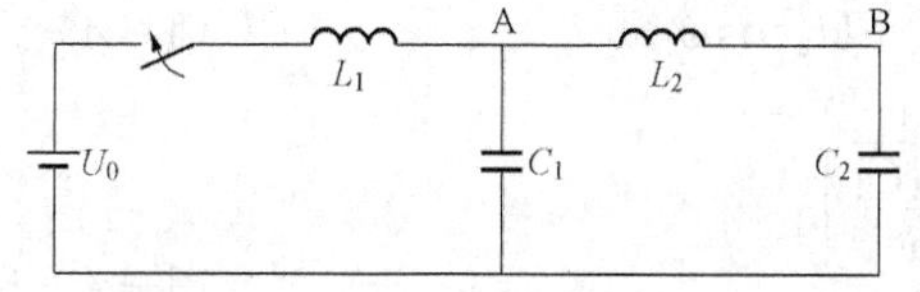

图 1-4-1　双网孔振荡回路

图 1-4-1 为实际问题中常遇到的一种双网孔振荡回路。这里只讨论直流电源作用到这个双网孔振荡回路的情况，其他电源作用时的解可在此基础上采用丢阿莫尔积分法求出。下面来求 u_A 和 u_B 的解。

首先，写出 u_A 和 u_B 的拉氏变换式

$$u_A(p)=\frac{U_0}{p}\times\frac{\dfrac{1}{\dfrac{1}{pL_2+\dfrac{1}{pC_2}}+pC_1}}{\dfrac{1}{\dfrac{1}{pL_2+\dfrac{1}{pC_2}}+pC_1}+pL_1}$$

$$=\frac{U_0}{p}\times\frac{p^2L_2C_2+1}{p^4L_1C_1L_2C_2+p^2(L_2C_2+L_1C_2+L_1C_1)+1} \quad (1-4-1)$$

$$u_B(p)=u_A(p)\frac{\dfrac{1}{pC_2}}{pL_2+\dfrac{1}{pC_2}}$$

$$=\frac{U_0}{p}\times\frac{1}{p^4L_1C_1L_2C_2+p^2(L_2C_2+L_1C_2+L_1C_1)+1} \quad (1-4-2)$$

令 $\alpha=\frac{1}{L_2C_2}+\frac{1}{L_2C_1}+\frac{1}{L_1C_1}$，$\beta=\frac{1}{L_1C_1L_2C_2}$，则上两式可简化为

$$u_A(p)=\frac{U_0}{p}\times\frac{\dfrac{p^2}{L_1C_1}+\beta}{p^4+\alpha p^2+\beta}=\frac{U_0}{p}\times\frac{\dfrac{p^2}{L_1C_1}+\beta}{(p^2+\omega_1^2)(p^2+\omega_2^2)} \quad (1-4-3)$$

$$u_B(p)=\frac{U_0}{p}\times\frac{\beta}{p^4+\alpha p^2+\beta}=\frac{U_0}{p}\times\frac{\beta}{(p^2+\omega_1^2)(p^2+\omega_2^2)} \quad (1-4-4)$$

$$\omega_1^2=\frac{\alpha}{2}-\sqrt{\left(\frac{\alpha}{2}\right)^2-\beta},\omega_2^2=\frac{\alpha}{2}+\sqrt{\left(\frac{\alpha}{2}\right)^2-\beta}$$

显然，下列关系是成立的

$$\omega_1^2\omega_2^2=\beta,\omega_2^2-\omega_1^2=2\sqrt{\left(\frac{\alpha}{2}\right)^2-\beta}$$

利用分解定理或查表，可知 $\varphi(p)=\frac{1}{p(p^2+\omega_1^2)(p^2+\omega_2^2)}$ 的原函数为

$$\varphi(t)=\frac{1}{\omega_1^2\omega_2^2}+\frac{1}{\omega_1^2(\omega_1^2-\omega_2^2)}\cos\omega_1 t-\frac{1}{\omega_2^2(\omega_1^2-\omega_2^2)}\cos\omega_2 t$$

而 $\varphi(p)=\frac{p}{(p^2+\omega_1^2)(p^2+\omega_2^2)}$ 的原函数为

$$\varphi(t)=\frac{1}{\omega_1^2-\omega_2^2}(\cos\omega_2 t-\cos\omega_1 t)$$

由之可得

$$u_A(t)=U_0-(U_1\cos\omega_1 t-U_2\cos\omega_2 t) \quad (1-4-5)$$

$$\left.\begin{aligned}U_1&=U_0\frac{\omega_2^2-\dfrac{1}{L_1C_1}}{\omega_2^2-\omega_1^2}\\ U_2&=U_0\frac{\omega_1^2-\dfrac{1}{L_1C_1}}{\omega_2^2-\omega_1^2}\end{aligned}\right\} \quad (1-4-6)$$

同时可得

$$u_B(t)=U_0-(U'_1\cos\omega_1 t-U'_2\cos\omega_2 t)$$
$$=U_0-\sum_{k=1}^{2}(-1)^{k-1}U'_k\cos\omega_k t \quad (1-4-7)$$

$$\left.\begin{aligned}U'_1&=U_0\frac{\omega_2^2}{\omega_2^2-\omega_1^2}\\U'_2&=U_0\frac{\omega_1^2}{\omega_2^2-\omega_1^2}\end{aligned}\right\} \quad (1-4-8)$$

计算结果说明，出现在这个双孔振荡回路电容上的电压，由稳态分量和两个按不同频率振荡的自由分量组成，且振荡分量各谐波的初相值（即在 $t=0$ 时的值）符号相反。从式（1-4-6）和式（1-4-8）可知，由于 $\omega_2>\omega_1$，所以必有 $U_1>U_2$、$U'_1>U'_2$。也就是说，振荡频率较高的振荡将具有较低的振幅。这种概念可以推广到 n 个振荡网孔的链形网络中，此时任一分支电容上的电压 u 可以写为

$$u=U_0-\sum_{k=1}^{n}U_k\cos\omega_k t \quad (1-4-9)$$

二、用状态变量法计算多网孔振荡回路的过渡过程

应该指出，网孔多少并非判断振荡回路的自由振荡频率数的准确判据。例如图 1-3-29 所示的网络具有 4 个网孔，但已知其只有 2 个振荡频率，由后者可知，其特征方程应该是四阶的，或称这一网络的复杂阶数是四阶。

应用拓扑分析，可以成功地判断网络的复杂阶数。根据拓扑分析可知：网络的复杂阶数将由网络中独立的状态变量数来决定。在不存在“只有电容的割集”和“只有电感的回路”的网络中，那些可以选作“树支”的电容上的电压，以及那些可以选作“链支”的电感中的电流都可以选为独立的状态变量。但当网络中存在只有电容的割集时，作为“树支”电容上电压的独立状态变量应减少一个，当网络中存在只有电感的回路时，作为“链支”电感上电流的独立状态变量应减少一个。也就是说网络的复杂阶数就是网络中可以组成树支的电容数加上可以组成链支的电感数，再减去只有电容的割集数以及只有电感的回路数。以图 1-3-29 为例，图中存在的两个电感都可选为链支，但可选为树支的电容只可能有三个（如 C_R、$2C_Q$、C_Q 或者 $2C_P$、C_R、C_P 等），而其中又有一个只含电容的割集（电容 $2C_Q$、C_Q、C_R 组成的节点）。因此，图 1-3-29 所示网络的复杂阶数为 2+3-1=4。网络的复杂阶数除以 2 所得的整数部分即是振荡回路的自由振荡频率数，所以图 1-3-29 网络的自由振荡频率数为 Integer[1]（4/2）=2。

下面以图 1-4-1 的双网孔振荡回路为例来介绍如何用状态变量法来求各电容支路的电压。作出图 1-4-1 中网络的拓扑定向图，如图 1-4-2 所示。图中支路 1、2 为电容 C_1、C_2 的支路，支路 3、4 为电感 L_1、L_2 的支路，支路 5 为电压源。选择支路 1、2、5 为树支，支路 3、4 为链支。由于网络中不存在只含电容的割集和只含电感的回路。而组成树支的电容支路数为 2，组成链支的

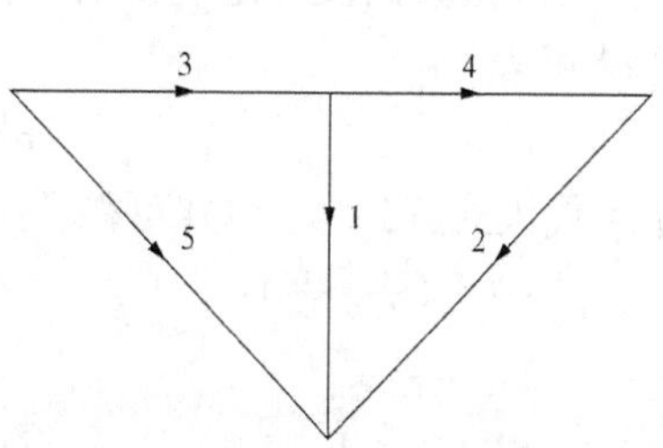

图 1-4-2　图 1-4-1 的拓扑定向图

[1] Integer 意为取整数部分。

电感支路数为 2，所以此回路是四阶两频率的。

选树支电容 C_1、C_2 上的电压 u_1、u_2 以及链支电感 L_1、L_2 中的电流 i_3、i_4 为状态变量。列出树支电容的基本割集方程和链支电感的基本回路方程，即可得状态方程组

$$\left.\begin{aligned} C_1\frac{\mathrm{d}u_1}{\mathrm{d}t} &= i_3 - i_4 \\ C_2\frac{\mathrm{d}u_2}{\mathrm{d}t} &= i_4 \\ L_1\frac{\mathrm{d}i_3}{\mathrm{d}t} &= U_0 - u_1 \\ L_2\frac{\mathrm{d}i_4}{\mathrm{d}t} &= u_1 - u_2 \end{aligned}\right\} \tag{1-4-10}$$

或写成矩阵表达式

$$\dot{\boldsymbol{X}} = \boldsymbol{AX} + \boldsymbol{BU} \tag{1-4-11}$$

$$\boldsymbol{X} = [u_1 \quad u_2 \quad i_3 \quad i_4]^T,\ \dot{\boldsymbol{X}} = \begin{bmatrix}\frac{\mathrm{d}u_1}{\mathrm{d}t} & \frac{\mathrm{d}u_2}{\mathrm{d}t} & \frac{\mathrm{d}i_3}{\mathrm{d}t} & \frac{\mathrm{d}i_4}{\mathrm{d}t}\end{bmatrix}^T$$

$$\boldsymbol{A} = \begin{bmatrix} 0 & 0 & \frac{1}{C_1} & \frac{1}{C_1} \\ 0 & 0 & 0 & \frac{1}{C_2} \\ -\frac{1}{L_1} & 0 & 0 & 0 \\ \frac{1}{L_2} & -\frac{1}{L_2} & 0 & 0 \end{bmatrix},\ \boldsymbol{B} = \begin{bmatrix} 0 & 0 & \frac{1}{L_1} & 0 \end{bmatrix},\ \boldsymbol{U} = U_0$$

可以证明，式（1-4-11）所示线性定常状态方程的解为

$$\boldsymbol{X} = \mathrm{e}^{\boldsymbol{A}(t-t_0)}\boldsymbol{X}(t_0) + \int_{t_0}^{t} \mathrm{e}^{\boldsymbol{A}(t-\tau)}\boldsymbol{BU}(\tau)\mathrm{d}\tau \tag{1-4-12}$$

由于在该网络中，电感元件中无起始电流，电容元件上无起始电压，所以式（1-4-12）中状态变量的初值 $\boldsymbol{X}(t_0)$ 为零，取 $t_0=0$，可得状态方程的解为

$$\boldsymbol{X} = U_0\int_0^t \mathrm{e}^{\boldsymbol{A}(t-\tau)}\boldsymbol{B}\mathrm{d}\tau \tag{1-4-13}$$

显然只要设法求出 $\mathrm{e}^{\boldsymbol{A}t}$，就可以得出状态变量 u_1、u_2、i_3 和 i_4 的全部解答。

矩阵函数的展开定理说明，任一 $n\times n$ 阶矩阵 $\boldsymbol{A}$ 的函数均可展开为 $\boldsymbol{A}$ 的 $n-1$ 阶多项式，即 $\mathrm{e}^{\boldsymbol{A}t}$ 可表为

$$\mathrm{e}^{\boldsymbol{A}t} = a_0 + a_1\boldsymbol{A} + a_2\boldsymbol{A}^2 + a_3\boldsymbol{A}^3 \tag{1-4-14}$$

将 $\boldsymbol{A}$ 代入式（1-4-14）可得

$$\mathrm{e}^{\boldsymbol{A}t} = \begin{bmatrix} a_0 - \frac{1}{C_1}\left(\frac{1}{L_1}+\frac{1}{L_2}\right)a_2 & \frac{1}{C_1L_2}a_2 & \frac{1}{C_1}a_2 - \frac{1}{C_1^2}\left(\frac{1}{L_1}+\frac{1}{L_2}\right)a_3 & -\frac{1}{C_1}a_1 + \frac{1}{C_1}\left[\frac{1}{C_1L_1}+\frac{1}{L_2}\left(\frac{1}{C_1}+\frac{1}{C_2}\right)\right]a_3 \\ \frac{1}{C_2L_2}a_2 & a_0 - \frac{1}{C_2L_2}a_2 & \frac{1}{C_1C_2L_2}a_3 & \frac{1}{C_2}a_1 - \frac{1}{C_2L_2}\left(\frac{1}{C_1}+\frac{1}{C_2}\right)a_3 \\ -\frac{1}{L_1}a_1 + \frac{1}{L_1C_1}\left(\frac{1}{L_1}+\frac{1}{L_2}\right)a_3 & -\frac{1}{C_1L_1L_2}a_3 & a_0 - \frac{1}{C_1L_1}a_2 & \frac{1}{C_1L_1}a_2 \\ \frac{1}{L_2}a_1 - \frac{1}{L_2}\left[\frac{1}{C_1}\left(\frac{1}{L_1}+\frac{1}{L_2}\right)+\frac{1}{C_2L_2}\right]a_3 & -\frac{1}{L_2}a_1 + \frac{1}{L_2^2}\left(\frac{1}{C_1}+\frac{1}{C_2}\right)a_3 & \frac{1}{C_2L_2}a_2 & -\frac{1}{L_2}\left(\frac{1}{C_1}+\frac{1}{C_2}\right)a_2 \end{bmatrix} \tag{1-4-15}$$

式中：a_0、a_1、a_2、a_3 均为待定系数。为求 a_0、a_1、a_2、a_3，需写出矩阵 $\boldsymbol{A}$ 的特征多项式 $\boldsymbol{P}(\lambda)$

$$P(\lambda)=\det|A-\lambda E|=\begin{vmatrix} -\lambda & 0 & \frac{1}{C_1} & -\frac{1}{C_1} \\ 0 & -\lambda & 0 & \frac{1}{C_2} \\ -\frac{1}{L_1} & 0 & -\lambda & 0 \\ \frac{1}{L_2} & -\frac{1}{L_2} & 0 & -\lambda \end{vmatrix}=\lambda^4+\left(\frac{1}{L_2C_2}+\frac{1}{L_2C_1}+\frac{1}{L_1C_1}\right)\lambda^2+\frac{1}{L_1C_1L_2C_2}$$

$$=\lambda^4+\alpha\lambda^2+\beta=(\lambda+j\omega_1)(\lambda-j\omega_1)(\lambda+j\omega_2)(\lambda-j\omega_2) \tag{1-4-16}$$ [1]

$$\omega_1=\sqrt{\frac{\alpha}{2}-\sqrt{\left(\frac{\alpha}{2}\right)^2-\beta}},\omega_2=\sqrt{\frac{\alpha}{2}+\sqrt{\left(\frac{\alpha}{2}\right)^2-\beta}}$$

于是此特征多项式的特征根为

$$\lambda_1=-j\omega_1,\lambda_2=j\omega_1,\lambda_3=-j\omega_2,\lambda_4=j\omega_2$$

将式（1-4-15）中的$\boldsymbol{A}$用特征根λ_1、λ_2、λ_3、λ_4取代，可得下述联立方程组

$$\left.\begin{aligned} e^{-j\omega_1 t}&=a_0-a_1j\omega_1-a_2\omega_1^2+a_3j\omega_1^3 \\ e^{j\omega_1 t}&=a_0+a_1j\omega_1-a_2\omega_1^2-a_3j\omega_1^3 \\ e^{-j\omega_2 t}&=a_0-a_1j\omega_2-a_2\omega_2^2+a_3j\omega_2^3 \\ e^{j\omega_2 t}&=a_0+a_1j\omega_2-a_2\omega_2^2-a_3j\omega_2^3 \end{aligned}\right\} \tag{1-4-17}$$

由联立方程组可求得

$$a_0=\frac{1}{\omega_2^2-\omega_1^2}(\omega_2^2\cos\omega_1 t-\omega_1^2\cos\omega_2 t)$$

$$a_1=\frac{1}{\omega_2^2-\omega_1^2}\left(\frac{\omega_2^2}{\omega_1}\sin\omega_1 t-\frac{\omega_1^2}{\omega_2}\sin\omega_2 t\right)$$

$$a_2=\frac{1}{\omega_2^2-\omega_1^2}(\cos\omega_1 t-\cos\omega_2 t)$$

$$a_3=\frac{1}{\omega_2^2-\omega_1^2}\left(\frac{1}{\omega_1}\sin\omega_1 t-\frac{1}{\omega_2}\sin\omega_2 t\right)$$

状态方程的解为

$$\boldsymbol{X}=U_0\int_0^t e^{\boldsymbol{A}(t-\tau)}\boldsymbol{B}d\tau$$

$$=U_0\begin{bmatrix} \int_0^t\left[\frac{1}{L_1C_1}a_1(t-\tau)-\frac{1}{L_1C_1^2}\left(\frac{1}{L_1}+\frac{1}{L_2}\right)a_3(t-\tau)\right]d\tau \\ \int_0^t\frac{1}{L_1C_1L_2C_2}a_3(t-\tau)d\tau \\ \int_0^t\left[\frac{1}{L_1}a_0(t-\tau)-\frac{1}{C_1L_1^2}a_2(t-\tau)\right]d\tau \\ \int_0^t\frac{1}{L_1L_2C_1}a_2(t-\tau)d\tau \end{bmatrix} \tag{1-4-18}$$

由式（1-4-18）不难求出电容C_1上的电压u_1为

[1] $\boldsymbol{E}$称为单位矩阵，该矩阵的对角线元素全为1，而其余元素全为0。

$$u_1=U_0\int_0^t\frac{1}{L_1C_1}\times\frac{1}{\omega_2^2-\omega_1^2}\left[\frac{\omega_2^2}{\omega_1}\sin\omega_1(t-\tau)-\frac{\omega_1^2}{\omega_2}\sin\omega_2(t-\tau)\right]\mathrm{d}\tau$$

$$-U_0\int_0^t\frac{1}{L_1C_1^2}\left(\frac{1}{L_1}+\frac{1}{L_2}\right)\frac{1}{\omega_2^2-\omega_1^2}\left[\frac{1}{\omega_1}\sin\omega_1(t-\tau)-\frac{1}{\omega_2}\sin\omega_2(t-\tau)\right]\mathrm{d}\tau$$

$$=U_0\left(1-\frac{\omega_2^2-\frac{1}{C_1L_1}-\frac{1}{C_1L_2}}{L_1C_1\omega_1^2}\cos\omega_1 t-\frac{\omega_1^2-\frac{1}{C_1L_1}-\frac{1}{C_1L_2}}{L_1C_1\omega_2^2}\cos\omega_2 t\right) \quad (1-4-19)$$

电容 C_2 上的电压 u_2 为

$$u_2=U_0\int_0^t\frac{1}{L_1C_1L_2C_2}\times\frac{1}{\omega_2^2-\omega_1^2}\left[\frac{1}{\omega_1}\sin\omega_1(t-\tau)-\frac{1}{\omega_2}\sin\omega_2(t-\tau)\right]\mathrm{d}\tau$$

$$=U_0\left(1-\frac{1}{\omega_1^2}\cos\omega_1 t+\frac{1}{\omega_2^2}\cos\omega_2 t\right) \quad (1-4-20)$$

与前述拉氏变换法所得的结果相比，式（1-4-20）和式（1-4-7）完全相同；式（1-4-19）和式（1-4-5）虽然在表达形式上有所不同，但经过转换后其结果是相同的。

状态变量也可以用来解更高阶的多孔网络的过渡过程，但一般只适宜于配合计算机进行数值计算，用其推导解析表达的公式时极为繁琐。

三、n 级 LC 链形回路的过渡过程

下面讨论图 1-4-3 所示的直流电源合闸到末端短路的 n 级链形回路。对其中任一环节（如第 s 个环节），写出电流和电压的拉氏方程

$$u_s(p)-u_{s+1}(p)=i_s(p)\times pL \quad (1-4-21)$$

$$u_{s-1}(p)-u_s(p)=i_{s-1}(p)\times pL \quad (1-4-22)$$

$$i_{s-1}(p)-i_s(p)=u_s(p)\times pC \quad (1-4-23)$$

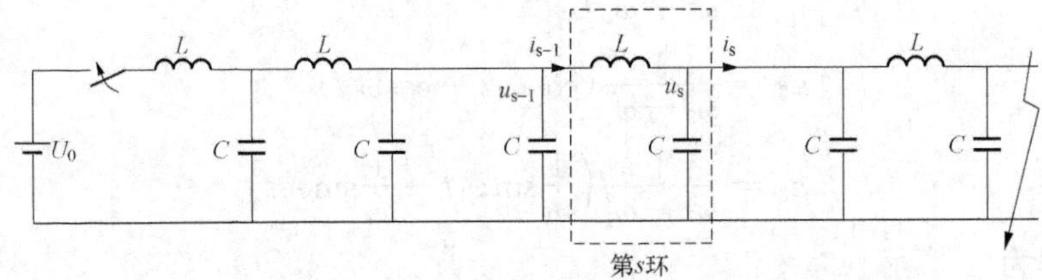

图 1-4-3 n 级 LC 链形回路

将式（1-4-21）和式（1-4-22）相减，再利用式（1-4-23），可得差分方程

$$u_{s-1}(p)-2u_s(p)+u_{s+1}(p)=u_s(p)p^2LC \quad (1-4-24)$$

差分方程的解的形式是

$$u_s(p)=Me^{vs}$$

将其代入式（1-4-24），可得

$$Me^{v(s-1)}-2Me^{vs}+Me^{v(s+1)}=Me^{vs}p^2LC$$

消去 Me^{vs}，得到

$$e^{-v}-(2+p^2LC)+e^{v}=0$$

$$\frac{e^{-v}+e^{v}}{2}=1+\frac{LC}{2}p^2$$

由之可得

$$\mathrm{ch}v = 1 + \frac{LC}{2}p^2$$

$$v = \pm\,\mathrm{ch}^{-1}\left(1 + \frac{LC}{2}p^2\right)$$

令 $\beta = \mathrm{ch}^{-1}\left(1+\frac{LC}{2}p^2\right)$，则 $u_s(p)$ 的解为

$$u_s(p) = M_1 e^{\beta s} + M_2 e^{-\beta s} \tag{1-4-25}$$

其中，M_1 和 M_2 可由边界条件定出。图 1-4-3 的边界条件为

$$\left.\begin{aligned} s = 0 \text{ 时}, u_s &= \frac{U_0}{p} \\ s = n \text{ 时}, u_s &= 0 \end{aligned}\right\}$$

代入式（1-4-25），可得

$$\left.\begin{aligned} M_1 + M_2 &= \frac{U_0}{p} \\ M_1 e^{\beta n} + M_2 e^{-\beta n} &= 0 \end{aligned}\right\} \tag{1-4-26}$$

联解之，可得

$$M_1 = -\frac{U_0}{p} \times \frac{e^{-\beta n}}{2\mathrm{sh}\beta n}$$

$$M_2 = \frac{U_0}{p} \times \frac{e^{\beta n}}{2\mathrm{sh}\beta n}$$

代入式（1-4-25），得 $u_s(p)$ 的解为

$$u_s(p) = \frac{U_0}{p} \times \frac{\mathrm{sh}\beta(n-s)}{\mathrm{sh}\beta n} \tag{1-4-27}$$

利用分解定理可求得式（1-4-27）的原函数为

$$u_s(t) = U_0\left(1 - \frac{s}{n} - \frac{1}{n}\sum_{k=1}^{n}\cot\frac{k\pi}{2n}\sin\frac{ks}{n}\pi\cos\omega_k t\right) \tag{1-4-28}$$

$$\omega_k = \frac{2}{\sqrt{LC}}\sin\frac{k\pi}{2n} \quad (k = 1,2,\cdots,n) \tag{1-4-29}$$

式（1-4-28）也就是 LC 链形回路在末端短路时，各分支电容上电压的表达式。它类同于末端开路时的式（1-4-9）。

在图 1-4-3 中，当 $n\to\infty$，且每个 LC 环节趋近于无限小时，它相当于分布参数长线末端短路时的情况，此时显见 $\frac{s}{n}\to\frac{x}{l}$，而式（1-4-28）将变为

$$\begin{aligned} u_x(t) &= U_0\left(1 - \frac{x}{l} - \lim_{n\to\infty}\sum_{k=1}^{n}\frac{1}{n}\cot\frac{k\pi}{2n}\sin\frac{kx}{l}\pi\cos\omega_k t\right) \\ &= U_0\left(1 - \frac{x}{l} - \frac{2}{\pi}\sum_{k=1}^{\infty}\frac{1}{k}\sin\frac{kx}{l}\pi\cos\omega_k t\right) \end{aligned} \tag{1-4-30}$$

$$\omega_k = \frac{k\pi}{l\sqrt{L_0 C_0}} \tag{1-4-31}$$

式中：L_0、C_0 为导线单位长度的电感和电容值。

式（1-4-30）的物理意义可作如下解释：$U_0\left(1-\frac{x}{l}\right)$ 项显然代表的是“稳定”状态时

x 处的电压（即强迫分量）；$\sum$ 项代表自由振荡分量，表示在过渡过程中的振荡情况。由于线路的起始状态（$u_{x,t=0}=0$）和“稳定”状态$\left[u_{x,t\to\infty}=U_0\left(1-\frac{x}{l}\right)\right]$不同，而且回路是由电感和电容组成的，所以就发生了振荡过程。如果回路是由 n 对集中电感和电容组成，则振荡角频率将有 n 个，如式（1-4-29）所示。如果回路是由分布参数组成，即有无穷多个电感和电容，则振荡角频率就有无穷多个，如式（1-4-31）所示。令 $k=1$，由式（1-4-31）可求出频率的最小值（“基波”频率）为

$$f_0=\frac{\omega_0}{2\pi}=\frac{1}{2l\sqrt{L_0C_0}}$$

从式（1-4-30）还可看出，各级谐波的振幅随谐波次数的升高而降低。在 $t=0$ 时，各级谐波沿导线的分布是正弦形的，也就是说，此时存在着各级空间驻波。这些空间驻波将随时间按各自固有的频率振荡。

式（1-4-30）说明，直流电压突然合闸到末端短路的长线时，沿线路全长的电压分布可以描绘为在强迫分量 $u=U_0\left(1-\frac{x}{l}\right)$上叠加无穷多个在时间上各自按其固有频率振荡的空间谐波。这是描绘分布参数电路中过渡过程的一种图案，其他图案将在下一章进行详细讨论。这里要说明的是，当 $n\to\infty$时，式（1-4-27）可改写为

$$u_x(p)=\frac{U_0}{p}\times\frac{\mathrm{sh}\beta n\times\frac{n-s}{n}}{\mathrm{sh}\beta n}=\frac{U_0}{p}\times\frac{\mathrm{sh}\frac{\beta n}{l}(l-x)}{\mathrm{sh}\beta n}\tag{1-4-32}$$

注意到 $n\to\infty$时 C 和 L 都趋近于零，此时 β 也趋近于零。所以有

$$\mathrm{ch}\beta=\frac{\mathrm{e}^{\beta}+\mathrm{e}^{-\beta}}{2}=\frac{\left(1+\beta+\frac{\beta^2}{2}\right)+\left(1-\beta+\frac{\beta^2}{2}\right)}{2}$$

$$=1+\frac{1}{2}\beta^2=1+\frac{1}{2}p^2LC$$

由之可求出

$$\beta=p\sqrt{LC}=p\sqrt{\frac{C_0l}{n}\times\frac{L_0l}{n}}=\frac{pl}{nv}\tag{1-4-33}$$

$$v=\frac{1}{\sqrt{L_0C_0}}$$

于是式（1-4-32）可改写为

$$u_x(p)=\frac{U_0}{p}\times\frac{\mathrm{sh}\frac{p}{v}(l-x)}{\mathrm{sh}\frac{p}{v}l}\tag{1-4-34}$$

第二章中将证明，式（1-4-34）也是用流动波图案来描绘分布参数过渡过程时所得的拉氏计算式，也就是说这两种描绘分布参数过渡过程的图案是可以互相转化的。

附带指出，在分布参数长线末端开路时，可以得出

$$u_x(t)=U_0\left[1-\frac{4}{\pi}\sum_{k=1}^{\infty}\frac{1}{(2k-1)}\sin\frac{(2k-1)\pi x}{2l}\cos\omega_k' t\right]\tag{1-4-35}$$

$$\omega_k'=\frac{(2k-1)\pi}{2l\sqrt{L_0C_0}}\tag{1-4-36}$$

从式（1-4-30）和式（1-4-35）可以知道，分布参数的长线不论其末端是短路的还是开路的，其各次自由振荡的空间谐波的幅值都是随着谐波次数（k）的增大而减小的。所以在这两个公式中，对于代表各次自由振荡的 $\sum_{k=1}^{\infty}$ 项来说，只要取 $k=1\sim10$ 的前十项，即将其改为 $\sum_{k=1}^{10}$ 项，则对 $u_x(t)$ 来说所引起的误差一般只有 5%左右。进一步还可以证明，这一结论在分布参数长线末端不管接有什么负载时也都是成立的。

由此得到了一条重要的结论：对于分布参数的长线来说，如用不少于十个环节的等值链形回路的集中参数电路来加以取代，在过电压的计算或模拟实验中所引起的误差很小，一般可以满足工程上的要求。

习　题

1. 如图 1-1-4 所示，试求在串联阻尼的电路中，当 $R\Big/\sqrt{\dfrac{L}{C}}$ 分别为 0、0.25、0.5、0.75、1.0、1.25、1.5、1.75、2 时，相应的 ω/ω_0 及 $(U_C)_m/E$ 的值。

2. 已知条件同上，在图 1-1-5 所示并联阻尼的电路中，试求相应的 ω/ω_0 及 U 的值。

3. 如图 1-1-4 所示，交流电源合闸于 L、C 串联电路，试求交流电源合闸的相位角为何值时，u_C 上过电压最大。

4. 交流电源合闸于 R、C 串联电路，在 C 上的电压会比电源电压大吗？

5. 在图 1-3-4 中，当 A 相开关先开断时，在该相开关断口上的最大电压有多大？在以后 B 相及 C 相开关的断开过程中，在各该相开关的断口上最大电压又有多大？

6. 用对称分量法分析过渡过程时应注意什么？

7. 试分析 n 级 LC 链形回路的过渡过程的物理过程。

第二章　分布参数回路的过渡过程

各种传输线（架空导线或电力电缆）是典型的分布参数回路。无损传输线除了有沿长度均匀分布的电感外，导线和大地间还存在有均匀分布的电容（见图 2-0-1）。由于分布电感和分布电容的存在，当外加电压作用于导线时，在过渡过程中，在同一瞬间沿线各点的电流可能处处不同，沿线各处的对地电压也可能处处不同。除非有严格证明，一般不能随便使用图 2-0-2 所示的集中参数电路来代替图 2-0-1 的分布参数电路。

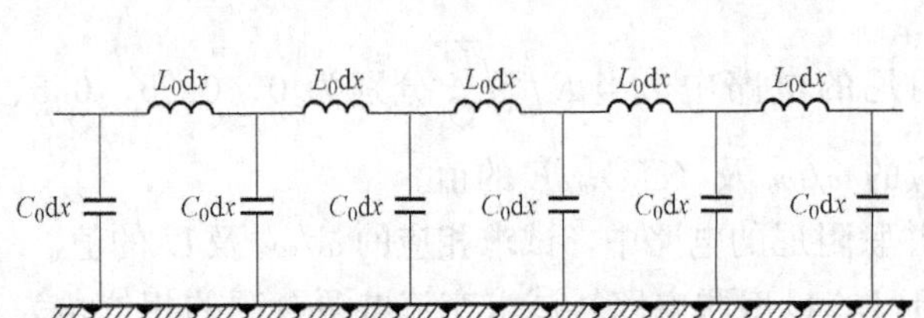

图 2-0-1　传输线的分布参数等效电路

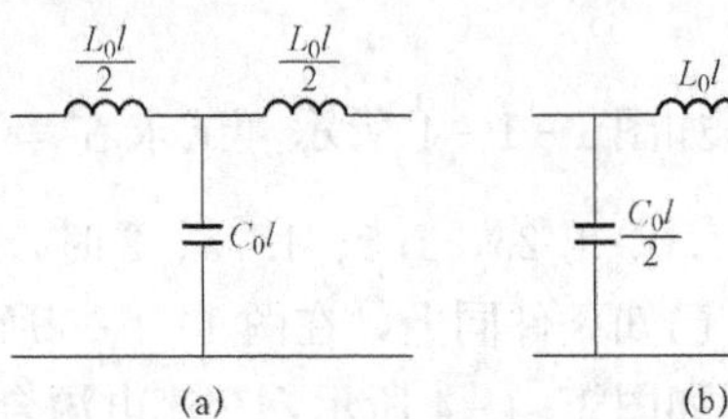

图 2-0-2　传输线的集中参数等效电路

(a) T 形回路；(b) π 形回路

雷电冲击的频率很高，波头长度很短（一般为 780m），因此在研究雷电冲击波对导线的作用时，导线一般应按分布参数考虑。高压远距离交流输电线虽然工作频率低，波长很长（6000km），但在输电线长度很大，例如数百千米以上时，不论稳态或暂态也都宜用分布参数来研究。上一章已经介绍了如何从 n 级链形回路出发推出分布参数回路的过渡过程的解，并得出了描述分布参数过渡过程的谐波振荡图案。本章将重点介绍如何用波的概念来研究分布参数回路的过渡过程，得出描述分布参数回路过渡过程的流动波图案和混合波图案。用这种图案可以比较方便地找出导线上电流、电压的变化规律，从而确定过电压的最大值。

第一节　均匀无损导线的波过程

一、波过程的物理概念

先来讨论一根架空长导线的情况。如图 2-1-1 所示的等效电路图，图中 L_0 代表导线以大地为回路的每米电感值，C_0 代表导线每米对地电容值。当略去导线及大地的电阻时，L_0 和 C_0 可分别用以下公式计算

$$L_0=\frac{\mu_0}{2\pi}\ln\frac{2h_p}{r}\quad (\mathrm{H/m}) \tag{2-1-1}$$

$$C_0=\frac{2\pi\varepsilon_0}{\ln\frac{2h_p}{r}}\quad (\mathrm{F/m}) \tag{2-1-2}$$

式中：μ_0 为空气的磁导系数，$\mu_0=4\pi\times10^{-7}\mathrm{H/m}$；$\varepsilon_0$ 为空气的介电系数，$\varepsilon_0=\frac{10^{-9}}{36\pi}\mathrm{F/m}$；$h_p$

为导线的平均高度，m；r 为导线的半径，m。等效电路中的每个电感值为 $L_0\mathrm{d}x$，每个电容值为 $C_0\mathrm{d}x$。

参看图 2-1-1，假定初始条件为零。在 $t=0$ 时将斜角波电流 $i=at$（a 的单位为 A/s，t 的单位为 s）加进无限长导线的左端 A 点。设波的传播速度为 v，则在任一时刻 t，电流沿导线的分布如图 2-1-1 所示。此时由于 B 点的电位为零，从 A 到 B 的电感 $L_0x=L_0vt$ 上的压降就是 A 点的电位 u_A，即

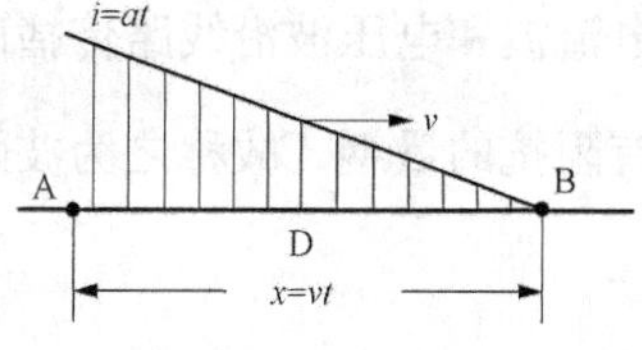

图 2-1-1　斜角波电流作用于导线

$$u_A=L_0vt\frac{\mathrm{d}i}{\mathrm{d}t}=L_0vta \tag{2-1-3}$$

但 A 的电位又显然与 A 点 $\mathrm{d}x$ 段对地部分电容 $C_0\mathrm{d}x$ 上储藏的电荷多少有关。假设 A 点每单位长度导线上的电荷为 q，则在 A 点 $\mathrm{d}x$ 段上的电荷为 $q\mathrm{d}x$，于是可求出 A 点电位 u_A 必等于

$$u_A=\frac{q\mathrm{d}x}{C_0\mathrm{d}x}=\frac{q}{C_0} \tag{2-1-4}$$

电荷的流动形成电流。在 $\mathrm{d}t$ 时间内显然电荷 $q\mathrm{d}x$ 将流过 A 点，所以流过 A 点的电流 i 为

$$i=\frac{q\mathrm{d}x}{\mathrm{d}t}=q\frac{\mathrm{d}x}{\mathrm{d}t}=qv \tag{2-1-5}$$

将式（2-1-5）代入式（2-1-4），并且计及 $i=at$，得到

$$u_A=\frac{i}{vC_0}=\frac{at}{vC_0} \tag{2-1-6}$$

根据基尔霍夫电压定律，式（2-1-3）应等于式（2-1-6），即

$$L_0vta=\frac{at}{vC_0}$$

由此求得

$$v=\pm\frac{1}{\sqrt{L_0C_0}} \tag{2-1-7}$$

将式（2-1-1）和式（2-1-2）代入上式，得

$$v=\pm\frac{1}{\sqrt{\mu_0\varepsilon_0}}=\pm 3\times 10^8\mathrm{m/s}=\pm c \tag{2-1-8}$$

此即电磁波在空气中的传播速度，它等于光速，通常用 c 来表示。也就是说电流波或电压波是以光速沿架空导线传播的[1]，它与导线的几何尺寸和悬挂高度无关。

下面来讨论沿线路正 x 方向传播的互相伴随的电流波和电压波间的关系。还是以图 2-1-3 为例，v 取正值，将 $v=\frac{1}{\sqrt{L_0C_0}}$ 和 $i=at$ 代入式（2-1-3），即得线路 A 点电压和电流的关系为

$$\frac{u_A}{i}=\sqrt{\frac{L_0}{C_0}}$$

---

[1] 用同样的方法可以证明，在电力电缆中 $v=\frac{1}{\sqrt{L'_0C'_0}}=\frac{1}{\sqrt{\mu\varepsilon}}$，其中 L'_0 和 C'_0 分别为电缆每米的电感和电容，μ 和 ε 分别为电缆介质的磁导系数和介电系数，此时 $v\approx1.5\times10^8\mathrm{m/s}$，即电流波或电压波沿电缆流动的速度约为空气中光速的 1/2。

用类似的方法不难证明，对图 2-1-1 的任一点 D，式 $\frac{u}{i}=\sqrt{\frac{L_0}{C_0}}$ 都适用。因此可以说，当电流波和电压波沿线路传播时，线路任一点的电压值和电流值之比均为 $\sqrt{\frac{L_0}{C_0}}$。因为 $\sqrt{\frac{L_0}{C_0}}$ 具有阻抗的量纲，故称之为波阻，并用 Z 来表示，即

$$Z=\frac{u}{i}=\sqrt{\frac{L_0}{C_0}}=60\ln\frac{2h_p}{r} \tag{2-1-9}$$

波阻的大小取决于单位长度导线的电感和电容。若取单位长度架空导线的电感 $L_0\approx1.6\times10^{-6}$ H/m，电容 $C_0\approx7\times10^{-12}$ F/m，代入式（2-1-9），可得架空导线的波阻为 $Z=470\Omega$❶。考虑到在电压很高的雷电波作用时，导线将发生电晕。电晕的结果可使 C_0 增大到约 10×10^{-12} F/m，此时 Z 值将减小到约为 400Ω。

电流波和电压波的传播必然伴随着能量的传播，因为电压波使导线对地电压升高的过程也就是电场能在导线对地电容上储藏的过程。同样，电流波通过导线的过程也就是磁场能在导线电感中储藏的过程。也就是说，当电压波 u 和电流波 i 互相伴随着沿线路传播时，线路单位长度获得的电场和磁场能量将分别为 $\frac{1}{2}C_0u^2$ 和 $\frac{1}{2}L_0i^2$，而这部分能量实际上是储藏在线路单位长度的介质中的。如将式（2-1-9）进一步改写，可以得到

$$\frac{1}{2}L_0i^2=\frac{1}{2}C_0u^2 \tag{2-1-10}$$

由此可以看出，储藏在导线单位长度介质中的磁能恰好等于其电能，这正是电磁能传播的规律。因此，进一步说明了电压波和电流波互相伴随着沿导线传播，也就是电磁波沿导线传播。

从式（2-1-10）出发，还可以求出电压波和电流波沿导线传播时，导线单位长度的总能量为

$$\frac{1}{2}C_0u^2+\frac{1}{2}L_0i^2=C_0u^2=L_0i^2$$

已知波的传播速度为 $v=\frac{1}{\sqrt{L_0C_0}}$，因此单位长度导线获得 C_0u^2 或 L_0i^2 能量所需的时间将为 $\frac{1}{v}=\sqrt{L_0C_0}$。由此可知，电压波和电流波伴随着沿导线传播时散布在周围介质中的功率也可由线路的波阻决定，即

$$vC_0u^2=vL_0i^2=\frac{u^2}{Z}=i^2Z$$

注意到，$v=\frac{1}{\sqrt{L_0C_0}}$ 和 $Z=\sqrt{\frac{L_0}{C_0}}$ 两式与电流波陡度 a 的大小无关，而只由导线本身的参数 L_0 和 C_0 决定，所以从这两式得出的上述各结论对任意陡度的波都是对的。又考虑到任意波形总可以分解为无数个幅值有限的斜角波［图 2-1-2（a）］来进行计算，而每一个幅值有限的斜角波又可分解为两个斜角波的叠加［图 2-1-2（b）］，所以这些结论又可以推广应

❶ 如将电力电缆的 L_0' 和 C_0' 代入，可得电缆的波阻 $Z=10\sim50\Omega$。

用到任意波形的电压波和电流波的传播中。

二、波过程计算的基本方程

在集中参数电路中已经知道，电路的特征（如自由振荡频率或时间常数等）是由电路本身的参数决定的，与外加电源无关。由于分布参数回路不过是元件数目非常大的回路，所以为了研究图 2-0-1 所示分布参数电路本身的性质，可以先不计作用在回路上的电压的大小和形状，而从电路中任一环节的方程出发来进行普遍性的研究。取离首端为 x 的环节（见图 2-1-3），注意到电压 u 和电流 i 都是 x 和 t 的函数，可以写出

$$\mathrm{d}u = u_2 - u_1 = -L_0 \mathrm{d}x \frac{\partial i}{\partial t}$$

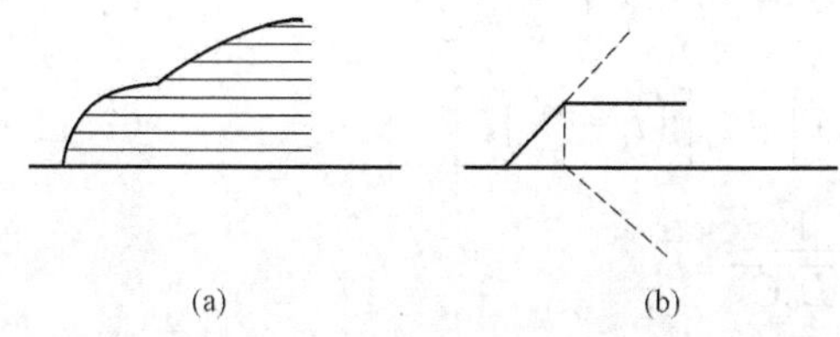

图 2-1-2　任意波形的波分解为无穷多斜角波

(a) 任意波形的分解；(b) 斜角波的叠加

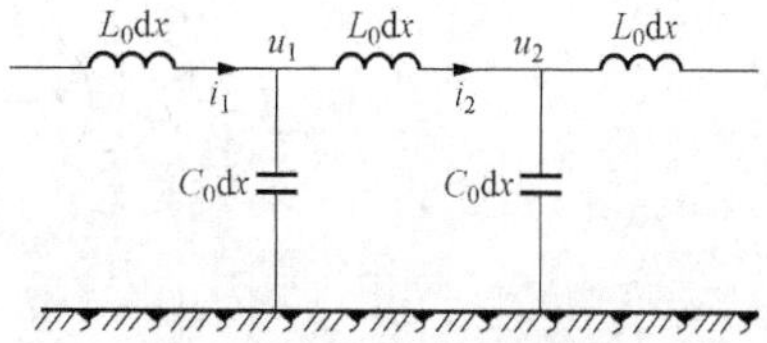

图 2-1-3　分布参数回路的任意一环

整理后得

$$\frac{\partial u}{\partial x} = -L_0 \frac{\partial i}{\partial t} \tag{2-1-11}$$

还可以写出

$$\mathrm{d}i = i_2 - i_1 = -C_0 \mathrm{d}x \frac{\partial u}{\partial t}$$

整理后得

$$\frac{\partial i}{\partial x} = -C_0 \frac{\partial u}{\partial t} \tag{2-1-12}$$

从式（2-1-11）和式（2-1-12）就可以得到分布参数回路的一般规律。

由式（2-1-11）和式（2-1-12）对 u 联解，可以得到

$$\frac{\partial^2 u}{\partial x^2} = L_0 C_0 \frac{\partial^2 u}{\partial t^2} \tag{2-1-13}$$

由式（2-1-11）和式（2-1-12）对 i 联解，则可得

$$\frac{\partial^2 i}{\partial x^2} = L_0 C_0 \frac{\partial^2 i}{\partial t^2} \tag{2-1-14}$$

式（2-1-13）和式（2-1-14）的形式完全一样，可见 u 和 i 有形式相同的解。

下面先来求 u 和 i 的关系，为此可以令

$$u = Zi \tag{2-1-15}$$

式中：Z 为待定系数。

将式（2-1-15）代入式（2-1-11）和式（2-1-12），可得到

$$Z \frac{\partial i}{\partial x} = -L_0 \frac{\partial i}{\partial t} \tag{2-1-16}$$

$$\frac{\partial i}{\partial x} = -C_0 Z \frac{\partial i}{\partial t} \tag{2-1-17}$$

上两式互除，即得

$$Z=\pm\sqrt{\frac{L_0}{C_0}} \tag{2-1-18}$$

这就是前面所讨论过的波阻。

解式（2-1-13）和式（2-1-14）的波动方程。应用拉氏变换和延迟定理，可得

$$u=u_1(x-vt)+u_2(x+vt) \tag{2-1-19}$$

$$i=i_1(x-vt)+i_2(x+vt) \tag{2-1-20}$$

或者

$$u=u_1\left[\left(t-\frac{x}{v}\right)(-v)\right]+u_2\left[\left(t+\frac{x}{v}\right)v\right] \tag{2-1-21}$$

$$i=i_1\left[\left(t-\frac{x}{v}\right)(-v)\right]+i_2\left[\left(t+\frac{x}{v}\right)v\right] \tag{2-1-22}$$

$$v=\frac{1}{\sqrt{L_0C_0}}$$

这两种表达式在代回波动方程时显然都能满足波动方程的要求。前一种表达式在固定 t 求电压和电流沿导线的分布时较为方便，后一种表达式则在求导线上某一点 x 处的电压和电流随时间的变化时较为方便。下面只对式（2-1-19）和式（2-1-20）进行讨论。讨论的结论将同样适用于式（2-1-20）、式（2-1-22）。

由式（2-1-19）和式（2-1-20）可知，电压和电流的解都包括两个部分，一部分是（$x-vt$）的函数，另一部分是（$x+vt$）的函数。如何理解这两个函数的性质呢？下面先来研究函数 $u_1(x-vt)$。$u_1(x-vt)$ 说明，架空导线各点的电压是随时间而变的。参看图 2-1-4，在 $t=t_1$ 时，u_1 沿架空导线的分布为 $u_1(x-vt_1)$；在 $t=t_2$ 时，u_1 沿架空导线的分布为 $u_1(x-vt_2)$。设 $t=t_1$ 时，架空导线上任意一点 $x=x_1$ 处的电压为 u_a，$u_a=u_1(x_1-vt_1)$；则在 $t=t_2$ 时，电压为 u_a 的该状态在架空线上的位置可根据 $u_1(x_2-vt_2)=u_a$ 求得。为满足 $u_1(x_1-vt_1)=u_1(x_2-vt_2)=u_a$ 必须有 $x_1-vt_1=x_2-vt_2$。而在任意时刻 t 时，电压为 u_a 的该状态在架空线上的位置可根据下式求出

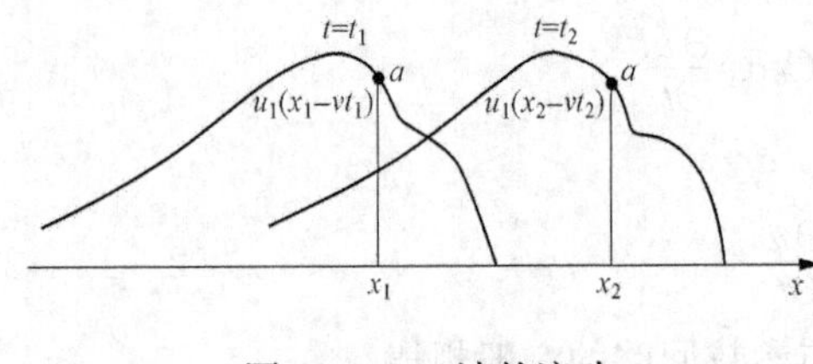

图 2-1-4 波的流动

$$u_1(x-vt)=u_a$$

即

$$x-vt=\text{常数} \tag{2-1-23}$$

将上式对 t 求导，得到

$$\frac{\mathrm{d}x}{\mathrm{d}t}=v$$

即对固定的 u_a 来说，它在空间的坐标 x 将以速度 v 向 x 的正方向移动。因此 $u_1(x-vt)$ 代表一个以速率 v 向 x 的正方向进行的波，以后将 $u_1(x-vt)$ 称为前行电压波，改用 $u_q(x-vt)$ 表示。同样，可以证明 $u_2(x+vt)$ 代表一个以速率 v 向 x 的负方向进行的波，称之为反行电压波，改用 $u_f(x+vt)$ 来表示。据此，可将式（2-1-19）改写为

$$u=u_q(x-vt)+u_f(x+vt) \tag{2-1-24}$$

显然式（2-1-20）也应改写为

$$i = i_q(x-vt) + i_f(x+vt) \tag{2-1-25}$$

将式（2-1-24）对 x 求偏导，得

$$\frac{\partial u}{\partial x} = u'_q(x-vt) + u'_f(x+vt) \tag{2-1-26}$$

代入式（2-1-11），可得

$$\frac{\partial i}{\partial t} = -\frac{1}{L_0}[u'_q(x-vt) + u'_f(x+vt)] \tag{2-1-27}$$

将上式对 t 积分，得到

$$\begin{aligned} i &= \frac{1}{vL_0}[u_q(x-vt) - u_f(x+vt)] \\ &= \frac{1}{Z}[u_q(x-vt) - u_f(x+vt)] \end{aligned} \tag{2-1-28}$$

比较式（2-1-25）和式（2-1-28），可求出前行电压波和前行电流波之间的关系为

$$u_q(x-vt) = Zi_q(x-vt) \tag{2-1-29}$$

图 2-1-5 中的（a）、（b）形象地描绘了这一关系。而反行电压波和反行电流波间的关系则为

$$u_f(x+vt) = -Zi_f(x+vt) \tag{2-1-30}$$

这一关系可用图 2-1-7 中的（c）、（d）表示。反行电压波和电流波具有相反符号这一事实也可以从物理意义上得到解释：由于正的前行波电压相当于一堆正电荷向 x 的正方向移动，而向 x 正方向流动的正电荷将形成正电流，因此前行波电压和前行波电流间具有相同的符号。对反行波来说，正的反行波电压相当于一堆正电荷向 x 的负方向移动，此时虽然电压仍是正的，但因正电荷流动的方向已变为 x 的负方向，从而形成了负的电流，因此反行波电压和反行波电流间必然具有相反的符号。

由以上分析可知，分布参数电路的过渡过程可以用流动波的图案来描述。它的特点是：

（1）将在过渡过程中出现在导线上的电压分解成前行的电压波 u_q 和反行的电压波 u_f［式（2-1-24）］，将流过导线的电流分解为前行的电流波 i_q 和反行的电流波 i_f［式（2-1-25）］。

（2）前行电压波和前行电流波互相伴随着传播，它们间的关系由波阻 Z 决定［式（2-1-29）］，反行电压波和反行电流波互相伴随着传播，它们间的关系也可由波阻 Z 决定，但具有相反的符号［式（2-1-30）］。

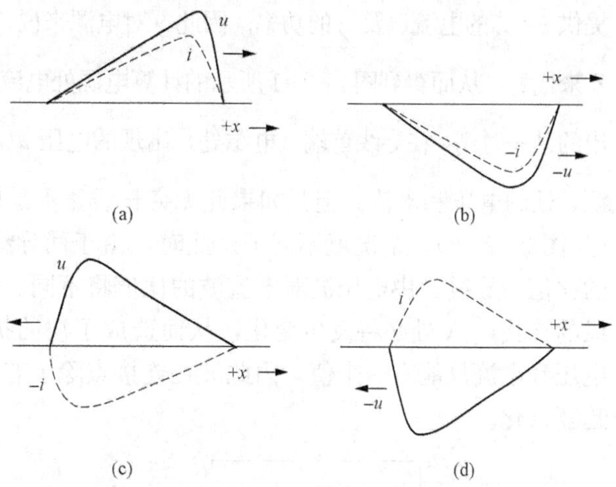

图 2-1-5　电压波和电流波间的关系

（a）、（b）前行波；（c）、（d）反行波

（3）电压波和电流波在均匀无损导线上无畸变地传播，其传播速度为 $v=\frac{1}{\sqrt{L_0C_0}}=\frac{1}{\sqrt{\mu_0\varepsilon_0}}=$

c（光速）。

（4）前行波和反行波分别在导线上按自己的方向传播，两者互相独立，互不干扰，当两个波在导线上相对而遇时，可以将它们算术相加，如图 2-1-6 所示。

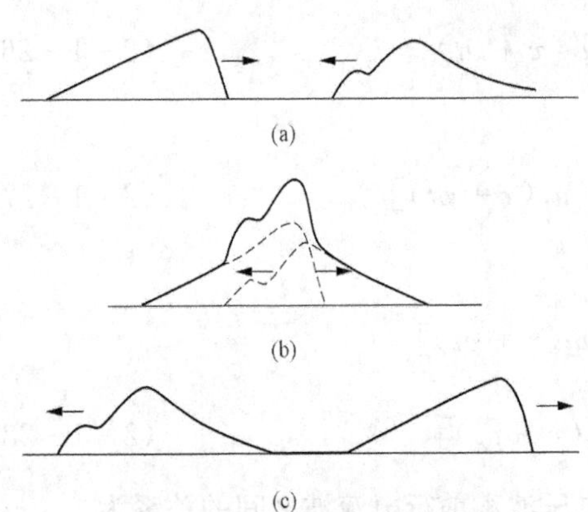

图 2-1-6 两个波在导线上相对而遇的过程
（a）两波相向而行；（b）两波相遇时叠加；（c）两波反向而行

（5）电磁波在无损导线上传播时，在介质中散布的功率将为 $ui=\frac{u^2}{Z}$。这一功率以电磁能的形式储存在周围介质中，并不消耗掉。

式（2-1-24）、式（2-1-25）、式（2-1-29）和式（2-1-30）是流动波计算的四个基本方程，现把它们重列于下：

$$u = u_q + u_f$$
$$i = i_q + i_f$$
$$u_q = Zi_q$$
$$u_f = -Zi_f$$

从这四个基本方程出发，加上边界条件和起始条件，求得相应导线上的前行波和反行波后，就可以算出该导线上任一点的电压和电流了。

第二节 波的折射与反射

已知电压波和电流波之间的关系由线路的波阻决定，而且在传播过程中将向周围介质散布$\frac{u^2}{Z}$的功率。如果导线为无穷长线，则波将沿导线一直传播到无穷远处。这就要求电源不断提供 $i=\frac{u}{Z}$的电流以及$\frac{u^2}{Z}$的功率。因此，对电源来说，此无穷长导线完全可以用一个等值电阻$R=Z$来代替，从而得到图 2-2-1 所示的计算电源处电流和功率的等效电路图。显然，由此线路图算出的某一时刻 t 在导线首端（电源处）出现的电压 $u(t)$ 和电流 $i(t)$ 就是在时刻 $t+\frac{l}{v}$时在距电源 l 处的电压和电流。但是如果此无穷长线路不是均匀的而是由两段波阻不同的导线组成时（见图 2-2-2），情况就不同了。此时，由于两导线的波阻不同，导线 1 中电压波对电流波的比值与导线 2 中电压波对电流波的比值将不同。也就是说，前行的电压波和电流波在两导线的连接点 A 处必将发生变化，从而造成了波的折射。此外，由于在两导线的连接点上的电压和电流只能有一个值，因此波在连接点除了有折射外一定还有反射。这将使波的传播略趋复杂化。

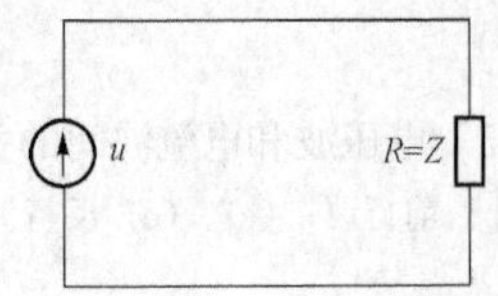

图 2-2-1 无穷长导线的等效电路

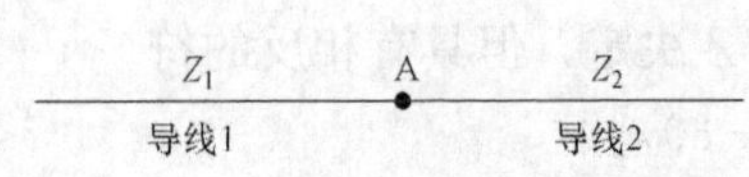

图 2-2-2 两段不同波阻的导线相串联

一、折射波和反射波的计算

以图 2-2-3 为例，设有幅值为 U_0 的电压波沿导线 1 入射，在其未到达连接点 A 时，导线 1 上将只有前行电压波 $u_{q1}=U_0$ 以及相应的前行电流波 i_{q1}。这些前行波到达 A 点后将折射为沿导线 2 前行的电压波 u_{q2} 和电流波 i_{q2}，同时出现沿导线 1 反行的电压波 u_{f1} 和电流波 i_{f1}。由于在连接点 A 处只能有一个电压值和电流值，即 A 点左侧及右侧的电压和电流在 A 点必须连续，因此必然有

$$u_{q1}+u_{f1}=u_{q2} \tag{2-2-1}$$

$$i_{q1}+i_{f1}=i_{q2} \tag{2-2-2}$$

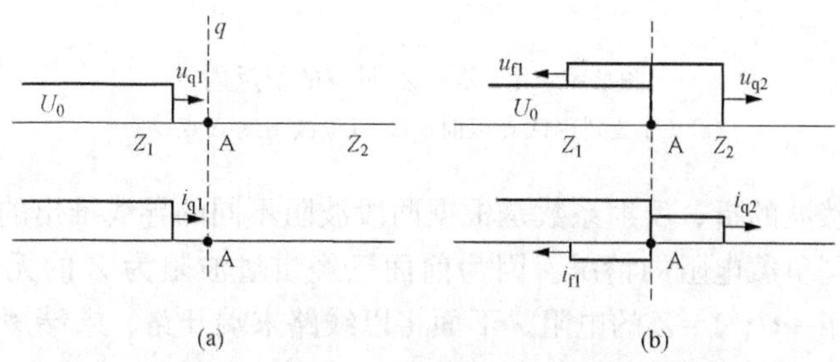

图 2-2-3　$Z_2>Z_1$时波的折、反射

(a) U_0 波到达 A 点以前；(b) U_0 波到达 A 点以后

将 $i_{q1}=\frac{u_{q1}}{Z}$，$i_{q2}=\frac{u_{q2}}{Z}$，$i_{f1}=-\frac{u_{f1}}{Z}$，$u_{q1}=U_0$，代入式（2-2-1）及式（2-2-2），可得

$$U_0+u_{f1}=u_{q2} \tag{2-2-3}$$

$$\frac{U_0}{Z_1}-\frac{u_{f1}}{Z_1}=\frac{u_{q2}}{Z_2} \tag{2-2-4}$$

联解式（2-2-3）和式（2-2-4），即可求得波在导线连接点 A 处的折、反射电压和入射电压的关系式为

$$u_{q2}=\frac{2Z_2}{Z_1+Z_2}U_0=\alpha U_0 \tag{2-2-5}$$

$$u_{f1}=\frac{Z_2-Z_1}{Z_1+Z_2}U_0=\beta U_0 \tag{2-2-6}$$

$$\alpha=\frac{2Z_2}{Z_1+Z_2} \tag{2-2-7}$$

$$\beta=\frac{Z_2-Z_1}{Z_1+Z_2} \tag{2-2-8}$$

式中：α 为电压折射系数；β 为电压反射系数。

由于 A 点左侧及右侧的电压在 A 点处必须连续，根据式（2-2-1），折、反射系数间必然满足

$$1+\beta=\alpha$$

α 和 β 的大小将由波阻 Z_1 对 Z_2 的比值决定。当 $Z_2=Z_1$ 时，$\alpha=1$，$\beta=0$，这说明折射电压波等于入射电压波，反射电压波为零，即不发生任何折、反射。这也就是均匀导线的情况。当 $Z_2>Z_1$ 时，将有 $\alpha>1$，$\beta>0$，此时折射电压波大于入射电压波，反射电压波为正，而折射电流波小于入射电流波，反射电流波为负，如图 2-2-3（b）所示。当 $Z_2<Z_1$ 时，

则由于 $\alpha<1$，$\beta<0$。折射电压波将小于入射电压波，反射电压波变为负值，而折射电流波大于入射电流波，反射电流波为正，如图 2-2-4（b）所示。

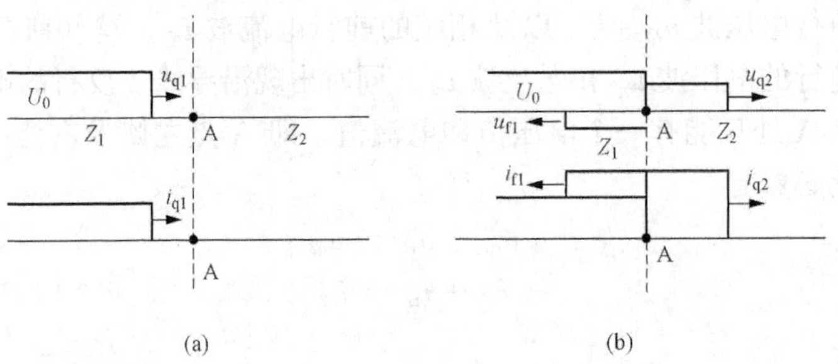

图 2-2-4　$Z_2<Z_1$时波的折反射

（a）U_0 波到达 A 点以前；（b）U_0 波到达 A 点以后

应该指出，虽然波的折、反射系数是根据两段波阻不同的导线推出的，但它也可以适用于导线末端接有不同负载电阻的情况。因为前面已经讲过波阻为 Z 的无穷长的导线在等值线路图中可以相当于一个 $R=Z$ 的电阻。下面将以线路末端开路、末端短路和末端接有与波阻相等的电阻这三种情况来对波的折、反射作进一步讨论。

1. 线路末端开路

线路末端开路相当于 $Z_2=\infty$的情况，此时根据式（2-2-5）～式（2-2-8）可算出 $\alpha=2$、$\beta=1$、$u_{q2}=2U_0$、$u_{f1}=U_0$。这一结果说明入射波 U_0到达开路的末端后将发生全反射，全反射的结果是使线路末端电压上升到入射波电压的 2 倍。随着反射电压波的反行，导线上的电压将逐点上升到入射波电压的 2 倍，如图 2-2-5（a）所示。由 $i_{f1}=-\dfrac{u_{f1}}{Z_1}=-\dfrac{U_0}{Z_1}=-i_{q1}$ 的关系式还可以看到，在电压全反射的同时，电流则发生了负的全反射，电流负反射的结果使线路末端的电流为零，这显然是由线路末端开路的边界条件决定的。而随着负反射电流波的反行，导线上的电流将逐点下降为零，如图 2-2-5（b）所示。

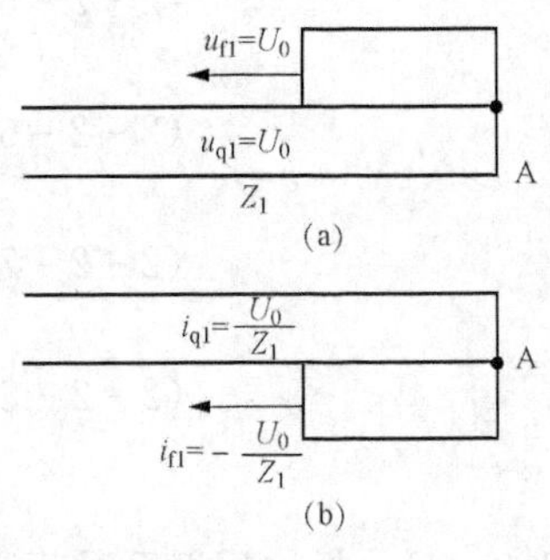

图 2-2-5　线路末端开路时波的折、反射

（a）电压波；（b）电流波

线路末端开路时电压之所以升高也可以从能量的角度加以解释。由于线路末端是开路的，在末端处电流必须为零，由此而造成了电流负反射，在反射波到达的范围内导线上的电流已处处为零，即磁场能量处处为零，因此全部能量将储藏在电场内。由于原来磁场能量是等于电场能量的，所以磁场能量转换为电场能量的结果，将使电能增加 1 倍。同时电磁波的能量还在继续由线路首端传向末端，所以实际上电能将增加到原来值的 4 倍，即 $4\times\dfrac{1}{2}U_0^2C_0$，后者可写成$\dfrac{1}{2}(2U_0)^2C_0$，这就说明了为什么全反射的结果会使导线上的电压升高到原来的 2 倍。

入射波在开路的末端引起的电压升高往往会造成绝缘的破坏，在过电压保护中应给以充分注意。

2. 线路末端短路

线路末端短路相当于 $Z_2=0$ 的情况，此时根据式（2-2-5）～式（2-2-8）可算出 $\alpha=0$、$\beta=-1$、$u_{q2}=0$、$u_{f1}=-U_0$。这一结果说明入射波 U_0到达短路的末端后将发生负的全反射，如图 2-2-6（a）所示。负反射的结果使线路末端电压下降为零，而且逐点向首端发展，这是由线路末端短路的边界条件决定的。同样，由 $i_{f1}=-\dfrac{u_{f1}}{Z_1}=\dfrac{U_0}{Z_1}=i_{q1}$ 的关系式可以看到，在电压负的全反射的同时，电流将发生正的全反射，如图 2-2-6（b）所示。电流正的全反射的结果使线路末端的电流上升为入射波电流的 2 倍，而且逐点向首端发展。

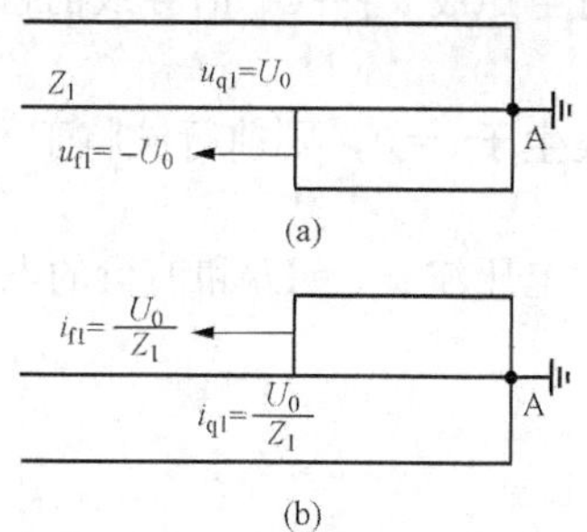

图 2-2-6　线路末端短路时波的折、反射

（a）电压波；（b）电流波

线路末端短路时电流之所以增大也可以从能量的角度加以解释。显然，这是从线路末端返回的电能全部转化为磁能的结果。

3. 线路末端接有电阻 $R=Z_1$

从波的折、反射的观点出发，$R=Z_1$ 的情况也就是 $Z_2=Z_1$ 的情况。此时根据式（2-2-5）～式（2-2-8），显然有 $\alpha=1$、$\beta=0$、$u_{q2}=U_0$、$u_{f1}=0$。如图 2-2-7 所示，在这种情况下，波到线路末端 A 点时并不反射，与均匀导线的情况完全相同。因此在高压测量中，常在电缆末端接以和电缆波阻相等（相匹配）的电阻来消除波在电缆末端折、反射所引起的测量误差。但是也应看到，从能量的观点出发，R 和 Z_2 是有所不同的。显然，当 A 点所接为电阻 R 时，由电磁波传输到 A 点的全部能量将消耗在 R 中；而如果当 A 点所接为波阻 $Z_2=R$ 的无穷长导线，则经由 A 点传输的全部能量将储藏在导线周围的介质中。

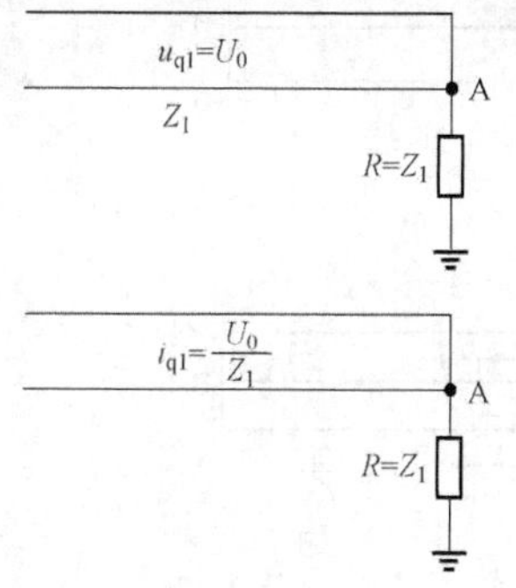

图 2-2-7　线路末端接有 $R=Z_1$ 时波的折、反射

最后还应说明，为了清楚起见在讨论波的折射和反射时采用了幅值恒定的入射波电压 U_0，但这一结论可以推广到任意波形。因为在式（2-2-5）～式（2-2-8）的推导中并没有对入射波的形状作任何限制。图 2-2-8 中给出了任意形状的电压和电流波在线路的开路末端的反射情况，它是根据电压波在开路末端发生全反射、电流波在开路末端发生负的全反射的原则画出的。

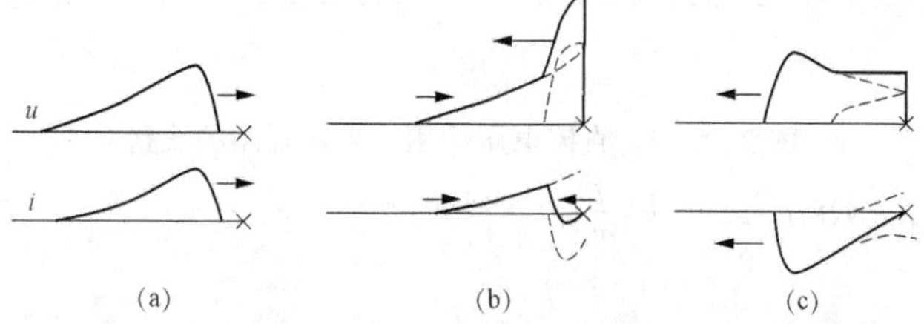

图 2-2-8　任意波形电压波和电流波在开路末端的反射

二、直流电压合闸于有限长线路时的流动波图案

以上已从连接点的边界条件（连接点处只能有一个电压值和电流值）出发，推出了波在开路和短路末端的折、反射规律。如果再进一步运用电源侧的边界条件，便可得出直流电源合闸于有限长线路时的完整的流动波图案了。下面仍以末端开路和末端短路两种情况来加以讨论。

1. 直流电压作用于末端开路的线路

如图 2-2-9（a）所示线路，当电压为U_0的直流电压源合闸到波阻为Z的线路时，将有前行电压波$u_{q1}=U_0$沿导线前行，其速度为$v=\frac{1}{\sqrt{L_0C_0}}$（光速）。如果线路的长度为$l$，且合闸发生于$t=0$，则前行波将于$t=\frac{l}{v}$时到达线路末端。可见，在$0\leqslant t<\frac{l}{v}$时，线路上只有前行的电压波$u_{q1}=U_0$和前行的电流波$i_{q1}=\frac{U_0}{Z}$，如图 2-2-9（b）所示。

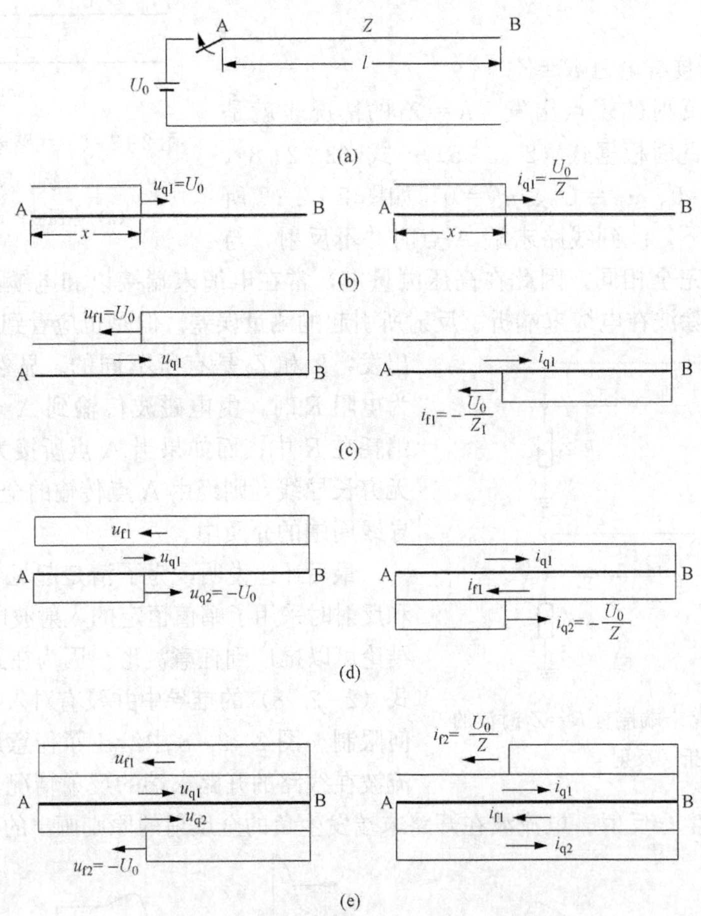

图 2-2-9 直流电压作用于末端开路的线路

（a）末端开路的线路；（b）$0\leqslant t<\frac{l}{v}$；（c）$\frac{l}{v}\leqslant t<\frac{2l}{v}$；（d）$\frac{2l}{v}\leqslant t<\frac{3l}{v}$；（e）$\frac{3l}{v}\leqslant t<\frac{4l}{v}$

当$t=\frac{l}{v}$时，前行波u_{q1}、i_{q1}到达线路的末端B点，遇到开路的末端而分别发生正的和负的全反射，形成$u_{f1}=U_0$的电压反行波和$i_{f1}=-\frac{U_0}{Z}$的电流反行波。此反行波将于$t=\frac{2l}{v}$时到达线路的首端。因此在$\frac{l}{v}\leqslant t<\frac{2l}{v}$时间内，线路上各点的电压应由前行的电压波$u_{q1}$和反行的电压波$u_{f1}$叠加而成，电流则应由$i_{q1}$和$i_{f1}$叠加而成，如图 2-2-9（b）所示。

当 $t=\frac{2l}{v}$时，反行波 u_{f1} 和 i_{f1} 到达线路的首端 A 点，迫使 A 点的电压上升为 $2U_0$。但由电源边界条件所决定的 A 点电压又必须为 U_0。因此，反行波 u_{f1} 到达 A 点的结果是使电源发出另一个幅值为 $-U_0$ 的前行波电压来保持 A 点的电压为 U_0。也就是说在$\frac{2l}{v}\leqslant t<\frac{3l}{v}$时间内，线路上将出现第二个前行电压波 $u_{q2}=-U_0$ 和第二个前行电流波 $i_{q2}=-\frac{U_0}{Z}$，如图 2-2-9（d）所示。此时，线路上各点的电压应由 u_{q1}、u_{f1} 和 u_{q2} 叠加而成，线路各点的电流则应由 i_{q1}、i_{f1} 和 i_{q2} 叠加而成。

当 $t=\frac{3l}{v}$时，第二个前行波到达线路末端 B 点而发生全反射。反射的结果形成了第二个反行电压波 $u_{f2}=-U_0$ 和反行电流波 $i_{f2}=\frac{U_0}{Z}$。因此$\frac{3l}{v}\leqslant t<\frac{4l}{v}$时间内，线路各点的电压和电流应分别由 u_{q1}、u_{f1}、u_{q2}、u_{f2} 以及 i_{q1}、i_{f1}、i_{q2}、i_{f2} 叠加而成，如图 2-2-9（e）所示。

当 $t=\frac{4l}{v}$时，第二个仅行波到达线路首端 A 点，迫使 A 点电压下降为零。为使 A 点电压保持为 U_0，电源必须重新发出一个幅值为 U_0 的前行波，从而回到了图 2-2-9（b）的波形。如此以 $t=\frac{4l}{v}$为周期不断重复。

根据以上分析，可以得出线路末端电压 u_B 随时间变化的规律为

$$\left.\begin{aligned}&\text{当 } 0\leqslant t<\frac{l}{v}\text{ 时}, u_B(t)=0\\&\text{当 }\frac{l}{v}\leqslant t<\frac{3l}{v}\text{ 时}, u_B(t)=2U_0\\&\text{当 }\frac{3l}{v}\leqslant t<\frac{5l}{v}\text{ 时}, u_B(t)=0\\&\cdots\cdots\end{aligned}\right\}\tag{2-2-9}$$

其波形如图 2-2-10 所示。而线路上任一点 x 处的电压 u_x 随时间变化的规律为

$$\left.\begin{aligned}&\text{当 } 0\leqslant t<\frac{x}{v}\text{ 时}, u_x(t)=0\\&\text{当 }\frac{x}{v}\leqslant t<\frac{2l-x}{v}\text{ 时}, u_x(t)=U_0\\&\text{当 }\frac{2l-x}{v}\leqslant t<\frac{2l+x}{v}\text{ 时}, u_x(t)=2U_0\\&\text{当 }\frac{2l+x}{v}\leqslant t<\frac{4l-x}{v}\text{ 时}, u_x(t)=U_0\\&\text{当 }\frac{4l-x}{v}\leqslant t<\frac{4l+x}{v}\text{ 时}, u_x(t)=0\\&\cdots\cdots\end{aligned}\right\}\tag{2-2-10}$$

其波形如图 2-2-11 所示。图 2-2-10 和图 2-2-11 说明，线路上各点电压均为一振荡波，振荡周期为 $T=\frac{4l}{v}=4l\sqrt{L_0C_0}$，而频率为 $f=\frac{1}{4l\sqrt{L_0C_0}}$（读者可自行找出线路首端电流 i_A 随时间变化的规律及线路上任一点电流 i_x 随时间变化的规律）。

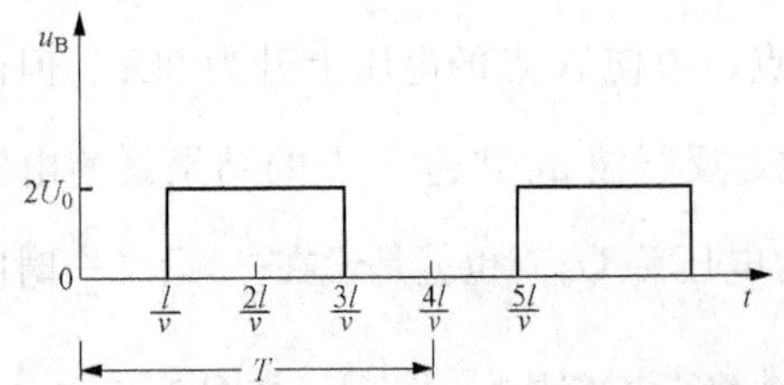

图 2-2-10 线路末端开路时末端的电压波形

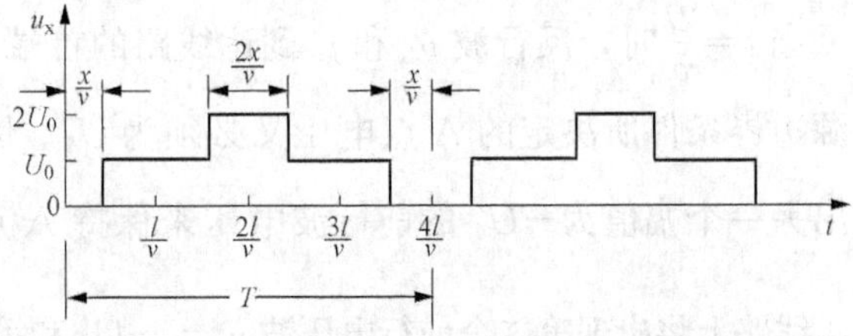

图 2-2-11 线路末端开路时任意点电压波形

2. 直流电压作用于末端短路的线路

按照同样的方法，不难得出直流电压作用于末端短路的长线时各阶段中电压波和电流波的波形，如图 2-2-12 中的（b）～（e）所示。由此可知，此时线路末端的电流随时间变化的规律将为

$$\left.\begin{array}{l}\text{当 } 0 \leqslant t < \dfrac{l}{v} \text{ 时}, i_B(t) = 0 \\ \text{当} \dfrac{l}{v} \leqslant t < \dfrac{3l}{v} \text{ 时}, i_B(t) = 2\dfrac{U_0}{Z} \\ \text{当} \dfrac{3l}{v} \leqslant t < \dfrac{5l}{v} \text{ 时}, i_B(t) = 4\dfrac{U_0}{Z} \\ \text{当} \dfrac{5l}{v} \leqslant t < \dfrac{7l}{v} \text{ 时}, i_B(t) = 6\dfrac{U_0}{Z}\end{array}\right\} \tag{2-2-11}$$

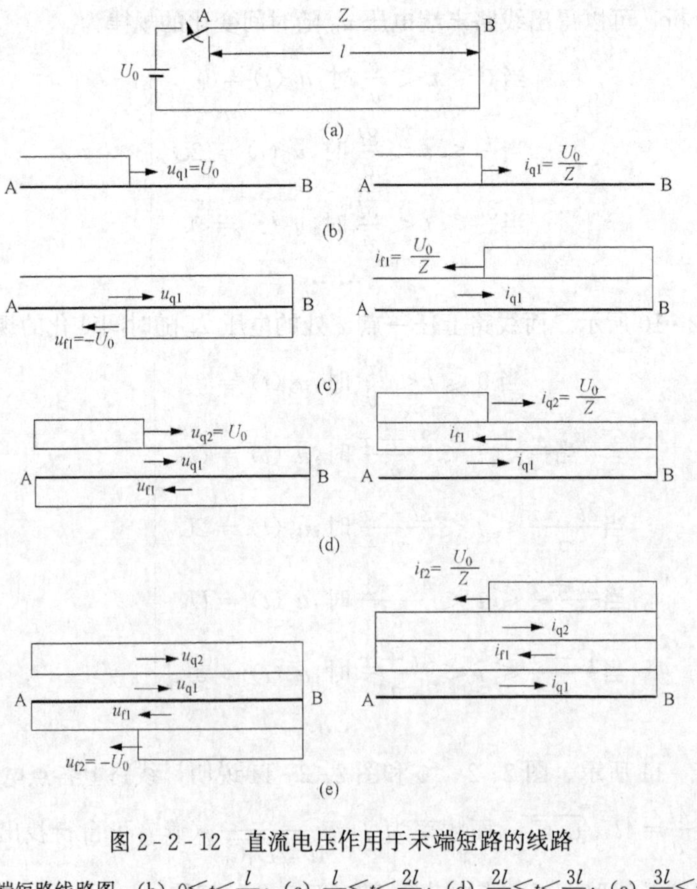

图 2-2-12 直流电压作用于末端短路的线路

（a）末端短路线路图；（b）$0 \leqslant t < \frac{l}{v}$；（c）$\frac{l}{v} \leqslant t < \frac{2l}{v}$；（d）$\frac{2l}{v} \leqslant t < \frac{3l}{v}$；（e）$\frac{3l}{v} \leqslant t < \frac{4l}{v}$

如此不断增加，直至无穷，如图 2-13 所示。这显然是线路末端短路的必然结果。实际上短路电流将受线路电阻的限制，而不会无限增长。

同样，可以求得线路上任一点 x 处的电压 u_x 随时间变化的规律为

$$\left.\begin{array}{ll}\text{当 } 0\leqslant t<\dfrac{x}{v}\text{ 时，} & u_x(t)=0\\ \text{当 } \dfrac{x}{v}\leqslant t<\dfrac{2l-x}{v}\text{ 时，} & u_x(t)=U_0\\ \text{当 } \dfrac{2l-x}{v}\leqslant t<\dfrac{2l+x}{v}\text{ 时，} & u_x(t)=0\\ \text{当 } \dfrac{2l+x}{v}\leqslant t<\dfrac{4l-x}{v}\text{ 时，} & u_x(t)=U_0\\ \text{当 } \dfrac{4l-x}{v}\leqslant t<\dfrac{4l+x}{v}\text{ 时，} & u_x(t)=0\\ \cdots\cdots & \end{array}\right\} \tag{2-2-12}$$

其波形如图 2-2-14 所示。此时，电压随时间的振荡周期为 $T=\dfrac{2l}{v}=2l\sqrt{L_0C_0}$，而频率为 $f=\dfrac{1}{2l\sqrt{L_0C_0}}$。

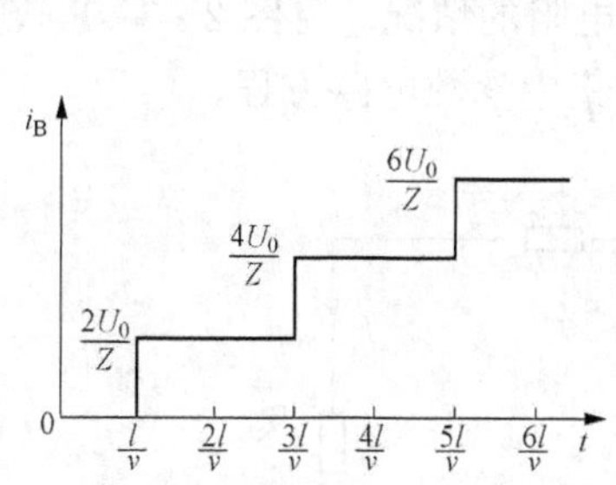

图 2-2-13　线路末端短路时末端的电流波形

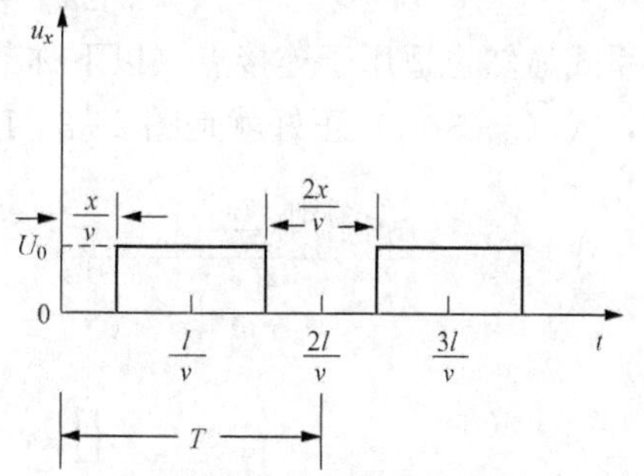

图 2-2-14　线路末端短路时任意点电压波形

式（2-2-12）可以改写为

$$u_{x,t}=U_0\left[1\left(t-\frac{x}{v}\right)-1\left(t-\frac{2l-x}{v}\right)+1\left(t-\frac{2l+x}{v}\right)-1\left(t-\frac{4l-x}{v}\right)+\cdots\right] \tag{2-2-13}$$

其中，$1\left(t-\dfrac{x}{v}\right)$函数的性质为：当 $0\leqslant t<\dfrac{x}{v}$ 时，其值为零；而当 $t\geqslant\dfrac{x}{v}$ 时，其值为 1。其他符号依次类推。

由算子函数表可以查出（或根据延迟定理可以推得），$1\left(t-\dfrac{x}{v}\right)$的 p 函数为$\dfrac{1}{p}e^{-p\frac{x}{v}}$。因此，式（2-2-13）中的 p 函数将为

$$u_x(p)=\frac{U_0}{p}\left(e^{-p\frac{x}{v}}-e^{-p\frac{2l-x}{v}}+e^{-p\frac{2l+x}{v}}-e^{-p\frac{4l-x}{v}}+\cdots\right) \tag{2-2-14}$$

将上式加以整理，可得

$$u_x(p)=\frac{U_0}{p}\left(e^{-p\frac{x}{v}}-e^{-p\frac{2l-x}{v}}\right)\left(1+e^{-p\frac{2l}{v}}+e^{-p\frac{4l}{v}}+\cdots\right)$$

$$=\frac{U_0}{p}\left(e^{-p\frac{x}{v}}-e^{-p\frac{2l-x}{v}}\right)\left(1-e^{-p\frac{2l}{v}}\right)^{-1}$$

$$=\frac{U_0}{p}\times\frac{e^{\frac{p}{v}(l-x)}-e^{-\frac{p}{v}(l-x)}}{e^{\frac{p}{v}l}-e^{-\frac{p}{v}l}}$$

$$=\frac{U_0}{p}\times\frac{\mathrm{sh}\frac{p}{v}(l-x)}{\mathrm{sh}\frac{p}{v}l} \tag{2-2-15}$$

式（2-2-15）即为第一章中所介绍的直流电源合闸到末端短路的 n 级 LC 链形回路在 $n\to\infty$ 时的拉氏函数解［式（1-4-34）］。可见，这两种描述分布参数过渡过程的图案是可以互相转化的。

第三节　等值集中参数定理

前面已经从式（2-2-1）和式（2-2-2）出发消去 i_{q1}、i_{f1}、i_{q2}，得出了折、反射电压和入射电压间的关系。现在再来从式（2-2-1）和式（2-2-2）中消去 i_{q1}、i_{f1} 和 u_{f1}，得出另一个表示入射电压与折射电压和电流间的关系式为

$$2u_{q1}=u_{q2}+i_{q2}Z_1 \tag{2-3-1}$$

这一关系式显然也适用于连接点（以下称节点）上接有电阻的情况［见图 2-3-1（a）］。不难看出，式（2-3-1）正好就是图 2-3-1（b）所示的集中参数电路方程。

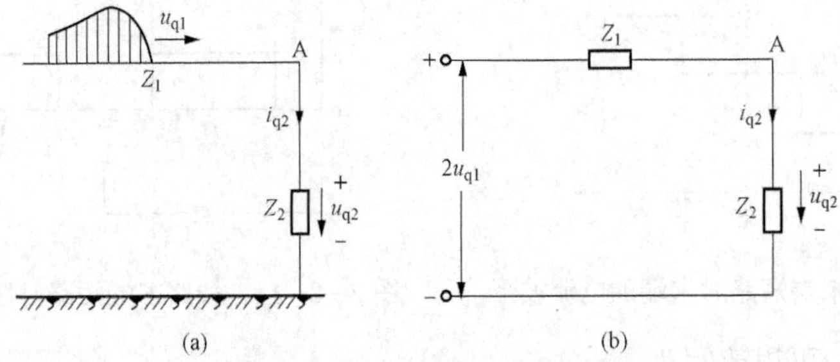

图 2-3-1　电压源的等值集中参数定理（戴维南型等效电路）
（a）实际电路；（b）等效电路

由此得到一条重要的计算流动波的定理——等值集中参数定理（又称彼得逊规则）：在有流动波时，可以用集中参数的等效电路来计算节点上的电压和电流，此时等效电路中的电源电动势应取为来波电压的 2 倍，等效电路中的内阻应取为来波所流过的通道的波阻。等值集中参数定理实际上就是流动波计算时的等效电源定理。因为在流动波的情况下，A 点的开路电压即为来波电压的 2 倍，而由 A 点向左测量得的阻抗即为线路的波阻。

考虑到在实际计算中常常遇到电流源（如雷电流）的情况，这时以采用电流源的等值集中参数定理更为方便。将式（2-3-1）中的 u_{q1} 用 $i_{q1}Z_1$ 代替后得

$$2i_{q1}Z_1=u_{q2}+i_{q2}Z_1 \tag{2-3-2}$$

根据上式可知，在电流波沿导线传到节点时［见图 2-3-2（a）］，节点的电压和电流可用图 2-3-2（b）所示的等效电路图进行计算。显然，这实际上也就是流动波下电流源的等值电源定理。

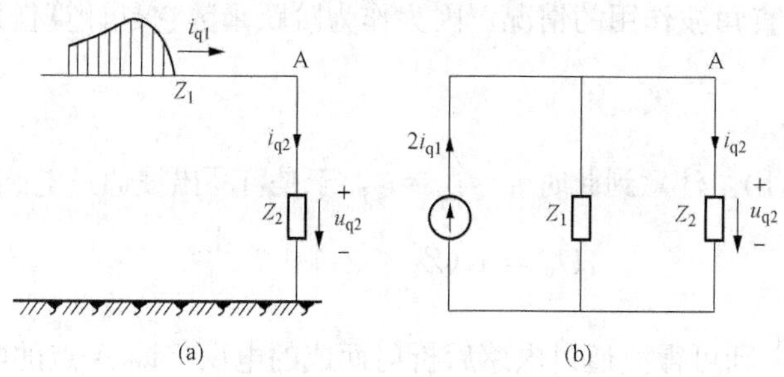

图 2-3-2 电流源的等值集中参数定理［诺顿（Norton）型等效电路］

（a）实际电路；（b）等效电路

利用等值集中参数定理可以将波过程计算中的许多问题转化为我们所熟悉的集中参数电路的暂态计算，以便直接应用第一章中所介绍的各种计算方法或者采用图解法来分析波过程。但是应当注意，等值集中参数定理的使用是有一定条件的：首先，要求波沿分布参数的线路入射；其次只适用于和节点相连的线路为无穷长的情况，如果线路为有限长，则以上等效电路只适用于波在有限长线路末端的反射还没有传播到节点的时间内。关于计算末端反射波到达以后的波过程的方法将在本章第四节中介绍。还应指出：因为在波阻 Z_2 的线路上只考虑 $u_{q2}=i_{q2}Z_2$ 的前行波，所以等值集中参数定理不要求 Z_2 一定为线性。

下面先以波通过电感和旁过电容为例，来介绍等值集中参数定理在波过程计算中的应用。

一、波通过电感和旁过电容

在实际系统中，常会遇到电磁波传播时经过与导线串联的电感器（如限制短路电流用的电抗线圈或者载波通信用的高频扼流线圈）或者连接在导线和大地之间的电容器（如载波通信用的耦合电容器）的情况。图 2-3-3（a）和图 2-3-4（a）分别给出了波通过电感和旁过电容时的实际线路，而图 2-3-3（b）和图 2-3-4（b）则分别给出了根据等值集中参数定理所画出的这两种情况下的等效电路图。

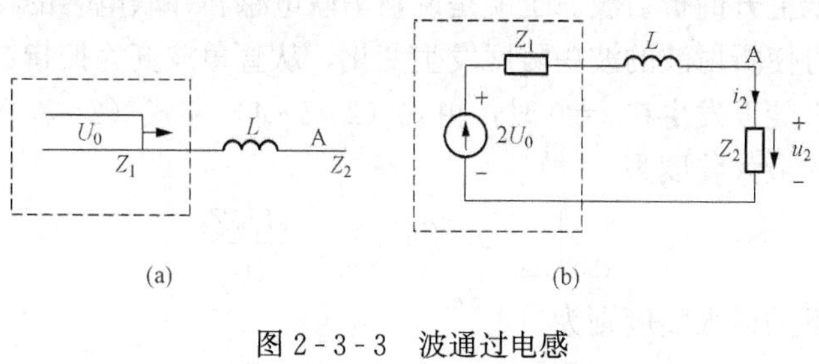

图 2-3-3 波通过电感

（a）实际电路；（b）等效电路

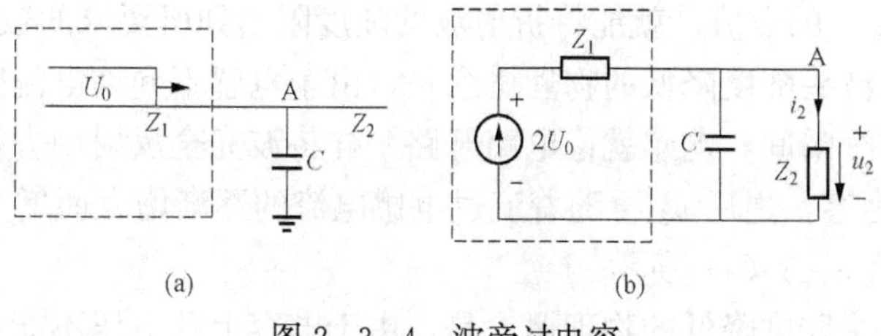

图 2-3-4 波旁过电容

（a）实际电路；（b）等效电路

先研究无穷长的直角波作用的情况，因为作为阶跃函数它是计算任意电压波形作用的解的基础。

1. 直角波作用时

根据图 2-3-3（b），注意到此时 $i_L=i_{Z2}=i_2$，于是可写出波通过电感时回路的微分方程为

$$2U_0 = i_2(Z_1+Z_2)+L\frac{\mathrm{d}i_2}{\mathrm{d}t} \tag{2-3-3}$$

令 $T_L=\dfrac{L}{Z_1+Z_2}$，则可得波通过电感后折射而成的电压（即 A 点的电压）为

$$u_2=U_0\frac{2Z_2}{Z_1+Z_2}(1-\mathrm{e}^{-\frac{t}{T_L}})=\alpha U_0(1-\mathrm{e}^{-\frac{t}{T_L}}) \tag{2-3-4}$$

$$\alpha=\frac{2Z_2}{Z_1+Z_2}$$

式中：α 为前述的（没有电感时的）折射系数。

根据图 2-3-4（b），注意到此时 $u_C=u_{Z2}=u_2$，于是可写出波旁过电容时回路的微分方程为

$$2U_0 = i_2(Z_1+Z_2)+CZ_1Z_2\frac{\mathrm{d}i_2}{\mathrm{d}t} \tag{2-3-5}$$

令 $T_C=\dfrac{CZ_1Z_2}{Z_1+Z_2}$，即可得波旁过电容时折射而成的电压（即 A 点的电压）为

$$u_2=U_0\frac{2Z_2}{Z_1+Z_2}(1-\mathrm{e}^{-\frac{t}{T_C}})=\alpha U_0(1-\mathrm{e}^{-\frac{t}{T_C}}) \tag{2-3-6}$$

比较式（2-3-4）和式（2-3-6）可知，如果令 $T_L=T_C$，即 $L=CZ_1Z_2$，则两式完全相同，即此时串联电感和并联电容将产生相同的折射电压。在 $t=0$ 时，折射电压为零。以后随着时间的增加，折射电压按指数规律增大，最后到达由 Z_1 导线和 Z_2 导线之间的折射系数所决定的稳定状态 αU_0。这个在 A 点随时间增长的电压，由 A 点以光速向前传播的结果就形成了按指数曲线上升的折射波。也就是说，串联电感和并联电容的存在不会影响到折射波的最后值，但却可使折射波的波头陡度发生变化，从直角波变为按指数曲线缓缓上升的指数波。指数波的最大陡度发生在 $t=0$ 时，由式（2-3-4）和式（2-3-6）可以求出，在串联电感的情况下波的最大陡度为

$$\left.\frac{\mathrm{d}u_2}{\mathrm{d}t}\right|_{\max}=\left.\frac{\mathrm{d}u_2}{\mathrm{d}t}\right|_{t=0}=\frac{2U_0Z_2}{L} \tag{2-3-7}$$

在并联电容的情况下的最大陡度则为

$$\left.\frac{\mathrm{d}u_2}{\mathrm{d}t}\right|_{\max}=\left.\frac{\mathrm{d}u_2}{\mathrm{d}t}\right|_{t=0}=\frac{2U_0}{Z_1C} \tag{2-3-8}$$

因此，只要增加 L 或 C 的数值，就能将折射波的陡度限制到所要求的数值以下。

电感使得折射波波头陡度降低的物理概念是，由于电感不允许电流突然变化，所以当波作用到电感时的第一个瞬间，电感就像电路开路一样将波完全反射回去，即此时电流 i_2 将为零值，因此 u_2 也将为零，之后 u_2 再随着流过电感电流的逐渐增大而增大。波通过电感时的折、反射波形如图 2-3-5（a）所示。

电容使折射波波头陡度降低的物理概念是，由于电容上的电压不能突然变化，所以当波作用到电容上的第一瞬间，电容就像电路短路一样，这同样将使 u_2 和 i_2 为零，以后 u_2 将随

着电容的逐渐充电而增大。波旁过电容时的折、反射波形如图 2-3-5（b）所示。

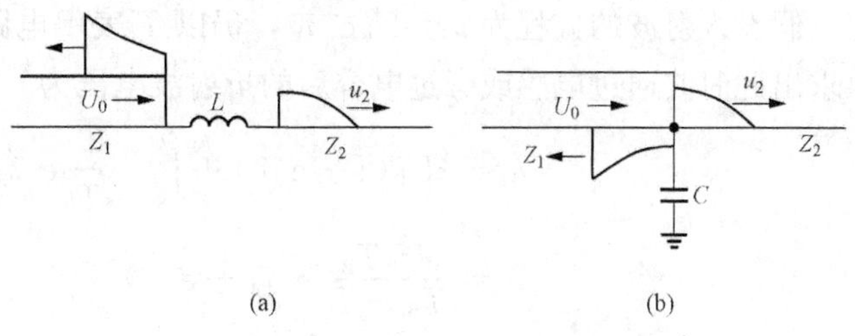

图 2-3-5　波通过电感和旁过电容时的折、反射

（a）波通过电感；（b）波旁过电容

比较图 2-3-5（a）、（b）可以看出，虽然波通过电感和旁过电容时波头陡度都可降低，但由它们所产生的反射波的符号是不一样的。波通过电感时将在电感前发生电压的正反射使电感前的电压提高 1 倍，而波旁过电容时则在电容前发生电压的负反射使电容前的电压下降为零。由于电感会使电压抬高危及绝缘，所以一般都用并联电容的方法削低来波的陡度。但是在实际工作中也常利用电感线圈能抬高来波电压的这种性质，来改善接在它前面的避雷器的动作特性（使避雷器在冲击下容易动作）。

考虑到在过电压计算中常用到幅值一定的斜角波和指数波，下面用已求得的直角波下的解为基础分别对它们进行分析。

2. 波头时间为 S、幅值为 U_0 的斜角波作用时

参看图 2-3-6，先用丢阿莫尔积分求出回路在斜角波 $u_1=at=\frac{U_0}{S}t$ 作用下的解式为

$$u_2=\int_0^t \frac{U_0}{S}\alpha\left(1-e^{-\frac{t-\tau}{T}}\right)d\tau$$

$$=\frac{U_0}{S}\alpha\left(t-T+Te^{-\frac{t}{T}}\right) \qquad (2-3-9)$$

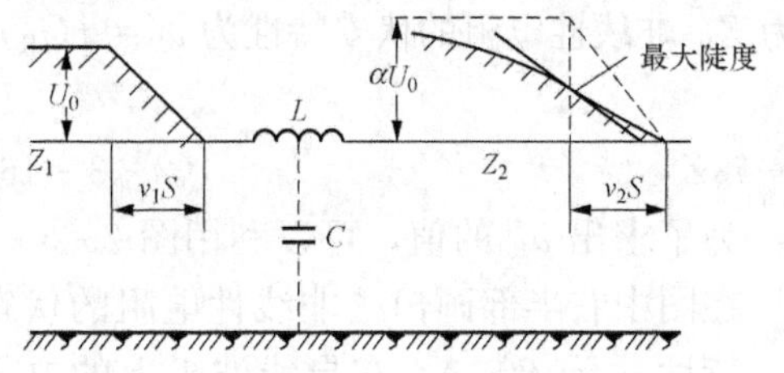

图 2-3-6　斜角波通过电感或旁过电容

式中：α 为 Z_1 导线和 Z_2 导线间的折射系数，$\alpha=\frac{2Z_2}{Z_1+Z_2}$；在电感的情况下，$T=\frac{L}{Z_1+Z_2}$，在电容的情况下，$T=\frac{CZ_1Z_2}{Z_1+Z_2}$。

将波头时间为 S、幅值为 U_0 的斜角波分解为两个极性相反且在时间上相差 S 的斜角波，利用叠加原理即可求得此时的解式为

当 $t\leqslant S$ 时
$$u_2=\frac{U_0}{S}\alpha\left(t-T+Te^{-\frac{t}{T}}\right) \qquad (2-3-10)$$

当 $t\geqslant S$ 时
$$u_2=\frac{U_0}{S}\alpha\left[S+Te^{-\frac{t}{T}}\left(1-e^{\frac{S}{T}}\right)\right] \qquad (2-3-11)$$

此时，折射波的最大陡度将在 $t=S$ 时出现，其值为

$$\left.\frac{du_2}{dt}\right|_{max}=\left.\frac{du_2}{dt}\right|_{t=S}=\frac{U_0}{S}\alpha\left(1-e^{-\frac{S}{T}}\right) \qquad (2-3-12)$$

可见，电感或电容的存在可使折射波的最大陡度得到减小（在没有电感或电容时，折射波的最大陡度为$\frac{U_0}{S}\alpha$）。当波头时间 S 和电路的时间常数 T 的比值$\left(\frac{S}{T}\right)$越小时，这一效果就越大；当 S 比 T 大得多时，这一效果就不明显了。

3. 指数波作用时

假设入射波的方程为 $u_1=U_0 e^{-\frac{t}{T_B}}$，仍以 T 表示电路的时间常数。利用丢阿莫尔积分可以求出此时波通过电感或旁过电容后的折射波电压为

$$u_2=\alpha U_0(1-e^{-\frac{t}{T}})+\int_0^t -\frac{U_0}{T_B}e^{-\frac{\tau}{T_B}}\alpha(1-e^{-\frac{t-\tau}{T}})d\tau$$

$$=\frac{\alpha U_0 T_B}{T_B-T}(e^{-\frac{t}{T_B}}-e^{-\frac{t}{T}}) \tag{2-3-13}$$

折射波电压的最大值出现在 $t=\dfrac{\ln\frac{T_B}{T}}{\frac{1}{T}-\frac{1}{T_B}}$ 时，其值为

$$(u_2)_m=\alpha U_0\left(\frac{T}{T_B}\right)^{\frac{T}{T_B-T}} \tag{2-3-14}$$

折射波的最大陡度则出现在 $t=\dfrac{2\ln\frac{T_B}{T}}{\frac{1}{T}-\frac{1}{T_B}}$ 时，其值为

$$\left(\frac{du_2}{dt}\right)_m=-\frac{\alpha U_0}{T_B}\left(\frac{T}{T_B}\right)^{\frac{2T}{T_B-T}} \tag{2-3-15}$$

二、用图解法求节点电压

如果在节点上接有电容、电感和非线性电阻，而入射波为任意形状时，要用数学分析的方法去求节点上的电压往往是非常复杂的，这时可以采用图解法。

1. 任意波作用于线路末端的非线性电阻上

参看图 2-3-7，假设来波为 $u_0(t)$，线路波阻为 Z，非线性电阻的伏安特性为 $u_R=f(i_R)$，则按照等值集中参数定理可以写出下列方程：

$$2u_0(t)=u_R+i_R Z \tag{2-3-16}$$

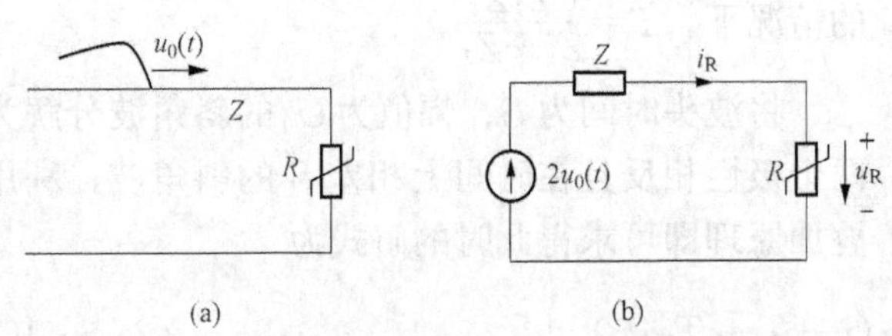

图 2-3-7　波作用于非线性电阻
(a) 实际电路；(b) 等效电路

为了求出 u_R 的值，可以利用图 2-3-8 在图中右半部画出了非线性电阻的伏安特性 $u_R=f(i_R)$，在导线波阻上的电压降落 $i_R Z$，以及两者之和 $u_R+i_R Z$。在该图的左半边画出了 2 倍入射波电压对时间的关系曲线 $2u_0(t)$，并在该曲线上选出一点 a，从 a 点画一条横线与 $u_R+i_R Z$ 的曲线相交于 b 点，从交点 b 画一条竖线与 $u_R=f(i_R)$ 曲线相交于 c 点，从交点 c 再画一条横线与从 a 点画出的竖线相交于 d 点，d 点就是所求 $u_R=f(t)$ 曲线上的一个点子。改变 a 点的位置就可以得到不同的 d 点，从而描绘出所求的 $u_R=f(t)$ 曲线（图中带有阴影的曲线）。这一曲线与 $u_0(t)$ 曲线之差就是由节点处产生的反射波（图 2-3-8 中未画出）。

氧化锌避雷器是过电压保护中常用的保护设备，其阀片具有优良的非线性，它在过电压作用下的保护性能就可以按上述作图法加以分析。对有串联间隙的氧化锌避雷器来说，只有

当加在避雷器上的电压达到间隙的动作电压时，即 $2u_0(t)$ 的曲线和间隙的伏秒特性曲线相交时（即图 2-3-9 中 a 点），非线性电阻才被接入。因此，在 a 点前氧化锌避雷器上的电压应按末端开路的情况由 $2u_0(t)$ 曲线决定，在 a 点以后才可按前述作图法决定被避雷器限制后的过电压。所得结果如图 2-3-9 中带有阴影的曲线所示。

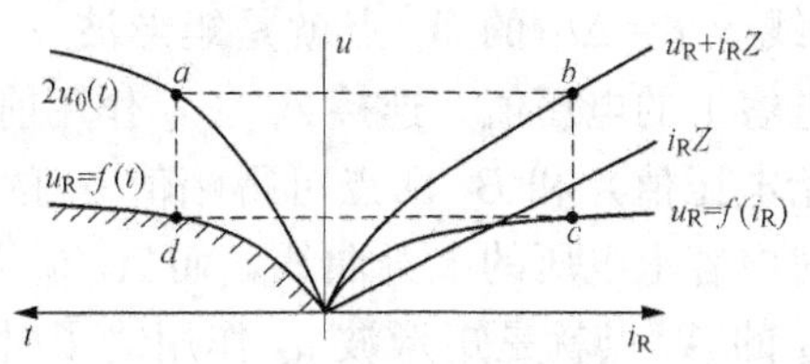

图 2-3-8 用图解法求非线性电阻上的电压

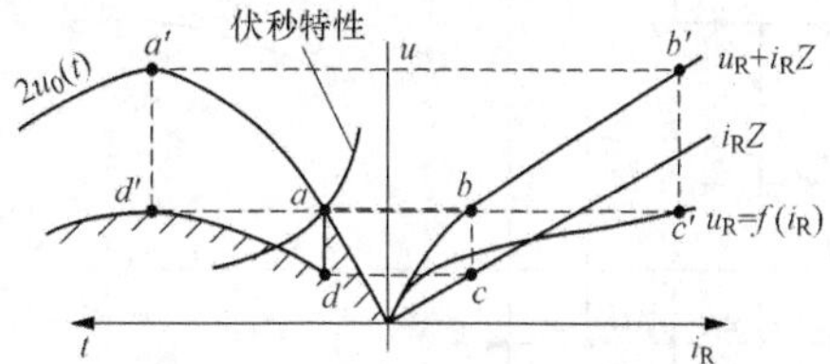

图 2-3-9 用图解法求有间隙氧化锌避雷器上的电压

2. 任意波经线路作用于电容上

首先，研究当入射波为直角波的情况（见图 2-3-10）。此时，电容 C 上的电压将按指数曲线上升，即

$$u_C = 2U_0(1 - e^{-\frac{t}{T}})$$
$$T = ZC$$

$(1-e^{-\frac{t}{T}})$的指数函数具有以下重要性质：从指数曲线的任一点出发，以该点的斜率为增长速度时，函数上升到最终值的时间将恒为其时间常数 T。例如，根据这一性质可知，图 2-3-11（a）中原点与（U_0，T）点的连线必为指数曲线 $U_0(1-e^{-\frac{t}{T}})$在 $t=0$ 时的切线，而在图 2-3-11（b）中（U_0，0）和（0，T）的连线则将为指数曲线 $U_0e^{-\frac{t}{T}}$在 $t=0$ 时的切线。

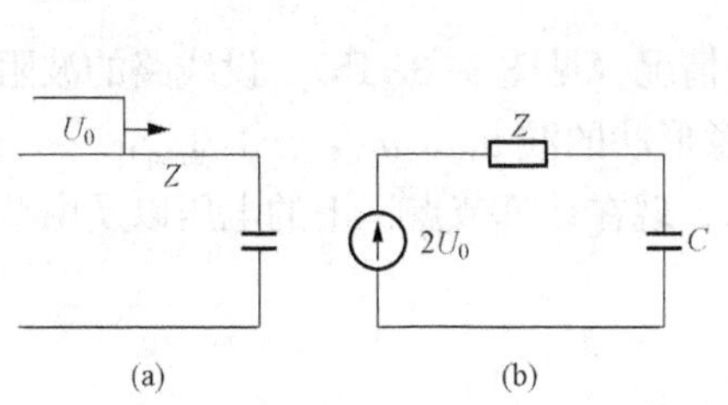

图 2-3-10 直角波经线路作用于电容上

（a）实际电路；（b）等效电路

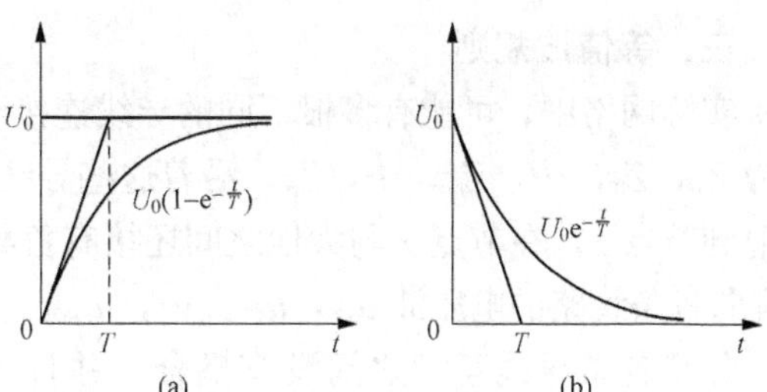

图 2-3-11 指数函数的特性

（a）$U_0(1-e^{-\frac{t}{T}})$；（b）$U_0e^{-\frac{t}{T}}$

利用指数函数的这一特性，就可以很方便地用作图法求得任意波作用时，在线路末端电容上的电压变化。为此，将任意波形 $2u_0(t)$ 分解为时间各为 Δt_1，Δt_2，…矩形波（见图 2-3-12）。矩形波的幅值取为在各段时间内 $2u_0(t)$ 的平均值 u_1，u_2，…（见图 2-3-12 中的 B_1，B_2，…等点）。显然，波长为 Δt 的矩形波在 $t\leqslant\Delta t$ 的时间内其作用将和无穷长的直角波完全一样，即此时电容上的电压将按指数曲线上升。当所取矩形波的 Δt 很小时，电容上电压的变化完全可以由 $t=0$（即该矩形电压作用之初）时指数曲线的斜率和 Δt 的乘积决定。而指数曲线的斜率则可以按指数函数的特点来决定。

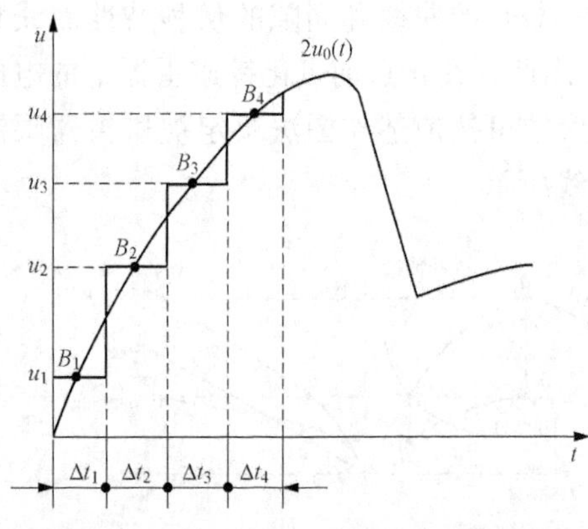

图 2-3-12　把任意波分解为矩形波

为了作图方便起见，将图 2-3-12 中的 $2u_0(t)$ 曲线移后一段时间 $T-\frac{\Delta t}{2}\approx T$ 重画于图 2-3-13。此时 A_1 点（即原点）和 B_1 点的连线就决定了幅值为 u_1 的矩形波作用时电容上电压的上升曲线，A_1B_1 连线上 $t=\Delta t_1$ 的 A_2 点就是矩形波 u_1 作用终了时电容上的电压值。连接 A_2（u_2 作用前电容上的起始电压值）和 B_2 两点可得幅值 u_2 的矩形波作用时电容上电压的上升曲线，而 A_2B_2 上 $t=\Delta t_1+\Delta t_2$ 的 A_3 点就是矩形波 u_2 作用终了时电容上的电压值。依此类推，非常简便。如果接在线路末端的电容是有起始电压 U_A 的，则电容上电压的变化也可用同样的方法按图 2-3-14 求出。

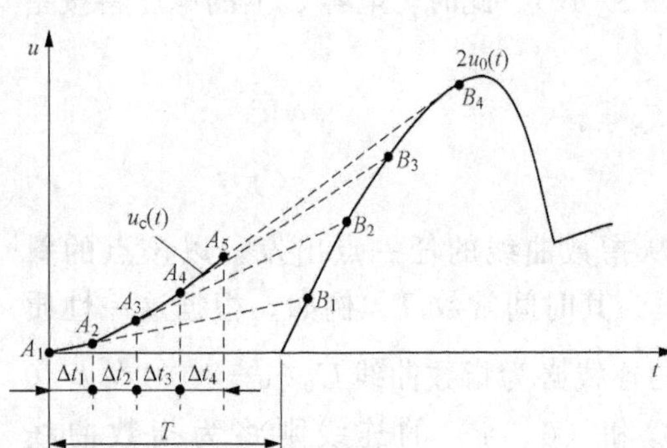

图 2-3-13　用作图法求电容上的电压

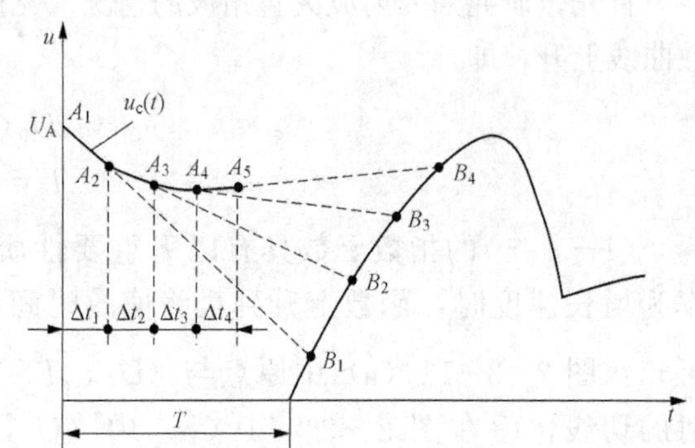

图 2-3-14　用作图法求电容上的电压（有起始电压时）

三、等值波规则

实际网络中，可能有多根不同的导线连接于一点的情况（见图 2-3-15）。设线路的波阻分别为 Z_1，Z_2，…，Z_m，…，Z_n，沿着这些导线各有任意形状的波 u_{1x}，u_{2x}，…，u_{mx}，…，u_{nx} 入射到节点 x，在节点 x 与大地之间还接有负载阻抗 Z_x。现在计算节点 x 上的电压以及由节点 x 流向各条线路的电压波 u_{x1}，u_{x2}，…，u_{xm}，…，u_{xn}。

如果各条导线互相之间没有耦合，并且令向节点方向流动的电流为正方向的电流，则根据节点的边界条件可以列出下列方程

$$u_x=u_{1x}+u_{x1}=u_{2x}+u_{x2}=\cdots=u_{mx}+u_{xm}=\cdots=u_{nx}+u_{xn} \quad (2-3-17)$$

$$\sum_{m=1}^{n}(i_{mx}+i_{xm})=i_x \quad (2-3-18)$$

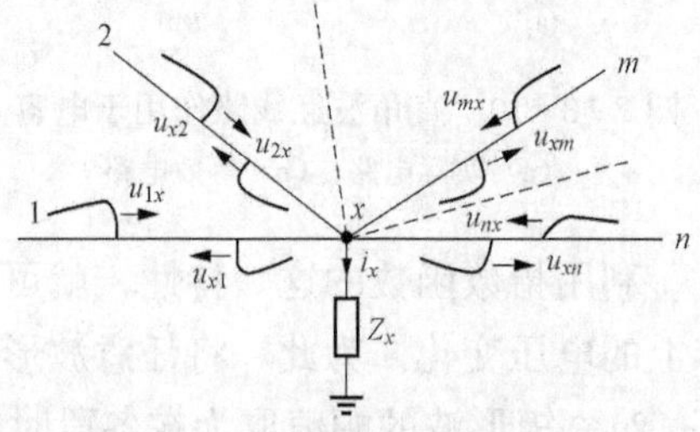

图 2-3-15　多根不同的导线连接于一点

此外，还可写出

$$u_{mx}=Z_m i_{mx}\quad (m=1,2,\cdots,n) \quad (2-3-19)$$

$$u_{xm}=-Z_m i_{xm}\quad (m=1,2,\cdots,n) \quad (2-3-20)$$

注意：以上 u_{xm} 和 i_{xm} 不仅含有 u_{mx} 和 i_{mx} 在 x 点的反射波，而且还包括由其他导线传播过来

的折射波。

将式（2-3-19）和式（2-3-20）代入式（2-3-18），可得

$$i_x=\sum_{m=1}^{n}\frac{u_{mx}}{Z_m}-\sum_{m=1}^{n}\frac{u_{xm}}{Z_m}$$

再利用式（2-3-17）即可求出表示节点电压和电流的关系式

$$i_x=\sum_{m=1}^{n}\frac{u_{mx}}{Z_m}-\sum_{m=1}^{n}\frac{u_x-u_{mx}}{Z_m}=2\sum_{m=1}^{n}\frac{u_{mx}}{Z_m}-u_x\sum_{m=1}^{n}\frac{1}{Z_m}\qquad(2-3-21)$$

其中，$\sum\limits_{m=1}^{n}\frac{1}{Z_m}$的倒数显然就是所有连接在节点上的导线并联后的波阻。令 $Z_0=\frac{1}{\sum\limits_{m=1}^{n}\frac{1}{Z_m}}$，则式（2-3-21）可改写为

$$u_x+i_xZ_0=2\sum_{m=1}^{n}\frac{Z_0}{Z_m}u_{mx}\qquad(2-3-22)$$

再令 $u_0=\sum\limits_{m=1}^{n}\frac{Z_0}{Z_m}u_{mx}$，可得

$$2u_0=u_x+i_xZ_0\qquad(2-3-23)$$

式（2-3-23）和前述表示等值集中参数定理的式（2-3-1）具有完全相同的形式。也就是说，当互相间没有耦合的多根导线连接于一点时，为了计算节点电压，可以按等值波规则将这个多导线系统用一条等值的单导线来代替（见图 2-3-16），等值导线的波阻取为由各导线波阻并联而得的波阻 Z_0，沿导线传来的进行波取为由 $u_0=\sum\limits_{m=1}^{n}\frac{Z_0}{Z_m}u_{mx}$ 决定的等值波 u_0。

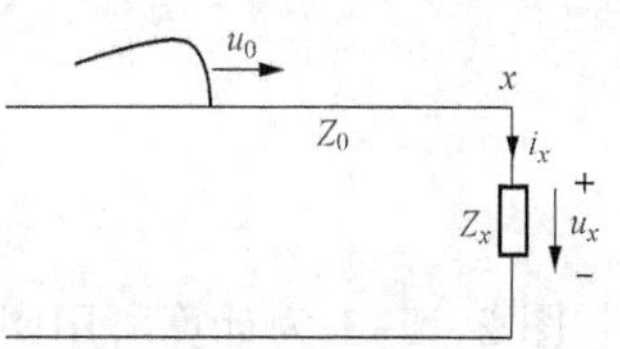

图 2-3-16　等值波规则

由式（2-3-23）或图 2-3-16 不难看出，当线路末端开路，即当 $Z_x=\infty$，$i=0$ 时，节点上的电压将上升为 $2u_0$，它显然应该是多导线系统在 $Z_x=\infty$时出现在节点上的折射波电压的总和。已知 $2u_0=\sum\limits_{m=1}^{n}2\frac{Z_0}{Z_m}u_{mx}$，令 $\alpha_m=2\frac{Z_0}{Z_m}$，则有

$$2u_0=\sum_{m=1}^{n}\alpha_m u_{mx}$$

可见，$\alpha_{\mathrm{m}}=2\frac{Z_0}{Z_{\mathrm{m}}}$就是沿导线 m 传来的波在节点 x 处的折射系数。

多导线系统经等值波规则简化为单导线系统后，就可以很方便地使用等值集中参数定理来求出节点电压 u_x，再根据式（2-3-17）就不难求得由节点 x 流向各条导线的电压波了。当然，等值波规则也只适用于和节点相连的线路为无穷长的情况，或波在有限长线路端部的反射还没有传播到节点的时间内。

第四节　波的多次折、反射

应该指出，到此为止所介绍的波的折、反射的计算还只局限于线路为无穷长的情况，而实际的线路都是有限长的。此外，还常会碰到波阻各不相同的三种导线相串联的情况，如两段架空线中间加一段电缆，或用一段电缆将发电机连到架空导线上（第三章将介绍发电机在

波过程计算中要用波阻来代表），此时夹在中间的这一段线路就必然是有限长的。在这些情况下，波在第一个节点所生成的折射波在到达另一个节点（即某一有限长线路的末端）时就会再次发生折、反射，接着是第三次、第四次以及更多次的折、反射。常用的进行波的多次折、反射计算法有网格法和特性线法（白日朗法）两种。本节中介绍网格法。

一、用网格法计算波的多次折、反射

用网格法计算波的多次折、反射的特点，是用网格图把波在节点上的各次折、反射的情况，按照时间的先后逐一表示出来，这样可以比较容易地求出节点在不同时刻的电压值。下面以计算波阻各不相同的三种导线互相串联时节点上的电压为例，来介绍网格法的具体应用。

（一）串联三导线时波过程的计算

为叙述方便起见，先写出波由线路 1（它是向左无穷长的）向中间线路传播时的折射系数 α_1，波由中间线路向线路 1 传播时的反射系数 β_1，以及波由中间线路向线路 2（它是向右无穷长的）传播时的折、反射系数 α_2 和 β_2，即

$$\left.\begin{aligned}\alpha_1 &= \frac{2Z_0}{Z_1+Z_0}\\ \beta_1 &= \frac{Z_1-Z_0}{Z_1+Z_0}\\ \alpha_2 &= \frac{2Z_2}{Z_0+Z_2}\\ \beta_2 &= \frac{Z_2-Z_0}{Z_2+Z_0}\end{aligned}\right\} \tag{2-4-1}$$

图 2-4-1 为计算所用网格图。仍以无穷长直角波为例来进行讨论。由图 2-4-1 可知，入射波 U_0 在 $t=0$ 时到达 A 点，在 A 点发生折射和反射。折、反射的前行波和反射波各为 $\alpha_1 U_0$ 和 $(\alpha_1-1)U_0$。

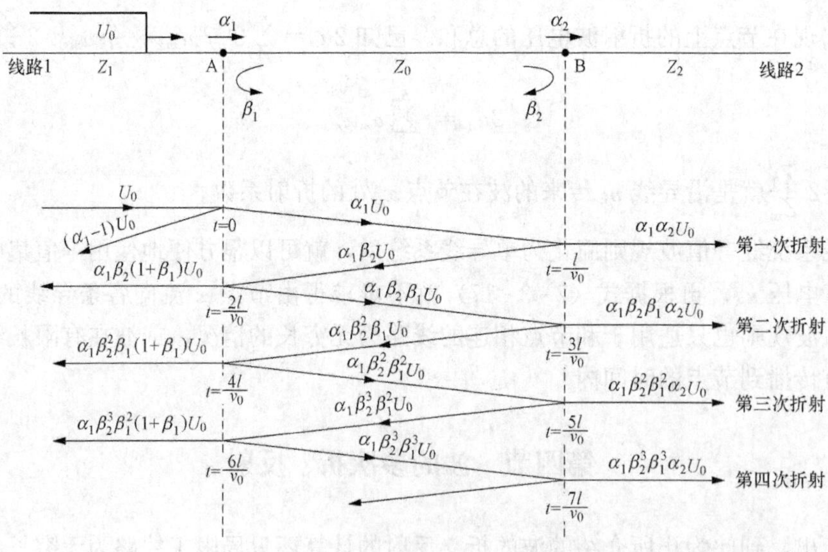

图 2-4-1 计算多次折、反射的网格图

由A点向B点传播的前行波在$t=\frac{l}{v_0}$时到达B点（v_0为波在中间线路上传播时的速度），在B点又发生折射和反射，折、反射的前行波和反射波各为$\alpha_1\alpha_2U_0$和$\alpha_1\beta_2U_0$。

反射波$\alpha_1\beta_2U_0$由B点向A点传播，在$t=\frac{2l}{v_0}$时到达A点，形成新的反射波$\alpha_1\beta_2\beta_1U_0$和折射波$\alpha_1\beta_2(1+\beta_1)U_0$。

当反射波$\alpha_1\beta_2\beta_1U_0$由A点到达B点后，将在B点再一次发生折射和反射，形成$\alpha_1\beta_2\beta_1\alpha_2U_0$的前行波和$\alpha_1\beta_2\beta_1\beta_2U_0$的反射波，依此类推。

根据网格图可以写出节点B在不同时刻的电压为

$$\left.\begin{aligned}
&当 0\leqslant t<\frac{l}{v_0}时, u_B=0\\
&当\frac{l}{v_0}\leqslant t<\frac{3l}{v_0}时, u_B=\alpha_1\alpha_2U_0\quad（第一次折、反射后）\\
&当\frac{3l}{v_0}\leqslant t<\frac{5l}{v_0}时, u_B=\alpha_1\alpha_2(1+\beta_1\beta_2)U_0\quad（第二次折、反射后）\\
&当\frac{5l}{v_0}\leqslant t<\frac{7l}{v_0}时, u_B=\alpha_1\alpha_2[1+\beta_1\beta_2+(\beta_1\beta_2)^2]U_0\quad（第三次折、反射后）\\
&\qquad\cdots\cdots
\end{aligned}\right\}\tag{2-4-2}$$

而当$\frac{(2n-1)\ l}{v_0}\leqslant t<\frac{(2n+1)\ l}{v_0}$时，也即$n$次折、反射后，节点B上的电压将为

$$u_B=\alpha_1\alpha_2U_0[1+\beta_1\beta_2+(\beta_1\beta_2)^2+\cdots+(\beta_1\beta_2)^{n-1}]=U_0\alpha_1\alpha_2\frac{1-(\beta_1\beta_2)^n}{1-\beta_1\beta_2}\tag{2-4-3}$$

这个在B点随时间变化的电压按波速由B点向导线2传播的结果，就形成了导线2上的前行波电压。

由式（2-4-3）可得，当$t\to\infty$，即$n\to\infty$时，节点B上的电压将为

$$u_B=U_0\alpha_1\alpha_2\frac{1}{1-\beta_1\beta_2}\tag{2-4-4}$$

这也就是由B点发出的前行波电压的最后值。

用类似的方法也可以求出由A点返回导线1的折射波电压，读者可以自行求出。

（二）串联三导线时波过程的特点

将式（2-4-1）中诸值代入式（2-4-4），可得

$$u_B=\frac{2Z_2}{Z_1+Z_2}U_0=\alpha U_0\tag{2-4-5}$$

不难看出，式（2-4-5）中$\alpha=\frac{2Z_2}{Z_1+Z_2}$也就是波从线路1直接向线路2传播时的折射系数，它说明前行波电压的最终值只由线路1和线路2的波阻决定，而和中间线路的波阻大小无关。也就是说，中间线路的存在只会影响到前行波的波头，而不会影响到它的最后值。下面来具体分析中间线路对前行波波头的影响。

由图2-4-1的网格图可以看出，当β_1与β_2同号时，即当Z_0大于Z_1和Z_2时，或Z_0小于Z_1和Z_2时，B点处的各个折射波均为正值，因此前行波的电压将按$\frac{2l}{v_0}$的时间间隔逐级增大，

而趋于最后值$\frac{2Z_2}{Z_1+Z_2}U_0$，当$Z_1<Z_2$时，其波形如图2-4-2（a）所示。由于图中所画出的是前行波电压在空间的分布，所以各级波的空间间隔为$\frac{2lv_2}{v_0}$，其中v_2为波在导线2中的传播速度。当β_1与β_2异号时，即当$Z_1<Z_0<Z_2$或$Z_1>Z_0>Z_2$时，波在B点处的第1，3，5…次折射产生正的折射波，而第2，4，6…次折射则产生负的折射波。因此，前行波电压将为振荡波形，振荡周期为$\frac{4l}{v_0}$（在空间所占位置为$\frac{4lv_2}{v_0}$），振荡围绕其最终值$\frac{2Z_2}{Z_1+Z_2}U_0$进行，逐渐衰减。当$Z_1>Z_0>Z_2$时，其波形如图2-4-2（b）所示。

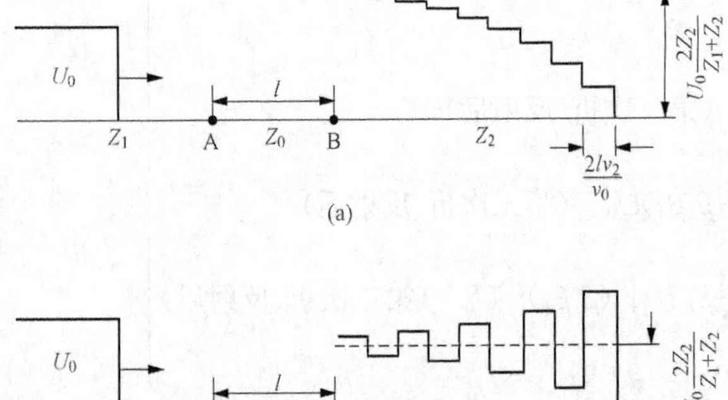

图2-4-2 中间线路对前行波波头的影响

（a）$Z_0>Z_1$和Z_2或$Z_0<Z_1$和Z_2，（$Z_1<Z_2$）；（b）$Z_1>Z_0>Z_2$

结论是：当中间线路的波阻值处于两侧线路波阻值之间时，中间线路的存在将使前行波发生振荡，可能会产生过电压。增大中间线路的波阻使之大于两侧线路的波阻，或者减少中间线路的波阻使之小于两侧线路的波阻，均可消除前行波的振荡，削减前行波的平均陡度。

应该注意到，虽然减小Z_0和增大Z_0都可以起到削减前行波（平均）陡度的作用，但是它们的机理是不同的。减小Z_0时，由线路1传来的电压进行波将在A点发生负反射，限制了由A点进入中间线路的电压波，使由B点传出的前行波电压得到降低，从而前行电压波的平均陡度也减小了，此时在A点和整个中间线路的电压都是不高的，和前述旁过电容的情况类似。如果增大Z_0，则进入中间线路的前行电压波将增大，但这一前行电压波到达B点时会发生负反射，所以由B点向前的折射波电压也将降低。在这种情况下，A点和整个中间线路都具有较高的电压，和前述波通过电感的情况类似。

下面来进一步证明，$Z_0\ll Z_1$及Z_2情况下，在求B点上的电压时，中间导线可以用一个等值电容来取代；在$Z_0\gg Z_1$及Z_2的情况下，则中间导线可以用一个等值电感来取代。为此，从分析前行波的平均陡度入手。由于被削减的前行波是一个按阶梯形逐渐增大的曲线，其电压上升的平均速度（即平均陡度）可以用各阶梯中的每次阶跃电压被时间间隔去除来决定。显然，在第一个阶梯中，即当$t=0\sim\frac{2l}{v_0}$时，前行波电压的平均上升速度最大，其值为

$$\frac{\mathrm{d}u_{\mathrm{B}}}{\mathrm{d}t}=\frac{U_0\alpha_1\alpha_2}{\frac{2l}{v_0}}=U_0\frac{2Z_0}{Z_0+Z_1}\times\frac{2Z_2}{Z_0+Z_2}\times\frac{v_0}{2l}$$

$$=U_0\frac{2Z_2}{(Z_0+Z_1)(Z_0+Z_2)}\times\frac{1}{C_0l}\qquad(2-4-6)$$

式中：C_0为中间线路单位长度的电容。

如果$Z_0\ll Z_1$及Z_2，则根据式（2-4-6）得到

$$\frac{\mathrm{d}u_{\mathrm{B}}}{\mathrm{d}t}\approx\frac{2U_0Z_2}{Z_1Z_2}\times\frac{1}{C_0l}=\frac{2U_0}{Z_1C} \tag{2-4-7}$$

式中：C为中间线路的总电容。

式（2-4-7）就是计算波旁过电容时最大陡度的式（2-3-8）。可见，在$Z_0\ll Z_1$及Z_2的情况下，中间线路完全可以用一个连接在Z_1及Z_2节点上的纯粹电容C来代替。电容C的值就等于中间线路的总电容。这里中间线路的全部电感都是可以忽略的。

如果$Z_0\gg Z_1$及Z_2，则根据式（2-4-6）可得

$$\frac{\mathrm{d}u_{\mathrm{B}}}{\mathrm{d}t}\approx\frac{2U_0Z_2}{Z_0^2}\times\frac{1}{C_0l}=\frac{2U_0Z_2}{L_0l}=\frac{2U_0Z_2}{L} \tag{2-4-8}$$

式中：L_0为中间线路单位长度的电感；L为中间线路的全部电感。

式（2-4-8）就是计算波通过电感时最大电压陡度的式（2-3-7）。可见，在$Z_0\gg Z_1$及Z_2的情况下，中间线路完全可以用一个连接在Z_1和Z_2间的纯粹电感L来代替，电感的值就等于中间线路的总电感。这里中间线路的全部电容都是可以忽略的。

综上所述可知，网格法是应用流动波图案对波的多次折、反射过程进行分析的一种有效方法。它以波动方程的解［式（2-1-19）及式（2-1-20）］为基础，将导线上各点的电压和电流分成前行波和反行波分别加以计算，再将所得结果加以叠加。这种方法也可用来计算三个以上不同波阻的导线串联时的多次折、反射过程。但此时由于波在各个节点上的反射时间各不相同，波到达计算点的时间将参差不齐，计算将比较困难，需借助计算机实现。

二、网格法的数值计算

用网格法对复杂系统中波的多次折、反射进行数值计算时，所用的时间间隔（或称时间步长）Δt应能整除波在各个传输线段上的传播时间。这样，波到达节点发生折、反射的时刻刚好能和时间间隔相符，会给计算带来很大的方便。步长确定后，加在系统上的电压波形可按时间间隔Δt划分，即划分成按时间间隔Δt顺序加入的各阶跃电压之和，如图2-4-3所示。为了保证必要的计算准确度，按时间间隔所划分的电压波形，应尽可能接近实际电压波形。也就是说，Δt除了应当能够整除波在各个传输线段上的传播时间外，还必须足够小。

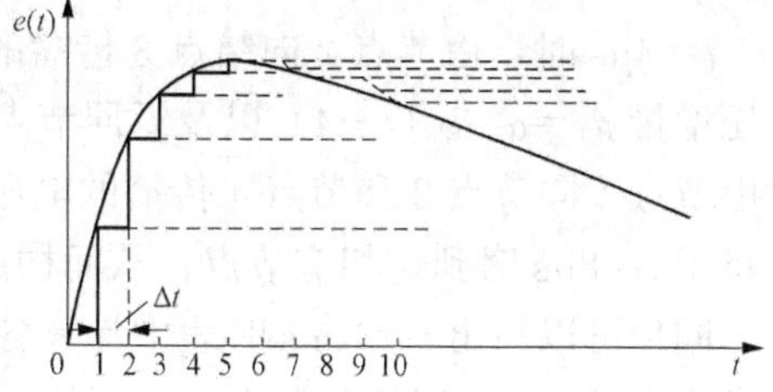

图2-4-3　用网格法计算时按时间间隔划分电压波形图

下面来讨论图2-4-4所示的线路。为简便起见，图中的电源取为单位直流电压$1(t)$（单位阶跃函数）。电路在$t=0$时合闸。线路的波阻、波在各个线段上的传播时间以及各节点的折、反射系数均在图中标出。考虑到电源为直流，计算准确度将和时间间隔无关。所以时间步长Δt可径取能整除各个线段传播时间的$2\mu\mathrm{s}$。现在来计算各节点电压随时间变化的波形。

由于电路比较复杂，直接用网格图来表示各节点的折、反射电压不易取得清晰的结果，因此用相应的表格计算来取代网格图的计算。表2-4-1即为计算所用的表格。节点中的输出行用来记录与该节点相连的线路传向该节点的电压波在该节点折射后的电压值，也就是该节点的电压增量。由该节点折、反射以后，传向其他节点的电压波则记录在相应的行中。以节点

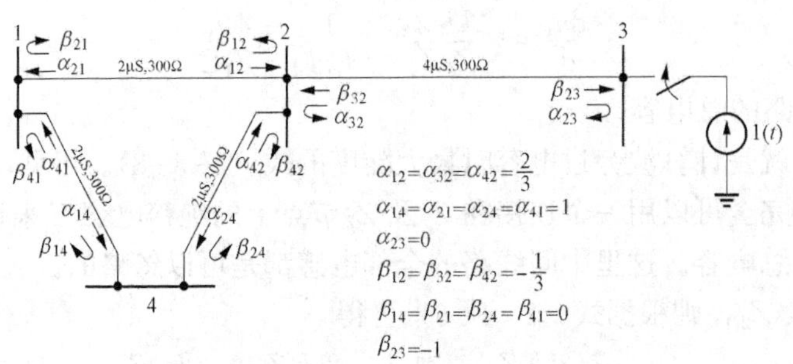

图 2-4-4 用网格法计算复杂电路实例

2 为例，“2→1”“2→3”“2→4” 各行中将分别记录从节点 2 向节点 1、3、4 传播的电压波。下面从 $t=0$ 开关闭合开始进行计算。由于在开关闭合时，只有节点 3 有电压增量 $1(t)$，以及向节点 2 发出电压波 $u_{32}(t)=1(t)$，因此在 $t=0$ 时，除了 u_3 和 u_{32} 两项为 $1(t)$ 外，其余各项均为零。当 $t=2\mu s$ 时，u_{32} 尚未到达节点 2，而又无其他电源投入，因此各节点电压均无变化，表 2-4-1 相应中各项均为零值。当 $t=4\mu s$ 时，u_{32} 到达节点 2 产生折射波 $\alpha_{32}u_{32}(t-4)$，作为节点 2 的电压增量 u_2。此折射波同时沿着 2→1 和 2→4 向节点 1 和节点 4 传播，因此有 $u_{21}=\alpha_{32}u_{32}(t-4)$ 及 $u_{24}=\alpha_{32}u_{32}(t-4)$。此外 u_{32} 还将在节点 2 产生反射波 $\beta_{32}u_{32}(t-4)$，后者沿 2→3 返回节点 3，因此有 $u_{23}=\beta_{32}u_{32}(t-4)$，见表 2-4-1。

$t=4\mu s$ 时，由节点 2 发出的电压波经过 $2\mu s$ 后，在 $t=6\mu s$ 时将分别到达节点 1 和节点 4。波在节点 1 折射后形成节点 1 的电压增量 $u_1=\alpha_{21}u_{21}(t-2)$，也形成向节点 4 传播的电压波 $u_{14}=\alpha_{21}u_{21}(t-2)$。其反射波将沿 1→2 返回节点 2，即将有 $u_{12}=\beta_{21}u_{21}(t-2)$。同样，可求得波在节点 4 折、反射后形成的节点 4 的电压增量 $u_4=\alpha_{24}u_{24}(t-2)$，向节点 1 传播的电压波 $u_{41}=\alpha_{24}u_{24}(t-2)$ 以及返回节点 2 的电压波 $u_{42}=\beta_{24}u_{24}(t-2)$，以上各量也列于表 2-4-1 中。

$t=4\mu s$ 时，由节点 2 向结点 3 传播的电压波则将在 $t=8\mu s$ 时到达节点 3，形成节点 3 的电压增量 $u_3=\alpha_{23}u_{23}(t-4)$ 以及返回节点 2 的电压波 $u_{32}=\beta_{23}u_{23}(t-4)$。与此同时，$t=6\mu s$ 时由节点 1 向节点 2 和节点 4 传播的电压波，以及由节点 4 向节点 1 和节点 2 传播的电压波也将于 $t=8\mu s$ 时到达相应节点，从而构成了表 2-4-1 中其他诸项，此处不再一一赘述。

同理可以写出 $t=10\mu s$ 时表中计算各节点上电压增量和折、反射波的普遍公式。据此不难求出在 $t>10\mu s$ 以后各节点的电压值。表 2-4-1 中列出了 $t=20\mu s$ 前的不同时刻，按这些公式算得的各节点上的电压增量和折、反射电压值。这些公式也适用于 $t<10\mu s$ 时的计算，读者可以自行校核。

如果把 t 时刻以前各节点的输出电压叠加起来，就可以得到 t 时刻在各节点上的电压值，其结果见表 2-4-2。图 2-4-5 为根据计算结果画出的各节点的波形图。

表 2-4-1　　图 2-4-4 中各节点电压随时间的变化

节点	项目	时间单位 μs										
		0	2	4	6	8	10	12	14	16	18	20
1	输出 $u_1(t)$	0	0	0	$\alpha_{21}u_{21}(t-2)=\frac{2}{3}$	$\alpha_{41}u_{41}(t-2)=\frac{2}{3}$	$\left.\begin{matrix}\alpha_{21}u_{21}(t-2)=0\\\alpha_{41}u_{41}(t-2)=0\end{matrix}\right\}=0$	$\frac{2}{9}$	$\frac{4}{9}$	$\frac{2}{9}$	$\frac{2}{27}$	$-\frac{12}{27}$
	1→2 $u_{12}(t)$	0	0	0	$\beta_{21}u_{21}(t-2)=0$	$\alpha_{41}u_{41}(t-2)=\frac{2}{3}$	$\left.\begin{matrix}\beta_{21}u_{21}(t-2)=0\\\alpha_{41}u_{41}(t-2)=0\end{matrix}\right\}=0$	0	$\frac{2}{9}$	$\frac{2}{9}$	0	$\frac{2}{27}$
	1→4 $u_{14}(t)$	0	0	0	$\alpha_{21}u_{21}(t-2)=\frac{2}{3}$	$\beta_{41}u_{41}(t-2)=0$	$\left.\begin{matrix}\beta_{41}u_{41}(t-2)=0\\\alpha_{21}u_{21}(t-2)=0\end{matrix}\right\}=0$	$\frac{2}{9}$	$\frac{2}{9}$	0	$\frac{2}{27}$	$-\frac{14}{27}$
2	输出 $u_2(t)$	0	0	$\alpha_{32}u_{32}(t-4)=\frac{2}{3}$	0	$\alpha_{12}u_{12}(t-2)=0$ $\alpha_{42}u_{42}(t-2)=0$	$\left.\begin{matrix}\alpha_{12}u_{12}(t-2)=\frac{4}{9}\\\alpha_{32}u_{32}(t-4)=0\\\alpha_{42}u_{42}(t-2)=\frac{4}{9}\end{matrix}\right\}=\frac{8}{9}$	$\frac{2}{9}$	0	$\frac{8}{27}$	$-\frac{8}{27}$	$\frac{2}{27}$
	2→1 $u_{21}(t)$	0	0	$\alpha_{32}u_{32}(t-4)=\frac{2}{3}$	0	$\beta_{12}u_{12}(t-2)=0$ $\alpha_{42}u_{42}(t-2)=0$	$\left.\begin{matrix}\beta_{12}u_{12}(t-2)=-\frac{2}{9}\\\alpha_{32}u_{32}(t-4)=0\\\alpha_{42}u_{42}(t-2)=\frac{4}{9}\end{matrix}\right\}=\frac{2}{9}$	$\frac{2}{9}$	0	$\frac{2}{27}$	$-\frac{14}{27}$	$\frac{2}{27}$
	2→3 $u_{32}(t)$	0	0	$\beta_{32}u_{32}(t-4)=-\frac{1}{3}$	0	$\alpha_{12}u_{12}(t-2)=0$ $\alpha_{42}u_{42}(t-2)=0$	$\left.\begin{matrix}\alpha_{12}u_{12}(t-2)=\frac{4}{9}\\\beta_{32}u_{32}(t-4)=0\\\alpha_{42}u_{42}(t-2)=\frac{4}{9}\end{matrix}\right\}=\frac{8}{9}$	$-\frac{1}{9}$	0	$\frac{8}{27}$	$\frac{16}{27}$	$-\frac{1}{27}$
	2→4 $u_{24}(t)$	0	0	$\alpha_{32}u_{32}(t-4)=\frac{2}{3}$	0	$\alpha_{12}u_{12}(t-2)=0$ $\beta_{42}u_{42}(t-2)=0$	$\left.\begin{matrix}\alpha_{12}u_{12}(t-2)=\frac{4}{9}\\\alpha_{32}u_{32}(t-4)=0\\\beta_{42}u_{42}(t-2)=-\frac{2}{9}\end{matrix}\right\}=\frac{2}{9}$	$\frac{2}{9}$	0	$\frac{2}{27}$	$-\frac{14}{27}$	$\frac{2}{27}$
3	输出 $u_3(t)$	$1(t)$	0	0	0	$\alpha_{23}u_{23}(t-4)=0$	$\alpha_{23}u_{23}(t-4)=0\}=0$	0	0	0	0	0
	3→3 $u_{32}(t)$	$1(t)$	0	0	0	$\beta_{23}u_{23}(t-4)=\frac{1}{3}$	$\beta_{23}u_{23}(t-4)=0\}=0$	0	$-\frac{8}{9}$	$\frac{1}{9}$	0	$-\frac{8}{27}$
4	输出 $u_4(t)$	0	0	0	$\alpha_{24}u_{24}(t-2)=\frac{2}{3}$	$\alpha_{14}u_{14}(t-2)=\frac{2}{3}$	$\left.\begin{matrix}\alpha_{14}u_{14}(t-2)=0\\\alpha_{24}u_{24}(t-2)=0\end{matrix}\right\}=0$	$\frac{2}{9}$	$\frac{4}{9}$	$\frac{2}{9}$	$\frac{2}{27}$	$-\frac{12}{27}$
	4→1 $u_{41}(t)$	0	0	0	$\alpha_{24}u_{24}(t-2)=\frac{2}{3}$	$\beta_{14}u_{14}(t-2)=0$	$\left.\begin{matrix}\beta_{14}u_{14}(t-2)=0\\\alpha_{24}u_{24}(t-2)=0\end{matrix}\right\}=0$	$\frac{2}{9}$	$\frac{2}{9}$	0	$\frac{2}{27}$	$-\frac{14}{27}$
	4→2 $u_{42}(t)$	0	0	0	$\beta_{24}u_{24}(t-2)=0$	$\alpha_{14}u_{14}(t-2)=\frac{2}{3}$	$\left.\begin{matrix}\alpha_{14}u_{14}(t-2)=0\\\beta_{24}u_{24}(t-2)=0\end{matrix}\right\}=0$	0	$\frac{2}{9}$	$\frac{2}{9}$	0	$\frac{2}{27}$

表 2-4-2 　　t 时刻节点的电压

节点 \ t (μs)	0	2	4	6	8	10	12	14	16	18	20
1	0	0	0	0.666 7	1.333 3	1.333 3	1.555 6	2.000 0	2.222 3	2.296 3	1.851 9
2	0	0	0.666 7	0.666 7	0.666 7	1.555 6	1.777 8	1.777 8	2.074 1	1.777 8	1.851 9
3	1	1	1	1	1	1	1	1	1	1	1
4	0	0	0	0.666 7	1.333 3	1.333 3	1.555 6	2.000 0	2.222 3	2.296 3	1.851 9

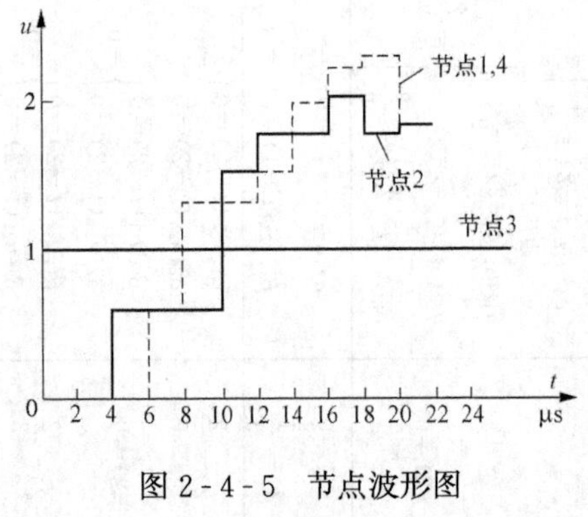

图 2-4-5 节点波形图

根据表 2-4-1 所列计算公式，不难看出结点的输出电压可用下面的普遍公式求得

$$u_j(t)=\sum_i \alpha_{ij}u_{ij}(t-\tau_{ij})$$

$$(j=1\sim n;i=1\sim n;i\neq j) \quad (2-4-9)$$

由某一节点向其他节点传播的电压可用下面的普遍公式表示

$$u_{ji}(t)=\beta_{ij}u_{ij}(t-\tau_{ij})+\sum_k \alpha_{kj}u_{kj}(t-\tau_{kj})$$

$$(j=1\sim n;i=1\sim n,i\neq j;k=1\sim n,k\neq i;k\neq j) \quad (2-4-10)$$

式中：α_{ij}、β_{ij} 分别表示波由节点 i 到达结点 j 时在节点 j 处的折射和反射系数；τ_{ij} 表示波由节点 i 到节点 j 所需的传播时间。当网络的节点数很多时（如 n 个），它们可以分别用折射系数矩阵 $\boldsymbol{\alpha}$，反射系数矩阵 $\boldsymbol{\beta}$ 以及传播时间矩阵 $\boldsymbol{\tau}$ 的形式来表示，即

$$\boldsymbol{\alpha}=\begin{Bmatrix} 1 & \alpha_{12} & \cdots & \alpha_{1n} \\ \alpha_{21} & 1 & \cdots & \alpha_{2n} \\ \cdots & \cdots & \cdots & \cdots \\ \alpha_{n1} & \alpha_{n2} & \cdots & 1 \end{Bmatrix} \quad (2-4-11)$$

$$\boldsymbol{\beta}=\begin{Bmatrix} 0 & \beta_{12} & \cdots & \beta_{1n} \\ \beta_{21} & 0 & \cdots & \beta_{2n} \\ \cdots & \cdots & \cdots & \cdots \\ \beta_{n1} & \beta_{n2} & \cdots & 0 \end{Bmatrix} \quad (2-4-12)$$

$$\boldsymbol{\tau}=\begin{Bmatrix} 0 & \tau_{12} & \cdots & \tau_{1n} \\ \tau_{21} & 0 & \cdots & \tau_{2n} \\ \cdots & \cdots & \cdots & \cdots \\ \tau_{n1} & \tau_{n2} & \cdots & 0 \end{Bmatrix} \quad (2-4-13)$$

这些矩阵中的各元素将由网络的特性决定。以图 2-4-4 的网络为例，它们将分别为

$$\boldsymbol{\alpha}=\begin{Bmatrix} 1 & 2/3 & \times & 1 \\ 1 & 1 & 0 & 1 \\ \times & 2/3 & 1 & \times \\ 1 & 2/3 & \times & 1 \end{Bmatrix}$$

$$\boldsymbol{\beta}=\begin{Bmatrix}0 & -\frac{1}{3} & \times & 0\\ 0 & 0 & -1 & 0\\ \times & -\frac{1}{3} & 0 & \times\\ 0 & -\frac{1}{3} & \times & 0\end{Bmatrix}$$

$$\boldsymbol{\tau}=\begin{Bmatrix}0 & 2 & \times & 2\\ 2 & 0 & 4 & 2\\ \times & 4 & 0 & \times\\ 2 & 2 & \times & 0\end{Bmatrix}$$

由于节点 1 和 3 以及节点 4 和 3 无直接联系，元素 $\alpha_{13}(\alpha_{31})$、$\beta_{13}(\beta_{31})$、$\tau_{13}(\tau_{31})$ 以及 $\alpha_{34}(\alpha_{43})$、$\beta_{34}(\beta_{41})$、$\tau_{34}(\tau_{43})$ 无法算出，它们在矩阵中可以用“×”表示。

利用决定网络特性的折射系数矩阵 $\boldsymbol{\alpha}$，反射系数矩阵 $\boldsymbol{\beta}$，传播时间矩阵 $\boldsymbol{\tau}$ 以及普遍公式［式（2-4-9）和式（2-4-10）］就不难编写出进行网格法数值计算的程序了。

三、集中参数 L、C 的等值线段

在进行波过程的计算时，经常会遇到既包含有集中参数元件 L、C，又包含有分布参数线路的网络。根据计算方法的不同，有时需要将分布参数的线路近似地用集中参数来等值，有时也需要将集中参数的元件用等值的分布参数线段来近似取代。后者一般发生在进行数值计算时。分布参数用集中参数来等值的方法，在本节中讨论串联三导线波过程特点时已介绍过。在 Z_0 远大于 Z_1 和 Z_2 时，中间导线可以用一个等值集中电感来代替；在 Z_0 远小于 Z_1 和 Z_2 时，中间导线可以用一个等值集中电容来代替。下面将介绍将集中参数 L 或 C 转化为分布参数的等值线段的方法。

等值线段的特性是用其长度 l、波阻 Z 和波速 v 来描绘的。因此集中参数 L 或 C 转化为等值线段的问题，就归结为如何根据 L 或 C 来确定 l、Z 和 v。等值线段各参数间的关系式为

$$Z=\sqrt{\frac{L_0}{C_0}}=\sqrt{\frac{L_0 l}{C_0 l}}=\sqrt{\frac{L}{C}} \tag{2-4-14}$$

$$v=\frac{1}{\sqrt{L_0 C_0}}=\frac{l}{\sqrt{LC}} \tag{2-4-15}$$

式中：L_0 和 C_0 为线段单位长度的电感和电容；L 和 C 则为线段的总电感和总电容。

从式（2-4-14）和式（2-4-15）消去 C，可得

$$L=Z\frac{l}{v} \tag{2-4-16}$$

从式（2-4-14）和式（2-4-15）消去 L，可得

$$C=\frac{l}{Zv} \tag{2-4-17}$$

当用等值线段来代替集中电感时，等值线段的总电感可取为所代替的集中电感的值。根据式（2-4-16）可以看出，在波速选定的情况下（一般可选得和网络中其他线路一致），当所选等值线段的长度 l 较大时，波阻 Z 就要取得较小；当所选等值线段较短时，波阻可以较大。

此外，既然是等值线段，就不可避免地有电容存在。而从式（2-4-17）可知，电容的大小是与 l 成正比且与 Z 成反比的，为了使等值线段接近实际的 $C=0$ 的情况，取代电感的等值线段的长度要尽可能小，波阻要尽可能大。计算表明，取代电感的等值线段的波阻，至少应取为和电感连接在同一节点上的所有其他线路合并起来的等值波阻的 10 倍，才能保证必要的精确度。

同样，当用等值线段来代替集中电容时，等值线段的总电容应取为所取代的集中电容的值。此时，为了使等值线段的总电感接近实际的 $L=0$ 的情况，取代电容的等值线路的长度和波阻都要尽可能小，后者应小于连接在同一节点上的所有其他回路合并起来的等值波阻的 1/10。

应当指出，以上要求 l 值越小越好，但在进行数值计算时，l 值的减小将直接影响到步长 Δt 的选择，因此还需考虑到后者。

第五节　用特性线法（白日朗法）进行波过程计算

一、用特性线法进行简单回路波过程计算及实例

特性线法（白日朗法）是应用混合波的图案对波的多次折、反射过程进行分析的一种方法。它的基础仍然是波动方程的解［式（2-1-19）和式（2-1-20）］。为了方便起见，用波阻 Z 将其中的电流波改换成电压波重列于下：

$$u = u_q(x-vt) + u_f(x+vt) \tag{2-5-1}$$

$$i = \frac{u_q(x-vt)}{Z} - \frac{u_f(x+vt)}{Z} \tag{2-5-2}$$

这里不再将导线上各点的电压和电流分解为前行波和反行波，而是设法由此两式中直接求出电压实际值 u 和电流实际值 i 之间的关系。为此，可先将两式相加得到

$$u + iZ = 2u_q(x-vt) \tag{2-5-3}$$

再将两式相减得到

$$u - iZ = 2u_f(x+vt) \tag{2-5-4}$$

要强调的是，这里式中的 u 和 i 已不是某一个前行波或反行波的值，而是导线各点的实际电压和电流，是多次折、反射的总的结果。

由式（2-5-3）和式（2-5-4）可知：$u+iZ$ 和 $u-iZ$ 各作为一个整体来说具有行波的性质。$u+iZ$ 是一个以速率 v 沿 x 正方向行进的前行波，$u-iZ$ 是一个以速率 v 沿 x 负方向行进的反行波。但是它们既不是电压波，也不是电流波，而是一种混合波，这种描述波过程的图案称为混合波图案。不管导线上有多少个前行和反行的电压波和电流波，导线上的 $u+iZ$ 混合波总是以光速前行、永不后退，而 $u-iZ$ 混合波则永远以光速反行。

1. 前行混合波 $u+iZ$

设混合波 $u+iZ$ 在某一瞬间在导线上的分布如图 2-5-1 所示。当观察者沿 x 正方向以速度 v 和此前行混合波一起运动时，由于 $x-vt=$ 常数，所以从观察者所处的位置（如图 2-5-1 中虚线的位置）观察到的电压和电流的混合关系式 $u+iZ$ 的值永远不变，即

$$u + iZ = \text{常数} \tag{2-5-5}$$

或

$$\frac{\mathrm{d}u}{\mathrm{d}i}=-Z \tag{2-5-6}$$

显然，这个关系式从线路首端（$x=0$ 处）到末端（$x=l$ 处）都成立。

式（2-5-6）的物理意义可以这样来理解。当 $u+iZ$ 混合波前行时，如果由于某一原因迫使 i 有所变化，则 u 必定也要变化。当 i 变大时，u 必定减小，这是因为从能量守恒定律出发；当磁能变大时，电能一定会减少。同时由式（2-5-6）可知，前行混合波的电压和电流（即线路各点的实际电压和电流）间的关系，将由一组斜率为 $-Z$ 的特性线来决定（见图 2-5-2），其具体位置需要用边界条件和起始条件来决定。以图 2-5-3 为例，已知导线的波阻为 Z，如导线上 A 点在 $t=0$ 时的电压和电流为 u_A 和 i_A，则由 A 点发出的前行混合波的特性线一定是图 2-5-2 中斜率为 $-Z$ 的一组特性线中通过（u_A，i_A）点的那条线。在图 2-5-3 中 A 点右边距 A 点 x 处的导线点，在 $t=\frac{x}{v}$ 时的电压和电流就一定位于这一条特性线上。

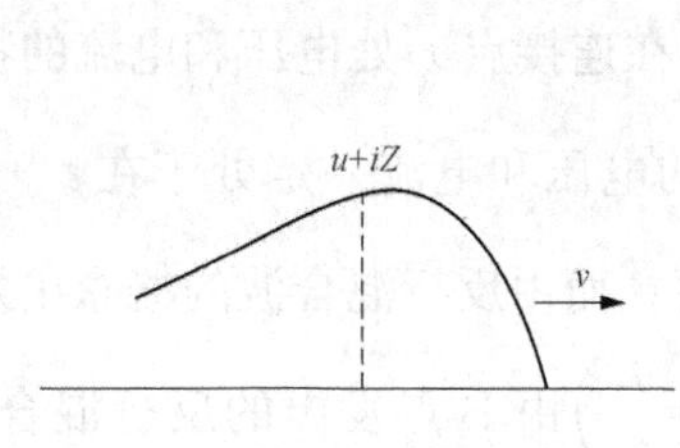

图 2-5-1　前行混合波

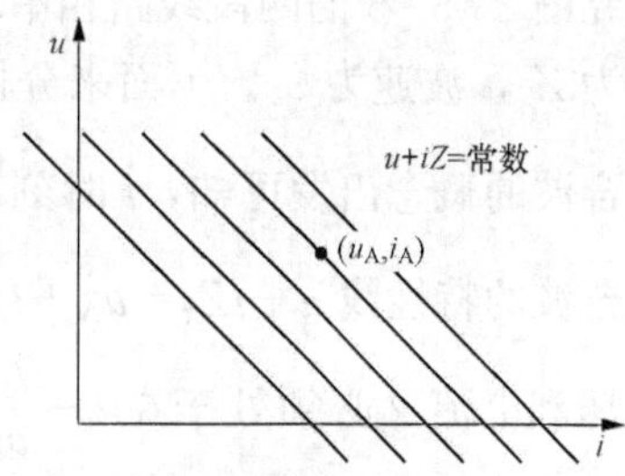

图 2-5-2　前行混合波的 $u-i$ 特性线

2. 反行混合波 $u-iZ$

同样，当观察者沿 x 的负方向和反行混合波一起运动时，其在线路任一点上所看到的电压和电流所组成的混合关系式 $u-iZ$ 的值将始终不变，即将有

$$u-iZ=\text{常数} \tag{2-5-7}$$

或

$$\frac{\mathrm{d}u}{\mathrm{d}i}=Z \tag{2-5-8}$$

即如果 u 变大则 i 也将变大。这也是符合能量守恒定律的。因为 $u-iZ$ 混合波永远是反行的，当正电荷反行时，u 为正值，i 为负值。如果有某一原因迫使 u 值变大，则电场能量将变大，此时磁能必定相应减小，即电流的绝对值必定减小。而负值电流的绝对值减小显然就意味着电流的增大。

反行混合波的电压和电流的关系将由一组斜率为 $+Z$ 的特性线决定（图 2-5-4），其具体位置也需要由边界条件和起始条件来决定。仍以图 2-5-3 为例，$t=0$ 时由 A 点发出的反行混合波的特性线一定是图 2-5-4 中斜率为 $+Z$ 的这组曲线中通过（u_A，i_A）点的那一条。而在 A 点左边距 A 点 x 处的导线点，在 $t=\frac{x}{v}$ 时的电压和电流应位于这一条特性线上。

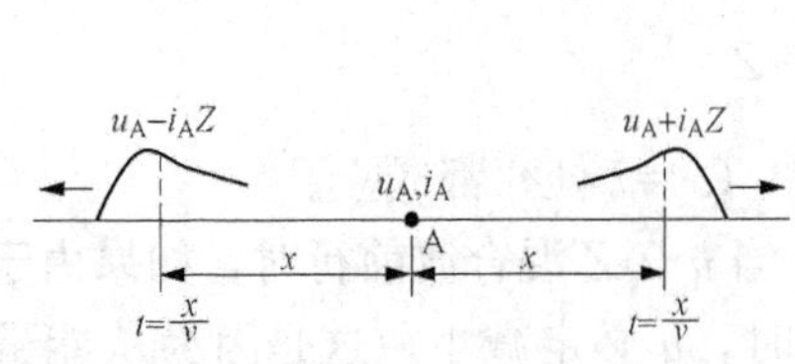

图 2-5-3 混合波在导线上的传播

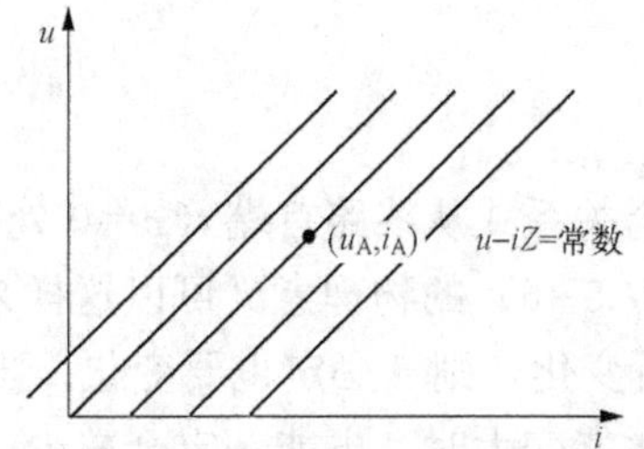

图 2-5-4 反行混合波的 $u-i$ 特性线

3. 利用混合波特性线的原则

在波过程的计算中，人们最感兴趣的是线路上的实际电压值和电流值。混合波的 $u-i$ 特性线为直接决定 u 和 i 提供了有利条件，所以利用混合波来进行分布参数电路过渡过程的计算，可使计算大大简化。下面介绍利用混合波的特性线确定线路上实际电压和电流的一些原则。

首先，研究图 2-5-5 的两段线路相串联的情况。已知线路 1 的波阻为 Z_1，波速为 v_1；线路 2 的波阻为 Z_2，波速为 v_2。下面来分析 t 时刻在连接点 x 处电压和电流的特点。

由前行混合波的概念出发可知，t 时刻在 x 点的电压和电流一定处于在 $t-\frac{l_1}{v_1}$ 时由 A 点发出的前行混合波的特性线 $u+iZ_1=u_A+i_AZ_1$ 上面；而由反行混合波的概念出发可知，t 时刻在 x 点的电压和电流又必须处于在 $t-\frac{l_2}{v_2}$ 时 $\left(\frac{l_2}{v_2}=\frac{l_1}{v_1}\right)$ 由 B 点发出的反行混合波的特性线 $u-iZ_2=u_B-i_BZ_2$ 上。考虑到线路的同一点 x 在同一时刻 t 只能有一个 u 值和一个 i 值，所以 x 点的实际电压和电流值应当由这两条特性线的交点来确定，如图 2-5-6 所示。

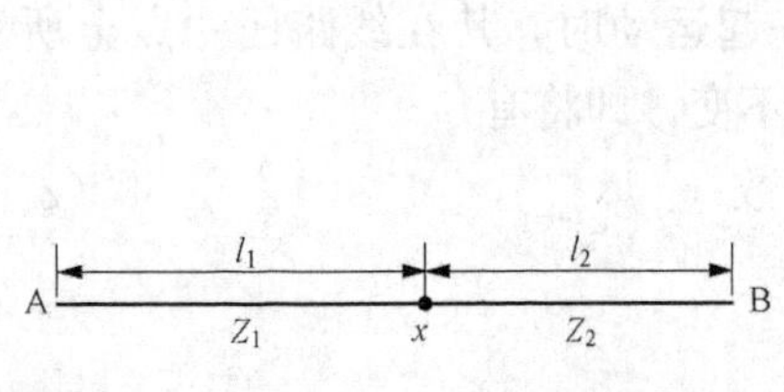

图 2-5-5 两段线路串联

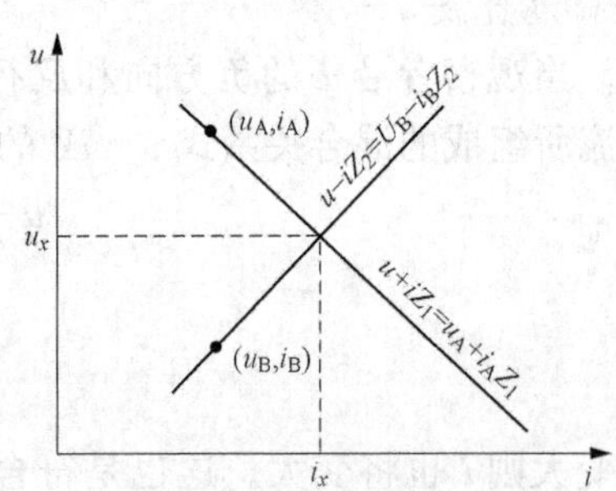

图 2-5-6 由前行特性线和反行特性线决定 x 点的电压和电流

其次，讨论线路的节点上接有电源或负载的情况。由于电源和负载阻抗都有它自己的 $u-i$ 特性线，因此节点的电压和电流就可以由前行混合波（或反行混合波）的特性线和电源（或负载）的特性线的交点来决定。以图 2-5-7 线路末端接有非线性电阻为例，从前行混合波的概念出发，B 点在时刻 t 的电压和电流一定处于在 $t-\frac{l}{v}$ 时由 A 点发出的前行混合波特性线 $u+iZ=u_A+i_AZ$ 上。而按 B 点所接负载的特性出发，B 点的电压和电流又必须处于非线性电阻的 $u-i$ 特性线上。因此，B 点的实际电压和电流应当由前行混合波的特性线和非线性电阻的特性线的交点来决定，如图 2-5-8 所示。

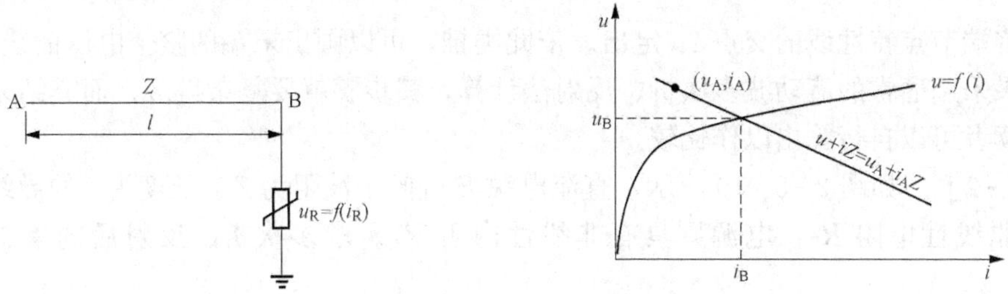

图 2-5-7　线路末端接有非线性电阻　　图 2-5-8　用特性线法决定图 2-5-7 中 B 点电压和电流

下面通过一些例子来说明特性线法的具体应用。

［**例 2-5-1**］　如图 2-5-9（a）所示，直流电源 E 合闸于波阻为 Z、长度为 l 的导线，导线末端接有电阻 R，且 $R<Z$，求末端电压。

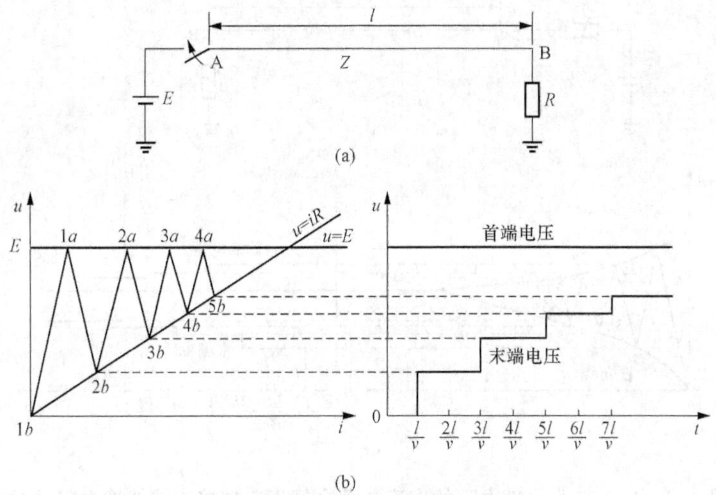

图 2-5-9　直流电源合闸于末端接有电阻的线路

（a）实际线路；（b）特性线的应用

［**解**］在本题中有两个节点，即首端和末端。首端的特性方程为 $u=E$，末端的特性方程为 $u=iR$，将它们画在图 2-5-9（b）中。设在 $t=0$ 时开关闭合。由于在 $t=0^-$ 时开关右侧该点的电压和电流均为零值，因此在 $t=0^+$ 时由开关右侧的反行混合波决定的特性线，应当是通过图 2-5-9（b）的 1b 点［即（0，0）点］而斜率为 $+Z$ 的直线。其与首端节点的特性线 $u=E$ 的交点 1a 就决定了 $t=0^+$ 时首端的 u 和 i 值。显然，在 $t=0^+$ 时由首端发出的前行混合波（$u+iZ$）的特性线一定通过 1a 点。因此，这个前行混合波的特性线一定是通过 1a 点而斜率为 $-Z$ 的直线。这个前行混合波 $u+iZ$ 将在 $t=\frac{l}{v}$ 时到达线路末端。它的特性线和末端节点的特性线 $u=iR$ 的交点 2b，将决定 $t=\frac{l}{v}$ 时线路末端的电压和电流。

同理，在 $t=\frac{l}{v}$ 时，由线路末端发出的反行混合波的特性线，一定是通过 2b 点且斜率为

$+Z$ 的直线，这一反行波将在 $t=\frac{2l}{v}$ 时到达首端。因此，$t=\frac{2l}{v}$ 时首端的电压和电流就可由这个特性线和首端节点特性线的交点 $2a$ 定出。依此类推，可以画出末端的整个电压曲线。

此例如果采用通常的流动波多次折、反射法计算，其步骤就要复杂得多，而其结果当然是相同的，读者可以自行算出以作比较。

［**例 2-5-2**］ 如图 2-5-10 所示，直流电源 E 合闸于波阻为 Z、长度为 l 的导线。导线末端接有非线性电阻 R_B，电源则具有非线性内阻 R_A。求多次折、反射后的首、末端电压。

［**解**］此例因为具有非线性电阻，如用通常的流动波多次折、反射法计算将极为复杂。而采用特性线法，则只要根据给定的非线性条件，画出末端节点 B 的 $u-i$ 特性线 $u_B=i_BR_B$ 和首端节点 A 的 $u-i$ 特性线 $u_A=E-i_AR_A$ 后，就可以按照上例的作图步骤求出首、末端的电压。其结果如图 2-5-10（b）所示。

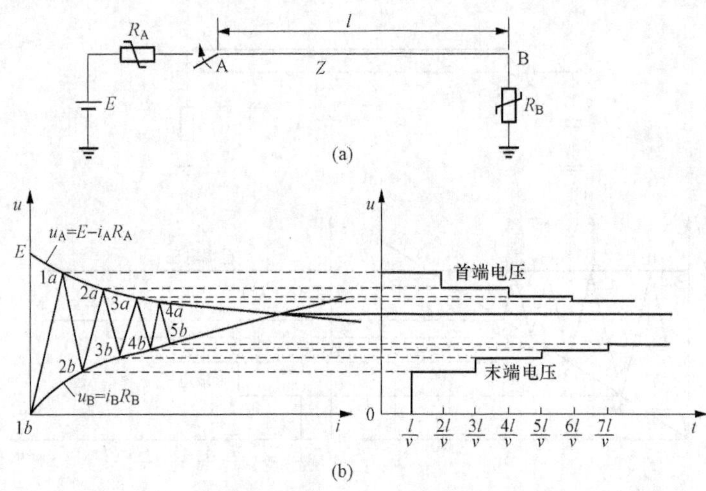

图 2-5-10 有非线性内阻的直流电源合闸于末端接有非线性电阻的线路

（a）实际线路；（b）特性线的应用

［**例 2-5-3**］ 如图 2-5-11（a）所示，交流电源 $e=E_m\cos\omega t$ 合闸于波阻为 Z、长度为 l 的导线，导线末端接有电阻 R，且 $R<Z$，求末端电压。

［**解**］解此题的步骤与［例 2-5-1］相同，不过应当注意首端电压是随时间变化的，因此首端节点的 $u-i$ 特性线也将随时间变化。例如，在 $t=0^+$ 时，首端的 $u-i$ 特性线为 $u=e\mid_{t=0}$；在 $t=\frac{2l}{v}$ 时，已变为 $u=e\mid_{t=\frac{2l}{v}}$；在 $t=\frac{4l}{v}$ 时，则为 $u=e\mid_{t=\frac{4l}{v}}$……作图时应根据波到达首端的具体时刻选用与之相应的 $u-i$ 特性线。具体结果如图 2-5-11（b）所示。

［**例 2-5-4**］ 如图 2-5-12（a）所示，直流电源 E 经波阻为 Z、长度为 l 的导线连接到电阻 R_B，电源具有内阻 R_A，且 $R_A<Z$。求开关 K 开断后首端和末端电压随时间的变化。

［**解**］作出 A 点的 $u-i$ 特性线 $u_A=E-i_AR_A$，以及在 K 开断前 B 点的 $u-i$ 特性线 $u_B=iR_B$。在 K 开断前面的稳态中显然有 $u_A=u_B$，因此由以上两个特性线的交点就可写出在 K 开断前 A 点及 B 点的稳态电压 u_0 及稳态电流 i_0。设 $t=0$ 时开关开断，考虑到在 $t=0^-$ 时开关左侧该点的电压为 u_0、电流为 i_0，因此在 $t=0^+$ 时，开关左侧前行混合波的特性线应当是

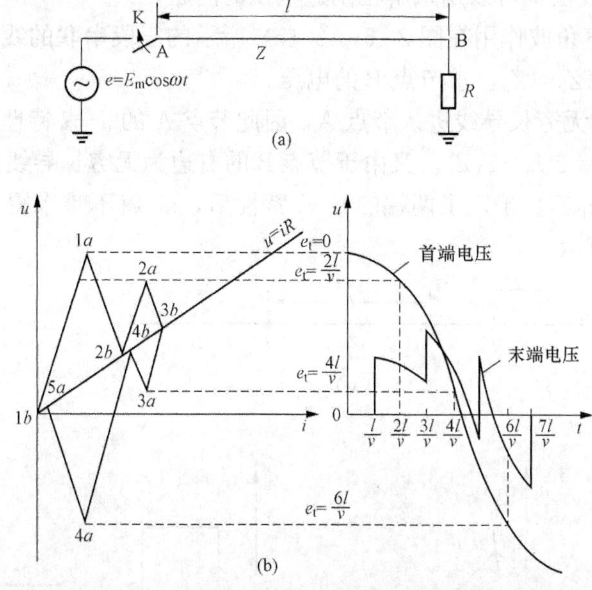

图 2-5-11　交流电源合闸于末端接有电阻的线路

(a) 实际线路；(b) 特性线的应用

通过 (u_0，i_0) 点且斜率为 $-Z$ 的直线。其与 K 开断后的末端节点 B 的特性线 $i=0$ 的交点 $1b$，决定了在 $t=0^+$ 时末端的电压。由 $1b$ 作反行波的特性线，其与首端特性线的交点 $1a$ 就决定了在 $t=\frac{l}{v}$ 时首端的电压与电流。依此类推，就可以画出首、末端的全部电压曲线，如图 2-5-12 (c) 所示。

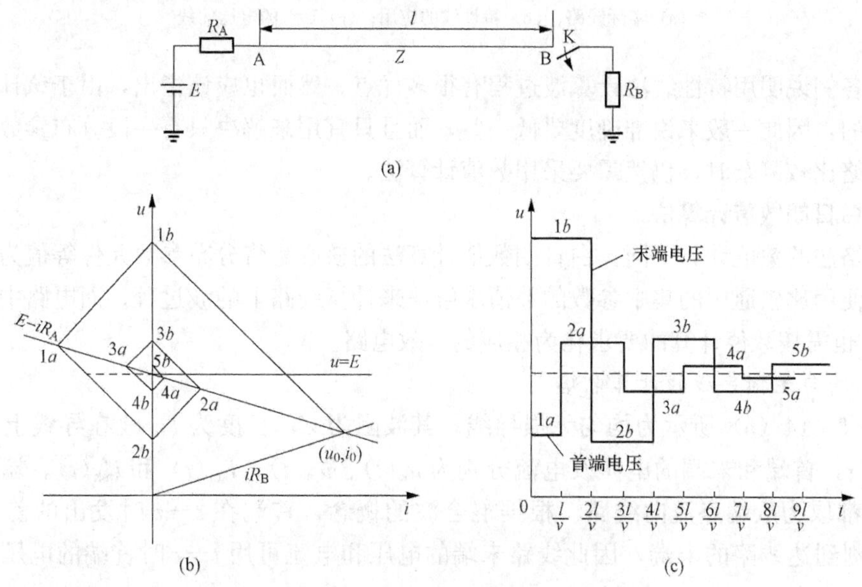

图 2-5-12　直流电源从线路上拉开

(a) 实际线路；(b) 特性线的应用；(c) 首、末端的电压曲线此例说明，特性线法也可以用来解拉闸过电压的问题。

［**例 2-5-5**］ 直角波作用在图 2-5-13（a）所示的三段串联的线路上，其波阻分别为 Z_1、Z_0 和 Z_2。设 $Z_1<Z_0<Z_2$，求节点 B 的电压。

［**解**］由于波是沿无穷长导线进入节点 A，因此节点 A 的 $u-i$ 特性方程可以由等值集中参数定理决定，即 $u_A=2U_0-i_AZ_1$。又由于节点 B 的右边为无穷长导线，所以节点 B 的 $u-i$ 特性方程可写成 $u_B=i_BZ_2$。确定了两端的 $u-i$ 特性后，u_B 就不难求得了。其计算结果如图 2-5-13（b）、（c）所示。

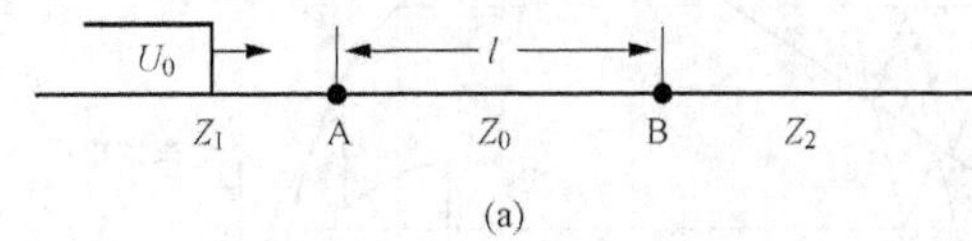

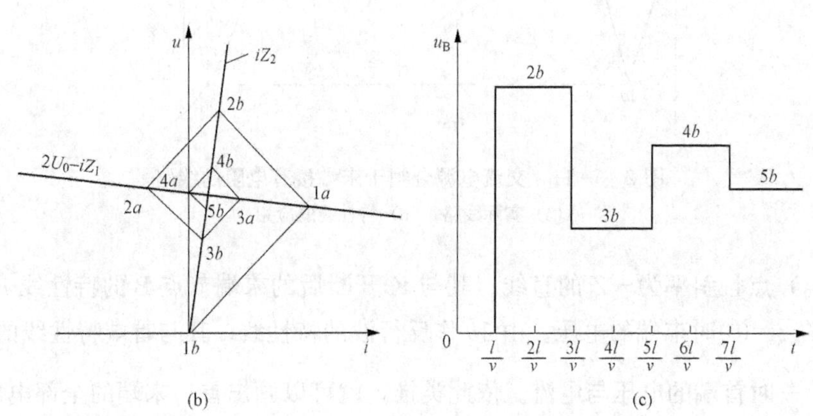

图 2-5-13 直角波作用于三段串联波阻

（a）实际线路；（b）特性线的应用；（c）B 点的电压曲线

上述各例说明用特性线法计算波过程有很多优点。然而也应该指出，由于该计算是用作图法进行的，因此一般来说准确度要低一些，而且只宜用来解决只有一段分布参数导线的问题。在网络比较复杂时，仍然需要采用数值计算法。

二、白日朗数值计算法

与网格法的数值计算不同，白日朗数值计算法的核心是将分布参数元件等值为集中参数元件，以便用比较通用的集中参数的数值求解法来计算线路上的波过程。而电路中的集中参数 L 和 C 也需按数值计算的要求化为相应的等效电路。

（一）均匀无损导线的计算电路

图 2-5-14（a）所示为均匀无损导线。其波阻为 Z，长度为 l，波在导线上传播一次的时间为 τ，首端和末端的电压及电流分别为 $u_k(t)$、$u_m(t)$、$i_{km}(t)$ 和 $i_{mk}(t)$。端点上电流的正方向都取为从端点流向线路。根据混合波的概念，首端在 $t-\tau$ 时发出的前行混合波将于 t 时刻到达线路的末端，因此线路末端的电压和电流可用 $t-\tau$ 时首端的电压和电流表出，即

$$u_m(t)+Z[-i_{mk}(t)]=u_k(t-\tau)+Zi_{km}(t-\tau) \tag{2-5-9}$$

或写成

$$i_{mk}(t)=\frac{1}{Z}u_m(t)-\frac{1}{Z}u_k(t-\tau)-i_{km}(t-\tau) \tag{2-5-10}$$

若设

$$I_m(t-\tau)=-\frac{1}{Z}u_k(t-\tau)-i_{km}(t-\tau) \tag{2-5-11}$$

则式（2-5-10）可改写为

$$i_{mk}(t)=\frac{1}{Z}u_m(t)+I_m(t-\tau) \tag{2-5-12}$$

根据式（2-5-12）可以得到端点 m 在 t 时刻的等效电路，如图 2-5-14（b）的右端所示。图中 Z 是阻值等于线路波阻的电阻，$I_m(t-\tau)$ 是等效电流源，它可以根据端点 k 在 $t-\tau$ 时刻的电压和电流值从式（2-5-11）求出。

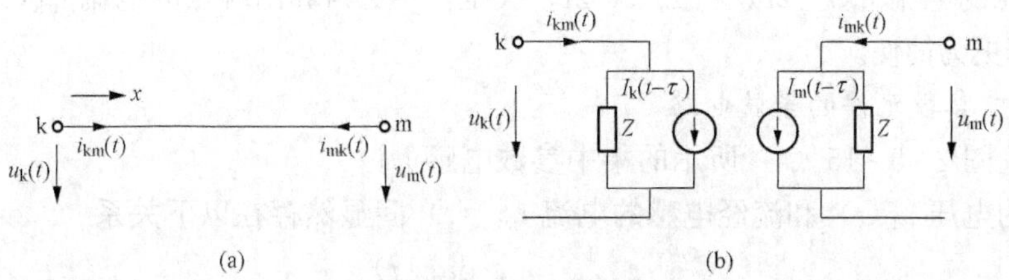

图 2-5-14　单相无损导线的等效电路
（a）实际线路；（b）等效电路

同样，从反行混合波出发，首端的电压和电流可以用末端在（$t-\tau$）时的电压和电流表示，即

$$u_k(t)-Zi_{km}(t)=u_m(t-\tau)-Z[-i_{mk}(t-\tau)] \tag{2-5-13}$$

或写成

$$i_{km}(t)=\frac{1}{Z}u_k(t)-\frac{1}{Z}u_m(t-\tau)-i_{mk}(t-\tau) \tag{2-5-14}$$

若设

$$I_k(t-\tau)=-\frac{1}{Z}u_m(t-\tau)-i_{mk}(t-\tau) \tag{2-5-15}$$

则式（2-5-14）可改写为

$$i_{km}(t)=\frac{1}{Z}u_k(t)+I_k(t-\tau) \tag{2-5-16}$$

根据上式可得端点 k 在 t 时刻的等效电路，如图 2-5-14（b）的左端所示。图中等效电流源 $I_k(t-\tau)$ 可以根据式（2-5-15）由端点 m 在 $t-\tau$ 时刻的电压和电流求得。

图 2-5-14（b）等值集中参数电路的特点是：线路两端点 k 和 m 各有自己的独立回路，即端点 k 和 m 只靠由式（2-5-11）和式（2-5-15）决定的等效电流源发生联系，在拓扑上不再有任何联系。在电流源已知的情况下，用节点电位法来解这种电路显然是极为方便的。因此，只要知道 $t-\tau$ 时刻端点 k 和 m 的电压和电流，再利用式（2-5-11）和式（2-5-15）求得 $I_m(t-\tau)$ 和 $I_k(t-\tau)$ 后，就可以很容易地求得 t 时刻端点 m 和 k 的电压和电流。

进一步如将对式（2-5-16）进行递推计算的结果

$$i_{km}(t-\tau)=\frac{1}{Z}u_k(t-\tau)+I_k(t-2\tau) \quad (2-5-17)$$

代入式（2-5-11）；将对式（2-5-12）进行递推计算的结果

$$i_{mk}(t-\tau)=\frac{1}{Z}u_m(t-\tau)+I_m(t-2\tau) \quad (2-5-18)$$

代入式（2-5-15），可得等效电流源的递推公式

$$I_m(t-\tau)=-\frac{2}{Z}u_k(t-\tau)-I_k(t-2\tau) \quad (2-5-19)$$

$$I_k(t-\tau)=-\frac{2}{Z}u_m(t-\tau)-I_m(t-2\tau) \quad (2-5-20)$$

此时，$I_m(t-\tau)$ 和 $I_k(t-\tau)$ 可由 $t-\tau$ 时 k 点和 m 点的电压 $U_k(t-\tau)$、$U_m(t-\tau)$ 以及（$t-2\tau$）时 k 点和 m 点的电流 $I_k(t-2\tau)$ 和 $I_m(t-2\tau)$ 决定，不必再算出端点的电流 $i_{mk}(t-\tau)$ 及 $i_{km}(t-\tau)$，使计算更为简便。

（二）集中参数元件的等效电路

先来讨论图 2-5-15（a）所示的集中参数电感 L。

电感上的电压 $u_L(t)$ 和流经电感的电流 $i_{km}(t)$ 间显然存在以下关系

$$u_L(t)=L\frac{di_{km}(t)}{dt} \quad (2-5-21)$$

或写成

$$di_{km}(t)=\frac{1}{L}u_L(t)dt \quad (2-5-22)$$

用数值计算法求解时，需将时间划分为一系列时间间隔 Δt 很小的时段，根据 $t-\Delta t$ 时刻的 $u_L(t-\Delta t)$ 和 $i_{km}(t-\Delta t)$ 来求 t 时刻的 $u_L(t)$ 和 $i_{km}(t)$。为此将式（2-5-22）改写为从 $t-\Delta t$ 到 t 的积分形式

$$\int_{t-\Delta t}^{t}di_{km}(t)=\frac{1}{L}\int_{t-\Delta t}^{t}u_L(t)dt \quad (2-5-23)$$

即

$$i_{km}(t)-i_{km}(t-\Delta t)=\frac{1}{L}\int_{t-\Delta t}^{t}u_L(t)dt \quad (2-5-24)$$

对上式右边用梯形法进行数值积分，可得

$$i_{km}(t)=i_{km}(t-\Delta t)+\frac{\Delta t}{2L}[u_L(t-\Delta t)+u_L(t)] \quad (2-5-25)$$

考虑到 $u_L(t)=u_k(t)-u_m(t)$，式（2-5-25）可写成

$$i_{km}(t)=i_{km}(t-\Delta t)+\frac{\Delta t}{2L}[u_k(t-\Delta t)-u_m(t-\Delta t)+u_k(t)-u_m(t)] \quad (2-5-26)$$

令

$$R_L=\frac{2L}{\Delta t} \quad (2-5-27)$$

$$I_L(t-\Delta t)=i_{km}(t-\Delta t)+\frac{1}{R_L}[u_k(t-\Delta t)-u_m(t-\Delta t)] \quad (2-5-28)$$

则式（2-5-26）可改写为

$$i_{km}(t)=I_L(t-\Delta t)+\frac{1}{R_L}[u_k(t)-u_m(t)] \quad (2-5-29)$$

根据式（2-5-29）可以得到图 2-5-15（b）所示的电感的等效电路，其中 R_L 是电感 L 的等效电阻，只要时间步长 Δt 确定后，R_L 即可根据式（2-5-27）求得。I_L（$t-\Delta t$）是电感的等效电流源，它可以根据 $t-\Delta t$ 时刻电感的电流和电压值由式（2-5-28）求得。

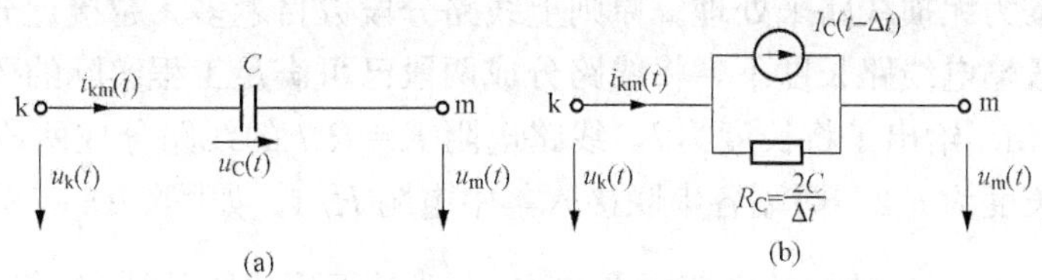

图 2-5-15　电感的等效电路

（a）实际线路；（b）等效电路

进一步利用对式（2-5-29）递推计算的结果

$$i_{km}(t-\Delta t)=I_L(t-2\Delta t)+\frac{1}{R_L}[u_k(t-\Delta t)-u_m(t-\Delta t)] \tag{2-5-30}$$

式（2-5-28）还可简化为递推公式

$$I_L(t-\Delta t)=I_L(t-2\Delta t)+\frac{2}{R_L}[u_k(t-\Delta t)-u_m(t-\Delta t)] \tag{2-5-31}$$

仿照电感的方法，不难得出图 2-5-16（a）所示的电容上的电压 $u_C(t)=u_k(t)-u_m(t)$ 和流经电容的电流 $i_{km}(t)$ 间将存在以下的关系

$$i_{km}(t)=I_C(t-\Delta t)+\frac{1}{R_C}[u_k(t)-u_m(t)] \tag{2-5-32}$$

而

$$R_C=\frac{\Delta t}{2C} \tag{2-5-33}$$

$$I_C(t-\Delta t)=-i_{km}(t-\Delta t)-\frac{1}{R_C}[u_k(t-\Delta t)-u_m(t-\Delta t)] \tag{2-5-34}$$

其等效电路如图 2-5-16（b）所示。如果利用递推计算，则等效电流源 $I_C(t-\Delta t)$ 的计算公式也可进一步简化为递推公式

$$I_C(t-\Delta t)=-I_C(t-2\Delta t)-\frac{2}{R_C}[u_k(t-\Delta t)-u_m(t-\Delta t)] \tag{2-5-35}$$

至于集中电阻元件（见图 2-5-17），则由于电阻上的压降 $u_R(t)=u_k(t)-u_m(t)$ 和流过电阻的电流 $i_{km}(t)$ 关系为

$$i_{km}(t)=\frac{1}{R}[u_k(t)-u_m(t)] \tag{2-5-36}$$

其与 t 以前电阻上的压降和流经电阻的电流无关，所以这一电路无需进一步等效。

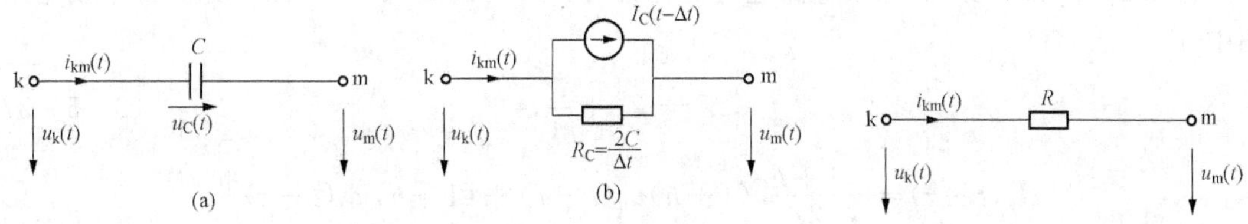

图 2-5-16　电容的等效电路

（a）实际线路；（b）等效电路

图 2-5-17　电阻电路

（三）考虑线路损耗时的计算电路

为考虑线路损耗对暂态过程影响，可将线路上的电阻作为集中电阻分段地串联接入线路，每段线路仍按为无损线路来处理。原则上线路分段数目越多，越接近分布参数，但实际计算表明，在一般输电线路长度下，将线路分成两段已可满足工程实际的要求。

图 2-5-18（a）给出了将长度为 l，线路电阻 $R=R_0l$ 的线路分成两段时的等值计算电路。每段线路的长度为 $l/2$，两端各串联接入集中电阻 $R/4$，如图 2-5-18（b）所示。据此可以画出图 2-5-18（c）的等效电路，图中 $Z_0=\frac{L_0}{C_0}$是无损线路的波阻抗。

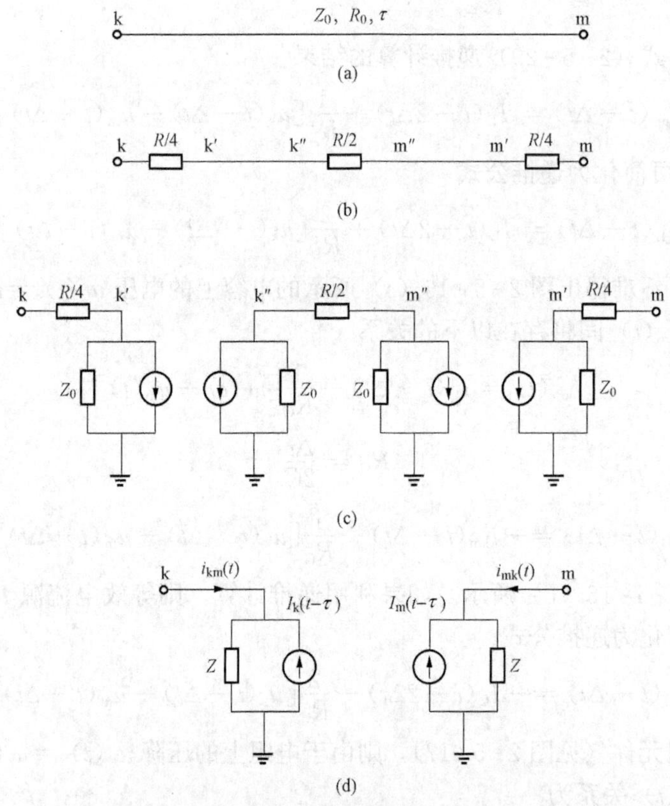

图 2-5-18 考虑线路损耗时的线路等效电路

（a）示意图；（b）电路图；（c）等效电路；（d）化简后的等效电路

将图 2-5-18（c）的等效电路经过简化推导，可得图 2-5-18（d）所示的等效电路，图中

$$Z=Z_0+\frac{R}{4} \tag{2-5-37}$$

$$\begin{aligned}I_{\mathrm{k}}(t-\tau)&=-\frac{1+h}{2Z}[(1-h)u_{\mathrm{k}}(t-\tau)+(1+h)u_{\mathrm{m}}(t-\tau)]\\&=-\frac{h}{2}[(1-h)I_{\mathrm{k}}(t-2\tau)+(1+h)I_{\mathrm{m}}(t-2\tau)]\end{aligned} \tag{2-5-38}$$

$$I_m(t-\tau)=-\frac{1+h}{2Z}[(1-h)u_m(t-\tau)+(1+h)u_k(t-\tau)]$$
$$=-\frac{h}{2}[(1-h)I_m(t-2\tau)+(1+h)I_k(t-2\tau)] \quad (2-5-39)$$
$$h=\frac{Z_0-\frac{R}{4}}{Z_0+\frac{R}{4}}$$

[例 2-5-6] 用白日朗数值计算法计算图 2-5-19 所示线路中各节点电压随时间变化的波形。

[解] 按照白日朗数值计算法的要求，首先将图 2-4-4 的分布参数电路用图 2-5-19 的等值计算电路来代替。将图中 $e(t)=1(t)$ 转变为等效电流源 I_e 时，可假定电源 $1(t)$ 有一很小的内阻，如 $10^{-5}\Omega$，这对计算结果显然没有影响。这样就可以求出 $I_e(t)=10^5\times 1(t)$。又考虑到图中和各节点相连的支路不止一个，用下标为 12 的 I_{12} 表示由节点 2 决定的节点 1 的电流源，依此类推。计算时间步长仍取 $2\mu s$。

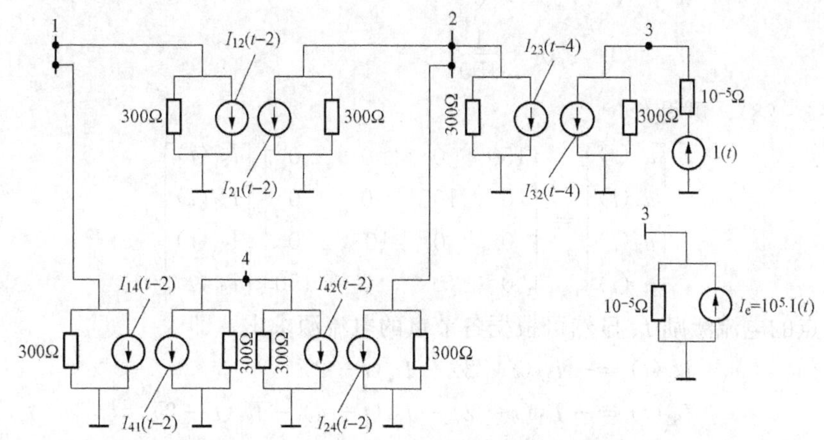

图 2-5-19 图 2-4-4 电路的等值计算电路

根据计算电流源的递推公式 [式 (2-5-19) 和式 (2-5-20)]，不难得出

$$\left.\begin{aligned}
I_{12}(t-2)&=-0.006\,667u_2(t-2)-I_{21}(t-4)\\
I_{21}(t-2)&=-0.006\,667u_1(t-2)-I_{12}(t-4)\\
I_{14}(t-2)&=-0.006\,667u_4(t-2)-I_{41}(t-4)\\
I_{41}(t-2)&=-0.006\,667u_1(t-2)-I_{14}(t-4)\\
I_{24}(t-2)&=-0.006\,667u_4(t-2)-I_{42}(t-4)\\
I_{42}(t-2)&=-0.006\,667u_2(t-2)-I_{24}(t-4)\\
I_{23}(t-4)&=-0.006\,667u_3(t-4)-I_{32}(t-8)\\
I_{32}(t-4)&=-0.006\,667u_2(t-4)-I_{23}(t-8)
\end{aligned}\right\} \quad (2-5-40)$$

由节点电位法可知，只要知道网络的节点导纳矩阵 $\boldsymbol{Y}$ 和节点电流激励矢量 $\boldsymbol{I}_S$ 后，节点电压矢量 $\boldsymbol{U}$ 就可由下述矩阵方程求出

$$\boldsymbol{YU}=\boldsymbol{I}_S$$

或

$$\boldsymbol{U}=\boldsymbol{Y}^{-1}\boldsymbol{I}_{\mathrm{S}} \tag{2-5-41}$$

其中，导纳矩阵可根据网络的拓扑性质决定。在图 2-4-4 的电路中有

$$\boldsymbol{Y}=\begin{bmatrix} \frac{1}{300}+\frac{1}{300} & 0 & 0 & 0 \\ 0 & \frac{1}{300}+\frac{1}{300}+\frac{1}{300} & 0 & 0 \\ 0 & 0 & \frac{1}{300}+10^5 & 0 \\ 0 & 0 & 0 & \frac{1}{300}+\frac{1}{300} \end{bmatrix}$$

$$=\begin{bmatrix} \frac{1}{150} & 0 & 0 & 0 \\ 0 & \frac{1}{100} & 0 & 0 \\ 0 & 0 & 10^5 & 0 \\ 0 & 0 & 0 & \frac{1}{150} \end{bmatrix}$$

代入式（2-3-28），可得

$$\begin{bmatrix} u_1(t) \\ u_2(t) \\ u_3(t) \\ u_4(t) \end{bmatrix}=\begin{bmatrix} 150 & 0 & 0 & 0 \\ 0 & 100 & 0 & 0 \\ 0 & 0 & 10^{-5} & 0 \\ 0 & 0 & 0 & 150 \end{bmatrix}\begin{bmatrix} I_{\mathrm{S1}}(t) \\ I_{\mathrm{S2}}(t) \\ I_{\mathrm{S3}}(t) \\ I_{\mathrm{S4}}(t) \end{bmatrix} \tag{2-5-42}$$

上式中各节点的电流激励 I_{S} 显然可根据各节点的电流源求出，即

$$\left.\begin{aligned} I_{\mathrm{S1}}(t) &=-I_{12}(t-2)-I_{14}(t-2) \\ I_{\mathrm{S2}}(t) &=-I_{21}(t-2)-I_{23}(t-4)-I_{24}(t-2) \\ I_{\mathrm{S3}}(t) &=-I_{32}(t-4)+I_6(t) \\ I_{\mathrm{S4}}(t) &=-I_{41}(t-2)-I_{42}(t-2) \end{aligned}\right\} \tag{2-5-43}$$

也就是说，时刻 t 的节点电压完全可以根据已知的时刻 t 以前的各量标出。表 2-5-1 给出了一部分计算过程和结果。

表 2-5-1 用白日朗数值计算法计算图 2-4-4 所示线路的部分计算结果

项目 \ n	0	1	2	3	4	5	6
t (μs)	0	2	4	6	8	10	12
$I_{12}(t-2)$	0	0	0	−0.004 445	−0.004 445	−0.004 445	−0.005 927
$I_{21}(t-2)$	0	0	0	0	0	−0.004 445	−0.004 445
$I_{14}(t-2)$	0	0	0	0	−0.004 445	−0.004 445	−0.004 445
$I_{41}(t-2)$	0	0	0	0	−0.004 445	−0.004 445	−0.004 445

续表

项目 \ n	0	1	2	3	4	5	6
t (μs)	0	2	4	6	8	10	12
$I_{24}(t-2)$	0	0	0	0	0	−0.004 445	−0.004 445
$I_{42}(t-2)$	0	0	0	−0.004 445	−0.004 445	−0.004 445	−0.005 927
$I_{23}(t-4)$	0	0	−0.006 667	−0.006 667	−0.006 667	−0.006 667	−0.008 889
$I_{32}(t-4)$	0	0	0	0	0.002 222	0.002 222	0.002 222
$I_e(t)$	10^5	10^5	10^5	10^5	10^5	10^5	10^5
$I_{S1}(t)$	0	0	0	0.004 445	0.008 89	0.008 89	0.010 372
$I_{S2}(t)$	0	0	0.006 667	0.006 667	0.006 667	0.011 111	0.017 778
$I_{S3}(t)$	10^5	10^5	10^5	10^5	10^5	10^5	10^5
$I_{S4}(t)$	0	0	0	0.004 445	0.008 890	0.008 890	0.010 372
$u_1(t)$	0	0	0	0.666 7	1.333 3	1.333 3	1.555 6
$u_2(t)$	0	0	0.666 7	0.666 7	0.666 7	1.555 6	1.777 8
$u_3(t)$	1	1	1	1	1	1	1
$u_4(t)$	0	0	0	0.666 7	1.333 3	1.333 3	1.555 6

由于根据起始条件，当 $t=0$ 时，除外加电流源 $I_e(t)=10^5$ 以外，其他电流源都等于零，因此表 2-5-1 中第一列除 $I_e(t)$、$I_{S3}(t)$ 和 $u_3(t)$ 等项外均为零值。已知 $t=0$ 时的各项，取时间步长为 2μs，即可按式（2-5-40）算出计算 $t=2\mu s$ 时节点电压所需的电流源 $I_{12}(t-2)$，$I_{21}(t-2)$，…等项，填入第二列的相应项中。在这一基础上再用式（2-5-43）算出 $t=2\mu s$ 时各节点的激励电流 I_{S1}，I_{S2}，…等项，填入相应项中。最后，应用式（2-5-42）就可以求得 $t=2\mu s$ 时各节点的电压 u_1、u_2、u_3 和 u_4 了。同理，可求得 $t=4\mu s$ 时表中相应诸项，依此类推。

全部计算结果可由计算机来完成（见图 2-5-20），它和前面用网格法计算的结果（见图 2-4-5）完全一致。

［**例 2-5-7**］如图 2-5-21 所示的电路，需要计算空载无损线路合闸于工频交流电压源 $e(t)$ 时在线路上的暂态过程。电源的内阻 $R=10\Omega$，电源内电感 $L=0.3H$。线路的波阻 $Z=267.59\Omega$，长度 $l=300km$。交流电压源的幅值为 1，合闸瞬间电压处于幅值，即 $e(t)=\cos\omega t$，$\omega=314$。

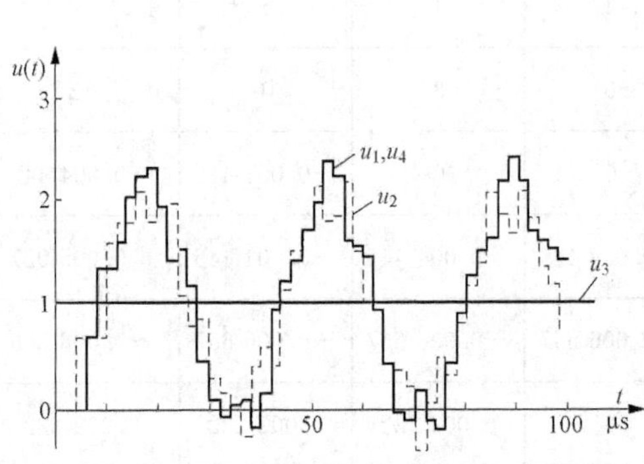

图 2-5-20　图 2-4-4 电路的白日朗法计算结果

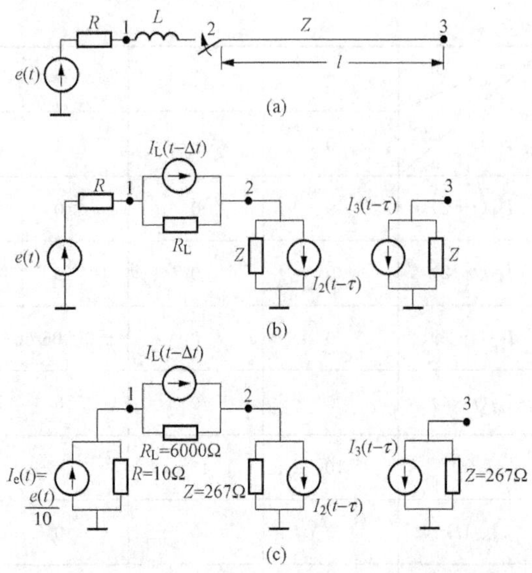

图 2-5-21　［例 2-5-7］的电路及其等效电路

（a）实际线路；（b）等效电路；（c）转化为电流源的等效电路

［**解**］将图 2-5-21（a）的分布参数电路用图 2-5-21（b）的等效电路来代替。电源内阻 R 可和电压源作为一个整体转换成内阻为 R 的电流源$\frac{e(t)}{R}$。电源内电感 L 用电感的等效电路取代。取时间步长 $\Delta t=100\mu s$（能整除波在线路上的传播时间$\frac{l}{v}=1000\mu s$），可得电感 L 的等值计算电阻 $R_L=\frac{2L}{\Delta t}=6000\Omega$。

根据等效计算电路可得回路的节点导纳矩阵为

$$\boldsymbol{Y}=\begin{bmatrix}\frac{1}{R}+\frac{1}{R_L} & -\frac{1}{R_L} & 0\\ -\frac{1}{R_L} & \frac{1}{R_L}+\frac{1}{Z} & 0\\ 0 & 0 & \frac{1}{Z}\end{bmatrix}=\begin{bmatrix}0.100\,167 & -0.000\,167 & 0\\ -0.000\,167 & 0.003\,903 & 0\\ 0 & 0 & 0.003\,737\end{bmatrix}$$

$$\boldsymbol{Y}^{-1}=\begin{bmatrix}9.984 & 0.427\,2 & 0\\ 0.427\,2 & 256.23 & 0\\ 0 & 0 & 267.59\end{bmatrix}$$

因此，回路的节点电压方程为

$$\begin{bmatrix}u_1(t)\\ u_2(t)\\ u_3(t)\end{bmatrix}=\begin{bmatrix}9.984 & 0.4272 & 0\\ 0.4272 & 256.23 & 0\\ 0 & 0 & 267.59\end{bmatrix}\begin{bmatrix}I_{S1}(t)\\ I_{S2}(t)\\ I_{S3}(t)\end{bmatrix}$$

其中节点的电流激励为

$$I_{S1}(t)=I_e(t)-I_L(t-\Delta t)$$

$$I_{S2}(t)=I_L(t-\Delta t)-I_2(t-\tau)$$

$$I_{S3}(t)=-I_3(t-\tau)$$

考虑到所取步长 Δt=0.000 1s，波在线路上的传播时间 τ=0.001s。各节点所接电流源的计算式为

$$I_e = 0.1\cos 314.16t$$

$$I_L(t-\Delta t) = I_L(t-2\Delta t) + 0.000\,333[u_1(t-\Delta t) - u_2(t-\Delta t)]$$

$$I_2(t-\tau) = -0.007\,474u_3(t-\tau) - I_3(t-2\tau)$$

$$I_3(t-\tau) = -0.007\,474u_2(t-\tau) - I_2(t-2\tau)$$

计算的起始条件为：当 $t=0^+$ 时，除外加电流源 $I_e(t)$=0.1 以外，其他电流源都等于零。根据这一起始条件计算所得的部分结果列于表 2-5-2 中。图 2-5-22 则为由计算机计算所得的曲线。

表 2-5-2　［例 2-5-7］的部分计算结果

项目 \ n	0	1	2	3	4	5	6	7
t (s)	0	0.000 1	0.000 2	0.000 3	0.000 4	0.000 5	0.000 6	0.000 7
$I_e(t)$	0.1	0.099 95	0.099 80	0.099 56	0.099 21	0.098 77	0.098 23	0.097 59
$I_L(t-0.000\,1)$	0	0.000 333	0.000 622	0.000 885	0.001 124	0.001 340	0.001 536	0.001 713
$I_2(t-0.001)$	0	0	0	0	0	0	0	0
$I_3(t-0.001)$	0	0	0	0	0	0	0	0
$I_{S1}(t)$	0.1	0.099 62	0.099 18	0.098 68	0.098 09	0.097 43	0.096 69	0.095 88
$I_{S2}(t)$	0	0.000 333	0.000 662	0.000 885	0.001 124	0.001 340	0.001 536	0.001 713
$I_{S3}(t)$	0	0	0	0	0	0	0	0
$u_1(t)$	0.998 4	0.994 8	0.990 5	0.985 6	0.979 8	0.973 3	0.966 0	0.958 0
$u_2(t)$	0.04(≈0)	0.127 9	0.201 7	0.268 9	0.329 9	0.385 0	0.434 9	0.479 9
$u_3(t)$	0	0	0	0	0	0	0	0

项目 \ n	8	9	10	11	12	13	14
t (s)	0.000 8	0.000 9	0.001 0	0.001 1	0.001 2	0.001 3	0.001 4
$I_e(t)$	0.096 86	0.096 03	0.095 11	0.094 09	0.092 98	0.091 78	0.090 48
$I_L(t-0.000\,1)$	0.001 872	0.002 015	0.002 143	0.002 256	0.002 356	0.002 444	0.002 520
$I_2(t-0.001)$	0	0	0	0	0	0	0
$I_3(t-0.001)$	0	0	0	−0.000 96	−0.001 51	−0.002 01	−0.002 47
$I_{S1}(t)$	0.094 99	0.094 01	0.092 97	0.091 83	0.090 62	0.089 34	0.087 96
$I_{S2}(t)$	0.001 872	0.002 015	0.002 143	0.002 256	0.002 356	0.002 444	0.002 520
$I_{S3}(t)$	0	0	0	0.000 96	0.001 51	0.002 01	0.002 47
$u_1(t)$	0.949 2	0.939 5	0.929 1	0.917 8	0.905 8	0.893 0	0.879 3
$u_2(t)$	0.520 2	0.556 5	0.588 8	0.617 3	0.642 4	0.664 4	0.683 3
$u_3(t)$	0	0	0	0.256 9	0.404 1	0.537 8	0.660 9

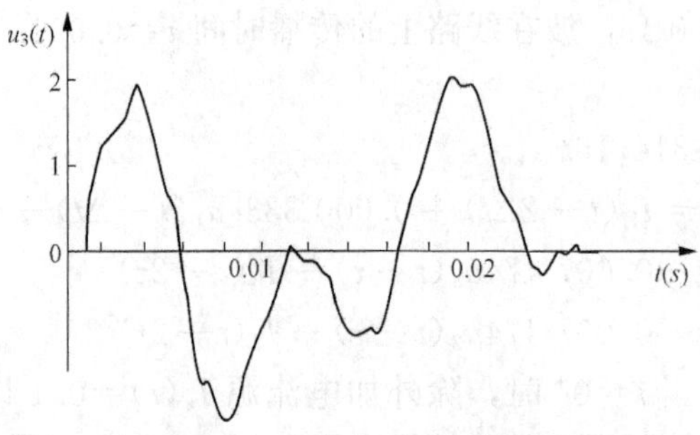

图 2-5-22　[例 2-5-7] 的计算结果

第六节　多导体系统的波过程

上面所讨论的都是波沿单导线传播的情况，实际中输电线路一般不只是单根导线。例如，可能有两根（直流正、负极导线）、三根（单回路三相交流）、四根（单回路交流加避雷线）、五根（单回路交流加两根避雷线）、六根（双回路交流）或七根（双回路交流加避雷线）等平行导线。此时，波沿一根导线传播时，空间的电磁场将作用到其他平行导线，使其他导线出现相应的耦合波。本节将介绍波在平行于地面的多导体系统中的传播情况。

一、波在平行多导体系统中的传播（大地为理想导体）

如果大地是理想导体，则平行多导体系统中波的传播将只有一个速度（见本章第七节）。考虑到在平面波的情况下，导线中的电流可以由单位长度上的电荷 q 的运动求得，而各导线上的电荷相对而言是互相静止的，所以可以从 $i=qv$ 的方程出发，直接将麦克斯韦静电方程运用到波过程的计算中。

根据麦克斯韦静电方程，在与地面平行的 n 根导线中，导线 k 的电位可表示为

$$u_k = \alpha_{k1}q_1 + \alpha_{k2}q_2 + \cdots + \alpha_{kk}q_k + \cdots + \alpha_{kn}q_n \tag{2-6-1}$$

式中：q_1，q_2，…q_k，…，q_n是第 1，2，…，k，…，n 根导线每单位长度上的电荷；α_{kk} 和 α_{km}（$m=1$，2，…n；$m\neq k$）分别为导线单位长度的自电位系数和单位长度导线间的互电位系数。由镜像法可得

$$\alpha_{kk} = \frac{1}{2\pi\varepsilon_0}\ln\frac{2h_k}{r_k} \tag{2-6-2}$$

$$\alpha_{km} = \frac{1}{2\pi\varepsilon_0}\ln\frac{D_{km}}{d_{km}} \tag{2-6-3}$$

式中：r_k 为导线 k 的半径；h_k、d_{km}、D_{km}的意义如图 2-6-1 所示。

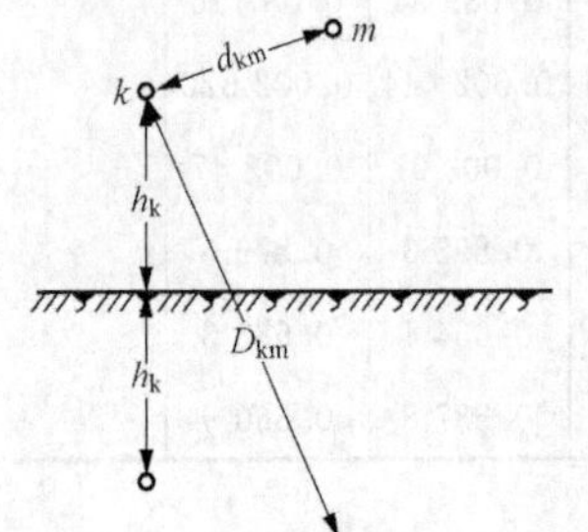

图 2-6-1　平行多导线系统

将式（2-6-1）改写为

$$u_k = \frac{\alpha_{k1}}{v}vq_1 + \frac{\alpha_{k2}}{v}vq_2 + \cdots + \frac{\alpha_{kk}}{v}vq_k + \cdots + \frac{\alpha_{kn}}{v}vq_n$$

$$v = \frac{1}{\sqrt{\varepsilon_0\mu_0}} \tag{2-6-4}$$

考虑到当 q_k 向前运动时将形成沿导线前行的电流 vq_k，用 i_{qk} 代替 vq_k，即可得平行多导线系统中导线上的前行电压波和前行电流波的关系式为

$$u_{qk}=Z_{k1}i_{q1}+Z_{k2}i_{q2}+\cdots+Z_{kk}i_{qk}+\cdots+Z_{kn}i_{qn} \tag{2-6-5}$$

式中：下标 q 代表的是前行波。而

$$Z_{kk}=\frac{\alpha_{kk}}{v}=\frac{1}{2\pi}\sqrt{\frac{\mu_0}{\varepsilon_0}}\ln\frac{2h_k}{r_k} \tag{2-6-6}$$

$$Z_{km}=\frac{\alpha_{km}}{v}=\frac{1}{2\pi}\sqrt{\frac{\mu_0}{\varepsilon_0}}\ln\frac{D_{km}}{d_{km}} \tag{2-6-7}$$

Z_{kk}表示：除导线 k 外其余导线中的电流均为零时，单位前行电流波流过导线 k 时，在导线 k 上形成的前行电压波。不难看出，它就是我们所熟悉的导线 k 自身的波阻，可称之为导线 k 的自波阻。

Z_{km}表示：除导线 m 外，其他导线的电流均为零时，导线 m 流过单位前行电流波时在导线 k 上感应的前行电压波，称为导线 m 和导线 k 间的互波阻。从式（2-6-6）和式（2-6-7）不难看出，导线的互波阻将永远小于其自波阻，而且有 $Z_{km}=Z_{mk}$。

同理，由于 q_k 向后运动时将形成 $-vq_k$ 的反行电流波，因此平行多导体系统中反行电压波和反行电流波间的关系将为

$$u_{fk}=-(Z_{k1}i_{f1}+Z_{k2}i_{f2}+\cdots+Z_{kk}i_{fk}+\cdots+Z_{kn}i_{fn}) \tag{2-6-8}$$

对全部 n 根导线来说，可以得到下列矩阵方程

$$\left.\begin{aligned}\boldsymbol{u}&=\boldsymbol{u}_q+\boldsymbol{u}_f\\ \boldsymbol{i}&=\boldsymbol{i}_q+\boldsymbol{i}_f\\ \boldsymbol{u}_q&=\boldsymbol{Z}\boldsymbol{i}_q\\ \boldsymbol{u}_f&=-\boldsymbol{Z}\boldsymbol{i}_f\end{aligned}\right\} \tag{2-6-9}$$

$$\begin{aligned}\boldsymbol{u}&=[u_1\quad u_2\quad\cdots\quad u_n]^{\mathrm T}\\ \boldsymbol{i}&=[i_1\quad i_2\quad\cdots\quad i_n]^{\mathrm T}\\ \boldsymbol{u}_q&=[u_{q1}\quad u_{q2}\quad\cdots\quad u_{qn}]^{\mathrm T}\\ \boldsymbol{i}_q&=[i_{q1}\quad i_{q2}\quad\cdots\quad i_{qn}]^{\mathrm T}\\ \boldsymbol{u}_f&=[u_{f1}\quad u_{f2}\quad\cdots\quad u_{fn}]^{\mathrm T}\\ \boldsymbol{i}_f&=[i_{f1}\quad i_{f2}\quad\cdots\quad i_{fn}]^{\mathrm T}\end{aligned}$$

$$\begin{aligned}\boldsymbol{Z}&=\begin{bmatrix}Z_{11}&Z_{12}&\cdots&Z_{1n}\\ Z_{21}&Z_{22}&\cdots&Z_{2n}\\ \vdots&\vdots&\ddots&\vdots\\ Z_{n1}&Z_{n2}&\cdots&Z_{nn}\end{bmatrix}\\ &=\frac{1}{v}\begin{bmatrix}\alpha_{11}&\alpha_{12}&\cdots&\alpha_{1n}\\ \alpha_{21}&\alpha_{22}&\cdots&\alpha_{2n}\\ \vdots&\vdots&\ddots&\vdots\\ \alpha_{n1}&\alpha_{n2}&\cdots&\alpha_{nn}\end{bmatrix}=\frac{1}{v}\boldsymbol{\alpha}\end{aligned} \tag{2-6-10}$$

式中：$\boldsymbol{Z}$ 为波阻矩阵；$\boldsymbol{\alpha}$ 为电位系数矩阵。应用以上诸方程，再加上各种边界条件，就可以解决平行多导线系统中波的传播问题了。

二、平行多导线的等值波阻

先来研究图 2-6-2 进行波同时作用于两相导线的情况（这相当于雷同时击于两相导线的情况）。设导线为无穷长，导线 1 和 2 的自波阻各为 Z_{11} 和 Z_{22}，互波阻为 Z_{12}。如果这两根

导线不互相平行或两平行导线间的距离很远，因而其相互作用可以不考虑的话，在波过程计算中完全可以忽略 Z_{12} 的作用，而将导线 1 和 2 直接按其波阻并联后用一等值波阻 $Z=\frac{Z_{11}Z_{22}}{Z_{11}+Z_{22}}$取代。当 $Z_{11}=Z_{22}$时，将有 $Z=\frac{Z_{11}}{2}$。但是如果这两根导线互相平行而又离得比较近时（输电线路一般都符合这种条件），就必须考虑 Z_{12}的作用，这时需用式（2-6-9）来计算波过程。也就是说，对两平行导线将有

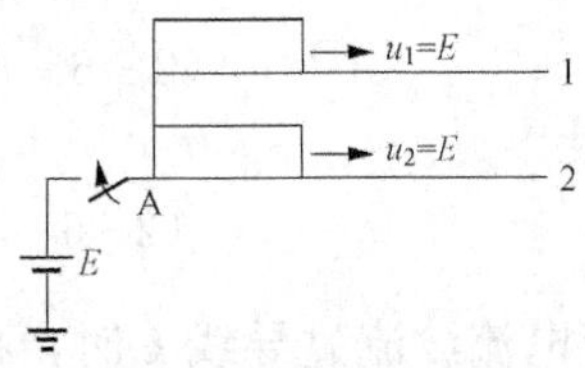

图 2-6-2 进行波同时作用于两相导线

$$\left.\begin{aligned} u_1 &= Z_{11}i_1 + Z_{12}i_2 \\ u_2 &= Z_{21}i_1 + Z_{22}i_2 \end{aligned}\right\} \tag{2-6-11}$$

考虑到 $Z_{12}=Z_{21}$，由之可解出

$$\left.\begin{aligned} i_1 &= \frac{Z_{22}u_1 - Z_{12}u_2}{Z_{11}Z_{22} - Z_{12}^2} \\ i_2 &= \frac{Z_{11}u_2 - Z_{12}u_1}{Z_{11}Z_{22} - Z_{12}^2} \end{aligned}\right\} \tag{2-6-12}$$

考虑到两导线在 A 处并联，所以 $u_1=u_2=u_A$，$i_1+i_2=i_A$。利用式（2-6-12）可得 u_A 和 i_A 的关系式为

$$\frac{u_A}{i_A} = \frac{Z_{11}Z_{22} - Z_{12}^2}{Z_{11} + Z_{22} - 2Z_{12}}$$

由此可知，导线 1 和 2 并联后的等效波阻将为

$$Z = \frac{Z_{11}Z_{22} - Z_{12}^2}{Z_{11} + Z_{22} - 2Z_{12}} \tag{2-6-13}$$

而当 $Z_{11}=Z_{22}$时，将有

$$Z = \frac{Z_{11} + Z_{12}}{2}$$

可见，当考虑导线间的相互作用时，导线的等值波阻将增大。从物理意义上讲，这是因为两导线之间有互感作用和互电容作用的缘故，前者将使电流减少，后者将使导线电压升高，因而等值波阻变大。同理也可求出三根或多根平行导线并联时的波阻。

三、平行多导线的耦合系数

在实际波过程计算中，经常需要考虑波沿一根导线传播时在其他平行导线上所感应生成的耦合波。例如，图 2-6-3 中导线 1 合闸到直流电源 U_0时（或雷击于导线 1 时），求导线 2 上的耦合波。

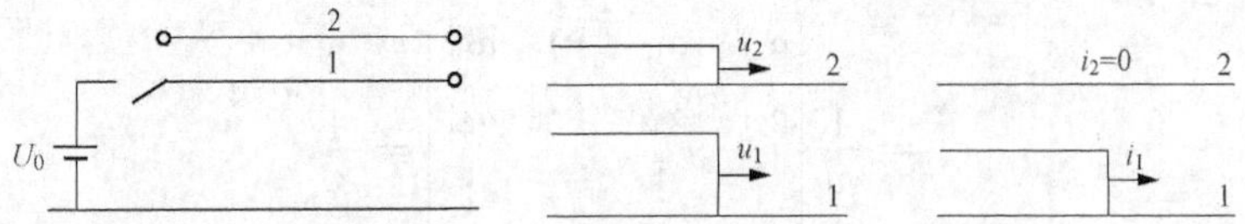

图 2-6-3 多导线系统中的耦合作用

应用波过程计算的麦克斯韦方程式（2-6-9），考虑到 $u_1=U_0$，同时导线 2 上没有电流，即 $i_2=0$，可得

$$\left.\begin{aligned} u_1 &= U_0 = Z_{11}i_1 \\ u_2 &= Z_{21}i_1 \end{aligned}\right\} \tag{2-6-14}$$

消去 i_1 后可得 u_2 为

$$u_2 = \frac{Z_{21}}{Z_{11}} u_1 = k u_1 = k U_0 \tag{2-6-15}$$

式中：k 称为导线 1 和导线 2 之间的耦合系数，$k=\frac{Z_{21}}{Z_{11}}$，代表导线 2 由于受导线 1 的电磁场的耦合作用而获得的电位的相对值$\frac{u_2}{u_1}$。由于 $Z_{21}<Z_{11}$，所以 k 永远小于 1。由式（2-6-7）可知，Z_{21} 随两导线间的距离的减小而增大，因此两根导线靠得越近时，导线间的耦合系数就越大。

根据耦合系数可以算出，当导线 1 上有电压波作用时，导线 1 和导线 2 间的电位差为

$$u_1 - u_2 = u_1(1-k) \tag{2-6-16}$$

可见，两导线离得越近，导线间的电位差就越小。耦合系数在多导线的波过程计算中有很大的实际意义。例如，在过电压保护中常用避雷线来保护送电线路。当雷击于避雷线（相当于图 2-6-3 中导线 1）时，避雷线的电位将升高。此时避雷线和导线间的绝缘是否会击穿，和二者之间的耦合系数 k 有很大关系。所以在防雷设计中常常需计算 k 值。

下面再来讨论有两根避雷线时 k 值的计算。参看图 2-6-4，计算当雷击于避雷线 1 或 2（它们通过金属杆塔彼此相连接）使避雷线电位抬高到 U_0 时，导线 3 上所感应的电位。

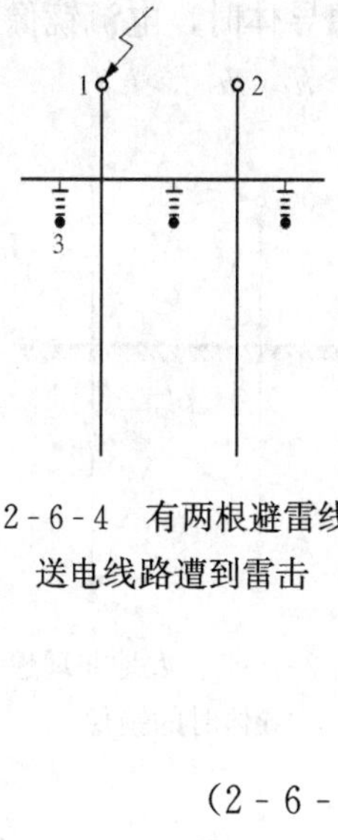

图 2-6-4　有两根避雷线的送电线路遭到雷击

仍然从式（2-6-9）的基本方程出发，考虑到 $u_1=u_2=U_0$，$i_3=0$，可得

$$\left.\begin{aligned} U_0 &= Z_{11}i_1 + Z_{12}i_2 \\ U_0 &= Z_{21}i_1 + Z_{22}i_2 \\ u_3 &= Z_{31}i_1 + Z_{32}i_2 \end{aligned}\right\} \tag{2-6-17}$$

进一步考虑到 $Z_{11}=Z_{22}$、$i_1=i_2$，上式可简化为

$$\left.\begin{aligned} U_0 &= (Z_{11}+Z_{12})i_1 \\ u_3 &= (Z_{13}+Z_{23})i_1 \end{aligned}\right\} \tag{2-6-18}$$

因此，避雷线 1、2 对导线 3 的耦合系数为

$$k_{1,2-3} = \frac{u_3}{U_0} = \frac{Z_{13}+Z_{23}}{Z_{11}+Z_{12}} \tag{2-6-19}$$

或写成

$$k_{1,2-3} = \frac{\frac{Z_{13}}{Z_{11}} + \frac{Z_{23}}{Z_{11}}}{1+\frac{Z_{12}}{Z_{11}}} = \frac{k_{13}+k_{23}}{1+k_{12}} \tag{2-6-20}$$

注意：从上式可以看出 $k_{1,2-3} \neq k_{13}+k_{23}$。

此外应该注意到上述波过程的分析是在假定大地为理想导体的情况下进行的。此时，在第一根导线加上电压波 u_1 之后，在平行的第二根孤立导线上将感应出电压波 u_2，u_2 和 u_1 的波形是相似的，只是幅值不同。在下节中可以看到，当大地不是理想导体而有一定的电阻率时，波在多导体系统中的传播可以有不同的速度，这将引起波在传播过程中的畸变。因此，当大地不是理想导体时，上面所得的各个结论在距雷击点远处将不再成立，但它仍可应用于雷击点的附近处。

四、平行多导线系统的波动方程（大地为非理想导体）

大地为非理想导体时，多导体系统波过程仍可从麦克斯韦方程出发进行计算。根据麦克斯韦电场及磁场方程，对与地面平行的 n 根导线中的第 k 根导线可以写出

$$q_k = \beta_{k1}u_1 + \beta_{k2}u_2 + \cdots + \beta_{kk}u_k + \cdots + \beta_{kn}u_n \tag{2-6-21}$$

$$\phi_k = M_{k1}i_1 + M_{k2}i_2 + \cdots + L_{kk}i_k + \cdots + M_{kn}i_n \tag{2-6-22}$$

式中：q_k 为导线 k 单位长度上的电荷；φ_k 为与导线 k 单位长度相链的磁通；β_{kk} 为导线 k 单位长度的自静电感应系数❶；β_{km}（$m=1$，2，…，n，$m\neq k$）为导线单位长度的互静电感应系数。它们可根据由式（2-6-2）和式（2-6-3）决定的导线电位系数 α_{kk} 和 α_{km} 求得。L_{kk} 为导线单位长度的自电感，M_{km}（$m=1$，2，…，n，$m\approx k$）为导线单位长度的互电感，它们可分别由下两式决定

$$L_{kk} = \frac{\mu_0}{2\pi}\ln\frac{h_k + h'_k}{r_k} \tag{2-6-23}$$

$$M_{km} = \frac{\mu_0}{2\pi}\ln\frac{D'_{km}}{d_{km}} \tag{2-6-24}$$

式中：r_k 为导线 k 的半径；h_k、h'_k、d_{km} 和 D'_{km} 的意义如图 2-6-5 所示。注意到当大地不是理想导体时，电流镜像在地中的深度将不再等于导线离地面的高度，而是要大得多，所以 $h'_k \gg h_k$，$h'_m \gg h_m$。

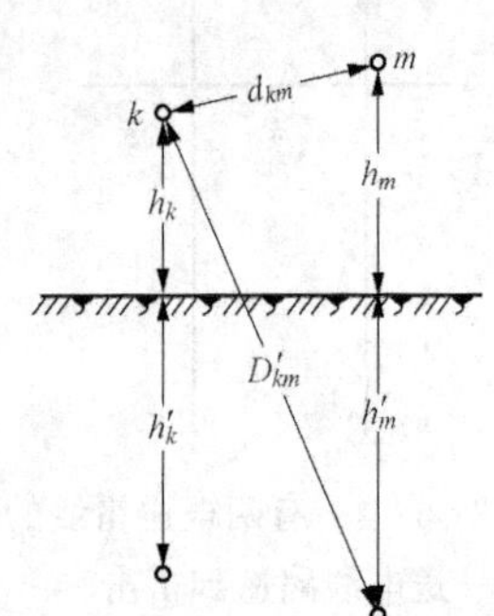

图 2-6-5 大地非理想导体时的镜像

从式（2-6-21）及式（2-6-22）可以得到

$$-\frac{\partial i_k}{\partial x} = \beta_{k1}\frac{\partial u_1}{\partial t} + \beta_{k2}\frac{\partial u_2}{\partial t} + \cdots + \beta_{kk}\frac{\partial u_k}{\partial t} + \cdots + \beta_{kn}\frac{\partial u_n}{\partial t} \tag{2-6-25}$$

以及 $$-\frac{\partial u_k}{\partial x} = M_{k1}\frac{\partial i_1}{\partial t} + M_{k2}\frac{\partial i_2}{\partial t} + \cdots + L_{kk}\frac{\partial i_k}{\partial t} + \cdots + M_{kn}\frac{\partial i_n}{\partial t} \tag{2-6-26}$$

对全部 n 根导线来说，可以得到下列矩阵方程

$$-\frac{\partial \boldsymbol{u}}{\partial x} = \boldsymbol{L}\frac{\partial \boldsymbol{i}}{\partial t} \tag{2-6-27}$$

$$-\frac{\partial \boldsymbol{i}}{\partial x} = \boldsymbol{C}\frac{\partial \boldsymbol{u}}{\partial t} \tag{2-6-28}$$

$$\boldsymbol{u} = [u_1 \quad u_2 \quad \cdots \quad u_n]^{\mathrm{T}}, \boldsymbol{i} = [i_1 \quad i_2 \quad \cdots \quad i_n]^{\mathrm{T}}$$

$$\boldsymbol{L} = \begin{bmatrix} L_{11} & M_{12} & \cdots & M_{1n} \\ M_{21} & L_{22} & \cdots & M_{2n} \\ \cdots & \cdots & \cdots & \cdots \\ M_{n1} & M_{n2} & \cdots & L_{nn} \end{bmatrix},$$

$$\boldsymbol{C} = \begin{bmatrix} \beta_{11} & \beta_{12} & \cdots & \beta_{1n} \\ \beta_{21} & \beta_{22} & \cdots & \beta_{2n} \\ \cdots & \cdots & \cdots & \cdots \\ \beta_{n1} & \beta_{n2} & \cdots & \beta_{nn} \end{bmatrix} = \boldsymbol{\alpha}^{-1}$$

❶ 静电感应系数的量纲和电容的量纲是一致的，所以有时也称电容系数，但需注意不要与部分电容相混淆。

其中，$\boldsymbol{u}$ 为相量电压矩阵；i 为相量电流矩阵；$\boldsymbol{L}$ 为电感系数矩阵；$\boldsymbol{C}$ 为电容系数矩阵，它应是式（2-6-10）中电位系数矩阵 $\boldsymbol{\alpha}$ 的逆阵。考虑到 $\beta_{ij}=\beta_{ji}$，$M_{ij}=M_{ji}$，所以这两个矩阵都是实对称矩阵。

由式（2-6-27）和式（2-6-28）消去一个未知矢量，可以得到如下的 n 根平行导线的波动方程

$$\frac{\partial^2 \boldsymbol{u}}{\partial x^2}=\boldsymbol{LC}\frac{\partial^2 \boldsymbol{u}}{\partial t^2} \tag{2-6-29}$$

$$\frac{\partial^2 \boldsymbol{i}}{\partial x^2}=\boldsymbol{CL}\frac{\partial^2 \boldsymbol{i}}{\partial t^2} \tag{2-6-30}$$

以上方程虽然在形式上与单根导线时的波动方程相似，但由于上两式中的系数矩阵 $\boldsymbol{LC}$ 和 $\boldsymbol{CL}$ 都不是对角线矩阵，即任一导体上电压的二阶导数不仅是本身电压的函数，还和其他平行导线的电压有关；流经任一导线的电流的二阶导数也不仅和本身的电流有关，而且和其他平行导线的电流有关，因此不能简单地套用单根导线的计算方法。

第七节　用模量变换法计算平行多导线系统的波过程

求解平行多导线系统的波动方程时，首先必须设法从式（2-6-29）或式（2-6-30）所代表的 n 个方程中消去其他变量，得出一组只含一个变量的 $2n$ 阶的高阶微分方程，使求解困难。本节要介绍的模量变换法可以将平行多导线系统的波动方程转变为 n 个只含一个变量的二阶微分方程。它的出发点是用适当的矩阵变换将式（2-6-29）或式（2-6-30）中的系数矩阵 $\boldsymbol{LC}$ 或 $\boldsymbol{CL}$ 转化为对角线矩阵，从而形成一组新的电压模型变量或电流模型变量。在新的模型中任一导体的电压（或电流）的二阶导数将只和本身的电压（或电流）有关。在这一基础上就可以利用求解单根导线波过程的方法，分别对每个模量（模型变量）求解。在求得模型系统的电压和电流（以后称为模量电压和模量电流）后，再通过反变换得出实际系统的电压和电流（以后称为相量电压和相量电流）。

一、矩阵的对角线变换

（一）特征多项式及特征方程

一个 $n\times n$ 阶矩阵 $\boldsymbol{A}$ 的特征多项式 $q(\lambda)$ 定义为矩阵［$\boldsymbol{A}-\lambda\boldsymbol{E}$］的行列式，即

$$q(\lambda)=\det[\boldsymbol{A}-\lambda\boldsymbol{E}] \tag{2-7-1}$$

式中：$\boldsymbol{E}$ 为单位矩阵。

显然 n 阶矩阵的特征多项式是 n 次的，因此上式也可写成

$$q(\lambda)=\sum_{i=0}^{n}a_i\lambda^i \tag{2-7-2}$$

令 $q(\lambda)=0$，即得矩阵 $\boldsymbol{A}$ 的特征方程为

$$\det[\boldsymbol{A}-\lambda\boldsymbol{E}]=\sum_{i=0}^{n}a_i\lambda^i=0 \tag{2-7-3}$$

（二）特征值

矩阵的特征值定义为其特征方程的根，因此 n 阶方阵必有 n 个特征值 λ_1，λ_2，…，λ_n。

现在来研究微分方程组

$$\dot{\boldsymbol{X}}=\boldsymbol{AX} \tag{2-7-4}$$

它一定可以通过变量代换转化为另一微分方程组。例如取

$$\boldsymbol{X} = \boldsymbol{PY} \tag{2-7-5}$$

其中

$$\boldsymbol{P} = \begin{bmatrix} p_{11} & p_{12} & \cdots & p_{1n} \\ p_{21} & p_{22} & \cdots & p_{2n} \\ \cdots & \cdots & \cdots & \cdots \\ p_{n1} & p_{n2} & \cdots & p_{nn} \end{bmatrix} = [\boldsymbol{P}_1 \vdots \boldsymbol{P}_2 \vdots \cdots \vdots \boldsymbol{P}_n] \tag{2-7-6}$$

为一非奇异矩阵。

将式（2-7-5）代入式（2-7-4），得到

$$\boldsymbol{P\dot{Y}} = \boldsymbol{APY}$$

或者

$$\dot{\boldsymbol{Y}} = \boldsymbol{P}^{-1}\boldsymbol{APY} = \boldsymbol{BY} \tag{2-7-7}$$

即采用变量代换后，新方程组的系数矩阵 $\boldsymbol{B}$ 和原方程的系数矩阵 $\boldsymbol{A}$ 之间应满足

$$\boldsymbol{P}^{-1}\boldsymbol{AP} = \boldsymbol{B} \tag{2-7-8}$$

或者

$$\boldsymbol{AP} = \boldsymbol{PB}$$

如果 $\boldsymbol{B}$ 为对角线矩阵，即

$$\boldsymbol{B} = \begin{bmatrix} b_1 & & & \\ & b_2 & & \\ & & \ddots & \\ & & & b_n \end{bmatrix}$$

则式（2-7-8）可写成

$$[\boldsymbol{AP}_1 \mid \boldsymbol{AP}_2 \mid \cdots \mid \boldsymbol{AP}_n] = [b_1\boldsymbol{EP}_1 \mid b_2\boldsymbol{EP}_2 \mid \cdots \mid b_n\boldsymbol{EP}_n]$$

此时必有

$$\begin{aligned} \boldsymbol{AP}_1 &= b_1\boldsymbol{EP}_1 \quad \text{或} \quad [\boldsymbol{A} - b_1\boldsymbol{E}]\boldsymbol{P}_1 = 0 \\ \boldsymbol{AP}_2 &= b_2\boldsymbol{EP}_2 \quad \text{或} \quad [\boldsymbol{A} - b_2\boldsymbol{E}]\boldsymbol{P}_2 = 0 \\ &\vdots \\ \boldsymbol{AP}_n &= b_n\boldsymbol{EP}_n \quad \text{或} \quad [\boldsymbol{A} - b_n\boldsymbol{E}]\boldsymbol{P}_n = 0 \end{aligned}$$

即

$$[\boldsymbol{A} - b_i\boldsymbol{E}]\boldsymbol{P}_i = 0 \quad (i = 1, 2, \cdots, n) \tag{2-7-9}$$

由于矩阵 $\boldsymbol{P}$ 不是奇异矩阵，矢量 $\boldsymbol{P}_i$ 不能为零矢量，因此必有

$$\det[\boldsymbol{A} - b_i\boldsymbol{E}] = 0 \tag{2-7-10}$$

比较式（2-7-3）和式（2-7-10）可以看出，对角线矩阵的各元素 b_i 就是矩阵 $\boldsymbol{A}$ 的特征方程的根 λ_i。也就是说，矩阵 $\boldsymbol{A}$ 可以转化为对角元素由其特征值组成的对角线矩阵。

令式（2-7-9）中的 $b_i = \lambda_i$ 所求出的和各特征值 λ_i 相对应的 $\boldsymbol{P}_i$ 称为特征矢量。由特征矢量组成的 $\boldsymbol{P}$ 阵即为矩阵 $\boldsymbol{A}$ 的对角线变换矩阵。利用对角线变换矩阵即可将用变量 x_i 表示的、每个方程中含有多个变量的复杂微分方程组［式（2-7-4）］，转化为用变量 y_i 表示的、每个方程中只含一个变量的简单微分方程组［式（2-7-7）］。

二、平行多导体系统的模量变换

下面应用矩阵的对角线变换将平行多导体的波动方程，转化为一组每个方程中只有一个变量的微分方程组。为叙述方便起见，将上节中的式（2-6-27）～式（2-6-30）重列于下：

$$-\frac{\partial \boldsymbol{u}}{\partial x}=\boldsymbol{L}\frac{\partial \boldsymbol{i}}{\partial t}$$

$$-\frac{\partial \boldsymbol{i}}{\partial x}=\boldsymbol{C}\frac{\partial \boldsymbol{u}}{\partial t}$$

$$\frac{\partial^2 \boldsymbol{u}}{\partial x^2}=\boldsymbol{LC}\frac{\partial^2 \boldsymbol{u}}{\partial t^2}$$

$$\frac{\partial^2 \boldsymbol{i}}{\partial x^2}=\boldsymbol{CL}\frac{\partial^2 \boldsymbol{i}}{\partial t^2}$$

其中 $\boldsymbol{u}=[u_1, u_1, \cdots, u_n]^T$ 为相量电压矩阵；$i=[i_1, i_2, \cdots, i_n]^T$ 称为向量电流矩阵。

根据电感系数矩阵 $\boldsymbol{L}$ 和电容系数矩阵 $\boldsymbol{C}$ 的对称性，可得

$$(\boldsymbol{LC})^T=\boldsymbol{C}^T\boldsymbol{L}^T=\boldsymbol{CL}$$

因此，电压方程式（2-6-29）和电流方程式（2-6-30）的系数矩阵将有相同的特征根。若以 γ_1^2，γ_2^2，…，γ_n^2 表示其特征值，并取

$$\boldsymbol{\gamma}^2=\begin{bmatrix}\gamma_1^2 & & & \\ & \gamma_2^2 & & \\ & & \ddots & \\ & & & \gamma_n^2\end{bmatrix} \tag{2-7-11}$$

则式（2-6-29）和式（2-6-30）可以转化为以另一组电压模型变量和电流模型变量表示的方程

$$\frac{\partial^2 \boldsymbol{u}_m}{\partial x^2}=\boldsymbol{\gamma}^2\frac{\partial^2 \boldsymbol{u}_m}{\partial t^2} \tag{2-7-12}$$

$$\frac{\partial^2 \boldsymbol{i}_m}{\partial x^2}=\boldsymbol{\gamma}^2\frac{\partial^2 \boldsymbol{i}_m}{\partial t^2} \tag{2-7-13}$$

其中，$\boldsymbol{u}_m=[u_{m1}\quad u_{m2}, \cdots, u_{mn}]^T$ 称为模量电压矩阵；$\boldsymbol{i}_m=[i_{m1}\quad i_{m2}, \cdots, i_{mn}]^T$ 称为模量电流矩阵。

进行这一模量变换的电压变换矩阵 $\boldsymbol{S}$ 和电流变换矩阵 $\boldsymbol{Q}$ 可按式（2-7-9）求出，即

$$[\boldsymbol{LC}-\gamma_i^2\boldsymbol{E}]\boldsymbol{S}_i=0 \tag{2-7-14}$$

$$\boldsymbol{S}=[\boldsymbol{S}_1 \mid \boldsymbol{S}_2 \mid \cdots \mid \boldsymbol{S}_n]$$

$$[\boldsymbol{CL}-\gamma_i^2\boldsymbol{E}]\boldsymbol{Q}_i=0 \tag{2-7-15}$$

$$\boldsymbol{Q}=[\boldsymbol{Q}_1 \mid \boldsymbol{Q}_2 \mid \cdots \mid \boldsymbol{Q}_n]$$

以

$$\boldsymbol{u}=\boldsymbol{S}\boldsymbol{u}_m \tag{2-7-16}$$

$$\boldsymbol{i}=\boldsymbol{Q}\boldsymbol{i}_m \tag{2-7-17}$$

代入式（2-6-27）～式（2-6-30），可得

$$-\frac{\partial \boldsymbol{u}_m}{\partial x}=\boldsymbol{S}^{-1}\boldsymbol{LQ}\frac{\partial \boldsymbol{i}_m}{\partial t}=\boldsymbol{L}_m\frac{\partial \boldsymbol{i}_m}{\partial t} \tag{2-7-18}$$

$$-\frac{\partial \boldsymbol{i}_m}{\partial x}=\boldsymbol{Q}^{-1}\boldsymbol{CS}\frac{\partial \boldsymbol{u}_m}{\partial t}=\boldsymbol{C}_m\frac{\partial \boldsymbol{u}_m}{\partial t} \tag{2-7-19}$$

$$\frac{\partial^2 \boldsymbol{u}_m}{\partial x^2}=\boldsymbol{S}^{-1}\boldsymbol{LCS}\frac{\partial^2 \boldsymbol{u}_m}{\partial t^2}=\boldsymbol{L}_m\boldsymbol{C}_m\frac{\partial^2 \boldsymbol{u}_m}{\partial t^2} \tag{2-7-20}$$

$$\frac{\partial^2 \boldsymbol{i}_m}{\partial x^2} = \boldsymbol{Q}^{-1}\boldsymbol{LCQ}\frac{\partial^2 \boldsymbol{i}_m}{\partial t^2} = \boldsymbol{C}_m\boldsymbol{L}_m\frac{\partial^2 \boldsymbol{i}_m}{\partial t^2} \tag{2-7-21}$$

式中：$\boldsymbol{L}_m=\boldsymbol{S}^{-1}\boldsymbol{LQ}$，$\boldsymbol{C}_m=\boldsymbol{Q}^{-1}\boldsymbol{CS}$分别为模量电感系数矩阵和模量电容系数矩阵。应当注意，它们并不是对角线矩阵，但$\boldsymbol{L}_m\boldsymbol{C}_m$和$\boldsymbol{C}_m\boldsymbol{L}_m$则为对角线矩阵。

比较式（2-7-12）和式（2-7-20）以及式（2-7-13）和式（2-7-21），可得

$$\boldsymbol{S}^{-1}\boldsymbol{LCS} = \boldsymbol{Q}^{-1}\boldsymbol{CLQ} = \boldsymbol{\gamma}^2$$

由于$\boldsymbol{\gamma}^2$为对角阵，所以上式可进行如下变换

$$\boldsymbol{S}^{-1}\boldsymbol{LCS} = (\boldsymbol{Q}^{-1}\boldsymbol{CLQ})^T = (\boldsymbol{LQ})^T(\boldsymbol{Q}^{-1}\boldsymbol{C})^T = \boldsymbol{Q}^T\boldsymbol{L}^T\boldsymbol{C}^T(\boldsymbol{Q}^{-1})^T = \boldsymbol{Q}^T\boldsymbol{LC}(\boldsymbol{Q}^{-1})^T$$

由此可知，电压转换矩阵和电流转换矩阵间有如下关系

$$\boldsymbol{S}^{-1} = \boldsymbol{Q}^T \text{ 或 } \boldsymbol{Q} = (\boldsymbol{S}^{-1})^T \tag{2-7-22}$$

$$\boldsymbol{S} = (\boldsymbol{Q}^{-1})^T \text{ 或 } \boldsymbol{Q}^{-1} = (\boldsymbol{S})^T \tag{2-7-23}$$

1. 模量方程的解

由于经过模量变换后的式（2-7-12）和式（2-7-13）分别表示n个独立的模量电压方程和n个独立的模量电流方程，因此可以将单根导线的计算结果直接应用过来，其解显然为

$$u_{mi} = u_{mqi}(x-v_it)+u_{mfi}(x+v_it) \quad (i=1,2,\cdots,n) \tag{2-7-24}$$

$$i_{mi} = i_{mqi}(x-v_it)+i_{mfi}(x+v_it) \quad (i=1,2,\cdots,n) \tag{2-7-25}$$

$$v_i = \frac{1}{\gamma_i}$$

式（2-7-24）和式（2-7-25）说明，模量导线i的电压u_{mi}和电流i_{mi}可分别分解为前行波u_{mqi}和i_{mqi}以及反行波u_{mfi}和i_{mfi}，而它们沿模量导线将具有自己的传播速度v_i。

在求得模量系统的电压u_m和电流i_m后，利用式（2-7-16）及式（2-7-17）即可求出相量系统（即实际系统）的电压u和电流i。不难发现，由于波在各模量导体上可以具有不同的速度，因此由它决定的实际系统的电压u和电流i都将由各种不同速度的波组成。也就是说，在平行多导线系统中波的传播可以有多种速度，以后可以看到这将引起波在传播过程中的变形。

2. 模量导线的波阻

为了得出$\boldsymbol{u}_m$和$\boldsymbol{i}_m$的关系，可引入模量导线的波阻矩阵$\boldsymbol{Z}_m$，令

$$\boldsymbol{u}_m = \boldsymbol{Z}_m\boldsymbol{i}_m \tag{2-7-26}$$

将式（2-7-26）代入式（2-7-18），可得

$$-\boldsymbol{Z}_m\frac{\partial \boldsymbol{i}_m}{\partial x} = \boldsymbol{L}_m\boldsymbol{Z}_m^{-1}\frac{\partial \boldsymbol{u}_m}{\partial t}$$

或者

$$-\frac{\partial \boldsymbol{i}_m}{\partial x} = \boldsymbol{Z}_m^{-1}\boldsymbol{L}_m\boldsymbol{Z}_m^{-1}\frac{\partial \boldsymbol{u}_m}{\partial t} \tag{2-7-27}$$

比较式（2-7-19）和式（2-7-27）可得

$$\boldsymbol{C}_m = \boldsymbol{Z}_m^{-1}\boldsymbol{L}_m\boldsymbol{Z}_m^{-1}$$

将上式两边各乘以$\boldsymbol{L}_m$，得

$$\boldsymbol{L}_m\boldsymbol{C}_m = \boldsymbol{L}_m\boldsymbol{Z}_m^{-1}\boldsymbol{L}_m\boldsymbol{Z}_m^{-1} = (\boldsymbol{L}_m\boldsymbol{Z}_m^{-1})^2$$

或

$$\boldsymbol{\gamma}^2 = (\boldsymbol{L}_m\boldsymbol{Z}_m^{-1})^2$$

开方后可得

$$\boldsymbol{\gamma} = \boldsymbol{L}_m \boldsymbol{Z}_m^{-1}$$

由此即可求出

$$\boldsymbol{Z}_m = \boldsymbol{\gamma}^{-1}\boldsymbol{L}_m = \boldsymbol{\gamma}^{-1}\boldsymbol{S}^{-1}\boldsymbol{L}\boldsymbol{Q} \tag{2-7-28}$$

应该指出，由于 $\boldsymbol{L}_m$ 不是对角阵，所以 $\boldsymbol{Z}_m$ 也不是对角阵。也就是说，模量系统中任一导体上的电压仍然不仅和本身的电流有关，而且还和其他导体的电流有关，在模量系统中仍可能出现互波阻。

在求得模量导体的波阻矩阵后，利用式（2-7-16）及式（2-7-17）就可以求出相量系统的波阻矩阵，即将式（2-7-16）及式（2-7-17）代入式（2-7-26），得到

$$\boldsymbol{S}^{-1}\boldsymbol{u} = \boldsymbol{Z}_m \boldsymbol{Q}^{-1}\boldsymbol{i}$$

或者

$$\boldsymbol{u} = \boldsymbol{S}\boldsymbol{Z}_m \boldsymbol{Q}^{-1}\boldsymbol{i} = \boldsymbol{Z}\boldsymbol{i}$$

显然，上式中的 $\boldsymbol{Z}$ 即为相量系统的波阻矩阵。因此，模量系统波阻矩阵和相量系统波阻矩阵之间有以下关系

$$\boldsymbol{Z} = \boldsymbol{S}\boldsymbol{Z}_m \boldsymbol{Q}^{-1} \tag{2-7-29}$$

三、用模量变换法计算完全均匀换位的三相架空线的波过程

当导线完全均匀换位时，各相导线将有相同的自感、互感、自电位系数和互电位系数。若以 L_1 表示导线单位长度的自感，M 表示两导线间单位长度的互感，则有

$$L_1 = \frac{\mu_0}{2\pi}\ln\frac{h+h'}{r} \tag{2-7-30}$$

$$M = \frac{\mu_0}{2\pi}\ln\frac{\sqrt{(h+h')^2+d^2}}{d} \tag{2-7-31}$$

式中：r 为导线半径；h 为导线离地面的高度；h' 为导线镜像距地面的深度；d 为导线间的距离。

同样，若以 α_1 表示导线单位长度的自电位系数，α_2 表示两导线间单位长度的互电位系数，考虑到静电镜像在地中的深度为 h，则有

$$\alpha_1 = \frac{1}{2\pi\varepsilon_0}\ln\frac{2h}{r} \tag{2-7-32}$$

$$\alpha_2 = \frac{1}{2\pi\varepsilon_0}\ln\frac{\sqrt{(2h)^2+d^2}}{d} \tag{2-7-33}$$

由之可得三相输电线路的电感系数矩阵和电容系数矩阵分别为

$$\boldsymbol{L} = \begin{bmatrix} L_1 & M & M \\ M & L_1 & M \\ M & M & L_1 \end{bmatrix}$$

$$\boldsymbol{C} = \begin{bmatrix} \alpha_1 & \alpha_2 & \alpha_2 \\ \alpha_2 & \alpha_1 & \alpha_2 \\ \alpha_2 & \alpha_2 & \alpha_1 \end{bmatrix}^{-1} = \begin{bmatrix} \beta_1 & \beta_2 & \beta_2 \\ \beta_2 & \beta_1 & \beta_2 \\ \beta_2 & \beta_2 & \beta_1 \end{bmatrix}$$

$$\beta_1 = \frac{\alpha_1+\alpha_2}{(\alpha_1+2\alpha_2)(\alpha_1-\alpha_2)}$$

$$=\frac{2\pi\varepsilon_0\left(\ln\frac{2h}{r}+\ln\frac{\sqrt{4h^2+d^2}}{d}\right)}{\left(\ln\frac{2h}{r}+2\ln\frac{\sqrt{4h^2+d^2}}{d}\right)\left(\ln\frac{2h}{r}-\ln\frac{\sqrt{4h^2+d^2}}{d}\right)} \tag{2-7-34}$$

$$\beta_2=\frac{-\alpha_2}{(\alpha_1+2\alpha_2)(\alpha_1-\alpha_2)}$$

$$=-\frac{2\pi\varepsilon_0\ln\frac{\sqrt{4h^2+d^2}}{d}}{\left(\ln\frac{2h}{r}+2\ln\frac{\sqrt{4h^2+d^2}}{d}\right)\left(\ln\frac{2h}{r}-\ln\frac{\sqrt{4h^2+d^2}}{d}\right)} \tag{2-7-35}$$

可见，对三相完全均匀换位的架空线路来说，其电感系数矩阵和电容系数矩阵均为对角线元素相等，非对角线元素也相等的平衡矩阵。

考虑到两平衡矩阵相乘后仍为平衡矩阵，因此其二阶波动方程的系数矩阵也为平衡矩阵。若以 $\boldsymbol{K}$ 表示二阶波动方程的系数矩阵，则有

$$\boldsymbol{K}=\boldsymbol{LC}=\boldsymbol{CL}=\begin{bmatrix}K_1 & K_2 & K_2\\ K_2 & K_1 & K_2\\ K_2 & K_2 & K_1\end{bmatrix}$$

而

$$K_1=L_1\beta_1+2L_2\beta_2 \tag{2-7-36}$$

$$K_2=L_1\beta_2+L_2(\beta_1+\beta_2) \tag{2-7-37}$$

因此波动方程可改写为

$$\frac{\partial^2\boldsymbol{u}}{\partial x^2}=\boldsymbol{K}\frac{\partial^2\boldsymbol{u}}{\partial t^2} \tag{2-7-38}$$

$$\frac{\partial^2\boldsymbol{i}}{\partial x^2}=\boldsymbol{K}\frac{\partial^2\boldsymbol{i}}{\partial t^2} \tag{2-7-39}$$

由于电压波动方程式（2-7-38）和电流波动方程式（2-7-39）具有相同的系数矩阵，因此在三相均匀换位的架空线路中，电压变换矩阵和电流变换矩阵将是相等的，都可用 $\boldsymbol{S}$ 表示。

为求变换矩阵 $\boldsymbol{S}$，可先对矩阵 $\boldsymbol{K}$ 进行对角线变换。写出 $\boldsymbol{K}$ 的特征方程

$$\det\begin{bmatrix}K_1-\lambda & K_2 & K_2\\ K_2 & K_1-\lambda & K_2\\ K_2 & K_2 & K_1-\lambda\end{bmatrix} \tag{2-7-40}$$

$$=(K_1-K_2-\lambda)^2(K_1+2K_2-\lambda)=0$$

若仍以 γ_1^2、γ_2^2 和 γ_3^2 表示式（2-7-40）的三个根，则矩阵 $\boldsymbol{K}$ 的三个特征值将为

$$\left.\begin{aligned}\lambda_1&=\gamma_1^2=K_1-K_2\\ \lambda_2&=\gamma_2^2=K_1-K_2\\ \lambda_3&=\gamma_3^2=K_1+2K_2\end{aligned}\right\} \tag{2-7-41}$$

设和 γ_1^2 相应的特征矢量为 $\boldsymbol{S}_1=[S_{11}\quad S_{21}\quad S_{31}]^{\mathrm{T}}$，和 γ_2^2 相应的为 $\boldsymbol{S}_2=[S_{12}\quad S_{22}\quad S_{32}]^{\mathrm{T}}$ 和 γ_3^2 相应的为 $\boldsymbol{S}_3=[S_{13}\quad S_{23}\quad S_{33}]^{\mathrm{T}}$，则按式（2-7-9）可得

$$\begin{bmatrix}K_1-\gamma_1^2 & K_2 & K_2\\ K_2 & K_1-\gamma_1^2 & K_2\\ K_2 & K_2 & K_1-\gamma_1^2\end{bmatrix}\begin{bmatrix}S_{11}\\ S_{21}\\ S_{31}\end{bmatrix}=0 \tag{2-7-42}$$

$$\begin{bmatrix} K_1-\gamma_2^2 & K_2 & K_2 \\ K_2 & K_1-\gamma_2^2 & K_2 \\ K_2 & K_2 & K_1-\gamma_2^2 \end{bmatrix}\begin{bmatrix} S_{12} \\ S_{22} \\ S_{32} \end{bmatrix}=0 \quad (2-7-43)$$

$$\begin{bmatrix} K_1-\gamma_3^2 & K_2 & K_2 \\ K_2 & K_1-\gamma_3^2 & K_2 \\ K_2 & K_2 & K_1-\gamma_3^2 \end{bmatrix}\begin{bmatrix} S_{13} \\ S_{23} \\ S_{33} \end{bmatrix}=0 \quad (2-7-44)$$

将式（2-7-41）中诸值代入，则有

$$\begin{bmatrix} 1 & 1 & 1 \\ 1 & 1 & 1 \\ 1 & 1 & 1 \end{bmatrix}\begin{bmatrix} S_{11} \\ S_{21} \\ S_{31} \end{bmatrix}=0$$

$$\begin{bmatrix} 1 & 1 & 1 \\ 1 & 1 & 1 \\ 1 & 1 & 1 \end{bmatrix}\begin{bmatrix} S_{12} \\ S_{22} \\ S_{32} \end{bmatrix}=0$$

$$\begin{bmatrix} -2 & 1 & 1 \\ 1 & -2 & 1 \\ 1 & 1 & -2 \end{bmatrix}\begin{bmatrix} S_{13} \\ S_{23} \\ S_{33} \end{bmatrix}=0$$

可见，如 $[S_{11}\ S_{21}\ S_{31}]^T$ 要有非零解，必须满足

$$S_{11}+S_{21}+S_{31}=0 \quad (2-7-45)$$

同样，如 $[S_{12}\ S_{22}\ S_{32}]^T$ 要有非零解，必须满足

$$S_{12}+S_{22}+S_{32}=0 \quad (2-7-46)$$

而 $[S_{13}\ S_{23}\ S_{33}]^T$ 要有非零解，必须满足

$$S_{13}=S_{23}=S_{33} \quad (2-7-47)$$

也就是说，凡是各元素之间能满足式（2-7-45）～式（2-7-47）诸式的要求的矩阵 $\boldsymbol{S}$ 都能成为矩阵 $\boldsymbol{K}$ 的对角线变换矩阵（或称模量变换矩阵）。因此，变换矩阵 $\boldsymbol{S}$ 的形式并不是唯一的。对于平衡矩阵，常用的变换矩阵有以下几种：

（1）对称分量变换，此时取

$$\boldsymbol{S}=\begin{bmatrix} 1 & 1 & 1 \\ a^2 & a & 1 \\ a & a^2 & 1 \end{bmatrix},\boldsymbol{S}^{-1}=\frac{1}{3}\begin{bmatrix} 1 & a & a^2 \\ 1 & a^2 & a \\ 1 & 1 & 1 \end{bmatrix} \quad (2-7-48)$$

（2）α、β、0 变换，此时取

$$\boldsymbol{S}=\begin{bmatrix} 1 & 1 & 1 \\ -2 & 0 & 1 \\ 1 & -1 & 1 \end{bmatrix},\boldsymbol{S}^{-1}=\frac{1}{6}\begin{bmatrix} 1 & -2 & 1 \\ 3 & 0 & -3 \\ 2 & 2 & 2 \end{bmatrix} \quad (2-7-49)$$

（3）γ、δ、0 变换，此时取

$$\boldsymbol{S}=\begin{bmatrix} 1 & 0 & 1 \\ 0 & 1 & 1 \\ -1 & -1 & 1 \end{bmatrix},\boldsymbol{S}^{-1}=\frac{1}{3}\begin{bmatrix} 2 & -1 & -1 \\ -1 & 2 & -1 \\ 1 & 1 & 1 \end{bmatrix} \quad (2-7-50)$$

（4）卡伦堡（Karenbauer）变换，此时取

$$S=\frac{1}{3}\begin{bmatrix}1 & 1 & 1\\ -2 & 1 & 1\\ 1 & -2 & 1\end{bmatrix},S^{-1}=\begin{bmatrix}1 & -1 & 0\\ 1 & 0 & -1\\ 1 & 1 & 1\end{bmatrix} \tag{2-7-51}$$

不难看出，以上变换矩阵都能满足式（2-7-45）～式（2-7-47）的要求，而且它们和所取平衡矩阵的参数无关，可以适用于任何平衡矩阵。在进行三相完全均匀换位的架空线的模量变换时，上述式（2-7-48）～式（2-7-51）诸式的变换矩阵原则上都可以采用。但考虑到在采用对称分量变换时所用变换矩阵内含有复数 $a=e^{j\frac{2\pi}{3}}$，运算不便，所以一般只在三相稳态计算中采用。

从以上分析可知，当三相导线完全均匀换位时，无论采用哪一种变换，模量系统中都只存在两种波速。因为此时波在模量导线 1 和 2 中具有相同的传播速度，即

$$v_1=v_2=\frac{1}{\sqrt{K_1-K_2}}=\frac{1}{\sqrt{(L_1-L_2)(\beta_1-\beta_2)}} \tag{2-7-52}$$

只是在模量导线 3 中才具有另一传播速度

$$v_3=\frac{1}{\sqrt{K_1+2K_2}}=\frac{1}{\sqrt{(L_1+2L_2)(\beta_1+2\beta_2)}} \tag{2-7-53}$$

这就使得波在相量系统中传播时也将出现两种不同的波速 v_1 和 v_2，从而引起波在传播过程中的变形。

但当大地为理想导体时，即 $h'=h$ 时，将有

$$(L_1-L_2)(\beta_1-\beta_2)=(L_1+2L_2)(\beta_1+2\beta_2)=\mu_0\varepsilon_0$$

此时，波在模量系统中将只有一个传播速度$\frac{1}{\sqrt{\mu_0\varepsilon_0}}$，即为空气中的光速，因而波在相量系统中也就只有一个传播速度 $v=\frac{1}{\sqrt{\mu_0\varepsilon_0}}$了。所以当大地为理想导体时，波在沿无损导线传播过程中将不发生变形。

另一方面由式（2-7-28）可以看出，当 $\boldsymbol{Q}=\boldsymbol{S}$ 时，将有

$$\boldsymbol{Z}_m=\boldsymbol{\gamma}^{-1}\boldsymbol{S}^{-1}\boldsymbol{L}\boldsymbol{S}=\boldsymbol{\gamma}^{-1}\boldsymbol{L}_m \tag{2-7-54}$$

由于 $\boldsymbol{L}$ 为平衡矩阵，所以 $\boldsymbol{L}_m$ 将为对角矩阵。也就是说，当三相导线完全均匀换位时，模量导体的波阻矩阵将为对角阵。此时模量系统的各导体间将不再有互波阻存在。

下面以卡伦堡变换为例对一组三相完全均匀换位的架空线进行计算。

[例 2-7-1] 设三导线均匀换位，其对地高度 $h=10$m，导线半径 $r=0.7$cm，导线间的距离 $d=4$m，静电镜像深度 $h=10$m，由于土壤导电性能很差（$\rho=10^4\Omega\cdot$m），所以电流镜像深度 $h'=600$m。求雷击 A 相导线时波流过 2500m 后的变形。

[解] 首先根据式（2-7-30）～式（2-7-35）得到 $L_1=2.27\times10^{-6}$ H/m，$L_2=1.0\times10^{-6}$ H/m，$\alpha_1=14.3\times10^{10}$m/F，$\alpha_2=2.93\times10^{10}$m/F，$\beta_1=0.075\times10^{-10}$F/m，$\beta_2=-0.0128\times10^{-10}$F/m。

再由式（2-7-52）和式（2-7-53）求出波在模量系统中的两个传播速度为

$$v_1=v_2=\frac{1}{\sqrt{(L_1-L_2)(\beta_1-\beta_2)}}=2.99\times10^8\text{m/s}$$

$$v_3=\frac{1}{\sqrt{(L_1+2L_2)(\beta_1+2\beta_2)}}=2.18\times10^8\text{m/s}$$

按照线路的几何尺寸，应用式（2-6-6）、式（2-6-7）和式（2-6-15）可以算出 A 相和 B 相（或 C 相）导线间的耦合系数为

$$k=\frac{Z_{21}}{Z_{11}}=\frac{\alpha_{21}}{\alpha_{11}}=\frac{\alpha_2}{\alpha_1}=0.2$$

因此，当雷击 A 相导线时，A 相的电压如为 $u_A=u_0(t)$，则由于电磁耦合，B 相和 C 相导线的电压将为

$$u_B=u_C=0.2u_0(t)$$

在图 2-7-1 中画出了雷击处（$x=0$ 处）的相量电压 u_A、u_B 和 u_C 的波形图。

由卡伦堡变换可知，模量电压和相量电压间的关系为

$$\begin{bmatrix}u_{m1}\\u_{m2}\\u_{m3}\end{bmatrix}=\begin{bmatrix}1&-1&0\\1&0&-1\\1&1&1\end{bmatrix}\begin{bmatrix}u_A\\u_B\\u_C\end{bmatrix}\tag{2-7-55}$$

因此，在雷击处的模量电压将为

$$u_{m1}=u_A-u_B=0.8u_0(t)$$

$$u_{m2}=u_A-u_C=0.8u_0(t)$$

$$u_{m3}=u_A+u_B+u_C=1.4u_0(t)$$

图 2-7-2 中给出了雷击处的模量电压 u_{m1}、u_{m2} 和 u_{m3} 的波形图。

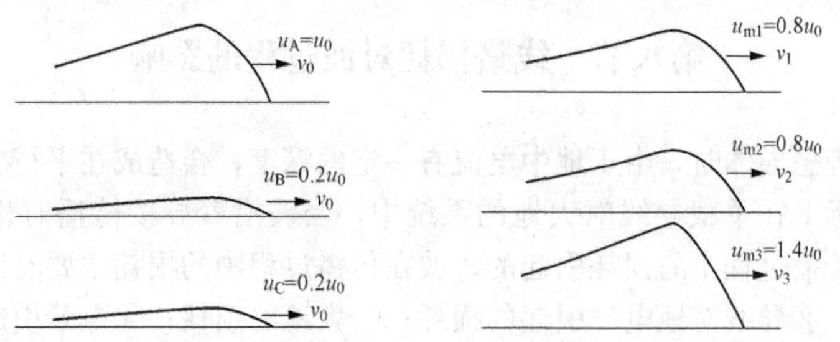

图 2-7-1　雷击处的相量电压　　图 2-7-2　雷击处的模量电压

由卡伦堡变换还可知相量电压可以按下式分解为模量电压，即

$$\begin{bmatrix}u_A\\u_B\\u_C\end{bmatrix}=\frac{1}{3}\begin{bmatrix}1&1&1\\-2&1&1\\1&-2&1\end{bmatrix}\begin{bmatrix}u_{m1}\\u_{m2}\\u_{m3}\end{bmatrix}\tag{2-7-56}$$

即

$$u_A=\frac{1}{3}u_{m1}+\frac{1}{3}u_{m2}+\frac{1}{3}u_{m3}$$

$$u_B=-\frac{2}{3}u_{m1}+\frac{1}{3}u_{m2}+\frac{1}{3}u_{m3}$$

$$u_C=\frac{1}{3}u_{m1}-\frac{2}{3}u_{m2}+\frac{1}{3}u_{m3}$$

在图 2-7-3（a）中，画出了在雷击处（$x=0$）相量电压分解为模量电压的方式。图中实线所示为相量电压，虚线所示为模量电压。在离雷击处 2500m 该点的相量电压，可以在求出该点的模量电压后按式（2-7-56）合成［图 2-7-3（b）］。

考虑到模量电压 u_{m1} 和 u_{m2} 的传播速度较 u_{m3} 为大，因此在 u_{m1} 和 u_{m2} 到达 2500m 处时［相

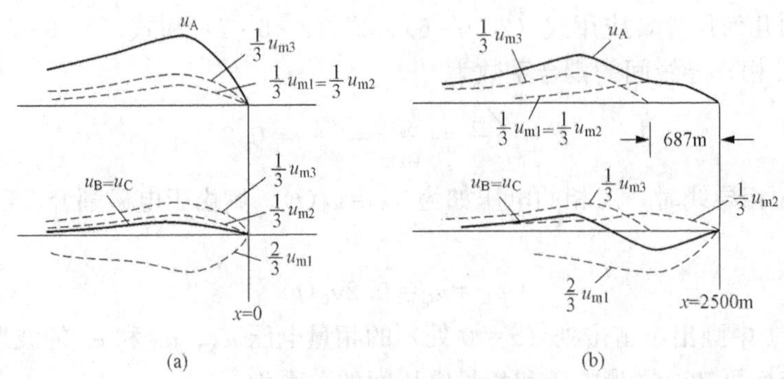

图 2-7-3　波的变形

（a）雷击点相量电压分解为模量电压；（b）离雷击点 2500m 处模量电压合成为相量电压

当于 $t=\dfrac{2500}{2.99\times10^{8}}=8.36\times10^{-6}$（s）]，$u_{m3}$ 走过的路程还只有 $2.18\times10^{8}\times8.36\times10^{-6}=1822$（m），也就是说，此时 u_{m1} 和 u_{m2} 比 u_{m3} 领先了 2500－1822＝678（m），这就造成了由之合成的相量电压的变形。应该指出的是，这种变形只是在大地具有一定的电阻（非理想导体）时才发生的。它是由于电流深入地中，从而使以地为回路的电感参数发生改变所引起的。有关引起波在传播过程中变形的其他因素将在下节中详述。

第八节　线路损耗对波过程的影响

当大地为非理想导体时，由于地中电流有一定的深度，会造成在平行多导体系统中波传播时的变形。实际上在单根导线对大地的系统中，当波沿着导线传播时也会发生衰减和变形，这是由波在传播过程中的损耗引起的。波在传播过程中的损耗主要有以下四种：①导线电阻引起的损耗；②导线对地电导引起的损耗；③大地的损耗；④电晕引起的损耗。

考虑这些损耗时，导线波过程计算的等效电路将如图 2-8-1 所示。图中 R_0、L_0、C_0 和 G_0 分别表示导线单位长度的电阻、电感、对地电容和对地电导。在考虑大地影响时，将有

$$R_0=R_d+R_e$$

$$L_0=L_d+L_e$$

式中：R_d 为导线电阻；R_e 为大地等值电阻；L_d 为与空气中那部分磁通相应的导线电感；L_e 为与地中那部分磁通相应的等效电感。而在计算 C_0 和 G_0 时，则应考虑电晕的影响，因为由电晕引起的导线周围空气的游离将使导线的对地电导 G_0 增大，而导线周围游离层又将使导线的等效半径增大，从而引起 C_0 的增大。

建立在这一等效电路图基础上的导线波过程的计算将十分复杂。这不仅是因为图 2-8-1 和图 2-1-1 相比增加了 R_0 和 G_0 两项，而且是因为在冲击电压作用下线路的各参数都不是常数。例如，由于集肤效应的影响，导线的电阻 R_d 和大地的电阻 R_e 都将随着频率的增大而增

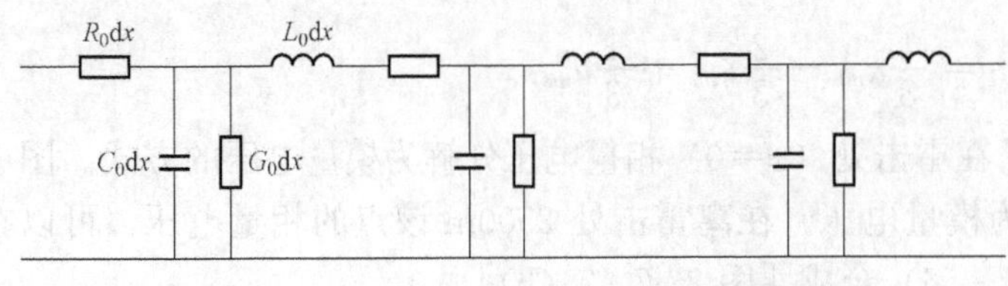

图 2-8-1　有损导线的分布参数等效电路

大，而与地中磁通相应的等效电感 L_e 将随着频率的加大而减小。又如，由于电晕的过程取决于导线上电压的大小，因此导线的对地电容 C_0 和对地电导 G_0 将随电压的大小而变化。因此要定量地计算损耗所引起的波的衰减和变形是比较困难的。实际测量证明，使波在沿架空线传播过程中发生衰减和变形的决定因素是电晕，所以本节除阐述损耗引起波在传播过程中衰减和变形的一般物理概念外，还将讨论冲击电晕对波过程的影响，但不讨论频变参数对波过程的影响。

一、波的衰减和变形

本章第一节中论述的波沿导线的传播过程实际上就是电磁能的传播过程。当波沿导线传播时，导线周围单位长度空间所获得的电能将和磁能相等，即沿导线传播的电压波和电流波间的关系将由波阻 $\sqrt{\dfrac{L_0}{C_0}}$ 决定。第二节中论述了波在传播过程中的折、反射，是由电能和磁能的转换引起的。磁能转化为电能会引起电压的增高与电流的减少。电能转化为磁能则会引起电流的增大与电压的降低。下面在这一基础上来分析波在有损导线上传播时衰减和变形的物理机制。为分析方便起见，本书只讨论直角波的情况，并假定等效电路中的各参数均为常数。

当幅值为 U_0 的电压波沿线路传播时，单位长度导线周围空间所获得的电能将为 $\frac{1}{2}C_0U_0^2$，如果线路存在对地电导 G_0，则电压波传播单位长度线路所消耗的电场能量将为 $G_0U_0^2t_0$（t_0 为电压波流过单位长度线路所需的时间）。电能的消耗将引起电压波的衰减。

同样，当幅值为 I_0 的电流波沿线路传播时，单位长度导线周围空间所获得的磁能将为 $\frac{1}{2}L_0I_0^2$。如果线路存在电阻 R_0，则电流波流过单位长度线路所消耗的磁场能量将为 $R_0I_0^2t_0$。磁能的消耗将引起电流波的衰减。

当波在传播时，如果在每单位长度线路空间中储藏的磁能和电能之比，恰好等于电流波在导线电阻中的热损耗和电压波在线路电导中的热损耗之比，即

$$\frac{\frac{1}{2}L_0I^2}{\frac{1}{2}C_0U^2}=\frac{R_0I_0^2t_0}{G_0U_0^2t_0} \tag{2-8-1}$$

则波在传播过程中将不会发生电能与磁能的互相交换以及由之而产生的波的折、反射，此时波就不会产生变形。由式（2-8-1）可得

$$\frac{L_0}{C_0}=\frac{R_0}{G_0}$$

或

$$\frac{G_0}{C_0}=\frac{R_0}{L_0} \tag{2-8-2}$$

式（2-8-2）称为波的无畸变传播条件。

据此不难写出电压衰减的规律为

$$u=U_0\mathrm{e}^{-\frac{G_0}{C_0}t}=U_0\mathrm{e}^{-\frac{G_0}{U_0}\times\frac{x}{v}} \tag{2-8-3}$$

式中：U_0 为起始电压值；v 为波的传播速度。

电流的衰减规律为

$$i=I_0\mathrm{e}^{-\frac{R_0}{L_0}t}=I_0\mathrm{e}^{-\frac{R_0}{L_0}\times\frac{x}{v}} \tag{2-8-4}$$

式中：I_0为起始电流值。

在电磁波的传播过程中，电压波和电流波是互相伴随着出现的。在波刚到达某点时，显然是L_0及C_0在起决定性的作用，所以$Z=\sqrt{\frac{L_0}{C_0}}$，即空间电场能的密度必须等于磁场能的密度。此后由于R_0及G_0在不断消耗能量，可能某一能量（如磁能）的消耗比另一种能量（如电能）的消耗快（实际无电晕的送电线路都满足这一情况），以致出现空间电能密度大于磁能密度的情况时，就会发生电能与磁能的交换。此时，电压波在行进过程中将不断发生负反射，使波前电压不断降低，而电流波在行进过程中将不断发生正反射以增大波前电流，从而使电磁波行进方向首端的电压波与电流波之比能保持$\sqrt{\frac{L_0}{C_0}}$的关系，这样电压波在传播过程中头部将逐渐被削平，尾部将逐渐拉长。

由以上分析可知，波沿有损导线传播时，除衰减外，还会发生变形。而且，例如在上例中，由于电压波是负反射，电流波是正反射，变形后的电压波和电流波将具有不同的形状。

应该指出，在长途通信线路中（如海底电缆），常用满足式（2-8-2）条件的传输线路来得到信号波的无畸变传输。但是实际输电线路一般都不能满足式（2-8-2），所以波沿输电线传播时都会同时发生衰减和变形。再考虑到任意波形的电磁波可以分解为一些不同频率的分量，而波在各种频率下的大地回流深度以及衰减和变形又各不相同，这就使得波在传播过程中的衰减和变形更趋复杂。

为了估算以大地为回路时大地电阻对波衰减的作用，对110kV及以上的线路来说，可采用

$$u=U_0 e^{-0.07\sqrt{x}} \tag{2-8-5}$$

式中：x的单位为km。

二、电晕对导线上波过程的影响

我们知道，雷电流的幅值可达数十千安甚至数百千安，即使以10kA计，其在导线上所造成的电压可达数千伏，因此在雷电作用时导线上会产生极为强烈的冲击电晕。由冲击电晕引起的损耗可以使波在传播过程中产生强烈的衰减和变形。由冲击电晕所造成的导线等效半径的增大可以使受击导线的自波阻下降，而导线间的互波阻却不改变。由式（2-6-15）可知，这将使导线间的耦合系数加大。这些都是防雷保护设计中的有利因素。因此，在进行防雷设计时，必须考虑冲击电晕的影响。

研究表明，形成冲击电晕所需的时间非常小。在正冲击时，大约只要小于0.05μs的时间，而在负冲击时只要小于0.01μs的时间，而且它们与电压的陡度关系很小。因此，可以认为，在波头范围内，冲击电晕的发展只与电压的瞬时值有关。但是电压的极性将对冲击电晕的发展有很大的影响：正极性冲击电晕时，形成电晕放电的电子崩是向着导线发展的，当电子崩头部的电子进入导线后，剩下来的正空间电荷（正离子）将起到加强外围空间电场的作用，使外围空间本来电场强度较小的地方也容易形成新的电子崩，这显然有利于电晕的发展。负极性冲击电晕时则不然，此时电子崩向着外面电场强度弱的地方发展，其中电子由于碰撞渐渐丧失了动能而与中性分子相结合变为负离子。这就形成了在最靠近导线的空间中是正离子，而在外面电场较弱的空间中是负离子的空间电荷分布。强场区域不再像正冲击时那样在外边，而是集中在导线的附近，所以此时在外围空间难以继续产生电子崩，这显然不利于电晕的发展。由于这种缘故，正冲击时的电晕要比负冲击时为大，因而正冲击时电晕对波的衰减和变形的影响要比负

冲击时为大。考虑到负冲击时电晕的发展较弱，而且雷电大部分是负极性的，所以过电压保护一般只考虑负冲击的影响。

1. 冲击电晕所引起的波在传播中的衰减和变形

在幅值很高（数百千伏以上）的冲击波作用时，引起波的衰减和变形的主要原因是冲击电晕。为分析方便起见，此时可以略去其他损耗。参照无损导线的波过程方程［式（2-1-11）和式（2-1-12）］，可以写出以下两个基本微分方程

$$\frac{\partial u}{\partial x}=-L_K\frac{\partial i}{\partial t} \tag{2-8-6}$$

$$\frac{\partial i}{\partial x}=-C_K\frac{\partial u}{\partial t} \tag{2-8-7}$$

式中：L_K、C_K分别为有冲击电晕时导线单位长度的电感和对地有效电容。

由于冲击电晕的存在并不增加沿导线轴向空间的导电性，所以L_K可以认为等于无电晕时的导线单位长度电感L_0。然而，冲击电晕存在所产生的空间电荷会形成径向导电性能良好的电晕套，相当于增大了导线的半径，使导线对地有效电容C_K比无电晕时的C_0为大。

考虑电晕影响后，导线对地的电荷量q显然和冲击电压的瞬时值u相关，即

$$q=f(u) \tag{2-8-8}$$

这一关系称为冲击电晕的“伏库特性”。据此可得

$$C_K=\frac{\partial q}{\partial u} \tag{2-8-9}$$

显然，C_K也和冲击电压的瞬时值u相关。

由于输电线路的冲击电晕受许多因素影响，诸如电压极性、波形、幅值，导线结构布置，以及气候条件等，所以冲击电晕的伏库特性有很大的分散性，不同的实验条件下会得出不同的经验公式。

我国现行规程计算电晕影响所用的负极性伏库特性经验公式为

$$q=C_0u\times 1.32\left(1+\frac{2u}{h}\right) \tag{2-8-10}$$

式中：C_0的单位为μF；u的单位为MV；；q的单位为C；h为导线对地高度，m。

将式（2-8-10）代入式（2-8-9）可得

$$C_K=1.32\left(1+\frac{4u}{h}\right)C_0 \tag{2-8-11}$$

由式（2-8-6）和式（2-8-7）与无损导线波动方程的类比可知，有冲击电晕时，电压波动方程的解式的前行波部分为$u\left(t-\frac{x}{v_k}\right)$。显然，它代表沿$x$的正方向以速度$v_k$流动的电压波，其中$v_k$为

$$v_k=\frac{1}{\sqrt{L_0C_K}}=\frac{v}{1.15\sqrt{1+\frac{4u}{h}}} \tag{2-8-12}$$

式中：v为空气中的光速，$v=300\text{m}/\mu\text{s}$。

目前得到较广泛应用的伏库特性表达式还有

$$\frac{q}{q_0}=A+B\left(\frac{u}{u_0}\right)^{\frac{4}{3}} \tag{2-8-13}$$

式中：q 为电压等于 u 时线路的总电荷（包括电晕电荷）；q_0 为电晕起始电压 u_0 时的电荷；A 和 B 是两个常数，正极性时 $A=0$、$B=1.02$，负极性时 $A=0.15$、$B=0.85$。

将式（2-8-13）代入式（2-8-9）可得

$$C_K=\frac{\partial q}{\partial u}=\frac{4}{3}B\frac{q_0}{u_0}\left(\frac{u}{u_0}\right)^{\frac{1}{3}}=MC_0\left(\frac{u}{u_0}\right)^{\frac{1}{3}} \tag{2-8-14}$$

$$M=\frac{4}{3}B$$

式中：正极性时 $M=1.36$，负极性时 $M=1.13$。

由此可得

$$v_k=\frac{1}{\sqrt{L_0C_K}}=\frac{v}{\sqrt{M}\left(\frac{u}{u_0}\right)^{\frac{1}{6}}} \tag{2-8-15}$$

式（2-8-12）和式（2-8-15）说明，瞬时电压 u 越大，则其相应的传播速度就越慢。但是应该注意，这里 v_k 是瞬时电压 u 的函数，所以它只能代表在波头上一定电压值（$u=$常数）的电子沿线路的移动速度（称之为相速），而不是整个电磁波的传播速度。相速说明了当导线存在电晕时，波头上某一定电压值的点子沿导线移动的速度将相应减小，从而造成波的变形。利用相速的概念可将冲击电晕造成的波的衰减与变形，等值为波头上各不同电压值的点子具有不同的移动速度的问题来分析。

设在 $x=0$ 处有电压波 $u_0(t)$，如图 2-8-2 中的实线所示，导线的起晕电压为 u_k。在 $0\leqslant u\leqslant u_K$ 时，由于导线上并未发生电晕，波头上各点的相速 v_k 就是空气中的光速 v。因此不论波移动多远，这部分的波形总是不变的。当 $u\geqslant u_k$ 时，导线发生电晕，由波头上任一点电压决定的相速都将小于光速。以波头上 a 点的电压 u_1 为例，在 $x=0$ 处，u_1 这一电压出现的时间为 t_1，则经过距离 l 后，u_1 出现的时间比以光速流动时将延迟一个时间间隔 Δt，其值为

$$\Delta t=\frac{l}{v_k}-\frac{l}{v} \tag{2-8-16}$$

将式（2-8-12）代入上式，可得

$$\Delta t=\frac{l}{v}\left(1.15\sqrt{1+\frac{4u}{h}}-1\right) \tag{2-8-17}$$

若 Δt 单位为 μs，l 单位为 km，则上式可以近似地改写为

$$\Delta t\approx l\left(0.5+\frac{8u}{h}\right) \tag{2-8-18}$$

在分裂导线时，冲击电晕比较弱，式（2-8-18）依实验数据修改为

$$\Delta t\approx l\left(0.5+\frac{8u}{h}\right)\frac{1}{f} \tag{2-8-19}$$

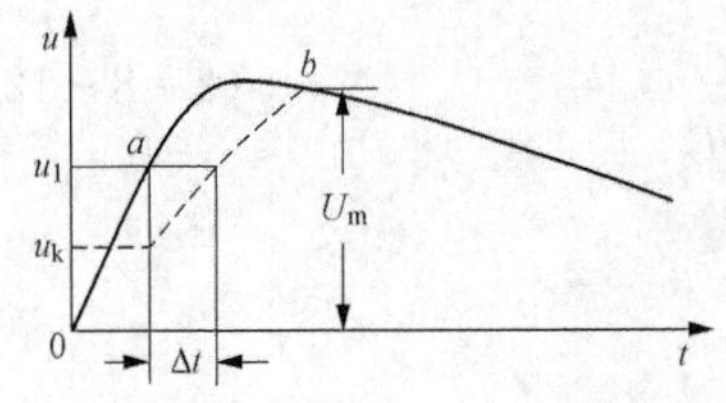

图 2-8-2 发生冲击电晕时波的衰减和变形

式中：不分裂相线，$f=1.0$；二分裂相线，$f=1.1$；三分裂相线，$f=1.45$；四分裂及更多分裂的相线，$f=1.55$；u 的单位为 MV。

根据式（2-8-19）可以计算出冲击电晕对波头变形的影响，如图 2-8-2 中的虚线所示。实验证明，如果将原始波 $u_0(t)$ 和变形后的波画在一起，那么两曲线的交点

（图中 b 点）大约就是变形后的波的最大值（图中的 U_m）。

图 2-8-3 画出了冲击电晕所引起的衰减和变形的实测结果（实线）以及按上述相速概念及数据所得的计算结果（虚线）。由图可见，两者尚能很好地吻合[❶]。

综上所述，冲击电晕可减小波的陡度，降低波的幅值，这些效应可在防雷设计中加以利用。

2. 冲击电晕所引起的导线间耦合系数的增大

前面已经讲到，电晕使导线周围空气游离，好像增大了导线的半径。这就使得该导线与其他导线间的耦合系数增大。严格地说，此时导线间的耦合系数将是所加电压的函数，它可以通过实验求得。但是为使用方便起见，在工程实际上一般只用电晕校正系数 k_1 来估计冲击电晕对耦合系数的影响，即取

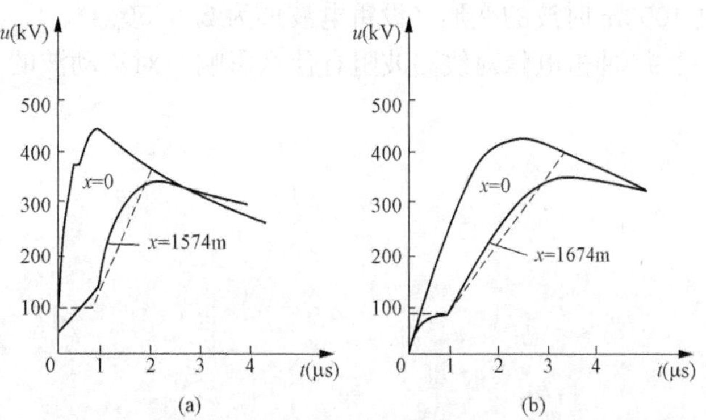

图 2-8-3　冲击电晕引起波衰减变形的实测值

$$k_1 = \frac{k}{k_0}$$

式中：k_0 为没有冲击电晕时的耦合系数；k 为存在冲击电晕时的耦合系数；$k_1=1.1\sim1.5$。

3. 冲击电晕所引起的导线波阻的降低

电晕所引起的导线半径的增大，将加大导线单位长度的对地电容 C_0，因此导线的波阻将相应降低，一般将降低 20%～30%。雷击杆塔时，一般取单根避雷线或导线的波阻为 400Ω，两根避雷线的并联波阻为 250Ω。雷击避雷线档距中间时，可取避雷线的波阻为 400Ω。

习　题

1. 画出图 2-4-2（a）中，$Z_2<Z_1$ 时以及图 2-4-2（b）中 $Z_1<Z_0<Z_2$ 时的前行波头。

2. 流动波的等值集中参数定理的使用范围如何？

3. 在图 2-3-3（a）中，已知 $Z_1=400\Omega$，$Z_2=50\Omega$，$L=300\mu H$，求 Z_2 上过电压幅值比 U_0 降低多少？Z_2 上电压上升陡度的最大值是多少？

4. 在图 2-3-3（a）中，用 C 代替 L 串在线路中，试分析折射电压波和反射电压波的波形。

5. 在图 2-4-1（a）中，如来波波形为 $u=at$，试用网格法求多次折、反射后 u_B 的表达式。

6. 在图 2-4-1（a）中，如来波波形在波头部分为 $u=at$（$t<\tau_t$，τ_t 为波头时间）在波尾部分为 $u=a\tau_t$（常数），试用网格法求多次折、反射后 u_B 的表达式，并与当 $u=U_0I(t)$ 时

❶ 由于波尾比波头长得多，所以波尾曲线相对来说是比较平的，因此用这种时延作图法求波尾的变形则变化很少，一般可以不计。

的 u_2表达式相比较。

7. 在图 2-5-11（a）中，线路末端电阻如为非线性（其伏安特性为 $u_R=Ci_R^{0.2}$），试用特性线法求线路末端电压。

8. 三相均匀换位的线路，导线平均对地高度为 $h=15$m，导线半径为 $r=0.7$cm，导线间的等值距离 $d=4$m，电流镜像深度 $h'=100$m，试用模量变换法计算雷击 A 相导线后波流过 1000m 时波的变形（设雷电波形为 2.6/50μs）。

9. 冲击电晕对线路波阻有什么影响？对流动波的波速有什么影响？

第三章　绕组内的波过程

电力系统中有不少带有绕组的电气设备，如变压器、电抗器、电机等。绕组除了和输电线路一样具有分布的自电感和分布的对地自电容外，还有各匝之间的分布互电感和匝间互电容。如果再考虑铁心的影响，则其电磁联系将更为复杂。为了能得到明晰的物理概念，在分析波在绕组中的传播过程时，通常都是采用图 3-0-1 的简化等效电路。图中，C_0为绕组单位长度（或高度，下同）的对地等效自电容，它等于该绕组对地的总电容被绕组长度去除所得的平均值；K_0为绕组单位长度的等效匝间互电容；L_0为考虑绕组各匝间的互电感后，绕组单位长度的等效电感。

电机和变压器虽然都有绕组，但由于电机的绕组是分别放在各个槽中的，其匝间互电容较小，因此在计算电机绕组的波过程时，常忽略等效匝间互电容 K_0的作用而将其与输电线路的波过程一样看待。所以图 3-0-1 所示等效电路以及本章将要讨论的大部分内容，实际上都是针对变压器而言的。

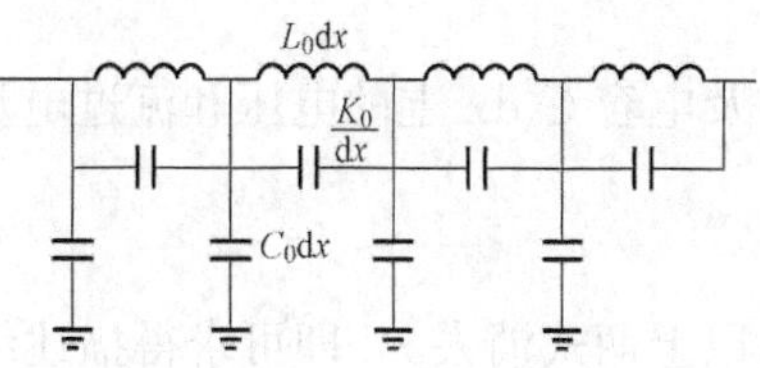

图 3-0-1　绕组的等效电路

第一节　无穷长直角波作用于 *L*-*C*-*K* 分布参数回路时的过渡过程

为能得到一个描述过渡过程的清晰的图案，先从物理概念出发加以分析，然后再进行数学计算。

一、物理过程

在第一章第一节中已经介绍过，在具有 L 和 C 的储能元件的回路中，当电容上的起始电压和稳态电压间有差别而回路损耗又较小的情况下，电容上的电压 u_c 将发生振荡。振荡将围绕稳态值进行，其幅值取决于起始电压和稳态电压之差，振荡的频率则由回路参数决定。下面从这一概念出发，先求出直流电压（即无穷长的直角波）作用到 *L*-*C*-*K* 分布参数回路时电容上电压的起始分布和稳态分布，再设法找出其振荡规律。

不难看出，当直流电压 E_0作用到图 3-0-1 所示的 *L*-*C*-*K* 振荡回路的第一个瞬间，电感显然可以认为开路，因此等效电路可以简化为图 3-1-1。显见，图中所有的 $C_0\mathrm{d}x$ 和$\frac{K_0}{\mathrm{d}x}$的充电过程都将在瞬间完成。各个 $C_0\mathrm{d}x$ 所获得的电压就决定了绕组的起始电压分布。由于 $C_0\mathrm{d}x$ 的分流作用，流过每个$\frac{K_0}{\mathrm{d}x}$的电流将不同，每个$\frac{K_0}{\mathrm{d}x}$所获得的电荷也将不同，越靠近首端的$\frac{K_0}{\mathrm{d}x}$所获得的电荷就越多，压降也就越大。所以在起始状态，电压沿绕组的分布是不均匀的。

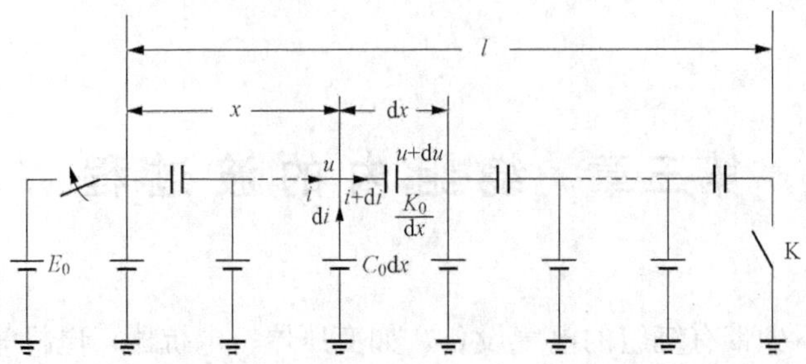

图 3-1-1 直流电压开始作用瞬间的绕组等效电路

设绕组的长度为 l，取离首端为 x 的任一环节，可以写出电容$\frac{K_0}{dx}$上的电压和流过电流的关系为

$$i = -\frac{K_0}{dx}\frac{\partial(du)}{\partial t} \tag{3-1-1}$$

以及电容 $C_0 dx$ 上的电压和流过电流的关系为

$$di = -C_0 dx \frac{\partial u}{\partial t} \tag{3-1-2}$$

由以上两式消去 i，即可求得描述绕组上电压起始分布的一般方程为

$$\frac{d^2 u}{dx^2} = \frac{C_0}{K_0} u \tag{3-1-3}$$

其解式为

$$u = Ae^{\alpha x} + Be^{-\alpha x} \tag{3-1-4}$$

$$\alpha = \sqrt{\frac{C_0}{K_0}}$$

式中：常数 A 和 B 可由边界条件决定。

当绕组末端（中性点）接地时（图 3-1-1 中开关 K 闭合时），边界条件为

$$x=0 \text{ 时}，u=E_0$$
$$x=l \text{ 时}，u=0$$

将其代入式（3-1-4），可得

$$A = -E_0 \frac{e^{-\alpha l}}{e^{\alpha l} - e^{-\alpha l}}$$

$$B = E_0 \frac{e^{\alpha l}}{e^{\alpha l} - e^{-\alpha l}}$$

此时，电压沿绕组的起始分布将为

$$u = \frac{E_0}{e^{\alpha l} - e^{-\alpha l}}\left[e^{\alpha(l-x)} - e^{-\alpha(l-x)}\right] \tag{3-1-5}$$

或

$$u = E_0 \frac{\text{sh}\alpha(l-x)}{\text{sh}\alpha l} \tag{3-1-6}$$

当绕组末端开路时（图 3-1-1 中开关 K 打开时，）边界条件将为

$$\left.\begin{array}{l} x=0\text{ 时，}u=E_0 \\ x=l\text{ 时，}i=0\text{ 或}\dfrac{\partial u}{\partial x}=0 \end{array}\right\}$$

由此可得

$$A=E_0\frac{e^{-\alpha l}}{e^{\alpha l}+e^{-\alpha l}},\ B=E_0\frac{e^{\alpha l}}{e^{\alpha l}+e^{-\alpha l}}$$

而电压的起始分布将为

$$u=\frac{E_0}{e^{\alpha l}+e^{-\alpha l}}\left[e^{\alpha(l-x)}+e^{-\alpha(l-x)}\right] \quad (3-1-7)$$

或

$$u=E_0\frac{\text{ch}\alpha(l-x)}{\text{ch}\alpha l} \quad (3-1-8)$$

由式（3-1-6）和式（3-1-8）可知，绕组的起始电压分布和绕组的 αl 值有关。将 αl 改写成

$$\alpha l=\sqrt{\frac{C_0 l}{\dfrac{K_0}{l}}}=\sqrt{\frac{C}{K}} \quad (3-1-9)$$

可见，绕组的起始电压分布取决于全部对地自电容 $C_0 l=C$ 与全部纵向电容（串联的匝间互电容）$\dfrac{K_0}{l}=K$ 的比值的平方根。在图 3-1-2 中画出了在绕组末端接地及不接地情况下，不同的 αl 值时绕组起始电压的分布曲线。由图可知，电压分布的不均匀程度将随 αl 的增大而增大，其最大电位梯度出现在绕组首端。

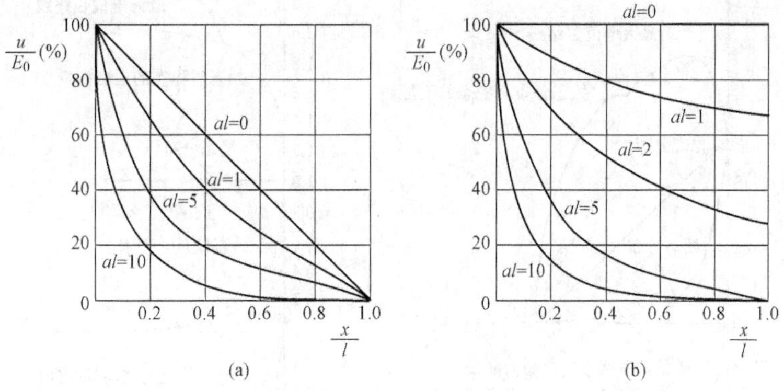

图 3-1-2　电压沿绕组的起始分布曲线

（a）绕组末端接地；（b）绕组末端开路

根据式（3-1-6）可以求得，在绕组末端接地时，首端的最大电位梯度为

$$\left.\frac{du}{dx}\right|_{x=0}=E_0\alpha\frac{\text{ch}\alpha(l-x)}{\text{sh}\alpha l}\Big|_{x=0}=\alpha E_0\coth\alpha l \quad (3-1-10)$$

根据式（3-1-8）可以求得，在绕组末端开路时，首端的最大电位梯度为

$$\left.\frac{du}{dx}\right|_{x=0}=E_0\alpha\frac{\text{sh}\alpha(l-x)}{\text{ch}\alpha l}\Big|_{x=0}=\alpha E_0\tanh\alpha l \quad (3-1-11)$$

由于当 αl 足够大时，$\coth\alpha l\approx\tanh\alpha l\approx 1$，所以只要 $\alpha l>5$，则不管绕组末端是接地或开路，绕组的起始最大电位梯度均可按下式求得

$$\left.\frac{\mathrm{d}u}{\mathrm{d}x}\right|_{x=0} \approx \alpha E_0 = \frac{E_0}{l} \times \alpha l \tag{3-1-12}$$

即首端的最大电位梯度为平均电位梯度$\frac{E_0}{l}$的αl倍。由图 3-1-2 可以看出，当$\alpha l>5$时，绕组末端接地时的起始电压分布和绕组末端开路时的起始电压分布已非常接近，只是在绕组末端稍有差别而已。

以变压器绕组为例，如果不采取特殊描述，αl值通常在 5～15 的范围内。实际在做变压器冲击试验时所加电压约为其额定相电压（最大值）的 3.5～7 倍。所以，如αl值取为平均值 10 时，绕组首端的最大电位梯度，在极端的假定条件下，可达正常运行时的数十倍，这显然会危及绕组首端的匝间绝缘。

以上所述还只是电压的起始分布，此时绕组首端的电位梯度虽高，但绕组各点的对地电压是不高的，一般不会危及绕组的主绝缘。而随之而来的电容上电压的振荡，则会使绕组的对地电压超过外加电压E_0，从而危及绕组的主绝缘。

为计算绕组上电压的振荡，可先求出电压沿绕组的稳态分布。不难看出，当绕组末端接地时，电压沿绕组的稳态分布将由绕组的电阻[❶]决定。它将是一条斜直线，如图 3-1-3（a）所示，其方程为

$$u = E_0\left(1 - \frac{x}{l}\right) \tag{3-1-13}$$

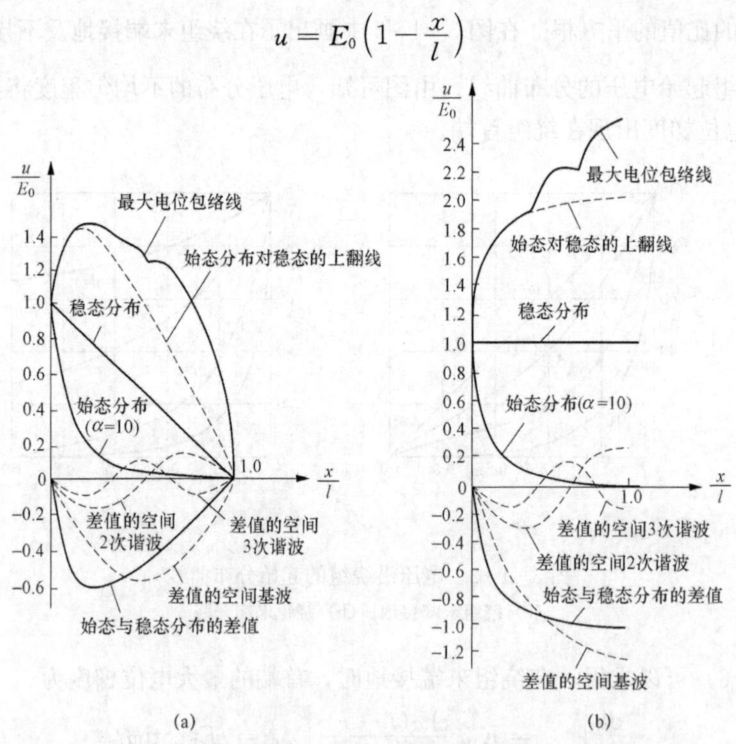

图 3-1-3 电压在绕组上的始态、稳态分布及最大包络线

（a）中性点接地；（b）中性点开路

❶ 如果说在研究绕组的起始电压分布时可以忽略绕组的电阻，那么在研究稳态时就不能忽略绕组的电阻，否则永远达不到稳定状态。

稳态分布电压与起始分布电压间的差值则为

$$\Delta u = E_0\left[1-\frac{x}{l}-\frac{\text{sh}\alpha(l-x)}{\text{sh}\alpha l}\right] \tag{3-1-14}$$

这一差值沿绕组的分布也画在图 3-1-4（a）中。

当绕组末端开路时，电压沿绕组的稳态分布将是一条与横轴平行的直线，如图 3-1-4（b）所示，其方程为

$$u = E_0 \tag{3-1-15}$$

此时稳态电压与起始电压间的差值则为

$$\Delta u = E_0\left[1-\frac{\text{ch}\alpha(l-x)}{\text{ch}\alpha l}\right] \tag{3-1-16}$$

其曲线也在图 3-1-3（b）中给出。

在第一章第四节中已介绍过分布参数回路可以有无穷多个振荡频率，分布参数回路中的过渡过程可以用无穷多个、在时间上按各自的固有频率振荡的、各级正弦形空间驻波来描绘。考虑到在 L-C-K 回路内，始态和稳态的电压差值为一沿空间分布的驻波，所以在分析绕组内的波过程时用这种图案较为方便。

据此，可用谐波分析法把表示电压差值的非正弦形的波分解为空间基波、空间 2 次谐波、空间 3 次谐波等各级空间驻波，即

$$\Delta u = \sum_{k=1}^{\infty} A_k \sin\mu_k x \tag{3-1-17}$$

式中：A_k 为第 k 次空间谐波的幅值；μ_k 为第 k 次空间谐波的每米角变化率，rad/m。

$$A_k = \frac{2}{l}\int_0^l \Delta u \sin\mu_k x\,\mathrm{d}x \tag{3-1-18}$$

当绕组末端接地时，$\mu_k=\frac{k\pi}{l}$；当绕组末端开路时，$\mu_k=\frac{(2k-1)\pi}{2l}$。各次谐波的分布情况如图 3-1-3 所示。随着谐波次数 k 的增加，谐波振幅的值减小得很快。

图 3-1-4 给出了当绕组末端接地时，绕组在各个不同时刻的电压分布曲线，它可由基波和各次谐波在各个时刻沿绕组的分布以及稳态分布相叠加而求得。

由于各次谐波的振荡频率不同，在某一瞬间某一点上起始符号有正有负的各次谐波的符号，都有可能变为与稳态电压相一致。所以在振荡过程中，绕组各点的对地电压最大值 $u_{\max}$ 可用下述近似方法求得。即将各次谐波在某点的起始值的绝对值相加，再和该点在稳定状态时的电压绝对值加在一起，从而得到该点的 $u_{\max}$。图 3-1-3 中同时给出了绕组末端接地和开路时，用这种方法计算的结果。这一结果偏于严重。实际上 $u_{\max}$ 是处在这一结果与（$2u_{稳态}-u_{始态}$）之间的。

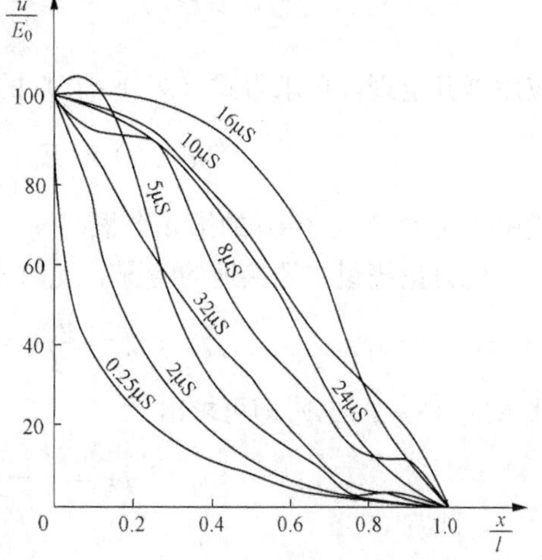

图 3-1-4　不同时刻的绕组对地电压分布（末端接地时）

二、数学分析

下面对图 3-0-1 中的等效电路进行数学分

析。取图 3-0-1 中离开首端 x 的任一环节（见图 3-1-5），可以写出其电压和电流的基本关系式为

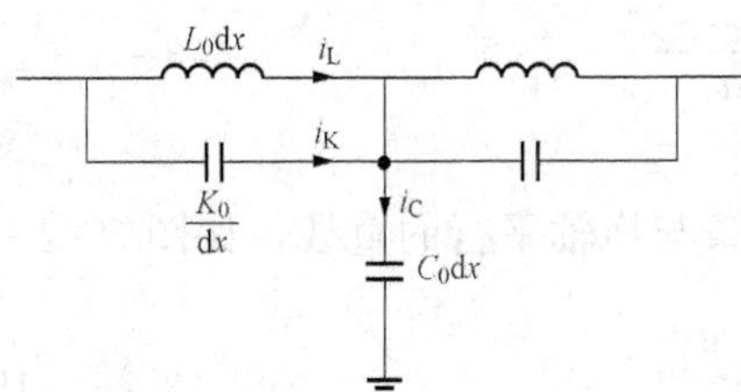

图 3-1-5 图 3-0-1 中的一环

$$\frac{\partial u}{\partial x}=-L_0\frac{\partial i_L}{\partial t} \tag{3-1-19}$$

$$i_K=-K_0\frac{\partial^2 u}{\partial x\partial t} \tag{3-1-20}$$

$$\frac{\partial(i_L+i_K)}{\partial x}=-C_0\frac{\partial u}{\partial t} \tag{3-1-21}$$

从以上三式中消去 i_L 和 i_K，即可得计算绕组电压分布的一般方程为

$$\frac{\partial^2 u}{\partial x^2}=L_0C_0\frac{\partial^2 u}{\partial t^2}-L_0K_0\frac{\partial^4 u}{\partial x^2\partial t^2} \tag{3-1-22}$$

把上式进行拉氏变换[1]后，可得

$$\frac{\partial^2 u}{\partial x^2}=L_0C_0p^2u-L_0K_0p^2\frac{\partial^2 u}{\partial x^2}$$

整理后得到

$$\frac{\partial^2 u}{\partial x^2}=\gamma^2 u \tag{3-1-23}$$

而

$$\gamma^2=\frac{L_0C_0p^2}{1+L_0K_0p^2} \tag{3-1-24}$$

仿照式（3-1-3），可得式（3-1-23）的解为

$$u=\frac{E_0}{p}\times\frac{\mathrm{sh}\gamma(l-x)}{\mathrm{sh}\gamma l}\quad（当绕组末端接地时） \tag{3-1-25}$$

及

$$u=\frac{E_0}{p}\times\frac{\mathrm{ch}\gamma(l-x)}{\mathrm{ch}\gamma l}\quad（当绕组末端开路时） \tag{3-1-26}$$

令 $N(p)=\mathrm{sh}\gamma l$，$M(p)=\mathrm{sh}\gamma(l-x)$ （当绕组末端接地时）；或 $N(p)=\mathrm{ch}\gamma l$，$M(p)=\mathrm{ch}\gamma(l-x)$（当绕组末端开路时）。则式（3-1-25）和式（3-1-26）可改写为

$$u=\frac{E_0}{p}\times\frac{M(p)}{N(p)} \tag{3-1-27}$$

应用展开定理，可求得式（3-1-27）的原函数为

$$u(x,t)=E_0\left[\frac{M(0)}{N(0)}+\sum_{k=1}^{\infty}\frac{M(p_k)}{p_kN'(p_k)}e^{p_kt}\right] \tag{3-1-28}$$

式中：p_k 为 $N(p)=0$ 的第 k 个根。

先讨论绕组末端接地的情况。此时由 $N(p)=\mathrm{sh}\gamma l=0$，可得

$$\gamma=\frac{\mathrm{j}k\pi}{l}=\gamma_k\quad(k=1,2,3,\cdots)$$

代入式（3-1-24）即可求出

$$p_k=\pm\frac{\mathrm{j}k\pi}{l\sqrt{L_0C_0+L_0K_0\left(\frac{k\pi}{l}\right)^2}}$$

---

[1] 以下拉氏变换后的 $u(p)$ 和时域的 $u(t)$ 均简写为 u，请读者自行留意。

相应可求出

$$M(p_k)=\mathrm{sh}\gamma_k(l-x)=\mathrm{sh}\gamma_k l\,\mathrm{ch}\gamma_k x-\mathrm{ch}\gamma_k l\,\mathrm{sh}\gamma_k x=-\mathrm{ch}\gamma_k l\,\mathrm{sh}\gamma_k x$$

$$N'(p_k)=l\mathrm{ch}\gamma_k l\left(\frac{\mathrm{d}\gamma}{\mathrm{d}p}\right)_{p=pk}=l\mathrm{ch}\gamma_k l\ \sqrt{L_0C_0}\left[1+\frac{K_0}{C_0}\left(\frac{k\pi}{l}\right)^2\right]^{3/2}$$

$$\frac{M(p_k)}{p_kN'(p_k)}=-\frac{\mathrm{sh}\gamma_k x}{\mathrm{j}k\pi\left[1+\frac{K_0}{C_0}\left(\frac{k\pi}{l}\right)^2\right]}=-\frac{\sin\frac{k\pi x}{l}}{k\pi\left[1+\frac{K_0}{C_0}\left(\frac{k\pi}{l}\right)^2\right]}$$

$$\frac{M(0)}{N(0)}=\lim_{\gamma\to 0}\frac{\mathrm{sh}\gamma(l-x)}{\mathrm{sh}\gamma l}=\frac{l-x}{l}$$

将以上各值代入式（3-1-28），再考虑到

$$\mathrm{e}^{p_kt}+\mathrm{e}^{-p_kt}=2\cos\omega_kt$$

$$\omega_k=\frac{\pi k}{l\sqrt{L_0C_0+L_0K_0\left(\frac{k\pi}{l}\right)^2}} \tag{3-1-29}$$

即可得绕组末端接地时，在过渡过程中绕组各点的对地电位为

$$u(x,t)=E_0\left\{\frac{l-x}{l}-\frac{2}{\pi}\sum_{k=1}^{\infty}\frac{\sin\frac{k\pi x}{l}\cos\omega_kt}{k\left[1+\frac{K_0}{C_0}\left(\frac{k\pi}{l}\right)^2\right]}\right\} \tag{3-1-30}$$

或

$$u(x,t)=E_0\left[1-\frac{x}{l}-\sum_{k=1}^{\infty}A_k\sin\frac{k\pi x}{l}\cos\omega_kt\right] \tag{3-1-31}$$

$$A_k=\frac{2}{k\pi\left[1+\frac{K_0}{C_0}\left(\frac{k\pi}{l}\right)^2\right]}$$

当绕组末端开路时，则由 $N(p)=\mathrm{ch}\gamma l=0$，可得

$$\gamma=\mathrm{j}\,\frac{(2k-1)\pi}{2}=\gamma_k\quad(k=1,2,3,\cdots)$$

$$p_k=\pm\frac{\mathrm{j}\left(\frac{2k-1}{2}\right)\pi}{l\sqrt{L_0C_0+L_0K_0\left[\frac{(2k-1)\pi}{2l}\right]^2}}$$

采用同样的方法，可得绕组末端开路时，在过渡过程中绕组各点对地电位的表达式为

$$u(x,t)=E_0\left\{1-\frac{4}{\pi}\sum_{k=1}^{\infty}\frac{\sin\frac{(2k-1)\pi x}{2l}\cos\omega'_kt}{(2k-1)\left\{1+\frac{K_0}{C_0}\left[\frac{(2k-1)\pi}{2l}\right]^2\right\}}\right\} \tag{3-1-32}$$

或

$$u(x,t)=E_0\left[1-\sum_{K=1}^{\infty}A'_k\sin\frac{(2k-1)\pi x}{2l}\cos\omega'_kt\right] \tag{3-1-33}$$

而

$$\omega'_k=\frac{\frac{2k-1}{2}\pi}{l\sqrt{L_0C_0+L_0K_0\left[\frac{(2k-1)\pi}{2l}\right]^2}} \tag{3-1-34}$$

$$A'_k=\frac{4}{(2k-1)\pi\left\{1+\frac{K_0}{C_0}\left[\frac{(2k-1)\pi}{2l}\right]^2\right\}}$$

在式（3-1-29）和式（3-1-34）中，如令$k\to\infty$，可得临界角频率为$\frac{1}{\sqrt{L_0K_0}}$，即它与绕组的总长度无关。但实验不支持这一结论，这是由于等值回路中未计及互感以及把各匝当成无穷小量等假设引起的误差。由于通常的计算只需计及第一、二次谐波，所以对这一误差不再讨论。

式（3-1-31）和式（3-1-33）说明，当直角波作用于绕组时，绕组各点的对地电压，可以用一系列振荡频率为ω_k的围绕稳态值振荡的空间驻波与稳态电压叠加来表示。这与本节中一开始所谈的物理过程是完全一致的。

在空间上固定并且在时间上按正弦规律脉动的任意空间驻波都可以分解为两个向相反方向运动的进行波。进行波的速度v_k取决于驻波的振荡频率$f_k=\frac{\omega_k}{2\pi}$以及波长$\lambda_k=\frac{2l}{k}$（当绕组末端接地时）或者$\lambda_k=\frac{4l}{2k-1}$（当绕组末端开路时），而$v_k=f_k\lambda_k$。显然，$v_k$和所讨论的驻波的级次有关。如果将绕组中的各个驻波都分解为两个向相反方向运动的进行波，则各进行波在绕组中将有不同的传播速度，这就出现了波在绕组中传播的多速现象。由于v_k的不同，因此将各次谐波的进行波叠加后所得到的波就有了变形。由驻波法和行波法的一致性❶可知，变压器绕组还是可以应用波阻抗的概念的。

在上面的分析中，未计及其他绕组的影响。实际上，例如次级绕组是开路还是短路，是接地还是不接地，都会影响到初级绕组的电感值与电容值，因之都会影响到初级绕组上的电压分布的。

第二节 任意波形的电压源作用于 *L*-*C*-*K* 分布参数回路时的过渡过程

实际上加到绕组上的电压波形可能有各种各样，如波头可能有一定的长度，波尾可能是衰减的，等等。下面以绕组末端接地为例加以讨论。

一、长度一定的矩形波电压

为了研究波的长度对绕组中过渡过程的影响，可以假定来波为幅值等于E_0的某一长度的矩形波（波的存在时间为τ）。

这种波可以由两个互相错开时间为τ的异号无穷长直角波叠加而成。在从合闸的瞬间（$t=0$）到$t=\tau$的一段时间内，电压沿绕组分布的情况和无穷长直角波作用时的情况一样。

从$t>\tau$起，外加电压停止作用，这相当于叠加一个$-E_0$的无穷长的直角波。应用式（3-1-31）可得在绕组末端接地的情况下，在$t>\tau$时绕组各点对地的电位方程为

$$\begin{aligned}u&=u(x,t)-u[x,(t-\tau)]\\&=-E_0\sum_{k=1}^{\infty}A_k\sin\frac{k\pi x}{l}[\cos\omega_kt-\cos\omega_k(t-\tau)]\end{aligned}$$

❶ 鲁登堡（Rudenburg）曾论述了驻波和行波两种方法的一致性，见 Tr. AIEE，Vol. 39（1940），P. 1031.

$$= E_0\sum_{k=1}^{\infty}\left[A_k\sin\frac{k\pi x}{l}\times 2\sin\frac{\omega_k\tau}{2}\sin\omega_k\left(t-\frac{\tau}{2}\right)\right] \tag{3-2-1}$$

将 ω_k 用$\frac{2\pi}{T_k}$来代替，将上式中的 $\sin\frac{\omega_k\tau}{2}$改写为

$$\sin\frac{\omega_k\tau}{2}=\sin\frac{\pi\tau}{T_k} \tag{3-2-2}$$

由此可知，当

$$\tau=\frac{2n-1}{2}T_k\quad(n=1,2,3,\cdots) \tag{3-2-3}$$

时，乘数 $\sin\frac{\pi\tau}{T_k}$的绝对值等于 1，因之凡是符合式（3-2-3）的谐波，它的振幅要比直流电压作用时加大 1 倍。

因为基波的振幅最大，所以下面以基波为例讨论。由式（3-2-2）不难看出，当 $\tau=\frac{T_1}{2}$时，基波的幅值将要比直流电压作用时加大 1 倍，但是这种 $\tau=\frac{T_1}{2}$时的“谐振”现象对主绝缘来说并不如想象中那样危险。因为当波长更长的矩形波$\left(\tau>\frac{T_1}{2}\right)$作用时，由于在 $t\leqslant\tau$ 时的绕组电位 u 值［式（3-1-31）］已比 $t>\tau$ 时的 u 值［式（3-2-1）］为大，所以在 $\tau>\frac{T_1}{2}$的长波作用下，总的电压还是比 $\tau=\frac{T_1}{2}$时的为大。其物理解释是：在长波作用时，振荡在长时间内是围绕着直流电压作用时的稳态电位进行的，而不是像短波那样是围绕着零电位进行的。

从式（3-2-2）可以看出，τ 比 T_k 越小，则谐波振荡的振幅也就越小，由于 $T_1>T_2>T_3>\cdots$，所以基波要比其他各次谐波更得不到完全的发展，因而主绝缘所受的电压也就越低。但是应该指出，短波作用时匝间绝缘所受的电位梯度$\frac{\mathrm{d}u}{\mathrm{d}x}$的值可能比无穷长直角波时还要大些，这是因为此时高次谐波仍可得到充分的发展，而且正、负波所引起的高次谐波还有可能互相加强的缘故。

二、斜角波头的电压

假设来波为幅值一定的斜角波，其幅值为 E_0，其陡度为 a。这种波在数学上可以分解为两个互相错开时间 $\tau_t=\frac{E_0}{a}$的无穷长异号斜角波。

先来计算 $t\leqslant\tau_t$ 的情况。此时作用在绕组上的电压波是 $e=at$。由式（3-1-31）可知，在单位阶跃函数的电压作用于末端接地的绕组时，绕组各点的对地电位为

$$\varphi(t)=1-\frac{x}{l}-\sum_{k=1}^{\infty}A_k\sin\frac{k\pi x}{l}\cos\omega_k t \tag{3-2-4}$$

因此，利用丢阿莫尔积分不难求出，在斜角波 $e=at$ 作用下，在过渡过程中绕组各点的对地电位为

$$u(t)=e(0)\varphi(t)+\int_0^t\varphi(t-\tau)\frac{\partial e}{\partial t}\mathrm{d}\tau \tag{3-2-5}$$

根据已知条件，可得

$$u(t)=at\left(1-\frac{x}{l}\right)-\sum_{k=1}^{\infty}\frac{aA_k}{\omega_k}\sin\frac{k\pi x}{l}\sin\omega_k t \tag{3-2-6}$$

上式说明，当 $t\leqslant\tau_t$ 时，振荡将围绕 $at\left(1-\frac{x}{l}\right)$ 轴进行，振荡的幅值和 $\frac{a}{\omega_k}$ 成正比。

当 $t>\tau_t$ 时，绕组各点的对地电位可在上式的基础上用叠加法求得为

$$u(t)=E_0\left[1-\frac{x}{l}-\sum_{k=1}^{\infty}A_k\sin\frac{k\pi x}{l}\times\frac{\sin\frac{\omega_k\tau_t}{2}}{\frac{\omega_k\tau_t}{2}}\cos\omega_k\left(t-\frac{\tau_t}{2}\right)\right] \tag{3-2-7}$$

这时振荡轴的位置和直流电压作用时一样是由 $E_0\left(1-\frac{x}{l}\right)$ 决定的，但各次谐波振荡的幅值比直流电压时要多乘一个系数 $\frac{\sin\frac{\omega_k\tau_t}{2}}{\frac{\omega_k\tau_t}{2}}$。

分析这一系数可知，当波头长度 τ_t 增大时，此系数的分母永远增大，而分子则在±1 的范围内变化。因此，波头越长（或陡度越小），则绕组中的振荡越发展不起来。而当波头长度 $\tau_t=0$ 时，此系数等于 1，也就是直角波的情况。

这一系数还有一个特点，即当 $\frac{\omega_k\tau_t}{2}=\frac{(2n-1)\pi}{2}$ $\left(\text{即 }\tau_t=\frac{2n-1}{2}T_k\right)$ 时，分子为±1；而当 $\frac{\omega_k\tau_t}{2}=n\pi$（即 $\tau_t=nT_k$）时，分子为零。由此可以得出结论：为了消灭第 k 次谐波振荡所需的最小波头值为 $\tau_t=T_k$，而为了消灭基波振荡，波头的最小值应为 T_1。可见，消灭高次谐波所需的最小波头比消灭基波所需的更短。

一般变压器绕组的基波振荡周期 T_1 为 40～300μs，而作用在变压器上的雷电冲击波波头实际不过 1～2μs，所以实际雷电冲击波的陡度对变压器内部的基波振荡影响很小。但是来波陡度可以使高次谐波的振荡受到影响，从而改变电位梯度沿绕组的分布。实测结果表明，如果在 $\tau_t=0$ 时最大电位梯度出现在绕组首端附近的话，那么在 $\tau_t=1.5\mu s$ 时就不是这样了，此时最大电位梯度出现在离绕组首端 5%～20%的地方，而且数值也比在 $\tau=0$ 时推得的理论值为小。因此，波头的存在对改善变压器的工作条件是有利的。

三、指数波电压

当指数波电压直接作用到中性点直接接地的绕组上时，绕组的电位分布也可由丢阿莫尔积分求出，即

$$u(t)=e(t)\varphi(0)+\int_0^t e(t-\tau)\varphi'(\tau)\mathrm{d}\tau \tag{3-2-8}$$

$$e(t)=E_0\mathrm{e}^{-\alpha t}$$

$$\varphi(0)=1-\frac{x}{l}-\sum_{k=1}^{\infty}A_k\sin\frac{k\pi}{l}x$$

$$\varphi'(\tau)=\sum_{k=1}^{\infty}\omega_k A_k\sin\frac{k\pi}{l}x\sin\omega_k\tau$$

考虑到 $\int\mathrm{e}^{ax}\sin bx\,\mathrm{d}x=\frac{\mathrm{e}^{ax}}{a^2+b^2}(a\sin bx-b\cos bx)$，则式（3-2-8）经过简化后可得

$$u(t)=E_0\left(1-\frac{x}{l}\right)\mathrm{e}^{-\alpha t}-E_0\sum_{k=1}^{\infty}A_k\sin\frac{k\pi}{l}x\left[\frac{\alpha^2\mathrm{e}^{-\alpha t}}{\alpha^2+\omega_k^2}+\frac{\omega_k}{\sqrt{\alpha^2+\omega_k^2}}\cos\left(\omega_k t+\tan^{-1}\frac{\alpha}{\omega_k}\right)\right] \quad (3-2-9)$$

它的特点是电压振荡轴 $E_0\left(1-\frac{x}{l}\right)\mathrm{e}^{-\alpha t}$ 比直流电压源时［见式（3-1-13）］多了一个系数 $\mathrm{e}^{-\alpha t}$，而各次谐波的振幅和$\frac{\alpha}{\omega_k}$有关。$\frac{\alpha}{\omega_k}$之值越大，则振荡就越小。其物理意义为：当指数波很快衰减时（当 α 很大时），振荡频率较低（即振荡周期较长）的谐波将不能得到充分发展，所以振幅不大。

考虑到任意冲击波的表达式为 $e=E_0(\mathrm{e}^{-\alpha t}-\mathrm{e}^{-\beta t})$，所以不难应用式（3-2-9）及叠加原理求出任意冲击波下绕组的电位分布。

第三节　三相变压器绕组内的波过程及其内部保护

实际电力系统是三相的，电力变压器的三相绕组一般按 Y、Y_0 或△等接线方式连接。在运行中，雷电冲击波可能从一相导线传入，也可能从两相甚至三相导线传入，下面分别加以讨论。假设波是沿线路袭到变压器上的，而且直接接在变压器绕组首端上的避雷器并没有动作，这种分析的目的是便于搞清楚线路上的波过程对变压器的影响。应当注意，在这种情况下，在绕组首端的电压是不超过避雷器的动作电压 U_d 的❶。

一、变压器 Y_0 接线的情况

当变压器采用 Y_0 接线时，如果不计三相绕组间的电磁耦合，则不论是一相、两相或三相进波，均可按三个末端接地的独立绕组来分析［见图 3-3-1（a)］。应用等值集中参数定理，可得当进行波 U_0沿线路传向变压器时的等效电路，如图 3-3-1（b）所示。图中，Z_0为线路波阻，L_0、C_0及 K_0分别代表变压器绕组单位长度的自电感、对地自电容和纵向互电容。如前所述，在波刚刚到达的瞬间是不会有电流流过电感 L_0的，所以此时等效电图的绕组部分只由电容链 K_0—C_0组（见图 3-3-2）显然可以用一个等值电容来代表，称其为入口电容 C_r。考虑到电容链中 $C_0\mathrm{d}x$ 和$\frac{K_0}{\mathrm{d}x}$的元件数目是无穷的，所以由图中 A 点向右看的总电容 C_r 应该趋近于由 B 点向右看的总电容 C'_r。由此可以写出

$$C_r=C_0\mathrm{d}x+\frac{\frac{K_0}{\mathrm{d}x}C'_r}{\frac{K_0}{\mathrm{d}x}+C'_r}=C_0\mathrm{d}x+\frac{\frac{K_0}{\mathrm{d}x}C_r}{\frac{K_0}{\mathrm{d}x}+C_r}$$

整理后，得到

$$C_r^2-C_rC_0\mathrm{d}x-C_0K_0=0$$

于是可以求得

$$C_r=\frac{C_0\mathrm{d}x\pm\sqrt{(C_0\mathrm{d}x)^2+4C_0K_0}}{2}$$

❶ 上两节在分析时是假设电压波直接合闸到绕组的首端，这相当于避雷器直接并联在变压器上且避雷器已经动作，此时其残压 U_C 直接作用在绕组首端的情况。

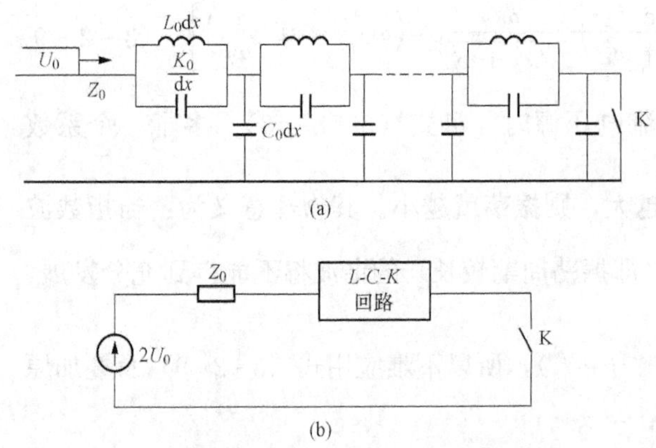

图 3-3-1 进行波作用于独立的单相绕组

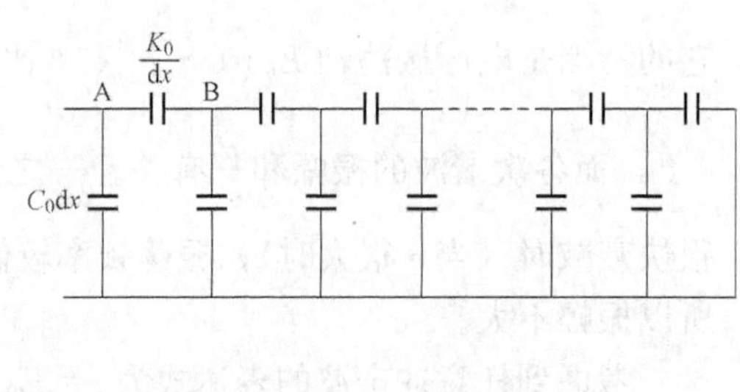

图 3-3-2 求变压器绕组的入口电容的电路图

注意到 $C_0\mathrm{d}x \ll 2\sqrt{C_0K_0}$，所以上式可进一步简化为

$$C_r = \sqrt{C_0K_0} \tag{3-3-1}$$

即变压器绕组的入口电容 C_r 等于绕组每单位长度的对地自电容 C_0 和每单位长度纵向互电容 K_0 的几何平均值。C_r 一般随变压器的容量增大而增大，在 500～5000pF 的范围内。

一般在电压波作用到变压器的 5μs 内，绕组中的波动过程还发展得很少。因此，在这段时间内变压器对外的作用可以用其入口电容 C_r 来代表。

下面来分析当波沿线路袭来时在变压器内部的过渡过程。先计算变压器绕组的起始电压分布，取线路波阻 $Z_0=400\Omega$，变压器的入口电容 C_r 为 1000pF，可得入口电容的充电时间常数 T_C 为

$$T_C = Z_0C_r = 400 \times 1000 \times 10^{-12} = 0.4 \times 10^{-6}(\mathrm{s}) = 0.4(\mu\mathrm{s})$$

由于 T_C 的值比绕组中发展振荡所需的时间（一般约为 5μs 以上）小得多，所以在计算电压沿绕组的起始分布时，可以不考虑线路波阻的影响而直接应用式（3-1-6），即

$$u(x,0) = 2U_0\frac{\mathrm{sh}\alpha(l-x)}{\mathrm{sh}\alpha l} \tag{3-3-2}$$

但是线路波阻的存在将影响到绕组的稳态电压分布。设绕组的长度为 l，其总电阻为 R，其稳态电压分布将为

$$u(x,\infty) = 2U_0\frac{R}{R+Z_0}\left(1-\frac{x}{l}\right) \tag{3-3-3}$$

图 3-3-3 给出了波沿送电线路进入 Y_0 接线的变压器时，变压器绕组的起始电压分布（虚线）、稳态电压分布（实线）以及最大电位包络线（长短线）。由图可见，当变压器为 Y_0 接线时，绕组上的最大对地电压可能超过入射波电压的 2 倍。不过如前所述，这种情况下绕组首端的电压 $2U_0$ 不会超过与变压器直接并联的避雷器的动作电压 U_d，即 $2U_0<U_d$。

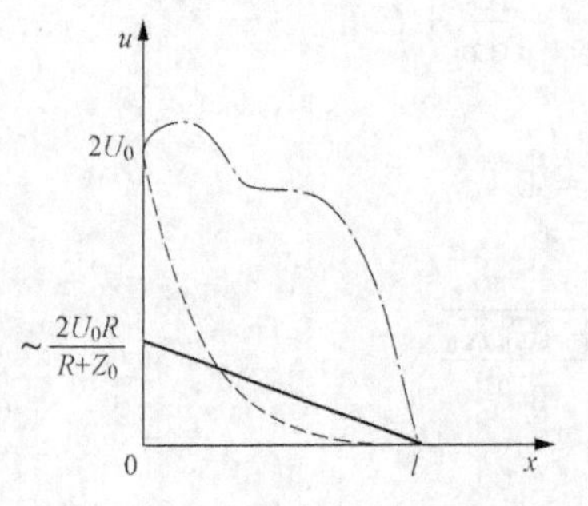

图 3-3-3 Y_0 接线时变压器绕组的电压分布

二、变压器Y接线的情况

当变压器采用Y接线时，三相绕组将互相影响。在一相进波时，波到达不接地的中性点后将经由其他两相绕组向输电线路传出如图3-3-4（a）所示。此时第一相绕组末端的负载，既不是接地时的零值，也不是开路时的无穷大，而是互相并联的两个串有送电线路的L-C-K链形电路，如图3-3-4（b）所示。在两相进波时，两相波到达不接地的中性点后将同时经由第三相绕组向送电线路传出去，如图3-3-5（a）所示。这相当于两个进波相绕组互相并联以后再与第三相串联的情况，如图3-3-5（b）所示。在三相进波时，由于三相波同时到达不接地的中性点后将无其他出路，因此可分别按三个末端不接地的绕组进行处理。

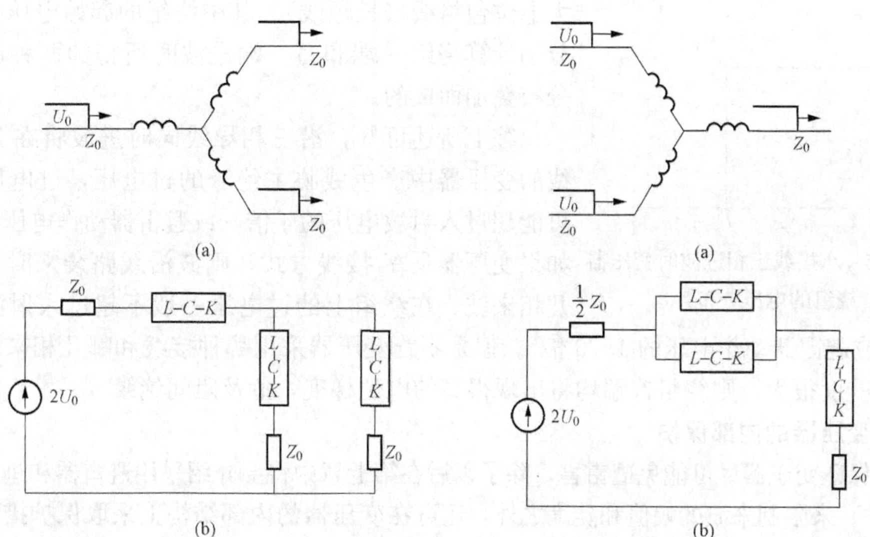

图3-3-4　Y接线的变压器单相进波时

图3-3-5　Y接线的变压器两相进波时

在本章第一节中已经讨论过，当绕组的αl足够大，如$\alpha l>5$时，绕组末端的状态对绕组的起始电压分布影响极小。因此，在计算绕组的起始电压分布时，可以认为不论一相、两相或三相来波，绕组的起始电压分布都可用式（3-3-2）近似表示。但进波条件的不同将影响到进波相绕组的稳态电压分布，因为稳态电压分布是由电阻决定的，所以在一相进波时绕组的稳态电压分布为

$$u=2U_0\frac{\frac{1}{2}R+\frac{1}{2}Z_0+R\left(1-\frac{x}{l}\right)}{\frac{3}{2}R+\frac{3}{2}Z_0}=2U_0\frac{3R+Z_0-2R\frac{x}{l}}{3R+3Z_0}\tag{3-3-4}$$

两相进波时绕组的稳态电压分布为

$$u=2U_0\frac{R+Z_0+\frac{R}{2}\left(1-\frac{x}{l}\right)}{\frac{3}{2}R+\frac{3}{2}Z_0}=2U_0\frac{3R+2Z_0-R\frac{x}{l}}{3R+3Z_0}\tag{3-3-5}$$

三相进波时的稳态电压分布则为

$$u=2U_0\tag{3-3-6}$$

从以上分析可知，由于在三相进波时稳态值和始态值间的差值最大，因此最严重的振荡将发生在三相进波时。参照图 3-1-4（b）不难看出，此时在振荡过程中，中性点的电压可以超过入射波电压的 4 倍（$4U_0$）或直接并联于变压器上避雷器动作电压 U_d 的两倍。

三、变压器△接线的情况

当变压器采用△接线时，如果一相来波，则沿一相导线进入变压器的波可分别经由两个绕组向另两相输电线传出。在变压器内不会有严重的过电压。但是在两相或三相来波时将在绕组中部产生很高的过电压，其值可以超过入射波电压的 4 倍（它相当于避雷器动作电压的两倍）。图 3-3-6 给出了△接线的变压器在三相进波时，绕组的电压起始分布（虚线）、稳态分布（实线）以及最大电位包络线（长短线）。其中绕组的起始电压分布是在分别计算绕组一端和另一端进波时所得的两种起始电压分布叠加而成的。

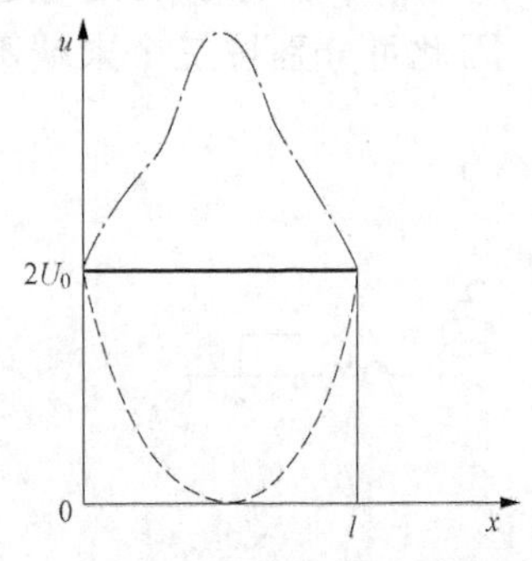

图 3-3-6 △接线三相进波时变压器绕组的电压分布

综上所述可知，沿三相导线同时进波将在 Y 和△接线的变压器中产生威胁主绝缘的过电压，过电压的幅值可能超过入射波电压的 4 倍（或避雷器动作电压的 2 倍）。如果变压器是 Y_0 接线方式，则波沿线路袭来时，不论是几相来波，在绕组上的过电压一般不超过入射波电压的 2.5 倍（或避雷器动作电压的 1.25 倍）。但是不管变压器采用哪种接线和哪几相来波，只要入射波的陡度很大，则绕组首端均将出现很高的电位梯度，危及匝间绝缘。

四、变压器的内部保护

为了保证变压器尽可能免遭雷害，除了以后在第七章中将要介绍采用避雷器和进线保护段（外部保护）来限制来波的幅值和陡度之外，还可在变压器的内部结构上采取保护措施（内部保护）。改善变压器绕组的起始电压分布是减少作用于主绝缘及纵绝缘上的过电压的关键。

（1）使绕组起始电压分布不均匀的主要原因是电容链中对地自电容 $C_0\mathrm{d}x$ 的分流作用，它使流经每个纵向互电容$\frac{K_0}{\mathrm{d}x}$的电流都不相同，从而造成绕组首端电位梯度的增大。因此如果在绕组首端加一个开口[1]的金属环（电容环）（参看图 3-3-7），用电容环和绕组间的电容电流来补偿绕组对地的电容电流，即一部分对地电容电流由绕组首端直接供给，这就可以减小流经各个纵向互电容$\frac{K_0}{\mathrm{d}x}$的电流的差别，起到使电压沿绕组均匀分布的作用。这种补偿称为并联补偿。

（2）绕组起始电压分布的不均匀程度是随 αl 的增大而增大的（见图 3-1-3），而 αl 的值则由绕组的总对地自电容 $C_0 l$ 对总纵向互电容$\frac{K_0}{l}$的比值的平方根［式（3-1-9）］决定。因此，增大总纵向互电容也可以改善电压的起始分布。增大总纵向互电容的有效办法是采用纠结式绕组。

图 3-3-8 和图 3-3-9 分别给出了连续式绕组和纠结式绕组的布置图、电气接线图以及等值纵向互电容的接线图。为简单起见，图中只给出了两个线饼。设绕组每个匝间互电容为 K，则由图显见，当采用连续式绕组时，两个线饼间的全部纵向互电容将为$\frac{K}{8}$，而采用纠结

[1] 金属环之所以要开口是为了防止形成环流。

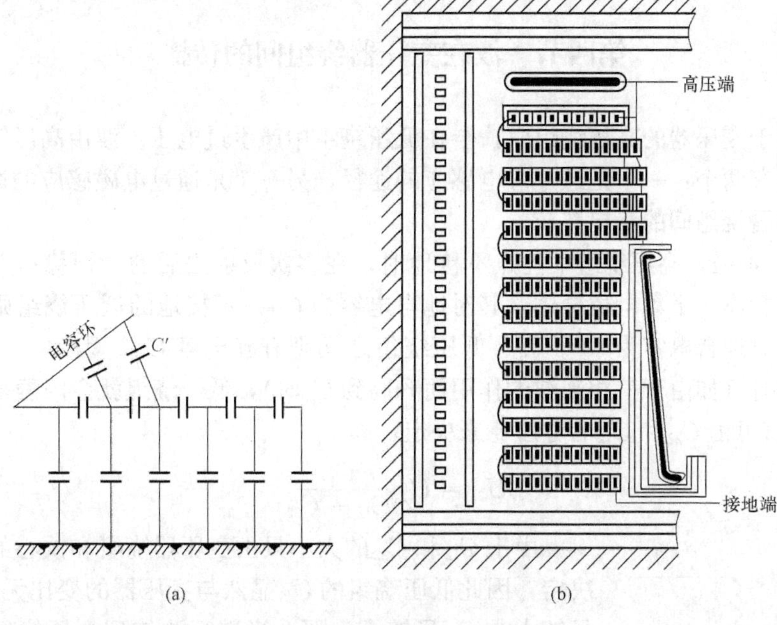

图 3-3-7 变压器绕组的内部保护

(a) 电容环作用；(b) 电容环结构

式绕组时则变为$\dfrac{K}{2}$。通常纠结式绕组的 αl 值可下降到 1.5，这显然将使绕组的起始电压分布大大得到改善。此外，由于纵向互电容增大，变压器的入口电容也增大了。因此，虽然纠结式绕组的绕制工艺较为复杂、焊头多，我国 110kV 及以上的变压器仍采用纠结式绕组。

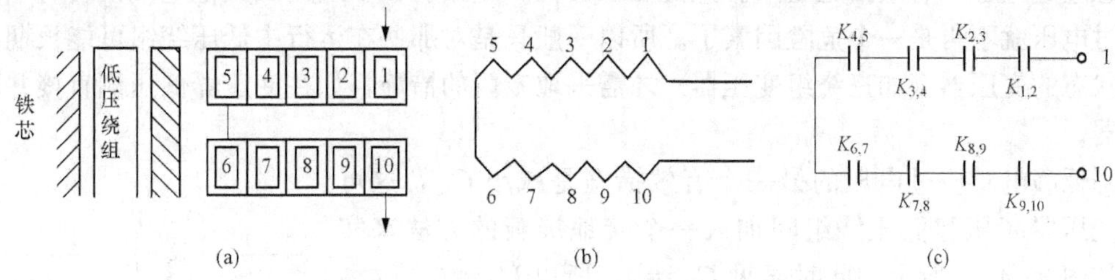

图 3-3-8 连续式绕组

(a) 布置图；(b) 电气接线图；(c) 等效匝间电容接线图$\left(K_{1,10}=\dfrac{K}{8}\right)$

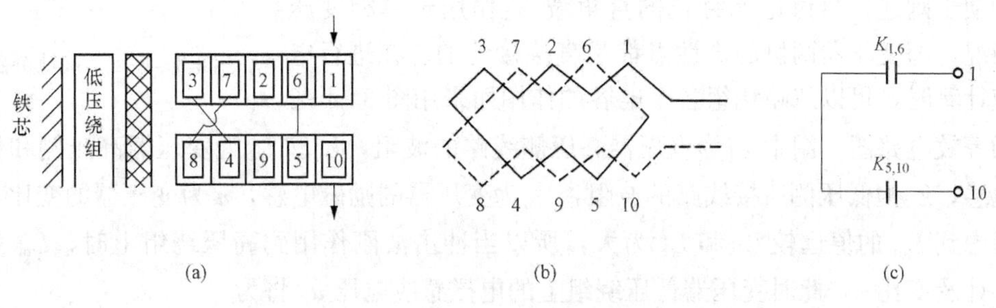

图 3-3-9 纠结式绕组

(a) 布置图；(b) 电气接线图；(c) 等效匝间电容接线图$\left(K_{1,10}=\dfrac{K}{2}\right)$

第四节 波在变压器绕组间的传播

当波作用于变压器的高压绕组时，会在低压绕组中产生过电压。波由高压绕组向低压绕组传播的途径有两个：一个是通过静电感应的途径，另一个是通过电磁感应的途径。

一、变压器绕组间的静电感应

参看图 3-4-1，高压绕组中性点不接地时，在多次反射之后的“似稳态”中，高压绕组可以近似地看作一个等电位导体，其对地自电容为 C_{11}。不接地的低压绕组则是另一个等电位导体，其对地自电容为 C_{22}。高、低压绕组之间则有互电容 C_{12}。因此，当高压绕组的对地电位升高时（如由于三相来波的作用而升高到 U_1 时），低压绕组就会因静电感应而获得电位 U_{2j}，其值可由 C_{22} 和 C_{12} 的分压比来决定，即

$$U_{2j} = U_1 \frac{C_{12}}{C_{12} + C_{22}} \tag{3-4-1}$$

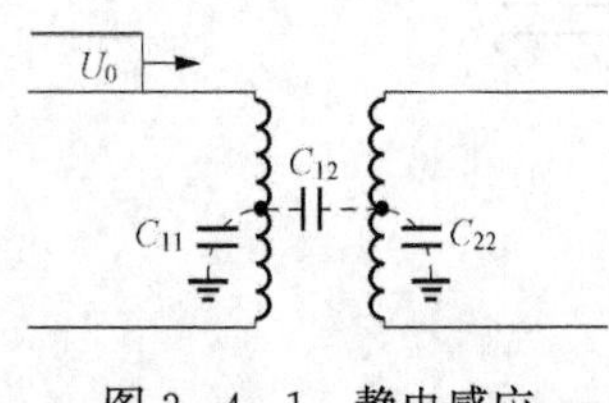

图 3-4-1 静电感应

由于 C_{12} 和 C_{22} 的大小只由变压器绕组和铁心的几何尺寸来决定，因此低压绕组的 U_{2j} 显然与变压器的变比无关。只要 C_{12} 足够大或 C_{22} 足够小，那么当进行波传到高压绕组时，低压绕组上就会出现很高的静电感应电位。变压器变比越大，U_{2j} 对低压绕组绝缘的危险也越大。因为随着高压侧电压等级的增大，出现在高压侧的过电压波的幅值也将增大，通过静电感应到低压侧的电压也就越大。

静电感应可危及变压器低压侧绝缘，以及与之相接的电气设备的绝缘。增大 C_{22} 是降低静电感应过电压的有效措施之一。只要变压器低压侧接有很多线路及其他电气设备时，静电感应过电压就不再是一个危险因素了。所以一般只是对那些在运行中低压绕组可能长期处于开路状态的变压器（如三绕组变压器）才需采取专门的措施，如在变压器低压侧直接并联以避雷器。

降低静电感应过电压的另一个有效措施是减小 C_{12}，这可用在变压器高压和低压绕组间加入一个接地屏蔽的方法来实现，如图 3-4-2 所示。此时显见 $C_{12}=0$，所以 $U_{2j}=0$。这种方法往往在超高压变压器中采用。

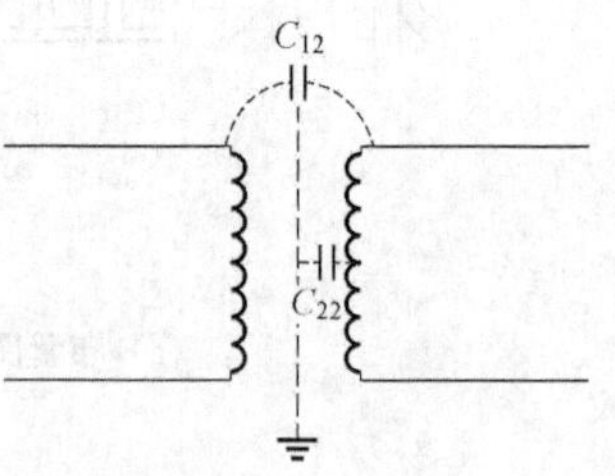

图 3-4-2 接地屏蔽

二、变压器绕组间的电磁感应

为便于阐述，只讨论无穷长的直角波 U_0 作用于单相变压器的情况，即变压器两侧的中性点都是直接接地的。在进行电磁感应计算时，可以忽略绕组各个电容的作用而采用图 3-4-3 所示的等效电路图。图中 Z_1 为变压器高压侧线路的波阻，L_1 和 L_2 为变压器高压侧和低压侧的漏电感，Z_2 为低压侧所接线路的波阻，L_m 为变压器的励磁电感，n 为变压器的变比。

考虑到 L_m 的值远较 L_1 和 L_2 为大，所以当冲击波刚作用到高压绕组上时，L_m 可看作开路。计及变比 n，此时变压器低压绕组上的电磁感应电压 u_{2c} 将为

$$u_{2c} = \frac{2U_0 n Z_2}{Z_1 + n^2 Z_2}\left(1 - e^{-\frac{Z_1 + n^2 Z_2}{L_1 + n^2 L_2}t}\right) \tag{3-4-2}$$

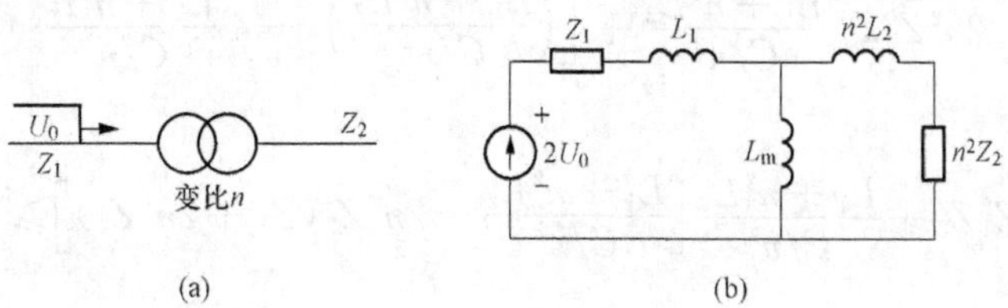

图 3-4-3　计算电磁感应的等效电路图

(a) 接线图；(b) 等效电路

由于架空线路的波阻较大，并且变压器的漏感又不大，所以电压增长的时间常数将很小。也就是说，在波作用之初变压器低压绕组上的电压将很快上升（见图 3-4-4 中的曲线 a）。

其后，随着作用时间的增加，流过电感 L_m 的电流将逐渐增大，因而变压器低压绕组的电压就会逐渐减小，最后达到零值。忽略漏感的作用，认为波作用于高压绕组后在低压绕组上的电压可立即上升到式（3-4-3）所示的最大值$\frac{2U_0 nZ_2}{Z_1+n^2Z_2}$，则低压绕组电磁感应电压的衰减可表示为

$$u_{2c}=\frac{2U_0 nZ_2}{Z_1+n^2Z_2}e^{-\frac{Z_1 n^2 Z_2}{L_m(Z_1+n^2Z_2)}t} \tag{3-4-3}$$

由于 L_m 很大，所以变压器低压绕组中电压的下降速度将远较上升慢（见图 3-4-4 中的曲线 b）。

综合式（3-4-2）和式（3-4-3），可以得出变压器低压绕组上电磁感应电压的近似表达式为

$$u_{2c}=\frac{2U_0 nZ_2}{Z_1+n^2Z_2}\left[e^{-\frac{Z_1 n^2 Z_2}{L_m(z_1+n^2z_2)}t}-e^{-\frac{Z_1+n^2Z_2}{L_1+n^2L_2}t}\right] \tag{3-4-4}$$

图 3-4-4 中的曲线 c 给出了 u_{2c} 的变化规律。不论由式（3-4-4）还是由图 3-4-4 都可以看出，换算到高压侧的低压侧电磁感应过电压的最大值显然不会超过$\frac{2nZ_2}{Z_1+n^2Z_2}U_0$。

由于变压器低压侧的绝缘裕度比高压侧大，所以电磁感应过电压对变压器低压侧绝缘一般不构成威胁。但还是应当注意在低压侧接有电容器或一段电缆时，相当于在等效电路图 3-4-3（b）的 n^2Z_2 上并联一个电容 C/n^2（C 为电容器或电缆每相电容）。由于 Z_1 和 n^2Z_2 的值一般不能满足第一章第一节中式（1-1-19）的不发生振荡的条件，即不能满足

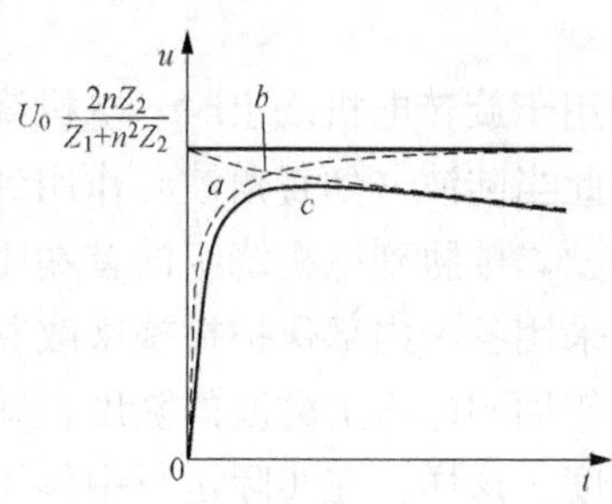

图 3-4-4　变压器低压绕组的电磁感应过电压

曲线 a：

$$u=\frac{2nZ_2}{Z_1+n^2Z_2}U_0\left(1-e^{-\frac{Z_1+n^2Z_2}{L_1+n^2L_2}t}\right)$$

曲线 b：

$$u=\frac{2nZ_2}{Z_1+n^2Z_2}U_0 e^{-\frac{Z_1 n^2 Z_2}{L_m(Z_1+n^2Z_2)}t}$$

曲线 c：

$$u=\frac{2nZ_2}{Z_1+n^2Z_2}U_0\left[e^{-\frac{Z_1 n^2 Z_2}{L_m(Z_1+n^2Z_2)}t}-e^{-\frac{Z_1+n^2Z_2}{L_1+n^2L_2}t}\right]$$

$$(n^2Z_2)^2Z_1^2-2n^2Z_2Z_1\frac{L_1+n^2L_2}{C/n^2}+\left[\left(\frac{L_1+n^2L_2}{C/n^2}\right)^2-4\frac{L_1+n^2L_2}{C/n^2}(n^2Z_2)^2\right]\geqslant 0$$

亦即不能满足

$$n^4Z_1^2Z_2^2+\frac{L_1+n^2L_2}{C/n^2}\left[\frac{L_1+n^2L_2}{C/n^2}-2n^2Z_2(Z_1+2n^2Z_2)\right]\geqslant 0^{❶} \quad (3-4-5)$$

因此，这将形成一个振荡回路，振荡的结果可使低压侧的电压超过$\frac{2nZ_2}{Z_1+n^2Z_2}U_0$。所以，如果由于电机防雷的要求需在变压器低压侧对地接入电容器时，应当使电容足够大，以保证$L_1+n^2L_2$与$\frac{C}{n^2}$组成的振荡回路的振荡周期比入射波的作用时间大得多。

最后应当指出，由于高压绕组电压的起始分布与稳态分布不同而引起的空间谐波振荡，也能在低压绕组中感应出电磁分量来。这一电磁感应分量将视空间谐波在高压绕组中的分布情况而定。如果高压绕组中性点接地，由于电流谐波在空间上与电压谐波相差1/4个波长，所以电流谐波的波腹将出现在高压绕组的两端，此时电流谐波所产生的磁动势沿整个铁心磁路将全部互相抵消，因此不会在低压绕组上感应出电压来。如果高压绕组中性点不接地，则电流谐波的波腹将出现在绕组的首端，而其波节将出现在中性点上，此时电流谐波所产生的磁动势可以使铁心中产生磁通，从而可在低压绕组中感应出和高压绕组中振荡频率相同的电压分量。考虑到高压绕组中的谐波振荡电压已比来波电压小，而产生磁动势的电流又是靠绕组的对地电容为回路的，所以总的能量很小，再加上电流的高次谐波产生的磁动势还会互相抵消一部分，所以这一感应过电压对绝缘的威胁远不如前面所谈的两种分量大，实际上可不予考虑。

第五节 旋转电机绕组内的波过程

当波作用于旋转电机绕组时，电机绕组的等值电路也可以和变压器一样用L-C-K回路来表示。因此当陡波（如直角波）作用到电机绕组时也会像变压器一样出现电压沿绕组不均匀分布的问题，威胁到电机绕组的首端匝间绝缘。由于电机的绝缘一般较弱，又不能像变压器那样容易采用各种内部保护措施来改善电压分布，所以为防止电机损坏，在运行中一般都要设法限制作用到电机上的波的陡度，即采用外部保护措施（如在发电机前并联电容器）以降低来波陡度。这样，在实际运行中作用于电机绕组上的波的波头都是比较平缓的，其波头长度一般大于10μs。考虑到$\frac{du}{dt}$很小时，即使在绕组的匝间有较强的静电耦合（K_0值较大）的多匝电机中，流经K_0的电流$K_0\frac{du}{dt}$也不大；而对于线圈分别处在各个槽中的大容量的单匝电机来说，由于K_0的减小其$K_0\frac{du}{dt}$将会更小。所以在电机的波过程计算中，一般均可忽略K_0的作用，而将其与输电线的波过程一样看待。也就是说，在波过程计算中可以将电机绕组看作具有一定波阻的导线，而波在电机绕组中将按一定的波速传播。

---

❶ 由于图3-4-3(b)中的L_m很大，所以在过渡过程的初期可以认为它是开路的。

一、电机绕组的波阻以及波在绕组中的传播速度

电机绕组是由槽内部分和端头部分交替组成的。槽内部分的导线离接地的定子铁心很近，而频率很高的冲击波所产生的磁通又不能穿入定子铁心，所以电机槽内部分的单位长度电感 $L_{0,c}$ 要比端部的电感 $L_{0,d}$ 为小。此外，电机槽内导线与定子铁心间充满介电系数为 $\varepsilon=(2.5\sim3.5)\varepsilon_0$ 的介质，其单位长度电容 $C_{0,c}$ 要比端部的对地电容 $C_{0,d}$ 大得多，即

$$L_{0,c}<L_{0,d} \tag{3-5-1}$$

$$C_{0,c}\gg C_{0,d} \tag{3-5-2}$$

因之槽内部分的波阻 $Z_C=\sqrt{\dfrac{L_{0,c}}{C_{0,c}}}$ 要比端部的波阻 $Z_d=\sqrt{\dfrac{L_{0,d}}{C_{0,d}}}$ 小得多，同时波在槽内及端部的速度 v_c 及 v_d 也不相同，显然有

$$v_c=\frac{1}{\sqrt{L_{0,c}C_{0,c}}}<v_d=\frac{1}{\sqrt{L_{0,d}C_{0,d}}}$$

通常，v_c 为 3×10^7m/s 左右，v_d 为 1.5×10^8m/s 左右。

在电机波过程的近似计算中通常采用平均波阻 Z 及平均波速 v，它们根据下式计算：

$$Z=\sqrt{\frac{L_c+L_d}{C_c+C_d}} \tag{3-5-3}$$

$$v=\frac{l_z}{\sqrt{(L_c+L_d)(C_c+C_d)}} \tag{3-5-4}$$

式中：l_z 为电机绕组每匝长度；L_c、C_c、L_d 和 C_d 分别为电机每匝槽内部分及端部的全部电感和电容。

图 3-5-1 及图 3-5-2 分别给出了电机三相波阻及电机中平均波速与电机容量的关系曲线。从图 3-5-1 中可以看出，当电机的额定电压相同时，容量越大则波阻越小，这是由于电机容量大时，导线的半径将增大，每槽的匝数将减少，从而使导线单位长度的电容增大而电感减小的缘故。但是一般电感的减小没有电容增大的快，所以电机的波速也是随着电机容量的增大而降低的，如图 3-5-2 所示。

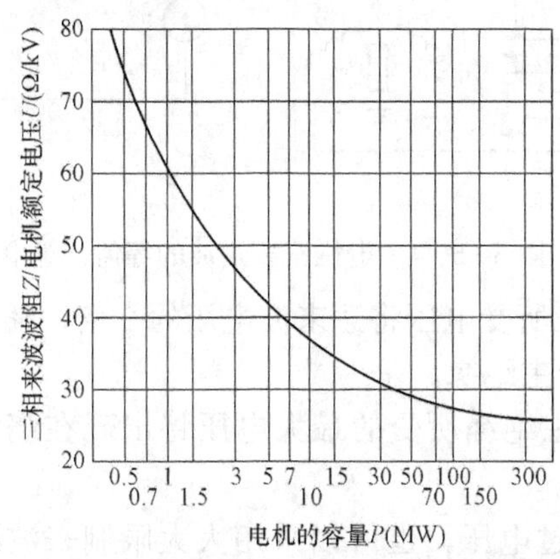

图 3-5-1　不同容量的高速电机绕组的三相来波波阻（单相来波波阻平均为三相来波波阻的 3.9 倍）与额定容量的关系

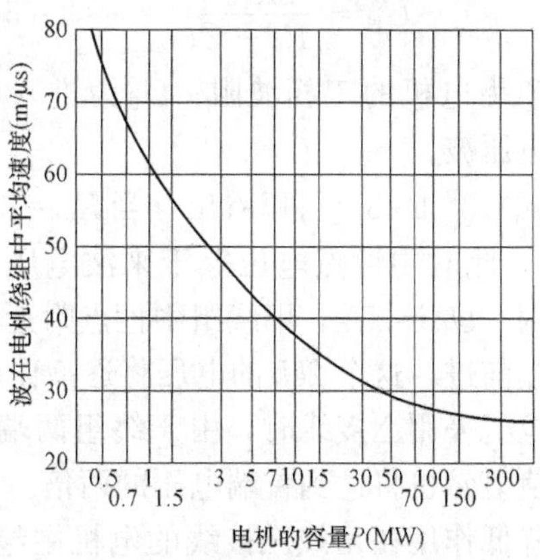

图 3-5-2　不同容量的高速电机中三相来波时波的平均传播速度（单相来波时波速为三相来波时的 1/1.4）与额定容量的关系

当电机容量相同时，波阻将随额定电压的增高而增大。因为电压越高，电机每槽匝数也会越多，这会使电感增大。

二、波在电机绕组中的传播

波在电机绕组中的传播过程将和波在输电线路中的传播过程相同。当不考虑损耗时，波在传播过程中将不会发生衰减和变形。图 3-5-3 给出了一定陡度的斜角波作用于电机时，波在电机绕组中的分布。设在电机上所加电压波的陡度为 a，波在电机中的速度为 v，绕组每匝线圈的长度为 l_z，则不难算出电机匝间绝缘所受的电压为

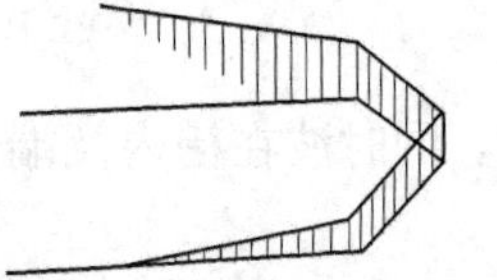

图 3-5-3　波沿电机绕组前进的情况

$$u_z = \frac{al_z}{v} \tag{3-5-5}$$

如果已知电机的匝间绝缘耐压为 U_j，则电机所允许的来波陡度 a_y就可以根据上式求出，即

$$a_y = \frac{U_j v}{l_z} \tag{3-5-6}$$

实际上波沿绕组流动时，铁心、导线以及绝缘中的损耗会使波的幅值有所下降。波的衰减可按下式计算

$$U_2 = U_1 e^{-\delta S} \tag{3-5-7}$$

式中：U_1为绕组首端电压；U_2为绕组末端电压；S 为绕组的长度；δ 为衰减系数，对中小容量电机和单绕组大容量电机其值可取为 0.0005m^{-1}，对 60MW 及以上的大容量双绕组电机可取为 0.0015m^{-1}。

因此，电机匝间绝缘所承受的电压实际上将比由式（3-5-5）所求得的为低。在防雷设计中一般认为：只要来波陡度小于 5kV/μs，就不会危及电机的匝间绝缘。

下面再来讨论主绝缘的情况。与变压器的情况一样，电机绕组主绝缘所受冲击电压显然和其接线方式和进波方式有关。图 3-5-4 所示为中性点经电阻 R_0 接地且三相进波的一般情况。此时，中性点电压 U_N 可以近似地用下式表示

$$U_N = \frac{2R_0 U_0}{R_0 + Z_3} \tag{3-5-8}$$

式中：Z_3为电机的三相波阻；U_0为进入电机端点的电压波。

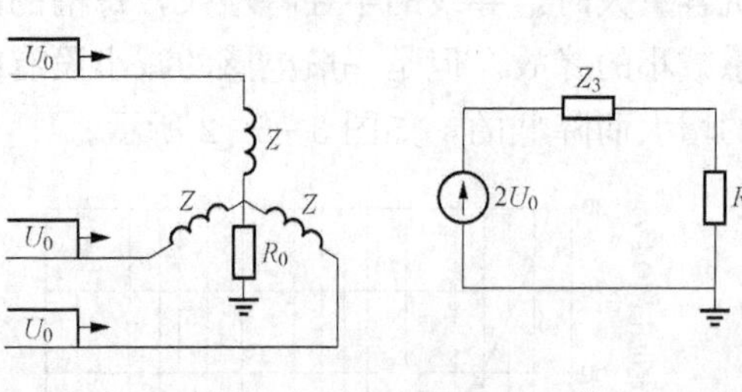

图 3-5-4　电机三相进波的等值计算电路

从式（3-5-8）可以看出：当 $R_0 = Z_3$时，$U_N = U_0$，此时中性点电压等于来波电压；当 $R_0 = \infty$时，$U_N = 2U_0$，即绕组中性点附近的主绝缘所受电压将达来波电压的 2 倍，随着反射波向首端前进，这个 $2U_0$的电压将逐渐作用于整个主绝缘。

当电机采用△接线时，由于绕组两端进波，主绝缘所受的最大电压将出现在绕组的中部，其值显然也将达到首端电压的两倍。

为降低作用在 Y 或△接线的电机主绝缘上的过电压，也可以采用大大限制来波陡度的办法。因为上述的中性点过电压值是在直角波时得到的，降低来波陡度，使之在波头部分波已在绕组中发生了很多次的折、反射，将会有效地降低开路末端的电压。根据对大量电机的计算结果可知，如果将来波陡度限制在 2kV/μs 以下，则电机绕组中性点附近的电压超过绕组首端电压是不多的，可以认为二者基本相同。

习 题

1. 高压变压器高压绕组的工频对地电容一般以万皮法计，但其入口电容一般却只有几百到几千皮法，为什么会有这种差异？

2. 怎样测量变压器的入口电容？

3. 某变压器高压绕组的对地总电容 $C=20\ 000\text{pF}$，纵向总电容 $K=200\text{pF}$，中性点直接接地。试画出当直流电压 U_0 突然加在绕组首端时，该绕组的电压起始分布、稳态分布和最大电位包络线。

4. 纠结式绕组变压器中性点不接地时，三相来波中性点上出现的电位为什么会比连续式绕组低？

5. 某 220/10kV 变压器，$C_{12}=4500\text{pF}$，$C_{22}=9000\text{pF}$。若 220kV 侧来波幅值为 500kV，问在低压侧的静电感应电压会不会危及低压侧绝缘（10kV 侧全波试验电压为 75kV）？如在低压侧并联以 $0.1\mu\text{F}$ 的电容器呢？

6. 三相来波与单相来波时，电机绕组的波阻与波速值有什么不同？为什么？

第二部分 雷 电 过 电 压

雷电过电压是指由自然界的雷电在电力系统中引起的过电压。雷电在电力系统中产生的过电压的大小主要由雷电流的参数决定，因此电力系统承受雷电过电压的能力通常会随着绝缘水平的提高而提高。此外，雷电过电压的大小还与电力系统的参数及采取的防雷措施有关，不同电压等级的输电线路和变电站的雷电过电压会呈现出不同的特点。

第四章 雷 电 过 电 压 的 产 生

第一节 雷 电 放 电 过 程

在雷雨季节，太阳光使地面水分部分化为水蒸气，同时地面空气受到热地面的作用变热而上升，成为热气流。由于太阳光几乎不能直接使空气变热，所以每上升 1km，空气温度约下降 10℃。上述热气流遇到高空的冷空气后，水蒸气会凝成小水滴，形成热雷云。此外，在水平移动的冷气团和暖气团的前锋交界面上，也会因冷气团将湿热的暖气团抬高而形成面积极大的锋面雷云，即产生雷电的云。在足够冷的高空，如在 4km 以上时，水滴也会转化为冰晶。

雷云的带电过程可能是综合性的，主要包括水滴破裂带电过程和冰粒带电过程。强气流将云中水滴吹裂时，较大的水滴带正电，而较小的水滴带负电，小水滴同时被气流携走，于是云的各部带有不同的电荷。此外，水在结冰时，冰粒上会带正电，而被风吹走的剩余的水将带负电。而且带电过程也可能和它们吸收离子、相互撞击或融合的过程有关。实测表明，在距地面 5～10km 的高度主要是正电荷的云层，在 1～5km 的高度主要是负电荷的云层，但在云的底部也往往有一块不大区域的正电荷聚集（见图 4-1-1）。雷云中的电荷分布也远不是均匀的，往往形成很多个电荷密集中心。每个电荷中心的电荷约为 0.1～10C，而一大块雷云同极性的总电荷则可达数百库。雷云中的平均场强约为 150kV/m，而在雷击时可达 340kV/m。雷云下面地表的电场一般为 10～40kV/m，最大可达 150kV/m，当云中电荷密集处的场强达到 2500～3000kV/m 时，就会发生先导放电。雷云放电的大部分是在云间或云内进行的，只有小部分（约 10%）是对地发生的。雷云对地的电位可高达数千万伏到上亿伏。

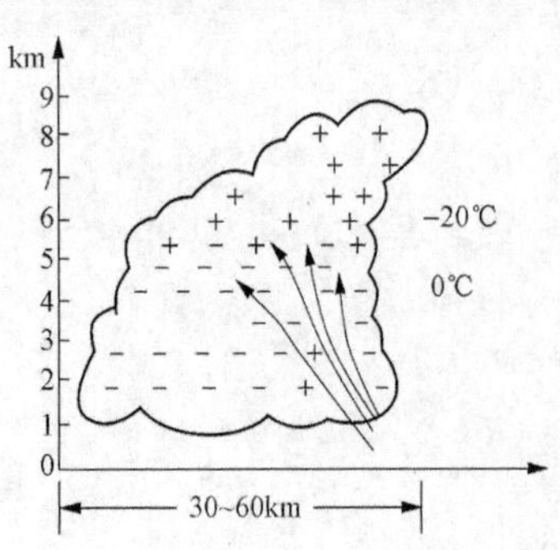

图 4-1-1 雷云电荷的分布

由此可以看出，要产生雷云必须要有两个条件即水分和热（或者温度差），缺一不可。所以沙漠和极地很少有雷电活动，雷电活动多集中在夏天，热带地区雷暴较多。

在对地的雷电放电中，雷电的极性是指自雷云下行到大地的电荷的极性。最常见的雷电是自雷云向下开始发展先导放电的。据统计，无论就放电的次数来说，还是就放电的电荷量来说，90%左右的雷是负极性的。但测量表明，大地的总电荷量是长时期保持不变的（约为 4.5×10^{5}C），因此相当大量的正雷云电荷必定是通过“悄悄地放电”形式运送到大地的，即大量的正雷云电荷是以地表电晕放电的形式消散的。正雷的消散之所以比负雷多，可能是因为由地面上升的负离子速度为正离子速度的 1.6 倍。

雷电放电的光学照片［见图 4-1-2（a）］表明，由负雷云向下发展的先导不是连续向下发展的，而是走一段停一会儿，再走一段，再停一会儿。每级的长度为 10～200m，平均为 25m。停歇时间为 10～100μs，平均为 50μs。每级的发展速度约为 10^{7}m/s，延续约 1μs，而由于有停歇，所以总的平均发展速度只有（1～8）$\times10^{5}$m/s。先导光谱分析表明，在其发展时中心温度可达 3×10^{4}K，而停歇时约为 10^{4}K。由主放电（下文将介绍）的速度及电流可以推算出，先导中的线电荷密度 σ 约为（0.1～1）$\times10^{-3}$C/m，从而又可算出先导的电晕半径约为 0.6～6m。相应于下行先导的电流是无法直接测出的，但由 σ 及速度可估计出下行先导的电流为 100A 左右，此时对应的先导内纵向电位梯度约为 100～500kV/m。下行负先导在发展中会分成数支，这与空气中原来随机存在的离子团有关。当先导接近地面时，会从地面较突出的部分发出向上的迎面先导。当迎面先导与下行先导的一支相遇时，就产生了强烈的“中和”过程，出现极大的电流（数十到数百千安），这就是雷电的主放电阶段，伴随着出现雷鸣和闪光。主放电存在的时间极短，为 50～100μs。主放电的过程是逆着负先导的通道由下向上发展的，所以主放电也称回击，主放电的速度为光速 c 的 $\frac{1}{20}$～$\frac{1}{2}$，离开地面越高则速度越小，平均约为 $0.175c$。主放电到达云端时就结束了，然后云中的残余电荷经过刚才的主放电通道流下来，称为余光阶段。由于云中的电阻较大，余光阶段对应的电流不大（约数百安），持续的时间却较长（0.03～0.15s）。

由于云中可能存在几个电荷中心，所以在第一个电荷中心完成上述放电过程之后，可能引起第二个、第三个中心向第一个中心放电，因之雷电可能是多重性的，每次放电相隔 0.6ms～0.8s（平均约 65ms），放电的数目平均为 2～3 个，最多可达 42 个。第二次及以后的放电，先导都是自上而下连续发展的（无停歇现象），而主放电（回击）仍是由下向上发展的。第二次及以后的主放电电流一般较小，不超过 30kA。图 4-1-2 中画出了用底片迅速转动的照相设备拍得的下行负雷云放电过程以及与之相对应的电流曲线。

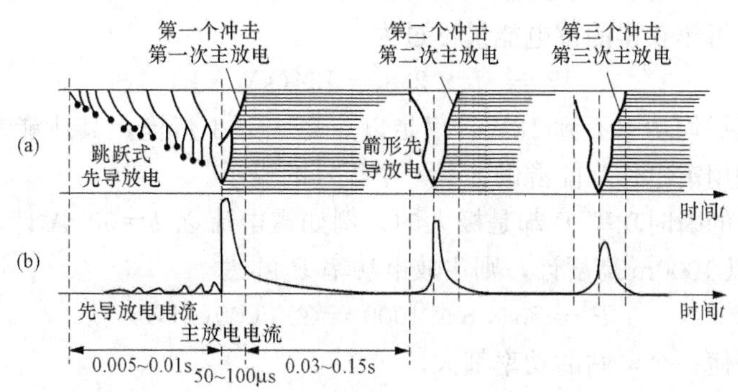

图 4-1-2　下行雷的发展过程

（a）下行负雷云的放电光学照片；（b）放电过程中雷电流的变化情况

正雷云的下行雷过程与上述过程基本相同，但下行正先导的逐级发展是不明显的，其主放电有时有很长的波头（几百微秒）和很长的波尾（几千微秒）。

当地面有高耸的突出物时，不论正、负雷云都有可能先出现由突出物上行的先导，这种雷称为上行雷。我国对上行雷的记录是最早的，在《易经》中已有“雷在地中”的记载，清代纪晓岚的《阅微草堂笔记》中也有目睹雷电自地上升的记录。地面的突出物越高，则产生上行先导需要的雷云下的平均电场 E_0 就越小。可按表 4-1-1 估计 E_0 值。

表 4-1-1　可能发展上行先导的估计条件

地面突出物高度 h (m)	50	100	200	300	500
地面附近的雷云电场 E_0 (kV/m)	37	22	13.5	10	7

上行负先导（此时雷云为正极性）也是逐级发展的，只是每级的长度较小（5～18m）。

关于负雷电下行逐级发展先导的原因，过去曾有人认为这是由于雷云的导电性能不良所引起的。但是，由于上行负先导（它是由导电性能较好的大地出发的）也是逐级发展的，而且下行负雷的第二次、第三次放电的先导并非逐级发展，这说明，负先导的逐级发展主要是由于负先导通道内部等值电阻太大。负先导通道的电阻可估计为 10kΩ/m。

上行正先导的逐级发展不明显，曾对上行正先导的电流进行过直接测量，其值在 50～600A 的范围内，平均约为 150A。正先导通道的电阻可估计为 0.05～1kΩ/m。

无论正、负的上行先导，在先导到达雷云时，大部分并无主放电过程发生，这是由于雷云的导电性能不像大地那样好，除非上行先导碰到密集电荷区，否则一般难以在极短时间内供应为高速“中和”先导电荷所必需的极大的主放电电流，而只能出现缓慢的放电过程。此时，其放电电流一般为数百安，而持续时间很长，可达 0.1s。

无论正、负的下行先导，当它击中于电阻较大的物体（如岩石或高电阻率的土壤），也可能无主放电过程。

经常有人宣传雷电制造氧化氮肥料的功效以及企图收集雷电能量加以利用。实际上，雷电放电瞬间功率虽然极大，但雷电的能量却很小，即其破坏力极大，但实际利用的价值却很小。以中等雷电为例，雷云电位 V 以 50MV 计，电荷 Q 以 8C 计，则其能量不过为

$$W = \frac{1}{2}VQ = 2 \times 10^{8}(\mathrm{W \cdot s}) = 55(\mathrm{kW \cdot h})$$

即不过等于 55kW·h 电能（约等值于 4kg 的汽油）。如每平方千米每年的落雷次数以 2.8 次计，则每平方千米每年获得的雷电能量不过为

$$W = 55 \times 2.8 = 154(\mathrm{kW \cdot h})$$

即每平方千米每年平均功率不到 18W，仅足以点亮一只小灯泡，其所能制造的化肥量也微乎其微。这对想利用雷电作为能源的人是一个很好的提示。

但雷电主放电的瞬时功率 P 却是极大的，例如雷电流以 $I=50\mathrm{kA}$ 计，弧道压降以 $E=6\mathrm{kV/m}$ 计，雷云以 1000m 高度计，则主放电功率 P 可达

$$P = 50 \times 6 \times 1000 = 300\,000(\mathrm{MW})$$

它比目前全世界任何一个电站的功率都大。

以上所述的都是线状雷电，有时在云层中能见到片状雷电，个别情况下还会出现球状雷电（球雷）。球雷是在闪电时由空气分子电离产生各种活泼化合物而形成的火球，直径约为

20cm，个别也有达 10m 的。它随风滚动，存在时间约为 3～5s，个别可达几分钟，速度约为 2m/s，最后会自动或在遇到障碍物时发生爆炸。世界上最早的球雷记录见于我国的《周书》，它记下了公元前 1068 年一次袭击周武王住房的球雷。我国福建古田 1964 年 7 月的一个晴天曾发生过一次特大型球雷，波及数平方千米内的三十多户人家，伤亡多人。这种特大型球雷可能是太阳爆发抛出的带电高温等离子体进入大气后与大气互相作用造成的。防球雷的方法是关上门窗，或至少不形成穿堂风，以免球雷随风进入屋内。

第二节　雷　电　参　数

在防雷设计中，人们对主放电通道的波阻，雷电流的幅值、波形和最大陡度以及每年每平方千米对地落雷次数特别关心。

雷电主放电通道如同一个导体（见图 4-2-1），与普通导线相同，雷电主放电通道对电流波呈现一定的阻抗，该阻抗称为雷电通道波阻抗 Z_0。波阻抗的大小取决于雷电主放电通道的尺寸，其值和雷电流的大小相关（见图 4-2-2）。其拟合公式为

$$Z_0 = 41\,560 I^{-1.386} + 426.3 \tag{4-2-1}$$

式中：Z_0 的单位为 Ω；I 的单位为 kA。

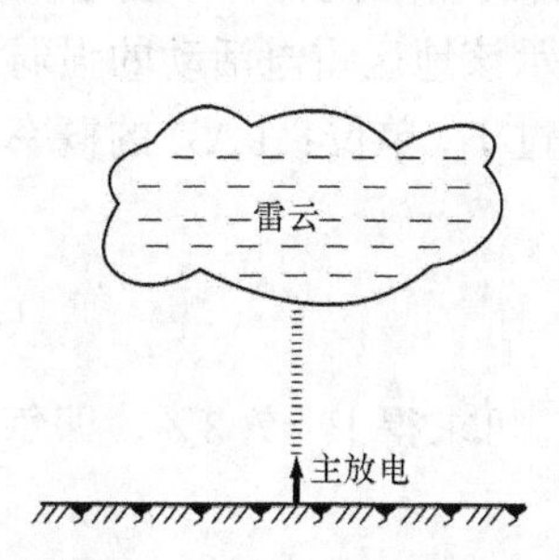

图 4-2-1　雷电主放电

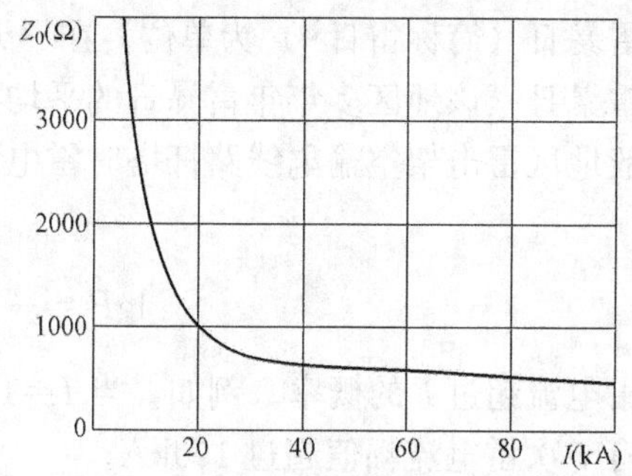

图 4-2-2　雷电流通道波阻抗和雷电流幅值的关系

雷电通道波阻抗 Z_0 也可按主放电通道每米的电容 C_0 和电感 L_0 来估算，取

$$C_0 = \frac{2\pi\varepsilon_0}{\ln\left(\frac{l}{r_y}\right)} \quad (\text{F/m}) \tag{4-2-2}$$

$$L_0 = \frac{\mu_0}{2\pi}\ln\frac{l}{r} \quad (\text{H/m}) \tag{4-2-3}$$

式中：ε_0 为空气的介电常数，$\varepsilon_0 = 8.86\times10^{-12}$；$\mu_0$ 为空气的磁导系数，$\mu_0 = 4\pi\times10^{-7}$；$l$ 为主放电通道的长度，m；r_y 为主放电通道的电晕半径，m；r 为主放电电流的高导通道半径，m。

如取 $l=300$m，$r_y=6$m，$r=0.03$m，可求出 $C_0=14.2$pF/m，$L_0=1.84\mu$H/m。从而可以算出雷电通道波阻 Z_0 为

$$Z_0 = \sqrt{\frac{L_0}{C_0}} = 359(\Omega)$$

由于主放电的参数是随机的，所以 Z_0 的值有一定的分散性，在线路防雷设计中常取 Z_0

$=400\Omega$。

根据 C_0 和 L_0 可得出波速 v 为

$$v=\frac{1}{\sqrt{L_0C_0}}=0.65c \quad (c\text{ 为光速})$$

实际的主放电速度为$\left(\frac{1}{20}\sim\frac{1}{2}\right)c$，它之所以比光速为低，是因为通道中存在有较大电阻的缘故。

下面将雷电主放电过程看作一个沿波阻为 Z_0 的通道流动的波过程，该流动波的电流幅值如为 I_0，则相应的电压幅值必为 I_0Z_0。在雷击点实际测到的电流值显然与雷击点的电阻 R 有关。当 $R=Z_0$ 时，测得的电流即为 I_0。但如 $R\ll Z_0$，则测得的电流将为 $2I_0$。在实际测量中，一般满足后一条件（即 $R\ll Z_0$），所以测得的雷电流幅值 I 一般都是沿通道 Z_0 袭来的流动电流波幅值的 2 倍。之后文中所用的雷电流幅值（简称雷电流），均指雷击低电阻物体时测到的雷电流幅值，此点应特别加以注意。据此雷电流的定义为

$$I=2I_0=\frac{2U_0}{Z_0} \tag{4-2-4}$$

式中：U_0 为先导通道头部电位。

雷电流幅值与雷云中电荷的多少有关，显然是个随机变量。它又与雷电活动的频繁程度有关。采用雷暴日（简称雷日[1]）为单位，在一天内只要听到雷声就算一个雷暴日。采用地区的平均年雷暴日（该地区多年年雷暴日的平均数）来表示该地区雷电活动的强弱。

我国一般地区雷击架空输电线路杆塔时雷电流幅值超过 I（单位：kA）的概率可按下式计算

$$\lg P=-\frac{1}{88}I \tag{4-2-5}$$

式中：P 为雷电流超过 I 的概率。例如，当 $I=100$kA 时，可求得 $P=7.3\%$，即每 100 次雷电大约平均有 7 次雷电流幅值超过 100kA。

平均年雷暴日在 20 及以下的地区，即除陕南以外的西北地区及内蒙古的部分地区，雷击架空输电线路杆塔时雷电流幅值的概率可按下式计算

$$\lg P=-\frac{1}{44}I \tag{4-2-6}$$

雷电流幅值与海拔高度及土壤电阻率 ρ 的大小相关性很小，相关系数 $|r|<0.1$。

对于雷击架空输电线的多重雷击，其第二次及后续雷击的雷电流概率的计算式为

$$P=\frac{1}{1+\left(\frac{I}{12}\right)^{2.7}} \tag{4-2-7}$$

我国各地雷暴日的多少和纬度及距海洋的远近有关。海南省及广东省的雷州半岛雷电活动频繁而强烈，平均年雷暴日高达 100～133。北回归线（北纬 23.5°）以南一般在 80 以上（但台湾省只有 30 左右）；北纬 23.5°到长江一带为 40～80，长江以北大部地区（包括东北）多在 20～40。西北地区多在 20 以下。西藏沿雅鲁藏布江一带为 50～80。在防雷设计上，要

[1] 也可以用雷暴小时为单位，即在一个小时内只要听到雷声就算一个雷暴小时，我国大部地区 1 个雷暴日约为三个雷暴小时。

根据平均年雷暴日的多少因地制宜选取。

如果说雷电流的幅值随各国气象条件相差很大，那么各国测得的雷电流波形却是基本一致的。波头 τ_t 值大致在 $1\sim4\mu s$，平均在 $2.6\mu s$ 左右。波长（幅值下降到1/2时）τ 值大致在 $40\mu s$ 左右。我国在直击雷防雷设计中采取 $2.6/50\mu s$ 的波形。

雷电流波头 τ_t 变化不大的原因是：主放电时，每单位时间内由地面向上供给的电荷最大值的出现，取决于先导时在地面的感应电荷分布。如图4-2-3所示，考虑地中镜像先导的作用后，在先导最后向地面击穿前，地面的感应电荷密度 σ 为

$$\sigma=\frac{\lambda}{2\pi}\int_h^H\frac{y\,\mathrm{d}y}{(y^2+r^2)^{3/2}}=\frac{\lambda}{2\pi}\left(\frac{1}{\sqrt{h^2+r^2}}-\frac{1}{\sqrt{H^2+r^2}}\right)$$

在地面沿半径为 r 的圆周（以 o 为圆心）上，在 $\mathrm{d}r$ 的宽度内共有电荷

$$\mathrm{d}q=2\pi r\times\sigma\times\mathrm{d}r=\lambda\left(\frac{r}{\sqrt{h^2+r^2}}-\frac{r}{\sqrt{H^2+r^2}}\right)\mathrm{d}r$$

在主放电时，$\mathrm{d}q$ 将以速度 v 向 o 运动，$\mathrm{d}q$ 到达 o 点时所呈现的电流将为

$$i=\frac{\mathrm{d}q}{\mathrm{d}t}=\lambda v\left(\frac{r}{\sqrt{h^2+r^2}}-\frac{r}{\sqrt{H^2+r^2}}\right)\tag{4-2-8}$$ ❶

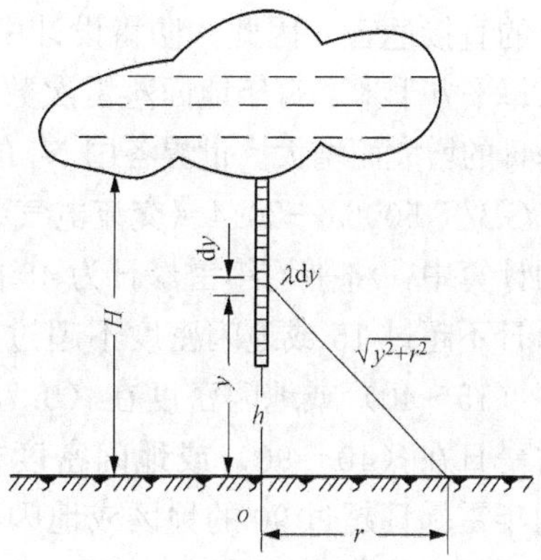

图4-2-3　计算雷电流波头长度的参考图

令 $\frac{\mathrm{d}i}{\mathrm{d}r}=0$，即可求出当 i 为最大值时之相应 r 值（r_t），也可求出相应的波头时间 $\tau_t=\frac{r_t}{v}$。仍以 $I=100\text{kA}$ 为例，相应的先导最后击距 $h=7.1I^{0.75}=225\text{m}$［见式（6-5-5）］，取 $H=1000\text{m}$ 则可求得相应于 i 最大值之 r 为

$$r_t=315\text{m}$$

而相应的波头时间为

$$\tau_t=\frac{315}{300}=1.05(\mu s)$$

实际 τ_t 比上值大一些，这是因为土壤电阻对有效波速的影响，以及地表电荷向 o 点流动时的多次反射引起的❷。

既然波头长度变化不大，所以雷电流的波头陡度最大值（简称陡度）必然是和雷电流幅值密切相关的。根据实测结果，二者的相关系数 $r=+(0.60\sim0.64)$。国际大电网会议（CIGRE）对雷电研究的总结报告（1980年）指出："同预料一样，（实测表明）雷电流幅值与其最大上升速率是肯定有关的"。我国规程规定取波头 $\tau_t=2.6\mu s$，所以雷电流的平均上升陡度 $\frac{\mathrm{d}i}{\mathrm{d}t}$ 为

$$\frac{\mathrm{d}i}{\mathrm{d}t}=\frac{1}{2.6}I\quad(\text{kA}/\mu s)\tag{4-2-9}$$

❶ 雷云本身对地有均匀电场 E_0，相应地在地表的感应电荷密度为 ε_0E_0，但这部分感应电荷被雷云电荷所束缚，在主放电时不会流动，所以无需计入。

❷ 关于形成波头所需要的时间，也有人认为是主放电时，由先导通道中心向其周围的径向运动所决定的。

在线路防雷设计中，一般可取斜角的雷电波头以简化计算。而在设计特殊高塔时，可取半余弦波头，使之更接近于实际而偏严格侧，此时在波头范围内雷电流可表示为

$$i = \frac{1}{2}I(1-\cos\omega t) \tag{4-2-10}$$

$$\omega = \frac{\pi}{\tau_t} = \frac{\pi}{2.6} = 1.2$$

不难证明，半余弦波头的最大陡度出现在 $t=\frac{1}{2}\tau_t$ 处，其值等于平均陡度的$\frac{\pi}{2}$倍。

应该指出雷暴日仅表示某一地区雷电活动的强弱，没有区分是雷云之间放电还是雷云与地面之间放电。实际上，云间放电远多于云地放电，而雷击地面才能构成对电力系统设备及人员的直接危害，因此，防雷设计中主要关心的是雷云对地之间的放电。这就引入了地闪密度（每平方千米、每年地面落雷次数），用 N_g ［单位：次/(km^2・a)］表示。一般 N_g 值会随雷暴日的增大而增大。世界各国 N_g 的取值不同，我国雷暴日不同的地区，其地闪密度也不同。

GB/T 50064—2014《交流电气装置的过电压保护和绝缘配合设计规范》在线路落雷次数的计算中，将平均年雷暴日为 40 的地区的地闪密度暂取为 2.78 次/(km^2・a)，将平均年雷暴日不超过 15 或地闪密度不超过 0.78 次/(km^2・a) 的地区称为少雷区，将平均年雷暴日在（15～40）或地闪密度在（0.78～2.78）次/(km^2・a) 间的地区称为中雷区，将平均年雷暴日在（40～90）或地闪密度在（2.78～7.98）次/(km^2・a) 间的地区称为多雷区，平均年雷暴日超过 90 的地区或地闪密度超过 7.98 次/(km^2・a) 以及根据运行经验雷害特别严重的地区称为强雷区。

每平方千米每雷暴日的对地落雷次数称为落雷密度 γ。我国根据磁钢棒的实测结果，曾取 $\gamma=0.015$。国外根据雷闪计数器的测量结果常采用

$$\gamma = aT^b$$

式中：T 为平均年雷暴日数，一般取 $a=0.023$，$b=0.3$；而欧洲取 $b=0.6$。国外数据 γ 值偏大，可能是因为雷闪计数器测量结果中包含有云中垂直放电以及由云向下未到达地面的垂直先导放电的缘故。

由于线路及建筑物高出地面，有引雷作用，线路每侧的引雷宽度与杆塔的高度相关。

已废止的 GBJ 64—1983《工业与民用电力装置的过电压保护设计规范》曾规定，高度 h 在 20m 左右的线路每侧的吸雷宽度为 $5h$，则当平均年雷暴日为 40 时，每年每 100km 线路落雷总数 N_L（落雷密度与受雷面积的乘积）为

$$N_L = \gamma \times \frac{10h}{1000} \times 100 \times 40$$

取 $\gamma=0.015$，可得

$$N_L = 0.6h \tag{4-2-11}$$

式中：h 为线路的平均高度，m。

已废止的 DL/T—1997《交流电气装置的过电压保护和绝缘配合》中又曾将 N_L 改为

$$N_L = 0.28(4h+b) \tag{4-2-12}$$

式中：h 为线路的平均高度，m；b 为两根避雷线之间的距离，m。

现行的 GB/T 50064—2014《交流电气装置的过电压保护和绝缘配合设计规范》中又将其改为

$$N_L = 0.28(28h_T^{0.6} + b) \quad (4-2-13)$$

式中：h_T 为杆塔高度，m；b 为避雷线之间的距离，m。

此三式计算结果相差悬殊，主要是因为落雷密度和线路引雷宽度的计算方法相差很大，尚需根据模拟试验及运行经验进一步落实。

第三节　雷电过电压的形成

落雷时，在被雷直接击中的导线上会有过电压形成（雷电直击过电压），在其附近但未被雷直接击中的导线上也会有过电压形成（雷电感应过电压）。在本节中只讨论：①雷直击无限长导线时的过电压；②雷直击另端接地的有限长导线时的过电压；③在②的情况下，在附近的有限长导体上的雷电感应过电压。至于在无限长导线上的雷电感应过电压则将在第六章第一节中加以讨论。

当雷击于无限长导线的 A 点时（图 4-3-1），等于沿波阻为 Z_0 的主放电通道袭来一个电流波 I_0。此时，雷电流波遇到的是两侧导线的波阻 Z 相并联后的电阻$\frac{Z}{2}$，雷击点的过电压可由等值集中参数定理求出为

$$U_A = 2I_0 \frac{Z_0}{Z_0 + \frac{Z}{2}} \times \frac{Z}{2} = I_0 \frac{2Z_0 Z}{2Z_0 + Z} \quad (4-3-1)$$

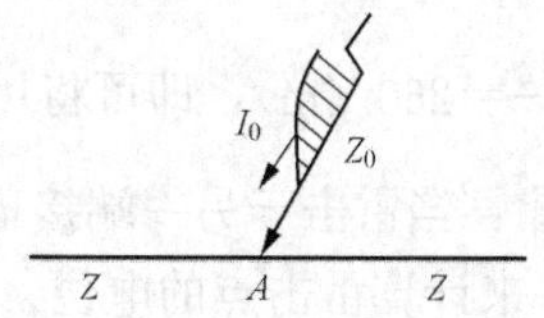

图 4-3-1　雷击无限长导线

如用雷击低电阻物体时测到的雷电流 I ［见式（4-2-4）］表示，则有

$$U_A = I \frac{Z_0 Z}{2Z_0 + Z} \quad (4-3-2)$$

如取 $Z_0 \approx \frac{Z}{2}$，则有

$$U_A = \frac{IZ}{4} \quad (4-3-3)$$

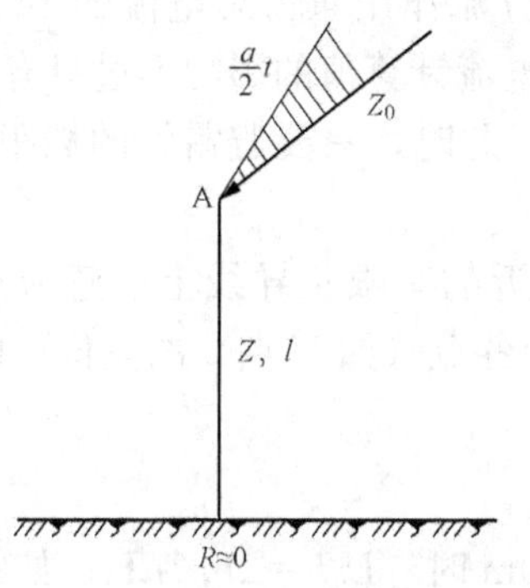

图 4-3-2　雷击另端接地有限长导线

当雷击于另端接地的有限长导线时（见图 4-3-2），为计算 A 点电位，显然可以用流动波的多次反射法加以计算。下面来讨论最为实用的情况，假定雷电流波为斜角波 $i=\frac{a}{2}t$（波的陡度为$\frac{a}{2}$），接地电阻 $R\to 0$，或 $R \ll Z$，且 $Z \approx Z_0$。在这种情况下，当反射波未到达 A 点时 $\left(0 \leqslant t < \frac{2l}{v}\right)$，$u_A = iZ = \frac{a}{2}Zt$，即 u_A 也是个斜角波。当 $t \geqslant \frac{2l}{v}$时，从接地端来的负反射波将使 u_A 保持为恒定值，u_A 的幅值将为

$$u_{A,max} = \frac{a}{2}Z\frac{2l}{v} = a\frac{Zl}{v} = aL_0 l = aL \quad (4-3-4)$$

式中：L 为被击导线的总电感。

用流动波法计算所得 u_A 的曲线如图 4-3-3 所示。如果忽略被击导线的电容，只将其当作一个集中电感 $L=L_0 l$，则显然 u_A 可按图 4-3-4 的集中参数回路来计算。由于图 4-3-4 在 $u=1$ 的单位电压时，$u_A=e^{-\frac{t}{T}}\left(其中\ T=\frac{L}{Z_0}=\frac{L_0 l}{Z_0}=\frac{l}{v}\right)$，所以用丢阿莫尔积分可求得 $u=atZ_0$ 时的 u_A 为

$$u_A(t)=\int_0^t aZ_0 e^{-\frac{t-\tau}{T}}d\tau=aL(1-e^{-\frac{t}{T}}) \tag{4-3-5}$$

用集中参数法所求得的 u_A 曲线也画在图 4-3-3 中。从图中可见，用流动波法计算与用集中参数法计算，二者的差别是不大的。由式（4-3-4）和式（4-3-5）可以算出，当 $t\geqslant\frac{3l}{v}=3T$ 时，有 $\frac{\Delta u_A}{u_A}=e^{-\frac{t}{T}}\leqslant 5\%$，即此时用集中参数算得的误差在 5%以内，这是可以接受的。人们最关心的是 $t=\tau_t$（雷电流波头时间）时二者的差别。取 $\tau_t=2.6\mu s$，$t=\tau_t\geqslant\frac{3l}{v}$，或 $l\leqslant\frac{2.6v}{3}=260$（m），即可将用集中参数算得的误差控制在 5%以内。据此，得到了一条重要的规律：当雷击于另一端接地的导线时，只要导线长度 $l\leqslant 260$m，就可以用等值集中电感 $L=L_0 l$ 来计算雷击点的电位。

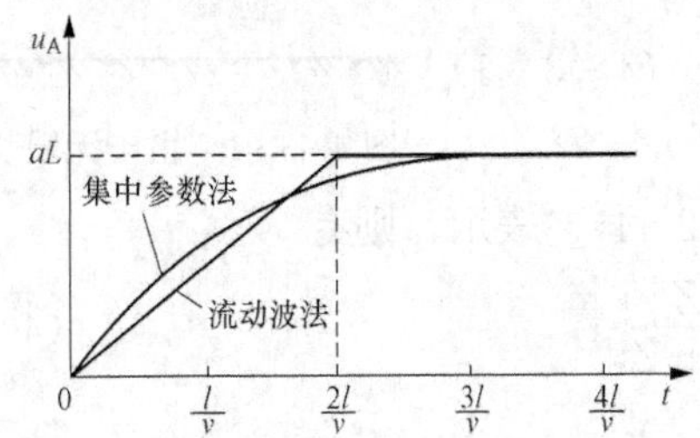

图 4-3-3 用流动波法计算的过电压曲线

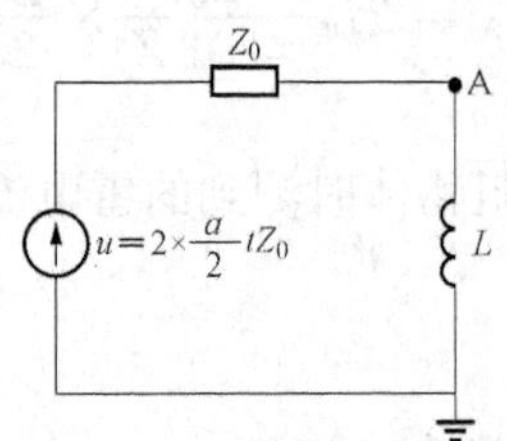

图 4-3-4 用集中参数回路法计算过电压

附带指出，当雷击于有避雷线的塔顶时，由于避雷线的分流作用只占总电流的 10%左右，所以避雷线电流在计算中如有 10%的误差，它对杆塔雷电流计算值的影响不过只有 1%左右，因此在计算避雷线分流作用时其允许误差可以大一些。此时，只要避雷线的档距 $l\leqslant$ 400m，都可以用等值集中电感代替之。

最后，我们来讨论雷击于接地的有限长导线时，在其附近的有限长导线上的感应过电压。如图 4-3-5 所示，当雷击于避雷针顶端 A 时，避雷针上各点（如 N 点）的电位可以用

$$u_N=L_0 h\frac{di}{dt}+ir+iR$$

来表示，一般 $L_0=\frac{Z}{v}=\frac{500}{300}=1.67\mu H/m$，当 N 点高度 $h=10m$ 时，$L_0 h=16.7\mu H$；如针及引下线的截面积为 $50mm^2$，则 10m 长的铜线电阻 $r=3.6\times10^{-4}\Omega$，而钢线电阻 $r=3.4\times10^{-3}\Omega$，考虑到接地电阻 $R=10\Omega$，因此一般 r 可忽略不计。将这些数值代入，取 $I=100kA$，$\tau_t=2.6\mu s$，则

$$u_N=1.67\times10\times\frac{100}{2.6}+100\times10=641+1000=1641(kV)$$

在沿针体存在的高电位影响下，在针体附近有限长的孤立导线P上将有静电感应过电压 u_j，其值为

$$u_j = u_N \frac{C_{12}}{C_{12}+C_{22}} \tag{4-3-6}$$

同时，在针附近的开口环的开口处将有电磁感应过电压 u_{ci} 出现，其值为

$$u_{ci} = M\frac{di}{dt} = \left(0.2c\ln\frac{a+b}{a}\right)\frac{di}{dt} \tag{4-3-7}$$

例如，当 $a=b=1\text{m}$，$c=10\text{m}$，$I=100\text{kA}$ 时，u_{ci} 可达

$$u_{ci} = (0.2\times 10\ln 2)\times\frac{100}{2.6} = 53.3(\text{kV})$$

此值可使空气间隙击穿，从而使油气或爆炸物起火爆炸。

另一种会出现电磁感应过电压的情况如图4-3-6所示。此时B、D两点间的电磁感应过电压分量为

$$u_{ci} = \left(0.2c\ln\frac{d}{r}\right)\frac{di}{dt} \tag{4-3-8}$$

式中：r 为接地引下线的半径。在不同的 d/r 值时，u_{ci} 的值见表4-3-1，可见 u_{ci} 值是相当大的。若避雷针引下线的 r 增大（如用管子作引下线），则 u_{ci} 将下降。图4-3-6中B和D点间的总电压 u_{BD} 为

$$u_{BD} = u_{ci} + u_R$$

由于 u_R 项的存在，u_{BD} 可比 u_{ci} 大得多。为消除 u_R 项，可在图4-3-6中虚线处用导线连接。

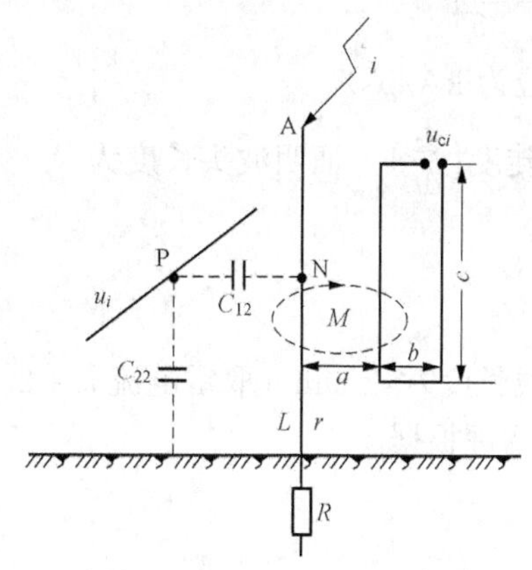

图4-3-5　雷击接地导线产生的静电感应过电压

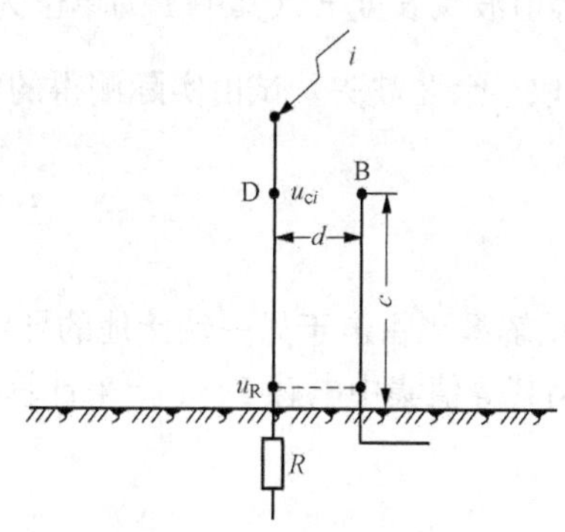

图4-3-6　雷击接地导线产生电磁感应过电压的另一种情况

表4-3-1　不同 d/r 时电磁感应过电压的值

d/r	1	10	10^2	10^3	10^4
u_{ci}（kV）	0	177	354	531	708

为减少以上各种感应过电压，可在建筑物外四周采用地下环形接地网，并在室内墙面靠地面处装设公用接地母线，后者与接地网相连。室内外所有金属物体或直接与公用接地母线

相连，或经过保护间隙（或避雷器）与公用接地母线相连，并且邻近的金属线至少与避雷针的引下线相距0.5～1m以上，同时引下线用2根相距1m以上的导线并联以减小其电感。用土层屏蔽对电磁感应的作用通常不大，因为电磁波在土壤中的衰减因子为$e^{-\sqrt{\frac{\omega\mu\sigma}{2}}x}$，对雷电波来说，取$\omega=\pi\times10^6$，土壤的磁导系数$\mu=4\pi\times10^{-7}$，导电系数$\sigma=10^{-2}$，所以$\sqrt{\frac{\omega\mu\sigma}{2}}=0.141m^{-1}$。由此可见，当土层厚度$x=0.5m$时，电磁场为起始值的$e^{-0.141\times0.5}=93.2\%$，即衰减不到7%，其屏蔽作用可忽略不计。要想将电磁感应过电压衰减90%，所需覆盖土层的厚度必须达16.5m才行。此外，采用10m×10m的大网孔钢导体屏蔽网的效果也是不大的。

习 题

1. 试述雷电对地放电的基本过程，下行负先导逐级发展的原因以及先导通道的电阻大致有多大。

2. 雷电放电的功率有多大？从经济上看值不值得将雷电放电的能量加以利用？

3. 根据$\lg P=-\frac{1}{88}I$，求出$I>30$、60、85、90、120、140、150kA时的概率。

4. 影响雷电流波头长度的因素有哪些？

5. 证明半余弦波$\left[i=\frac{1}{2}I\ (1-\cos\omega t)\right]$波头的最大陡度$\left(\frac{di}{dt}\right)_{max}$为波头平均陡度的$\frac{\pi}{2}$倍。

6. 取雷电流波头为半余弦波形，假定雷电流幅值I和陡度a紧密相关，试根据某地测得的下两式：

$$\lg P=-\frac{1}{60}I,\ \lg P_a=-\frac{1}{36}a$$

求出其等值波头长度τ_t（其中I的单位为kA，a的单位为kA/μs）。

7. 取半余弦波头，试由实际测得的幅值I和最大陡度$\left(\frac{di}{dt}\right)_{max}$证明波头长度为

$$\tau_t=\frac{\pi}{2}\frac{I}{\left(\frac{di}{dt}\right)_{max}}$$

8. 试解释当雷击于另一端接地的导线时，只要导线长度$l\leqslant260m$（取雷电流$\tau_t=2.6\mu s$）就可以用其等值集中电感$L=L_0l$来计算雷击点电位的物理根据。

第五章 防雷保护装置

常用的防止电气装置遭受雷电直击的措施是装设避雷针（或线），常用的限制雷电过电压的措施是在电气设备上并联以避雷器（或保护间隙）。为了将强大的雷电流安全地导入地中，降低雷电流入地点的电位升高，避雷针（线）和避雷器必须妥善接地。接地装置是防雷保护的重要组成部分。

在中性点不接地的 66kV 及以下的电网中，雷击引起的单相接地故障常会因单相接地电弧不能自熄而形成跳闸事故，严重时会发展成相间短路或烧伤导线。为促成单相接地电弧的自熄，降低雷击跳闸事故，往往需要在电网中性点和地之间接入消弧线圈。

本章将着重介绍这些和防雷保护相关的装置。

第一节 避雷针与避雷线

避雷针（线）是由金属制成，且具有良好接地的防直击雷装置。避雷针（线）的离地高度必须比被保护设备高，其作用是将雷吸引到自己身上并安全导入地中，从而保护了附近比它低的设备和建筑物，使之免受雷击。

避雷针由接闪器（避雷针的针头）、接地引下线和接地体（接地电极）三部分构成。接闪器可采用直径为 10～12mm 的圆钢。接地引下线可采用直径为 6mm 的圆钢。接地体一般可采用三根 2.5m 长的 40mm×40mm×4mm 的角钢打入地中再并联后与引下线可靠连接。

所谓避雷针的保护范围是指被保护物在此空间范围内遭受雷击的概率不大于千分之一而言。它是在实验室中用冲击电压对小型避雷针作放电试验，将其结果分析和归纳而得出的。由于它与近似直流电压的雷云对空间极长间隙下的放电有很大差异，所以这一保护范围并未得到科学界的公认。但它与我国长期运行经验是符合的，因此可以将其看成一种用以决定避雷针的高度及数目的工程办法。

单支避雷针的保护范围如图 5-1-1 所示，它是一个旋转圆锥体。如用公式表达保护范围，则在被保护物高度 h_x 的水平面上，其保护半径 r_x 为

$$\left.\begin{aligned} &当 h_x \geqslant \frac{h}{2} 时, r_x = (h - h_x)P \\ &当 h_x \leqslant \frac{h}{2} 时, r_x = (1.5h - 2h_x)P \end{aligned}\right\} \tag{5-1-1}$$

式中：h 为针的高度；P 是考虑到当针太高时保护半径不与针高成正比增大的系数。当 h≤30m 时，$P=1$；当 $30<h\leqslant 120$m 时，$P=\frac{5.5}{\sqrt{h}}$；当 $h>120$m，$P=0.5$。以下同此。

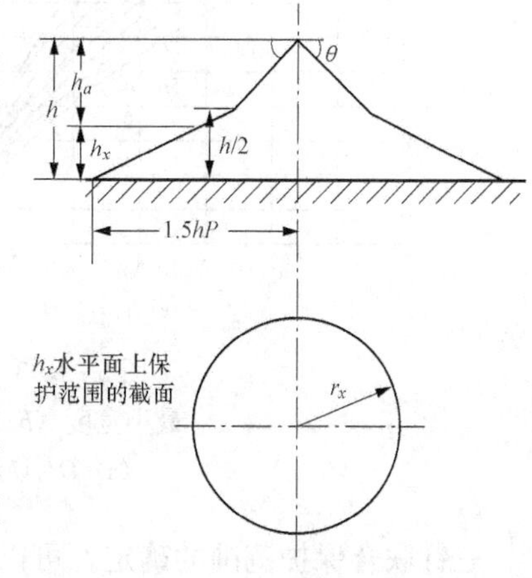

图 5-1-1 单支避雷针的保护范围

两支等高避雷针联合的保护范围要比两针各自的保护范围的叠加为大。因为在单针时雷电受针吸引往往可以被引到离针脚较近的地面上，但在两针联合保护时，处在两针之间上空的雷电由于受到两个针的吸引，所以就较难击于离针脚较近的两针之间的地面上。两针的联合保护范围如图 5-1-2 所示。两针外侧的保护范围与单针时一样。为确定两针之间的保护范围，需先求出两针间假想针 $O'O$ 的高度 $h_0=h-\dfrac{D}{7P}$，在两针所处平面上，两针间的保护范围即可按通过两针顶点和假想针顶点 O 的圆弧确定，两针间 h_x 水平面上保护范围的一侧最小宽度 b_x 应按照图 5-1-3 确定。当 b_x 大于 r_x 时，应取 b_x 等于 r_x。应该注意：要两针能构成联合保护，两针间的距离 D 太大是不行的，一般两针间的距离和针高之比（D/h）不宜大于 5。

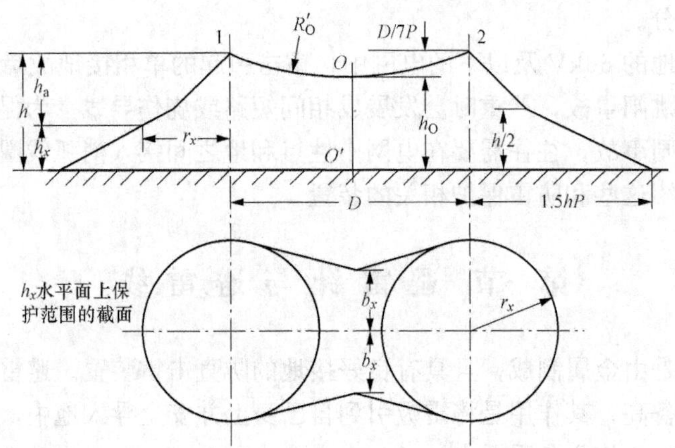

图 5-1-2 高度为 h 的两支等高避雷针的联合保护范围

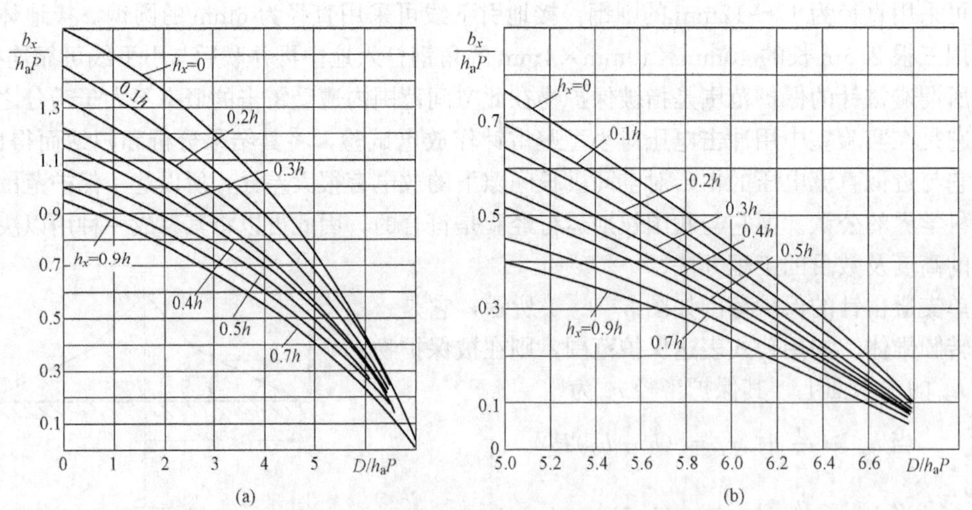

图 5-1-3 两等高避雷针间保护范围的一侧最小宽度（b_x）与 $D/(h_aP)$ 的关系（$h_a=h-h_x$）

(a) $D/(h_aP)=0\sim7$；(b) $D/(h_aP)=5\sim7$

三针联合保护范围的确定，可以两针两针地分别验算，只要在被保护物高度上两针的外侧 $b_x\geqslant0$，则三针组成的三角形内部就可得到完全的保护（见图 5-1-4）。

四针及以上时，可以分成两个或数个三针系统，然后按三支等高避雷针的方法，三针三针地分别验算。

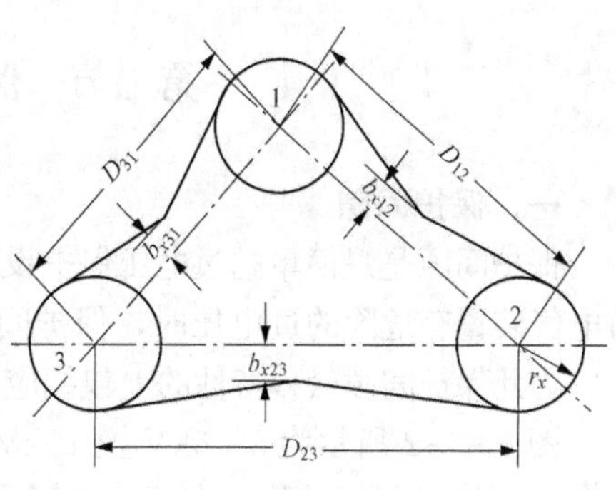

图 5-1-4 三支等高避雷针在 h_x 水平面上的保护范围

避雷线是由悬挂在空中的水平接地导线（接闪器）、接地引下线和接地体（接地电极）组成。由于避雷针可以使电力线发生三度空间的集中，而避雷线只能使电力线发生两度空间的集中，所以避雷线对雷云电场引起的畸变显然比针要小，因而其引雷作用及保护宽度均较针为小。然而由于避雷线的保护长度是与线等长的，特别适宜于保护架空线路及大型建筑物，所以近年来世界很多国家已采用避雷线来保护发、变电站。

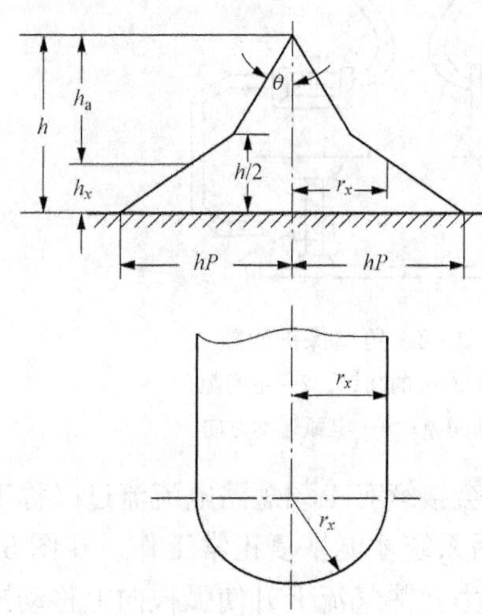

图 5-1-5 单根避雷线的保护范围截面

（$h\leqslant 30$m 时，$\theta=25°$）

用避雷线保护发、变电站时，单根避雷线的保护范围如图 5-1-5 所示，用公式表达时则为

$$\text{当 } h_x \geqslant \frac{h}{2} \text{ 时，} \quad r_x = 0.47(h-h_x)P$$

$$\text{当 } h_x < \frac{h}{2} \text{ 时，} \quad r_x = (h-1.53h_x)P \tag{5-1-2}$$

避雷线在地面上一侧的保护宽度为 hP，显然它比避雷针在地面的保护半径（$1.5hP$）小。

两根平行避雷线的联合保护范围如图 5-1-6 所示。两线外侧的保护范围按单线时确定。两线内侧的保护范围的横截面，由通过两线及保护范围上部边缘最低点 O 的圆弧确定。O 点高度 h_0 为

$$h_0 = h - \frac{D}{4P} \tag{5-1-3}$$

有关不等高避雷针、避雷线的保护范围，相互靠近的避雷针和避雷线的联合保护范围，以及山地和坡地上的避雷针的保护范围可参见 GB/T 50064—2014。

有关避雷线在线路防雷中所起的作用将在第六章中阐述。

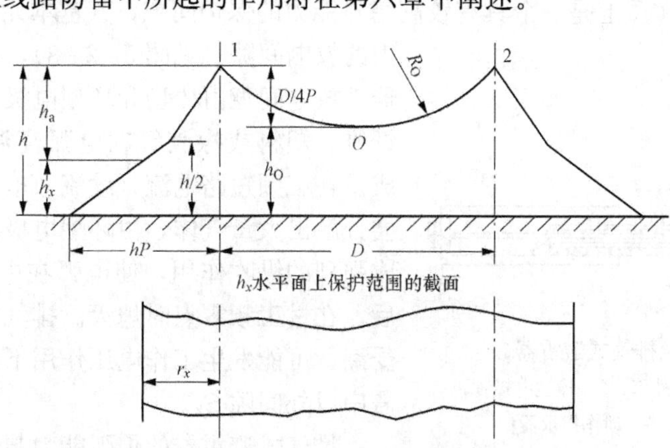

图 5-1-6 两根平行避雷线的联合保护范围截面

第二节 保护间隙和排气式避雷器

一、保护间隙

保护间隙是最简单的过电压保护设备。将保护间隙与需保护的电气装置相并联，一旦出现对电气装置有危险的过电压时，保护间隙就会被击穿，将过电压限制到对电气装置无害的水平。为此保护间隙伏秒特性的上包线应低于被保护设备伏秒特性的下包线（见图 5-2-1）。

图 5-2-2 所示为 3、6kV 及 10kV 电网常用的角型保护间隙，为防止主间隙被外物（如小鸟）短接引起误动作，在下方串联有辅助间隙。35kV 电网可采用棒型间隙。

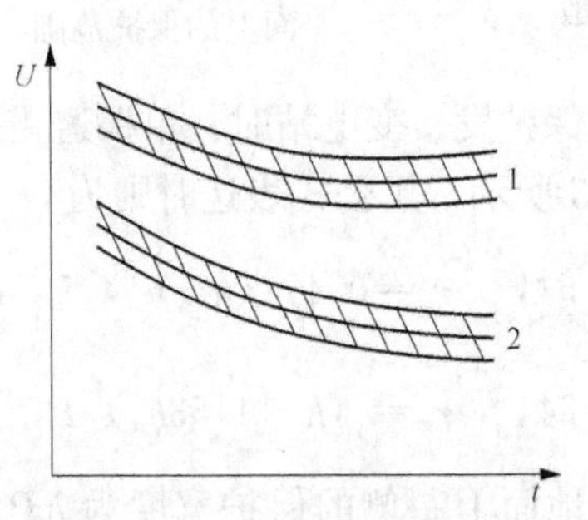

图 5-2-1 伏秒特性的配合

1—被保护设备伏秒特性；2—保护间隙伏秒特性

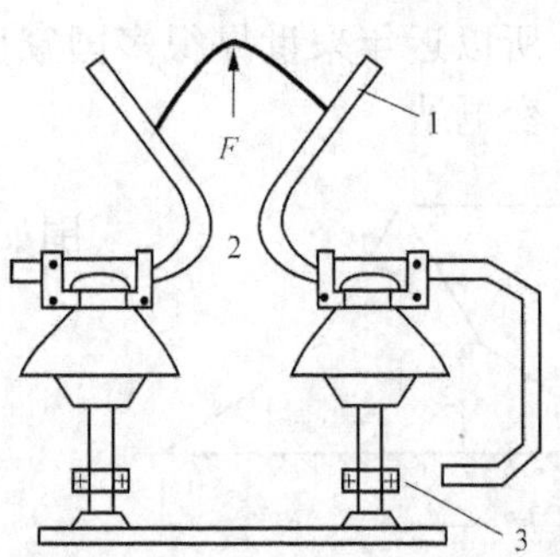

图 5-2-2 角型保护间隙

1—ϕ6～12mm 的圆钢；2—主间隙；3—辅助间隙；F—电弧运动方向

在过电压作用下保护间隙被击穿流过雷电流后，可能会接续有工频短路电流流过（称工频续流），形成工频续流电弧，只有在工频续流电弧熄灭后系统才能恢复正常工作。在图 5-2-2 所示的角型保护间隙中，工频续流电弧是靠回路电动力及热气流上升使弧根向上移动被拉长而熄灭的，其熄弧能力较差，只能在中性点不直接接地系统中，熄灭单相接地时短路电流不大的工频续流电弧；一般难以熄灭相间短路时，短路电流大的工频续流电弧。因此，使用保护间隙时，需配以自动重合闸装置才能保证安全供电。

二、排气式避雷器（管式避雷器）

排气式避雷器实质上是一个具有较高熄弧能力的保护间隙，其基本元件为安装在产气管内的放电间隙（见图 5-2-3），所以也称管式避雷器。放电间隙由棒型和环型电极构成，产气管可由纤维、塑料或橡胶等在电弧高温下产气的材料制成。在工频短路电流（续流）电弧的作用下产气管会分解出大量气体，由环型电极的开口孔喷出，形成强烈的纵吹作用，使电弧在电流流通 1～3 周波后，在过工频零点时熄灭。排气式避雷器的外管易受潮，可能发生工作电压作用下的沿面放电，因此需串以外间隙 S_2。

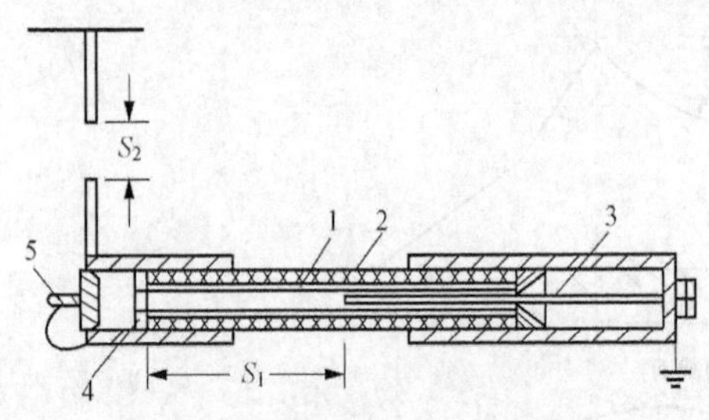

图 5-2-3 排气式避雷器

1—产气管；2—外管；3—棒型电极；4—环型电极；5—动作指示器；S_1—内间隙；S_2—外间隙

排气式避雷器的熄弧能力与开断短路电流的大

小有关。续流太小时产气太少，避雷器将不能熄弧；续流太大时产气过多又会使管子爆裂而不能熄弧。因此排气式避雷器所能熄灭的续流有一定的上下限。排气式避雷器动作多次后管壁将变薄，当内径增加到120%～125%时就不能再使用了。

应该指出，保护间隙（或排气式避雷器）不能用于变压器的保护。这是因为变压器绝缘具有较平的伏秒特性，而保护间隙（或排气式避雷器）的伏秒特性太陡，二者间难以很好地配合；而且保护间隙（或排气式避雷器）的动作会产生高幅值的截波，危及变压器的匝间绝缘和相间绝缘。

如图5-2-4的等效电路，L为连接线的电感，C为变压器的等效电容（入口电容）。假设当变压器上的电压升高到U_0时避雷器放电，于是已充电到U_0的电容C将通过电感L呈振荡性放电，其频率极高。这样变压器上的电压将由U_0很快变为$-U_0$（见图5-2-5），这种情况相当于在变压器上突然加上了$-2U_0$的冲击陡波（截波），后者可能引起变压器匝间绝缘的损坏。

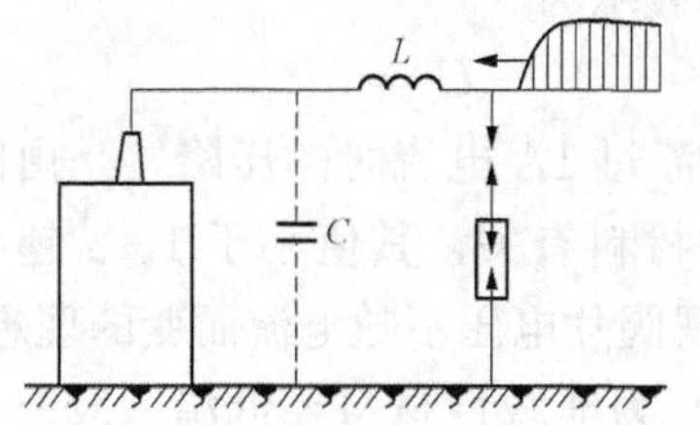

图5-2-4 用排气式避雷器保护变压器的等效电路

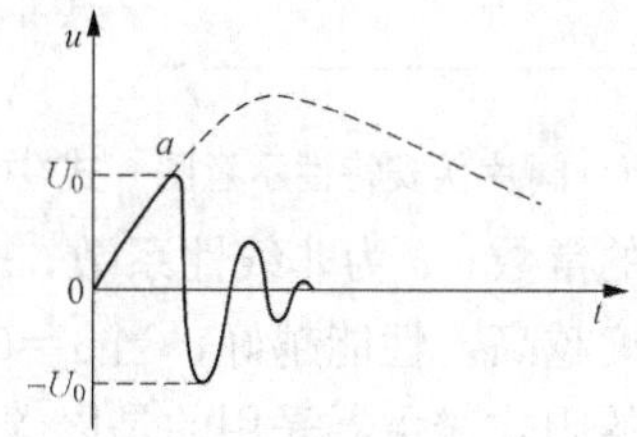

图5-2-5 截波的形成

截波还可能使三相变压器的相间绝缘发生损坏。例如当三相过电压波同时作用于变压器时，如A相保护间隙动作，则变压器A相套管上的电位可因振荡而改变符号（见图5-2-6），而B相套管上的电位则并未改变符号。这样A、B两相间的最大电位差可达$2U_0$，从而可使A、B相间击穿。

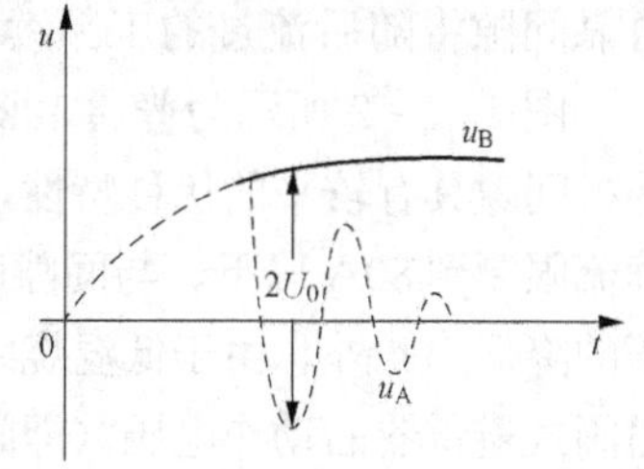

图5-2-6 三相来波而一相波被截断的情形

目前，保护间隙在变压器中性点保护（见图5-2-7）和线路绝缘子保护（见图5-2-8）上用得比较多。排气式避雷器曾在发、变电站的进线保护和直配电机的侵入波防护中得到应用，由于其运行维护的工作量大，目前已不再生产和使用了。

图5-2-7 变压器中性点保护间隙

图5-2-8 110kV线路绝缘子并联间隙

第三节 阀式避雷器

为避免截波的发生，又达到限制续流的目的，可以将近似恒压的非线性电阻与火花间隙串联。由于串联电阻可使续流减小，所以可采用熄弧能力较差但伏秒特性较平的平板间隙组，这就组成了阀式避雷器。

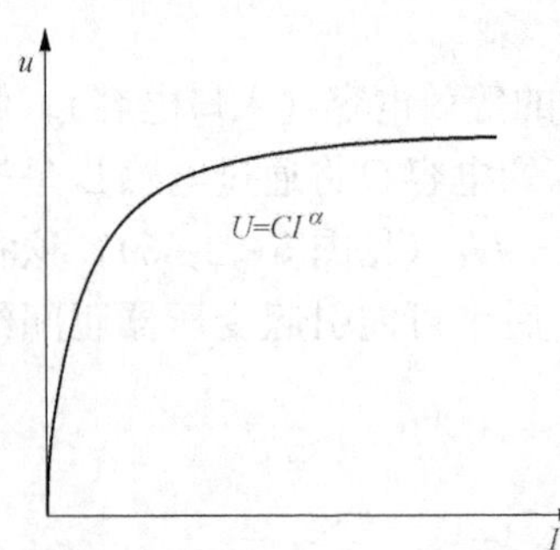

图 5-3-1 阀片伏安特性示意图

具有非线性性能的电阻片（通常称阀片）是阀式避雷器的重要元件。理想的阀片应在大电流时呈现为小的电阻，以保证在雷电流通过时其上的压降（峰值，称残压）足够低，起到限压的作用。在雷电流过去之后，当加在阀片上的电压是电网的工频电压时，阀片应呈现为大的电阻以保证系统能恢复正常工作。图 5-3-1 给出了阀片伏安特性的示意图，其非线性程度可表示为

$$U = CI^{\alpha} \tag{5-3-1}$$

式中：C 为阀片流过 1A 电流时的压降，是由阀片的材料和尺寸决定的常数；α 为非线性系数，也与阀片的材料有关，其值小于 1。α 越小说明阀片的非线性程度越高，性能越好，当 $\alpha=0$ 时，将出现阀片电压不随电流而变的理想状态。

普通的阀式避雷器采用的是以碳化硅（SiC）为非线性材料经低温（300～350℃）烧结而成的低温阀片。由于其非线性程度不够高（$\alpha=0.2$），当避雷器的残压满足保护要求时，在电网工频电压作用下，还会有工频电流流过，因此在正常工作时必须用间隙将阀片与系统隔开。在出现雷电过电压时间隙击穿，使雷电过电压能量通过阀片释放。在雷电流通过后，再靠间隙将随后流过的工频续流切断，使系统恢复正常工作。

图 5-3-2 所示为普通 10kV 阀式避雷器。图 5-3-3 为普通阀式避雷器所配的平板间隙。平板间隙具有较平的伏秒特性，易于和被保护设备配合，但其只能切断低于 80A 的续流。为将续流限制到 80A 以下，与间隙串联的阀片的数量不能太少，这就影响到雷电流通过时避雷器残压的降低。此外，由于低温烧结阀片的通流能力低，不能用来释放较高的内部过电压能量，普通阀式避雷器的动作电压（即间隙的工频放电电压）要高于系统可能出现的内部过电压。

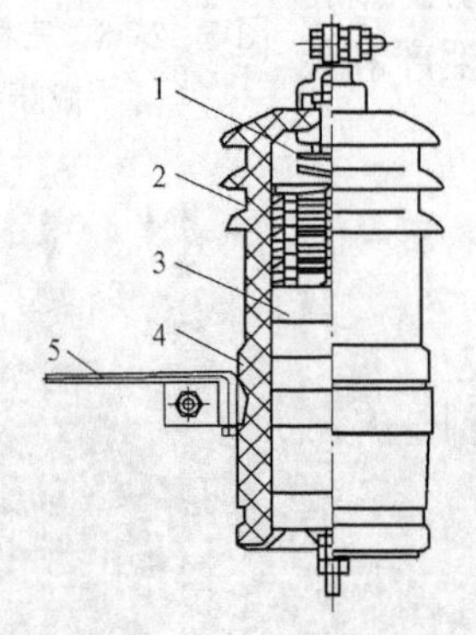

图 5-3-2 10kV 阀式避雷器

1—压紧弹簧；2—间隙；3—阀片；4—瓷套；5—安装卡子

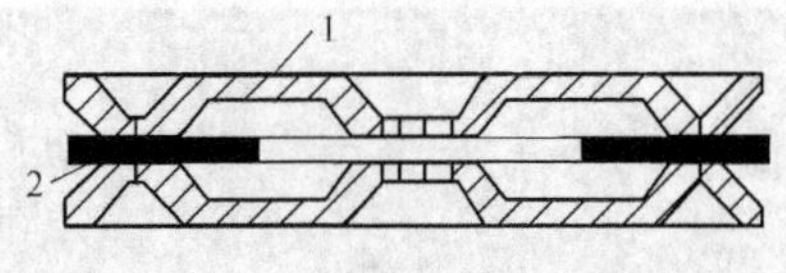

图 5-3-3 平板间隙

1—黄铜电极；2—云母片（0.5mm 厚）

为提高阀式避雷器的保护性能，在普通阀式避雷器的基础上，又发展了磁吹避雷器。磁吹避雷器的工作原理和普通阀式避雷器相似，主要区别在于采用了碳化硅经高温（1350～1390℃）烧结而成的高温阀片和磁吹间隙。磁吹间隙具有较强的灭弧能力，能可靠切断300A 的续流，从而可以减少所用阀片的数量，降低了雷电流通过时避雷器呈现的残压。高温阀片通流能力较低温阀片大，因此磁吹避雷器也可用来限制内部过电压。

随着非线性性能更为优越的以氧化锌（ZnO）为主的金属氧化物电阻片的出现，目前阀式避雷器和磁吹避雷器已被金属氧化物避雷器所取代。

第四节　金属氧化物避雷器

采用金属氧化物电阻片（即以氧化锌为主的氧化锌电阻片）的避雷器称为金属氧化物避雷器（MOA，Metal Oxide Arrester）。金属氧化物避雷器可分为无间隙金属氧化物避雷器和带间隙金属氧化物避雷器两种。由于目前金属氧化物避雷器已拓宽应用到线路防雷和深度限制操作过电压的领域中，故也可称为过电压限制器（简称限压器）。

氧化锌电阻片的特点如下：

（1）非线性系数低。碳化硅阀片的非线性系数在 0.2～0.24 的范围内，氧化锌电阻片的非线性系数可低至 0.015～0.05，图 5-4-1 给出了它们的伏安特性（用对数坐标表示）。由图可以看出，如果在通过 20kA 雷电流时两者的残压相同，则当加在电阻片上的电压是系统的正常工作电压（相电压）时，流过氧化锌电阻片的电流在 10^{-5}A 以下，而流过碳化硅阀片的电流值已大于 100A。由于在正常工作时流过氧化锌电阻片的电流很小，可以近似认为为零。所以采用氧化锌作电阻片的金属氧化物避雷器一般可不设串联间隙，成为无间隙金属氧化物避雷器。

（2）通流能力大。氧化锌电阻片单位体积可吸收的电能要比碳化硅阀片大 4 倍左右。同时，由于在雷电流的工作区间，氧化锌电阻片具有很小的正温度系数，电压随温度的变化不大，可用多组电阻片并联或几只避雷器并联的方法来进一步提高避雷器的通流能力。因此，金属氧化物避雷器的通流容量远比碳化硅避雷器大，可以吸收很大的操作过电压能量。

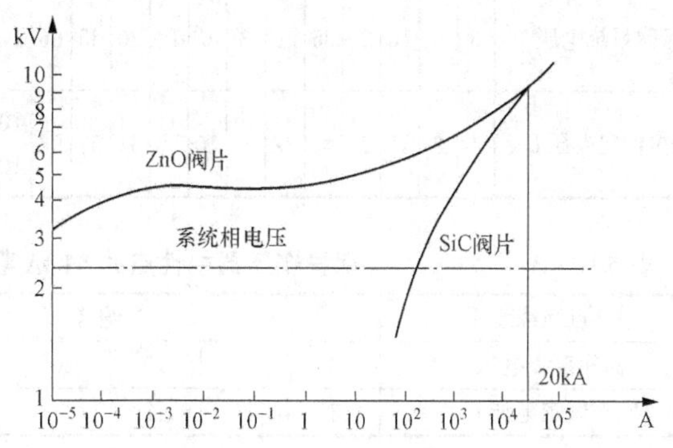

图 5-4-1　氧化锌电阻片与碳化硅阀片伏安特性的比较

（3）具有负温度系数。无间隙金属氧化物避雷器运行时，会有工频电压长期作用在避雷器上。因此电阻片中将长期有泄漏电流通过，产生功率损耗。当避雷器承受的持续功率损耗超过其散热能力时，电阻片的温度将持续上升。由于在小电流的工作区间，氧化锌电阻片具有负温度系数，温度会累积升高，最终发生“热崩溃”。为避免出现热崩溃，也可设置串联间隙来隔离工频电压，即为带间隙的金属氧化物避雷器。

一、无间隙金属氧化物避雷器

无间隙金属氧化物避雷器的优点是：间隙的取消可以使过电压在发展过程中就受到限

制。其缺点是：使用不当时会出现“热崩溃”。

为防止热崩溃的发生，无间隙金属氧化物避雷器必须通过动作负载试验，即避雷器在承受规定的雷电冲击和操作冲击后，必须能承受相当于额定电压数值的工频电压（有效值）至少10s，随后降至持续运行电压作用30min。如此时MOA不发生热崩溃，且其特性基本不变，避雷器才是“热稳定”的。下面介绍无间隙金属氧化物避雷器的基本电气参数。

1. 额定电压（U_N）

额定电压是表明金属氧化物避雷器运行特性的一个重要参数。是避雷器在动作负载试验中允许施加的最高工频电压有效值。

避雷器使用时，其额定电压可按下式选择

$$U_N \geqslant kU_T \tag{5-4-1}$$

式中：k 为切除短路故障时间系数，10s以内切除故障 $k=1.0$，10s以上切除故障 $k=1.3$；U_T 为暂时过电压（见表5-4-1）。表5-4-2～表5-4-5给出了保护各标称电压等级电气装置以及变压器中性点、发电机和直配发电机中性点的MOA额定电压推荐值。

表5-4-1　暂时过电压

接地方式	非直接接地		直接接地		
标称系统电压（kV）	3～20	35～66	110～220	330～500	
				母线	线路
U_T	$1.1U_m$	U_m	$1.4U_m/\sqrt{3}$	$1.3U_m/\sqrt{3}$	$1.4U_m/\sqrt{3}$

注　U_m 为系统最高工作电压。

表5-4-2　保护各标称电压等级电气装置的MOA额定电压推荐值（kV）

接地方式	非直接接地系统												直接接地系统							
	切除故障时间≤10s						切除故障时间>10s													
标称系统电压	3	6	10	20	35	66	3	6	10	20	35	66	110	220	330		500		750	
															母线侧	线路侧	母线侧	线路侧	母线侧	线路则
MOA额定电压 U_N	4	8	13	26	42	72	5	10	17	34	54	96	102 108	204 216	288 300	300 312	420 444	444 468	600	648

表5-4-3　保护变压器中性点的MOA额定电压推荐值（kV）

中性点绝缘水平	全绝缘						分级绝缘				
标称系统电压	3	6	10	20	35	66	110	220	330	500	750
MOA额定电压 U_N	5	10	17	34	54	96	84	150	72	102	150

表5-4-4　保护发电机的MOA额定电压推荐值（kV）

发电机额定电压	3.15	6.3	10.5	13.8	15.75	18	20	22	24	26
MOA额定电压 U_N	4.0	8.0	13.2	17.5	20.0	22.5	25.0	27.5	30.0	32.5

表5-4-5　保护直配发电机的MOA额定电压推荐值（kV）

发电机额定电压	3.15	6.3	10.5
MOA额定电压 U_N	2.4	4.8	8.0

2. 参考电压（U_{ref}）

通常将氧化锌电阻片伏安特性上拐点附近的某一电流值称为金属氧化物避雷器的参考电流（一般为 1mA）。在参考电流下测得的避雷器上的电压称为避雷器的直流参考电压（U_{1mA}）。当作用在避雷器上的电压超过直流参考电压时，流过避雷器的电流将迅速增大。U_{1mA}也就成为无间隙金属氧化物避雷器开始动作的电压，故也可称起始动作电压。

避雷器的直流参考电压大于额定电压的峰值。

3. 持续运行电压（U_c）

运行中允许持久地施加在无间隙金属氧化物避雷器端子间的工频电压有效值，称为避雷器的持续运行电压。避雷器的持续运行电压应大于系统单相接地时非故障相的对地电压，但不能超过避雷器的额定电压。表 5-4-6 给出的是避雷器的持续运行电压值。

表 5-4-6　避雷器的持续运行电压

接地方式	直接接地	非直接接地		
切除故障时间（s）	≤10	≤10	>10	
U_e（kV）	$\geqslant\frac{U_m}{\sqrt{3}}$	$\geqslant\frac{U_m}{\sqrt{3}}$	$1.1U_m$ （3～10）	U_m （35～66）

通常 MOA 使用时安装在被保护设备附近，接在被保护设备的相线与地之间（见图 5-4-2）。在正常情况下，作用在无间隙避雷器上的电压为系统的运行相电压 U_{xg}。当系统发生单相接地故障时，非故障相的对地电压将升高，这时加在接于非故障相的无间隙避雷器上的电压将高于相电压，其持续时间取决于切除接地故障所需的时间。氧化锌电阻片应具有在释放过电压能量后，继续承受这一电压作用的能力。因此，避雷器持续运行电压和系统出现单相接地故障时非故障相的对地电压升高相关，而系统单相接地时非故障相电压的升高又与系统的中性点接地方式（或系统的 X_0/X_1 的值）有关。

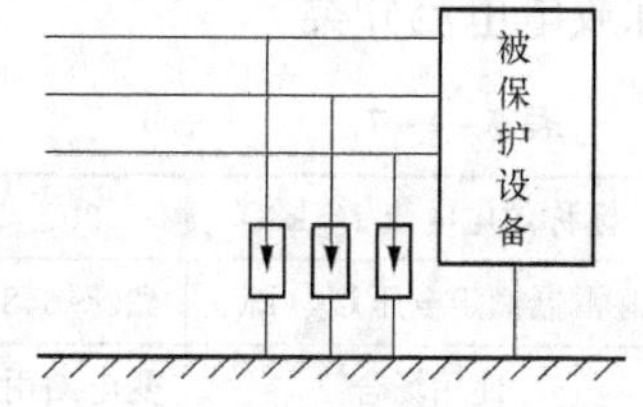

图 5-4-2　避雷器的使用

系统单相接地时非故障相的对地电压 U 和 X_0/X_1 的关系可由对称分量法求出，即

$$U=U_{xg}\sqrt{\frac{\left(1.5\frac{X_0}{X_1}\right)^2}{\left(\frac{X_0}{X_1}+2\right)^2}+\frac{3}{4}}=\alpha U_{xg} \tag{5-4-2}$$

$$\alpha=\sqrt{\frac{\left(1.5\frac{X_0}{X_1}\right)^2}{\left(\frac{X_0}{X_1}+2\right)^2}+\frac{3}{4}} \tag{5-4-3}$$

式中：U_{xg}为系统的相电压；α 称为接地系数。

图 5-4-3 给出的是 α 和 X_0/X_1 间的关系。在中性点不接地系统中，X_0/X_1 的值在 $-26\sim-\infty$ 的范围内，与之相应的 α 值可取为 1.9，也就是说系统单相接地时非故障相的对地电压可升高到 $1.9U_{xg}=110\%U_{xn}$（U_{xn}为故障点在故障前的最高运行线电压，可比电网的标称电压高出 10%～15%）。在中性点直接接地的系统中，X_0/X_1 的值通常小于 3，与之相应的 α 值可取 1.38，此时系统单相接地时非故障相的对地电压可升高到 $1.38U_{xg}=80\%U_{xn}$。在中

性点经消弧线圈接地的系统中，X_0/X_1的值接近∞，与之相应的α值可取$\sqrt{3}$，系统单相接地时非故障相的对地电压可升高到$\sqrt{3}U_{xg}=100\%U_{xn}$。

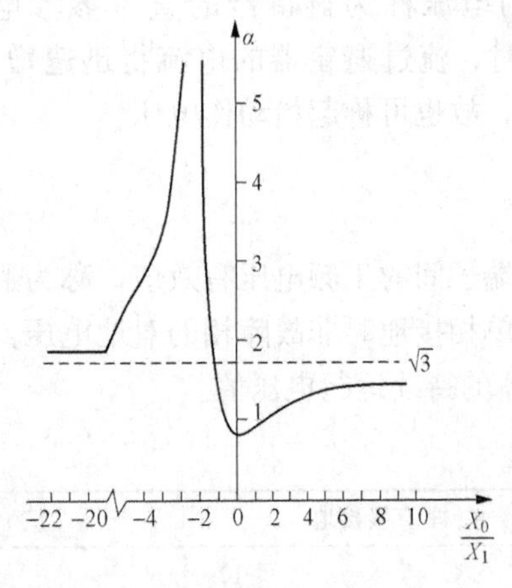

图 5-4-3 单相接地故障时的接地系数

从上面的分析可以看出：在中性点直接接地系统中，避雷器的额定电压可以选得低些，一般可取线电压的 85%（也称 85%避雷器）；在中性点非直接接地系统中，避雷器的额定电压必须要选得高些，一般要取线电压的 100%～110%（也称 100%避雷器或 110%避雷器）。

4. 残压（U_{res}）

残压是指冲击电流通过避雷器阀片时产生的最大压降。残压值与通过阀片电流的波形和幅值直接相关，金属氧化物避雷器的雷电冲击残压，以波形为 8/20μs 的各等级标称放电电流所对应的残压值表示。

标称放电电流分为 1、1.5、2.5、5、10kA 和 20kA 几个等级，可根据避雷器使用的场合选定。电力系统中常用的是标称放电电流为 5kA 的残压（U_{5kA}）、标称放电电流为 10kA 的残压（U_{10kA}）以及标称放电电流为 20kA 的残压（U_{20kA}）。表 5-4-7 给出的是避雷器的标称放电电流分类。

表 5-4-7 避雷器的标称放电电流分类

标称放电电流 I_n(kA)	20	10	5	2.5	1.5
避雷器额定电压 U_N(kV)	420～648	3～360	3～102	3～13.5	2～204
使用场合	变电站用	变电站用	变电站、配电网、发电机、补偿电容器组用	电动机用	中性点用
标称系统电压 U_n(kV)	500～750	3～330	3～110	3～10	3～750

避雷器的操作冲击残压是指避雷器在波头 30～100μs 的操作冲击电流下的残压。

避雷器的残压与起始动作电压（即直流参考电压 U_{1mA}）之比称为避雷器的压比，即

$$压比=\frac{残压}{U_{1mA}}$$

压比越小，表明避雷器所用阀片的非线性程度越高。降低压比可以在同一起始动作电压下，降低避雷器通过冲击大电流时的残压，提高避雷器的保护性能。目前金属氧化物避雷器的压比可达 1.6～1.8。

残压与持续运行电压的峰值之比称为避雷器的保护比，即

$$保护比=\frac{残压}{持续运行电压的峰值}$$

5. 电荷率（AVR）

避雷器持续运行电压的峰值与起始动作电压（即 U_{1mA}）之比值称为避雷器的荷电率，即

$$荷电率=\frac{持续运行电压的峰值}{U_{1mA}}$$

荷电率是设计制作氧化锌避雷器的重要参数。增大荷电率，可以在同一持续运行电压下，选用直流参考电压低的避雷器，从而降低避雷器的残压，提高其保护性能。但荷电率的提高会使避雷器在接近动作电压附近长期运行，使电阻片的老化加速，缩短避雷器的使用年限。降低荷电率可以减缓避雷器的老化过程，增加其使用年限，但会使避雷器的保护性能变差。无间隙金属氧化物避雷器常用的荷电率在50%～80%的范围。在中性点直接接地系统中，由于单相接地故障切除的时间一般在10s以内，非故障相电压升高的持续时间很短，可采用较高的荷电率。在中性点非直接接地系统中，单相接地故障切除的时间一般在10s以上，甚至可达2h，所以只能采用较低的荷电率。

由上述可知，无间隙金属氧化物避雷器的持续运行电压、额定电压、直流参考电压和残压是依次增大的。

为增大金属氧化物避雷器的通流容量，常用的方法是将多组阀片柱并联。图5-4-4为研制的采用4柱并联结构的1000kV交流特高压金属氧化物避雷器芯体结构示意图。

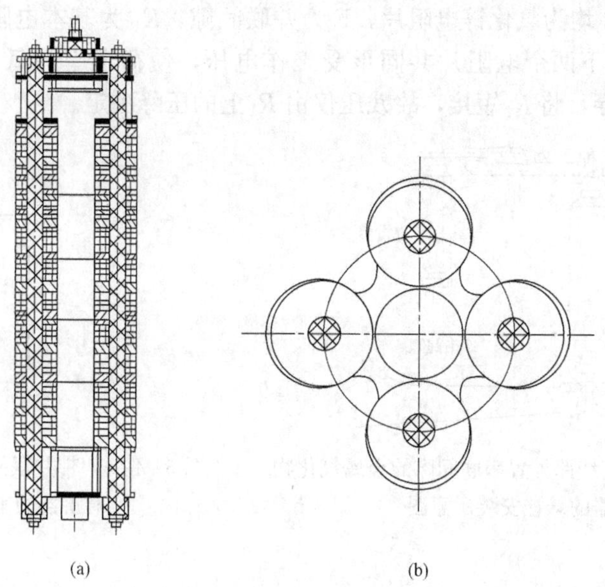

图5-4-4 1000kV交流特高压金属氧化物避雷器心体结构示意图
(a) 芯体侧视图；(b) 芯体俯视图

但由于并联阀片的非线性特性无法完全一致，流过各并联阀片的电流仍会有差异，其差异通常用电流分布不均匀系数β表示，即

$$\beta = N\frac{I_{max}}{I_r} \tag{5-4-4}$$

式中：N为并联柱数；I_r为总电流的峰值；I_{max}为通过任意柱的最大电流峰值。实际应用中，β应小于110%。为此，在避雷器安装时，应尽量使用同一批次的阀片。

二、带间隙的金属氧化物避雷器

避雷器的间隙可以与电阻片串联，也可以和电阻片并联。

串联间隙可以设置在避雷器的内部，也可以设置在外部。在正常情况下和电阻片串联的间隙不会导通，因此电阻片在长时间正常运行中不会有泄漏电流流过，大大减缓了电阻片的老化过程。当出现对电气装置有危险的过电压时，串联间隙应击穿，接入电阻片，释放过电压能量。因此，间隙的工频击穿电压应大于系统单相接地时，非故障相的对地电压。当过电压能量通过电阻片释放后，间隙应能切断流经电阻片的工频续流，恢复不导通状态，再度隔离加在电阻片上的电压。

应该指出，对于带有串联间隙的避雷器来说，决定避雷器保护特性的，除了避雷器的残压外，还有间隙的雷电冲击击穿电压和操作冲击击穿电压。因此，间隙的雷电冲击击穿电压和操作冲击击穿电压，与避雷器的雷电冲击残压值和操作冲击残压值间不应有过大的差距。

带串联间隙的金属氧化物避雷器的缺点是间隙放电分散性大，绝缘配合有一定的困难，通常只宜用于线路外绝缘的保护。图 5-4-5 为 500kV 线路外置串联间隙的金属氧化物避雷器的悬挂安装示意图。

除上述方法外，避免电阻片老化的另一方法是设法降低电阻片的荷电率，为了在降低电阻片荷电率的同时不增高避雷器的残压，可以采用和部分电阻片并联间隙的方法，如图 5-4-6 所示。图中 R1 和 R2 均为氧化锌电阻片，F 为并联间隙，R_1 为基本电阻片，R_2为并联间隙的电阻片。正常情况下两个电阻片共同承受工作电压，使荷电率降低。在过电压作用时，R_2 上的压降使 F 击穿，将 R_2短接，故残压仅由 R_1上的压降决定。

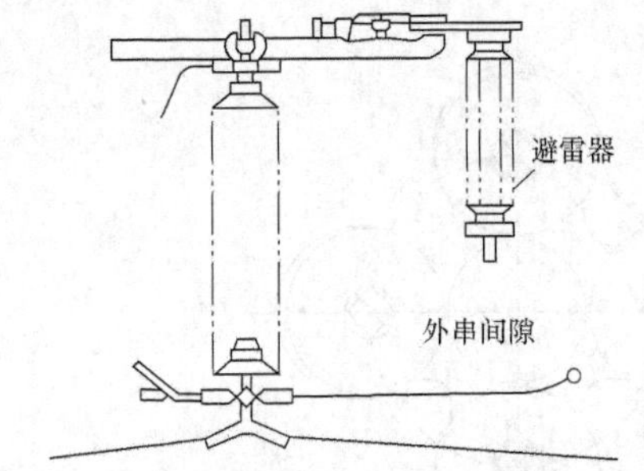

图 5-4-5 500kV 线路外置串联间隙的金属氧化物避雷器的悬挂安装示意图

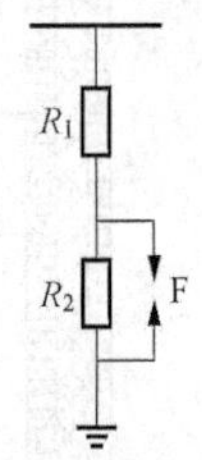

图 5-4-6 带并联间隙的金属氧化物避雷器的工作原理

第五节 消 弧 线 圈

在中性点不接地的 3～66kV 的电网中，由于雷击等原因引起的单相闪络故障比重很大，约占 65%。在单相接地电流为 30A（在 3～10kV 电网时）或者 10A（在 35kV 及以上电网时）以下时，单相接地电弧能够自熄，所以不会形成跳闸事故。如果超过以上电流，则需要在电网中性点和地之间接入消弧线圈❶。消弧线圈的作用是减小单相接地电流，降低恢复电压上升速度，促成接地电弧自熄；否则接地电弧可能在风力、电动力、热气流的作用下被拉长，发展成相间短路，造成线路跳闸，严重时会烧伤导线或设备。

消弧线圈是一个铁心有气隙的电感 L，其伏安特性相对来说不易饱和。它接在中性点和地之间。消弧线圈对单相接地电流的影响可通过图 5-5-1 来分析。设 C 相导线在 K 点对地

❶ 但对发电机而言，如果电机电压的电网单相接地电流大于 5A，则当机内单相接地故障时继续带故障运行就可能将定子铁心烧坏难以修复，所以如要求电机能带机内单相接地故障运行，则单相接地电流应不大于 5A。

短路，短路前其电位为 $\dot{E}_C$，在短路后其电位为零。因之，对地短路可以看成是两种情况的叠加：一是原来的正常三相系统；另一是将原来三相电源电动势抹去，而在短路点 K 与大地之间加一个单相电动势 $-\dot{E}_C$。为计算对地短路电流 $\dot{I}_{jd}$，显然只要计算后一情况就可以了。由图可见，此时 C_{11}、C_{22} 和 C_{33} 以及消弧线圈 L 统统并联在电源 $-\dot{E}_C$ 上，所以 $\dot{I}_{jd}$ 不难求出为

$$\dot{I}_{jd}=-\dot{E}_C\left[j\omega(C_{11}+C_{22}+C_{33})-j\frac{1}{\omega L}\right] \tag{5-5-1}$$

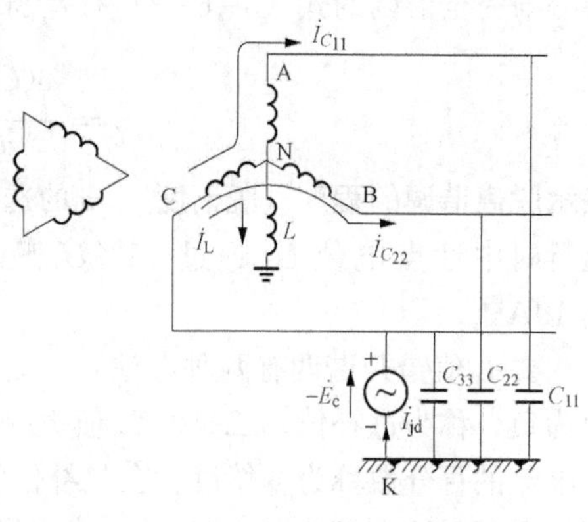

图 5-5-1 有消弧线圈时单相接地电流

可见，适当选择电感 L 的数值，令

$$\omega L=\frac{1}{\omega(C_{11}+C_{22}+C_{33})} \tag{5-5-2}$$

则 I_{jd} 将减小到零。I_{jd} 减小的物理解释是：接地的电容电流分量全部被消弧线圈的电感电流所补偿。这样，接地电弧自然会熄灭，这是完全调谐的情况。

虽然按式（5-5-2）选取 L 值对熄灭接地电弧最有利，可是在正常运行时，电网中性点却会出现比较高的电位，这是不能允许的。下面来对此加以分析。在正常运行时，电网由于三相对地的自部分电容不对称，可能在中性点上出现电位 $\dot{U}_0$。根据基尔霍夫电流定律，当电网无接地故障时可写出

$$\dot{I}_{C_{11}}+\dot{I}_{C_{22}}+\dot{I}_{C_{33}}+\dot{I}_L=0 \tag{5-5-3}$$

已知

$$\dot{I}_{C_{11}}=j\omega C_{11}\dot{U}_A=j\omega C_{11}(\dot{E}_A+\dot{U}_0)$$

$$\dot{I}_{C_{22}}=j\omega C_{22}\dot{U}_B=j\omega C_{22}(\dot{E}_B+\dot{U}_0)$$

$$\dot{I}_{C_{33}}=j\omega C_{33}\dot{U}_C=j\omega C_{33}(\dot{E}_C+\dot{U}_0)$$

$$\dot{I}_L=\frac{\dot{U}_0}{j\omega L}$$

于是式（5-5-3）可写成

$$j\omega(C_{11}\dot{E}_A+C_{22}\dot{E}_B+C_{33}\dot{E}_C)+\dot{U}_0\left(j\omega C_{11}+j\omega C_{22}+j\omega C_{33}-j\frac{1}{\omega L}\right)=0$$

由此可求得 $\dot{U}_0$ 为

$$\dot{U}_0=\frac{-j\omega(C_{11}\dot{E}_A+C_{22}\dot{E}_B+C_{33}\dot{E}_C)}{j\omega(C_{11}+C_{22}+C_{33})-j\frac{1}{\omega L}} \tag{5-5-4}$$

通常 $\dot{E}_A+\dot{E}_B+\dot{E}_C=0$，此时如 $C_{11}\neq C_{22}\neq C_{33}$，则（$C_{11}\dot{E}_A+C_{22}\dot{E}_B+C_{33}\dot{E}_C$）将不等于零，即上式分子将不等于零。当 L 值按式（5-5-2）选取时，上式分母将等于零，于是中性点电位 $\dot{U}_0$ 将显著上升，其具体值将由电网中的电阻决定[1]。因此，实际上总是将 L 值选

---

[1] 详见第十章第二节。

择得与完全谐调的式（5-6-2）有差别，而用

$$v=\frac{\omega(C_{11}+C_{22}+C_{33})-\frac{1}{\omega L}}{\omega(C_{11}+C_{22}+C_{33})} \tag{5-5-5}$$

表示脱离谐调的程度（脱谐度）。v 的选择应照顾到两个方面：一方面，v 值不应小到使正常运行时中性点电位 U_0 超过 $15\%U_{pb}$[❶]；另一方面，v 值又不宜大到使单相接地电流大于10A[❷]。

要 L 值错开谐调有两种办法：一是使 L 值小一些，即电感电流大于电容电流，此时 v 值为负，称为过补偿；二是使 L 值大一些，此时 v 值为正，称为欠补偿。电感电流补偿电容电流的百分数称为补偿度。在欠补偿的情况下（补偿度＜100%），如果电网有一条线路跳闸（电网对地自部分电容减小），或当线路非全相运行（此时电网一相或两相对地自部分电容减小），或 U_0 偶然升高使消弧线圈饱和而致 L 值自动变小时，式（5-5-4）中的分母都可能趋近于零，从而产生严重的中性点位移。因此，消弧线圈一般应采取过补偿的方式（补偿度＞100%）。

在选择消弧线圈的安装地点时应当注意：

（1）要保证电网在任何运行方式下，在断开一两条线路时，大部分电网不致处在无消弧线圈的运行状况中，为此，消弧线圈宜分散安装。

（2）消弧线圈是电网的零序负荷，所以宜装在零序阻抗较小的设备的中性点上，如装在有△绕组的变压器上或装在发电机上。

（3）消弧线圈的容量与所在变压器的容量应有一定比例，以防止在持续性的金属性接地故障时（此时应能运行2h）变压器不致过热。为此，装于有△绕组的双绕组及三绕组变压器中性点上消弧线圈的容量，不应超过变压器三相总容量的50%，并不得大于三绕组变压器任一绕组的容量，而装在内铁心式Y-Y接线的变压器中性点时，消弧线圈的容量不应超过变压器三相总容量的20%。

第六节 电力系统的接地装置

接地是将电力系统网络及其电气设备的某些部分经接地装置与“地”作电的连接。这里“地”是指大地在不受入地电流影响的无穷远处电位为零的地方（称参考“地”）。接地装置包括接地体和接地引下线两部分。接地体指直接埋入土壤中的金属导体。此外，由于水泥受潮后的导电能力与土壤差不多，所以受水泥包围的金属导体也算作接地体。再者，自然水是导电体，所以直接沉放在水中的金属导体也称接地体。接地引下线是连接电力系统中需接地的部位与接地体间的金属导体。

当电流 I 经接地体在地中流散时，由接地体到无穷远处零位面之间必有电压降 U，将

---

❶ 从式（5-5-4）可知，如果设法使 $C_{11}=C_{22}=C_{33}$，则 U_0 可大为降低。该方法一般用在变电站母线上将各条出线的三相导线按不同相序进行连接，即可满足 U_0 的要求。

❷ 在个别的110～154kV电网中，也有采用消弧线圈接地的。此时，因电网电压较高，单相接地故障电流中的电晕电流分量较大，后者是有功分量，不能被消弧线圈所补偿，所以接地故障电流可能超过10A，此时应当做到 $|v|$ 不大于10%。

U/I 的值定义为接地阻抗，称接地阻抗的实部为接地电阻，也即接地体与无穷远的地之间的土壤电阻。本节要介绍的是接地电阻。

实际上接地装置的接地电阻应包括接地引下线的电阻、接地体本身的电阻、接地体与土壤的接触电阻，以及接地体与大地无穷远零位面之间土壤的电阻。由于前三项相对第四项都非常小，所以接地装置的接地电阻实际上也就是接地体与大地无穷远零位面之间土壤的电阻。

由于土壤电阻的存在，电流自接地体经周围土壤流散时，会在土壤中产生压降并形成一定的地表电位分布。当人在接地体附近走动时，人的两脚将处于大地表面的不同电位点上，相当于人跨步距离的地网两点间的电位差称为跨步电位差。当人站立在接地体附近的地面上用手去接触接地导体时，人的手和脚将具有不同的电位，人的手和脚间的电位差称为接触电位差。显然，当跨步电位差或接触电位差超过某一安全数值时就会导致人体的触电事故。

电气系统的接地方式可分为三种：

(1) 工作接地（或称系统接地），是指根据电力系统正常运行方式的需要，而将电网的某一点接地。例如，将三相系统的中性点接地，其作用为稳定电网对地电位，从而可使对地绝缘降低，还可以使对地绝缘闪络或击穿时容易查出，以及有利于实现继电保护措施，等等。工作接地要求的接地电阻应能在系统最大接地故障电流经地网入地时，使地网电位的升高不超过 2～5kV。

(2) 保护接地，是指为了人身安全而将高压[1]电气设备的金属外壳（包括电缆外皮）接地。高压设备保护接地要求的接地电阻为 1～10Ω。

(3) 防雷接地，如避雷针（线）的接地，是为了让强大的雷电流安全导入地中，以减少雷电流流过时引起的电位升高。防雷接地的电阻值不应大于 30Ω。

对工作接地及保护接地而言，接地电阻是指在直流或工频电流流过时的电阻，称为直流（或工频）接地电阻；对防雷接地而言，人们特别感兴趣的是接地极在雷电流（冲击电流）流过时所呈现的电位，从而将冲击电流流过时接地极电位的最大值与冲击电流的最大值之比定义为冲击接地电阻。

一、接地电阻的计算

（一）直流（或工频）接地电阻 R

直流电流在大地中流动是个恒稳电流场，工频电流也可近似这样认为，因此，计算直流（或工频）接地电阻要进行恒流场的分析。由于恒流场和静电场是相似的，可以直接引用静电场中已知的电容 C 的公式来写出恒流场中待求的接地电阻 R 的公式。R 和 C 的关系为

$$R=\frac{U}{I}=\frac{U}{\oint_{S} j_n \mathrm{d}S}=\frac{U}{\oint_{S}\frac{E_n}{\rho}\mathrm{d}S}=\frac{U}{\frac{1}{\varepsilon\rho}\oint_{S} D_n \mathrm{d}S}=\frac{\varepsilon\rho U}{Q}=\frac{\varepsilon\rho}{C} \tag{5-6-1}$$

式中：S 为导体表面积；j_n 为由导体表面流出的电流密度；E_n 为导体表面的电场强度；D_n 为导体表面的电通量；Q 为导体所带电荷量；ρ 为土壤的电阻率；ε 为土壤的介电系数；C 为接地体对无穷远处的电容。因此下面将直接介绍一些接地体的接地电阻计算公式，而不再

[1] 对 1000V 以下的低压电气设备一般不宜采用接地保护，而应将其外壳接在电源线的中性线上，称为报接零保护。接零保护时单相短路电流较大，易使熔断器等保护设备动作。而低压设备的接地保护一般难于达到此要求，当电气设备单相接地故障时，将使外壳长期带电，人身安全难以保证。

进行推导。

1. 垂直接地体

单根垂直接地体，当 $l \gg d$ 时，接地电阻为

$$R=\frac{\rho}{2\pi l}\left(\ln\frac{4l}{d}-0.31\right)\quad(\Omega)\tag{5-6-2}$$

式中：l 为接地体的长度，m；d 为接地体的直径，m。

如果采用等边角钢作接地体，则 $d=0.84b$，其中 b 为角钢宽度；如果用不等边角钢，$d=0.71\left[b_1b_2(b_1^2+b_2^2)\right]^{0.25}$，其中 b_1 和 b_2 为角钢每边宽度；如果采用扁钢，则 $d=0.5b$，其中 b 为扁钢宽度。

当单根垂直接地体的接地电阻不能满足要求时，可以用多根垂直接地体并联，n 根接地体并联后的接地电阻 R_0 并不是单根接地体接地电阻 R 的 $\frac{1}{n}$ 倍，而是要大一些，这是因为它们互相屏蔽的缘故。此时

$$R_0=\frac{R}{n\eta}\tag{5-6-3}$$

式中：η 称为工频利用系数，$\eta \leqslant 1$。当相邻接地体之间的距离为接地体长度 l 的 2 倍时，η 值约为 0.9（两根并联时）或 0.7（按圆周分布的六根并联时）；自然接地极的工频利用系数取 0.8。

2. 水平接地体

水平接地体的接地电阻为

$$R=\frac{\rho}{2\pi L}\left(\ln\frac{L^2}{dh}+A\right)\quad(\Omega)\tag{5-6-4}$$

式中：L 为接地体的总长度，m；h 为接地体的埋设深度，m；A 为形状系数，其值见表 5-6-1。

表 5-6-1　形 状 系 数

水平接地极形状	—	└	人	○	+	□	✕	⋇	✳	✳
形状系数 A	−0.6	−0.18	0	0.48	0.89	1	2.19	3.03	4.71	5.65

显然，A 值越大，则钢材的利用就越差。如取 $h=0.6\text{m}$，$d=8\text{mm}=\frac{8}{1000}\text{m}$，可将式（5-6-4）改写为

$$R=\frac{\rho}{2\pi L}(\ln L^2+5.34+A)\tag{5-6-5}$$

则由式（5-6-5）可以看出，为使 A 值比括号中前两项之和小得多，应采用表 5-6-1 中前六种形式。后几种形式只在需考虑防雷接地时才采用。这是因为要避免在雷电流的高频作用下接地体本身呈现过大的感抗，需保证每根射线的长度不超过一定的数值。

3. 圆盘接地体

置于地面的圆盘接地体的接地电阻为

$$R=\frac{\rho}{4r}=\frac{\sqrt{\pi}}{4}\frac{\rho}{\sqrt{S}}=0.443\frac{\rho}{\sqrt{S}}\tag{5-6-6}$$

式中：r 为圆盘的半径；S 为圆盘的面积。

接地体材料一般用钢，用铜较贵，用铝易腐蚀。南方湿热地区腐蚀较快，可适当加大角钢截面或用扁钢。对于盐碱地区或严重腐蚀区，可采用镀锌措施。随着技术的发展，铜包钢接地体也在推广使用。单根垂直接地极（长 2.5m，20mm×20mm×3mm～50mm×50mm×5mm 的角钢）在一般土壤中（$\rho=100\Omega\cdot m$）的工频接地电阻约 30Ω。单根水平接地体（长 60m，ϕ8～100mm 的圆钢或 25mm×4mm～40mm×4mm 的扁钢）在干砂土中（$\rho=1000\Omega\cdot m$）的工频接地电阻也约 30Ω。

（二）冲击接地电阻 R_i

由于雷电流相当于高频电流，在高频大雷电流流过接地体时，接地体本身的电感所起到的阻碍雷电流流通的效应（电感效应）将不能被忽视。电感效应将使伸长接地体（其电感较大）在雷电流下呈现较大的冲击接地电阻 R_i。此外，由于雷电流的幅值很大（数十千安），接地体的电位很高，其周围土壤中的电场强度将大大超过土壤（不均匀介质）的耐压强度（8.5×10^3 V/cm 左右），所以会产生强烈的火花放电（火花效应）。实验表明，当单根水平接地体的电位为 1000kV 时，火花放电区域的直径可达 70cm，火花效应将使接地体的冲击接地电阻 R_i 大大小于工频接地电阻 R。显然，在冲击电流下，接地体的接地电阻不是一个常数，而且冲击电压与冲击电流最大值出现的时刻一般是不同的。之所以人为地将接地极冲击电位的最大值与冲击电流的最大值之比定义为冲击接地电阻 R_i，是因为这种定义可为实际应用带来方便。此时只要知道雷电流的最大值 i_{max}，则由 $i_{max}R_i$ 即可求得接地体电位的最大值 U_{max}，而后者是人们在防雷设计上最感兴趣的。

R_i/R 之比称为接地体的冲击系数 α，由于存在火花效应，其值一般小于 1，但当接地体的长度太大而出现电感效应时，其值也可能大于 1。

α 值可按以下经验公式求取

$$\alpha=\frac{1}{0.9+a\dfrac{(I\rho)^{0.8}}{l^{1.2}}} \tag{5-6-7}$$

式中：I 为通过每根接地体的雷电流的幅值，kA；ρ 为土壤电阻率，kΩ/m；l 为棒或带的长度，或圆环接地体的圆环直径，m；垂直接地体时取 $a=0.9$，水平接地体时取 $a=2.2$。

由此可见，当单根接地体的长度 l 上升时，α 上升很快。为了在雷电流下得到较好的接地效果，水平放射型接地极每根导体的最大长度不应超过表 5-6-2 中的数值。

表 5-6-2　放射形接地极每根导体的最大长度

土壤电阻率（Ω·m）	$\rho\leqslant500$	$500<\rho\leqslant1000$	$1000<\rho\leqslant2000$	$2000\leqslant5000$
最大长度（m）	40	60	80	100

由 n 根接地体并联后的总冲击接地电阻 $R_{i,n}$ 可按式（5-6-8）求出

$$R_{i,n}=\frac{R_i}{n\eta_i} \tag{5-6-8}$$

式中：R_i 为单根接地体的冲击接地电阻；η_i 为冲击利用系数，其值见表 5-6-3。

表 5-6-3 接地体的冲击利用系数 η_i

接地极型式	接地导体（线）的根数	冲击利用系数	备注
n 根水平射线（每根长 10～80m）	2	0.83～1.0	较小值用于较短的射线
	3	0.75～0.90	
	4～6	0.65～0.80	
以水平接地极连接的垂直地极	2	0.80～0.85	$\frac{D\text{（垂直接地极间距）}}{l\text{（垂直接地极长度）}}=2～3$ 较小值用于$\frac{D}{l}=2$时
	3	0.70～0.80	
	4	0.70～0.75	
	6	0.65～0.70	
自然接地极	拉线棒与拉线盘间	0.6	—
	铁塔的各基础间	0.4～0.5	
	门型、各种拉线杆塔的各基础间	0.7	

最后应当指出，计算雷电保护装置所用的土壤电阻率 ρ 应取雷季中最大可能的值，一般取

$$\rho=\rho_0\psi \quad (\Omega\cdot\text{m}) \tag{5-6-9}$$

式中：ρ_0 为雷季中无雨水时测得的土壤电阻率；ψ 为季节系数，其值见表 5-6-4。为了初步估算，也可取：黑土、黏土和砂质黏土的 $\rho\leqslant100\Omega\cdot\text{m}$；砂土及多石土壤的$\rho\approx300～400\Omega\cdot\text{m}$；砂子的 $\rho\approx1000\Omega\cdot\text{m}$；多岩石山区的 $\rho\approx5000\Omega\cdot\text{m}$。

表 5-6-4 土壤干燥时的季节系数

埋深（m）	ψ 值	
	水平接地极	2～3m 的垂直接地极
0.5	1.4～1.8	1.2～1.4
0.8～1.0	1.25～1.45	1.15～1.3
2.5～3.0	1.0～1.1	1.0～1.1

二、跨步电位差和接触电位差

图 5-6-1 为跨步电位差 U_s 和接触电位差 U_t 的示意图。在计算跨步电位差时，人的两脚间的跨距取 1m；在计算接触电位差时，人站立处离设备的距离取 1m，手接触处离地面的高度取 2m。

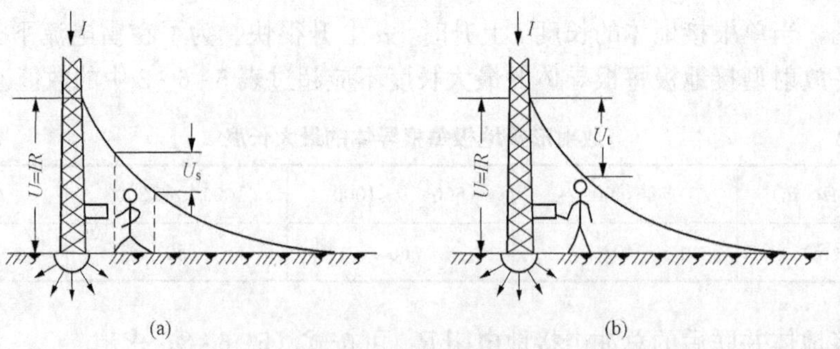

图 5-6-1 跨步电位差和接触电位差的示意图
（a）人体遭受的跨步电位差；（b）人体遭受的接触电位差

许多研究资料表明，频率为 50～60Hz 的工频电流对人体电击的伤害程度最为严重。

人体（体重按50kg考虑）允许通过的工频电流（安全电流 I_b，A）和作用时间 t(s) 相关，可由下式决定

$$I_b = \frac{0.116}{\sqrt{t}} \tag{5-6-10}$$

对雷电冲击来说，由于其作用时间短，使人致死的雷电流值可达20～40A。

取人体电阻 R_b 为1500Ω，则允许作用于人体的工频电压（安全电压 U_b，V）将为

$$U_b = \frac{0.116}{\sqrt{t}}R_b = \frac{174}{\sqrt{t}} \tag{5-6-11}$$

考虑到人脚与大地之间有过渡电阻，将人脚用一个半径为 $r=0.08$m 的圆盘近似取代，则每只脚与地之间的过渡电阻为 $\frac{\rho}{4r}\approx 3\rho$。对接触电位差 U_t 而言，两只脚是并联的。两只脚并联后的过渡电阻为 1.5ρ，它是与人体电阻1500Ω相串联后受 U_t 作用的。据此不难求出能保证人体安全所允许的接触电位差为

$$U_{ty} = \frac{174}{\sqrt{t}} + \frac{0.116}{\sqrt{t}} \times 1.5\rho = \frac{174 + 0.17\rho}{\sqrt{t}} \quad (\text{V}) \tag{5-6-12}$$

同样，对跨步电位差 U_s 而言，两只脚是串联的。两只脚串联后的过渡电阻为 6ρ，据此不难求出能保证人体安全所允许的跨步电位差为

$$U_{sy} = \frac{174}{\sqrt{t}} + \frac{0.116}{\sqrt{t}} \times 6\rho = \frac{174 + 0.7\rho}{\sqrt{t}} \quad (\text{V}) \tag{5-6-13}$$

以上两式中的 t 可取继电保护的后备动作时间，单位为s。

当强大的雷电流流过接地体时，如果有人在接地体附近行走，人的两脚间会出现很大的跨步电位差。为保证人身安全，防雷接地体应距人行道3m以上。

三、架空线路接地装置

为了实现有效的防雷，线路杆塔一般应逐杆接地，综合运行经验，考虑到需要与可能，有关规程规定线路杆塔工频接地电阻应采用表5-6-5的数值，它经过冲击系数的换算后可以满足线路防雷的要求。用工频值作规定是为了便于测量检查。

表5-6-5　　装有避雷线的线路杆塔工频接地电阻值（上限）

土壤电阻率 ρ（Ω·m）	$\rho\leqslant 100$	$100<\rho\leqslant 500$	$500<\rho\leqslant 1000$	$1000<\rho\leqslant 2000$	$\rho>2000$
接地电阻（Ω）	10	15	20	25	30

线路接地除了要用上述人工接地体外，杆塔的混凝土基础也有一定的自然接地作用，这是因为埋在土中的混凝土由于其毛细孔中渗透水分，其电阻率已接近于土壤。杆塔的自然接地电阻可按表5-6-6估算。

表5-6-6　　杆塔自然接地电阻估算值

接地装置型式	杆塔型式	接地电阻简易计算式
n 根水平射线（$n\leqslant 12$，每根长约60m）	各型杆塔	$R\approx\frac{0.062\rho}{n+1.2}$
沿装配式基础周围敷设的深埋式接地极	铁塔	$R\approx 0.07\rho$
	门型杆塔	$R\approx 0.04\rho$
	V型拉线的门型杆塔	$R\approx 0.045\rho$

续表

接地装置型式	杆塔型式	接地电阻简易计算式
装配式基础的自然接地极	铁塔 门型杆塔 V 型拉线的门型杆塔	$R\approx 0.1\rho$ $R\approx 0.06\rho$ $R\approx 0.09\rho$
钢筋混凝土杆的自然接地极	单杆 双杆 拉线单、双杆 个拉线盘	$R\approx 0.3\rho$ $R\approx 0.2\rho$ $R\approx 0.01\rho$ $R\approx 0.28\rho$
深埋式接地与装配式基础自然接地的综合	铁塔 门型杆塔 V 型拉线的门型杆塔	$R\approx 0.05\rho$ $R\approx 0.03\rho$ $R\approx 0.04\rho$

注　表中 R 为接地电阻，Ω；ρ 为土壤电阻率，Ω·m。

在表 5-6-7 中列出了不同土壤电阻率地区的线路典型接地装置。这是根据表 5-6-5 要求的接地电阻值，既考虑充分利用杆塔的自然接地作用（当 $\rho\leqslant 300\Omega\cdot m$ 时），又考虑到工频接地的形状系数尽可能小，还考虑到冲击下单根射线长度的限制，希望在不显著增加钢材的条件下尽可能降低 R_i 而定出的。表中还列出了各种典型接地装置的 R_i 估算值。

表 5-6-7　　不同土壤电阻率地区的线路典型接地装置

土壤电阻率 ρ（Ω·m）	接地装置平面示意图	工频接地电阻（上限）估算值 R（Ω）	冲击接地电阻（上限）估算值 R_i（Ω）	
			60kA 以下	100kA 以下
100 及以下	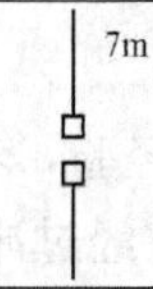 7m 或	10	7.4	4.5
100 以上到 300	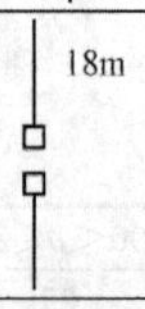 18m 或 15m 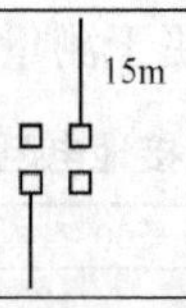	15	13	9.5
300 以上到 500	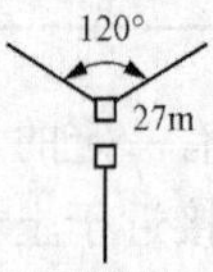 120° 27m 或 27m 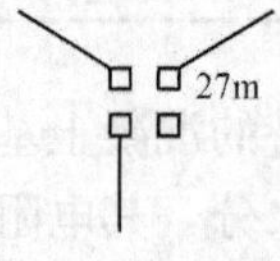	15	13.5	12.8
500 以上到 1000	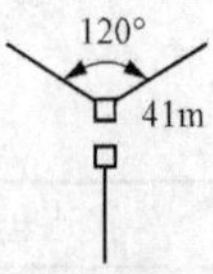 120° 41m 或 41m 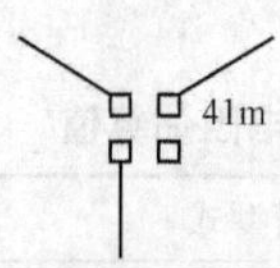	20	17	15.6
1000 以上到 2000	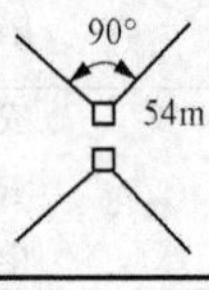 90° 54m 或 54m 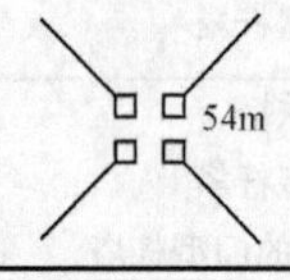	25	20	19

续表

土壤电阻率 ρ（Ω·m）	接地装置平面示意图	工频接地电阻（上限）估算值 R（Ω）	冲击接地电阻（上限）估算值 R_i（Ω）	
			60kA 以下	100kA 以下
2000 以上到 4000	60° 80m 或 80m 60°	30	22	20
4000 以上	6 条 100m 或 8 条 80m 射线或 2 条连续伸长接地线	不规定	30	29

四、发电厂、变电站的接地

发电厂、变电站需要有一个接地良好的地网，这无论从防雷的观点看，还是从工频对地短路电流不致使发、变电站人员及设备受危险的观点看，都是必需的。这个统一接地网以埋深 0.6～0.8m 的水平接地体为主。地网的水平接地体可排列成长孔形的，也可排列成方孔形的，如图 5-6-2 所示。边框以内的水平接地导体称为均压带，起均匀地表电位分布的作用，也为变电设备提供就近的接地点。在大、中型地网中，为防腐蚀，水平接地体常用 4mm×40mm 的扁钢或 ϕ20mm 的圆钢。两水平接地带之间的距离可先取为 3～10m，然后再按接触电位差和跨步电位差的要求予以调整。为满足防雷装置接地的需要，可在防雷装置接地处再加 3～5 根集中的垂直接地极（2.5～3m 长）。这样，在一般土壤时，它呈现的冲击接地电阻为 1～4Ω。

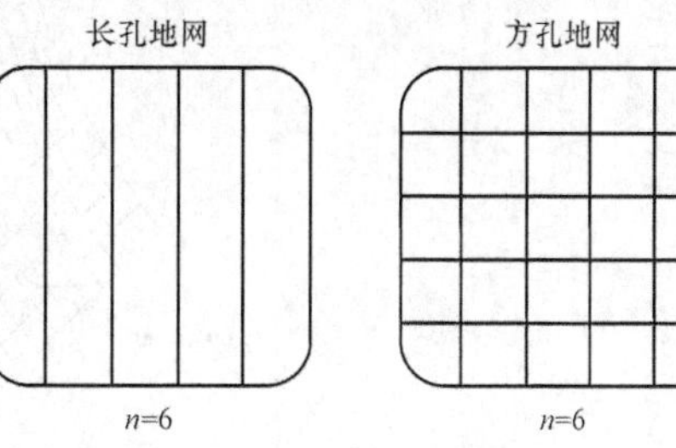

图 5-6-2　长孔形与方孔形接地网

水平接地网的工频接地电阻可根据置于地面的圆盘的接地电阻［式（5-6-6）］按下面经验公式粗略估计：

$$R=\frac{0.443\rho}{\sqrt{S}}+\frac{\rho}{L}\approx\frac{0.5\rho}{\sqrt{S}}\tag{5-6-14}$$

式中：L 为接地体的总长度（包括水平的和垂直的），m；S 为地网的面积，m^2。

式（5-6-14）中，$\frac{0.443\rho}{\sqrt{S}}$是式（5-6-6）所示的置于地面的面积为 S 的铁板的接地电阻；$\frac{\rho}{L}$是考虑到实际地网不是铁板而引入的修正项，它比前一项小得多。可见，当 ρ 一定时，地网的工频接地电阻基本上由变电站的面积（约等于地网的面积）决定，是很难加以改变的。

地网接地电阻和地面电位分布的准确计算，要借助于相关的接地计算程序。图 5-6-3 是由接地计算程序计算所得的，均压带在 $S=(100\times100)\ m^2$ 的地网中均匀敷设组成方形网孔地网时，沿地网对角线的地面电位分布曲线。计算时取地网埋深 $h=0.8$m，导体直径 $d=0.02$m，n 为地网单方向的平行接地带根数。图 5-6-4 是 $h=0.8$m，$d=0.02$m，$n=9$，$S=40$m×40m 地网边角网孔及其外侧的地面电位分布立体图，计算时地网电位取为 100V。图中上部平面的电位为 95.314V，是该区域内的最高电位，对应于该电位的是坐标为（15，15）的点。图中下部平面的电位为 48.173V，是该区域内的最低电位，对应于该电位的是坐标为（24，24）的点。

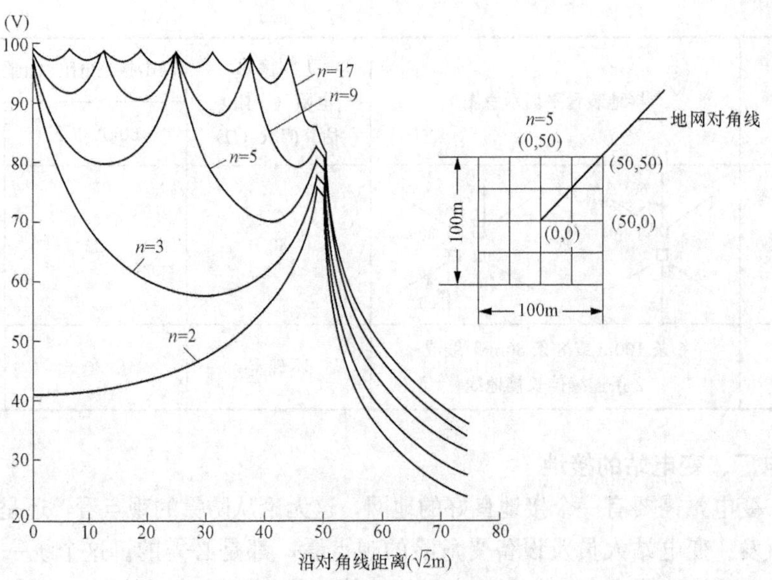

图 5-6-3 沿地网对角线的地面电位分布

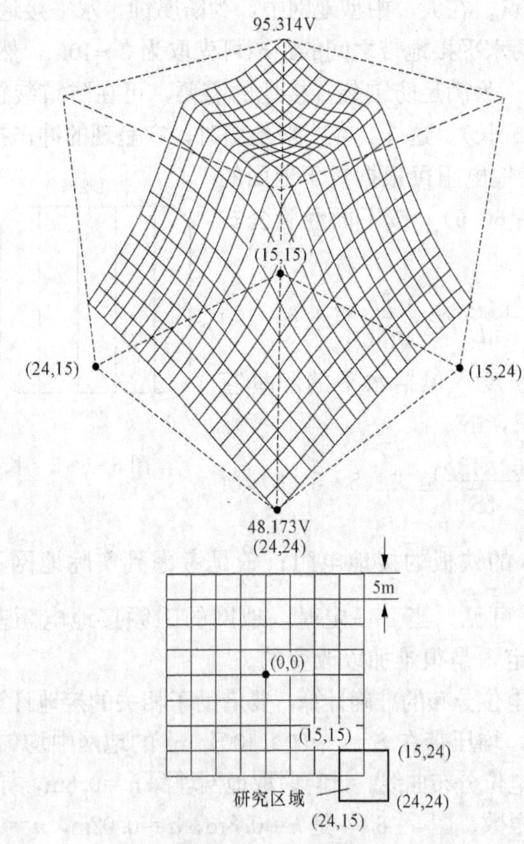

图 5-6-4 地网边角网孔及其外侧的地面电位分布立体图

由图 5-6-3 和图 5-6-4 可见：

（1）网孔中心附近地面的电位低于接地体的电位，当人站在网孔中心附近的地面用手去接触接地的金属导体时，人的手和脚间将有较大的接触电位差作用。最大接触电位差出现在地网的边角网孔处，增加均压带的根数可以使地面电位分布得到改善。

（2）地网跨步电位差的最大值出现在地网边角沿对角线一个跨步处。将地网的边角做成圆弧形可降低地网边角处的跨步电位差。当最大跨步电位差不能保证人身安全时，应在变电站地网外有人走动的边角处铺以碎石（厚8～10mm）路面。

从保证人身和设备安全出发，在中性点直接接地的电网中，当接地故障电流经地网流散时，地网的电位升高通常不应超过2000V，即地网的工频接地电阻R应满足

$$R \leqslant \frac{2000}{I} \tag{5-6-15}$$

式中：I为经接地网入地的最大不对称接地故障电流有效值，A。在满足式（5-6-15）有困难时，通过技术经济比较后，允许将地网电位提高到5kV。在高电阻率地区，经专门计算且采取的措施可确保人身和设备安全可靠时，地网的允许电位还可以进一步提高。

在中性点不直接接地、谐振接地、高电阻接地的电网中，为了保证供电的可靠性，接地短路允许带故障运行2h，此时地电位的允许值将降低为120V，人体的安全电压将降低为50V。据此可得地网的接地电阻应满足

$$R \leqslant \frac{120}{I} \tag{5-6-16}$$

且不能大于4Ω。而接触电位差的允许值U_{ty}与跨步电位差的允许值U_{sy}则分别为

$$U_{ty} = \frac{50}{1500}(1500 + 1.5\rho) = 50 + 0.05\rho \quad (V) \tag{5-6-17}$$

$$U_{sy} = \frac{50}{1500}(1500 + 6\rho) = 50 + 0.2\rho \quad (V) \tag{5-6-18}$$

五、土壤电阻率及地网接地电阻测量

测量土壤电阻率宜用图5-6-5所示的四极法。在外面两个电极（1和2）上通以电流I，在里面两个电极（3和4）上测量电压U。U值可按下述方法计算。

由于电极1的入地电流I使电极3具有的电位V_3'为

$$V_3' = -\int_{\infty}^{a} E\mathrm{d}r = -\int_{\infty}^{a} J\rho\mathrm{d}r = -\int_{\infty}^{a} \frac{1}{2\pi r^2}\rho\mathrm{d}r = \frac{I\rho}{2\pi r}\bigg|_{\infty}^{a} = \frac{I\rho}{2\pi a}$$

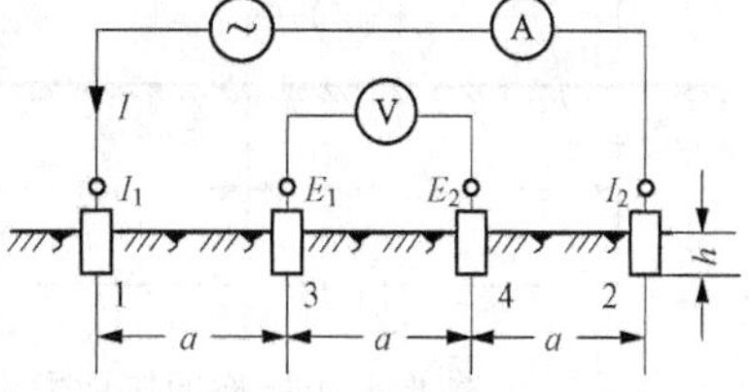

图5-6-5　四极法测量土壤电阻率

同理可得电极2的出地电流I使电极3具有的电位V_3''为

$$V_3'' = -\frac{I\rho}{2\pi(2a)}$$

于是可以求出电极3的真实电位V_3为

$$V_3 = V_3' + V_3'' = \frac{I\rho}{2\pi}\left(\frac{1}{a} - \frac{1}{2a}\right) = \frac{I\rho}{4\pi a}$$

同样可以求出电极4的电位V_4为

$$V_4 = \frac{I\rho}{2\pi}\left(\frac{1}{2a} - \frac{1}{a}\right) = -\frac{I\rho}{4\pi a}$$

于是电极3与电极4之间的电位差U必为

$$U = V_3 - V_4 = \frac{I\rho}{2\pi a}$$

由此即可求出土壤电阻率 ρ 为

$$\rho = 2\pi a \frac{U}{I} = 2\pi a R_0 \tag{5-6-19}$$

式中：R_0 为假想的电阻值，$R_0=\dfrac{U}{I}$，此值可由电压表读数 U 及电流表读数 I 的比值得出。

可以注意到，电极 1～4 的接地电阻值并不反应在式（5-6-19）中，这是采用四极法测 ρ 值的一个很大优点。这样，只需保持 $a\geqslant 10h$，在将电极 1～4 打入地中时电极有点晃动影响并不大。这是因为，电极 1、2 的接地电阻值只会影响到通过的电流值 I，由于 U 与 I 成正比，所以它们不会影响 ρ 值的测量结果；而只要电极 3、4 的接地电阻值比电压表内阻小得多（这在一般情况下是很容易满足的），就不会影响电压表的读数，也就不会影响 ρ 值的测量结果了。❶

在测量时也可以用接地绝缘电阻表代替图 5-6-6 中的电源、电压表和电流表。接地绝缘电阻表的电源采用的是一种周期性断开电路并变换极性的直流电源。这种电源可以消除极化效应、互感的影响和外界工频电磁场的影响，而接地绝缘电阻表的指针读数即为式（5-6-19）中的 R_0 值，测量时只需将图中 1、2、3 和 4 四个电极分别接到接地绝缘电阻表上 I_1、I_2、E_1 和 E_2 四个端子即可。

用四极法测得的 ρ 显然是电极 3 和 4 中间区域（深度约为 a）土壤的平均电阻率。因此，如将 a 取得很小，可测出某一局部表层的 ρ 值；如将 a 取得大些，则所测的区域和深度都会加大。如果发电厂、变电站所处地区土壤不均匀，在测量时应将 a 放大到约 $3\sqrt{S}$（S 为地网的面积），以便求出等值的土壤电阻率。

为研究大型地网的接地电阻的正确测量方法，下面讨论图 5-6-6 所示的简单情况，即接地网为半球形电极（其半径为 r），大地为均匀土壤的情况。

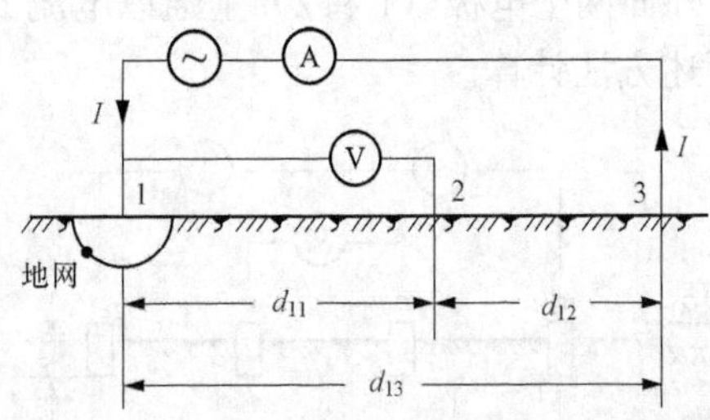

图 5-6-6 半球形电极接地网接地电阻测量

电流自地网 1 流入，自电流极 3 流出。此时地网 1 的电流 I 使 1、2 两点间出现的电位差 U'_{12} 为

$$U'_{12}=\frac{I\rho}{2\pi r}-\frac{I\rho}{2\pi d_{12}}$$

而电流极 3 的电流使 1、2 两点间出现的电位差 U''_{12} 为

$$U''_{12}=-\frac{I\rho}{2\pi d_{13}}+\frac{I\rho}{2\pi d_{23}}$$

因之，用电压表量出 1、2 两电极间的电位差 U_{12} 应为

$$U_{12} = U'_{12}+U''_{12}=\frac{I\rho}{2\pi}\left(\frac{1}{r}-\frac{1}{d_{12}}+\frac{1}{d_{23}}-\frac{1}{d_{13}}\right)$$

由此测得的电阻值 R 则为

$$R = \frac{U_{12}}{I} = \frac{\rho}{2\pi}\left(\frac{1}{r}-\frac{1}{d_{12}}+\frac{1}{d_{23}}-\frac{1}{d_{13}}\right) \tag{5-6-20}$$

❶ 当测出棒式电极的接地电阻 R 后，利用式（5-6-2）也可反算出 ρ 值来，但因为 R 值与棒对土壤接触的紧密程度（是否能晃动）有很大关系，所以这种测 ρ 值的办法（一般称之为三极法）不宜使用。

但半球形极地极的实际接地电阻可算出为

$$R_0=\frac{\rho}{2\pi r} \tag{5-6-21}$$

要使测得的 R 符合 R_0，必须使

$$\frac{1}{d_{23}}-\frac{1}{d_{12}}-\frac{1}{d_{13}}=0 \tag{5-6-22}$$

能满足上式的第一个方法是远离法，即尽量使 d_{12}、d_{23} 和 d_{13} 趋向无穷大。实际上，如取 $d_{13}=10r=5D$（D 为地网直径），并取 $d_{12}=d_{23}=\frac{d_{13}}{2}=5r$，则由式（5-6-20）和式（5-6-21）的比较可知

$$\frac{R}{R_0}=\frac{\frac{\rho}{2\pi}\left(\frac{1}{r}-\frac{1}{5r}+\frac{1}{5r}-\frac{1}{10r}\right)}{\frac{\rho}{2\pi r}}=90\%$$

即测量结果比实际值偏小 10%，这在工程上是可以接受的。

由于电流自 1 进、自 3 出，零电位面必在 $d_{12}=d_{23}=\frac{d_{13}}{2}$ 处，所以远离法也就是将电流极 3 打在离开被测接地极为 $5D$ 的地点，同时将电压极 2 打在零位面的方法。远离法的实际布线如图 5-6-7 所示。但是如果土壤不均匀，零位面就不一定在中央，这时需要通过实测找到零位面的所在地。零位面的特点是其附近的电场强度最小，所以可以将电压极 2 前后移动（如每次移动约 $5\%d_{13}$），找出电压值变化最小的区域就可以了。但这种方法显然也可能造成更大的误差，因为低 ρ 地带的电场强度也很小，找到的可能根本不是零电位面，而是低 ρ 地带。因此，这种方法不能根本解决土壤不均匀的影响，而且测量结果一般应加上 10% 的校正。

图 5-6-6 中除了在地网 1 和电极 3 之间存在着零位面外，显然在地网 1 的左方无穷远处也是零位面。因此，也可以将电压极 2 放在地网 1 的左方很远处，这时测量误差仍是 10%。实际上只要将电压极 2 放在地网 1 的左边相距为（5～10）D 处即可（见图 5-6-8），不过此时误差更大些（约为 15%）。利用这种办法可以有效地消除土壤不均匀的影响，而且避免了测量用电流线和电压线因平行敷设产生的互感而造成的感应干扰；但缺点是拉线太长，不便实施。

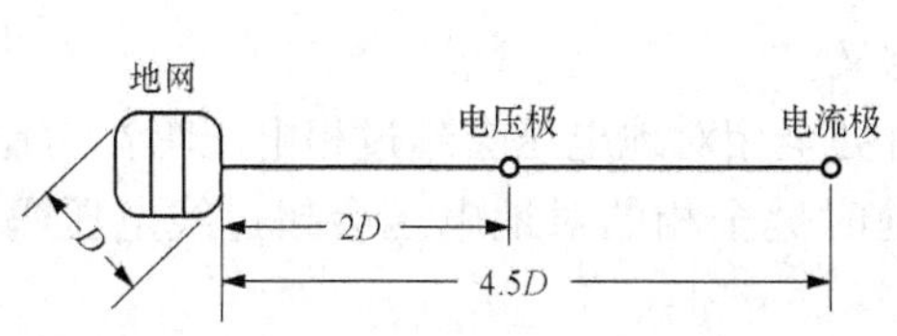

图 5-6-7　远离法的实际布线图

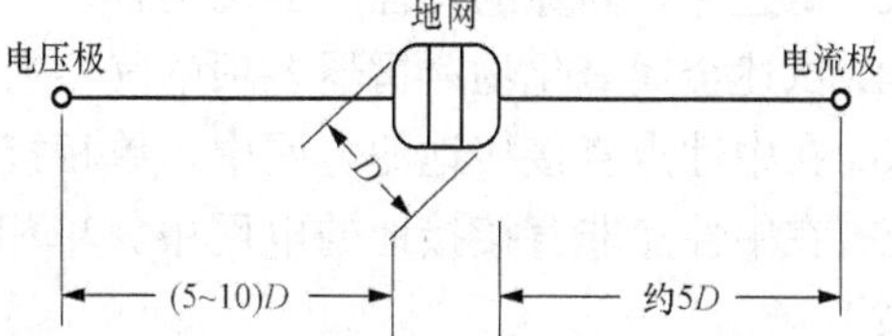

图 5-6-8　消除土壤不均匀影响的方法

能满足式（5-6-22）的另一个方法是补偿法。令 $d_{12}=\alpha d_{13}$，于是有

$$d_{23}=d_{13}-d_{12}=(1-\alpha)d_{13}$$

代入式（5-6-22）得

$$\frac{1}{1-\alpha}-\frac{1}{\alpha}-1=0$$

整理后得

$$\alpha^2+\alpha-1=0 \tag{5-6-23}$$

解上式，得 $\alpha=0.618$。由此按图 5-6-6，只要将电压极打在 $0.618d_{13}$处，就能测得正确结果。为什么原先将电压极打在 $0.5d_{13}$的零位面上测量结果反而不正确呢？因为实际上零位面应在无穷远处，现在移近了，所以如前所述，即使 $d_{13}=10r$，如把电压极打在零位面处，测得的 R 值比实际值仍要小 10%。为了补偿因零位面靠近地网引起的误差，需将电压极由 $0.5d_{13}$的零位面移到 $0.618d_{13}$的非零位面处，这样测量结果就正确了，所以这种方法称为补偿法。采用补偿法时，允许将 d_{13}缩短到 $2D$ 左右，各电极的具体布置如图 5-6-9 所示。此时，电压极距地网中心的距离约为 $1.5D=0.6(2.5D)\approx0.6d_{13}$，即在 $0.618d_{13}$附近。

用类似的方法可以证明，图 5-6-10 也是补偿法的一种（称夹角法），也能得到正确的测量结果。

补偿法的优点是拉线较短，测量结果较准确；其缺点也是不能解决土壤不均匀的影响。

在测量时，应避开地下金属管道。电压线应直接从地网引出而不要从电流线上引出，以排除电流线的阻抗与接触电阻的影响。在采用交流电源时，应采用换相法消除干扰电压的影响；电流线和电压线之间的距离需大于 10m，以减少互感的影响。

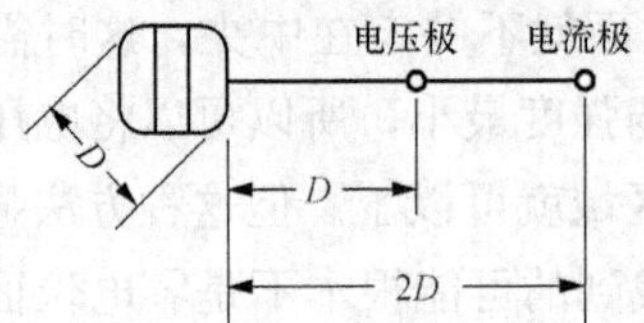

图 5-6-9 用补偿法时电极布置图

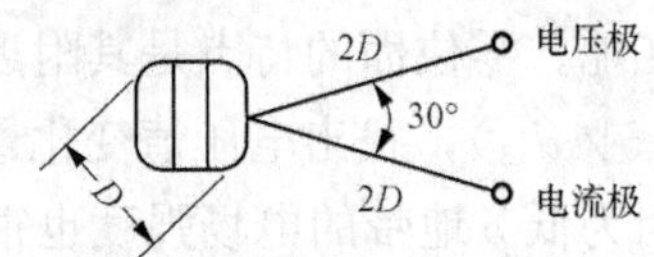

图 5-6-10 另一补偿法电极布置图

习 题

1. 某电厂原油罐，直径 10m，高出地面 10m，用独立避雷针保护，针距罐壁至少 5m，试设计避雷针的高度。

2. 有 4 根 17m 高的避雷针，布置在边长 40m 的正方形面积的四个顶点上，试画出它们对于 10m 高的物体的保护范围。

3. 试述保护间隙的特性及适用场合。

4. 试述金属氧化物避雷器各项电气参数的意义。

5. 在中性点直接接地的电网中，单相接地时健全相对地电压会超过相电压吗？为什么？

6. 在中性点非直接接地的电网中，单相接地时健全相的对地电压会超过线电压吗？为什么？

7. 试设计一种三相电气结构，使金属氧化物避雷器不仅可保护“相”对“地”的过电压，而且还可保护相间过电压（相间过电压的幅值要限制在$\sqrt{3}$倍的单相对地残压值的水平）。

8. 试述用消弧线圈熄灭中性点非直接接地电网单相接地电弧的原理，以及选择消弧线圈应注意的事项。

9. 用 3m 长、40mm×40mm×4mm 的角钢做垂直接地体，当 $\rho=100\Omega\cdot m$ 时，工频接

地电阻有多大？如果将其做成水平接地体（埋深 0.5m），接地电阻又有多大？试比较之。

10. 某 220kV 变电站，$\rho=300\Omega\cdot m$，接地网面积 $S=100m\times100m$，试估计其可能达到的最小接地电阻值。如接地短路电流为 3000A，继电保护动作时间取 0.5s（后备保护），试设计均压网布置。

11. 在测量接地电阻的补偿法中，电压极为什么不打在零位面上？

第六章　输电线路的雷电过电压及其防护

输电线路上的雷电过电压包括雷电感应过电压和雷电直击过电压。本章主要讨论架空输电线路上雷电过电压的形成机理、计算方法及防护措施。也涉及电缆线路的雷电过电压的防护，特别是电缆护层的保护。

第一节　架空线路上的雷电感应过电压

当雷击线路附近的地面时，在架空线路的三相导线上会出现雷电感应过电压。雷电感应过电压由静电感应分量和电磁感应分量构成。

一、感应过电压的形式

雷电感应过电压的形成过程如下。如图 6-1-1 所示，由于导线是通过系统的中性点或泄漏电阻接地的，假设不计工频电压，在正常情况下导线将具有零电位。在雷电放电的先导阶段，在先导通道中充满了电荷［图 6-1-1（a)］，它对导线产生了静电感应。此时，在负先导通道附近的导线上积累了异号的正束缚电荷，而导线上的负电荷则被排斥到导线的远端，通过系统的中性点或泄漏电阻入地。因为先导的发展速度很慢，所以在上述过程中流经导线的电流不大，可以忽略不计。由此可见，如果先导通道电场使导线各点获得的电位为 $-U_0(x)$，则导线上的束缚电荷电场使导线各点获得的电位必定为 $+U_0(x)$，二者在数值上相等、符号相反，即导线各点上均有 $\pm U_0(x)$ 叠加，使导线在先导阶段仍保持零电位。雷击大地，主放电开始，先导通道中的电荷被中和。假设先导通道中的电荷是全部瞬时被中和的，则导线上的束缚电荷也将全部瞬时变为自由电荷，此时导线出现的电位将仅由这些刚释放的束缚电荷决定，它显然等于 $+U_0(x)$。这是静电感应过电压的极限。实际上，主放电的发展速度有限，所以导线上束缚电荷的释放是逐步的，因而静电感应过电压将比 $+U_0(x)$ 小。由于对称的关系，被释放的束缚电荷将对称地向导线两侧流动［图 6-1-1（b)］，电荷流动形成的电流 i 乘以导线的波阻 Z，即为向两侧流动的静电感应过电压流动波 $u=iZ$。此外，如果主放电速度为 v，假设线电荷密度为 λ 的先导通道电荷全部瞬时被中和，则瞬间有 $I=\lambda v\rightarrow\infty$，这将产生极强的时变磁场，会在与放电通道平行的导线上感应出极大的电磁感应过电压。实际上由于主放电的速度 v 比光速小得多$\left[v=\left(\frac{1}{20}\sim\frac{1}{2}\right)\times c\right]$，再加主放电通道是和导线垂直的，二者间的互感不大，电磁感应过电压不会有那样大。因此，雷电感应过电压的静电分量要比电磁分量大得多，静电分量约为电磁分量的 5 倍。又由于两种分量出现最大值的时刻也不同，所以在雷电感应过电压构成中，静电分量将起主要作用。

二、静电感应分量的计算

下面来计算各种情况下的雷电感应过电压静电分量的极限值 U_0，并由此推得实际的雷电感应过电压的计算式。参看图 6-1-2，当雷击地面点 O 到导线 d 正下方地面 B 点间的水

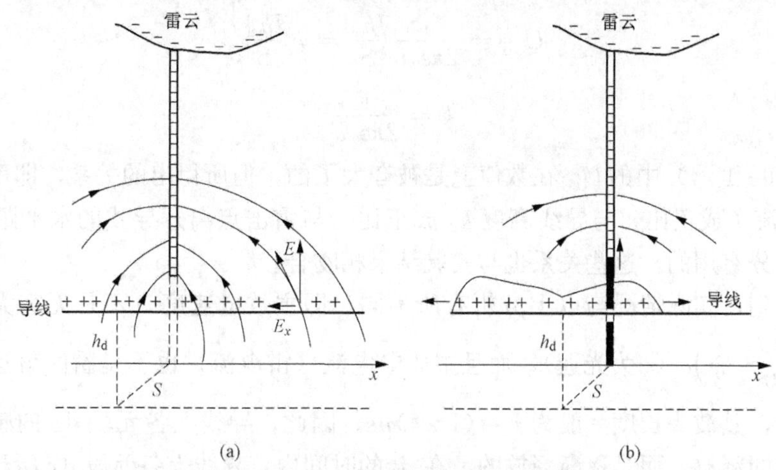

图 6-1-1　雷电感应过电压的形成

(a) 先导阶段；(b) 主放电阶段

平距离$\overline{OB}=S$时，在 dB 线上任一点 A 处电场强度的垂直分量 $E_{y,A}$不难求出为

$$E_{y,A}=\frac{\lambda}{4\pi\varepsilon_0}\int_{h-y}^{H-y}\frac{y'\mathrm{d}y'}{(y'^2+S^2)^{3/2}}+\frac{\lambda}{4\pi\varepsilon_0}\int_{h+y}^{H+y}\frac{y''\mathrm{d}y''}{(y''^2+S^2)^{3/2}}$$

$$=\frac{\lambda}{4\pi\varepsilon_0}\left[-\frac{1}{\sqrt{(H-y)^2+S^2}}+\frac{1}{\sqrt{(h-y)^2+S^2}}-\frac{1}{\sqrt{(H+y)^2+S^2}}+\frac{1}{\sqrt{(h+y)^2+S^2}}\right] \tag{6-1-1}$$

1. 第一种情况

在线路外一定距离 S 处地面落雷，此时可假定无迎面先导发生，即可取 $h=0$。同时注意到：$H\gg S$，$H\gg h_d$，于是式（6-1-1）在 $0\leqslant y\leqslant h_d$ 的范围内可简化为

$$E_{y,A}=\frac{\lambda}{2\pi\varepsilon_0}\times\frac{1}{\sqrt{y^2+S^2}} \tag{6-1-2}$$

由此可求得导线的静电感应过电压 $U_{g,j}$为

$$U_{g,j}=\int_0^{h_d}E_{y,A}\mathrm{d}y=\frac{\lambda}{2\pi\varepsilon_0}\ln(y+\sqrt{y^2+S^2})\Big|_0^{h_d}$$

$$=\frac{\lambda}{2\pi\varepsilon_0}\ln\left[\frac{h_d}{S}+\sqrt{\left(\frac{h_d}{S}\right)^2+1}\right] \tag{6-1-3}$$

对一般高度的塔来说，当 $S\geqslant 65$m 时，有 $S^2\gg h_d^2$，于是上式可化成

$$U_{g,j}=\frac{\lambda}{2\pi\varepsilon_0}\ln\left(1+\frac{h_d}{S}\right)\approx\frac{\lambda}{2\pi\varepsilon_0}\frac{h_d}{S}$$

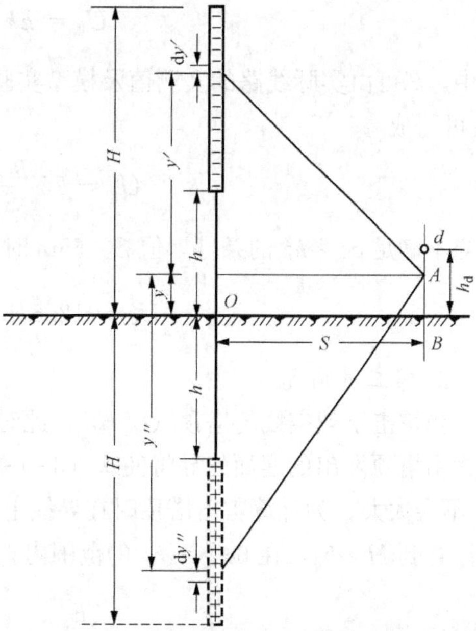

图 6-1-2　计算线路雷电感应过电压的参考图

应当再一次强调，上式是在假定主放电速度为无穷大的前提下得到的，它是感应过电压静电分量的极限值。如果将上式的分子和分母同时乘以主放电的实际速度 v，显然不会改变这一前提，但此时考虑到 $\lambda v=I$（I 为实际主放电电流），上式将可改写为

$$U_{g,j}=\frac{1}{2\pi\varepsilon_0 v}\frac{Ih_d}{S}=k\frac{Ih_d}{S} \tag{6-1-4}$$

$$k=\frac{1}{2\pi\varepsilon_0 v}$$

虽然式（6-1-4）中的$U_{g,j}$在数值上是被夸大了的，但所得出的关系，即静电感应过电压$U_{g,j}$与雷电流I成正比，与导线高度h_d成正比、与雷击点离开导线的水平距离S成反比的关系却是十分有用的，这些关系也与实验结果相吻合。

应该注意到，实际情况与以上分析有所不同，即主放电速度v不是无穷大，而是有限的，且$v=\left(\frac{1}{20}\sim\frac{1}{2}\right)c$（$c$为光速），而且主放电电流（雷电流）也不是瞬间就达到幅值，而是逐渐增大的，其波头长度一般为$\tau_t=(1\sim4)\mu s$。因此，导线上各元段dx的感应束缚电荷不是在瞬间立即释放，而是逐渐释放的。在dt的时间内，导线上各元段dx所释放的微量电荷d^2q，由于左右条件对称的关系，将向左右两个方向沿导线以流动波的形式流走。导线上任一点的静电感应过电压就是流过该点的这些流动波相叠加的结果。因此，为求得实际的静电感应过电压$U_{g,j}$的值，应当将式（6-1-4）乘以修正系数k_1，即静电感应过电压$U_{g,j}$的公式可写为

$$U_{g,j}=kk_1\frac{Ih_d}{S} \tag{6-1-5}$$

为推求总的雷电感应过电压的计算式，在上式中还需再乘一个修正系数k_2，以计及电磁分量的存在，这样总的雷电感应过电压U_g的计算式可写成

$$U_g=kk_1k_2\frac{Ih_d}{S}=k'\frac{Ih_d}{S}$$

其中，k'可由实际线路的实测值及模型实验值加以确定，得到$k'=25$。因之雷电感应过电压U_g可写成

$$U_g=25\frac{Ih_d}{S}\quad（当 S^2\gg h_d^2 时） \tag{6-1-6}$$

而当不满足$S^2\gg h_d^2$的条件，但$S\geqslant 65$m时，U_g可类比地由式（6-1-3）推出为

$$U_g=12.5I\ln\left[\frac{h_d}{S}+\sqrt{\left(\frac{h_d}{S}\right)^2+1}\right] \tag{6-1-7}$$

2. 第二种情况

当雷击于架空线的塔顶（$S\to0$），此时式（6-1-6）及式（6-1-7）都不能适用。这时因为由塔顶发出的迎面先导将使式（6-1-1）中的h保持一定的数值，从而可使感应过电压U_g不会太大。为计算雷击塔顶时在导线上的感应过电压，可在式（6-1-1）中令$S=0$，同时注意到$H\gg h_d$，在$0\leqslant y\leqslant h_d$的范围内，该式变为

$$E_{y,A}=\frac{\lambda}{2\pi\varepsilon_0}\times\frac{h}{h^2-y^2} \tag{6-1-8}$$

于是有静电感应过电压的极限值

$$U_{g,j}=\int_0^{h_d}E_{y,A}dy=\frac{\lambda}{4\pi\varepsilon_0}\ln\frac{h+h_d}{h-h_d}=\frac{I}{4\pi\varepsilon_0 v}\ln\frac{h+h_d}{h-h_d} \tag{6-1-9}$$

上式乘以修正系数，即得实际雷电感应过电压U_g为

$$U_g = 12.5I\ln\frac{h+h_d}{h-h_d} \tag{6-1-10}$$

其中，h 等于塔高 h_t 加上迎面先导长度之和，可估计为 $2.4I^{0.75}$。于是 U_g 可写成

$$U_g = 12.5I\ln\frac{h_t+h_d+2.4I^{0.75}}{h_t-h_d+2.4I^{0.75}} \quad (\text{kV}) \tag{6-1-11}$$

式中：I 的单位为 kA；h_t 及 h_d 的单位为 m。

由于式（6-1-11）中，U_g与 I 呈非线性关系，所以在防雷设计计算中不太方便。对一般线路来说，在满足 $h^2 \gg h_d^2$ 的情况下，式（6-1-10）可写成

$$U_g = 12.5I\ln\frac{(h+h_d)^2}{h^2-h_d^2} = 25I\ln\left(1+\frac{h_d}{h}\right) \approx 25\frac{Ih_d}{h} \tag{6-1-12}$$

为简化计算，一般可取 $h=65$m，于是上式变为

$$U_g = \frac{I}{2.6}h_d = ah_d \quad (\text{当 } h^2 \gg h_d^2 \text{ 时}) \tag{6-1-13}$$

式中：a 恰好在数值上等于雷电流的平均陡度，kA/μs。

例如，某 110kV 线路，$h_d=9$m，$h_t=20$m，$I=50$kA。由式（6-1-11）可得 $U_g=173.8$kV，而由简化后的式（6-1-13）可得 $U_g=173.1$kV，二者甚为接近。但在高塔时，仍以式（6-1-11）为准。

雷击塔顶时导线上的雷电感应过电压各家公式相差较大。例如拉塞维格（Разевиг）建议静电分量为

$$U_{g,j} = \frac{ah_d}{3}\ln\frac{(ct+h_t)\sqrt{(ct+h_t-h_d)(ct+h_t+h_d)}}{1.69h_t\sqrt{(h_t-h_d)(h_t+h_d)}} \tag{6-1-14}$$

电磁分量为

$$U_{g,c} = 0.2ah_d\left[\ln\frac{ct+h_t+h_d}{1.3(h_t+h_d)} - \frac{h_t-h_d}{2h_d}\ln\frac{h_t+h_d}{h_t-h_d}+1\right] \tag{6-1-15}$$

式中：c 为光速，$c=300$m/μs；t 为主回击持续时间，μs；ct 实际上就是雷云高度 H，由于 H 不可得，故用 ct 表示。由此两式所得 U_g（$=U_{g,j}+U_{g,c}$）要比式（6-1-11）或式（6-1-13）大得多，与运行经验相差很远。而图 6-1-3 为瓦格耐（Wagner）和马克刊（McCann）根据电磁场计算而得的感应过电压曲线，计算时假定云高 2000m；主放电上升的速度为 36.6m/μs（当 $I=0\sim50$kA 时），79.3m/μs（当 $I=100\sim160$kA 时），由此图查出的数值与本节采用的公式结果相近。

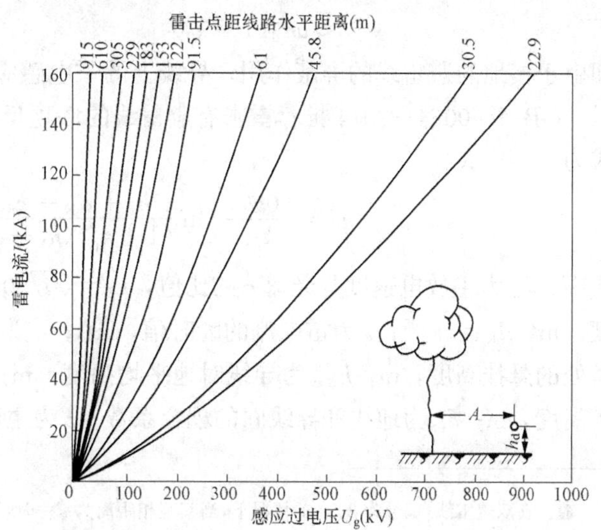

图 6-1-3　当 $h_d=7.62$m 时，线路感应过电压 U_g 的计算曲线（当 h_d 为其他值时，可按 U_g 与 h_d 成正比推算）

三、避雷线对感应电压的屏蔽作用

以上讨论的是指无避雷线的情况。如果线路架设有接地的避雷线，则导线受到它的屏蔽，感应过电压就会降

低。为计算避雷线对导线感应过电压的屏蔽作用，可采用以下步骤。首先，假设避雷线是不接地的（见图 6-1-4），在附近雷击时，在避雷线上将感应出过电压 $U_{g,b}$，在导线上将感应出过电压 $U_{g,d}$，分别为

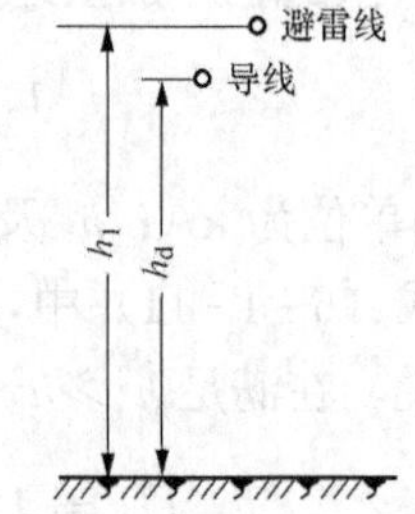

图 6-1-4 避雷线对导线的屏蔽作用

$$U_{g,b} = ah_b$$
$$U_{g,d} = ah_d$$

由此可得

$$U_{g,b} = U_{g,d}\frac{h_b}{h_d} \qquad (6-1-16)$$

现在不考虑这些感应过电压，而在避雷线上人为地加上电压 $-U_{g,b}$。这时，由于部分电容的分压作用（即耦合作用），导线将具有电位

$$U'_d = k_0(-U_{g,b})$$

式中：k_0 为避雷线与导线间的耦合系数。

耦合系数计算公式为

$$k_0 = \frac{\ln\dfrac{D_{12}}{d_{12}}}{\ln\dfrac{2h_b}{r_b}} \qquad (6-1-17)$$[1]

式中：r_b 为避雷线的半径，m；d_{12} 为导线与避雷线间的距离，m；D_{12} 为导线与避雷线在地中的镜像之间的距离，m。

应当注意，电压 $-U_{g,b}$ 与感应过电压 $U_{g,b}$ 联合作用的结果，将使避雷线的电位等于零，相当于真实的情况（接地的避雷线感应过电压为零）。因之，在有接地的避雷线时，导线上实际的感应过电压 U_g 应为

$$U_g = U_{g,d} + U'_d = U_{g,d} - k_0U_{g,b} = ah_d\left(1 - k_0\frac{h_b}{h_d}\right)$$
$$\approx ah_d(1-k_0) \qquad (6-1-18)$$

即由于接地的避雷线的屏蔽作用，导线上的雷电感应过电压将由 $U_{g,d}$ 下降到 $U_{g,d}(1-k_0)$。

GB/T 50064—2014 推荐雷击有避雷线的塔顶反击时，感应电压分量 u_i（kA）的计算公式为

$$u_i = \frac{60ah_{ct}}{k_\beta c}\left[\ln\frac{h_t + d_R + k_\beta ct}{(1+k_\beta)(h_t + d_R)}\right]\left(1 - \frac{h_{t,av}}{h_{c,av}}k_0\right) \qquad (6-1-19)$$

式中：k_β 为主放电速度与光速 c 的比值，$k_\beta = \sqrt{i/500+i}$；d_R 为雷击杆塔时，迎面先导的长度，m，$d_R = 5i^{0.65}$；i 为雷电流的瞬时值，kA；a 为雷电流的陡度，kA/μs；h_{ct} 为导线在杆塔处的悬挂高度，m；$h_{c.av}$ 为导线对地平均高度，m；$h_{t.av}$ 为地线对地平均高度，m；h_t 为杆塔高度，m；k_0 为地线和导线间的耦合系数；t 为主回击持续时间，μs。

---

[1] 在双避雷线（编号为 2、3）的情况下，当其互相距离为 d_{23} 时，导线（编号为 1）与两根避雷线的耦合系数的计算式为 $k = \dfrac{\ln\dfrac{D'}{d'}}{\ln\dfrac{2h'}{r'}}$，其中 $D' = \sqrt{D_{12}D_{13}}$，$d' = \sqrt{d_{12}d_{13}}$，$2h' = \sqrt{2hD_{23}}$，$r' = \sqrt{rd_{23}}$。

第二节　架空线路上的雷电直击过电压

架空线路长度大，暴露在旷野，易受雷击。电网中的事故以线路雷害占大部分。雷击线路沿线路入侵变电站的雷电波又是造成变电站事故的重要因素。

雷击线路时，线路绝缘不发生闪络的最大雷电流幅值称为“耐雷水平”，单位为kA。

GB/T 50064—2014 规定的有避雷线线路的耐雷水平值见表6-2-1。当雷电流超过该耐雷水平时，允许线路受雷击时跳闸，即选择线路绝缘及防雷措施的要求是：在不显著增加线路造价的情况下，保证有足够的运行可靠性。每百千米线路每年由雷击引起的跳闸次数称为线路的“雷击跳闸率”。

表6-2-1　　有避雷线线路的耐雷水平（kA）

系统标称电压（kV）	35	66	110	220	330	500	750
单回线路	24～36	31～47	56～68	87～96	120～151	158～177	208～232
同塔双回线路	—	—	50～61	79～92	108～137	142～162	192～224

注　1. 反击耐雷水平的较高和较低值分别对应线路杆塔冲击接地电阻7Ω和15Ω。
2. 雷击时刻工作电压为峰值且与雷击电流反极性。
3. 发电厂、变电站进线保护段杆塔耐雷水平不宜低于表中的较高数值。

雷直击于有避雷线的线路可分为三种情况：雷直击于导线、雷击杆塔顶部和雷击避雷线档距中央。

一、雷直击于导线

当雷直击于导线时，导线的电位 U_d 可按式（6-2-1）估算，即

$$U_d = I\frac{Z_0 Z}{2Z_0 + Z} \tag{6-2-1}$$

即使对绝缘很强的330～550kV线路来说，不难算出在10～20kA的雷电流下也将发生闪络，而出现等于及大于这一电流的概率是很大的（77%～59%）。因此，采用避雷线来大大减少雷直击于导线的情况是很重要的措施。通常将避雷线与外侧导线的连线和避雷线对地垂直线之间的夹角 α 称为保护角，如图6-2-1所示。在第五章第一节中已经谈到，避雷针、线的保护都不是绝对的，雷电可绕过避雷线直击于导线。雷电绕过避雷线直击于导线的概率称为“绕击率”。绕击率 P_α 的经验计算公式为

对平地线路　$$\lg P_\alpha = \frac{\alpha\sqrt{h}}{86} - 3.9 \tag{6-2-2}$$

对山区线路　$$\lg P_\alpha = \frac{\alpha\sqrt{h}}{86} - 3.35 \tag{6-2-3}$$

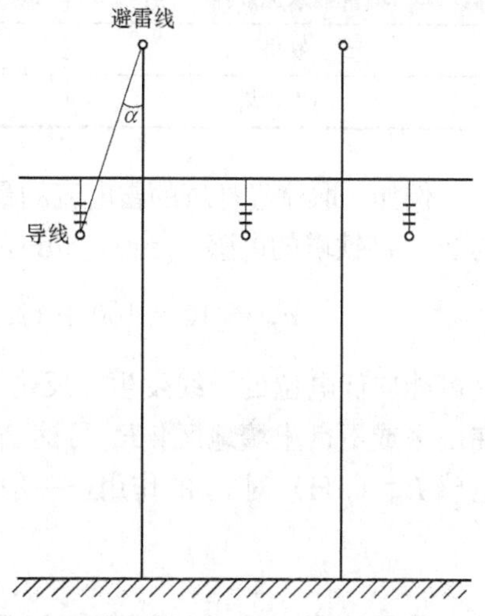

图6-2-1　避雷线的保护角 α

式中：h 为杆塔高度，m；α 的单位为°。当采用两根避雷线时，只要其间的距离不超过避雷线与中间导线高差的4倍，中间导线被绕击的概率极小，可以忽略不计。这两个经验公式在电压等级不高时，与实际运行数据吻

合较好。

在特高压或同塔双回的超高压线路中有时要采用负的保护角。

二、雷击杆塔顶部

雷击于线路杆塔顶部时，有很大的电流 i_{gt} 流过杆塔入地，杆塔的冲击接地电阻为 R_{ch}。对一般高度的杆塔，塔身可用等值电感 L_{gt} 代替，其塔顶电位为

$$u_{gt}=R_{ch}i_{gt}+L_{gt}\frac{di_{gt}}{dt} \tag{6-2-4}$$

杆塔电感的计算式为

$$L_{gt}=0.2h\left(\ln\frac{4h}{r_0}-1\right) \tag{6-2-5}$$

式中：r_0 为杆塔等值半径，一般可用与围绕杆塔截面积相等的圆的半径来代替。

对两个半径为 r，互距为 d 的支柱的杆塔，有

$$r_0=\sqrt{rd} \tag{6-2-6}$$

对有四个互距为 d_1、d_2、d_3 的支柱的杆塔，有

$$r_0=\sqrt[4]{rd_1d_2d_3} \tag{6-2-7}$$

对有两个不平行支柱的杆塔，有

$$r_0=\frac{2}{3}\sqrt{rd}\,\frac{1-\sqrt{\left(\frac{d_2}{d_1}\right)^3}}{1-\sqrt{\frac{d_2}{d_1}}} \tag{6-2-8}$$

式中：d_1 为杆塔底部两支柱间的距离；d_2 为杆塔顶部两支柱间的距离。

杆塔电感也可采用表 6-2-2 中的估计值。

表 6-2-2 杆塔电感和波阻的估计值

杆塔型式	杆塔电感（μH/m）	杆塔波阻（Ω）
无拉线水泥单杆	0.84	250
有拉线水泥单杆	0.42	125
无线水泥双杆	0.42	125
铁塔	0.50	150
门型铁塔	0.40	125

例如，取流经杆塔的雷电流的最大值为 100kA，斜角波头长度 $\tau_t=2.6\mu s$，电压为 220kV 的 35m 高铁塔的电感 $L_{gt}=17.5\mu H$，$R_{ch}=10\Omega$，代入式（6-2-4）则塔顶电位 u_{gt} 可达

$$u_{gt}=10\times100+17.5\times\frac{100}{2.6}=(10+6.73)\times100=1673(\text{kV})$$

这可能向低电位的导线发生“反击”。据此可见，冲击接地电阻 R_{ch} 往往对 u_{gt} 有很大的影响。在山区或不良土壤地区，R_{ch} 可达 20～30Ω，此时它对 u_{gt} 的值将起决定性的作用。至于杆塔电感 L_{gt}（μH）对 u_{gt} 的作用，一般可用附加等值电阻

$$\Delta R=\frac{L_{gt}}{2.6} \tag{6-2-9}$$

的办法来计算。只有在高塔时，ΔR 才会比 R_{ch} 大，此时杆塔电感将对 u_{gt} 起很大的作用，在

特高过江塔时甚至起决定性的作用。

三、雷击档距中央避雷线

如图 6-2-2 所示，雷直击于避雷线档距中央时，也会产生很大的过电压。其值显然处于雷击导线与雷击塔顶过电压之间。可求得被击点 B 的电位为

$$u_B = \frac{L_b}{2}\frac{di}{dt} = \frac{L_b}{2}a \tag{6-2-10}$$

式中：L_b 为半档避雷线的电感；a 为雷电流陡度。

已知避雷线与导线间的耦合系数为 k，可得在档距中央，避雷线与导线间的空气绝缘所受电压 u_k 为

$$u_k = u_B(1-k) = \frac{L_b}{2}a(1-k) \tag{6-2-11}$$

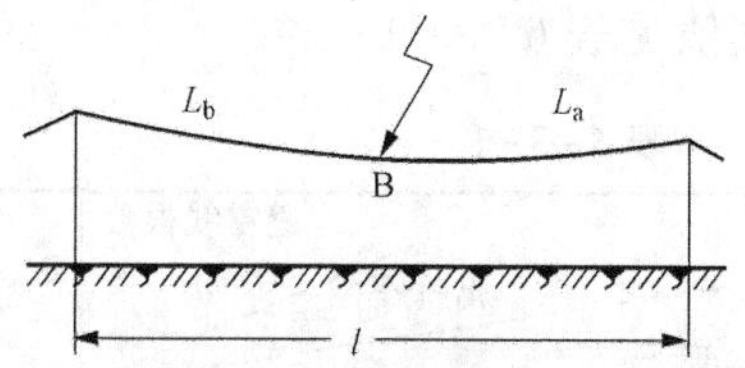

图 6-2-2　雷击档距中央避雷线

苏联学者认为：当 u_k 超过空气绝缘的 $U_{50\%}$ 时，导、地线间的空气将发生击穿。据此，若已知导、地线间的距离为 S(m) 时，其 $U_{50\%}=750S$(kV)，即可求出避免击穿的条件为

$$750S > \frac{L_b}{2}a(1-k)$$

取耦合系数 $k=0.25$，波阻 $Z_b=350\Omega$，波速 $v=0.75c=225\text{m}/\mu\text{s}$，$a=50\text{kA}/\mu\text{s}$，设档距为 l（m），于是有 $L_b=\frac{Z_b}{v}\frac{l}{2}=0.78l\mu\text{H}$。代入上式，可得避免档距中央击穿的条件为

$$S > 2\%l \tag{6-2-12}$$

但世界各国电网的运行经验表明，即使 S 值比上式小得多（$S\approx1\%l$），在档距中央发生导、地线间击穿的次数仍是微不足道的，即上述理论的误差较大。

GB/T 50064—2014 规定，对于 110kV 和 220kV 系统，在档距中央，导、地线之间的距离 S 宜按下式选择：

$$S \geqslant 1.2\%l + 1 \quad (\text{m}) \tag{6-2-13}$$

对于 330～750kV 系统，在档距中央，导、地线之间的距离 S 宜按下式选择：

$$S \geqslant 1.5\%l + 1 \quad (\text{m}) \tag{6-2-14}$$

根据 GB 50665—2011《1000kV 架空输电线路设计规范》，对于 1000kV 系统，在档距中央，导、地线之间的距离 S 可按下式校验：

$$S \geqslant 1.5\%l + \sqrt{2}U_m/\sqrt{3}/500 + 2 \quad (\text{m}) \tag{6-2-15}$$

实际运行经验表明，S 还有减小的潜力。S 减小后，一方面能降低杆塔高度，减小引雷宽度并便于安装施工；另一方面能加大导、地线间的耦合系数，从而对线路防雷有利。

架空线路上的雷电直击过电压要比雷电感应过电压大得多。雷电感应过电压一般不超过 300～400kV，只会对配电线路带来危害。所以只有配电线路的防雷才需考虑雷电感应过电压，输电线路防雷主要是防雷电直击过电压。

第三节　架空线路耐雷水平及雷击跳闸率的计算

我国 110kV 及以上高压线路，一般全线装有避雷线，电网中性点一般为直接接地。下

面介绍这种线路的耐雷水平及雷击跳闸率的计算步骤。

一、雷击杆塔顶部

1. 计算每年每 100km 线路的落雷总数 N_L

平均年雷暴日为40h，每年每100km线路雷击的总数 N_L 可按式（4-2-11）、式（4-2-12）或式（4-2-13）计算。

2. 计算击杆率 g

雷击杆塔顶部（包括塔顶附近的避雷线）的次数与雷击线路总次数之比称为击杆率 g，其值见表6-3-1。

表6-3-1 击杆率

地形 \ 击杆率 \ 避雷线根数	0	1	2
平原	1/2	1/4	1/6
山丘	—	1/3	1/4

3. 计算分流系数 β

如图6-3-1所示，雷击有避雷线的杆塔时，由于避雷线的分流作用，并非全部雷电流都会经杆塔入地，经杆塔入地的雷电流 i_{gt} 和全部雷电流的比值 i 称为分流系数 β，即

$$\beta = i_{gt}/i \tag{6-3-1}$$

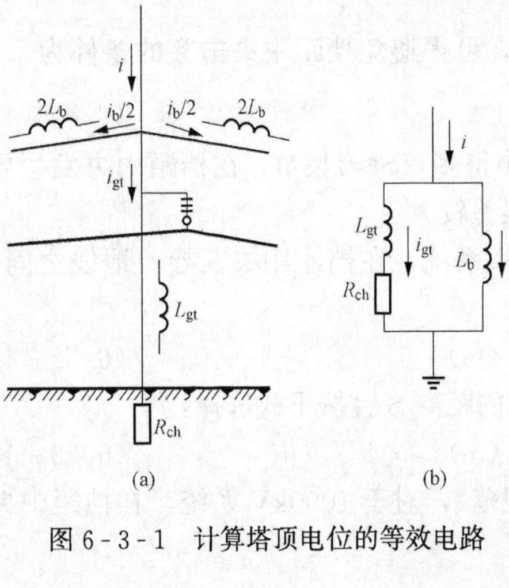

图6-3-1 计算塔顶电位的等效电路

设雷电流为斜角波头，波头长度为 τ，$i=at$，以 $2L_b$ 代表每档避雷线的等效电感。由于 $\mathscr{L}[at]=\frac{a}{p^2}$，因此有

$$\beta i(p) = \frac{pL_b}{(pL_{gt}+R_{ch})+pL_b} \times \frac{a}{p^2}$$

$$= \frac{L_b a}{R_{ch}}\left(\frac{1}{p} - \frac{1}{p+\frac{R_{ch}}{L_{gt}+L_b}}\right)$$

由此可得

$$\beta i(t) = \frac{L_b a}{R_{ch}}\left(1 - e^{-\frac{R_{ch}}{L_{gt}+L_b}t}\right)$$

当 $t=\tau$ 时，$\beta i(t)$ 达到最大值，因此

$$\beta I = \frac{L_b a}{R_{ch}}\left(1 - e^{-\frac{R_{ch}}{L_{gt}+L_b}\tau}\right)$$

$$= \frac{L_b a}{R_{ch}}\left[1 - 1 + \left(\frac{R_{ch}}{L_{gt}+L_b}\right)\tau - \frac{1}{2!}\left(\frac{R_{ch}}{L_{gt}+L_b}\right)^2\tau^2 + \cdots\right]$$

$$\approx \frac{L_b}{L_{gt}+L_b} I\left(1 - \frac{1}{2}\frac{R_{ch}\tau}{L_{gt}+L_b}\right)$$

由此可得

$$\beta=\frac{1}{1+\frac{L_{gt}}{L_b}}\left(1-\frac{1}{2}\frac{R_{ch}\tau}{L_{gt}+L_b}\right) \tag{6-3-2}$$

由于对β值要求的准确度不太高，所以不需逐杆计算β，而主要按电压等级（影响L_{gt}）和避雷线根数（影响L_b）取均值即可。在$\tau=2.6\mu s$时，一般线路可按表6-3-2取β值。

表6-3-2　分流系数β

系统标称电压（kV）	避雷线根数	分流系数β
110	1	0.90
	2	0.86
220	1	0.92
	2	0.88
330	2	0.88
500	2	0.88

4. 计算塔顶电位u_{gt}

如图6-3-1，设i为雷电流瞬时值，则

$$u_{gt}=R_{ch}i_{gt}+L_{gt}\frac{di_{gt}}{dt}=\beta\left(R_{ch}i+L_{gt}\frac{di}{dt}\right) \tag{6-3-3}$$

u_{gt}的幅值可写为

$$U_{gt}=\beta I\left(R_{ch}+\frac{L_{gt}}{2.6}\right) \tag{6-3-4}$$

式中：I为雷电流的幅值。

5. 计算导线电位u_d

当塔顶电位为u_{gt}时，考虑避雷线与导线间的耦合作用，取耦合系数为k，则导线将具有电位ku_{gt}。此外，导线还将有感应过电压，其幅值为$ah_d(1-k)$［见式（6-1-18）］，它与雷电流极性相反。所以导线电位的幅值U_d可写成

$$U_d=kU_{gt}-ah_d(1-k) \tag{6-3-5}$$

由于此时避雷线的电位很高，会出现强烈电晕，所以耦合系数k会变大，应将由导、地线几何尺寸算得的耦合系数k_0［见式（6-1-17）］再乘以电晕修正系数k_1，即应取$k=k_0k_1$。k_1的值见表6-3-3。

表6-3-3　耦合系数的电晕修正系数k_1

系统标称电压（kV）	20～35	60～110	154～330
双避雷线	1.1	1.2	1.25
单避雷线	1.15	1.25	1.3

6. 计算线路绝缘所受电压u_j

线路绝缘所受电压等于塔顶电位减去导线电位。其幅值U_j为

$$\begin{aligned}U_j&=U_{gt}-[kU_{gt}-ah_d(1-k)]=\left(U_{gt}+\frac{I}{2.6}h_d\right)(1-k)\\&=I\left(\beta R_{ch}+\beta\frac{L_{gt}}{2.6}+\frac{h_d}{2.6}\right)(1-k)\end{aligned} \tag{6-3-6}$$

7. 计算雷击杆塔时的耐雷水平 I_1

只要U_j大于或等于绝缘子串的$U_{50\%}$时，绝缘子串就会发生闪络。因为大约90%的雷击为负极性，又因当绝缘子串下端为正极性（即上端为负极性）时$U_{50\%}$的值较低，所以$U_{50\%}$应取绝缘子串下端为正的正冲击50%闪络电压（可记为$U_{+50\%}$），这样得出的耐雷水平I_1比较符合实际情况而稍偏严格。令式（6-3-6）等于$U_{+50\%}$，即可求得雷击杆塔时的耐雷水平I_1为

$$I_1=\frac{U_{+50\%}}{(1-k)\left[\beta\left(R_{ch}+\frac{L_{gt}}{2.6}\right)+\frac{h_d}{2.6}\right]} \tag{6-3-7}$$

由上式可知，k越小则I_1越小。因此，计算时应取离避雷线最远的导线为准。

8. 计算雷电流超过 I_1 的概率 P_{I1}。

雷电流超过I_1的概率P_{I1}可由式（4-2-5）或式（4-2-6）求得。

9. 计算建弧率 η

由冲击闪络转变为稳定工频电弧的概率称为建弧率η，计算式为

$$\eta=(4.5E^{0.75}-14)\% \tag{6-3-8}$$

式中：E为绝缘子串的平均运行电位梯度（有效值），kV/m。

对中性点直接接地系统有

$$E=\frac{U_e}{l_i\sqrt{3}} \tag{6-3-9}$$

式中：U_e为电网标称电压，kV；l_i为绝缘子串的长度，m。

对中性点非直接接地系统，跳闸在相间闪络时产生，故

$$E=\frac{U_e}{2l_i} \tag{6-3-10}$$

当E不大于6kV/m时，建弧率接近于0。

10. 计算雷击杆塔时的反击跳闸率 n_1

每40个雷暴日每100km线路的反击跳闸率n_1显然为

$$n_1=gP_{I1}\eta N_L \tag{6-3-11}$$

式中：g为击杆率；P_{I1}为雷电流超过耐雷水平I_1的概率；η为建弧率；N_L为线路落雷次数。

二、雷击避雷线档距中央的情况

前已述及，只要档距中央导、地线间的空气距离S满足式（6-2-13）、式（6-2-14）或式（6-2-15）的条件，雷击档距中央避雷线一般不会发生导、地线间的闪络，所以可不再计算这种情况。

三、雷绕击于导线的情况

（1）计算每年（40个雷暴日）每100km线路的落雷总数N_L。

（2）按式（6-2-2）或式（6-2-3）计算绕击率P_α。

（3）计算雷绕击于导线时的耐雷水平I_2。

雷绕击于导线时，导线的电位U_d（即绝缘子串所需承受的电压U_j）可按式（6-2-1）求得。当U_d大于或等于绝缘子串的$U_{50\%}$时，绝缘子串就会闪络。因此，雷电绕击于导线时的耐雷水平I_2可求出为

$$I_2 = U_{-50\%}\frac{2Z_0 + Z_c}{Z_0 Z_c} \tag{6-3-12}$$

式中：Z_0 为主放电通道的波阻；Z_c 为导线的波阻。应该注意到当负极性的雷电击于导线时，绝缘子串下端为负极性，因此式（6-3-12）中的 $U_{50\%}$ 应取绝缘子串下端为负的负冲击50%闪络电压（可记为 $U_{-50\%}$）。

（4）按式（4-2-5）或式（4-3-6）计算雷电流超过 I_2 的概率 P_{I2}。

（5）按式（6-3-8）计算建弧率 η。

（6）计算绕击引起的跳闸率 n_2。其计算式为

$$n_2 = P_\alpha P_{I2}\eta N_L \tag{6-3-13}$$

式中：P_α 为绕击率；P_{I2} 为雷电流超过 I_2 的概率；η 为建弧率；N_L 为线路落雷次数。

综合上述雷直击于有避雷线线路的三种情况，可得每40个雷暴日每100km线路的总雷击跳闸率 n 为

$$n = n_1 + n_2 = (gP_{I1} + P_\alpha P_{I2})\eta N_L \tag{6-3-14}$$

应当指出，以上的分析并未计及导线的工作电压。当运行中的线路遭受雷击时，作用在绝缘子串上的电压除雷过电压外还有导线的工作电压。雷击具有随机性，所以雷击瞬间工作电压可能为正也可能为负。

计及雷击瞬间导线上的工作电压的瞬时值 U_{ph} 后，雷击杆塔时线路绝缘子串所需承受的电压 U_j 应为

$$\begin{aligned} U_j &= U_{gt} - [kU_{gt} - ah_d(1-k)] + U_{ph} = \left(U_{gt} + \frac{I}{2.6}h_d\right)(1-k) + U_{ph} \\ &= I\left(\beta R_{ch} + \beta\frac{L_{gt}}{2.6} + \frac{h_d}{2.6}\right)(1-k) + U_{ph} \end{aligned} \tag{6-3-15}$$

取 $U_j = U_{+50\%}$，可得

$$I_1 = \frac{U_{+50\%} - U_{ph}}{(1-k)\left[\beta\left(R_{ch} + \frac{L_{gt}}{2.6}\right) + \frac{h_d}{2.6}\right]} \tag{6-3-16}$$

式中：$U_{+50\%}$ 为绝缘子串正冲击50%闪络电压的绝对值；U_{ph} 为导线工作电压的瞬时值。最严重的情况出现在 U_{ph} 为正的幅值时，此时线路的耐雷水平最低。

计及雷击瞬间导线上的工作电压 U_{ph} 后，当雷绕击于导线时，雷击点A的电压 U_A 可按图6-3-2所示的等效电路图求取。也就是，如果沿波阻为 Z_0 的主放电通道袭来一个负的电压波 $U_0 = I_0 Z_0$，则按照彼得逊法则有

$$\begin{aligned} U_A &= -2U_0\frac{Z_c/2}{Z_0 + Z_c/2} + U_{ph}\frac{Z_0}{Z_0 + Z_c/2} \\ &= -\frac{2U_0}{Z_0}\frac{Z_0 Z_c/2}{Z_0 + Z_c/2} + U_{ph}\frac{Z_0}{Z_0 + Z_c/2} \\ &= -2I_0\frac{Z_0 Z_c/2}{Z_0 + Z_c/2} + U_{ph}\frac{Z_0}{Z_0 + Z_c/2} \end{aligned}$$

即

$$-U_A = 2I_0\frac{Z_0 Z_c/2}{Z_0 + Z_c/2} - U_{ph}\frac{Z_0}{Z_0 + Z_c/2} \tag{6-3-17}$$

根据式（4-2-4）给出的雷电流 I 的定义，可得

$$-U_A = I\frac{Z_0 Z_c/2}{Z_0 + Z_c/2} - U_{ph}\frac{Z_0}{Z_0 + Z_c/2}$$

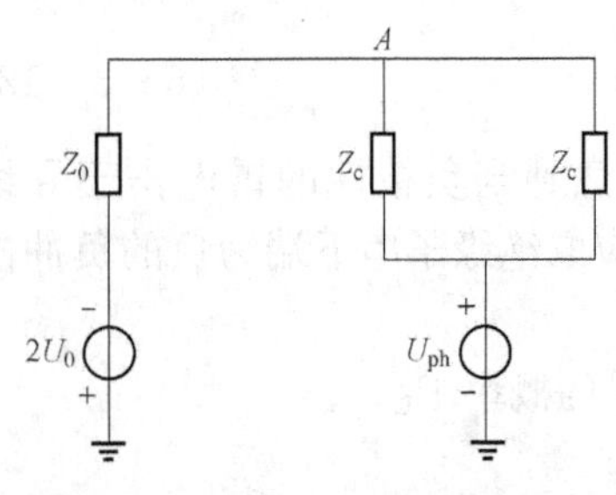

图 6-3-2　雷击导线的等效电路

取$-U_A=U_{-50\%}$，可得

$$I_2=\left(U_{-50\%}+\frac{2Z_0}{2Z_0+Z_c}U_{ph}\right)\frac{2Z_0+Z_c}{Z_0Z_c} \tag{6-3-18}$$

式中：$U_{-50\%}$为绝缘子串负冲击 50％闪络电压的绝对值；U_{ph}为导线工作电压的瞬时值。最严重的情况出现在U_{ph}为负的幅值时，此时线路耐雷水平最低。

正雷电流时的绕击耐雷水平读者可以自行推导。

［**例 6-3-1**］求图 6-3-3 所示 110kV 线路的耐雷水平及雷击跳闸率。已知该线路采用水泥杆、铁横担。有人工接地装置，其工频接地电阻为 10～25Ω，冲击接地电阻R_{ch}为 7Ω（平原）和 15Ω（山区）。

全线装有避雷线，避雷线半径为 3.9mm，避雷线与导线的弧垂分别为 2.8m 和 5.3m。由图 6-3-1 可算出避雷线的平均高度$h_b=19.5-\frac{2}{3}\times 2.8=17.6$（m）。下导线的平均高度$h_d=12.2-\frac{2}{3}\times 5.3=8.66$（m）。导线与避雷线间的距离$d_{12}=\sqrt{8.94^2+2.5^2}$（m）。导线与避雷线在地中的镜像之间的距离$D_{12}=\sqrt{26.26^2+2.5^2}$（m）。

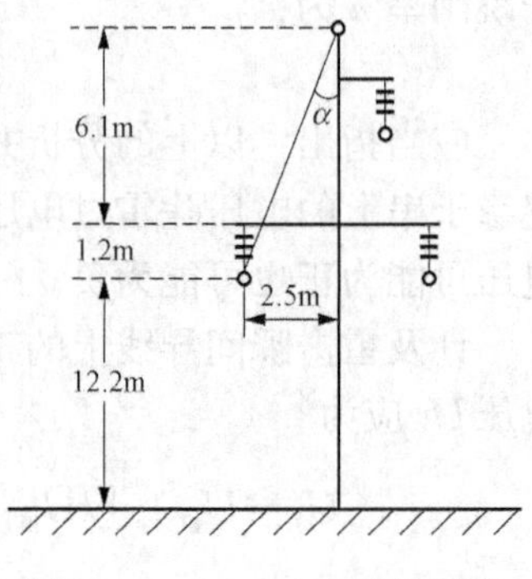

图 6-3-3　110kV 线路杆塔

为方便计算，取导线波阻抗$Z_c=450\Omega$，雷电通道波阻抗$Z_0=1000\Omega$。

线路绝缘子串由 7 个 X-4.5 型绝缘子组成，每个绝缘子的高度为 0.146m。绝缘子串的正冲击 50％闪络电压$U_{+50\%}$为

$$U_{+50\%}=100+84.5m$$

式中：m为每串绝缘子个数。

上式在$m=$（2～14）范围内适用。将$m=7$代入上式，可得$U_{+50\%}\approx 700$kV。为计算方便，且偏安全侧计算时可取$U_{-50\%}=U_{+50\%}$。

［**解**］首先计算避雷线和下导线间的几何耦合系数k_0，由式（6-1-17）可算出为

$$k_0=\frac{\ln\dfrac{\sqrt{26.26^2+2.5^2}}{\sqrt{8.94^2+2.5^2}}}{\ln\dfrac{2\times 17.6}{\dfrac{3.9}{1000}}}=0.114$$

再由表 6-3-3 查出电晕修正系数$k_1=1.25$，所以电晕下的耦合系数$k=1.25\times 0.114=0.143$。

由表 6-2-2 查得，塔身电感$L_{gt}=0.84\times 19.5=16.4\mu$H。由表 6-3-2 查得分流系数$\beta=0.90$。

将$E=\frac{110/\sqrt{3}}{7\times 0.146}=62$（kV/m）代入式（6-3-8），得建弧率$\eta=85\%$。

由表 6-3-1 查得，击杆率$g=\frac{1}{4}$（平原）和$g=\frac{1}{3}$（山区）。

由式（6-2-2）和式（6-2-3），将$\alpha=25°$代入，得绕击率：

在平原为　　$P_\alpha=0.238\%$

在山区为　　$P'_\alpha=0.82\%$

（1）不计导线工作电压，由式（6-3-7）可算出当$R_{ch}=7\Omega$（平原）时，雷击杆塔的耐雷水平I_1为

$$I_1=\frac{700}{(1-0.143)\times\left(0.90\times7+0.90\times\dfrac{16.4}{2.6}+\dfrac{8.66}{2.6}\right)}=53.3(\text{kA})$$

当$R_{ch}=15\Omega$（山区）时，雷击杆塔的耐雷水平I'_1为

$$I'_1=\frac{700}{(1-0.143)\times\left(0.90\times15+0.90\times\dfrac{16.4}{2.6}+\dfrac{8.66}{2.6}\right)}=36.3(\text{kA})$$

由式（6-3-12）可算出雷绕击于导线时耐雷水平I_2为

$$I_2=700\times\frac{2\times1000+450}{1000\times450}=3.81(\text{kA})$$

雷电流超过I_1、I'_1及I_2的概率η分别为24.7%、38.7%及90.5%

将以上各有关数据代入式（6-3-11）可得每40个雷暴日每100km线路的跳闸率：

在平原为　　$$n_1=gP_{I1}\eta N_L=\frac{1}{4}\times0.247\times0.85N_L=0.052N_L$$

$$n_2=P_\alpha P_{I2}\eta N_L=\frac{0.238}{100}\times0.905\times0.85N_L=0.00183N_L$$

$$n=n_1+n_2=0.054N_L$$

在山区为　　$$n_1=gP_{I1}\eta N_L=\frac{1}{3}\times0.387\times0.85N_L=0.11N_L$$

$$n_2=P_\alpha P_{I2}\eta N_L=\frac{0.82}{100}\times0.905\times0.85N_L=0.00631N_L$$

$$n=n_1+n_2=0.116N_L$$

（2）计及导线工作电压后，取$U_{ph}=\dfrac{110\sqrt{2}}{\sqrt{3}}=89.8$（kV），由式（6-3-18）可算出$I_1$和$I'_1$的最低值分别为

$$I_1=\frac{700-89.8}{(1-0.143)\times\left(0.90\times7+0.90\times\dfrac{16.4}{2.6}+\dfrac{8.66}{2.6}\right)}=46.7(\text{kA})$$

$$I'_1=\frac{700-89.8}{(1-0.143)\times\left(0.90\times15+0.90\times\dfrac{16.4}{2.6}+\dfrac{8.66}{2.6}\right)}=31.63(\text{kA})$$

取$U_{ph}=-\dfrac{110\sqrt{2}}{\sqrt{3}}=-89.8$（kV），由式（6-3-20）可算出$I_2$的最低值为

$$I_2=\left(700-\frac{2\times1000}{2\times1000+450}\,\frac{110\times\sqrt{2}}{\sqrt{3}}\right)\times\frac{2\times1000+450}{1000\times450}=3.41(\text{kA})$$

雷电流超过I_1、I'_1及I_2的概率η分别为29.5%、43.7%及91.5%。

据此可得每40个雷暴日每100km线路的跳闸率：

在平原为 $$n_1 = gP_{11}\eta N_L = \frac{1}{4} \times 0.295 \times 0.85N_L = 0.0626N_L$$

$$n_2 = P_\alpha P_{12}\eta N_L = \frac{0.238}{100} \times 0.915 \times 0.85N_L = 0.001\,85N_L$$

$$n_1 + n_2 = 0.0645N_L$$

在山区为 $$n_1 = gP_{11}\eta N_L = \frac{1}{3} \times 0.437 \times 0.85N_L = 0.124N_L$$

$$n_2 = P_\alpha P_{12}\eta N_L = \frac{0.82}{100} \times 0.915 \times 0.85N_L = 0.00634N_L$$

$$n_1 + n_2 = 0.130N_L$$

计算结果表明，对 110kV 输电线路来说：

（1）绕击的跳闸率 n_2 远低于反击跳闸率 n_1；

（2）山区的雷击跳闸率大于平原地区；

（3）导线工作电压对绕击的耐雷水平和跳闸率几乎没有影响；

（4）对反击的耐雷水平来说，即使在工作电压为幅值的最严重条件下，其所占的比重也不大，所以在对 220kV 及以下的线路来说，一般可不予考虑。

在超、特高压线路中，由于工作电压可占绝缘子总过电压的 7%～10%，近似估算时，建议采用半周内工作电压的平均值（$0.52U_0$）取代式（6-3-17）中的 U_{ph}。如果采用统计法计算跳闸率，则应将工作电压瞬时值作为均匀分布的随机变量加以考虑。另外，工作电压的升高也有可能导致导线等效击距增大，使绕击率增大（见本章第五节）。

需要精确计算时可采用数值求解法。

第四节 架空线路防雷的基本原则及措施

在确定线路的防雷方式时，应全面考虑线路的重要程度、雷电活动的强弱、地形地貌的特点、土壤电阻率的高低等条件，根据技术经济比较的结果因地制宜，采取合理的保护措施。对变电站的进线段线路以及多雷区（每年超过 40 个雷暴日）或重要性大的线路，应当按表 6-2-1 中较大的耐雷水平值进行防雷设计。

架空线路防雷可以有四道防线：

第一道防线，保护导线不受或少受雷电直击。

架设避雷线是输电线路最基本的防雷措施。个别情况下也可用独立避雷针或改用电缆。

避雷线的主要作用为防止雷电直击导线。此外还有以下作用：在雷击塔顶时起分流作用，从而减低塔顶电位；对导线有耦合作用，从而降低绝缘子串上的电压；对导线有屏蔽作用，从而降低导线上的雷电感应过电压。

第二道防线，雷击塔顶或避雷线时不使或少使绝缘发生闪络。

增加绝缘子片数可以增大绝缘子串的 $U_{50\%}$，提高线路的耐雷水平，从而降低绝缘子串闪络的概率，但会使线路造价增加。

降低杆塔的接地电阻是提高线路耐雷水平最经济的方法。在 $\rho \leqslant 300\Omega \cdot m$ 的良好导电的土壤中，降低接地电阻并不困难，也不会使造价显著增加，所以应努力设法降低之。相关规程规定，每基杆塔的工频接地电阻（当解开避雷线时），在雷季干燥时不应超过表 5-6-4 的数值。

多雷区、强雷区或地闪密度较高的地段，可采取安装和绝缘子串并联金属氧化物避雷器或保护间隙的措施来保护绝缘子，使之不被雷电流或工频续流烧坏，并能在继电保护装置动作前迅速切断电弧，从而降低线路的雷击跳闸率。由于线路的过电压水平比较高，为了避免避雷器在正常工作时长期流过泄漏电流而老化，一般都选用带串联间隙的金属氧化物避雷器。

在特殊困难的线段可以在导线的下面加一条架空地线（耦合地线），后者能在雷击杆塔时起分流作用和耦合作用，从而减低塔顶电位和导线上的雷电感应过电压。运行经验说明，加耦合地线后，线路的跳闸率可降低约 50%。

第三道防线，当绝缘子串发生冲击闪络时，尽量减小由冲击闪络转变为稳定电力电弧的概率，从而减少线路的雷击跳闸次数。

为此可适当加强线路绝缘以减少绝缘子串的平均运行电位梯度。对处于雷电活动强烈的山区的 110～154kV 电网来说，当杆塔的接地电阻不易降低时，也可考虑将其中性点由直接接地改为经消弧线圈接地。这样，雷击塔顶对第一相导线反击后并不会引起跳闸，直到再对第二相导线反击后，才会跳闸。经验证明，这样可使雷害跳闸率降低 1/3 左右。当然，这种方法应慎重使用，只有在电网结构简单不能满足安全供电的要求，且对联网影响不大时，才可以改用消弧线圈接地。

第四道防线，即使跳闸也不中断电力的供应。为此，可采用自动重合闸装置，或用双回路以及环网供电。

相关规程规定，在土壤电阻率高的地区，在满足表 5-6-4 的要求的同时，还必须采用自动重合闸作为重要的防雷措施。

应该指出，增加绝缘子串的片数，虽可使耐雷水平增大一些，但这样做不仅增大了绝缘费用，而且增大了杆塔尺寸。因此，一般不采用这种办法来改善防雷，只是在高海拔地区可以考虑增加一两片绝缘子。当杆塔高度超过 40m 时，每增高 10m 应增加一片绝缘子。全高在 100m 以上的杆塔的绝缘子数应通过专门的计算确定。

线路电压等级由 35kV 增到 330～500kV 时，线路绝缘增大十来倍，所以其抗雷能力有自然增大的趋势，但同时也增加了防雷的不利因素：

(1) 每条线路长度由 40km 左右增到 700km 左右，总的落雷次数大增；

(2) 线路平均高度约由 10m 增到 20m 以上，除使落雷数增大外，还使绕击率 P_α 和雷电感应过电压 U_g 增大，并使塔身电感 L_{gt} 增大（从而使塔顶电位增大），这都会使反击的概率增大；

(3) 线路经过山区的可能性增大，可使绕击率 P_α 和击杆率 g 增大，冲击接地电阻 R_{ch} 也增大。

运行经验证明，雷击跳闸率以 220～287kV 等级的线路为最小；而电压等级较低（35kV）或很高（330～500kV 及以上）的线路雷击跳闸率都会增大。

按电压等级来说，220～750kV 线路应沿全线架设双避雷线，330kV 及以下线路的保护角不宜大于 15°，500～750kV 线路的保护角不宜大于 10°，1000kV 线路的保护角不宜大于 6°。110kV 线路可沿全线架设单避雷线，其保护角不宜大于 25°。对于同塔双回或多回路，110kV 线路的保护角不宜大于 10°，220kV 及以上线路的保护角不宜大于 0°；1000kV 线路的保护角不宜大于−3°。在山区和强雷区，宜架设双避雷线，或采用负保护角；对重覆冰线路的保护角可适当加大；在少雷区可不沿全线架设避雷线，但应装设自动重合闸装置。35kV及以下线路，因绝缘很弱，装避雷线的效果不大，其防雷是靠消弧线圈、环网供电以及自动重合闸来解决的，所以不宜全线架设避雷线。各级电压线路均应尽量装设自动重合闸装置。

应该指出，上述分析未涉及线路大跨越档（如过江档）以及线路交叉档的防雷保护。有关对线路大跨越档以及线路交叉档防雷保护的要求可参阅GB/T 50064—2014。

第五节 雷电绕击输电线的电气几何分析模型

前述计算绕击率的公式［式（6-2-2）和式（6-2-3）］考虑影响绕击率的因素比较粗略，是经验公式。本节要介绍的是以等击距的假设为依据的、较为准确的绕击率通用计算模型，即电气几何模型法（EGM）。

考虑到雷电先导下降时，其头部电位 V_0 与主放电电流 I 成正比，与主放电的速度成反比，可以表示为

$$V_0 = 60\left(\frac{I}{v_1}\right)\ln\frac{2r_s}{r_0} \quad (\text{kV}) \tag{6-5-1}$$

式中：I 为主放电电流，kA；v_1 为以光速为标幺值的主放电速度；r_s 为最后一跃时先导头部到地面的距离，即闪击距离（简称击距），m；r_0 为先导头部的电晕半径，m。

据研究，r_s 及 r_0 均随 I 的增大而增大，而 $\ln\frac{2r_s}{r_0}$ 的值变化很小，可以取为4.6；主放电速度 v_1 与电流 I 有关，可表为

$$v_1 = I^{\frac{1}{3}}/13.4 \tag{6-5-2}$$

将这些结果代入式（6-5-1），即得

$$V_0 = 3.7I^{\frac{2}{3}}(\text{MV}) \tag{6-5-3}$$

长空气间隙负极性的放电电压（单位：MV）与击距 r_s（单位：m）的关系可写为

$$r_s = 1.63V_0^{1.125} \tag{6-5-4}$$

将式（6-5-3）代入式（6-5-4），可得

$$r_s = 7.1I^{0.75} \tag{6-5-5}$$

式中：I 以kA计。

先导的击距 r_s 求出后，就可以用几何分析法来求先导对导线的绕击情况。如图6-5-1所示，分别用避雷线 b 和导线 d 为圆心，以击距 r_{si} 为半径作两个圆弧，这两个圆弧交于 B_i 点；再在离地面高度为 r_{si} 处作一水平线与以 d 为圆心的弧交于 C_i 点。由圆弧 A_iB_i、B_iC_i 和直线 C_iD_i 在沿线路方向形成一个曲面，此曲面称为定位曲面。在雷电流为 I_i 的先导未到定位曲面之前，其发展不受地面物体的影响。若 I_i 的先导落在 A_iB_i 弧面上，则雷击避雷线；若落在 B_iC_i 弧面上，则雷绕击于导线上；若落在 C_iD_i 面上，则雷击大地。因此，B_iC_i 称为绕击暴露面。不同的雷电流幅值有不同的 r_s，所以可以作出一系列的定位曲面和绕击面来。可以证明，B 点的轨迹为导线与避雷线连线的垂直平分线（即图中的直线 oK）而 C 点的轨迹则为一抛物线（即图中的曲线 HC_iK）。中垂线 oK 与抛物线 HC_iK 所包围的区域为绕击区。

随着 I 的增大，B_iC_i 弧段逐渐减小，当雷电流幅值增大到 I_k 时，B_iC_i 弧段缩减为零，即此时已不可能发生绕击。相当于 I_k 的击距为临界击距 r_{sk}。可见，如雷电流大于 I_k，则不会发生绕击导线的情况，而雷电流较小时，则绕击的可能性增大。

大家知道，并非所有的绕击都会引起绝缘的闪络，只有当雷电流大于线路绕击耐雷水平时才会闪络。与耐雷水平相适应的击距称为允许击距 r_{sy}。如果采用某一保护角，使 $r_{sy} \geqslant r_{sk}$ 则实际上将不会发生绕击闪络，这种情况称为有效屏蔽；如 $r_{sy} < r_{sk}$，则称为部分屏蔽。

下面用几何分析法来确定有效屏蔽时所需的屏蔽角 α_0。图 6-5-2 中画的是保护角 α 为负角的情况（这在有效屏蔽时往往是需要的）。假定地面的倾斜角为 θ，由图可见

$$\theta_2 = 90° + \theta - (-\alpha_0)$$

$$\theta_2 + \theta_3 = 90° - \beta$$

可得

$$-\alpha_0 = \theta + \beta + \theta_3 \tag{6-5-6}$$

由于

$$r_{sy}\sin\theta_3 = h_d\cos\theta - r_{sy} \tag{6-5-7}$$

将 θ_3 代入上式，即可求出有效屏蔽角 α_0 为

$$(-\alpha_0) = \theta + \beta + \sin^{-1}[(h_d/r_{sy})\cos\theta - 1] \tag{6-5-8}$$

而

$$\beta = \sin^{-1}\left(\frac{c}{2r_{sy}}\right) \tag{6-5-9}$$

式中：c 为导、地线间的距离。以上各式中的几何尺寸均应取平均值。

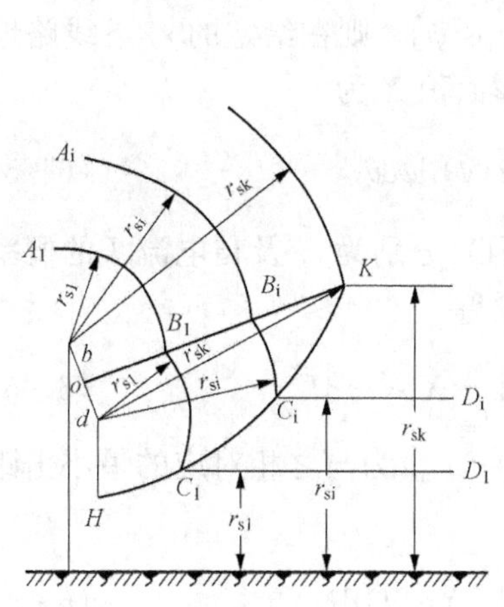

图 6-5-1　分析线路绕击的电气几何作图法
b—避雷线；d—导线

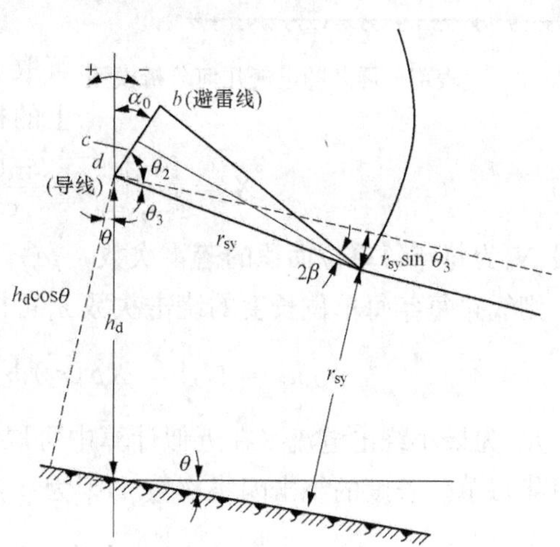

图 6-5-2　代表有效屏蔽的电气几何分析模型

导线的平均高度 h_d 可由地形图计算得到，或者按下列三式估算：

对平原

$$h_d = h_{dt} - \frac{2}{3}S_d \tag{6-5-10}$$

对丘陵

$$h_d = h_{dt} \tag{6-5-11}$$

对山区

$$h_d = 2h_{dt} \tag{6-5-12}$$

式中：h_{dt} 为铁塔上的导线悬挂高度，m；S_d 为导线弧垂，m。

在各种地形下的避雷线平均高度 h_b 均可用下式估算：

$$h_b = h_d + (h_{bt} - h_{dt})(S_d - S_b) \tag{6-5-13}$$

式中：h_{bt}为铁塔上的避雷线悬挂高度，m；S_b 为避雷线弧垂，m。

导、地线间的平均距离可按初步设计图来计算。如果没有初步设计，开始阶段可用下式估算

$$c = U_{50\%}/145 \quad (m) \tag{6-5-14}$$

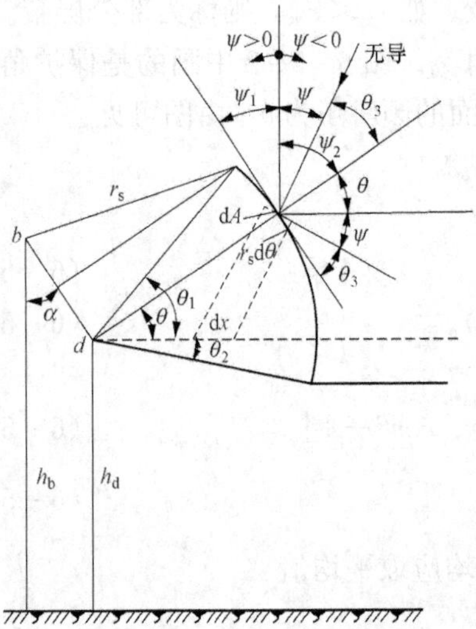

实际线路如果重要性不大，也可采用部分屏蔽的办法，此时 $r_{sy} < r_{sk}$。在这种情况下，对于任一给定的击距或雷电流，其绕击的概率可用下法分析之。如图 6-5-3 所示，$r_s d\theta$ 为单位长度线路在某一个 θ 及 ψ 下的单元暴露绕击弧面积，其垂直于 ψ 角的单元面积 dA 为

$$dA = r_s d\theta \cos\theta_3 = r_s d\theta \sin(\theta + \psi) \tag{6-5-15}$$

dA 在沿水平方向相应的单元面积 dX 为

$$dX = \frac{dA}{\cos\psi} = \frac{r_s \sin(\theta + \psi)}{\cos\psi} d\theta \tag{6-5-16}$$

图 6-5-3　代表部分屏蔽的电气几何分析模型

设 $g(\psi)$ 为先导角的概率分布密度函数［一般可取 $g(\psi) = \cos^2\psi$］，则在给定的 r_s 下线路地平面上的相应暴露面积 X 为

$$X = \int_{-\theta_2}^{\theta_1}\int_{-\psi_2}^{\psi_1} \frac{r_s \sin(\theta + \psi)}{\cos\psi} g(\psi) d\psi d\theta \tag{6-5-17}$$

设 N_0 为每年每单位面积的落雷次数，$p(r_s)$ 和 $p(I)$ 分别为 r_s 及雷电流 I 的概率分布密度，则线路每年每单位长度的绕击次数 n_1 可按下式求得

$$n_1 = N_0 \int_{r_{smin}}^{r_{sk}} X p(r_s) dr_s = N_0 \int_{I_{min}}^{I_k} X p(I) dI \tag{6-5-18}$$

式中：I_{min}为最小绕击电流（在近似计算中可取为 5kA）；r_{smin}为与之相对应的最小击距。而线路每年每单位长度的绕击闪络次数 n_2 则为

$$n_2 = N_0 \int_{r_{sy}}^{r_{sk}} X p(r_s) dr_s = N_0 \int_{I_2}^{I_k} X p(I) dI \tag{6-5-19}$$

上两式中的 r_{sk}可由导线及避雷线高度（h_d 及 h_b）以及保护角 α 求出，如图 6-5-4 所示，显见

$$\sqrt{r_{sk}^2 - \left(\frac{h_b - h_d}{2\cos\alpha}\right)^2} \sin\alpha = r_{sk} - \frac{h_b + h_d}{2} \tag{6-5-20}$$

于是可解出

$$r_{sk} = (h_b + h_d + 2\sqrt{h_b h_d} \sin\alpha)/2\cos^2\alpha \tag{6-5-21}$$

如果$\frac{h_b - h_d}{2} \ll r_{sk}$，则由式（6-5-20）可求出 r_{sk}的简化式为

$$r_{sk} = \frac{h_b + h_d}{2(1 - \sin\alpha)} \tag{6-5-22}$$

由于采用式（6-5-19）的计算比较繁复，需借助计算机进行，一般也可按以下办法进行简化计算。假设雷电先导是均匀垂直下落的，如图 6-5-5 所示，B_iC_i弧在水平方向的投影为 F_iC_i，则 F_iC_i与 E_iC_i的比值可认为是当雷电流为 I_i时的绕击率。设单位面积的落雷密度为 γ，则在每单位长度线路宽为 F_iC_i的面积 ΔS_i 上每个雷暴日的落雷次数为 $\gamma\Delta S_i=\gamma\overline{F_iC_i}$。已知雷电流幅值的概率密度为 $p(I_i)$，雷电流 I_i出现的概率为 $p(I_i)\Delta I$，则在 ΔS_i 的面积上，每一雷暴日中雷电流幅值为 I_i的落雷次数（即雷电流 I_i的绕击次数）Δn_i 为

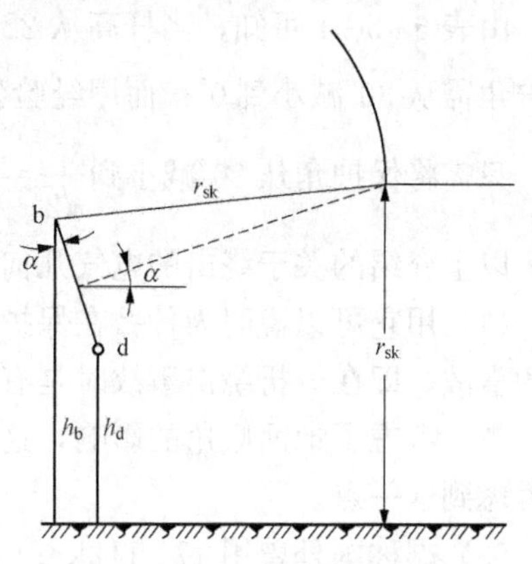

图 6-5-4　计算临界击距 r_{sk}的几何图

$$\Delta n_i = p(I_i)\Delta I\gamma\overline{F_iC_i}$$

同样，可以求出其他幅值的雷电流下相应的绕击次数。于是每一雷暴日每单位长度线路的总绕击次数 n_1 为

$$n_1 = \sum \Delta n_i = \gamma\sum p(I_i)\Delta I\,\overline{F_iC_i} \qquad (6-5-23)$$

由于人们感兴趣的只是能引起绕击闪络的那部分，如图 6-5-6 所示，可用允许击距 r_{sy}将绕击区分为两个区域，区域Ⅰ为绕击闪络区，区域Ⅱ为绕击非闪络区。在计算每一雷暴日每单位长度线路的总绕击闪络次数 n_2时，只要对区域Ⅰ进行就行了，即

$$n_2 = \gamma\sum_{区域Ⅰ} p(I_i)\Delta I\,\overline{F_iC_i}$$

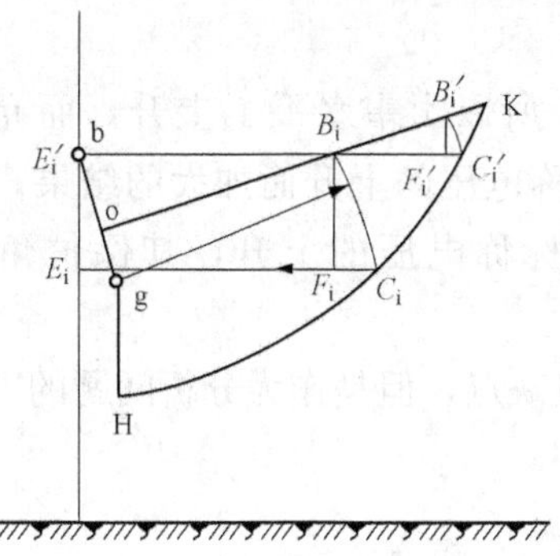

图 6-5-5　不同雷电流的绕击率

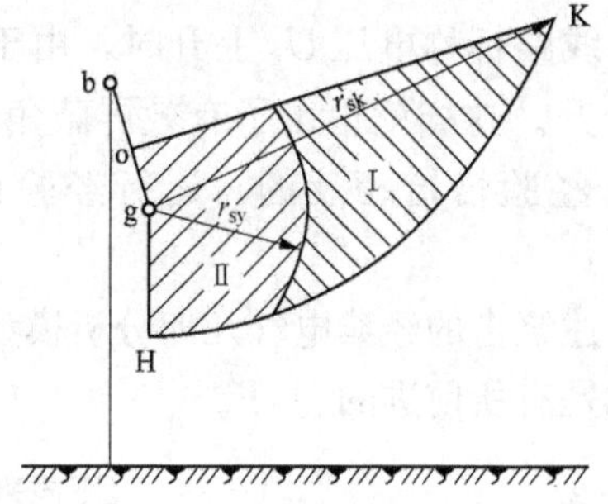

图 6-5-6　绕击闪络区（Ⅰ）与非绕击闪络区（Ⅱ）

由式（6-5-22）可知，在要求有效屏蔽时，有效保护角 α 与避雷线高度 h_b 的关系很大。例如，在某一线路中 $r_{sk}=40$m，由式（6-5-5）可知此时相应的 $I=10$kA，当线路的绕击耐雷水平为 10kA 时，将得到有效屏蔽。已知 $h_d/h_b=0.75$，由式（6-5-22）可求得不同 h_b 时所需要的 α 值，见表 6-5-1。

表 6-5-1　有效保护角 α 与避雷线高度 h_b 的关系

α（°）	30	20	10	0	−10	−20
h_b（m）	22.9	30.1	37.8	45.7	53.5	61

由表 6-5-1 可知，当杆高从 22.9m 增加约 1 倍至 45.7m 时，采用几何分析模型法时，保护角需从 30°减小到 0°；而用经验公式［式（6-2-2）和式（6-2-3）］时，为保持 $\alpha\sqrt{h}$ 不变，只需将保护角从 30°减小到 $\frac{30^\circ}{\sqrt{2}}=21^\circ$。

以上介绍的关于绕击的电气几何分析模型法有以下优点：

(1) 用它可以说明为什么在保护角不大（但仍不满足有效屏蔽的要求）时，线路会有绕击的事故，即在分析绕击事故时是有用的。

(2) 考虑了地面倾角的影响，这对在山坡上的线路是很重要的，而在经验公式中没有仔细考虑到这一点。

(3) 据称国外曾用 171 112km·a 的线路运行经验加以校验，结果比较接近。

(4) 证明了在高杆塔时用负的保护角的必要性。

但电气几何分析模型法也远非是完善的，仍存在以下的问题：

(1) 基本数据不太可靠，其中包括：

1) 不同来源的击距数值出入很大（参见表 6-5-2），最大数值为最小数值的 3～4 倍。

2) 实验证明，长间隙放电也不是等击距的，击距差别可达 100%～200%。

3) 先导头部的电位 V_0 的计算公式［式（6-5-1）］是按平行于地面的无穷长导线推出的，而实际一般先导是垂直于地面的，而且是有限长的。

4) 在击穿前的最后一次下行先导逐级发展时，它不一定就恰好停歇在一个“击距”上，而可能停歇在比一个“击距”小的任何位置上，因此大电流也可能发生绕击。

(2) 同一模型既可用于避雷线，也可用于避雷针，这就不能区别线与针的不同保护能力了。

(3) 当线路标称电压 U_e 上升时，由于绝缘加强，所以耐雷水平 I_2 上升，而允许击距 r_{sy} 也随之上升。这样就得出了有效屏蔽角 α 可以随标称电压的上升而加大的结果，而这一点是与运行经验恰恰相反的。运行经验说明，随着标称电压的上升，其保护角应大大下降。

虽然上述绕击的经典电气几何分析模型法还有这些缺点，但是作为分析问题的方法来说比经验公式是有所前进的。

表 6-5-2　　不同来源的击距数值

来源 / 击距 (m) / 雷电流 (kA)	华海德 (Whitehead) $r_s=7.1I^{0.75}$	$r_s=6.72I^{0.8}$	$r_s=8.5I^{2/3}$	$r_s=9.4I^{2/3}$	高德 (Golde)	瓦格耐 (Wagner)	劳夫 (Love)	鲁林 (Rühjing)	IEEE 推荐 $r_s=10I^{0.65}$
80	190	224	158	174	100	100	175	328	172
20	67	74	63	69	33	50	73	128	70

为了克服经典电气几何模型的不足，随后又发展了改进的电气几何模型。主要的改进集中在两个方面：一方面是在击距的公式中考虑了避雷线或导线的高度，即结构高度，对引雷能力的影响；另一方面是取不同的大地击距系数。

考虑到通常绕击对超高压/特高压线路危害较大，此时被绕击相的瞬时工作电压也可能对绕击及其闪络过程产生影响。IEEE 推荐出计及工作电压影响后的击距公式，求法如下：

根据 IEEE 不考虑工作电压时导线对雷电先导的击距公式（见表 6-5-2）。

$$r_s = 10I^{0.65} \tag{6-5-24}$$

和长空气间隙的击距公式［见式（6-5-4）］

$$r_s = 1.63V_0^{1.125}$$

推导出雷电先导头部电位和雷电流幅值之间的关系为

$$V_0 = 5.015I^{0.578} \tag{6-5-25}$$

对于负极性雷电下行先导，计及工作电压 V_g 后，先导头部和导线之间的电压为

$$V' = V_0 - V_g = 5.015I^{0.578} - V_g \tag{6-5-26}$$

将式（6-5-26）代入式（6-5-4），可以得到计及工作电压之后导线对雷电先导的击距为

$$r_s = 1.63(5.015I^{0.578} - V_g)^{1.125} \tag{6-5-27}$$

由于导线工作电压对避雷线和大地的击距没有影响，避雷线的击距公式可径按式（6-5-24）选取。

在计及导线平均高度 $h_{c.av}$ 的影响后，大地的击距公式取为

$$r_g = \begin{cases} [3.6 + 1.7\ln(43 - h_{c.av})]I^{0.65} & (h_{c.av} < 40\text{m}) \\ 5.5I^{0.65} & (h_{c.av} \geqslant 40\text{m}) \end{cases} \tag{6-5-28}$$

目前改进的电气几何模型中各研究机构提出的击距公式不尽相同，尚没有达成共识。不过总的看来，改进电气几何模型是经典电气几何模型的一个重大发展。不等击距下电气几何模型的推导原则与等击距时相同，定量计算会更繁琐，需要使用数值计算。

研究表明，用电气几何模型计算的山区的绕击率，比规程法计算的绕击率可能会高出 10 倍以上，也与实际情况更为符合。

近年来，应用先导发展模型进行绕击计算的研究比较多，最新的研究中采用了分形等数学手段，这将会促进对输电线路雷电防护的深入探讨。

第六节　特高塔的直击雷电过电压计算

对特高塔及大档距（如过江塔）的直击雷电过电压计算，往往需要进一步精确化。

一、特高塔的波阻计算

图 6-6-1（a）～（c）中所示的特高塔的波阻计算式如下：

单塔的波阻为

$$Z_{gt} = 30\ln\left[\frac{2(h^2 + r^2)}{r^2}\right] \tag{6-6-1}$$

酒杯型塔的波阻为

$$Z_{gt} = 60\ln\frac{5.657h}{b} - 60 \tag{6-6-2}$$

双柱塔的波阻为

$$Z_{gt} = \frac{1}{2}(Z_s + Z_m) \tag{6-6-3}$$

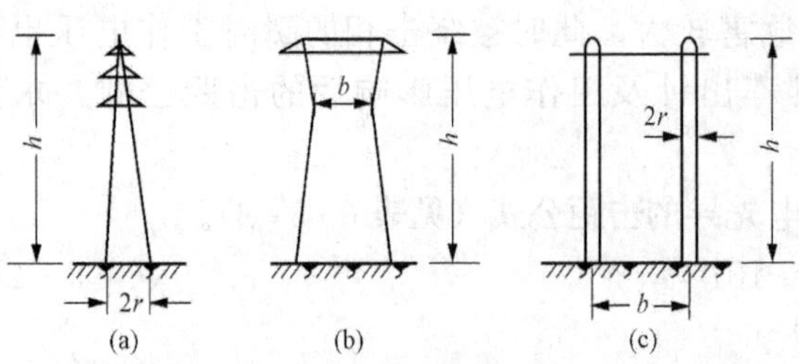

图 6-6-1 各种结构的杆塔
(a) 单塔；(b) 酒杯型塔；(c) 双柱塔

$$Z_s = 60\ln\frac{h}{r} + 90\frac{r}{h} - 60 \quad (6-6-4)$$

$$Z_m = 60\ln\frac{h}{b} + 90\frac{b}{h} - 60 \quad (6-6-5)$$

单根圆柱塔（半径为 r）的波阻计算式为式（6-6-4）。以上各式的尺寸单位为 m，波阻单位为 Ω。其他形式的杆塔的波阻则可根据以上四种杆塔估计。

二、特高塔的塔顶电位计算

1. 分布参数电路

精确计算要采用多次反射的分布参数电路，如图 6-6-2（a）所示。图中 Z_b 为避雷线的波阻。由于特高塔的档距一般超过 390m，所以从邻近塔反射来的波到达被雷直击塔塔顶的时间已大于 2.6μs，即已超过了雷电流的波头时间。因此在计算被击塔塔顶电位的幅值时，可不计其反射波。下面介绍塔身的多次反射计算过程。取雷电流为 $i(t)$，则

由接地电阻向上的电流波反射系数

$$\beta_R = \frac{Z_{gt} - R_{ch}}{Z_{gt} + R_{ch}} \quad (6-6-6)$$

沿塔身上行电流波在塔顶向下的反射系数

$$\beta = \frac{2Z_{gt} - Z_b}{2Z_{gt} + Z_b} \quad (6-6-7)$$

沿塔身上行电流波在塔顶折射进入避雷线的折射系数

$$\alpha = \frac{4Z_{gt}}{Z_b + 2Z_{gt}} \quad (6-6-8)$$

雷电流在塔顶遇到的等值波阻

$$Z = \frac{Z_b Z_{gt}}{Z_b + 2Z_{gt}} \quad (6-6-9)$$

雷电流进入塔身时的比例系数

$$\delta = \frac{Z_b}{Z_b + 2Z_{gt}} \quad (6-6-10)$$

雷电流沿塔身走单程的时间

$$\tau = \frac{h}{c} \quad (6-6-11)$$

在任一时刻 t，雷电流 $i(t)$ 在塔顶遇到 Z 时，在塔顶形成一个电位分量 $v_0(t)$，即

$$v_0(t) = Zi(t) \quad (6-6-12)$$

但同时电流 $i(t-2\tau)\delta\beta_R$ 将由塔底反射到塔顶，在塔顶形成又一个电位分量 $v_1(t)$，即

$$v_1(t) = -i(t-2\tau)\delta\beta_R\,\alpha\frac{Z_b}{2} \quad (6-6-13)$$

式中的负号表示此电流的流向是向下的。同时，显然还有 $v_2(t)$ 分量为

$$v_2(t) = -i(t-4\tau)\delta\beta_R^2\beta\alpha\frac{Z_b}{2} \quad (6-6-14)$$

以及 $v_3(t)$ 分量为

$$v_3(t)=-i(t-6\tau)\delta\beta_R^3\beta^2\alpha\frac{Z_b}{2} \tag{6-6-15}$$

如此等等。

因此，塔顶电位 $v(t)$ 可写成

$$v(t)=v_0(t)+v_1(t)+v_2(t)+\cdots+v_N(t)$$

或

$$v(t)=Zi(t)-\frac{Z_b}{2}\delta\beta_R\alpha\sum_{n=1}^{N}i(t-2n\tau)(\beta_R\beta)^{n-1} \tag{6-6-16}$$

令

$$Z_d=\frac{Z_b}{2}\delta\beta_R\alpha=\left[\frac{2Z_b^2Z_{gt}}{(Z_b+2Z_{gt})^2}\right]\left(\frac{Z_{gt}-R_{ch}}{Z_{gt}+R_{ch}}\right) \tag{6-6-17}$$

$$\psi=\beta_R\beta=\left(\frac{2Z_{gt}-Z_b}{2Z_{gt}+Z_b}\right)\left(\frac{Z_{gt}-R_{ch}}{Z_{gt}+R_{ch}}\right) \tag{6-6-18}$$

于是塔顶电位可写成

$$v(t)=Zi(t)-Z_d\sum_{n=1}^{N}i(t-2n\tau)\psi^{n-1} \tag{6-6-19}$$

式中：N 为等于或小于$\frac{t}{2\tau}$的最大整数。

2. 集中参数电路

为简化计算，可采用图 6-6-2（b）中的等值集中参数电路来代替图 6-6-2（a）中的分布参数多次反射电路。要使二者等值，需满足三个条件：①在 $t=0$ 时等值；②在 $t\to\infty$时等值；③在两种情况下塔顶电位 $v(t)$ 曲线所包络的面积相等。由这三个条件求出图 6-6-2（b）图中的三个集中参数 Z_b'，R'及 L。为便于分析，并使结果偏严格，以下取 $i(t)=1(t)$（单位阶跃函数）进行分析。

为保证在 $t=0$ 时二者的 $v(t)$ 一样，显然须有

$$Z'_b=\frac{2Z_bZ_{gt}}{Z_b+2Z_{gt}} \tag{6-6-20}$$

为保证在 $t\to\infty$时，二者的 $v(t)$ 一样，则必须有

$$\frac{R'Z'_b/2}{R'+Z'_b/2}=\frac{R_{ch}Z_b/2}{R_{ch}+Z_b/2}$$

由此可得

$$R'=\frac{R_{ch}Z_{gt}}{Z_{gt}-R_{ch}} \tag{6-6-21}$$

下面来计算图 6-6-2（a）的 $v(t)$ 曲线（参看图 6-6-3 中的实线曲线）与其稳态（$t\to\infty$）值曲线之差所包络的面积。在单位雷电流时，式（6-6-19）可简化为

$$v(t)=Z-Z_d\sum_{n=1}^{N}\psi^{n-1} \tag{6-6-22}$$

当 $t\to\infty$时，有

$$v_{(t\to\infty)}=[Z-Z_d\sum(1+\psi+\psi^2+\cdots+\psi^n)]_{n\to\infty}=Z-Z_d\left(\frac{1-\psi^\infty}{1-\psi}\right)$$

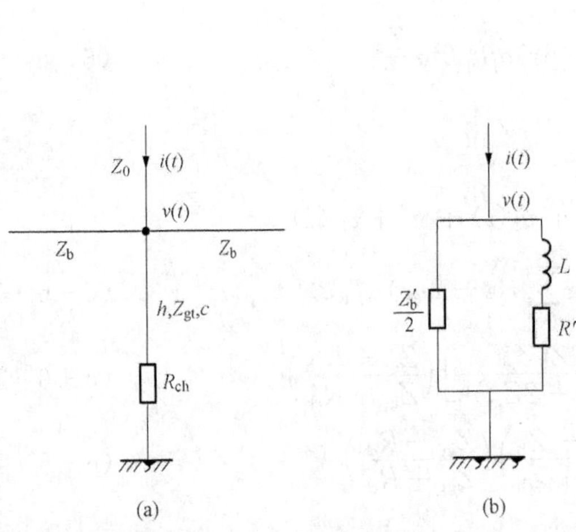

图 6-6-2 雷击特高塔顶

(a) 计算多次反射的分布参数电路；(b) 等值集中参数电路

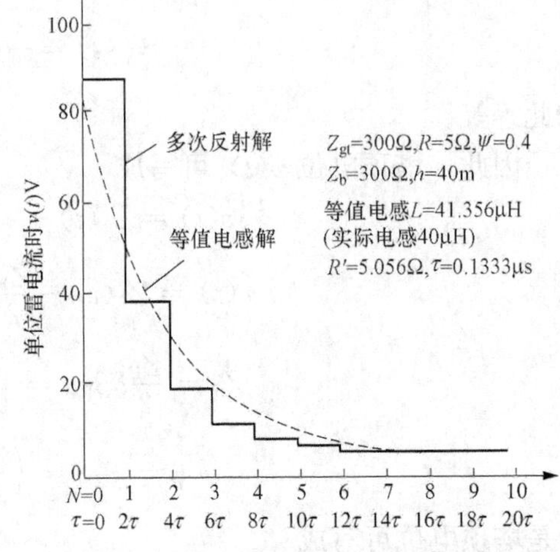

图 6-6-3 两种计算方法所得塔顶电位曲线（单位雷电流时）

因为 $\psi<1$，所以 $\psi^{\infty}\rightarrow 0$，而塔顶电位的稳态值为

$$v_{(t\rightarrow\infty)}=Z-\frac{Z_d}{1-\psi} \tag{6-6-23}$$

为求 $v(t)$ 及 $v_{(t\rightarrow\infty)}$ 之间的面积，可分许多小矩形进行（见图 6-6-3）。第一个小矩形面积 A_1 为

$$A_1=[Z-v_{(t\rightarrow\infty)}]2\tau=\left[Z-\left(Z-\frac{Z_d}{1-\psi}\right)\right]2\tau=\frac{Z_d}{1-\psi}2\tau$$

第二个小矩形面积 A_2 为

$$A_2=\left[(Z-Z_d)-\left(Z-\frac{Z_d}{1-\psi}\right)\right]2\tau=\left(\frac{Z_d}{1-\psi}-Z_d\right)2\tau$$

第三个小矩形面积 A_3 为

$$A_3=\left\{[Z-Z_d(1+\psi)]-\left(Z-\frac{Z_d}{1-\psi}\right)\right\}2\tau=\left[\frac{Z_d}{1-\psi}-Z_d(1+\psi)\right]2\tau$$

而第 n 个小矩形面积 A_n 为

$$A_n=\left[\frac{Z_d}{1-\psi}-Z_d(1+\psi+\psi^2+\cdots+\psi^{n-2})\right]2\tau$$

将其相加，并考虑到总数 $N\rightarrow\infty$，得

$$\begin{aligned}\sum_{n=1}^{N\rightarrow\infty}A_n&=\left\{\frac{NZ_d}{1-\psi}-Z_d[N-1+N\psi-2\psi+N\psi^2-3\psi^2+\cdots+N\psi^{N-1}-(N-1)\psi^{N-2}]\right\}_{N\rightarrow\infty}2\tau\\&=\left[\frac{Z_d}{(1-\psi)^2}\right]2\tau\end{aligned} \tag{6-6-24}$$

对图 6-6-2（b）的等值集中参数电路来说，在单位雷电流下，塔顶电位的解式不难求出为

$$v(t)=\frac{Z'_b}{2(Z'_b+2R')}\left[2R'+Z'_b e^{-\frac{(2R'+Z'_b)}{2L}t}\right] \tag{6-6-25}$$

其曲线如图 6-6-3 中的虚线所示。将它与其稳态值 $\frac{Z'_bR'}{Z'_b+2R'}$ 之差对 t 积分（由 $t=0$ 到 $t\rightarrow$

∞)，可求出包围的面积为

$$A_L = \frac{(Z'_b)^2 L}{(Z'_b + 2R')^2} \qquad (6-6-26)$$

令式（6-6-24）与式（6-6-26）相等，即可求出等值 L 的值为

$$L = \left(\frac{Z'_b + 2R'}{Z'_b}\right)^2 \frac{2Z_d\tau}{(1-\psi)^2} \qquad (6-6-27)$$

当杆塔接地电阻 $R_{ch}=0$ 时，$R'=0$，此时式（6-6-27）可写成

$$L = Z_{gt}\tau \qquad (6-6-28)$$

这就是杆塔的实际电感。

实际雷电流有一定的波头，这是减小计算误差的一个有利因素，所以采用图 6-6-2（b）的等值集中参数电路计算塔顶电位 $v(t)$ 可得到很高的精确度[1]。

三、长绝缘子串的临界闪络电压

由 $v(t)$ 和高塔雷电感应过电压公式［式（6-1-11）］，考虑到耦合系数后，即可求出线路绝缘子串所受电压。这一电压波形显然是非标准的。为准确判断绝缘子串是否闪络，还需要知道绝缘子串在非标准波下的正极性临界闪络电压 $U_{F(50\%)}$。长绝缘子串的 $U_{F(50\%)}$ 的经验公式为

$$U_{F(50\%)} = \left(0.84 + \frac{1.5}{T_1^{0.75}}\right)U_{50\%} \qquad (6-6-29)$$

式中：$U_{50\%}$ 为标准波形下的正极性临界闪络电压；T_1 为与非标准波形下的临界闪络相应的时间，μs，其值可按经验公式求出，即

$$T_1 = \tau_t[1 - F(p)] + 0.4F(p)\tau' \qquad (6-6-30)$$

$$F(p) = \frac{1}{4}(p + 3p^{10})$$

$$p = U'/U_{max}$$

式中：τ_t 为非标准波的波头长度，μs；τ' 为非标准波波尾上电压下降到 $\frac{1}{2}U'$ 的波尾长度，μs；U' 为由邻近杆塔第一个反射波到达雷击塔瞬间雷击塔的塔顶电位；U_{max} 为雷击塔的塔顶电位最大值。

四、雷击塔顶闪络的概率

一般研究线路绝缘雷击闪络的方法，都是基于雷电流有一定形状的前提的。这个前提基本上是正确的。因为大量实测数据表明，雷电流的幅值与陡度之间的相关系数在 0.6 以上。但也有的研究者认为幅值与陡度是互不相关的，即认为雷电流波不存在一个基本形状。这时雷击塔顶反击的概率可用统计法加以计算。在计算时把绝缘上电压随时间的变化曲线与绝缘的伏秒特性曲线加以比较，后者可表示为

$$U = U_{50\%}\sqrt{1 + \frac{T}{t}} \qquad (6-6-31)$$

式中：T 为由实验决定的常数。作用在塔顶上的雷电流假定并无固定的波头，而只有固定的

---

[1] 应当指出，在本节（及以上各节）的计算中，已经忽略了雷电通道波阻 Z_0 的影响。如果要计及 Z_0 的影响，显然只要在电流源 $i(t)$ 并联以波阻 Z_0 即可，即在图 6-6-2 中在杆塔顶点与大地之间加一个电阻 Z_0。因为此 Z_0 是和 $Z_b/2$ 并联的，所以只要在所有公式中将 $Z_b/2$ 用 $\frac{Z_b}{2}//Z_0 = \frac{Z_bZ_0}{Z_b + 2Z_0}$ 代替就可以了。

陡度 a。在 a 下算出的线路绝缘所受电压曲线与伏秒特性的交点决定了放电时间 t，因此也就决定了绝缘子发生闪络时的雷电流幅值 $I=at$。在图 6-6-4 上示意地画出了三个陡度 a_1、a_2、a_3的电压变化曲线和绝缘子串的伏秒特性曲线。由这些曲线的交点，得到了三个闪络时间 t_1、t_2、t_3。与其相对应的雷电流幅值为

$$I_1 = a_1t_1, I_2 = a_2t_2, I_3 = a_3t_3$$

这样，就能求出引起绝缘闪络的各种雷电流幅值与陡度的所有可能组合。雷电流幅值 I 和陡度 a 不同组合的两度分布的计算规则可表示为

$$\lg P_{I,a} = \lg P_I + \lg P_a = -\left(\frac{I}{88} + \frac{a}{65}\right) \tag{6-6-32}$$

式中：$P_{I,a}$为雷电流幅值和陡度同时超过 I 和 a 的概率，P_I 是雷电流幅值超过 I 的概率，P_a 是雷电流陡度超过 a 的概率。

根据 a_1、I_1和 a_2、I_2等，可以画出雷电流的危险参数曲线，如图 6-6-5 所示。在该曲线右上侧的点子表示该雷击将引起绝缘闪络，在该曲线左下侧的点子则表示该雷击对绝缘没有危险。雷击塔顶一次引起绝缘闪络的概率就是相应的点子落在图 6-6-5 中曲线右上侧的概率。全部闪络概率等于危险参数曲线右侧全部范围概率密度的积分。这个积分可以用图解法数值求解。计算按下列程序进行：参看图 6-6-5，将危险参数曲线用分级的折线代替，这样积分区域被分成许多单元面积（其中第 i 个单元被用阴影表示出来）。该单元面积的概率密度积分等于

$$\Delta_i P = \Delta P_{Ii} \Delta P_{ai} = 10^{-\frac{I_i}{88}} \times \left(10^{-\frac{a_i''}{65}} - 10^{-\frac{a_i'}{65}}\right) \tag{6-6-33}$$

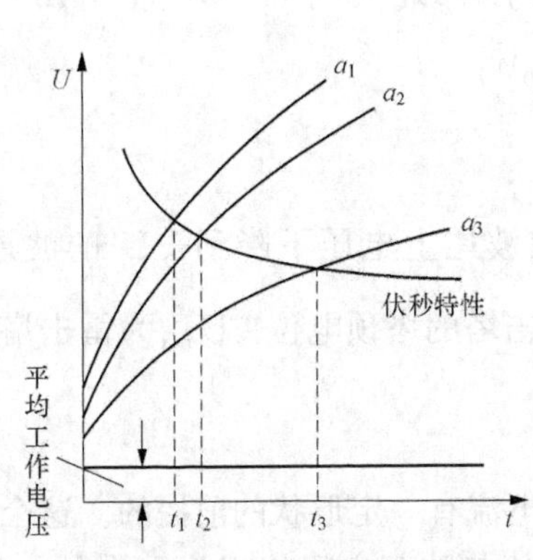

图 6-6-4　线路绝缘上的电压曲线与伏秒特性曲线

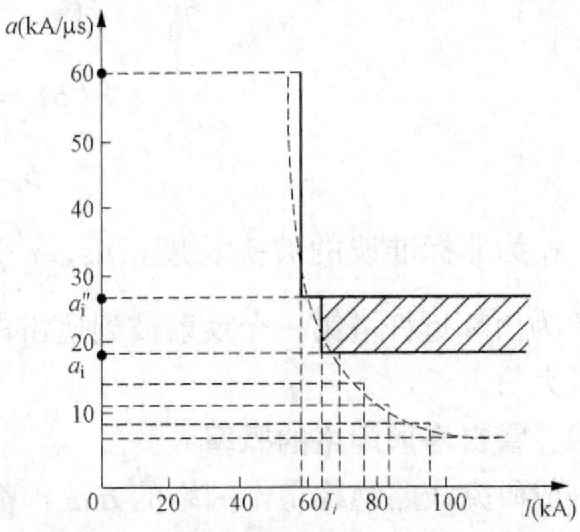

图 6-6-5　线路闪络概率的作图计算法

要求的全部闪络概率为

$$P = \sum_{i=1}^{n_1} \Delta_i P \tag{6-6-34}$$

式中：n_1为单元面积的数目；其他符号的意义如图 6-6-5 所示。

每 40 个雷暴日每 100km 线路雷击塔顶的预期跳闸次数 n 由下式决定。

$$n = N_L \eta g P \tag{6-6-35}$$

式中：N_L 为每 40 个雷暴日每 100km 线路的落雷总数；η 为建弧率；g 为击杆率；P 为按式（6-6-34）算出的概率。

如果要考虑更多的随机变量（如雷击时导线工频电压的瞬时值、雷击时的风速等），可

以采用蒙特卡罗法（统计模拟法）进行数值计算。所谓蒙特卡罗法就是利用数学的方法来产生各种不同分布的随机变量抽样序列，来模拟给定问题的概率统计模型，然后给出给定问题的数值解的渐近统计估计值。

第七节　电缆线路防雷

由于技术的发展、土地资源的紧缺以及对城市建设美观的要求，电缆线路在电力系统中得到了越来越广泛的应用。

通常电缆线路会与架空线路或者 GIS 变电站相连。电缆线路的雷电过电压主要来自架空线路。电缆线路与架空线或 GIS 变电站的连接处由于波阻抗的变化会产生波的折、反射，由此产生的过电压可根据波过程的网格法进行分析。通常，需要在架空线和电缆的连接点处安装避雷器限制进入电缆的过电压，以保护电缆线路的绝缘。同理，电缆与 GIS 相连处也需要安装避雷器进行防雷保护。

电缆有单芯和三芯之分，其基本结构如图 6-7-1 所示。

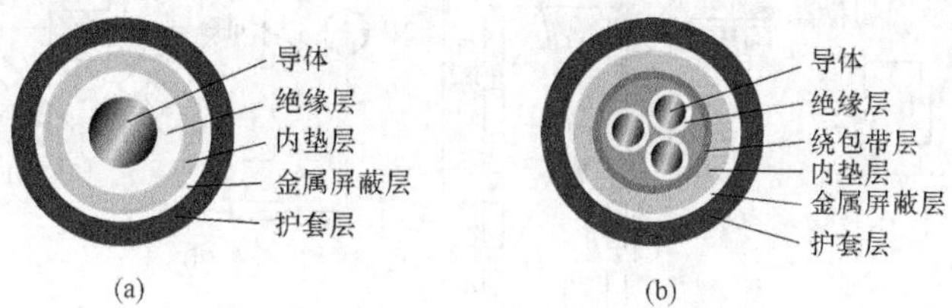

图 6-7-1　电缆的基本结构

(a) 单芯；(b) 三芯

从安全角度出发，高压电缆金属屏蔽层的两端是必须接地的。对于具有公共金属屏蔽层的三芯电缆来说，由于正常情况下三相负载电流之和为零，在金属屏蔽层的感应电压也为零，所以金属屏蔽层两端接地后，在金属屏蔽层中不会流过电流。但单芯电缆的金属屏蔽层只能一端接地，如将其两端都接地，则芯线电流所生的磁力线将在金属屏蔽层中感应出很大的电流，这种作用几乎和 1∶1 的电流互感器差不多。这时不仅会在金属屏蔽层中形成热能损耗，加速电缆绝缘的老化过程，而且将使电缆芯线的载流量降低 40%左右。然而在单端接地的情况下，电缆屏蔽层的不接地端会有感应电压出现，特别是当电缆长度较长时（如大于 1000m），感应电压还会比较大。因此，实际中电缆的屏蔽层要采用交叉互连的接线方式。

所谓交叉互连是指将电缆的金属屏蔽层全长分成三等分（或三等分的倍数），将相邻两端的金属屏蔽层进行交叉互连，而最前端和最后端则三相金属屏蔽层互连接地。由于正常运行时三相芯线电流大小相等而相位互差 120°，所以三段彼此交叉互连的金属屏蔽层上的感应电压也大小相等、相位互差 120°。这样，三段交叉互连金属屏蔽层的两端总的感应电压为零，在正常运行时不会在金属屏蔽层中形成环流，造成电能损耗。

但是采用交叉互连后，由于每相屏蔽层都是中断的，当冲击波沿某相（如 A 相）芯线袭来时，芯线冲击电流在断联处将不能再以金属屏蔽层为回路，从而在金属屏蔽层外出现了冲击电流的磁力线。后者变化极快，会在金属屏蔽层断联处引起金属屏蔽层对地电位的升高，危及外护套层绝缘。

下面以常见的单芯电缆金属屏蔽层交叉互连方式［见图 6-7-2（a）］来讨论当沿一相芯线有冲击波U_0袭来时，金属屏蔽层不接地端产生的过电压。

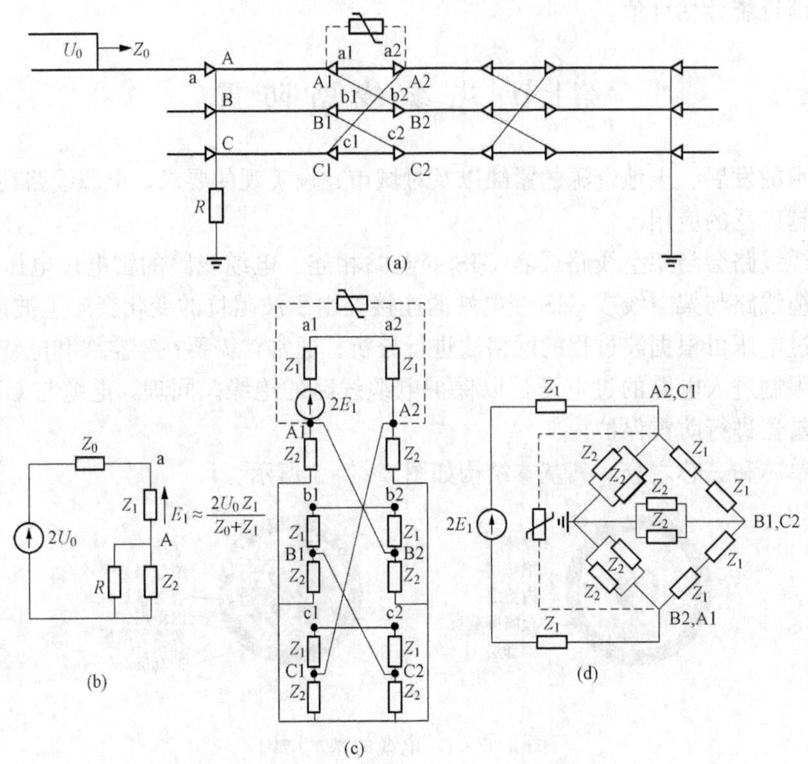

图 6-7-2 铅包交叉互连，A 相芯线来波时的等效电路

（a）实际线路；（b）E_1 的求取；（c）交叉互联的等效电路；（d）化简电路

如图 6-7-2（b）所示，设R为金属屏蔽层的接地电阻，Z_0为架空线波阻，Z_1为电缆芯线对金属屏蔽层的波阻，Z_2为屏蔽层对大地波阻，来波为U_0，如果电缆金属屏蔽层的接地电阻R值很小，则进入芯线的冲击波将为

$$E_1 = 2U_0\frac{Z_1}{Z_0+Z_1} \tag{6-7-1}$$

当E_1到达第一个屏蔽层断联处的芯线a_1点时，金属屏蔽层 A1 及 A2 点的对地电位可由图 6-7-2（c）、（d）的等效电路图分别求出为

$$U_{A1} = -2U_0\frac{Z_1}{Z_0+Z_1}\times\frac{Z_2}{2Z_1+\frac{3}{2}Z_2} \tag{6-7-2}$$

$$U_{A2} = 2U_0\frac{Z_1}{Z_0+Z_1}\times\frac{Z_2}{2Z_1+\frac{3}{2}Z_2} \tag{6-7-3}$$

而加在金属屏蔽层外的绝缘接头上的冲击过电压则为

$$U_{A1A2} = -4U_0\frac{Z_1}{Z_0+Z_1}\times\frac{Z_2}{2Z_1+\frac{3}{2}Z_2} \tag{6-7-4}$$

以 220kV 单芯电缆为例，此时 $U_0=1200\text{kV}$，$Z_0=400\Omega$，$Z_1=25\Omega$，$Z_2=100\Omega$（放在电缆廊道中），可得 $|U_{A1}|=|U_{A2}|=70.6\text{kV}$，$|U_{A1A2}|=141.2\text{kV}$。这是外护套层绝缘（出厂冲击试验电压为 50kV）及外护套层绝缘接头（出厂冲击试验电压为 100kV）所承受不了的，所以必须加以保护，称为电缆的护层保护。

应该指出，将保护器加在 A1、B1、C1 与地之间，三相组成 Y_0 接法的保护方式是不可取的。因为在单相（如 A 相）接地短路时，这种接法的保护器所受的工频电压 $\dot{U}_{Y_0}$ 为

$$\dot{U}_{Y_0}=\dot{I}R+\dot{U}_{AA1} \tag{6-7-5}$$

其值很大。按这一工频电压所选的保护器，在大气过电压下所呈现的残压将很高，使保护层绝缘不能得到有效保护。此外，保护器的 Y_0 接法还会使冲击下的等值回路非常复杂，需要依靠数值求解。

合理的保护方式是将保护器接在 A1A2、B1B2、C1C2 之间，三相组成△接法。采用这种接法时，在同样的单相短路条件下，保护器所受的工频电压 $\dot{U}_{\Delta}$ 为

$$\dot{U}_{\Delta}=\dot{U}_{A2A1}=\dot{U}_{AA1}-\dot{U}_{CC1} \tag{6-7-6}$$

由于在单相短路时 $\dot{U}_{AA1}$ 与 $\dot{U}_{CC1}$ 同相位、大小相差不多，所以 $\dot{U}_{\Delta}$ 显然要比式（6-7-5）的 $\dot{U}_{Y_0}$ 小得多。从而可以降低保护器所受的工频电压，大大降低保护器的残压，使外护套层绝缘得到有效保护。此外，残压的降低可使保护器在冲击电流下的等效电阻降低到 1Ω 以下，远小于电缆的波阻。因此在计算流经它的冲击电流时，可以将其当成短路看待。将 A1A2 当成短路后，冲击下的等值回路可大为简化，此时在冲击下只要把电缆看成屏蔽层永远相通的波阻 Z_1 即可。在这样求得流过保护器的冲击电流后，按保护器的伏安特性即可查出保护器的残压，这也就是外护套层绝缘接头所受的冲击电压。外护套层绝缘所受的冲击电压也不难求出，计算十分方便。这种忽略最多会使计算结果偏严 5%。

再者△接法的保护器还可进一步改进为等值 Y 接法，此时 $\dot{U}_{AA1}$ 将作用在两个保护器上，使每个保护器所受工频电压 $\dot{U}_{Y}$ 降为

$$\dot{U}_{Y}=\frac{1}{2}\dot{U}_{A2A1}=\frac{1}{2}(\dot{U}_{AA1}-\dot{U}_{CC1}) \tag{6-7-7}$$

所以 Y 接法的每个保护器所用阀片数目可比△接法减少 50%，而其他优点保持不变。

目前已有专门的换位箱供电缆屏蔽层的交叉互联以及安装护层保护器用。

习　题

1. 某 35kV 线路的 A 相导线平均高度为 9m，试计算当 30kA 雷击 100m 外的地面时与雷直击于塔顶时，在该相导线上的感应过电压值。

2. 感应过电压通常会使线路的相间绝缘击穿吗？

3. 某无避雷线的 35kV 线路，杆塔布置如习题图 6-1 所示，水泥杆，自然冲击接地电阻为 20Ω，每串 3 片 X-4.5 型绝缘子的 $U_{50\%}$ 为 350kV。导线档中弧垂为 3m，半径为 8.5mm，求线路的耐雷水平及跳闸率。

4. 计算习题图 6-2 中 110kV 线路的雷击跳闸率，已知该线路采用水泥杆、铁模担、双避雷线，避雷线弧垂为 4m，导线弧垂为 5.3m，避雷线半径为 3.9mm，$R_{ch}=7\sim15\Omega$，$\alpha=22°$，绝缘子串为 $7\times X$-4.5。

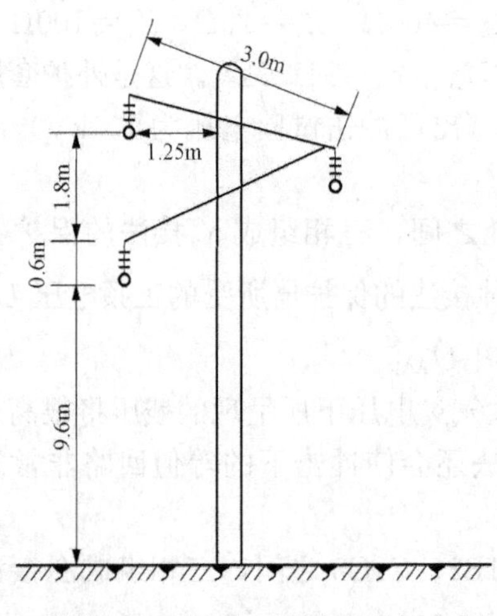

习题图 6-1 35kV线路水泥杆布置

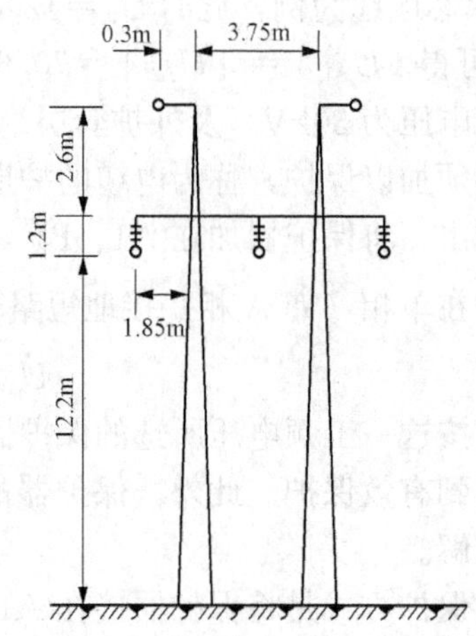

习题图 6-2 110kV门型水泥杆布置

5. 简述 35～500kV 线路典型的防雷措施。回答每条正常保护的线路的雷害事故每年约为多少次?

6. 绕击的几何分析模型法的主要内容是什么?它的优点与存在问题有哪些?

7. 金属屏蔽层三相交叉互连的高压电缆,其护层保护器△接法比 Y_0 接法有哪些优越性? Y 接法与△接法相比较呢?

第七章 变电站防雷

变电站是电力系统的枢纽，一旦雷击损坏，影响严重，因此要求有可靠的防雷措施。

变电站雷害来源有二种：一是雷直击变电站；二是沿线路传来过电压波。

变电站防直击雷采用避雷针（线）。安装避雷针（线）后只有在绕击、反击或感应时会发生事故，所以雷直击变电站事故率较低。

线路落雷概率大，其绝缘又比发电厂、变电站为强，所以沿线路侵入的过电压波很高，变电站必须对沿线路的来波加以限制。主要措施为在变电站内装设避雷器，并在离变电站1～2km内的线路段（进线段）上加强防雷措施。

第一节 发电厂、变电站的直击雷保护

本节主要讨论变电站安装避雷针（线）的注意事项，由于发电厂与变电站在防直击雷方面有很多共同点，所以也顺便加以讨论。

发电厂、变电站的屋外配电装置、较高建（构）筑物以及易燃易爆对象，都应加直击雷保护。

一、避雷针（线）与被保护物之间的距离

独立避雷针（线）与被保护物之间应有一定距离，以免雷击避雷针（线）时造成反击。

1. 空气中的距离

如图 7-1-1 所示，在雷击避雷针时，针上距被保护物最近的 A 点的电位为

$$u_A = iR_{ch} + L\frac{di}{dt} \quad (7-1-1)$$

式中：L 为从 A 到地这一段针的电感。取雷电流 i 的幅值为 150kA，波头为斜角波，波头长 2.6μs，即 $\frac{di}{dt}=\frac{150}{2.6}=57.7$ (kA/μs)。避雷针的电感取为 1.3h（单位：μH），h 是 A 点的高度（单位：m），于是有

$$u_A = 150R_{ch} + 75h \quad (\text{kV})$$

取空气的耐压为 750kV/m，就可以求出不致发生反击的空气距离 S_k 为

$$S_k \geqslant \frac{150R_{ch}}{750} + \frac{75h}{750} = 0.2R_{ch} + 0.1h \quad (\text{m}) \quad (7-1-2)$$

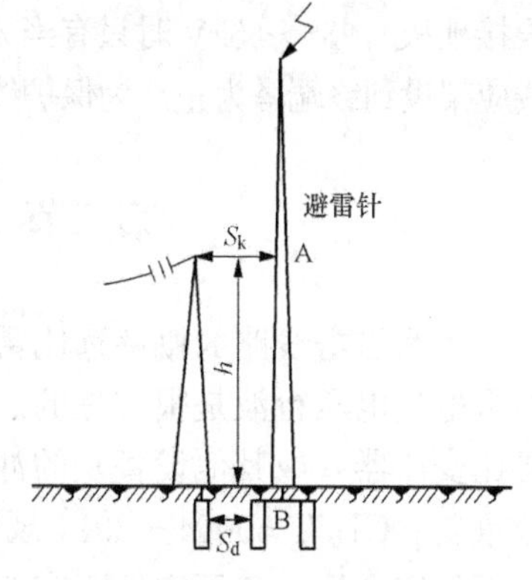

图 7-1-1 独立避雷针

2. 土壤中的距离

独立避雷针的接地装置与被保护物的接地装置之间在土壤中也应保持一定距离 S_d（见图 7-1-1），以免击穿土壤，取土壤的耐压为 500kV/m，则 S_d 应为

$$S_d \geqslant \frac{150R_{ch}}{500} = 0.3R_{ch} \quad (m) \tag{7-1-3}$$

在一般情况下，S_k 不应小于 5m，S_d 不应小于 3m。当由于布置上的困难，S_d 无法保证时，可将两个接地装置相连。但为避免向设备反击，该连接点到 35kV 及以下设备的接地线入地点，沿接地体的地中距离应大于 15m。因为当冲击波沿地中埋线流动 15m 后，在 $\rho \leqslant 500\Omega \cdot m$ 时，幅值可衰减到原来的 22%左右，一般就不会引起事故了。

对于 66kV 及以上的配电装置，由于绝缘较强，不易反击，一般可将避雷针装设在架构上，利用发电厂、变电站的主接地网接地，但应在附近根据土质加设 3～5 根垂直接地极或水平接地带。为保证接地的良好，架构避雷针只许用在 $\rho \leqslant 500\Omega \cdot m$（66kV 级）或 $\rho \leqslant 1000\Omega \cdot m$（110kV 级）的情况。由于主变压器的绝缘较弱而重要性较大，所以当土壤电阻率大于 350Ω·m 时，在变压器的门型架构上和离变压器主接地线小于 15m 的配电装置的构架上不应安装避雷针。当土壤电阻率不大于 350Ω·m 时，在根据技术经济比较，并在采用相应的防反击措施后（如增加集中接地体），可在变压器门型架构上装设避雷针。

二、避雷针（线）安装的注意事项

（1）独立避雷针应距道路 3m 以上，否则应铺碎石或沥青路面（厚 5～8cm），以保人身不受跨步电位差的危害。

（2）严禁将架空照明线、电话线、广播线、天线等装设在避雷针上或装有避雷针的架构上。

（3）如在独立避雷针上或在装有避雷针的架构上装设照明灯，这些灯的电源线必须采用带金属外皮的电缆，或将全部导线装在金属管内，并应将电缆或金属管直接埋入地中，其埋地长度应大于 10m，才允许与 35kV 及以下配电装置的接地网相连，或者与屋内低压配电装置相连。机力通风冷却塔上电动机的电源线以及烟囱下引风机的电源线也应如此办理。

（4）发电厂主厂房上一般不装设避雷针，以免因发生感应或反击使继电保护误动作或造成绝缘损坏。

由于避雷线有两端分流的特点，所以线路终端塔上的避雷线是否能与变电站出线门型架构相连的规定较避雷针放宽了一些：110kV 及以上时允许相连（但 $\rho > 1000\Omega \cdot m$ 时应加装 3～5 根接地极），35～66kV 时只有当 $\rho \leqslant 500\Omega \cdot m$ 时才允许相连，但需加装 3～5 根接地极，否则避雷线应架设到终端塔为止。为保护线路终端塔到变电站的最后一档线路，可在终端塔装设避雷针。

第二节 发电厂、变电站的侵入波过电压

因为雷击线路的概率远比雷直击发电厂、变电站为大，所以沿线路侵入发电厂、变电站的雷电过电压行波是很常见的。变压器是变电站十分重要的设备，而线路绝缘水平（$U_{50\%}$）要比变压器（或其他设备）的冲击试验电压高得多，所以发电厂、变电站对进行波的保护十分重要。GB/T 50064—2014 规定，330～750kV 的发电厂和变电站在雷电侵入波过电压作用下的安全运行年不宜低于表 7-2-1 中的值。

表 7-2-1 发电厂和变电站的在雷电侵入波过电压作用下的安全运行年

系统标称电压（kV）	330	500	750
安全运行年	600	800	1000

在变电站内合理布设避雷器可以保护变电站所有电气设备，使之免受侵入波过电压的危害。不需要用降低重要性差的设备（如隔离开关）绝缘水平的办法来保护重要性大的设备（如变压器），也不需要用降低线路绝缘的办法来保护发电厂、变电站。

阀式避雷器曾经广泛用于对侵入波过电压的防护，但目前已被无间隙金属氧化物避雷器（MOA）取代。有关避雷器对侵入波过电压防护的定量分析要借助于数值解。下面仅以用避雷器保护变压器为例对侵入波过电压的防护机理作定性分析。为便于分析，可假设避雷器的动作电压与其残压相等，即避雷器在动作前不通过电流，动作后避雷器保持其标称放电电流下的残压 U_r（如 U_5 或 U_{10}）不变。

一、避雷器的保护作用

如果将避雷器直接接到变压器套管上，即将二者直接并联，则显然只要避雷器的残压 U_r 低于变压器的冲击耐压就可以了。但由于布线的困难，而且一组避雷器往往要保护多种设备，所以避雷器到被保护设备之间会有一段距离，而且从来波的方向看，避雷器既可能处在被保护设备的前面，也可能处在被保护设备的后面。下面来分析图 7-2-1（a）的情况，其等效电路图为 7-2-1（b）。图中避雷器位于 B 处；变压器位于避雷器后面的 T 处，与避雷器的距离为 l_2；进线隔离开关位于避雷器前面的 L 处，与避雷器的距离为 l_1。设侵入波为斜角波 at，线路末端 T 处开路，则 L、B、T 诸点电压可用图 7-2-1（c）所示的行波网格法求出。分析时以各点开始出现电压的时刻分别为各点的时间起点。

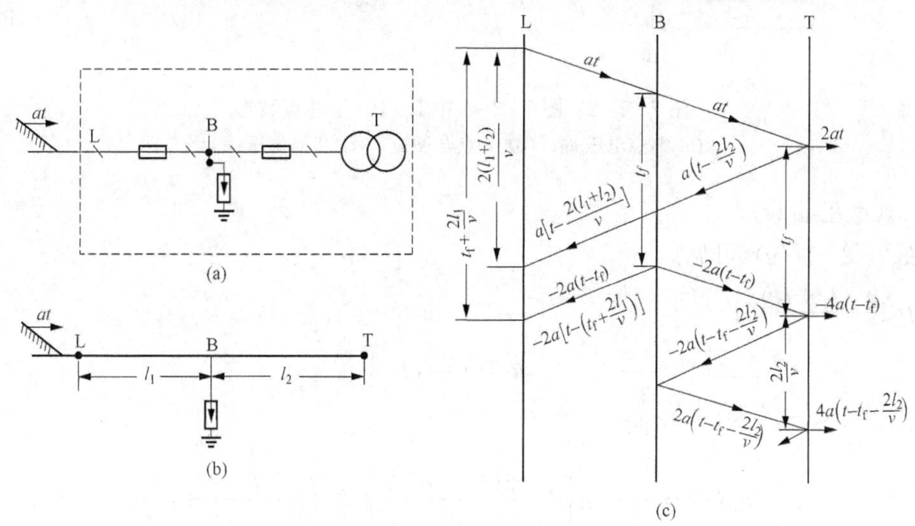

图 7-2-1　雷电波 at 侵入变电站的分析

（a）实际接线；（b）等效电路；（c）计算 L、B、T 各点电压的行波网格图

1. B 点电压 $u_B(t)$

由图 7-2-1（c）可见，在 T 点的反射波到达 B 点前，$u_B(t)=at$。在 T 点的反射波到达 B 点但避雷器尚未动作前，$u_B(t)=at+a\times\left(t-\frac{2l_2}{v}\right)=2a\left(t-\frac{l_2}{v}\right)$。假定在 $t=t_f$ 时，避雷器动作，此后可认为 $u_B(t)=U_r$（U_r 为避雷器标称放电电流下残压）。因此，可认为在 $t=t_f$ 时在 B 点叠加了一个负的电压波 $-2a(t-t_f)$，即在 $t\geqslant t_f$ 时，有

$$u_B(t)=2a\left(t-\frac{l_2}{v}\right)-2a(t-t_f)=2a\left(t_f-\frac{l_2}{v}\right)=U_r \qquad (7-2-1)$$

由此可得

$$t_f=\frac{U_r}{2a}+\frac{l_2}{v} \qquad (7-2-2)$$

$u_B(t)$ 的波形如图 7-2-2（a）所示，图中 $\tau_1=\frac{l_1}{v}$，$\tau_2=\frac{l_2}{v}$。

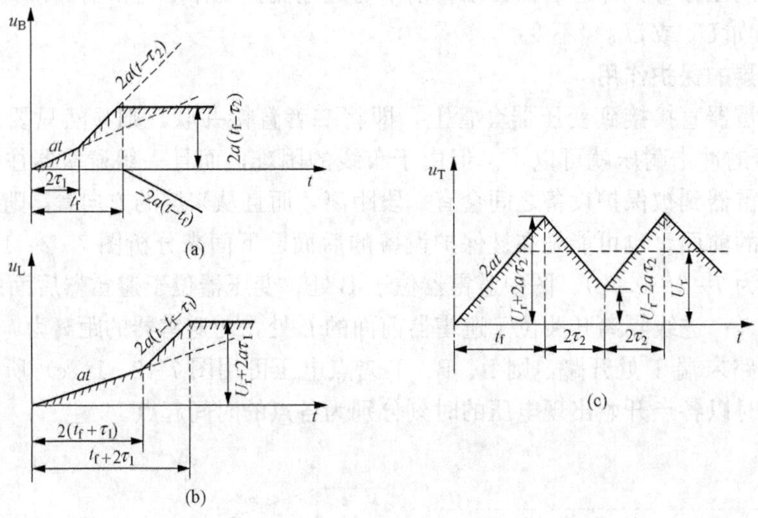

图 7-2-2 图 7-2-1 中 L、B、T 各点波形

（a）B 点电压 u_B；（b）L 点电压 u_L；（c）T 点电压 u_T

2. L 点电压 $u_L(t)$

从图 7-2-1（c）可见：

当 $t<\frac{2(l_1+l_2)}{v}$ 时

$$u_L(t)=at$$

当 $t_f+\frac{2l_1}{v}>t\geqslant\frac{2(l_1+l_2)}{v}$ 时

$$u_L(t)=at+a\left[t-\frac{2(l_1+l_2)}{v}\right]=2a\left(t-\frac{l_1+l_2}{v}\right)$$

当 $t\geqslant t_f+\frac{2l_1}{v}$ 时

$$u(t)=2a\left(t-\frac{l_1+l_2}{v}\right)-2a\left[t-\left(t_f+\frac{2l_1}{v}\right)\right]$$

$$=2a\left(t_f+\frac{l_1-l_2}{v}\right)=U_r+2a\frac{l_1}{v} \qquad (7-2-3)$$

$u_L(t)$ 的波形如图 7-2-2（b）所示。

3. T 点电压 $u_T(t)$

由图 7-2-1（c）可见：

当 $t<t_f$ 时

$$u_{\mathrm{T}}(t)=2at$$

当 $t=t_{\mathrm{f}}$ 时

$$u_{\mathrm{T}}(t)=2at_{\mathrm{f}}=U_{\mathrm{r}}+2a\frac{l_2}{v} \tag{7-2-4}$$

当 $t=t_{\mathrm{f}}+\dfrac{2l_2}{v}$ 时

$$\begin{aligned}u_{\mathrm{T}}(t)&=2a\left(t_{\mathrm{f}}+\frac{2l_2}{v}\right)-4a\left(t_{\mathrm{f}}+\frac{2l_2}{v}-t_{\mathrm{f}}\right)\\&=2a\left(t_{\mathrm{f}}-\frac{2l_2}{v}\right)=U_{\mathrm{r}}-2a\frac{l_2}{v}\end{aligned} \tag{7-2-5}$$

当 $t=t_{\mathrm{f}}+\dfrac{4l_2}{v}$ 时

$$u_{\mathrm{T}}(t)=2at_{\mathrm{f}}=U_{\mathrm{r}}+2a\frac{l_2}{v} \tag{7-2-6}$$

此次类推，$u_{\mathrm{T}}(t)$ 的波形如图 7-2-2（c）所示。

从图 7-2-2（b）、（c）可见，当雷电波侵入变电站时，不管避雷器是接在被保护设备前面或后面，被保护设备上所受冲击电压的最大值 $u_{\max}$ 可统一表示为

$$u_{\max}=U_{\mathrm{r}}+2a\frac{l}{v} \tag{7-2-7}$$

式中：l 为由避雷器到被保护设备的距离。因此，被保护设备上的最大电压要比避雷器的残压 U_{r} 高出 ΔU，其值为

$$\Delta U=2a\frac{l}{v} \tag{7-2-8}$$

产生 ΔU 的起因是：对 L 点而言，是因为当侵入波 at 到达 L 点后，避雷器动作所起的保护作用要晚 $\dfrac{2l_1}{v}$ 的时间才能被 L 点“感受”到；对 T 点而言，是因为 T 点作为开路的末端使波发生全反射的结果。

从图 7-2-2（c）还可见，变压器所受电压具有振荡性质，其振荡轴为避雷器的残压 U_{r}，振幅为 $\Delta U=2a\dfrac{l_2}{v}$。

二、被保护变压器所受电压

在图 7-2-2（b）中忽略了变压器的入口电容 C_{r}。如果计及 C_{r} 的作用，并将变压器与避雷器之间的连线用等值 Π 型电路代替，则采用式（7-2-7）可得变压器所受电压为

$$u_{\mathrm{T}}(t)=U_{\mathrm{r}}\left[1-\frac{\sin\dfrac{\omega t_{\mathrm{f}}}{2}}{\dfrac{\omega t_{\mathrm{f}}}{2}}\cos\omega\left(t-\frac{t_{\mathrm{f}}}{2}\right)\right] \tag{7-2-9}$$

$$\omega=\frac{1}{\sqrt{L_0 l\left(\dfrac{C_0 l}{2}+C_{\mathrm{r}}\right)}} \tag{7-2-10}$$

而 L_0 和 C_0 分别为连线单位长度的电感和电容，l 为变压器与避雷器间的距离。

现有的 35～110kV 单回进线的变电站，其 $\sin\dfrac{\omega t_{\mathrm{f}}}{2}$ 值接近于 1，因此可由式（7-2-9）求

出 $u_T(t)$ 的最大值 u_{max} 为

$$u_{max} \approx U_r\left(1+\frac{2}{\omega t_f}\right) \approx U_r\left(1+\frac{2}{\omega \dfrac{U_r}{a}}\right)$$

所以

$$u_{max} \approx U_r + \frac{2al}{v}k \tag{7-2-11}$$

$$k = \sqrt{\frac{1}{2}+\frac{C_r}{C_0 l}}$$

从式（7-2-9）可以看出，入口电容 C_r 的存在使变压器所受电压具有余弦振荡性质。而从式（7-2-7）与式（7-2-11）的比较可知，两者结论极为相似，C_r 的存在只是引入了一个修正系数 k 而已。

实际上，由于冲击电晕和避雷器电阻的衰减作用，以及避雷器上的残压并非恒定值 U_r 而是随着雷电流的衰减而衰减，所以变压器及其他设备上所受冲击电压的波形是衰减振荡的，其最大值为式（7-2-11）求得值的87%左右，即

$$u_{max} = 0.87\left(U_r + \frac{2al}{v}k\right) \tag{7-2-12}$$

图 7-2-3 给出了变压器实际所受电压的典型波形，其与上述理论分析结果是一致的。显然，变压器的冲击耐压值应大于式（7-2-12）所示的 u_{max}，通常取变压器的多次截波耐压值（有工频激磁时）大于 u_{max} 即可。由于多次截波耐压值约为 3 次截波耐压值（$U_{j,3}$）的 87%左右，所以 $U_{j,3}$ 应满足

$$U_{j,3} \geqslant U_r + \frac{2al}{v}k \tag{7-2-13}$$

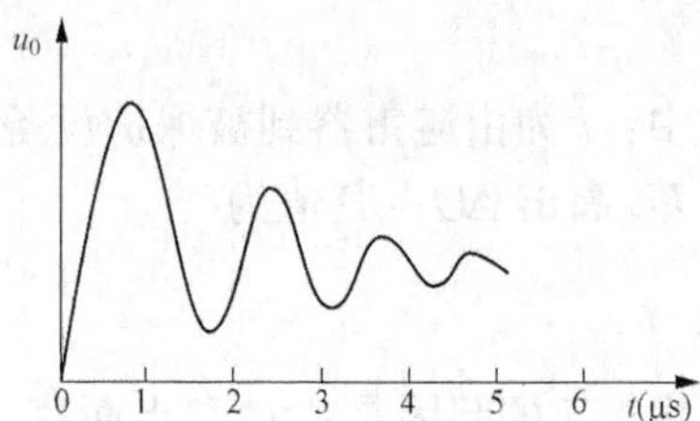

图 7-2-3 变压器所受电压波形图

三、避雷器与被保护设备间的允许距离

$U_{j,3}$ 及 U_r 给定后，则可由式（7-2-13）求出变压器与避雷器间允许的最大距离 l_m 为

$$l_m \leqslant \frac{U_{j,3}-U_r}{2\dfrac{a}{v}k} \tag{7-2-14}$$

即避雷器的保护作用有一定的范围。在将来波陡度 a 限制在一定值并保证避雷器流过的电流不超过给定值的条件下，变压器的 3 次截波冲击耐压值 $U_{j,3}$ 与避雷器在给定电流下残压 U_r 的差值（$U_{j,3}-U_r$）越大，则 l_m 就越大。

应该指出，以上的分析均忽略了工频电压的影响。实际上，当与来波极性相反的工频电压幅值存在时，后者等于使来波幅值增加了，所以可使变压器首端所受过电压有所增加。此外，变压器绕组因为有沿绕组均匀分布的反极性纵向工频电压存在，将使绕组在来波时的匝间（及层间）过电压增大，并可使绕组对地电位也稍有提高。

从式（7-2-14）还可以看出，当变压器入口电容 C_r 增大时，可能使最大允许距离 l_m 缩小。其物理意义为：由式（7-2-10）知，当 l 不变而 C_r 增大时，电路的振荡周期将变大，而来波波头长度与之相比的相对值就变小，即相当于来波波头变陡，这样振荡的发展就充分些，变压器上电压的幅值也就会大一些。此外，在模拟实验中还发现，当从较大的 C_r 处返

回的负反射波使避雷器上电压第一个峰值降到其动作电压以下时，避雷器的动作将延迟，这等于增大了 l 值，从而会使变压器上的电压上升。

上面的分析中只是讨论了一组避雷器和一路进线的情况，当变电站较大时，可以有多路进线，而且在一路进线上可安装几组避雷器。分析及实验表明：当靠近线路一侧的避雷器动作时，可使向变电站侧传播的雷电波幅值大为降低，因此避雷器与变压器间的允许距离值可比式（7-2-14）的值大一些。对两路进线及以上的变电站，一路来波可以从另外几路分流出一部分。此时，理论分析的定性方面仍然不变，但定量部分应乘以修正系数 k_1，即

$$l_m \leqslant k_1 \frac{U_{j,3}-U_r}{2\dfrac{a}{v}k} \tag{7-2-15}$$

式中：$k_1>1$。两路进线的变电站中，k_1 为 1.3～1.5。三路进线时 l 值可比两路进线时增大 20%，四路以上进线时可比两路进线时增大 35%。但同杆架设的双回线有同时受雷击的可能，所以在决定 l 值时该双回线只能按一路考虑。

其他各种电器的多次截波耐压值要比变压器为高，所以其他电器到避雷器的最大允许距离可以相应增加 35%。

GB/T 50064—2014 规定，35kV 及以上装有标准绝缘水平的设备和标准特性的 MOA，且高压配电装置采用单母线、双母线或分段母线的电气主接线时，MOA 可仅安装在母线上。MOA 至主变压器间的最大电气距离可按表 7-2-2 确定。对其他设备的最大距离可相应增加 35%。当 MOA 与主被保护设备的最大电气距离超过规定值时，可在主变压器附近增设一组 MOA。

表 7-2-2　　MOA 至主变压器间的最大电气距离（m）

系统标称电压（kV）	进线长度（km）	进线路数			
		1	2	3	≥4
35	1	25	40	50	55
	1.5	40	55	65	75
	2	50	75	90	105
66	1	45	65	80	90
	1.5	60	85	105	115
	2	80	105	130	145
110	1	55	85	105	115
	1.5	90	120	145	165
	2	125	170	205	230
220	2	125（90）	195（140）	235（170）	265（190）

注　标准绝缘水平指 35、66、110kV 及 220kV 变压器，电压互感器标准雷电冲击全波耐受电压分别为 200、325、480kV 及 950kV。表中括号内的数值对应的雷电冲击全波耐受电压为 850kV。

应该指出，上述最大电气距离是按典型变电站的接线方式来确定的。如需考虑变电站中各种电气设备和分支线的电容以及多组避雷器的影响，其电气距离要通过模拟试验或数值计算来确定。对于特殊的变电站（如靠近大跨越塔的变电站），其侵入波保护方案也需要通过模拟试验或数值计算来确定。

第三节 变电站的进线保护

从式（7-2-13）可以看出，要使避雷器能可靠地保护电气设备，必须设法使流过避雷器的雷电流幅值 I_{BL} 不超过其标称放电电流，而且必须保证来波陡度 a 不超过一定的允许值。

对 35～110kV 无避雷线的线路来说，当雷直击于变电站附近的导线时，流过避雷器的电流显然可能超过标称放电电流，而且陡度也会超过允许值。所以在这种线路靠近变电站的一段进线上，必须加装避雷线作进线保护。采取进线保护后，雷击导线的概率可以大大降低。图 7-3-1 为 35～110kV 无避雷线线路的进线段保护接线，其长度为 1～2km。在进线段以外落雷时，由于进线段导线的波阻抗，I_{BL} 可受到限制，而且沿导线的来波陡度 a 也将由于冲击电晕作用而大为降低，此外导线及大地的电阻对波的衰减变形也会有一定影响。

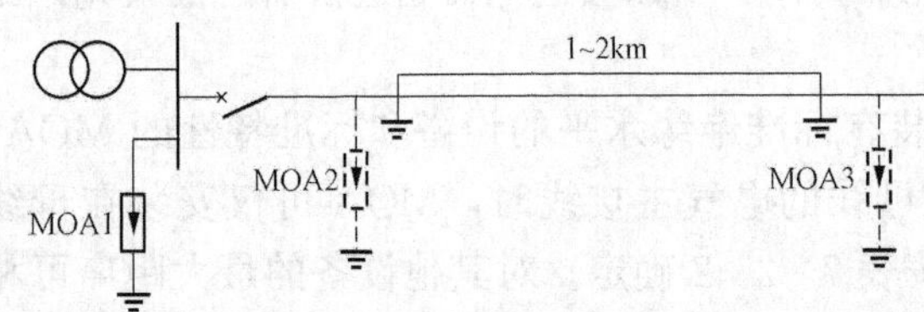

图 7-3-1 35～110kV 无避雷线线路的进线段保护接线

对沿全线有避雷线的线路来说，要将变电站附近 2km 长的一段线路取为进线段。常规的避雷线是按线路防雷的要求设置的，而这 2km 进线段的避雷线除为了线路防雷外，还担负着避免或减少变电站雷电侵入波事故的作用，其防雷要求应高于单纯的线路防雷。

为降低进线段导线被绕击的概率，进线段避雷线的保护角应适当减小。此外，为降低进线断的反击概率，进线段的耐雷水平应取第六章表 6-2-1 中较大的那些数值。

在图 7-3-1 的标准进线段保护方式中，还有用虚线画出的 MOA2 和 MOA3。因为对冲击绝缘水平特别高的线路（如木杆或木横担线路，或降压运行的线路），其侵入波幅值很大，I_{BL} 可能超过标称放电电流，这就需要在进线段首端（线路端）装设 MOA3 以限制侵入波幅值。MOA3 所在杆塔的接地电阻应降到 10Ω 以下，以减少反击。对于线路断路器或隔离开关在雷季可能经常开断，而线路侧又带有工频电压（热备用状态）时，当雷电冲击波沿线袭来，到此处是开路的末端，于是电压可上升到 $2U_{50\%}$，很可能使隔离开关绝缘放电并产生工频电弧。过去在运行中这类事故占断路器事故的 40%左右。因此，在这种情况下，应在进线段末端（变电站端）加装 MOA2 以保护隔离开关。

下面简单介绍在进线段以外线路落雷时，流经避雷器的雷电流 I_{BL} 和进入变电站的侵入波陡度 a 的估算方法。

（1）流经避雷器的雷电流 I_{BL} 的估算。由于是进线段以外落雷，来波的幅值一般被限制在进线段的绝缘水平 $U_{50\%}$。由于电压波在 1～2km 进线段来回一次的时间为 $\frac{2l}{v} \geqslant \frac{2000\sim4000}{300} = 6.7\sim13.3$（$\mu s$），已超过来波波头，所以避雷器动作后产生的负电压波折回到雷击点，又在该点产生负反射波到达避雷器以加大 i_{BL} 时，流经避雷器的电流早已过了峰值 I_{BL}，因此可用图 7-3-2 的等值集中参数电路来计算 I_{BL}。

$$2U_{50\%}=\left(I_{BL}+\frac{U_r}{\dfrac{Z}{n-1}}\right)Z+U_r=I_{BL}Z+nU_r$$

所以 $$I_{BL}=\frac{2U_{50\%}-nU_r}{Z} \quad (7-3-1)$$

式中：n 为变电站进线（包括出线）的总路数。由于已假定残压不随 I_{BL} 而变，而为常数 U_r，所以上式只在 $2U_{50\%}>nU_r$ 时才是基本正确的。显然，在单回路进线运行时（$n=1$），I_{BL} 为最大，此时

$$I_{BL}=\frac{2U_{50\%}-U_r}{Z} \quad (7-3-2)$$

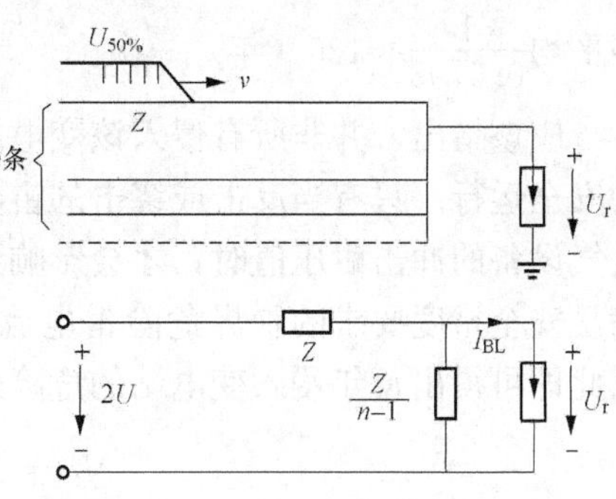

图 7-3-2　流过避雷器雷电流的计算

（2）侵入波陡度 a 的估算。计算陡度 a 时，主要考虑导线冲击电晕使波显著变形的作用。此时波头长度可按式（2-8-19）计算出来，并改写成为

$$\tau=\tau_0+\frac{1}{k}\left(0.5+\frac{0.008U}{h_d}\right)l_0(\mu s) \quad (7-3-3)$$

式中：τ_0 为来波原始波头长度，μs；l_0 为进线段长度，km；h_d 为进线段导线平均高度，m；U 为来波幅值，kV；k 为考虑分裂导线的系数，$k=1.0$（不分裂）、1.1（2 分裂）、1.45（3 分裂）及 1.55（4 分裂及以上）。

当 τ_0 等于零时，τ 值最小也最严重。$\tau_0=0$ 相当于雷在进线段外端反击的情况，此时流入变电站的侵入波陡度为

$$a=\frac{U}{\tau}=\frac{1}{\left(\dfrac{0.5}{U}+\dfrac{0.008}{h_d}\right)l_0} \quad (kV/\mu s) \quad (7-3-4)$$

用空间陡度表示则为

$$a'\approx\frac{a}{300}=\frac{1}{\left(\dfrac{150}{U}+\dfrac{2.4}{h_d}\right)l_0} \quad (kV/m) \quad (7-3-5)$$

当进线段首端（线路端）装设 MOA3 时 U 应以避雷器的动作电压（或残压）为准。

综上所述，有了进线保护之后，就不会因从进线段以外线路上来波使变电站发生雷害了。但是，当雷击进线段发生绕击或反击时，变电站仍可能有雷电波侵入。设平均年雷暴日为 40 时，每年每 100km 线路的雷击次数为 N_L；进线段的绕击率为 P_α；击杆率为 g；雷击杆顶超过耐雷水平（反击）的概率为 P_{I1}；变电站有 n 条进出线，进线段长度为 l_0（单位：km）。则雷电波侵入该变电站次数将为

$$N=N_L n\frac{l_0}{100}(P_\alpha+gP_{I1}) \quad (次/年) \quad (7-3-6)$$

例如某 220kV 变电站，两条进出线，全线有双避雷线，平均高度为 $h_b=23$m，$\alpha=15°$，$P_\alpha=0.086\%$，反击耐雷水平 $I_1=96$kA，$P_{I1}=8.1\%$，击杆率 $g=\frac{1}{6}$。若每年有 40 个雷暴日，按式（4-2-11）计算，每年侵入该变电站雷电波次数的理论值将为

$$N=0.6\times23\times2\times\frac{2}{100}\times\left(0.086\%+\frac{1}{6}\times8.1\%\right)=0.00793$$

即平均$\frac{1}{0.0793}\approx 126$（年）一次。

应该指出，并非所有侵入该变电站的雷电波都会危及变电站的电气设备，影响到变电站的安全运行。只有当反击或绕击的雷电流足够大，使得作用在电气设备上的雷电过电压超过电气设备的冲击耐压值时，才会影响到变电站的安全运行。为此，需分别求出反击和绕击时满足安全裕度要求的临界危险雷电流幅值 I_{c1} 和 I_{c2}，再求出超过 I_{c1}、I_{c2} 的概率 P_{Ic1}、P_{Ic2}。据此即可得出每年侵入变电站的危险过电压次数 N_f 为

$$N_f = N_L n \frac{l_0}{100}(gP_{Ic1} + P_{\alpha}P_{Ic2}) \tag{7-3-7}$$

而$\frac{1}{N_f}$即为变电站的安全运行年。

由于变电站安全运行时间与区域雷电活动强度、雷电流幅值概率分布、雷击点位置、变电站进出线数、防雷保护装置性能、接线方式和雷击时刻工频电压的瞬时值等因素相关，可将它们设为随机变量；再将进线段长度分段，通过数值计算求得与该进线段长度对应的临界危险雷电流幅值；然后按统计方法计算出变电站发生故障的概率及安全运行年。

仍以上述 220kV 变电站为例，由数值计算可得反击临界危险电流 $I_{c1}=200\text{kA}$，$P_{I1}=0.533\%$，取 $P_{Ic2}=1$（偏严格侧），可得

$$N_f = 0.6\times 23\times 2\times\frac{2}{100}\times\left(0.086\% + \frac{1}{6}\times 0.533\%\right) = 0.000\,972$$

即其安全运行年为$\frac{1}{0.000\,972}\approx 1029$（年）。

对于 35kV 小容量变电站，其进线保护方案允许简化：对容量在 3150～5000kV·A 者，当避雷器距变压器在 10m 以内时，允许将进线段避雷线长度缩短到 500～600m，但其 MOA 的接地电阻不应超过 5Ω。容量在 3150kV·A 以下的变电站，进线保护还可以进一步简化为图 7-3-3 所示接线。

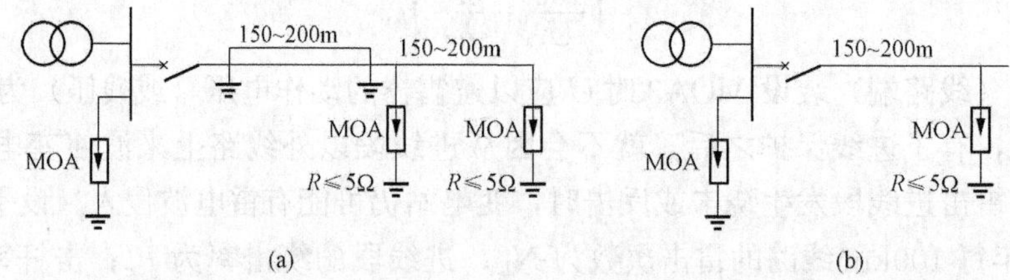

图 7-3-3 3150kV·A 以下变电站的简化进线保护

(a) 采用避雷线保护的接线；(b) 不采用避雷线保护的接线

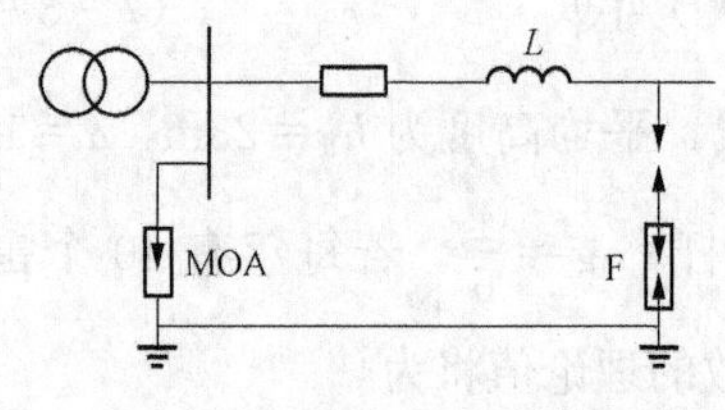

图 7-3-4 用电抗器 L 代替进线保护段

F—保护间隙

35～110kV 变电站如进线段装设避雷线有困难，或进线段接地电阻难以下降（$\rho > 500\Omega\cdot\text{m}$）以致不能保证应有的耐雷水平时，可在进线段的终端杆上安装一组 1000μH 的电抗器来代替进线保护段的作用（见图 7-3-4）。此电抗器可以有效地限制 I_{BL}和 a'。

对于 220kV 以上电压等级的变电站，其侵入波防护的 MOA 配置方案宜通过数值计算确定。

第四节　变压器中性点保护

根据系统运行方式的需要，变压器的中性点的接地方式包括不接地、经消弧线圈接地、经高阻接地、经小电阻接地或直接接地等。即使在中性点直接接地的系统中，因为继电保护的需要，也会有部分的变压器中性点是不接地的。对于不接地的变压器的中性点，在系统正常运行时，其上的电压近似为零。在有雷电波侵入时，中性点上可能会出现雷电过电压（见第三章第三节），如果同时伴有单相接地故障，中性点上还会出现工频位移电压，因此变压器的中性点保护应同时考虑雷电过电压和工频过电压的作用。

首先，讨论中性点不接地或经大电感接地的 35～66kV 电网中的变压器。统计说明，沿 35～66kV 线路来波时其中三相同时来波约占 10%。在第三章中曾经证明，当三相来波时在这种变压器中性点上的电位，理论上会达到绕组首端电位的 2 倍，实测结果达到（1.5～1.8）倍。因此，虽然变压器是全绝缘的（即其中性点的绝缘水平与相线端相同），也会对其绝缘造成威胁。但运行经验表明，在 785 个台·年的 20～66kV 中性点无保护的变压器中只有三次中性点雷害故障，即每一百台一年只有 $\frac{3}{785}\times100=0.38$ 次故障，实际上可以接受。

35～66kV 中性点雷害之所以较少，是由于以下原因：

（1）流过避雷器的雷电流 I_{BL} 未达到避雷器的标称放电电流，此时避雷器上残压较小；

（2）实际上变电站进线不只一条，这样 I_{BL} 可进一步减小；

（3）大多数来波是从线路较远处袭来的，其陡度很小；

（4）变压器绝缘有一定裕度；

（5）避雷器到变压器间的距离实际值比允许值近一些；

（6）三相来波的概率只有 10%，机会不是很多，据统计平均约 15 年才有一次。因此，35～66kV 变压器中性点一般不需保护。

其次，讨论中性点非直接接地的 110～154kV 电网中的变压器，这些变压器的中性点也是全绝缘的。由于线路有避雷线且线路绝缘较强，所以三相来波的机会甚少，据统计每 25 年才有一次。考虑到上述各种有利因素同样存在，所以中性点一般也不需保护。但在多雷区单进线的中性点非直接接地的 35～154kV 变电站，宜在中性点上加装避雷器保护。装有消弧线圈的变压器具有单路进线运行的可能时，应在中性点上加装避雷器，并且后者在非雷季也不许退出运行，以限制由消弧线圈中的磁能可能引起的操作过电压。

最后，对于中性点直接接地的 110～330kV 电网，出于继电保护的要求，其中一部分变压器的中性点是不接地的，同时由于这些变压器中性点的绝缘水平比相线端低得多（我国 110kV 变压器中性点采用 35kV 级绝缘，220kV 变压器中性点采用 110kV 级绝缘，330kV 变压器采用 154kV 级绝缘），所以需对变压器中性点实施保护。

当在变压器中性点上加装避雷器实施保护时，避雷器的额定电压应大于因电网一相接地而引起的中性点电位升高的稳态值 U_0，以免避雷器爆炸。

电网一相接地时中性点电位稳态值为

$$U_0 = \frac{\frac{X_0}{X_1}}{2+\frac{X_0}{X_1}}U_{xg} \quad (7-4-1)$$

而其暂态最大值为

$$u_{0m} = (1.5 \sim 1.8)U_0 \quad (7-4-2)$$

式中：1.5 适用于纠结式绕组，1.8 适用于连续式绕组。

在中性点直接接地的电网中，$\frac{X_0}{X_1}$一般不超过 3。在$\frac{X_0}{X_1}=3$的极限情况下，$U_0=0.6U_{xg}$ $\approx 0.35U_{xn}$，其中U_{xn}为最大运行线电压。由此可见，中性点避雷器的额定电压应超过 35% U_{xn}，一般建议用额定电压为 40%U_{xn}的避雷器。

需要指出，运行中的 220kV 变压器中性点避雷器，曾发生因断路器非全相合闸引起的内部过电压而爆炸的事故。因为当单相合闸时，若变压器单侧或双侧有电源，则变压器不接地的中性点上至少有U_{xg}或$2U_{xg}$的工频电压，如因参数不当引起铁磁谐振，则过电压将更高。限制这种内部过电压已非避雷器所能胜任，可选用以下办法解决之：

(1) 提高断路器的质量，保证三相同期动作；

(2) 在中性点与地之间加装防铁磁谐振的阻尼电阻，其值视变压器的参数而定，一般在 100kΩ 左右；

(3) 当开断或接入中性点不接地的空载变压器时，先将该变压器的中性点临时直接接地，待操作完毕后再将中性点对地拉开；

(4) 中性点用棒间隙保护。

中性点保护间隙的冲击放电电压应低于变压器中性点的冲击耐压值；保护间隙的工频放电电压，则应大于因电网一相接地而引起的、中性点电位升高的暂态最大值u_{0m}，以免继电保护不能正确动作。

运行经验说明，220kV 变压器中性点可采用 340mm 的棒间隙保护。

实际运行中，也有采用与金属氧化物避雷器并联间隙的方式，来保护分级绝缘变压器中性点的。这种保护方式的保护原则为：

(1) 在雷电过电压下，由避雷器限制雷电暂态过电压，间隙不能动作；当有效接地系统因发生单相接地故障而引起中性点电位的暂态升高时，由避雷器动作限制暂态电压的峰值，间隙也不能动作；同时，避雷器动作后的残压也不能导致间隙的放电。

(2) 在系统发生因断路器非全相合闸引起的内部过电压，或因参数不当引起铁磁谐振，使变压器中性点出现较高的工频过电压时，间隙必须动作。

应该指出，间隙与避雷器并联保护的方式在运行中，可能会出现间隙误动或拒动等情况，给电网的安全运行带来隐患。

第五节 自耦变压器及三绕组变压器保护

自耦变压器一般除有高、中压自耦绕组外，还带有三角形接线的低压绕组，以减小零序阻抗和改善电压波形。因此，有可能出现只有两个绕组运行，而另一个绕组出线断路器打开的情况。

参看图 7-5-1，当冲击波 U_0 加在高压端 A 时，其波过程与普通绕组相同，如图 7-5-1（b）所示，但应注意，此时在开路的中压端 A′套管上可出现很大过电压，其值约为 U_0 的 $\frac{2}{k}$ 倍（k 为变压比，图中所示为 $k=2$ 的情况），它将会使中压套管闪络。因此，在自耦变压器的中压套管与断路器之间❶必须装一组避雷器（见图 7-5-2）。

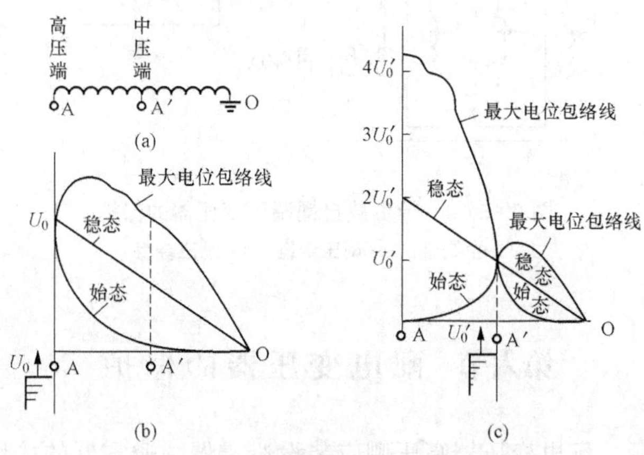

图 7-5-1 自耦绕组的波过程（$k=2$）

（a）自耦绕组；（b）高压端进波时；（c）中压端进波时

当冲击波 U_0' 加在中压端 A′时，其电位分布的始态与稳态如图 7-5-1（c）所示。从中压端 A′到接地的中性点 O 之间的稳态分布是条斜直线；而由开路的高压端 A 到中压端 A′的稳态分布则是由 A′-O 的稳态分布电磁感应而形成的，即 A 点的稳态电压为 kU_0'。在振荡过程中，A 点的电位可超过 $2kU_0'$，实验结果可达 $1.5kU_0'$，它将会使开路的高压侧套管闪络。因此，在自耦变压器的高压侧套管与断路器之间也必须加装一组避雷器如图 7-5-2 所示。

当低压侧开路运行时，不论冲击波 U_0 从高压端或中压端来，都会经过高压或中压对低压绕组之间的电容 C_{12} 的静电耦合作用，使低压绕组出现过电压。由于低压绕组是开路的，所以其对地的电容 C_{22} 不大，于是在低压绕组上出现的电位 $U_0\dfrac{C_{12}}{C_{12}+C_{22}}$ 可达很高的数值，危及低压绕组。因此，在低压绕组的直接出口处也应对地安装一组避雷器。附带指出：根据这个道理，不论是否自耦，凡是三绕组变压器的低压绕组都应照此办理。

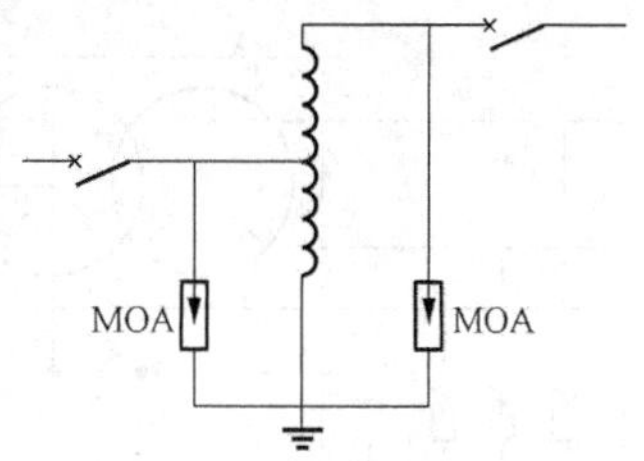

图 7-5-2 自耦变压器的 MOA 保护接线

下面再介绍一下带负载自耦调压变压器的保护。如图 7-5-3 所示，调压绕组通常接在变压器的中性点上，调压范围在±10%左右。当主绕组受到冲击电压作用时，主绕组 1 对调压绕组 2 将产生静电感应与电磁感应，危及调压绕组。为此应在调压绕组的每相首末端之间接入避雷器，其额定电压可按调压绕组的全电压选择，一般约为高压绕组出线端避雷器的

❶ 一般保护变压器的避雷器是装在断路器之外的母线上，以保护更多设备，而此种安装方法是不符合这一要求的。

10%左右。在主绕组中性点上也常安装避雷器（见图中虚线框）以起后备保护作用。

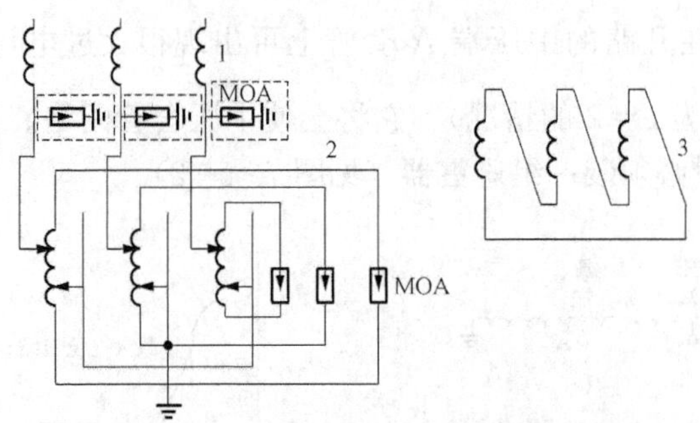

图 7-5-3　带负载自耦调压变压器的保护

1—主绕组；2—调压绕组；3—励磁绕组

第六节　配电变压器的保护

如图 7-6-1 所示，配电变压器高压侧应装设避雷器，避雷器的接地端应直接接在配电变压器的外壳上，不允许将避雷器经引下线自行独立接地。这是因为：以 10kV 线路为例，避雷器的 5kA 残压 U_5 只有 50kV，即其在雷电冲击下的等效电阻为 10Ω，而一个独立接地极的接地电阻 R 就可能为 10Ω 左右，所以当 5kA 雷电流流过时 IR 可能和 U_5 相当。如果避雷器独立接地，则这两者是叠加后再加到变压器上的，很可能使变压器损坏。如果将避雷器接地端直接接在外壳上，则 IR 将不作用在变压器绝缘上，这样变压器绝缘就比较安全了。但这时外壳的电位将很高（等于 IR），可能发生由外壳向 220/380V 低压侧的反击，所以必须将低压侧的中性点也连接在变压器的外壳上。这种做法称为三点（高压侧避雷器的接地端点、低压绕组的中性点以及变压器外壳）联合接地。

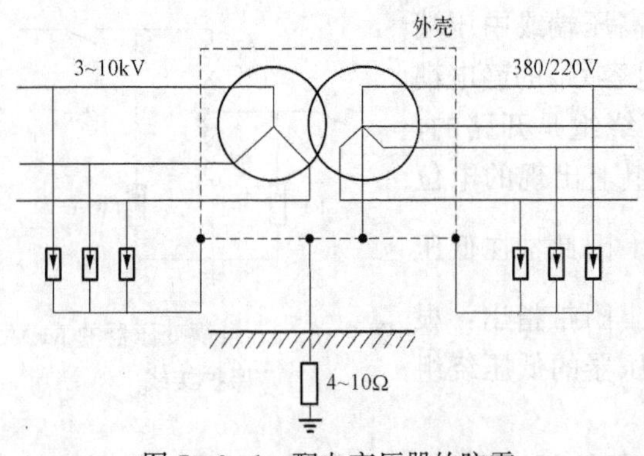

图 7-6-1　配电变压器的防雷

采取这样保护的变压器在运行中还会发生一些雷害事故。这是由于一般配电变压器未在低压侧装低压避雷器的缘故，这时不仅会发生低压侧的损坏，也会发生高压侧的损坏。其损坏的机理有三：

(1) 雷直击于低压线或低压线遭受感应雷电过电压，使低压侧绝缘损坏。

(2) 低压侧出现的雷电过电压使高压侧绝缘损坏，这是因为此时通过电磁耦合，在高压侧绕组也出现了与变比成正比的过电压。由于高压侧绝缘的裕度比低压侧小，所以可能造成高压侧损坏。这个过程称为正变换过程。

(3) 雷直击于高压线路或高压线遭受雷电感应，此时高压侧避雷器动作，在接地电阻上产生压降 IR，即使 R 以 7Ω 计，在 5kA 雷电流通过时，已有 IR=35kV。这一压降将作用在低压侧中性点上，而低压侧出线此时相当于经导线波阻接地，因此 IR 的绝大部分都加在低压绕组上了。经过电磁耦合，在高压绕组上将按变压比出现过电压，例如在 10kV 变压器时，高压绕组的感应电动势可达 $35\times\frac{10000}{380}=910$（kV）。由于高压绕组出线端的电位受高压侧避雷器固定，所以这个 910kV 电压沿高压绕组分布，在中性点上达最大值，可将中性点附近的绝缘击穿，也可能将纵绝缘击穿。这个过程称为反变换过程。

为了解决以上问题，可以在低压侧加装避雷器。显然，低压侧避雷器的接地端点也应连接在变压器的铁壳上，形成四点联合接地。低压侧加装避雷器后，就限制了出现在低压绕组两端的过电压值，使之能在正、反变换过程中保护高压绕组。可见，即使配电变压器的低压线路不可能遭受直接雷击（如电缆出线），在低压侧装避雷器仍是必要的，特别在多雷区更是如此。

无论高、低压侧的避雷器，其连接线都应尽量的短，因为即使 0.6m 的连接线，其电感约为 1μH，在不大的雷电流陡度$\frac{di}{dt}=10$kA/μs 时，连接线上的压降也将达 $L\frac{di}{dt}=10$kV，该压降和避雷器的残压一起作用在变压器上，将大大加剧破坏性。

在每年雷暴日超过 90 的强雷区，在所用低压侧的避雷器残压不够低[1]时，还会出现由于正、反变换过电压而使高压侧损坏的情况。在这种特殊情况下，也有采用 Z 形高压侧接线以消除正、反变换过电压的。这是因为在正、反变换时，在低压侧都是三相有同样的冲击电压 U_0（零序）作用，如图 7-6-2 所示。此时，在高压侧绕组每相中感应的总电压（取变比为 1）恰好为 $U_0-U_0=0$，因此就克服了中性点 N 点电位很高的缺点。但 Z 形变压器要浪费 16%的容量，所以不宜大量推广。

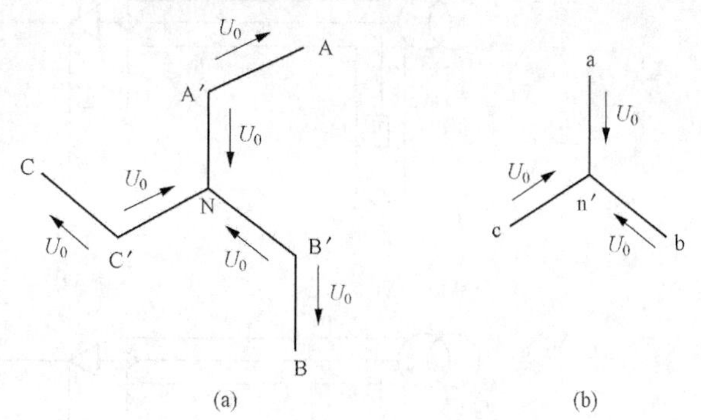

图 7-6-2　Z 形变压器零序电压变换

(a) 高压侧；(b) 低压侧

第七节　气体绝缘变电站的防雷保护

气体绝缘变电站（GIS）是将除变压器以外的变电站高压电器及母线封闭在一个接地的金属壳内，壳内充以 3～4 个大气压的 SF_6气体作为相间绝缘和相对地绝缘，SF_6是一种高绝缘强度的气体。因此，GIS 具有结构紧凑、占地面积小、运行可靠、维护工作量小的优点。又由于其封闭性，GIS 可不受污秽和气象等自然条件的影响，不对周围环境产生电磁干扰且抗震性能好，已日益获得广泛应用。

GIS 可以直接与架空线路相连，也可以经过电缆段与架空线路相连。图 7-7-1 和图 7-7-2 分别给出了 GIS 变电站在这两种连接方式下的防雷保护接线。

当 GIS 进线直接和架空线路相连时，在 GIS 管道与架空线路连接处应装设避雷器

---

[1] 当换算到高压侧不足以保护高压绝缘时，此时要靠后者的绝缘裕度抗雷。

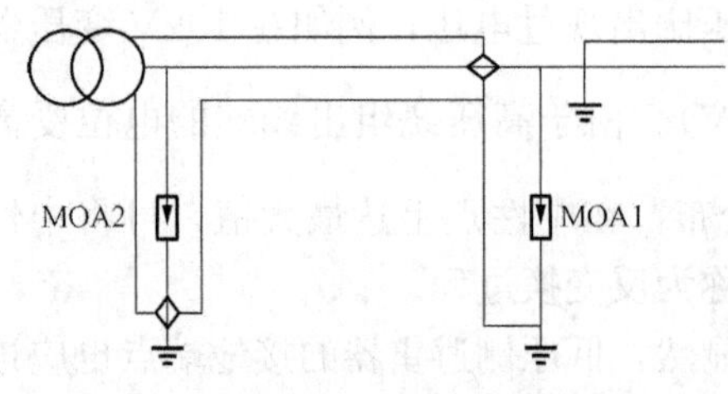

图 7-7-1 直接与架空线路相连的GIS的防雷保护接线

(MOA1)，其接地端应与管道的金属外壳连接。如变压器或GIS一次回路的任何电气部分到MOA1的最大电气距离不应超过130m，或虽然超过，但经理论分析或仿真计算校验能满足要求时，可只装一组MOA1；否则，应在GIS中设置MOA2。与GIS相连的架空线路应采用进线段保护。

当GIS进线经过电缆段和架空线路相连时，在电缆与架空线路的连接处应装设避雷器（MOA1），其接地端应与电缆的金属屏蔽层连接。对于三芯电缆，在电缆与GIS连接处应将电缆的金属屏蔽层与GIS管线的金属外壳相连并接地，如图7-7-2（a）所示。对于单芯电缆，应将电缆的金属屏蔽层经电缆护层保护器（CP）接地，如图7-7-3（b）所示。电缆末端至GIS一次回路的任何电气部分间的最大电气距离不应超过130m，或虽然超过，但经理论分析或仿真计算校验能满足要求时，可只装一组MOA1；否则，应增加MOA2。连接电缆段的架空线路应采用进线段保护。

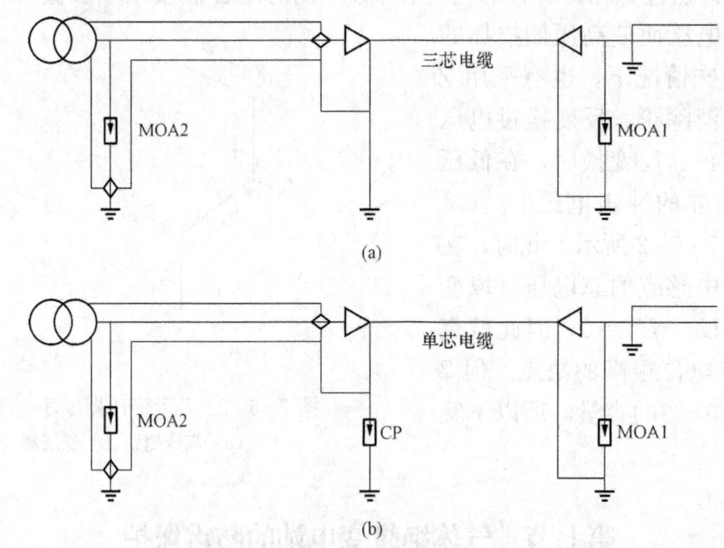

图 7-7-2 有电缆段进线的GIS保护接线

（a）三芯电缆的GIS保护接线；（b）单芯电缆的GIS保护接线

与常规的敞开式变电站相比，结构紧凑的GIS在防雷保护方面具有下列优势：

（1）GIS母线对外壳（即地）的距离大大减小，跟常规的架空母线相比，其单位长度的自电感减小，单位长度的对地电容增大。因此，GIS同轴母线的波阻抗一般只有60～100Ω，约为架空母线的1/5。这样，从架空线入侵的过电压波经过折射，其幅值和陡度都将显著变小，这对变电站的雷电侵入波防护是有利的。

（2）各设备之间的电气距离大大缩短，使被保护设备与避雷器相距较近，有利于限制被保护设备上出现的最大过电压。因此，可将雷电过电压限制在比常规敞开式变电站更低的水平。

但应该注意到，GIS内的绝缘大多为稍不均匀电场结构，一旦出现电晕，很容易由电子崩发展成击穿，而且不能恢复原有的电气强度，甚至导致整个 GIS 系统的损坏；而 GIS 本身的价格远较敞开式变电站昂贵，因此要求其防雷保护措施应更加可靠，在绝缘配合中应留有足够的裕度。

1. 试述变电站行波保护的必要性。

2. 设计发电厂、变电站避雷针时应注意哪些问题？如果避雷针上装有照明灯，后者的电源线应如何处理？

3. 雷电波侵入时变压器所受冲击电压的幅值为什么会比避雷器的动作电压（或残压）高？

4. 进线段的作用是什么？全线有避雷线的线路有无进线段？进线段的保护方式如何？

5. 已知 330kV 双分裂导线平均悬挂高度 $h_d=14.3$m，取进线段长度 $l_0=2$km，避雷器残压为 820kV，求侵入变电站的冲击波波头陡度 a'。

6. 已知避雷器额定电压为 51kV，1.5kA 下的残压为 134kV，试讨论能否用它在中性点直接接地的 110kV 电网中，保护中性点不接地的 110kV 变压器的中性点（设其中性点绝缘水平为 35kV 级）。

7. 配电变压器的外壳、避雷器的接地端以及低压侧中性点，为什么要三者互连后再一起接地？

8. 试述配电变压器的反变换过电压及其保护办法。

9. 跟常规敞开式变电站相比，GIS 防雷有哪些特点？

第八章　旋转电机防雷

旋转电机与输电线路的连接有两种形式：一种是经过变压器后再与架空线相连接的电机，简称非直配电机；另一种是直接与架空线相连（包括经过电缆线、电抗器等元件与架空线相连）的电机，简称直配电机。对于直配电机，因线路上的雷电波可以直接入侵电机，其防雷保护显得特别突出。

第一节　旋转电机防雷的特点

旋转电机（包括发电机、调相机、变频机和电动机）的防雷要比变压器防雷困难得多。我国直配电机每一百台·年平均雷击损坏为 1.25 次，而相同电压等级的配电变压器每一百台·年的平均雷击损坏不难做到 0.2 次以下。

旋转电机防雷有以下的特点：

(1) 有的电机非常重要，例如大型发电机是电力系统的心脏，又如大型轧钢机的电动机是轧钢厂的主要动力，这些电机一旦被雷击坏，损失极大，对防雷的可靠性要求很高；至于普通车间的小电动机，虽然其数目极多，但重要性不大，主要应考虑防雷的经济性。

(2) 电机的出厂冲击耐压值只有同级变压器的 1/3 左右。这是因为：一是电机的绕组是嵌放在定子铁心槽内的，不像变压器那样可以浸在油中；二是电机也不可能像变压器那样采取电容环等措施改善冲击电压分布。所以一般电机主绝缘的冲击系数很低，接近于 1（变压器的冲击系数为 2～3）。

(3) 电机绝缘易老化。这是因为：一来电机在运行中容易受潮，受脏污以及受臭氧等的侵蚀，同时又经常受到机械力的作用（如振动、短路电流电动力以及热胀冷缩的作用），而且绕组在嵌入槽中时绝缘可能擦伤或产生气隙；二来电机绝缘（如云母绝缘），特别在导线出槽处，由于电场极不均匀，每逢过电压作用后，该处即会受一些轻微损伤，日久积累可能发生击穿。所以运行中电机预防试验的交流耐压只有 $1.5U_N$（U_N 为电机的额定电压），直流耐压只有 $2.5U_N$。严格说来，旧电机的冲击耐压只有 $(1.5\sqrt{2}\sim2.5)U_N$。

(4) 发电机雷击短路时可能将定子铁心烧毁，修复起来比较困难。

(5) 保护电机用的避雷器的残压不够低。例如保护电机用的 MOA 避雷器，其 5kA 残压均高于电机运行时的直流耐压值，即使是 3kA 残压也只能勉强和电机运行时的直流耐压值相配合（见表 8-1-1）。

(6) 要求将来波陡度限制得很低。由第三章第五节的分析可知：要避免电机匝间绝缘的损坏，需将来波陡度限制到 5kV/μs；要降低电机中性点上的过电压需将来波陡度限制到 2kV/μs。

综上所述，可见要使直配旋转电机得到可靠的防雷保护是比较困难的。

表 8-1-1　电机与变压器冲击耐压值及避雷器特性的比较

电机额定电压 (kV)	电机出厂工频试验电压有效值 (kV)	电机出厂冲击试验电压峰值 (kV)	同级变压器出厂冲击试验电压峰值 (kV)	运行中电机的交流耐压峰值 (kV)	运行中电机的直流耐压 (kV)	金属氧化物避雷器 3kA/5kA 残压 (kV)
3.15	7.3	10.3	43.5	6.7	7.9	7.8/8.15
6.3	10MW 以下 13.6 10MW 及以上 15.75	19.2 22.3	60	13.4	15.8	15.6/16.3
10.5	24	34.0	80	22.3	26.3	26/26.8
13.8	30.6	43.3	108	29.3	34.5	34.2/35.6
15.75	34.5	48.8	108	33.4	39.4	39/40.7

第二节　直配电机的防雷

GB 50064—2014 规定 60 000kW 以上的旋转电机是禁止直配的，所以本节讨论的是 60 000kW 及以下的直配电机的防雷。

需要指出，由于避雷器的残压与运行中电机的冲击耐压值之间绝缘配合的裕度很小，直配电机防雷单靠避雷器是不够可靠的，需要综合利用避雷器、电容器、电抗器和电缆段等元件实现联合保护。

此外，因为 10kV 直配线路的绝缘水平很低，架设避雷线时其耐雷水平并不高，会经常发生反击，所以 10kV 直配电机防雷就不能再依靠有避雷线的进线段了[1]。此时变电站装有避雷线的进线段的作用也要靠电容器、电缆段、电抗器和避雷器的联合作用来实现。

一、电容器 C 的作用

电容器是降低来波陡度的元件，它也能有效地限制感应过电压的幅值。为计算电容器 C 对母线上冲击波陡度的限制作用，可由图 8-2-1（a）的等值集中参数回路图 8-2-1（b）出发，写出回路方程：

$$2U_0 = u_C + i_1 Z_1 = u_C + \left(\frac{u_C}{Z_2} + C\frac{du_C}{dt}\right)Z_1 = CZ_1\frac{du_C}{dt} + u_C\frac{Z_1+Z_2}{Z_2} \quad (8-2-1)$$

令 $T=C\dfrac{Z_1Z_2}{Z_1+Z_2}$ 和 $\alpha=\dfrac{2Z_2}{Z_1+Z_2}$，上式可改写为

$$\alpha U_0 = T\frac{du_C}{dt} + u_C \quad (8-2-2)$$

由此可解得电容器 C 上的电压 u_C 为

$$u_C = \alpha U_0(1 - e^{-\frac{t}{T}}) \quad (8-2-3)$$

其最大上升速度 $\left(\dfrac{du_C}{dt}\right)_m$ 显然在 $t=0$ 时出现，它等于

$$\left(\frac{du_C}{dt}\right)_m = \frac{\alpha U_0}{T} \quad (8-2-4)$$

---

[1] 至于采用独立避雷针保护进线段的可能性，将在本章的最后加以讨论。

式中：T 为回路的时间常数。可见，接入电容后母线上的冲击电压（即电容上的电压 u_C）将按指数曲线上升，如图 8-2-1（c）所示。由此可知，并联电容 C 的作用是通过加大时间常数 T 来减少侵入波的陡度。

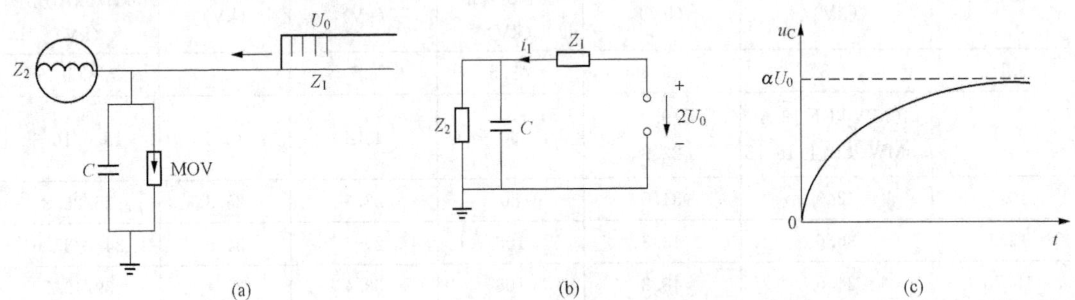

图 8-2-1 用电容器 C 来限制母线上冲击波的陡度

（a）实际接线图；（b）等值集中参数回路；（c）电容 C 上的电压波形

［例 8-2-1］ 某 10.5kV 直配电机，容量 10 000kW，其三相波阻 $Z_2=380\Omega$。架空直配线的三相波阻为 266Ω。线路用 P-10 型针式绝缘子，其 $U_{50\%}=80\text{kV}$。为保证母线上冲击电压上升速度不超过 5kV/μs 及 2kV/μs，试分别求出应在母线上装设的电容值。

［解］已知

$$\alpha=\frac{2Z_2}{Z_1+Z_2}=\frac{2\times380}{266+380}\approx1.2$$

$$T=C\frac{Z_1Z_2}{Z_1+Z_2}=157C$$

$$U_0=U_{50\%}=80\text{kV}$$

将上述结果代入式（8-2-4），可得

$$C=\frac{1.2\times80}{157\times\left(\frac{\mathrm{d}u_C}{\mathrm{d}t}\right)_m}=\frac{0.61}{\left(\frac{\mathrm{d}u_C}{\mathrm{d}t}\right)_m}$$

将 $\left(\frac{\mathrm{d}u_C}{\mathrm{d}t}\right)_m=5\text{kV}/\mu\text{s}$ 及 $2\text{kV}/\mu\text{s}$ 代入上式，可求出应在母线上装设的三相电容值为 0.122μF 及 0.305μF，即每相保护电容应等于或大于 0.041μF 及 0.102μF。

为计算电容器 C 对限制感应过电压幅值的作用，可从无电容器 C 时在木绝缘的 3～10kV 线路上实测到的感应过电压幅值一般不超过 400kV 出发，以波长 50μs 计，求得它在架空线路上占据的长度为 $50\times300=1.5\times10^4\text{m}$。在感应过电压时是三相来波，据此，每相对地自电容可按三相波阻及波速求得为

$$C_{11}=\frac{1}{3}\times\frac{1}{Zv}=\frac{1}{3\times266\times300\times10^6}=4.2\times10^{-12}(\text{F/m})$$

而 12km 线每相对地自电容为

$$4.2\times10^{-12}\times1.5\times10^4=6.3\times10^{-8}(\text{F})=0.063(\mu\text{F})$$

因之，感应过电压的每相总电荷可估计为

$$Q=400\times1000(\text{V})\times0.063\times10^{-6}(\text{F})=0.025(\text{C})$$

当每相母线上连接有电容器 C（单位：μF）后，电荷 Q 使母线产生的感应过电压显然为

$$U_g = \frac{Q}{C + 0.063} = \frac{0.025}{C + 0.063}(\text{MV}) = \frac{25}{C + 0.063}(\text{kV}) \tag{8-2-5}$$

如为水泥杆铁横担线路，则感应过电压受线路绝缘子放电的作用，已限制到线路的$U_{50\%}$，于是母线上电容器C可使之进一步降低到

$$U_g = U_{50\%} \times \frac{0.063}{C + 0.063} \tag{8-2-6}$$

在［例8-2-1］中，为将感应过电压限制到对电机绝缘无害的程度，即取$U_g \leqslant 1.5 \times \sqrt{2} U_N = 22.3\text{kV}$，$U_{50\%} = 80\text{kV}$代入式（8-2-6），可解得每相电容为$C \geqslant 0.163\mu\text{F}$。

由以上计算可见，无论从降低来波陡度或限制感应过电压出发，每相保护电容用0.163μF就够了。实际上对中性点有避雷器保护的发电机，每相安装的电容器为0.25～0.5μF，对中性点无法引出的发电机每相安装的电容器为1.5～2μF。

二、电抗器L的作用

参看图8-2-2，如果在进线处采用管式避雷器GB，则电抗器的作用主要是抬高它前面的冲击电压，从而使避雷器容易动作。计算有无电抗器L时，A点电压的变化，取来波陡度为a，波幅为U_0（波头长度$\tau_t = \frac{U_0}{a}$）。首先，分析$L=0$时的情况，此时在$t \leqslant \tau_t$时，显然$i = \frac{2at}{Z_1 + Z_2}$，而$u_{A,L=0} = iZ_2$。在$t = \tau_t$时到达最大值$U_{A,L=0}$，它等于

$$U_{A,L=0} = \frac{2a\tau_t}{Z_1 + Z_2} Z_2 \tag{8-2-7}$$

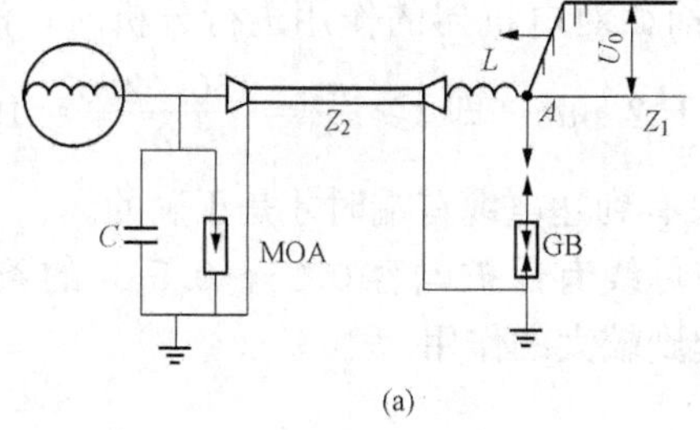
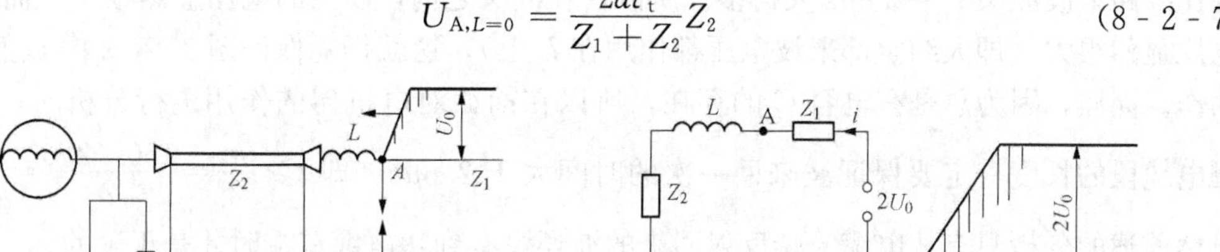

图8-2-2 分析电抗器作用的参考图

（a）实际接线图；（b）等值集中参数回路

其次，分析有L时的情况，此时

$$2at = i(Z_1 + Z_2) + L\frac{\text{d}i}{\text{d}t}$$

$$u_A = iZ_2 + L\frac{\text{d}i}{\text{d}t}$$

由以上两式在求得u_A的解后，令$t = \tau_t$，即得u_A的最大值U_A为

$$U_A = \frac{2Z_2}{Z_1 + Z_2}a\tau_t + \frac{2Z_1 aL}{(Z_1 + Z_2)^2}\left[1 - e^{-\frac{\tau_t(Z_1 + Z_2)}{L}}\right] \tag{8-2-8}$$

实际使用的电抗器$L = 100 \sim 300\mu\text{H}$[1]，取线路来波$\tau_t = 2.6\mu\text{s}$，$Z_2 = 25\Omega$（相当于芯线截面

[1] 实际电抗器的尺寸为：直径300mm，长度为400mm，30～50匝。

积为 185mm²的 10kV 电缆)，$Z_1=800\Omega$（三相来波时一相的波阻，这是因为对雷电感应来说必定是三相同时受感应，而对雷电直击来说，由于线路绝缘水平低，稍强的雷就会使三相闪络，而不足以使三相闪络的弱雷则不会对电机造成威胁）。于是通常有 $\tau_t \gg \dfrac{L}{Z_1+Z_2}=0.12\sim0.36\mu s$ 和 $Z_1 \gg Z_2$，这时式（8-2-8）可简化为

$$U_A=\frac{2a\tau_t}{Z_1+Z_2}Z_2+L\frac{2a}{Z_1+Z_2} \tag{8-2-9}$$

将式（8-2-9）与式（8-2-7）相比较，可得到有无电抗器 L 时管式避雷器 GB 所受电压之比为

$$\frac{U_A}{U_{A,L=0}}=1+\frac{L}{\tau_t Z_2} \tag{8-2-10}$$

将以上数值代入上式，可得

$$\frac{U_A}{U_{A,L=0}}=2.5\sim5.6$$

即电抗器 L 的存在，可使管式避雷器 GB 上所受电压比没有 L 时提高到 2.5～5.6 倍。

上面在分析电抗器 L 的作用时，假定有电缆段存在，即使没有电缆段，L 的作用仍然很大，这是因为在 L 的后面总是有保护电容 C 和 MOA 并联存在的。由 0.25～0.5μF 的电容 C 与 100～300μH 的电抗器 L 所共同形成的回路自振周期为 $T=2\pi\sqrt{LC}=31.4\sim77\mu s$，它要比线路来波波头 $\tau_t=2.6\mu s$ 大得多。所以，在波头之内，C 上的电压显然很小，而 L 前的电压显然很大（即大约全部来波电压都作用在 L 上），这就仍能保证图 8-2-2 中 L 前 GB 的动作。同样，因为总是有电容 C 的存在，所以在前面对电抗器的作用进行分析时，没有强调电缆段的长度一定要保证波来回一次的时间大于 2.6μs（即 $l \geqslant \dfrac{v\tau_t}{2}=\dfrac{150\times2.6}{2}=195m$），虽然前述的分析只有从电缆末端反射回来的波还没有到达电缆首端时才是正确的。

由以上分析可知，100～300μH 的电抗器，在母线有保护电容 0.25～0.5μF 的条件下，能对在进线处采用管式避雷器 GB 时电机的防雷起到较大的作用。

三、电缆段的作用

电缆段的长度一般在 100m 左右。电缆段的防雷作用，主要不是靠它的电容较大$\left[\text{因为其电容等于}\dfrac{1}{Zv}=\dfrac{100}{25\times150\times10^6}=0.0267\ (\mu F)\text{，它远小于保护电容 }0.25\sim0.5\mu F\right]$，也不是靠它的波阻较小（因为并没有强调电缆段的长度要保证它能在波过程中永远呈现为波阻），更不是靠它对波的衰减作用（因为即使 1km 长的电缆也不过使波幅衰减 6%左右）。电缆段的防雷作用主要在于与首端的管式避雷器 GB［见图 8-2-3 (a)］联合，利用雷电使 GB 放电后芯线与外皮接通时雷电流在电缆段由于高频趋肤效应从芯线转移到外皮上去，从而大大减低了母线冲击电压和流过 MOA 的冲击电流。叙述得详细一些，当 GB 动作后，电缆段的作用是这样的：此时电缆芯线与外皮经 GB 短接在一起。雷电流 i 流过 GB 的接地电阻 R 所形成的电压 iR 就同时作用在外皮与芯线上，沿着外皮将有电流 i_2 流向左端，于是在电缆外皮本身的电感 L_2 上将出现压降 $L_2\dfrac{di_2}{dt}$。这一压降是由环绕外皮的磁力线变化所造成的，这些磁力线也必然全部环绕芯线，结果在芯线上同时感应出一个大小等于 $L_2\dfrac{di_2}{dt}$ 的反电

动势来。这一电动势使雷电流从芯线流向母线发生困难，从而限制了母线上的过电压与流经MOA的雷电流。如果$L_2\dfrac{di_2}{dt}$与iR完全相等，则在芯线中就不会有电流流过，但因电缆外皮末端的接地引下线总有电感L_3存在（假定电厂接地网的电阻很小，可略去），则iR与$L_2\dfrac{di_2}{dt}$之间就有差值，差值越大，则流过芯线的雷电流i_1就越大。由图8-2-3（b）的等效电路出发，可以写出

$$iR=(L_2+L_3)\frac{di_2}{dt}+M\frac{di_1}{dt} \tag{8-2-11}$$

$$iR=(L_1+L_4)\frac{di_1}{dt}+M\frac{di_2}{dt}+U_3 \tag{8-2-12}$$

式中：L_1为电缆芯线的自感（以大地为回路者）；L_2为电缆外皮的自感（以大地为回路者）；L_3为电缆外皮末端接地线的自感；L_4为电缆芯线末端到MOA连线的自感；M为电缆外皮与芯线间的互感，显然$M=L_2$；U_3为MOA在3kA下的残压。

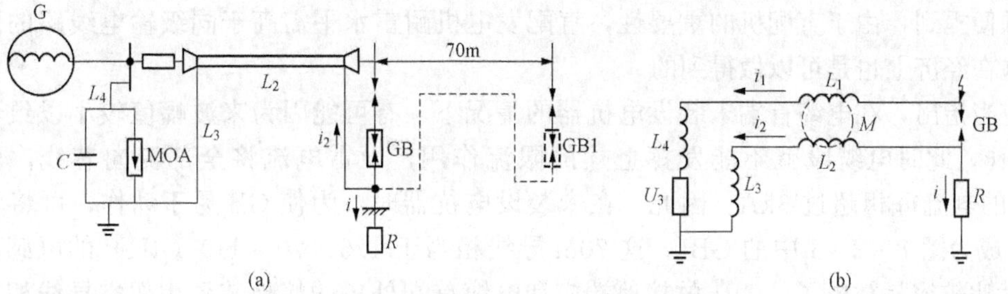

图8-2-3 分析电缆段作用的参考图

(a) 实际接线图；(b) 等效电路

以上皆为三相进波时的参数。由式（8-2-11）和式（8-2-12）可以算出当流经MOA的雷电流为9kA（三相值）时的电缆首端雷击电流（≈i）的值，即可算出电机的耐雷水平。

[例8-2-2] 已知电缆的长度为100m，电缆末端外皮接地引下线的长度为12m，$R=3\Omega$，$L_1=126.35\mu H$，$L_2=M=120\mu H$，$L_3=20\mu H$，$L_4\to 0$，$U_3=15.6kV$，电机额定电压为6.3kV，估算电缆段与GB联合作用时电机的耐雷水平。

[解] 先计算当首端雷电流为何值时，三相MOA流过的电流为9kA。由式（8-2-11）可得

$$\frac{di_2}{dt}=\frac{1}{L_2+L_3}\left(iR-L_2\frac{di_1}{dt}\right)$$

将其代入式（8-2-12），当$L_4\to 0$时，得到

$$iR=L_1\frac{di_1}{dt}+\frac{L_2}{L_2+L_3}\left(iR-L_2\frac{di_1}{dt}\right)+U_3$$

上式经过简化后，写成

$$\frac{di_1}{dt}\left(L_1-\frac{L_2^2}{L_2+L_3}\right)=\frac{L_3}{L_2+L_3}iR-U_3$$

假定雷电流$i=Ie^{-\frac{t}{T}}$，$T=\dfrac{50}{\ln 2}=72\mu s$（即波长为$50\mu s$），代入上式并加以积分，得到

$$i_1\left(L_1-\frac{L_2^2}{L_2+L_3}\right)=\frac{TL_3R}{L_2+L_3}I(1-e^{-\frac{t}{T}})-U_3t$$

将各相应数值代入后，上式可写成

$$i_1=1.316I(1-e^{-\frac{t}{T}})-0.664t$$

令$\frac{di_1}{dt}=0$即可求出i_1最大值出现的时刻$t_m\left(=T\ln\frac{I}{36.4}\right)$，将$t_m$代入$i_1$式，可得流过三相MOA的最大电流为

$$I_1=1.316I\left(1-\frac{36.4}{I}\right)-0.664\times72\ln\frac{I}{36.4}=1.316I+47.8\ln\frac{36.4}{I}-47.9$$

已知I_1为9kA，即可求出相应的首端雷电流$I\approx$63kA。

由上例可见，为了保证电机的耐雷水平在63kA左右，必须保证$l\geqslant$100m，$R_1\leqslant3\Omega$。如取$R_1=5\Omega$，则电机的耐雷水平将下降为38kA。

由以上分析可见，电抗器和电缆段与管式避雷器的联合作用，是保证避雷器冲击电流不超过3kA的有效措施。

顺便提到，由于直配机的重要性，直配发电机耐雷水平需高于同级输电线路的耐雷水平，这在经济上也是可以做得到的。

应当指出，在电缆首端未装设电抗器的情况下，有可能因为来波幅值较小以致不能使GB动作，此时电缆段就不能发挥上述的限流作用，而雷电流将全部流向芯线，可能使MOA的电流每相超过3kA。因此，在未装设电抗器时，为使GB易于动作，可将其前移70m，成为图8-2-3中的GB1。这70m导线相当于$1.6\times70=110$（μH）的电感，这样GB1就比较容易放电了。GB1的接地端应和电缆首端外皮的接地装置用架空导线相连接以发挥电缆段的作用，此连接线应悬挂在杆塔导线下2～3m处，以使二者之间有一定的耦合作用。但这一耦合作用毕竟不大，遇强雷时流向芯线通过MOA的电流还有可能超过每相3kA。为防止这一情况，应在距离电缆首端70m处有GB1的同时，在电缆的首端仍保留GB，强雷时后者放电发挥电缆段的限流作用。

需要说明的是，由于管式避雷器运行维护的工作量太大，目前已不再生产和使用了。图8-2-4～图8-2-6给出的是GB/50064—2014推荐的采用MOA取代GB后的保护接线。

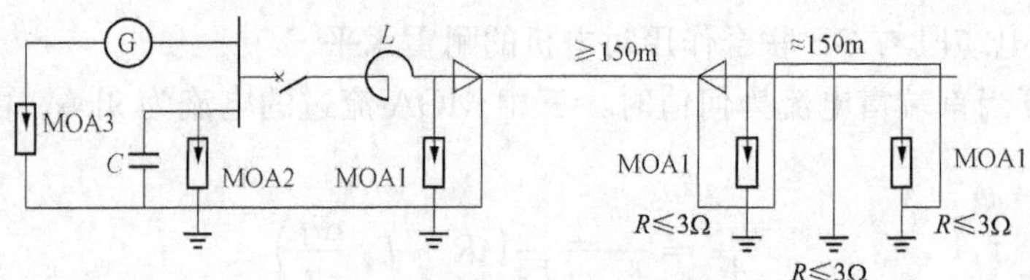

图8-2-4 25 000～60 000kW直配电机的保护接线

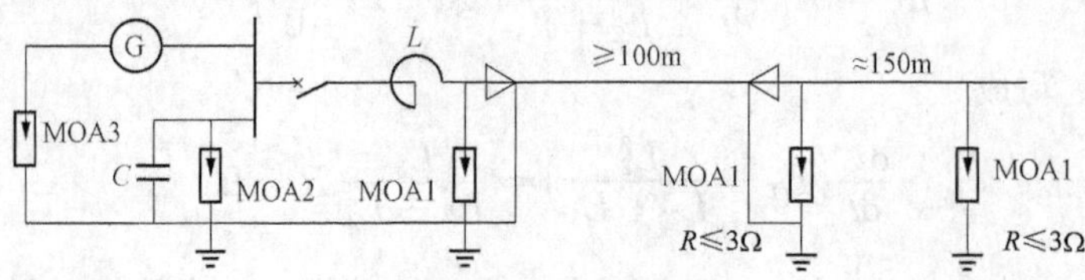

图8-2-5 6000～25 000kW（不含25000kW）直配电机的保护接线

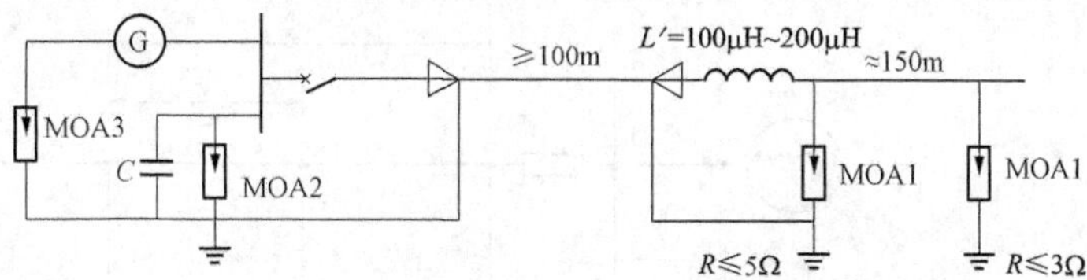

图 8-2-6 1500～6000kW（不包括 6000kW）直配电机的保护接线

应该指出，用 MOA 取代 GB 后，由于 MOA 具有一定的残压，雷电流在电缆段的趋肤效应会受到影响。

对单机容量为 300kW 及以下的电机，其保护方式更可进一步简化，如图 8-2-7 和图 8-2-8 所示。

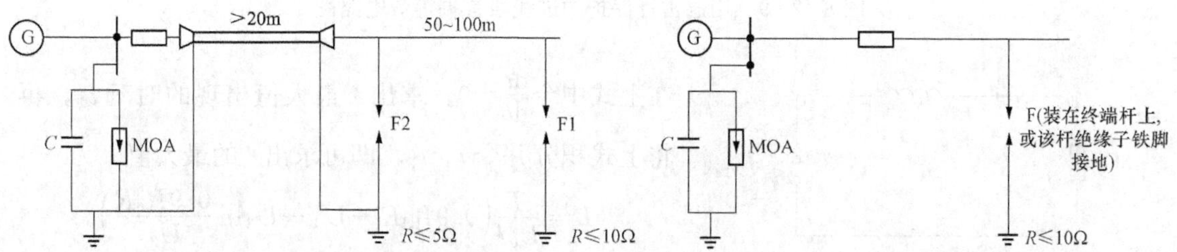

图 8-2-7 单机容量 300kW 及以下电机的简化保护方式
F1、F2—保护间隙

图 8-2-8 另一种简化保护方式
F—保护间隙

四、中性点避雷器的作用

计算及实验结果表明，当侵入波的陡度 $a \leqslant 2\mathrm{kV}/\mu\mathrm{s}$ 时，发电机不接地的中性点上电压基本上不会超过来波电压，即如能保证 $a \leqslant 2\mathrm{kV}/\mu\mathrm{s}$，发电机中性点就不需要保护。当发电机中性点有引出线，但未直接接地，且侵入波的陡度大于 $2\mathrm{kV}/\mu\mathrm{s}$ 时，应在中性点引出线上加 MOA，此时来波陡度允许提高到不致危及匝间绝缘的 $a \leqslant 5\mathrm{kV}/\mu\mathrm{s}$。

由于发电机的中性点大多不接地或经消弧线圈接地，因此在电网中发生单相接地故障时，发电机的中性点电位将升至相电压，所以用于保护中性点绝缘的 MOA 的额定电压应高于相电压。

五、用独立避雷针保护的直配线进线段

对单机容量在 1500～6000kW（不包括 6000kW）或在少雷区的旋转电机，当进线无电缆段时，也可采用图 8-2-9 的用独立避雷针保护的直配线进线段。l 的值一般取 450～600m。避雷针到线路的距离要保证在 50kA 的雷击针时不会向线路发生反击。在进线段首端装保护间隙 F1，它的作用是当进线段首端外边附近发生雷击时，F1 动作，从而使大部分雷电流由此入地，以防止流经 MOA 的电流超过 3kA。下面来分析 F1 的接地电阻应取多大，才能保证发电机的耐雷水平为 50kA。

可以注意到，雷击进线段首端时，雷电流 i_{Ld} 的 90%左右都将由接地电阻 R 入地，这时接地电阻上的压降 $0.9i_{\mathrm{Ld}}R$ 将作用在由进线段 $L_0 l$（L_0 为每米导线电感）和 MOA 组成的回路上。设 $i_{\mathrm{Ld}}=I_{\mathrm{Ld}}\mathrm{e}^{-\frac{t}{T}}$，MOA 的 3kA 残压为 U_3，则由图 8-2-10 可得

$$0.9I_{\mathrm{Ld}}R\mathrm{e}^{-\frac{t}{T}}=L_0 l\frac{\mathrm{d}i}{\mathrm{d}t}+U_3 \tag{8-2-13}$$

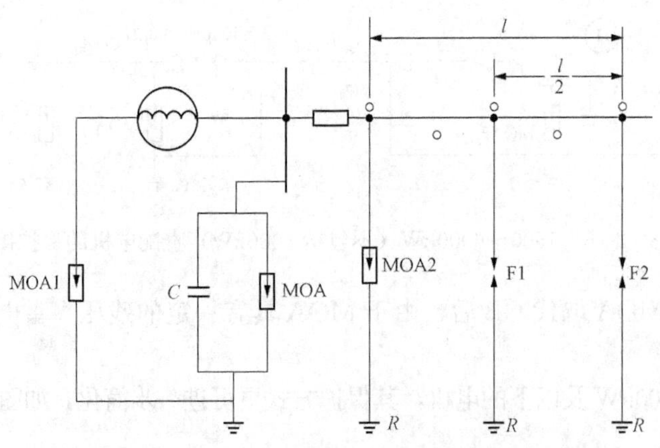

图 8-2-9 用避雷针保护的进线段首端等效电路图

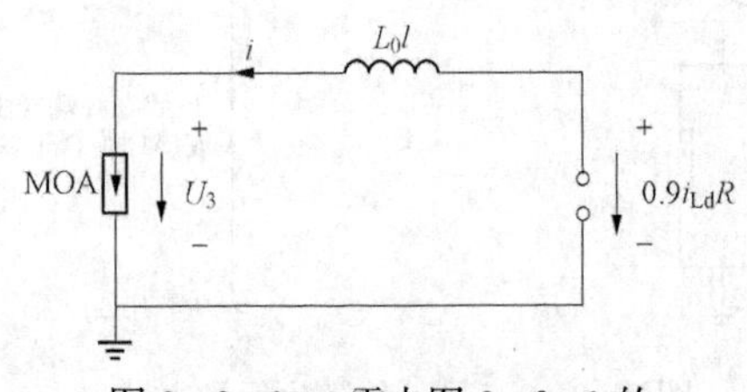

图 8-2-10 雷击图 8-2-9 的进线段首端的等效电路图

在上式中令$\frac{di}{dt}=0$，求出 i 最大值出现的时刻 t_1，再将上式积分并令 $t=t_1$，即可求出 i 的最大值 I 为

$$I=\frac{T}{L_0 l}\left(0.9I_{Ld}R-U_3-U_3\ln\frac{0.9I_{Ld}R}{U_3}\right) \tag{8-2-14}$$

式中：L_0应取三相来波（强雷）时每米导线每相的电感，其值为 2.66μH/m；U_3 可由表 8-1-1 查出；I 的允许值为 3kA（每相），取耐雷水平 $I_{Ld}=50$kA。于是由式（8-2-14）即可求出所需的 l 与 R 的关系。

[例 8-2-3] 电机额定电压为 6.3kV，MOA 的 3kA 残压 $U_3=15.6$kV，$R=3\Omega$，求当要求耐雷水平 $I_{Ld}=50$kA 时，所需由避雷针保护的进线段的长度 l。

[解] 由式（8-2-14）可得

$$l=\frac{72}{2.66\times 3}\times\left(0.9\times 50\times 3-15.6-15.6\ln\frac{0.9\times 50\times 3}{15.6}\right)=773(\text{m})$$

当 l 确定后，即可求出所要求的 R 值。如进线段的土壤电阻率较高以致 R 很难下降时，可按图 8-2-9 再装一组 F2。这时在计算$\frac{l}{R}$值时，R 可取为 F1 与 F2 接地电阻的并联值。图 8-2-9 中的 MOA2 主要用来保护在雷季中经常开路、而线路又处于热备用状态的断路器或隔离开关，MOA1 用于发电机中性点的保护。

第三节 非直配电机的防雷

国内外运行经验表明，经变压器送电的电机在防雷上较直配电机可靠，但也有一些被雷击坏的情况。

大家知道，变压器总是有漏感的，那么变压器对电机的防雷作用为什么不如电抗器（上节已经谈过，用电抗器 L 时，我国电机未发生过雷害）呢？第一，如上节所述，要电抗器充分发挥防雷作用，必须在其后面配有电缆段或保护电容，而经变压器送电的电机，在变压器后面一般没有保护电容，也常常没有电缆段；第二，沿高压线传来的幅值很高的冲击波可由高压绕组传到低压绕组，当电机断路器断开时，静电分量有可能使电机母线绝缘损坏，而当电机断路器闭合时，电磁感应分量有可能使电机绝缘损坏。下面来计算在 Y/△和 Y_0/△两种常见的接线方式时，在低压侧的电磁感应分量。计算时，取作用在变压器高压侧的电压为 kU_5，U_5为避雷器的 5kA 残压，k 为大于 1 的距离系数，可取 $k \approx 1.4$。这是因为连线电感和入口电容的振荡作用，使变压器高压侧的电压超过避雷器残压约 40%的缘故。

一、变压器采用 Y/△的接线方式

Y/△接线方式是 35～66/3.15～10.5kV 变压器的典型接线方式，而且 110～220/10.5～15.75kV 变压器也有 50%左右采用这种接线方式。

首先，研究一相（如 A 相）来波的情况。对电机绝缘来说，显然高压避雷器发生动作比不动作时更为严重，所以下面讨论来波使高压避雷器发生动作的情况。如图 8-3-1 所示，如果将变压器高、低压两侧线电压的变比化归为 1∶1，则变压器高、低压绕组的匝数比必为 1∶$\sqrt{3}$。此时作用在高压侧 A 点的电压为 kU_5，而 B 点和 C 点本来是经过线路波阻 Z_1 接地的，不过由于当它归算到低压侧时要除以高、低压线电压的变压比 n 的平方（n^2），所以其值很小，可以忽略，因此在图 8-3-1（a）中画的是 B 点和 C 点直接接地。这样，kU_5 就直接作用在 A 点和 B、C 点之间，按简单的分压关系，即可求出作用在绕组 AO 上的电压为

$$u_{AO} = \frac{2}{3}kU_5 \tag{8-3-1}$$

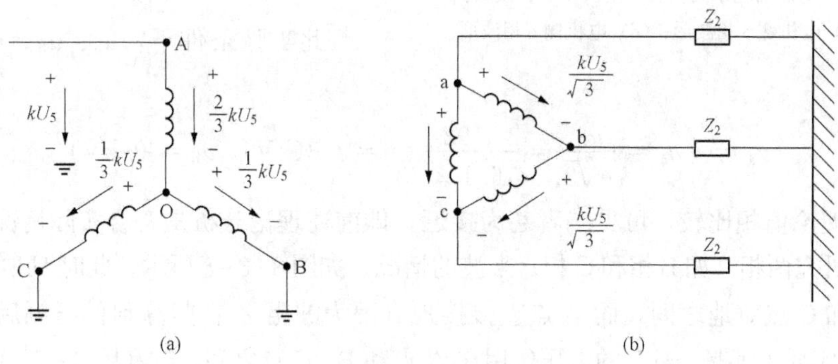

图 8-3-1　变压器采用 Y/△接线方式一相来波情况
(a) Y 侧；(b) △侧

而作用在 OB 和 OC 绕组上的电压都是

$$u_{OB} = u_{OC} = \frac{1}{3}kU_5 \tag{8-3-2}$$

u_{AO}及 u_{OB}的方向则如图 8-3-1（a）中箭头所示。此时低压侧 ac 绕组将感应出

$$u_{ac} = \sqrt{3}u_{AO} = \frac{2}{\sqrt{3}}kU_5 \tag{8-3-3}$$

而 ab 和 bc 绕组上都感应出

$$u_{ab} = u_{bc} = \frac{1}{\sqrt{3}}kU_5 \tag{8-3-4}$$

其方向绘在图 8-3-1（b）中。由于上下对称的关系，此时 b 点的电位必为零，于是电机侧三相对地的冲击电压值可求得为

$$u_a = \frac{kU_5}{\sqrt{3}} \tag{8-3-5}$$

$$u_b = 0 \tag{8-3-6}$$

$$u_c = -\frac{kU_5}{\sqrt{3}} \tag{8-3-7}$$

图 8-3-2 是 Y/△接线变压器高压侧 A 相进波时，高、低压侧的示波图。两侧线电压的变压比为 $n=254/15.75=16.1$。A 相进波电压幅值为 92kV。由在电机侧的 a 相、b 相和 c 相电压示波图 u_a、u_b 和 u_c 的曲线上可见，在传递的一开始存在一个时间很短的静电分量，然后是电磁感应分量。对电磁感应分量来说，u_a 和 u_c 的大小相等、方向相反，而 u_b 则基本为零，其具体实测幅值为

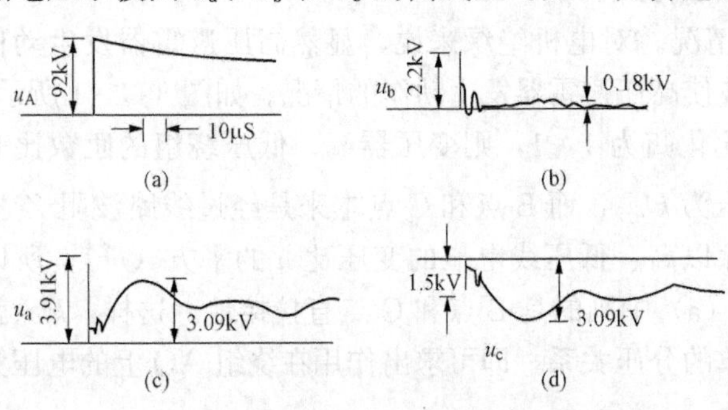

图 8-3-2 Y/△接线变压器一相来波时的示波图

（a）变压器相来波；（b）电机侧 b 相波形；（c）电机侧 a 相波形；（d）电机侧 c 相波形

$$u_a = -u_c = 3.09\text{kV}, u_b = 0.18\text{kV}$$

按前述理论分析所得的式（8-3-5）～式（8-3-7），注意到 kU_5 是高压侧 A 点的电压并归算到低压侧后的值，即将式中 kU_5 用 $\frac{u_A}{n}$ 代替，于是可求出在此实验条件下，u_a、u_b、u_c 的理论值应分别为

$$u_a = -u_c = \frac{u_A}{n\sqrt{3}} = \frac{92}{16.1\times\sqrt{3}} = 3.3(\text{kV}),\ u_b = 0(\text{kV})$$

将实测值与理论值相比较，可见二者甚为接近，即前述理论分析是符合实际情况的。

其次，研究两相（如 B 相和 C 相）来波的情况。如图 8-3-3 所示，此时 kU_5 的电压加在 B 点对地之间和 C 点对地之间，而 A 点直接接地（因为波阻 Z_1 在归算到低压侧后可以忽略不计）。所以，实质上就是 $-kU_5$ 的电压作用在 A 点和 B、C 点之间，这和图 8-3-1 所示的一相来波的情况是一样的，只不过来波的极性由“正”换为“负”而已。因此，两相来波时，电机侧 a、b 和 c 相的对地电压仍为式（8-3-5）～式（8-3-7），只要加一个负号就行了。

最后，当三相同时来波时，由于高压侧绕组中性点不接地，显然在电机侧不会出现电磁感应过电压。

综上所述，可见在变压器接线方式为 Y/△时，电机侧电磁感应过电压以一相或两相来波时为严重。当变压器高、低压侧线电压之比为 n 时，电机侧的过电压值可由式（8-3-5）和式（8-3-7）改写为

$$u_a = -u_c = \frac{1.4U_5}{n\sqrt{3}} = \frac{U_5}{1.235n} \tag{8-3-8}$$

上面谈的是电机侧三相正常运行的情况。如果当一相或两相来波时，电机侧正处于一相接地运行的情况（这不是不可能的，因为允许电机侧带接地故障两个小时），那么电机侧可

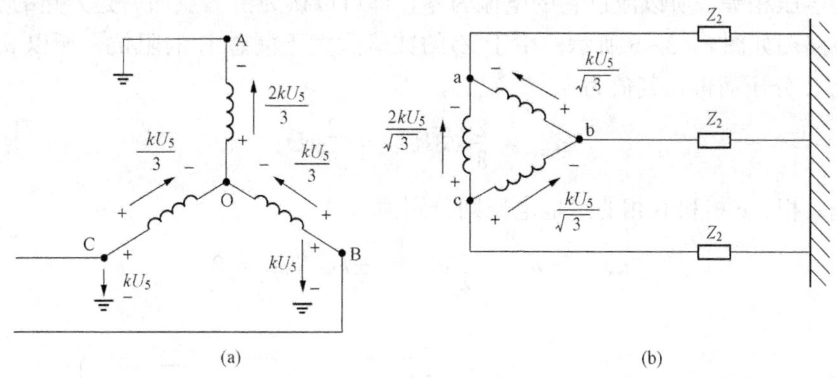

图 8-3-3 Y/△接线变压器两相来波情况

(a) Y侧；(b) △侧

能出现的最大电磁感应过电压应为图 8-3-1 中的 u_{ac}，当变压器高、低压侧线电压之比为 n 时，它可由式（8-3-3）改写为

$$u=\frac{2\times 1.4U_5}{n\sqrt{3}}=\frac{U_5}{0.62n} \tag{8-3-9}$$

结合高压侧避雷器的特性及电机的绝缘强度，根据式（8-3-8）和式（8-3-9）估算出发电机侧的过电压水平，即可决定发电机侧是否需要加装避雷器保护。

总的说来，因为 35～66kV 电网是中性点非直接接地系统，所用避雷器的额定电压和残压较高，所以发电机侧的过电压水平较高，所以经变压比为 35～66/3.15～10.5kV 变压器送电的电机仍需在电机侧加装避雷器。对 110～220kV 的电网来说，由于其中性点是直接接地系统的（虽然某台变压器的中性点可能是不接地的），可以采用额定电压和残压较低的避雷器，所以经变比为 110～220/10.5～15.75kV 送电的电机的过电压要比经变比为 35～66/3.15～10.5kV 送电的电机的过电压低一些。但为了增加电机的可靠程度，仍宜在电机侧装设避雷器，其作用是：①限制来波的静电感应分量［在图 8-3-2（c）中所示的静电感应分量比电磁分量还要高些］；②限制当电机侧带一相接地故障运行时来波的电磁感应分量。

二、变压器采用 Y_0/△的接线方式

Y_0/△接线是 110～220/10.5～15.75kV 变压器的典型接线方式，这种接线方式在超高压电网中是通常采用的。

首先研究一相（A 相）来波的情况。如图 8-3-4 所示，此时作用在变压器高压侧 AO 绕组上的冲击电压为 kU_5（k=1.4）。由于高压侧导线波阻 Z_1 在归算到低压侧时其值很小，所以在图中已将高压侧 B 点和 C 点画成直接接地，仍按前述的办法，将高、低压两侧线电压的变比化为 1∶1，则变压器高、低压绕组的匝数必为 $1:\sqrt{3}$。高压侧绕组 AO 处在冲击电压 kU_5 的作用下，此时相应的低压绕组 ac 侧必定感应出电动势 $E_{ac}=\sqrt{3}kU_5$，其方向如图 8-3-4 所示。可以将低压绕组 ac 看成是一个电源，其电动势为 $E_{ac}=\sqrt{3}kU_5$，而其内感就是变压器的漏感 L。同时将低压绕组 ab 和 bc 看作是接在这一电源上的负荷。由于和低压绕组 ab 和 bc 对应的高压绕组 OB 和 OC 是短路的，所以绕组 ab 和 bc 所呈现的电感不过各为一个漏感 L。此外，加在上述电源上的还有电机的 a 相波阻和 c 相波阻。由于对称的关系，电机 b 相波阻两端的电压相等，所以流过它的电流为零，即可以认为由 b 点向右是开路的。于是可以得到等效电路图如图 8-3-5 所示。由于 Z_2 的数值远大于漏感 L 的阻抗，所以 u_{ac} 此时仅由三个串联的 L 分压而得，其值为

$$u_{ac} = \frac{2}{3}\sqrt{3}kU_5 = \frac{2}{\sqrt{3}}kU_5 \tag{8-3-10}$$

而发电机侧 a 相、c 相和 b 相的对地电压则分别为

$$u_a = -u_c = \frac{1}{2}u_{ac} = \frac{1}{\sqrt{3}}kU_5, u_b = 0 \tag{8-3-11}$$

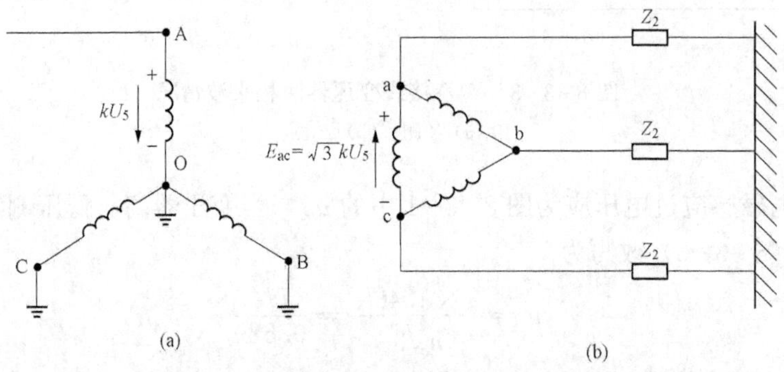

图 8-3-4　Y_0/△接线方式变压器一相来波情况

（a）变压器侧；（b）电机侧

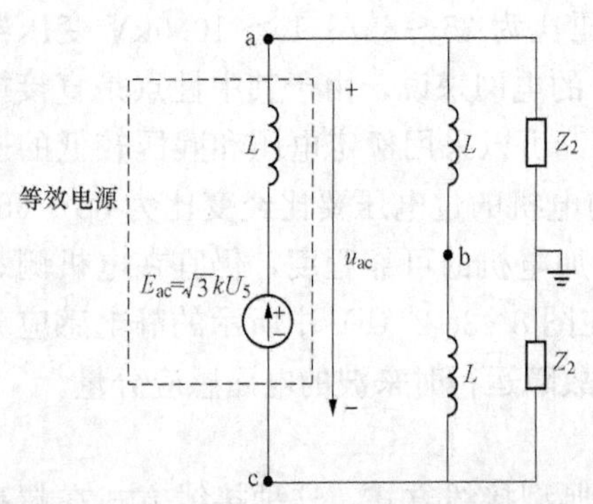

图 8-3-5　图 8-3-4 的等效电路图

将以上诸式分别与变压器接线方式为 Y/△时的 u_{ac}、u_a、u_b 和 u_c 的公式［即式（8-3-3）、式（8-3-5）、式（8-3-6）和式（8-3-7）］相比较，所得结果是完全相同的。

其次，来研究两相来波（B 相和 C 相）的情况。如图 8-3-6 所示，此时作用在高压绕组 BO 和 CO 上的电压都是 kU_5，于是相应地在低压绕组 ba 和 cb 中都感应有电动势 $\sqrt{3}kU_5$（因为高、低压绕组的匝数比为 1∶$\sqrt{3}$）。由于对称的关系，此时 b 点显然为零电位，即电机侧 b 和 Z_2 中无电流流过，于是可以认为该相 Z_2 开路，而直接将 b 点接地，因此 ba 和 cb 两绕组可看成为图 8-3-7 中的左侧上下两个等效电源。低压绕组 ac 则成为接在这个电源 a、c 两端上的负荷，由于和低压绕组 ac 相对应的高压绕组 AO 是短路的，所以绕组 ac 将表现为一个漏感 L。此外，电机 a 相和 c 相的波阻 Z_2 也接在这个电源的 a、c 两端，整个等效电路就如图 8-3-7 所示。同样，由于 Z_2 对 u_{ac} 不起作用，所以 u_{ac} 仅由两个电动势 $\sqrt{3}kU_5$ 串联后加在三个 L 上分压而得，其值为

$$u_{ac} = -\frac{1}{3}2\sqrt{3}kU_5 = -\frac{2}{\sqrt{3}}kU_5 \tag{8-3-12}$$

而电机侧的 a 相，c 相和 b 相对地电压则分别为

$$u_a = -u_0 = \frac{1}{2}u_{ac} = -\frac{kU_5}{\sqrt{3}}, u_b = 0 \tag{8-3-13}$$

即其数值也完全与 Y/△接线且一相来波时的完全一样，只是符号相反。

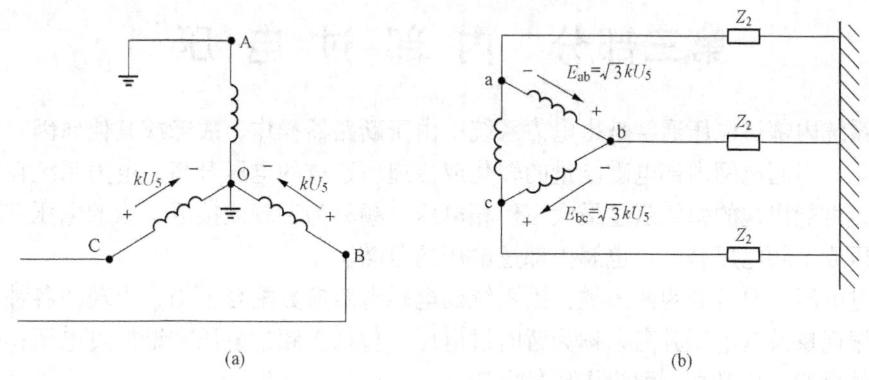

图 8-3-6　Y_0/△接线方式变压器两相来波情况

(a) Y_0 侧；(b) △侧

当高压侧三相同时来波时，相当于加上一组零序电压，由于低压侧是△接线，它对于零序电压形成了短路，所以在电机上不会出现电磁感应电压。

综合以上各种来波情况，Y_0/△接线方式都和 Y/△接线方式结果一样。因此前述的 Y/△接线方式时的各种技术结论，同样适用于 Y_0/△接线方式。

运行经验证明，在变压器的发电机侧装以避雷器对发电机是有保护作用的，例如，浙江某山区水电厂雷击 220kV 线路时，发电机侧避雷器曾多次动作。因此在多雷区，经升压变压器送电的特别重要的发电机，宜在发电机的出线上，装设一组避雷器。若再与该避雷器并联一组保护电容（$C=0.25\sim0.5\mu F$）并在发电机中性点上加一个相电压避雷器，则发电机就非常安全了。

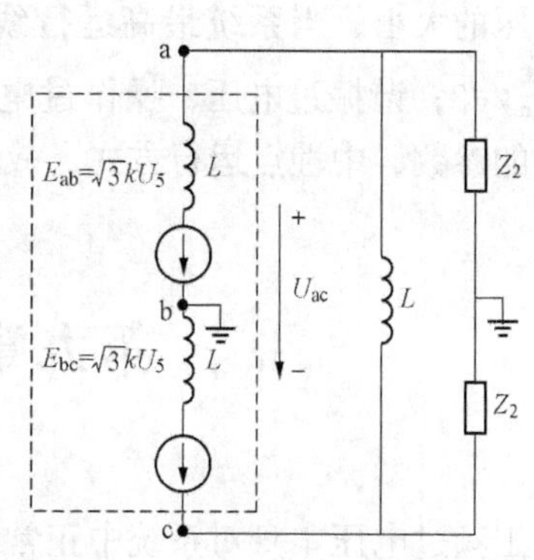

图 8-3-7　图 8-3-6 的等效电路图

习　题

1. 旋转电机防雷有哪些特点？
2. 在图 8-2-2 中，电抗器、电容器、电缆段、避雷器对电机防雷起着什么作用？
3. 直配电机一般防雷接线方式的耐雷水平是多少？
4. 为什么在计算图 8-2-2 中防雷接线的耐雷水平时，将雷电流的波形取为 $i_{Ld}=I_{Ld}e^{-\frac{t}{T}}$，并取 $T=72\mu s$？
5. 试述变压器为 Y/△接线和 Y_0/△接线时，高压侧一相来波，低压侧电磁感应的物理过程。
6. 多雷区对特别重要的非直配电机应如何进行防雷保护？

第三部分　内 部 过 电 压

电力系统内部过电压通常是指电力系统中由于断路器操作、故障或其他原因，使系统参数发生变化，引起电网内部电磁能量的转化或传递所造成的电压升高。电力系统在正常运行或故障时，可能出现的幅值超过最大工作相电压、频率为工频或接近工频的电压升高，统称工频过电压或工频电压升高，也属内部过电压的范畴。

内部过电压主要可分为两大类：因系统的电感电容参数配合不当，出现的各种持续时间较长的谐振现象及其电压升高，称为暂时过电压，包括工频过电压和谐振过电压；因操作或故障引起的暂态电压升高，称为操作过电压。

内部过电压的能量来源于电网本身，所以其幅值与电网运行电压基本上成正比。一般将内部过电压幅值与电网最高运行相电压幅值之比，称为内部过电压倍数 K_n，用来表示内部过电压的大小。当系统最高运行线电压有效值为 U_m 时，工频过电压的基准电压（1p. u.）为 $U_m/\sqrt{3}$；谐振过电压、操作过电压的基准电压为 $\sqrt{2}U_m/\sqrt{3}$。K_n 值与电网结构、系统中各元件的参数、中性点运行方式、故障性质及操作过程等因素有关，并具有明显的统计性。

第九章　工 频 过 电 压

工频过电压本身对系统中正常绝缘的电气设备一般是没有危险的，但在超高压远距离输电确定系统绝缘水平时，却起着重要的作用，必须予以充分重视。因为：

（1）工频过电压的大小将直接影响操作过电压的幅值。

（2）工频过电压的大小影响保护电器的工作条件和保护效果。例如，避雷器最大允许工作电压是由工频过电压决定的，提高避雷器最大允许工作电压，则其动作电压和残压也将提高，相应地，被保护设备的绝缘强度亦应随之提高。再如，断路器并联电阻因工频过电压而使断路器操作时流过并联电阻的电流增大，并联电阻要求的热容量亦将随之增大，造成低值并联电阻的制作困难。

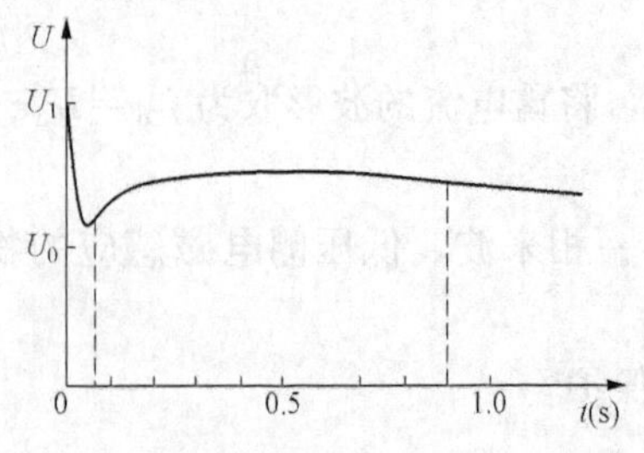

图 9-0-1　合闸过电压随时间变化曲线
U_0—合闸前电源电压幅值；
U_1—合闸后线路侧操作过电压幅值

（3）工频过电压持续时间长，对设备绝缘及其运行性能有重大影响。例如，油纸绝缘内部游离、污秽绝缘子闪络、铁心过热、电晕及其干扰等。

图 9-0-1 所示为我国某 500kV 输变电系统中实测某 336km 空载线路合闸过电压随时间变化的曲线（断路器带有 400Ω 的合闸电阻、线路两端接有并联电抗器，补偿度为 71.5%）。

通常，合闸后 0.1s 时间内出现的电压升高称为操作过电压。之后，0.1～1s 时间内，由于发电机自动电压调整器的惰性，发电机电动势 E'_d 尚保持不变，在 E_d'的基础上再加上空载线路的电容效应所引起的工频电压升高，总称暂态工频过电压。一定时间后，发电机自动电压调整器发生作用，母线电压逐渐下降，在 2～3s 以后，系统进入稳定状态，这时的工频电压升高为稳态工频过电压。对于过电压防护和绝缘配合影响大的是暂态工频过电压。稳态工频过电压则对系统的并列、电气设备的老化、游离等影响较大。

超高压、特高压电网的暂态工频过电压值必须予以限制。目前，我国 500kV 电网，一般要求母线的暂态工频过电压值不超过工频运行电压的 1.3 倍，线路不超过 1.4 倍。500kV 空载变压器允许 1.3 倍工频运行电压持续 1min，并联电抗器允许 1.4 倍工频运行电压持续 1min。

产生工频过电压的主要原因是空载线路的电容效应、不对称接地故障、发电机突然甩负荷等。

第一节　长线路电容效应引起的工频过电压

一、长线路的电容效应及计算方程

输电线路具有分布参数的特征，但在距离较短的情况下，工程上可用集中参数的电感 L 和电容 C 来代替。由于空载线路的工频容抗 X_C 大于工频感抗 X_L，因此在电源电动势 E 的作用下，线路中的电容电流在感抗上的压降 U_L 将使容抗上的电压 U_0 高于电源电动势，即 $U_0=E+U_L$。此时，空载输电线路的电压将高于电源电压，这就是空载线路的电感—电容效应（简称电容效应）所引起的工频过电压。

超高压、长距离输电线路，一般需要考虑其分布参数特性。图 9-1-1 是不考虑大地回路影响时，均匀、对称、三相输电线中一相的等效电路。图中 L_0、C_0、R_0、G_0 分别为单位长度的单相电感、电容、导线电阻、导线对地泄漏电导。设 x 为线路上任意点距线路末端的距离，则当线路末端电压 $\dot{U}_2$ 和电流 $\dot{I}_2$ 为已知时，可写出线路上任意点的电压 $\dot{U}_x$和电流 $\dot{I}_x$ 的方程式为

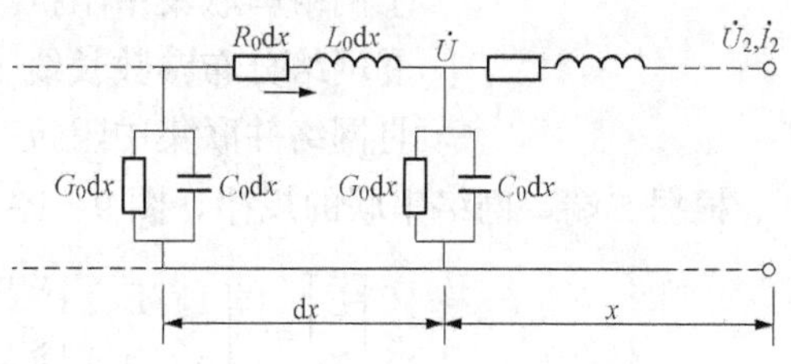

图 9-1-1　长输电线路等效电路

$$\dot{U}_x=\dot{U}_2\mathrm{ch}\gamma x+\dot{I}_2Z\mathrm{sh}\gamma x \tag{9-1-1}$$

$$\dot{I}_x=\frac{\dot{U}_2}{Z}\mathrm{sh}\gamma x+\dot{I}_2\mathrm{ch}\gamma x \tag{9-1-2}$$

上两式中，$\gamma=\beta+\mathrm{j}\alpha=\sqrt{(R_0+\mathrm{j}\omega L_0)(G_0+\mathrm{j}\omega C_0)}$称为输电线路的传播系数，其中实数部分 β 为衰减系数，虚数部分 α 为相位系数；$Z=\sqrt{\dfrac{R_0+\mathrm{j}\omega L_0}{G_0+\mathrm{j}\omega C_0}}$称为输电线路的特征阻抗（或称稳态波阻抗）。$\gamma$ 和 Z 是表征输电线路原参数在电源角频率 ω 时的传输特性，它们是复数。

图 9-1-2 是长线首端接有电源，末端接有负载时的等效电路。图中电源用电动势 $\dot{E}$ 及其等效电源阻抗 Z_S 表示，负载用一个集中参数 Z_2（当线路为空载时，$Z_2=\infty$）表示，l 为线路长度，$\dot{U}_1$ 和 $\dot{I}_1$ 为线路首端的电压和电流，$\dot{U}_2$ 和 $\dot{I}_2$ 为线路末端的电压和电流。

为了方便地分析远距离输电中不同接线时首末端电流电压的关系，可将图 9-1-2 中的电源阻抗 Z_S、线路、负载 Z_2分别用无源二端口网络代替，然后将它们串联成复合二端口网络，如图 9-1-3 所示。以图 9-1-3 中的网络Ⅱ为例，二端口网络的一般表达式可写成

$$\left.\begin{aligned}\dot{U}_1 &= A_{11}\dot{U}_2 + A_{12}\dot{I}_2\\ \dot{I}_1 &= A_{21}\dot{U}_2 + A_{22}\dot{I}_2\end{aligned}\right\}$$

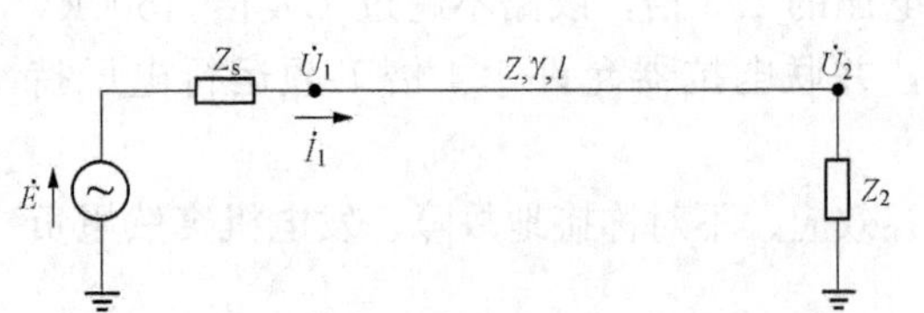

图 9-1-2 线路末端接有负载时的等效电路

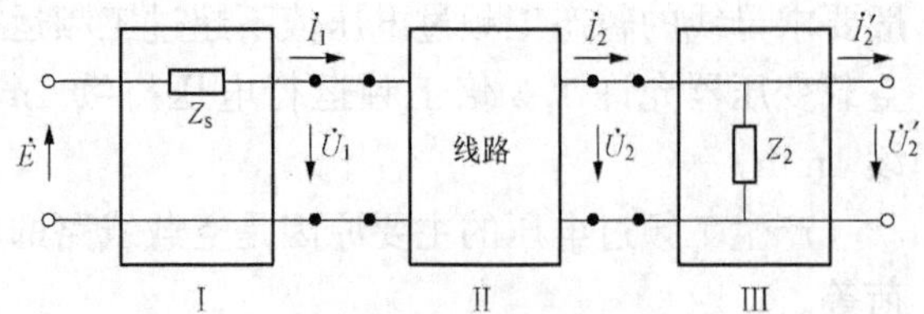

图 9-1-3 长线路的复合二端口网络

改用矩阵形式表示则有

$$\begin{bmatrix}\dot{U}_1\\ \dot{I}_1\end{bmatrix}=\begin{bmatrix}A_{11} & A_{12}\\ A_{21} & A_{22}\end{bmatrix}\begin{bmatrix}\dot{U}_2\\ \dot{I}_2\end{bmatrix}=[A]\begin{bmatrix}\dot{U}_2\\ \dot{I}_2\end{bmatrix}$$

对于对称二端口网络，参数 $A_{11}=A_{22}$。现将图 9-1-3 中三个对称的二端口网络的 A 参数罗列如下：

	$A_{11}=A_{22}$	A_{12}	A_{21}
Ⅰ网络串联集中阻抗	1	Z_s	0
Ⅱ网络分布参数长线	$\mathrm{ch}\gamma l$	$Z\mathrm{sh}\gamma l$	$\mathrm{sh}\gamma l/Z$
Ⅲ网络并联集中阻抗	1	0	$1/Z_2$

根据二端口网络串联的规律，图 9-1-3 的复合二端口网络方程的矩阵形式是

$$\begin{bmatrix}\dot{E}\\ \dot{I}\end{bmatrix}=\begin{bmatrix}1 & Z_S\\ 0 & 1\end{bmatrix}\begin{bmatrix}\mathrm{ch}\gamma l & Z\mathrm{sh}\gamma l\\ \dfrac{\mathrm{sh}\gamma l}{Z} & \mathrm{ch}\gamma l\end{bmatrix}\begin{bmatrix}1 & 0\\ \dfrac{1}{Z_2} & 1\end{bmatrix}\begin{bmatrix}\dot{U}'_2\\ \dot{I}'_2\end{bmatrix} \tag{9-1-3}$$

经运算可得

$$\begin{bmatrix}\dot{E}\\ \dot{I}\end{bmatrix}=\begin{bmatrix}\left(1+\dfrac{Z_S}{Z_2}\right)\mathrm{ch}\gamma l+\left(\dfrac{Z}{Z_2}+\dfrac{Z_S}{Z}\right)\mathrm{sh}\gamma l & Z_S\mathrm{ch}\gamma l+Z\mathrm{sh}\gamma l\\ \dfrac{\mathrm{sh}\gamma l}{Z}+\dfrac{\mathrm{ch}\gamma l}{Z_2} & \mathrm{ch}\gamma l\end{bmatrix}\begin{bmatrix}\dot{U}'_2\\ \dot{I}'_2\end{bmatrix} \tag{9-1-4}$$

在图 9-1-3 中 $\dot{I}'_2=0$，$\dot{U}'_2=\dot{U}_2$，由式（9-1-4）可得

$$\dot{U}_2=\frac{\dot{E}}{\left(1+\dfrac{Z_S}{Z_2}\right)\mathrm{ch}\gamma l+\left(\dfrac{Z}{Z_2}+\dfrac{Z_S}{Z}\right)\mathrm{sh}\gamma l},\ \dot{I}_2=\frac{\dot{U}_2}{Z_2}$$

若 Z_S 只考虑电源的漏抗，则有 $Z_S\mathrm{j}X_S=\mathrm{j}\omega L_S$；$Z_2$ 为并联电抗器 L_b，则有 $\mathrm{j}X_b=\mathrm{j}\omega L_b$；线路为无损，即 $R_0=0$，$G_0=0$，$Z=\sqrt{\dfrac{L_0}{C_0}}$，$\gamma=\mathrm{j}\omega\sqrt{L_0C_0}=\mathrm{j}\alpha$；$\mathrm{ch}\gamma l=\cos\alpha l$，$\mathrm{sh}\gamma l=\mathrm{j}\sin\alpha l$。由此图 9-1-2 可用图 9-1-4 代替，式（9-1-4）可改写为

$$\begin{bmatrix}\dot{E}\\ \dot{I}\end{bmatrix}=\begin{bmatrix}\left(1+\dfrac{X_S}{X_b}\right)\cos\alpha l+\left(\dfrac{Z}{X_b}-\dfrac{X_S}{Z}\right)\sin\alpha l & j(X_S\cos\alpha l+Z\sin\alpha l)\\ j\left(\dfrac{\sin\alpha l}{Z}-\dfrac{\cos\alpha l}{X_b}\right) & \cos\alpha l\end{bmatrix}\begin{bmatrix}\dot{U}_2'\\ \dot{I}_2'\end{bmatrix}\quad(9-1-5)$$

下面通过特定的状况，利用式（9-1-5）讨论长线路的电容效应使工频电压升高的问题。

二、长线路的工频电压升高

（一）无限大电源与空载无损长线相连

参看图 9-1-4，$X_S=0$，$X_L=\infty$，$\dot{U}_1=\dot{E}$，$\dot{I}_1=\dot{I}$，$\dot{U}_2'=\dot{U}_2$，$\dot{I}_2'=\dot{I}_2$，式（9-1-5）可改写成

$$\begin{bmatrix}\dot{E}\\ \dot{I}\end{bmatrix}=\begin{bmatrix}\dot{U}_1\\ \dot{I}_1\end{bmatrix}=\begin{bmatrix}\cos\alpha l & jZ\sin\alpha l\\ j\dfrac{\sin\alpha l}{Z} & \cos\alpha l\end{bmatrix}\begin{bmatrix}\dot{U}_2\\ \dot{I}_2\end{bmatrix}\quad(9-1-6)$$

因空载长线末端开路，所以 $\dot{I}_2=0$，由式（9-1-6）可得

$$\dot{U}_1=\dot{U}_2\cos\alpha l\quad(9-1-7)$$

或

$$\frac{\dot{U}_2}{\dot{U}_1}=\frac{1}{\cos\alpha l}=\varepsilon_{12}\quad(9-1-8)$$

式中：ε_{12} 为线路末端对首端的电压传递系数。

式（9-1-8）表示由电容效应引起的无损空长线末端电压升高与线路长度的关系。当 $\alpha l=\frac{\pi}{2}$ 时，线路末端电压将上升为无穷大，此时，相应的架空线路长度 $l=\frac{\pi}{2\alpha}=\frac{\pi}{2}\times\frac{v}{\omega}=1500\text{km}$，即为工频波长的 1/4，称为 $\frac{1}{4}$ 波长谐振（式中 v 为波速）。

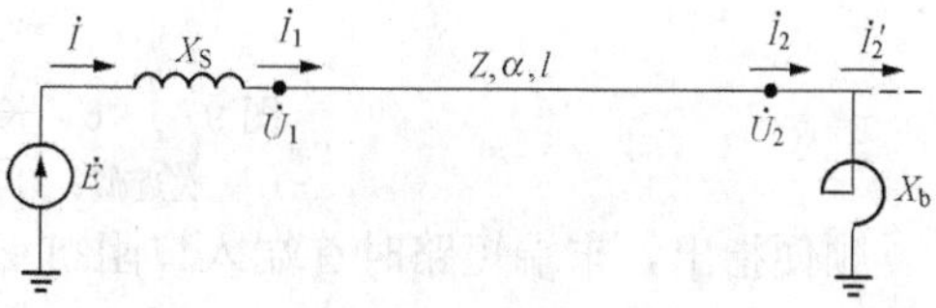

图 9-1-4　无损线路末端接有并联电抗器

对于线路上任意点的电压 $\dot{U}_x$ 和电流 $\dot{I}_x$ 与线路末端电压 $\dot{U}_2$ 和电流 $\dot{I}_2$ 的关系式，可类同式（9-1-6）写出矩阵形式为

$$\begin{bmatrix}\dot{U}_x\\ \dot{I}_x\end{bmatrix}=\begin{bmatrix}\cos\alpha x & jZ\sin\alpha x\\ j\dfrac{\sin\alpha x}{Z} & \cos\alpha x\end{bmatrix}\begin{bmatrix}\dot{U}_2\\ \dot{I}_2\end{bmatrix}\quad(9-1-9)$$

当末端开路时，$\dot{I}_2=0$，得

$$\dot{U}_x=\dot{U}_2\cos\alpha x=\frac{\dot{U}_1}{\cos\alpha l}\cos\alpha x\quad(9-1-10)$$

表明无损空载长线沿线电压分布为余弦规律，线路末端电压最高。因线路各段导线上电容电流不同，沿线电压升高是不均匀的，如图 9-1-5 所示。

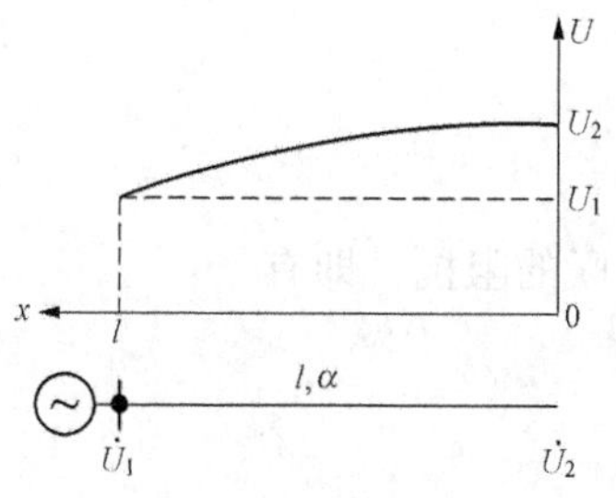

图 9-1-5　空载线路的电压分布

线路上某点电压 $\dot{U}_x$ 也可用电压传递系数 ε_{1x} 表示，即

$$\varepsilon_{1x} = \frac{\dot{U}_x}{\dot{U}_1} = \frac{\cos\alpha x}{\cos\alpha l} \qquad (9-1-11)$$

有时，为了便于计算和分析，需要将线路用集中参数阻抗的电路来代替。例如无损线路末端开路，从首端往线路看去，可等效为一个阻抗 Z_{RK}，称 Z_{RK} 为末端开路时的首端入口阻抗。从式（9-1-6）可知

$$Z_{RK} = \frac{\dot{U}_{1K}}{\dot{I}_{1K}} = \frac{\cos\alpha l}{\mathrm{j}\,\dfrac{\sin\alpha l}{Z}} = -\mathrm{j}Z\cot\alpha l \qquad (9-1-12)$$

当 $\alpha l < \frac{\pi}{2}$ 时，Z_{RK} 为容抗。

将余切函数用级数展开❶，取前两项作近似计算，得

$$Z_{RK} = -\mathrm{j}Z\cot\omega\sqrt{L_0C_0}\,l \approx -\mathrm{j}\sqrt{\frac{L_0}{C_0}}\left(\frac{1}{\omega\sqrt{L_0C_0}\,l} - \frac{1}{3}\omega\sqrt{L_0C_0}\,l\right) \qquad (9-1-13)$$

根据上式，若取一次近似，则长线可简化为图 9-1-6（a）所示的等效电路；若取二次近似，则可简化为图 9-1-6（b）所示的等效电路。这在分析某些操作过电压时是有用的。

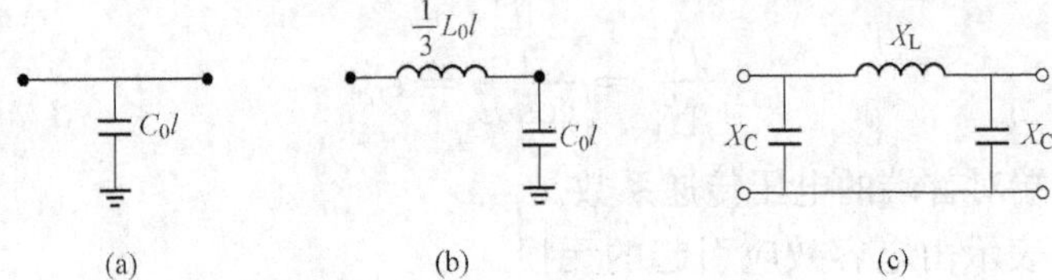

图 9-1-6　长线等值集中参数电路

（a）一次近似；（b）二次近似；（c）π 形电路

顺便指出，末端短路时首端入口阻抗 Z_{Rd} 为

$$Z_{Rd} = \frac{\dot{U}_{1d}}{\dot{I}_{1d}} = \frac{\mathrm{j}Z\sin\alpha l}{\cos\alpha l} = \mathrm{j}Z\tan\alpha l \qquad (9-1-14)$$

当 $\alpha l < \frac{\pi}{2}$ 时，Z_{Rd} 为感抗。

在实际测得线路的 Z_{Rk}、Z_{Rd} 后，则可由式（9-1-12）和式（9-1-14）求得线路的波阻 $Z = \sqrt{Z_{RK}Z_{Rd}}$，从而可推算出实测线路的 L_0、C_0 等参数。

空载无损长线也可用图 9-1-6（c）所示的 π 型电路来代替。此时可把一条长度为 l 的线路看成两条线路长度为 $l/2$ 的线路串联，从线路首端向长度为 $l/2$ 的空载线路侧看去，X_C 应为长度为 $l/2$ 的空载线路的开路阻抗，即有

$$X_C = Z_{RK} = -\mathrm{j}Z\cot\frac{\lambda}{2}$$

$$\lambda = \alpha l$$

而长度为 l 的长线的短路阻抗 $Z_{Rd} = \mathrm{j}Z\tan\lambda$ 应等于 X_L 与 X_C 并联的阻抗，即有

$$Z_{Rd} = \frac{X_L X_C}{X_L + X_C} = \mathrm{j}Z\tan\lambda$$

❶　$\cot x = \frac{1}{x} - \frac{x}{3} - \frac{x^3}{45} - \frac{2x^5}{945} - \frac{x^7}{4725} - \cdots - \frac{B_{2n-1}}{x}\frac{(2x)^{2n}}{(2n)!} - \cdots \ (x^2 < \pi^5)$，$\frac{B_{2n-1}}{2n!} = \frac{2}{(2^{2n}-1)\ \pi^{2n}}\left(1 + \frac{1}{3^{2n}} + \frac{1}{5^{2n}} + \cdots\right)$.

将 $X_C=-jZ\cot\frac{\lambda}{2}$代入上式，可以求出

$$X_L = jZ\sin\lambda$$

在实际系统中，振荡回路是很复杂的，其自振角频率不止一个，只要其中任何一个等于（忽略损耗）或接近于（考虑损耗）电源频率，就可发生线性谐振，谐振的最小自振角频率称为系统第一自振角频率，或称初次角频率。为计算复杂回路的自振角频率（忽略损耗），可将电源电动势短接，再在回路中任选一点，将回路断开，令断开点两侧的电抗之和为零，从中求解回路的自振角频率。在无限大电源连接空长线系统中，可在线路的断路器处断开，此时断路器电源侧的电抗为零，断路器线路侧的电抗为线路首端的入口阻抗 Z_{RK}，要二者之和为零，即要 $Z_{RK}=0$，使 $Z_{RK}=0$ 的最小角频率 ω_1 就是在此工况下系统的第一（初次）自振角频率。由式（9-1-12）知，此时有 $\cot\omega\sqrt{L_0C_0}l=0$，得

$$\omega_1 = \frac{\pi}{2}\times\frac{v}{l} \tag{9-1-15}$$

其中，$v=\dfrac{1}{\sqrt{L_0C_0}}$为波速，对于架空线路，$v=300\times10^3$km/s。显然，当 $l=1500$km 时，有 $\omega_1=314$rad/s。此时系统的第一自振角频率即为电源角频率，系统将处于谐振状态。

（二）有限大电源与空载长线相连

参看图 4-1-9，由于 $X_S\neq0$，$X_b=\infty$，所以有 $\dot{U}_1\neq\dot{E}$，$\dot{U}_2'=\dot{U}_2$，$\dot{I}_2'=\dot{I}_2$，式（9-1-5）可改写成

$$\begin{bmatrix}\dot{E}\\ \dot{I}\end{bmatrix}=\begin{bmatrix}\cos\alpha l-\dfrac{X_s}{Z}\sin\alpha l & j(X_s\cos\alpha l+Z\sin\alpha l)\\ j\dfrac{\sin\alpha l}{Z} & \cos\alpha l\end{bmatrix}\begin{bmatrix}\dot{U}_2\\ \dot{I}_2\end{bmatrix} \tag{9-1-16}$$

线路末端开路，$\dot{I}_2=0$，则

$$\frac{\dot{U}_2}{\dot{E}}=\frac{1}{\cos\alpha l-\dfrac{X_S}{Z}\sin\alpha l} \tag{9-1-17}$$

可见，X_S 的存在加剧了线路末端电压的升高。因为线路电容电流流过电源漏感 L_S 所产生的压升，使线路首端电压 U_1高于电源电动势 E，相当于增大了线路的电容电流，使长线的电容效应更趋于严重。所以，X_S 的存在，犹如增加了线路长度。

在单电源供电的系统中，估算最严重的工频电压升高时，应取最小运行方式时的 X_S 为依据。对于两端供电的长线路，线路两端的断路器必须遵循一定的操作程序：线路合闸时，先合电源容量较大的一侧，后合电源容量较小的一侧；线路切除时，先切容量较小的一侧，后切容量较大的一侧。这样的操作能减弱电容效应引起的工频电压升高。

显然，当电源容量很大，X_S 近似为零时，$E=U_1$，则式（9-1-17）与式（9-1-7）相同，成为无限大电源接空载长线了。

（三）有限大电源与线路末端带有并联电抗器的长线相连

参看图 4-1-9，由于 $X_S\neq0$，$X_b\neq\infty$，$\dot{I}_2\neq\dot{I}_2'$，$\dot{U}_2=\dot{U}_2'$，$\dot{U}_1\neq\dot{E}$，系统接线如图 9-1-5 所示。

因 $\dot{I}_2'=0$，由式（9-1-5）可得

$$\frac{\dot{U}_2}{\dot{E}}=\frac{1}{\left(1+\frac{X_S}{X_b}\right)\cos\alpha l+\left(\frac{Z}{X_b}-\frac{X_S}{Z}\right)\sin\alpha l} \tag{9-1-18}$$

可见，当线路末端接有并联电抗器时，末端电压 U_2 将随电抗器的容量增大（X_b 减小）而下降。若电抗器容量甚大，$X_b\to0$，则 $U_2\to0$；若电抗器容量很小，$X_b\to\infty$，则相当于末端开路，此时式（9-1-18）与式（9-1-17）相同。因而可人为地选择电抗器容量将工频电压升高控制在允许范围内。

由于并联电抗器的电感能补偿线路的对地电容，减小流经线路的电容电流，削弱了电容效应，所以在超高压和特高压输电线路上，常用并联电抗器限制工频过电压。并联电抗器的功率 Q_b 对空载长线电容无功功率 Q_C 的比值 Q_b/Q_C 称为补偿度 T_b。通常补偿度选在 0.6～0.9 之间。

并联电抗器的作用不仅是限制工频电压升高，还涉及系统稳定、无功平衡、潜供电流、调相调压、自励磁及非全相状态下的谐振等方面。因而，并联电抗器的容量及安装位置的选择需综合考虑。

线路上带有并联电抗器后，沿线电压分布将随电抗器的位置不同而异，现仍以无损线路末端带电抗器为例进行分析。

如图 9-1-7（a）所示接线，可写出

$$\begin{bmatrix}\dot{U}_x\\ \dot{I}_x\end{bmatrix}=\begin{bmatrix}\cos\alpha x & jZ\sin\alpha x\\ j\frac{\sin\alpha x}{Z} & \cos\alpha x\end{bmatrix}\begin{bmatrix}1 & 0\\ \frac{1}{jX_b} & 1\end{bmatrix}\begin{bmatrix}\dot{U}_2'\\ \dot{I}_2'\end{bmatrix}$$

$$=\begin{bmatrix}\cos\alpha x+\frac{Z}{X_b}\sin\alpha x & jZ\sin\alpha x\\ j\left(\frac{\sin\alpha x}{Z}-\frac{\cos\alpha x}{X_b}\right) & \cos\alpha x\end{bmatrix}\begin{bmatrix}\dot{U}_2'\\ \dot{I}_2'\end{bmatrix}$$

因 $\dot{I}_2'=0$，$\dot{U}_2'=\dot{U}_2$，所以

$$\dot{U}_x=\left(\cos\alpha x+\frac{Z}{X_b}\sin\alpha x\right)\dot{U}_2$$

$$\dot{U}_1=\left(\cos\alpha l+\frac{Z}{X_b}\sin\alpha l\right)\dot{U}_2$$

于是

$$\dot{U}_x=\frac{\cos\alpha x+\frac{Z}{X_b}\sin\alpha x}{\cos\alpha l+\frac{Z}{X_b}\sin\alpha l}\dot{U}_1$$

设 $\tan\beta=\frac{Z}{X_b}$，代入上式化简后得

$$\dot{U}_x=\frac{\cos(\alpha x-\beta)}{\cos(\alpha l-\beta)}\dot{U}_1 \tag{9-1-19}$$

据式（9-1-19）可作出沿线电压分布曲线如图 9-1-7（b）所示，并知 $\alpha x-\beta=0$ 时，将出现最大电压 U_m，出现 U_m 处离线路末端的距离 $x=\frac{\beta}{\alpha}$。U_m 的值为

$$U_m = \frac{U_1}{\cos(\alpha l - \beta)} \tag{9-1-20}$$

比较式（9-1-20）与式（9-1-7）知，线路末端接有电抗器时，线路上出现的最高电压也比无电抗器时的线路末端电压要低。

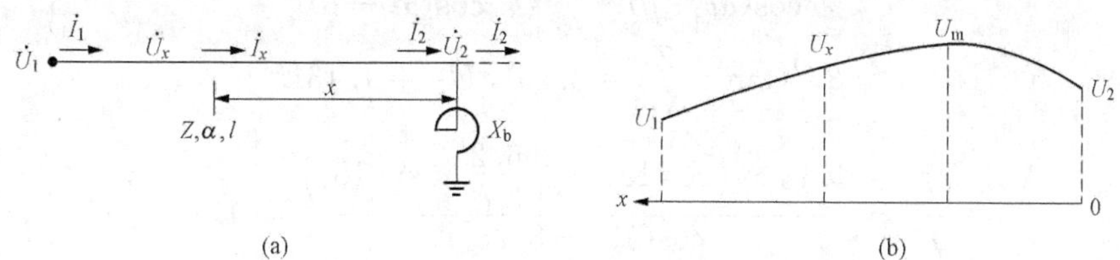

图 9-1-7　有并联电抗器线路的沿线电压分布

（a）实际线路；（b）沿线电压分布

[例 9-1-1]　某 500kV 线路，长度为 250km，电源漏抗 $X_S=263.2\Omega$，线路每单位长度正序电感和电容分别为 $L_0=0.9\mu H/m$，$C_0=0.0127nF/m$。（1）求线路末端开路时末端的电压升高。（2）若线路末端接有并联电抗器，$X_b=1837\Omega$，求补偿度、线末电压对电源电动势的电压升高及沿线电压分布中的最高电压。

[解]（1）波阻为

$$Z = \sqrt{\frac{L_0}{C_0}} = \sqrt{\frac{0.9\times10^{-6}}{0.0127\times10^{-9}}} = 266.2(\Omega)$$

相位系数为

$$\alpha = \omega\sqrt{L_0C_0} = 2\pi f\sqrt{L_0C_0} = 2\times50\times180^\circ\times\sqrt{0.9\times10^{-6}\times0.0127\times10^{-9}} = 0.06^\circ(km^{-1})$$

$$\alpha l = 0.06\times250 = 15^\circ$$

线路末端开路时，有

$$\frac{\dot U_2}{\dot E} = \frac{1}{\cos\alpha l - \frac{X_S}{Z}\sin\alpha l} = \frac{1}{\cos15^\circ - \frac{263.2}{266.2}\times\sin15^\circ} = 1.41$$

若 $X_S\to0$，则

$$\frac{\dot U_2}{\dot E} = \frac{1}{\cos\alpha l} = \frac{1}{\cos15^\circ} = 1.035$$

可见，电源漏抗对工频电压升高的影响很大。

（2）线路末端接有 $X_b=1837\Omega$ 的电抗器后，补偿度为

$$\frac{Q_b}{Q_C} = \frac{\frac{1}{X_b}}{\omega C_0 l} = \frac{1}{X_b\omega C_0 l} = \frac{1}{1837\times314\times0.0127\times10^{-9}\times250} = 0.546 = 54.6(\%)$$

有并联电抗器时，线路末端电压对电源电动势的电压升高为

$$\frac{U_2}{E} = \frac{1}{\left(1+\frac{X_S}{X_b}\right)\cos\alpha l + \left(\frac{Z}{X_b} - \frac{X_S}{Z}\right)\sin\alpha l}$$

$$= \frac{1}{\left(1+\frac{263.2}{1837}\right)\times\cos15^\circ + \left(\frac{266.2}{1837} - \frac{263.2}{266.2}\right)\times\sin15^\circ} = 1.13$$

可见，接入 $X_b=1837\Omega$ 的电抗器可使线末工频电压升高从 1.41 下降到 1.13。

线路末端接有电抗器后，沿线电压分布中电压的最高值为

$$U_m=\frac{U_1}{\cos(\alpha l-\beta)}=\frac{U_2\left(\cos\alpha l+\dfrac{Z}{X_b}\sin\alpha l\right)}{\cos(\alpha l-\beta)}$$

$$\beta=\tan^{-1}\frac{Z}{X_b}=8.25°,\ U_2=1.13E$$

所以
$$\frac{U_m}{E}=\frac{1.13\times\left(\cos 15°+\dfrac{266.2}{1837}\times\sin 15°\right)}{\cos(15°-8.25°)}=1.14$$

三、输电线路的传输功率与沿线电压分布

以上分析的是输电线路空载条件下的沿线电压分布规律，实际运行线路的沿线电压分布与线路的传输功率有关。

假设输电线路为无损线路，当线路末端接有阻抗等于线路波阻抗 Z 的负荷时，负荷电流 $\dot{I}_2=\dfrac{\dot{U}_2}{Z}$。由式（9-1-9）知

$$\dot{U}_x=\dot{U}_2(\cos\alpha x+\mathrm{j}\sin\alpha x)=\dot{U}_2\mathrm{e}^{\mathrm{j}\alpha x} \tag{9-1-21}$$

$$\dot{I}_x=\dot{I}_2(\cos\alpha x+\mathrm{j}\sin\alpha x)=\dot{I}_2\mathrm{e}^{\mathrm{j}\alpha x} \tag{9-1-22}$$

式中：$\dot{U}_x$、$\dot{I}_x$ 分别为距线末距离为 x 处的电压、电流；α 为架空线路的相位系数，$\alpha=\omega/v=0.06°/\mathrm{km}$；$v$ 为波速，近似为光速；ω 为电源角频率。

此时，输电线路上各点电压的绝对值相等，各点电流的绝对值也相等，设 $U_1=U_2=\dfrac{U_N}{\sqrt{3}}=U$，$I_1=I_2=\dfrac{U_N}{\sqrt{3}Z}=I$，其中 U_N 为系统标称电压，则线路的传输功率 $P=3UI=\dfrac{U_N^2}{Z}=P_N$，称 P_N 为线路自然功率。

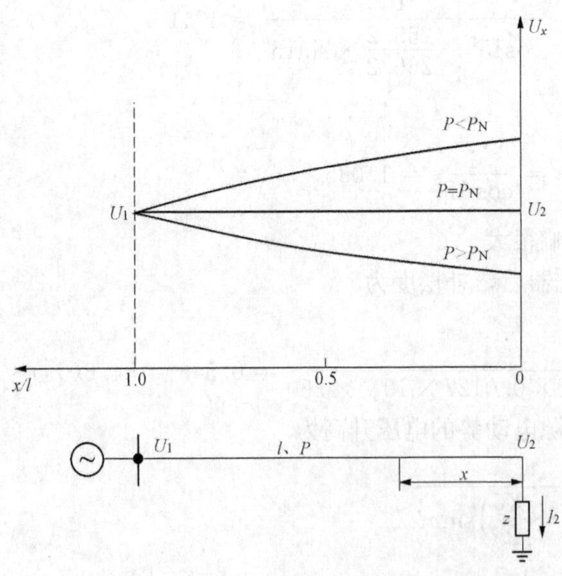

图 9-1-8　无损线路沿线电压分布与传输功率关系示意图

l—线路长度；x—线路上计算点距线路末端的距离

由于当线路传输自然功率 P_N 时，线路电感所吸收的无功等于线路电容产生的无功，沿线各点的无功是自我平衡的，沿线无无功功率传输，所以线路各点电压值相等。当线路传输功率 P 大于 P_N 时，线路电感吸收的无功功率 Q_L 大于线路电容产生的无功功率 Q_C，造成无功不足，会出现沿线电压降落现象；反之，当 P 小于 P_N 时，则 $Q_L<Q_C$，无功过剩，多余无功通过线路传输时，在线路电感上产生的压降会引起电容效应，使沿线电压升高。图 9-1-8 所示为无损线路沿线电压分布与传输功率关系的示意图。

对于有损线路，由于导线电阻和

泄漏电导的作用，即使当线路传输自然功率时，沿线电压也会逐渐下降。

当线路两端接电源时，设线路首端和末端电压分别为 $\dot{U}_1$ 和 $\dot{U}_2$。令 $\lambda=\alpha l$，$\lambda_x=\alpha x$，则由式（9-1-9）可得 $\mathrm{j}\dot{I}_2 Z\sin\lambda=\dot{U}_1-\dot{U}_2\cos\lambda$，此时 $\dot{U}_x$ 与线首、线末电压 $\dot{U}_1$、$\dot{U}_2$ 的关系式为

$$\dot{U}_x=\frac{\dot{U}_1\sin\lambda_x+\dot{U}_2\sin(\lambda-\lambda_x)}{\sin\lambda} \tag{9-1-23}$$

设线路传输功率为 P，功角为 δ，$\dot{U}_2=U_2$，则 $\dot{U}_1=U_1\mathrm{e}^{\mathrm{j}\delta}$，线路中传输的有功功率 $P=\dfrac{U_1U_2}{Z\sin\lambda}\sin\delta=P_{\mathrm{N}}\dfrac{\sin\delta}{\sin\lambda}$，代入式（9-1-23）后，得

$$\begin{aligned}\dot{U}_x&=\frac{1}{\sin\lambda}[U_1\mathrm{e}^{\mathrm{j}\delta}\sin\lambda_x+U_2\sin(\lambda-\lambda_x)]\\&=\frac{1}{\sin\lambda}[U_1\cos\delta\sin\lambda_x+U_2\sin(\lambda-\lambda_x)+\mathrm{j}U_1\sin\delta\sin\lambda_x]\end{aligned} \tag{9-1-24}$$

令 $K_{\mathrm{u}}=\dfrac{U_1}{U_2}$，则 $\dot{U}_x$ 的模值 U_x 为

$$U_x=\frac{U_2}{\sin\lambda}[K_{\mathrm{u}}^2\sin^2\lambda_x+\sin^2(\lambda-\lambda_x)+2K_{\mathrm{u}}\cos\delta\sin\lambda_x\sin(\lambda-\lambda_x)]^{\frac{1}{2}} \tag{9-1-25}$$

可见，U_x 值与 δ 值相关，即与传输功率相关，传输功率越大，δ 越大，U_x 越低。将式（9-1-25）对 λ_x 微分，并令其等于零，可得沿线电压最高或最低点的位置 λ_{j}，表达式为

$$\tan2\lambda_{\mathrm{j}}=\frac{2\cos\delta\sin\lambda-\sin2\lambda/K_{\mathrm{u}}}{2\cos\delta\cos\lambda-K_{\mathrm{u}}-\cos2\lambda/K_{\mathrm{u}}} \tag{9-1-26}$$

当 $U_1=U_2=U$ 时，出现极值的位置为 $\lambda_{\mathrm{j}}=\lambda/2$，即线路中点的电压 $U_{l/2}$ 是沿线电压分布中的最高或最低点，其值可由式（9-1-24）得出

$$\dot{U}_{l/2}=\frac{\mathrm{e}^{\mathrm{j}\delta}\sin\dfrac{\lambda}{2}+\sin\dfrac{\lambda}{2}}{\sin\lambda}U=\frac{\mathrm{e}^{\mathrm{j}\delta}+1}{2\cos\dfrac{\lambda}{2}}U=\frac{\cos\dfrac{\delta}{2}}{\cos\dfrac{\lambda}{2}}\mathrm{e}^{\mathrm{j}\frac{\delta}{2}}U \tag{9-1-27}$$

由式（9-1-27）可知，线路传输功率 P 等于自然功率 P_{N} 时，$\delta=\lambda$，$U_{l/2}=U$，线路中点电压与首末端电压相等；当 $P>P_{\mathrm{N}}$ 时，$\delta>\lambda$，$U_{l/2}<U$，沿线电压中点最低；当 $P<P_{\mathrm{N}}$ 时，$\delta<\lambda$，$U_{l/2}$ 升高，沿线电压中点最高。空载时，$P=0$，$\delta=0$，$U_{l/2}$ 达最高值为

$$U_{l/2}=\frac{U}{\cos\dfrac{\lambda}{2}} \tag{9-1-28}$$

可见，此时一条长为 l 的线路，可看作两条长为 $l/2$ 的空载线路。

图 9-1-9 所示为线路两端电压模值相等时，沿线电压分布与传输功率的关系。由图可知，当输电线路传输功率 $P<P_{\mathrm{N}}$ 时，才会出现工频电压升高问题。

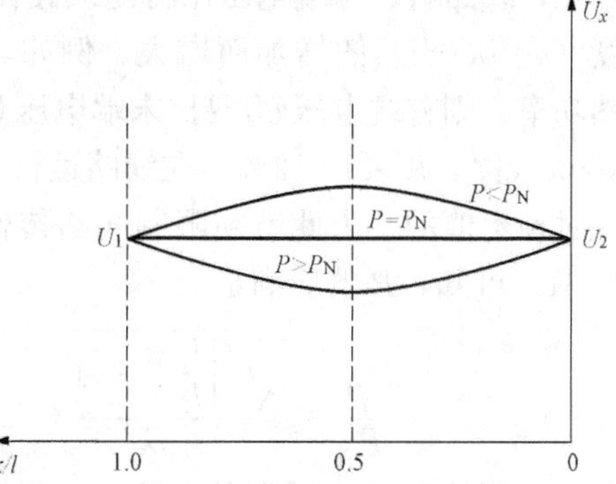

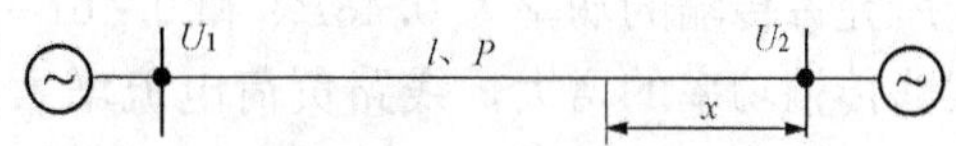

图 9-1-9 线路两端电压模值相等时，沿线电压分布与传输功率的关系

四、并联补偿线路的补偿度选择及可控电抗器

（一）并联补偿线路的补偿度选择

将长线用一个π型等效电路取代，将两台并联电抗器 X_b 分别接于无损长线首、末两端，形成图 9-1-10 所示的等效电路。图中长线的等效感抗 X_L 和等效容抗 X_C 分别为

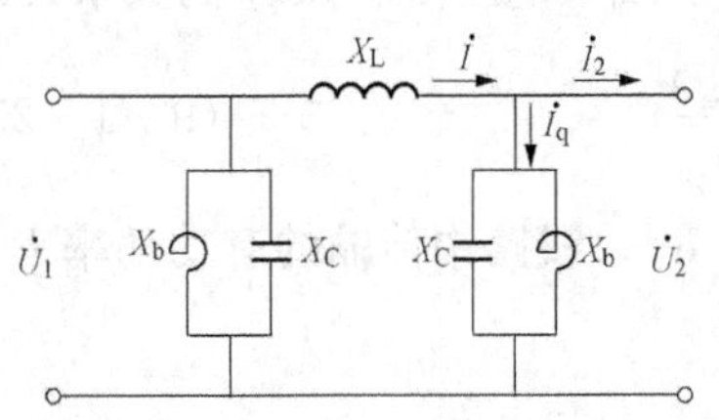

图 9-1-10 并联补偿线路的π型等效电路

$$X_L = jZ\sin\lambda$$

$$X_C = -jZ\cot\frac{\lambda}{2}$$

设线路末端相对地电压为 $\dot{U}_2$，则线路末端容性无功为 $Q_C=\frac{3U_2^2}{X_C}$。设并联电抗器 X_b 的容量为 $Q_b=\frac{3U_2^2}{X_b}$，则线路的补偿度 $T_b=\frac{Q_h}{Q_C}=\frac{X_C}{X_b}$。由于通常 $T_b\leqslant1$，因此 X_C 与 X_b 并联后补偿支路的等效阻抗 X_q 为容性，据此可得

$$X_q=\frac{X_bX_C}{X_b-X_C}=\frac{X_C}{1-T_b}=\frac{-jZ\tan\frac{\lambda}{2}}{1-T_b}=\frac{Z\sin\lambda}{j(1-\cos\lambda)(1-T_b)} \quad (9-1-29)$$

当线路全补偿时，$T_b=1$，$X_q\to\infty$，补偿支路电流 $\dot{I}_q=0$，线路电流 $\dot{I}=\dot{I}_2$。当线路末端为纯阻性负载时，线路电压相量图如图 9-1-11 所示。此时线路首、末两端电压比为

$$\frac{U_1}{U_2}=\frac{1}{\cos\delta}=\sqrt{1+\left(\frac{I_2X_L}{U_2}\right)^2} \quad (9-1-30)$$

已知线路自然功率 $P_N=\frac{U_N^2}{Z}$，所传输的功率为 $P=3U_2I_2$，设 $U_2=\frac{U_N}{\sqrt{3}}$，则有

$$\frac{U_1}{U_2}=\sqrt{1+\left(\frac{P}{P_N}\sin\lambda\right)^2} \quad (9-1-31)$$

可见，线路首、末端电压比将随线路传输功率 P 及线路长度（$\lambda=0.06l$）的增加而增大。例如，300km 线路传输自然功率，则首端电压 U_1 要比末端电压 U_2 约高 5%；若为 500km 线路，就要高 12%。在线路运行中，电压比是不允许超过预定值的，为此就须限制线路传输功率 P。由式（9-1-31）可知，P 值应满足

$$\frac{P}{P_N}\leqslant\frac{\sqrt{\left(\frac{U_1}{U_2}\right)^2-1}}{\sin\lambda} \quad (9-1-32)$$

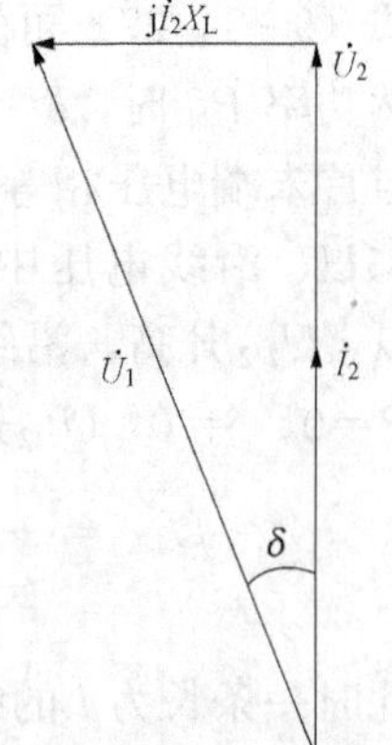

图 9-1-11 全补偿时的电压相量图（$T_b=1$）

例如，要将 800km 线路的电压比控制在 1.05 和 1.10，则所允许传输的功率为 $0.43P_N$ 和 $0.46P_N$。这是由于随着线路传输功率的增大，线路负荷电流增大，线路电感吸收的无功增大，为保持无功平衡，线路首端必须提高电压，增大无功输出。但线路电压又被限制，不能随意增高，因而只能限制输送功率不再增大。

采用固定电抗值的并联电抗器，在线路处于空载或轻载状态时，电抗器可限制工频电压

升高，但在线路输送大功率时，它将变为无功负载，阻碍功率传输。若采用电抗值可随线路传输功率变化而改变的可控并联电抗器，可在 $P=P_N$ 时，使 $T_b=0$，相当于退出并联电抗器；在 $P=0$ 时，使 $T_b=1$，并联电抗器工作于全补偿状态以限制工频电压升高。从而达到既可限制工频电压升高又不影响线路输送功率的目的。对于线路并联补偿用可控电抗器，除了其电抗值可控之外，还要求具有快速的响应速度，以应对输送功率大幅度突然变化（如切除故障或甩负荷）的需要。

如将可控电抗器设置在线路两端，补偿支路电流 $\dot{I}_q$ 将随线路输送功率 P 变化。电路两端电压的关系为

$$\dot{U}_1=\dot{U}_2+(\dot{I}_2+\dot{I}_q)X_L \tag{9-1-33}$$

设线末端接纯阻性负载，可控并联补偿时线路电压相量如图 9-1-12 所示。

将线路等效感抗 X_L 和补偿支路等效阻抗 X_q 代入式 (9-1-33)，得

$$\begin{aligned}\dot{U}_1&=U_2+\mathrm{j}Z\sin\lambda\left[\frac{P}{3U_2}+\mathrm{j}\frac{U_2(1-T_b)(1-\cos\lambda)}{Z\sin\lambda}\right]\\&=U_2\left[\cos\lambda+(1-\cos\lambda)T_b+\mathrm{j}\frac{P}{P_N}\sin\lambda\right]\end{aligned} \tag{9-1-34}$$

线路两端电压模值之比为

$$\frac{U_1}{U_2}=\sqrt{[\cos\lambda+(1-\cos\lambda)T_b]^2+\left(\frac{P}{P_N}\sin\lambda\right)^2} \tag{9-1-35}$$

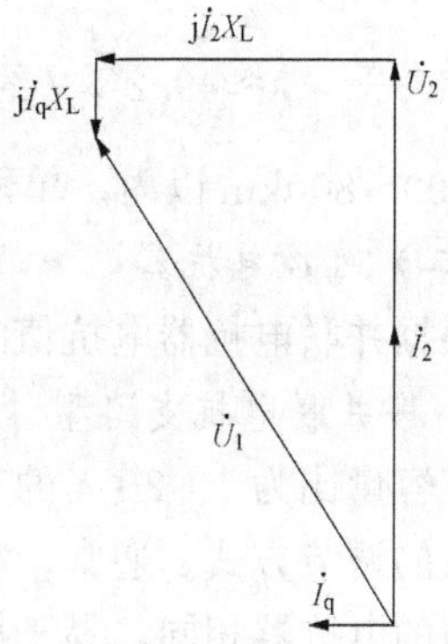

图 9-1-12　可控补偿时的电压相量图

线路补偿度 T_b 与传输功率 P、电压比 $\frac{U_1}{U_2}$ 及线路长度的关系为

$$T_b=\frac{\sqrt{\left(\frac{U_1}{U_2}\right)^2-\left(\frac{P}{P_N}\sin\lambda\right)^2}-\cos\lambda}{1-\cos\lambda} \tag{9-1-36}$$

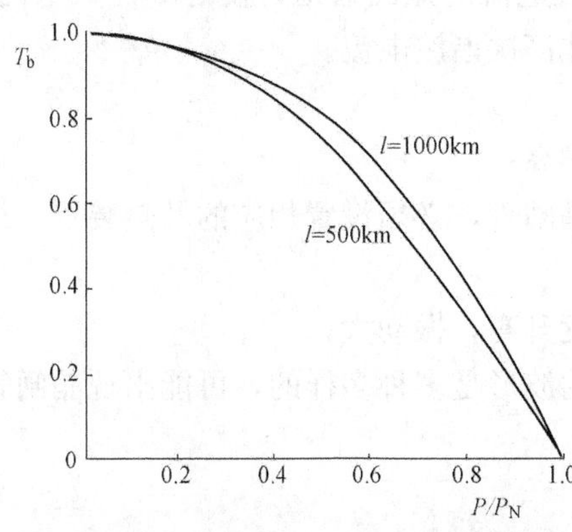

图 9-1-13　传输功率与补偿度的关系曲线

由此可知，在确定线路长度和线路首末端电压比预定的允许值后，线路补偿度 T_b 应按式 (9-1-36) 随功率 P 的变化而自动调节。当 P 在 $0\sim P_N$ 范围内变化时，相应的 T_b 在 1～0 范围内变化。图 9-1-13 给出的是 $U_1=U_2$，线路长度分别为 500km 和 1000km 的条件下，传输不同功率时的 T_b 值。

实际运行中，线路所带负载吸收的无功功率 $Q=P\tan\varphi$（φ 是功率因数角），这相当于减小了电抗器的容量，即并联电抗器的实际所需容量 $Q_b'=Q_b-Q$。

当 $U_1=U_2=U$ 时，线路补偿度 T_b 应修正为

$$T_b'=T_b-\frac{Q}{Q_C}=T_b-\frac{P\tan\varphi}{U^2/Z\cot\frac{\lambda}{2}} \tag{9-1-37}$$

其中 T_b 按式（9-1-36）计算。

当 $P=0$ 时，$T_b=T'_b=1$，可控电抗器的容量 $Q_b=Q_C=\frac{U^2}{Z}\tan\frac{\lambda}{2}$，$Q_b=P_N\tan\frac{\lambda}{2}$，对 600km 线路 $Q_b=P_N\tan18°=0.32P_N$，对 800km 线路 $Q_b=P_N\tan24°=0.45P_N$。将相同容量可控电抗器分别设在线路两端，即可满足传输功率在 0～P_N 范围内变化时的调压需要，而不会降低线路的传输能力。

由于可控电抗器只设置在线路两端，沿线电压将按式（9-1-23）规律分布，在 $U_1=U_2$，$P=0$ 时，线路中点电压 $U_{\frac{l}{2}}$ 值最高。由式（9-1-28）知，$U_{\frac{l}{2}}=\frac{U}{\cos\frac{\lambda}{2}}$，若预定线路电压升高值不大于 1.05，即要求 $\cos\frac{\lambda}{2}=\frac{1}{1.05}$，得 $\lambda\approx36$，即线路长度 l 约为 600km；若允许 $\cos\frac{\lambda}{2}=\frac{1}{1.1}$，$\lambda\approx49.2°$，$l$ 约为 800km。因而，很长的特高压线路将要分隔成若干段，每段长在 600～800km 以内。单段线路长度越短，沿线电压最大值越低。

（二）可控电抗器

根据并联电抗器电抗值的调节原理不同，可控电抗器主要包括以下三种类型：

1. 多并联电抗支路型

将容量比为 1∶2∶4 的三组电抗器，分别用断路器并联接于线路，则有包括零在内的八种容量的调节方式。通常，如此多级数可满足运行需求。这种可控电抗器的原理与普通固定电抗值的电抗器相同，易于操作，损耗、温升和振动等都不会产生新问题。但此方案需设置三组独立的断路器，总体装置笨重，在结构上需要改进。

2. 高漏抗变压器型

高漏抗变压器型电抗器有一、二次绕组，绕组间短路阻抗很大，控制二次绕组中晶闸管导通角，调节短路电流大小，可实现电抗值的连续平滑可调节。双向晶闸管的动作时间不超过控制信号给出后的半个工频周期，完全可以满足快速补偿的要求。此外，若再增加第三个低压绕组，接成三角形，则可形成 3 次谐波及奇次谐波电流的短路通道，使之不注入电网。若在每个低压绕组上接入相关的滤波器，则可除去其他高次谐波电流。

高漏抗变压器型电抗器的缺点是：

（1）与常规电抗器相比，增多了二次绕组，造价增高；

（2）降压后的短路电流按变比增大，并全部通过晶闸管，必须设置相应的散热装置，维护工作量大；

（3）部分漏磁通引起局部发热，导致整体装置温度升高，振动大；

（4）在电网有各类暂态过程时，电抗器端部作用的波形是多种多样的，可能出现晶闸管无法与工频同步控制的现象。

3. 铁芯磁饱和度控制型

这类电抗器是采用控制直流激磁电流，从而改变铁芯磁饱和度的方法，实现对感抗的平滑调节。下面以磁阀型可控电抗器为代表作简单介绍。

磁阀型可控电抗器的铁芯结构如图 9-1-14（a）所示。图中长度为 l 的主铁芯柱等分为两个分裂柱（见图中Ⅰ和Ⅱ），两个分裂柱具有相同的截面积 S_b。分裂柱中设置一段长度为

l_t的、截面积缩小为 S_{b1}的铁芯，将分裂柱分割为上、下两部分。通过改变小截面积段铁芯的磁路饱和程度来改变电抗器的容量，从而起到磁阀的作用。上、下分裂柱上分别绕有匝数为$\frac{N}{2}$的绕组（N 为单个分裂柱上绕组的总匝数），上、下绕组交叉连接，两分裂柱的绕组并联后接于电源。

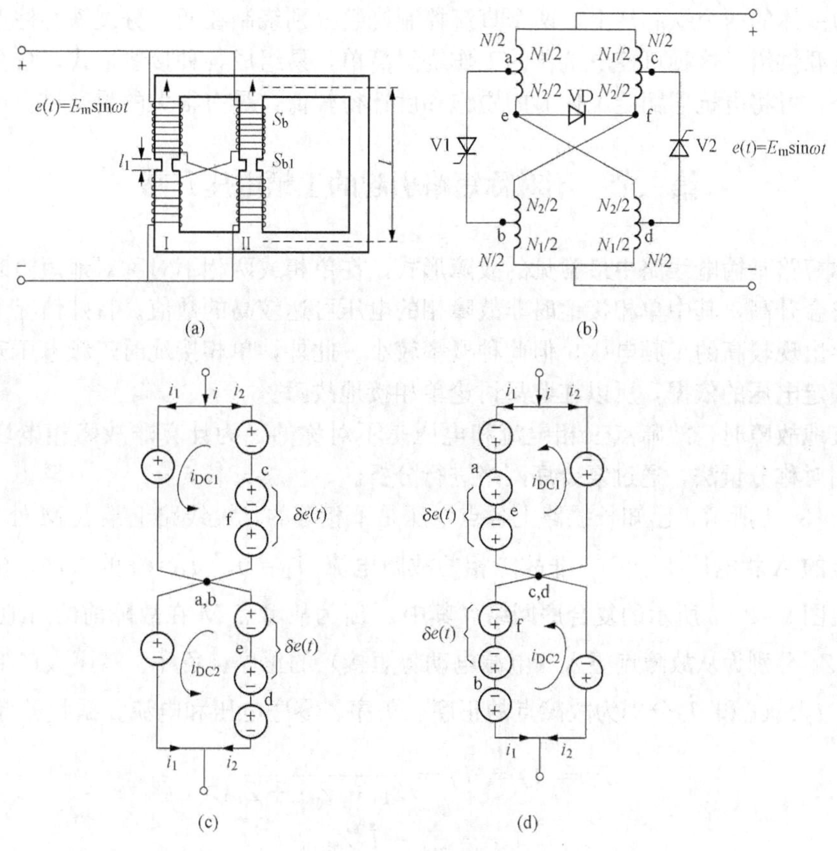

图 9-1-14　磁阀型可控电抗器

(a) 铁芯结构图；(b) 控制方式；(c) 电源电压正半波 V1 导通时等效电路图；(d) 电源电压负半波 V2 导通时等效电路图

图 9-1-14（b）给出的是用晶闸管控制小截面积段铁芯饱和程度的方法。分裂柱的上、下绕组各设置一抽头［见图 9-1-14（b）中 a、b、c、d 点］，将$\frac{N}{2}$匝绕组分成$\frac{N_1}{2}$匝和$\frac{N_2}{2}$匝，抽头比$\delta=\frac{N_2}{N}$；同柱抽头间接有晶闸管 V1 和 V2；在交叉连接处跨接续流二极管 VD，其功能是通过续流，以利 V1、V2 的关断。当 V1、V2 不导通时，因绕组结构对称，可控电抗器与空载变压器一样。当电源 $e(t)=E_m\sin\omega t$ 处在工频正半周时，V1 承受正向电压，V2 承受反向电压。当 V1 触发导通，a、b 点相连后，可使两分裂柱的上、下绕组构成两个闭合回路，回路中出现直流控制电压 $\delta e(t)$，流过直流控制电流 i_{DC1} 和 i_{DC2}。两闭合回路中的直流控制电流方向一致，其等效电路如图 9-1-14（c）所示。同理，电源为工频负半周时，V1 关闭，当 V2 触发导通时，c、d 点连接，两分裂柱的上、下绕组同样会构成两个闭合回路，其等效电路如图 9-1-14（d）所示。闭合回路中的直流控制电流与电源为工频正半周时的

直流控制电流方向相同，即在一个工频周期内，V1、V2 的轮流导通起到了全波整流的作用。改变 V1、V2 的触发导通角，便可改变控制电流的大小。因两分裂铁芯柱中均含有一段小截面积的铁芯，小磁通时铁芯不饱和，大磁通时铁芯饱和，磁阻显著增大。因此，通过改变 V1、V2 的触发导通角，即可改变控制电流，控制铁芯的饱和度，实现电抗量的平滑调节。

这类可控电抗器的另一种控制方式是，直流控制绕组与工作绕组分开，工作绕组只有一个绕在合为一体的两个铁芯柱上，两个直流控制绕组分别绕制在两个分裂铁心柱上，由外部可控直流电源供给。这种可控电抗器的工作绕组简单，易组成各种接线形式，自我抵消高次谐波；另外，可将电抗器额定工作时的磁饱和度选得较低，具有很大的瞬间过负荷能力。

第二节　不对称短路引起的工频电压升高

不对称短路是输电线路中最常见的故障形式，在单相或两相不对称对地短路时，非故障相的电压将会升高，其中单相接地时非故障相的电压可达较高的数值。特殊情况下，两相短路接地也会出现较高的工频电压，但此种概率较小。此外，单相接地时工频电压升高值是确定避雷器额定电压的依据，所以在此只讨论单相接地故障。

单相接地故障时，故障点三相电流和电压是不对称的，为计算非故障相电压升高的方便，可采用对称分量法，通过复合序网络进行分析。

如图 9-2-1 所示，已知长线路上各点电压是不相等的，设线路上某点 M 处 A 相接地。根据故障点的 A 相电压 $\dot{U}_A=0$，非故障相的故障电流 $\dot{I}_B=0$，$\dot{I}_C=0$ 的条件，按对称分量关系可作出图 9-2-2 所示的复合序网络。其中，$\dot{E}_1$ 为故障点 M 在故障前的对地正序电压，Z_{R1}、Z_{R2}、Z_{R0} 分别为从故障点望入（电源电动势短接）的正序、负序、零序入口阻抗，$\dot{U}_1$ 和 $\dot{I}_1$、$\dot{U}_2$ 和 $\dot{I}_2$、$\dot{U}_0$ 和 $\dot{I}_0$ 分别为故障点的正序、负序、零序电压和电流。据此可得

$$\dot{I}_1=\dot{I}_2=\dot{I}_0=\frac{\dot{E}_1}{Z_{R1}+Z_{R2}+Z_{R0}} \tag{9-2-1}$$

$$\dot{U}_1=\dot{E}_1-\dot{I}_1Z_{R1} \tag{9-2-2}$$

$$\dot{U}_2=-\dot{I}_2Z_{R2} \tag{9-2-3}$$

$$\dot{U}_0=-\dot{I}_0Z_{R0} \tag{9-2-4}$$

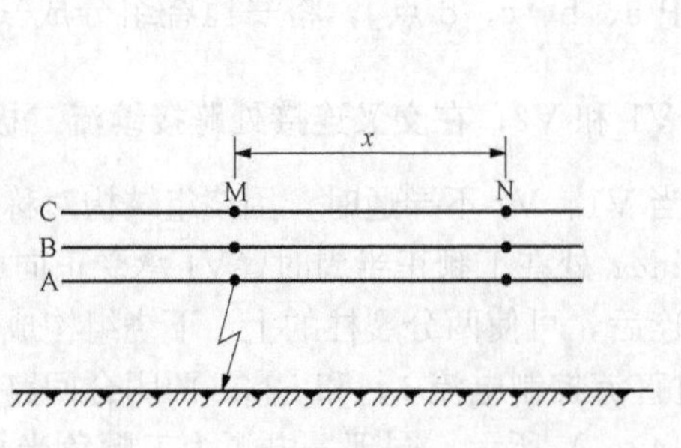

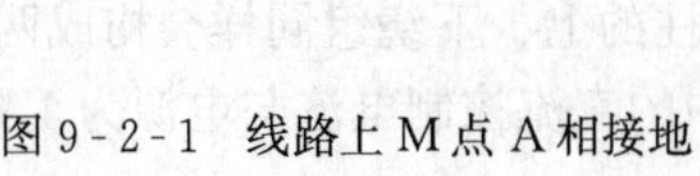

图 9-2-1　线路上 M 点 A 相接地

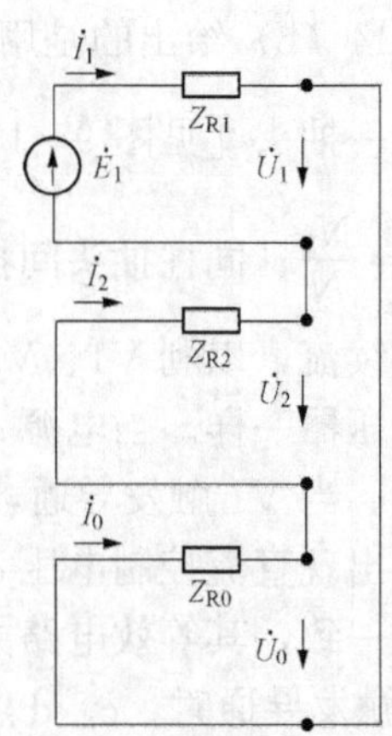

图 9-2-2　单相接地的复合序网络

于是故障点 M 处非故障相的电压为

$$\dot{U}_B = a^2\dot{U}_1 + a\dot{U}_2 + \dot{U}_3 \quad (9-2-5)$$

$$\dot{U}_C = a\dot{U}_1 + a^2\dot{U}_2 + \dot{U}_0 \quad (9-2-6)$$

式中，算子 $a=e^{j120°}$。

如图 9-2-1 所示，若要计算远离故障点 M 有 x 距离的 N 点电压时，则可引用电压传递系数求之。

$$\dot{U}_{NA} = \varepsilon_1\dot{U}_1 + \varepsilon_2\dot{U}_2 + \varepsilon_0\dot{U}_0 \quad (9-2-7)$$

$$\dot{U}_{NB} = \varepsilon_1 a^2\dot{U}_1 + \varepsilon_2 a\dot{U}_2 + \varepsilon_0\dot{U}_0 \quad (9-2-8)$$

$$\dot{U}_{NC} = \varepsilon_1 a\dot{U}_1 + \varepsilon_2 a^2\dot{U}_2 + \varepsilon_0\dot{U}_0 \quad (9-2-9)$$

式中：$\dot{U}_{NA}$、$\dot{U}_{NB}$、$\dot{U}_{NC}$分别为 N 点的 A、B、C 相对地电压；ε_1、ε_2、ε_0 分别为正序、负序、零序电压传递系数。

如图 9-2-1 中 N 点在远离电源侧，输电线末端开路，则

$$\varepsilon_1 = \varepsilon_2 = \frac{1}{\cos\alpha_1 x}, \varepsilon_0 = \frac{1}{\cos\alpha_0 x}$$

式中：α_1、α_0 分别为线路的正序、零序相位系数。

在线路较短的特殊情况下，可不考虑长线特性，略去沿线的工频电压升高，也就不计电压传递系数了（电压传递系数 $\varepsilon=1$）。故障处的入口阻抗 Z_R 为线路感抗和电源感抗的串联值。设 X_1、X_2和 X_0为从故障点看进去网络正序、负序和零序电抗，并近似地取 $X_1 \approx X_2$，故障点 M 在故障前的相对地电压为 $\dot{U}_{A0}$（即故障点 M 在故障前的对地正序电压 $\dot{E}_1$），则式（9-2-1）可写成

$$\dot{I}_1 = \dot{I}_2 = \dot{I}_0 = \frac{\dot{U}_{A0}}{j(2X_1 + X_0)} \quad (9-2-10)$$

相应地有

$$\dot{U}_B = \alpha^2\dot{U}_{A0} - \frac{X_0 - X_1}{2X_1 + X_0}\dot{U}_{A0}$$

考虑到故障前故障点 B 相对地电压 $\dot{U}_{B0}=a^2\dot{U}_{A0}$，故

$$\dot{U}_B = \dot{U}_{B0} - \frac{K-1}{2+K}\dot{U}_{A0} = \dot{U}_{B0} + \Delta\dot{U} \quad (9-2-11)$$

$$K = \frac{X_0}{X_1}, \Delta\dot{U} = -\frac{K-1}{2+K}\dot{U}_{A0}$$

同理有

$$\dot{U}_C = \dot{U}_{C0} + \Delta\dot{U} \quad (9-2-12)$$

单相接地故障点电压相量如图 9-2-3 所示。非故障相电压的数值可利用余弦定理求得，即

$$U_B = U_C = U_{A0}\sqrt{1 + \left(\frac{\Delta U}{U_{A0}}\right)^2 - 2\frac{\Delta U}{U_{A0}}\cos 120°}$$

$$= U_{A0}\sqrt{1 + \left(\frac{K-1}{K+2}\right)^2 + \frac{K-1}{K+2}} = \alpha U_{A0} \quad (9-2-13)$$

$$\alpha = \sqrt{3}\,\frac{\sqrt{1+K+K^2}}{K+2}$$

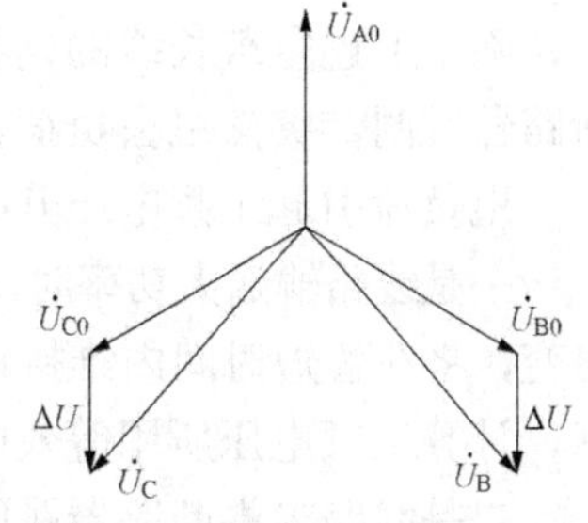

图 9-2-3 单相接地电压相量图

式中：α 称为接地系数。

利用式（9-2-13）所画出的接地系数 α 与 K 值的关系曲线与第五章的图 5-4-3 相同。

下面按电网不同的中性点运行方式，分析非故障相的电压升高。

1. 中性点不接地系统

当线长在 1500km 以内时，其零序电抗必为负值，而其正序电抗必为正值，故 K 值必为负值。当线长在 200km 以内，K 值约为－40，单相接地时非故障相的工频电压升高约为 1.1 倍线电压。随着线路的增长，线路电容增大，K 的绝对值减小，单相接地时非故障相的工频电压升高增大。当 $K=-2$ 时，达到串联谐振，理论上其电压可至无穷大。实际上，中性点不接地系统所接线路不长，零序电容远远不会达到谐振条件。不过，若为了防雷及其他需要，单相对地装有电容器时，仍需加以验算，防止工频电压升高超过允许值。

2. 中性点经消弧线圈接地

所谓消弧线圈就是接于系统中性点与地之间的一个电感线圈 L，用以补偿零序电容。当 L 的感抗 $X_L=\dfrac{1}{3\omega C_0}$（$C_0$ 为每相零序电容）时，网络处于全补偿运行，零序电抗 $x_0=\infty$，$K=\infty$，非故障相的电压将升至线电压。当 $X_L<\dfrac{1}{3\omega C_0}$时，网络过补偿运行，电感电流占优势，$K$ 为正值，非故障相的电压会高于相电压，但不会超过线电压。当 $X_L>\dfrac{1}{3\omega C_0}$时，网络欠补偿运行，电容电流占优势，$K$ 为负值，非故障相的电压将超过线电压。

3. 中性点直接接地或经低阻抗接地

中性点直接接地或经低阻抗接地系统的零序电抗是感抗，因此 K 值是正的。非故障相的电压随着 K 值的增大而上升。高压和超高压系统采取中性点直接接地方式，110～220kV 系统由于继电保护、系统稳定等方面的要求，需限制不对称短路电流，为此要选用较大的 K 值，一般 $K\leqslant 3$，其非故障相电压升高不大于 1.4 倍相电压（约 0.8 倍线电压）。330kV 及以上的电力系统，为了降低过电压值，不采取限制短路电流的措施，而是将全部变压器中性点接地，其 K 值较小，$K=1.5\sim2.5$，这样非故障相电压升高在 0.75 倍线电压以下。当线路末端发生接地时，故障点非故障相电压上升要比首端接地时高，这是因为从末端看去的 K 值比从首端看去的 K 值要大些。当单相接地发生在近电源处时，系统零序电抗可能小于正序电抗，即 K 值可能小于 1，此时故障点处的非故障相电压可能略低于相电压。

第三节 突然甩负荷引起的工频电压升高

除了上述空载长线的电容效应和不对称短路之外，在输电线路传输重负荷时，线路末端断路器跳闸，突然甩去负荷，是造成线路工频电压升高的另一原因。

甩负荷引起工频电压升高的主要因素有三：

一是线路输送大功率时，发电机的电动势必然高于母线电压，甩负荷后发电机的磁链不能突变，将在暂短时间内维持输送大功率时的暂态电动势 E'_d。跳闸前输送功率越大，则 E'_d越高，计算工频电压所用等效电动势越大，工频电压升高就越大。

二是线路末端断路器跳闸后，空线仍由电源充电，线路越长，电容效应越显著，工频电压越高。

三是原动机的调速器和制动设备有惰性，甩负荷后不能立即收到调速效果，使发电机转速增加（飞逸现象），造成电动势和频率都上升的结果，于是网络工频电压升高就更严重。

如图 9-3-1 所示，输电线路长 l，相位系数为 α，波阻为 Z，原输送功率为 $P-\mathrm{j}Q$，线末电压为 $\dot{U}_2$、电流为 $\dot{I}_2$，线首电压为 $\dot{U}_1$、电流为 $\dot{I}_1$，考虑变压器漏抗和发电机暂态电抗 X'_d 后的电源等效电抗为 X_S，在输送功率 $P-\mathrm{j}Q$ 时发电机的暂态电动势为 E'_d。

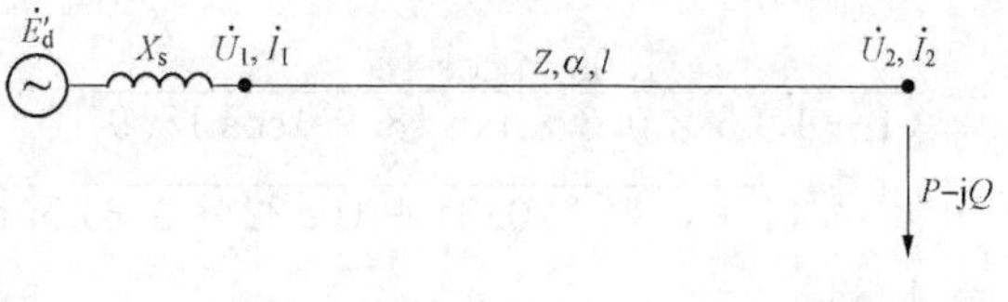

图 9-3-1　计算甩负荷引起工频电压升高的系统接线图

由式（9-1-6）可得甩负荷前的稳态电压

$$\dot{U}_1=\dot{U}_2\cos\alpha l+\mathrm{j}Z\dot{I}_2\sin\alpha l=\dot{U}_2\cos\alpha l+\mathrm{j}Z\frac{P-\mathrm{j}Q}{\dot{U}_2}\sin\alpha l$$

$$=\dot{U}_2\cos\alpha l[1+\mathrm{j}\tan\alpha l(P^*-\mathrm{j}Q^*)] \tag{9-3-1}$$

令 $\frac{U_2^2}{Z}\approx P_N$ 为每相传输的自然功率，且

$$P^*=\frac{P}{P_N},Q^*=\frac{Q}{P_N}$$

类似地可得

$$\dot{I}_1=\mathrm{j}\frac{\dot{U}_2}{Z}\sin\alpha l+\dot{I}_2\cos\alpha l=\mathrm{j}\frac{\dot{U}_2}{Z}\sin\alpha l[1-\mathrm{j}\cot\alpha l(P^*-\mathrm{j}Q^*)] \tag{9-3-2}$$

因 $\dot{E}'_d=\dot{U}_1+\mathrm{j}\dot{I}_1X_S$，可得甩负荷瞬间的暂态电动势

$$\dot{E}'_d=\dot{U}_2\cos\alpha l\left[\left(1+Q^*\frac{X_S}{Z}\right)+\left(Q^*-\frac{X_S}{Z}\right)\tan\alpha l+\mathrm{j}P^*\left(\frac{X_S}{Z}+\tan\alpha l\right)\right] \tag{9-3-3}$$

其模值为

$$E'_d=U_2\cos\alpha l\sqrt{\left[\left(1+Q^*\frac{X_S}{Z}\right)+\left(Q^*-\frac{X_S}{Z}\right)\tan\alpha l\right]^2+\left[P^*\left(\frac{X_S}{Z}+\tan\alpha l\right)\right]^2} \tag{9-3-4}$$

设甩负荷后短时间内，发电机超速，系统频率 f 增至原来的 S_f 倍。随着 f 的增加，电动势 $\dot{E}'_d$ 也相应成正比上升。另外，线路相位系数 α 及系统电源等效电抗 X_S 均与 f 成正比关系，f 增加，它们亦成正比增加。参照式（9-1-17），可得甩负荷后线路末端电压 U'_2 的数值为

$$U'_2=\frac{E'_dS_f}{\cos S_f\alpha l-\frac{X_SS_f}{Z}\sin S_f\alpha l} \tag{9-3-5}$$

甩负荷后，空长线末端电压升高的倍数为

$$K_2=\frac{U'_2}{U_2} \tag{9-3-6}$$

[例 9-3-1]　已知某输电线路长 300km，$\alpha l=18°$，$\frac{X_S}{Z}=0.3$，$P^*=0.7$，$Q^*=0.22$，甩负荷后 $S_f=1.05$，求 K_2 值。

[解] 由式（9-3-4）～式（9-3-6）可得

$$K_2=\frac{S_f}{1-\dfrac{S_fX_S}{Z}\tan S_f\alpha l}\frac{\cos\alpha l}{\cos S_f\alpha l}\sqrt{\left[\left(1+Q^*\frac{X_S}{Z}\right)+\left(Q^*-\frac{X_S}{Z}\right)\tan\alpha l\right]^2+\left[P^*\left(\frac{X_S}{Z}+\tan\alpha l\right)\right]^2}$$

$$=\frac{1.05\times\cos 18^\circ}{(1-1.05\times 0.3\times\tan 18.9^\circ)\cos 18.9^\circ}$$

$$\times\sqrt{[(1+0.22\times 0.3)+(0.22-0.3)\times\tan 18^\circ]^2+[0.7\times(0.3+\tan 18^\circ)]^2}$$

$$=1.33$$

习　题

1. 为什么在超高压、特高压网络中很重视工频电压升高？引起工频电压升高的主要原因有哪三种？

2. 阐述形成空载长线路的电容效应的原因。线路首端有串联电感和末端有并联电感对线路电容效应将产生什么影响？

3. 为什么输电线路采用固定电抗值的并联电抗器补偿时，会影响线路传输功率？

4. 当用图 9-1-6（a）或（b）的集中参数电路来代替长线路时，如果要入口阻抗的误差小于 5%，试求线路的允许最大长度。

5. 某 330kV 线路全长 540km，电源阻抗为 $X_S=115\Omega$，线路参数为 $L_0=1.1\mu H/m$、$C_0=0.0115nF/m$，线路中间点接有并联电抗器 $X_L=1210\Omega$。试计算线路末端空载时线路中间点、末端对电源电压的比值。

第十章 谐振过电压

第一节 概 述

电力系统中存在着许多电感和电容元件，如电力变压器、互感器、发电机、消弧线圈、电抗器、线路导线电感等均可作为电感元件，而线路导线对地和相间电容、补偿用的并联和串联电容器组、高压设备的杂散电容均可作为电容元件。当系统进行操作或发生故障时，这些电感、电容元件可形成各种振荡回路，在一定的能源作用下，会产生串联谐振现象，导致系统中某些部分（或元件）出现严重的谐振过电压。

所谓谐振，是指振荡系统的某一自由振荡频率等于外加强迫频率的一种稳态（或准稳态）现象，在这种周期性或准周期性的运行状态中，发生谐振的那个谐波的振幅会急剧上升。

谐振过电压的持续时间要比操作过电压长得多，甚至可稳定存在，直到破坏谐振条件为止。在某些情况下，谐振现象并不能自保持，会在发生一段短促的时间后自动消失。谐振过电压的危害性既决定于其幅值的大小，也决定于持续时间的长短。当系统产生谐振过电压时，能危及电气设备的绝缘，也能因持续的过电流而烧毁小容量的电感元件设备（如电压互感器）。

运行经验表明，谐振过电压可在各种电压等级的网络中产生，尤其是在 35kV 及以下的电网中，因谐振造成的事故较多，已成为一个人们普遍关注的问题。在电网设计时及进行操作前，有必要作一些估计和安排，尽量防止谐振的发生或缩短谐振存在的时间。

电力系统中的有功负荷是阻尼振荡和限制谐振过电压的有利因素，谐振通常只有在空载或轻载的情况下才会发生。但对零序回路参数配合不当而形成的谐振，系统的正序有功负荷是不起作用的。

电力系统中的电容和电阻元件，一般可认为是线性参数，可是电感元件则不然。根据振荡回路中包含不同特性的电感元件，谐振可分为三种不同的类型：

（1）线性谐振。谐振回路由不带铁心的电感元件（如输电线路的电感、变压器的漏感）或励磁特性接近线性的带铁心的电感元件（如消弧线圈，其铁心中有气隙）与系统中的电容元件所组成。在正弦电源作用下，当系统自振频率与电源频率相等或接近时，可能产生线性谐振。

（2）铁磁谐振（非线性谐振）。谐振回路由带铁心的电感元件（如空载变压器、电压互感器）与系统中的电容元件组成。因带铁心的电感元件有饱和现象，其电感参数是非线性的。这种含有非线性电感元件的回路，在满足一定谐振条件时，会产生铁磁谐振，并具有许多特有的性质。

（3）参数谐振。谐振回路由电感参数作周期性变化的电感元件（如凸极发电机的同步电抗会在 $X_d \sim X_q$ 间作周期变化）和系统中的电容元件（如空载线路）组成。当参数配合时，通过电感的周期性变化，会不断地向谐振系统输送能量，造成参数谐振过电压。

以下将分别予以讨论。

第二节 线性谐振过电压

一、线性谐振回路

图 10-2-1 是由线性电阻、电容和电感元件组成的串联谐振回路，设图中电源电动势 $e(t)=E\cos(\omega t+\varphi)$，回路的微分方程为

$$\frac{d^2u_C}{dt^2}+2\mu\frac{du_C}{dt}+\omega_0^2u_C=\omega_0^2E\cos(\omega t+\phi) \tag{10-2-1}$$

其解为

$$u_C(t)=e^{-\mu t}E(A_1\cos\omega_0't+A_2\sin\omega_0't)+\frac{E}{\sqrt{\left(1-\frac{\omega^2}{\omega_0^2}\right)^2+4\frac{\mu^2}{\omega_0^2}\frac{\omega^2}{\omega_0^2}}}\times\cos(\omega t+\phi-\delta) \tag{10-2-2}$$

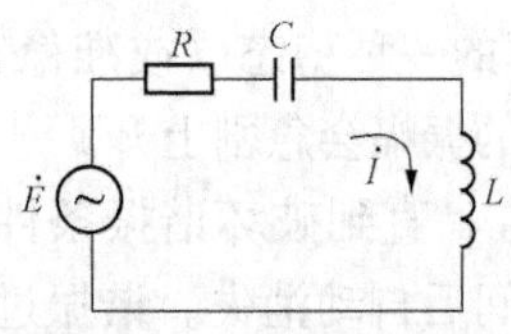

图 10-2-1 串联谐振回路

式中：$\delta=\tan^{-1}\frac{2\mu\omega}{\omega_0^2-\omega^2}$；$A_1$、$A_2$为与回路初始条件有关的积分常数；$\mu$ 为回路的阻尼率，$\mu=\frac{R}{2L}$；ω_0 为忽略损耗电阻 R 时回路的自振角频率，$\omega_0^2=\frac{1}{LC}$；ω_0'为计及损耗电阻 R 时回路的自振角频率，$\omega_0'=\sqrt{\omega_0^2-\mu^2}$。

式（10-2-2）右边第一项是 $u_C(t)$ 的暂态分量，它与回路的 μ 值有关，μ 值越大，衰减越快。理论上说，若 $\mu=0$，暂态分量将永不消失；实际上，L、C 本身总有损耗，所以暂态分量在一定时间后是要消失的。电力系统的平均 μ 值约为 16，$e^{-\mu t}=e^{-16\times0.1}\approx0.2$，所以暂态分量在 5 个周波之后将下降到原来的 20%，而在 15～16 个周波后，暂态分量可认为已衰减殆尽。

式（10-2-2）右边第二项是 $u_C(t)$ 的稳态分量，其幅值为

$$U_C=\frac{E}{\sqrt{\left(1-\frac{\omega^2}{\omega_0^2}\right)^2+4\frac{\mu^2}{\omega_0^2}\times\frac{\omega^2}{\omega_0^2}}} \tag{10-2-3}$$

这里所要讨论的谐振现象是指稳态，不包括暂态，因而在此只对稳态值进行一些分析。

1. $\mu=0$

(1) $\omega_0>\omega$，即回路中$\frac{1}{\omega C}=X_C>X_L=\omega L$。此时回路为容性工作状态。因为 $\delta=0$，所以 u_C 与电源同相位，其幅值为 $U_C=\frac{\omega_0^2}{\omega_0^2-\omega^2}E>E$，如图 10-2-2 中$\frac{\mu}{\omega_0}=0$ 的曲线在 $0<\frac{\omega}{\omega_0}<1$ 区间内的线段所示。

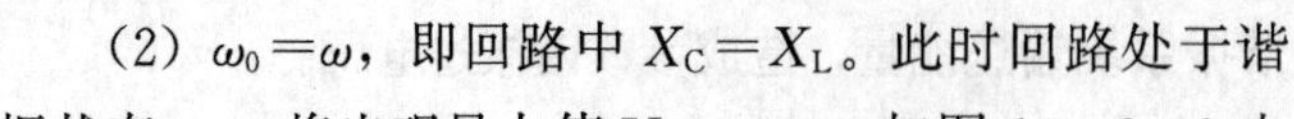

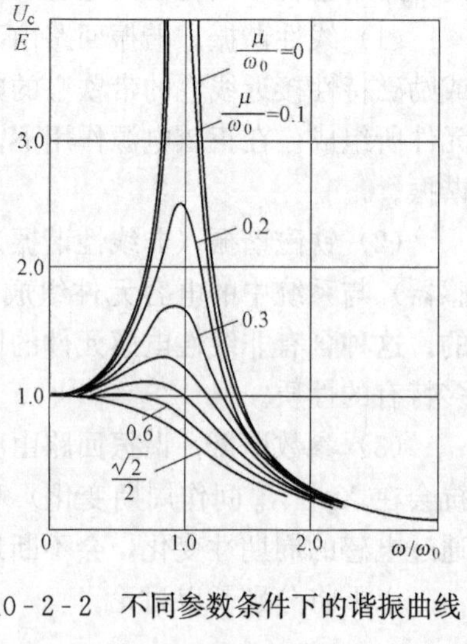

(2) $\omega_0=\omega$，即回路中 $X_C=X_L$。此时回路处于谐振状态。u_C 将出现最大值 $U_{CM}\rightarrow\infty$，如图 10-2-2 中

图 10-2-2 不同参数条件下的谐振曲线

$\frac{\mu}{\omega_0}=0$ 曲线在$\frac{\omega}{\omega_0}=1$ 的点所示。

(3) $\omega_0<\omega$，即回路中 $X_C<X_L$。此时回路为感性工作状态。$\delta=\pi$，u_C 与电源反相，其幅值$U_C=\frac{\omega_0^2}{\omega_0^2-\omega^2}E$。$U_C$ 仍有可能大于 E，如图 10-2-2 中$\frac{\mu}{\omega_0}=0$ 的曲线在$\frac{\omega}{\omega_0}>1$ 区间内的线段所示。

2. $\mu\neq0$

(1) $\omega_0=\omega$ 时。

$$U_C = E\frac{\omega}{2\mu} = \frac{E}{R}\times\frac{1}{\omega C}$$

U_C 的值可由图 10-2-2 中$\frac{\mu}{\omega_0}\neq0$ 曲线在$\frac{\omega}{\omega_0}=1$ 的点得出。

(2) $\omega_0\neq\omega$ 时。欲求此时 U_C 的最大值，则可将$\frac{\omega}{\omega_0}$看作变量，将式（10-2-3）对$\frac{\omega}{\omega_0}$求导，得在$\frac{\omega}{\omega_0}=\sqrt{1-2\left(\frac{\mu}{\omega_0}\right)^2}$时 U_C 会出现最大值 U_{CM}，即

$$U_{CM} = \frac{E}{\frac{2\mu}{\omega_0}\sqrt{1-\left(\frac{\mu}{\omega_0}\right)^2}} \tag{10-2-4}$$

图 10-2-2 中$\frac{\mu}{\omega_0}\neq0$ 的各条曲线均显示出相应的 U_{CM}值。

由式（10-2-4）知，线性谐振过电压仅由$\frac{\mu}{\omega_0}=\frac{1}{2}\frac{R}{\sqrt{\frac{L}{C}}}$决定。例如，要求工频电压$\frac{U_{CM}}{E}<1.3$，则应有$\frac{\mu}{\omega_0}>0.42$，即 $R>0.84\sqrt{\frac{L}{C}}$。

在电力系统运行中，可能出现的线性谐振，除了第九章所述空载线路及不对称接地故障时的谐振之外，尚有消弧线圈补偿网络的谐振及某些传递过电压的谐振等。

二、消弧线圈补偿网络的线性谐振

一般情况，补偿网络中消弧线圈的脱谐度是不大的，即正常运行时网络零序回路的自振角频率与电源角频率相近。因此，网络有零序电压时，会出现消弧线圈与导线对地电容串联的谐振现象。

先分析中性点不接地电网正常运行时中性点电压。图 10-2-3 中，g_1、g_2 和 g_3 分别为各相对地泄漏电导，并可认为 $g_1=g_2=g_3=g_0$；C_1、C_2 和 C_3 为各相导线对地自部分电容，由于 110kV 及以下电网中三相导线是不换位的，所以 $C_1\neq C_2\neq C_3$。因此，电源中性点对地会出现电压位移 U_{bd}，U_{bd}称为不对称电压，按电路定律可写出下式

$$\sum_{i=1}^{3}(\dot{U}_{bd}+\dot{E}_i)(j\omega C_i+g_i)=0$$

解得

$$\dot{U}_{\text{bd}}=-\frac{\dfrac{\sum \dot{E}_i C_i}{\sum C_i}}{1-\text{j}\dfrac{\sum g_i}{\sum \omega C_i}}=-\dot{E}_1\frac{\dfrac{C_1+a^2C_2+aC_3}{3C_0}}{1-\text{j}\dfrac{g_0}{\omega C_0}}=-\frac{K_{\text{C0}}\dot{E}_1}{1-\text{j}d_0}\approx -K_{\text{C0}}\dot{E}_1 \quad (10-2-5)$$

$$C_0=\frac{1}{3}(C_1+C_2+C_3)$$

式中：d_0 为导线阻尼率，$d_0=\frac{g_0}{\omega C_0}$；$K_{\text{C0}}$为导线对地电容的不对称系数，$K_{\text{C0}}=\frac{C_1+a^2C_2+aC_3}{3C_0}$。

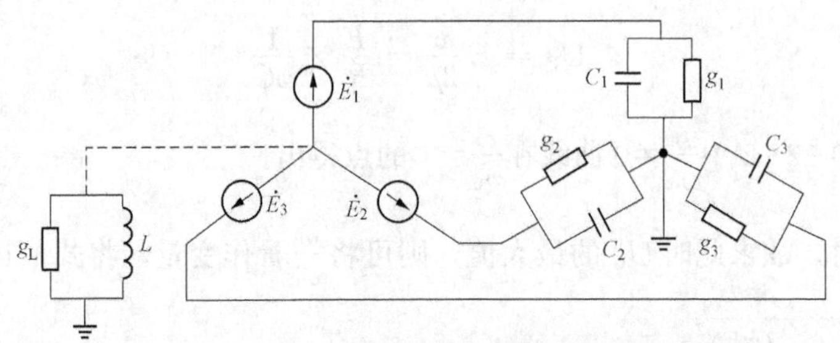

图 10-2-3　中性点不接地时电网的正常运行接线

正常绝缘的架空线路网络，阻尼率不超过 3%～5%，10～35kV 电网 d_0 值较大，60～110kV 电网 d_0值较小。当绝缘污染和受潮时，d_0值可增至 10%；电缆网络的阻尼率通常不超过 2%～4%。

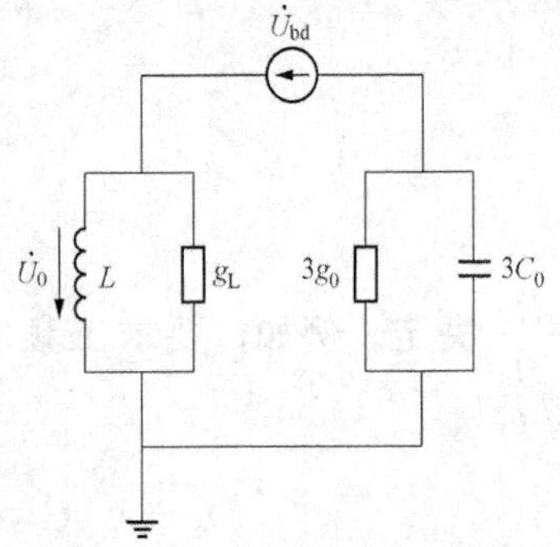

图 10-2-4　计算位移电压的等效电路

架空线路的 K_{C0} 一般为 0.5%～1.5%，个别达 2.5%以上。

现将图 10-2-3 中的消弧线圈电感 L 和等值损耗电导 g_L 接入电源中性点，运用等值发电机原理将三相电路转化为单相电路，如图 10-2-4 所示。因电路中电感电容参数接近谐振状态，消弧线圈上的电压 U_0（即电源中性点电压）将比 U_{bd}大得多，称 U_0为补偿网络中性点的位移电压。由等效电路图知

$$\dot{U}_0=\frac{\dot{U}_{\text{bd}}}{\dfrac{1}{\dfrac{1}{\text{j}\omega L}+g_L}+\dfrac{1}{\text{j}3\omega C_0+3g_0}}\times\frac{1}{\dfrac{1}{\text{j}\omega L}+g_L}=\frac{\dot{U}_{\text{bd}}}{1+\dfrac{\dfrac{-1}{3\omega^2LC_0}-\text{j}\dfrac{g_L}{3\omega C_0}}{1-\text{j}\dfrac{g_0}{\omega C_0}}}$$

$$=\frac{-K_{\text{C0}}\dot{E}_1}{(1-\text{j}d_0)\left(1+\dfrac{-1+v_c-\text{j}d_L}{1-\text{j}d_0}\right)}=\frac{-K_{\text{C0}}\dot{E}_1}{v_c-\text{j}(d_0+d_L)}=\frac{-K_{\text{C0}}\dot{E}_1}{v_c-\text{j}d}$$

$$d_L=\frac{g_L}{3\omega C_0}$$

$\dot{U}_0$ 的模值为

$$U_0=\frac{K_{\text{C0}}E_1}{\sqrt{v_c^2+d^2}}\approx\frac{U_{\text{bd}}}{\sqrt{v_c^2+d^2}} \quad (10-2-6)$$

式中：d 为补偿网络的阻尼率，$d=d_0+d_L$；v_c 为消弧线圈的脱谐度[❶]，$v_c=1-\frac{1}{3\omega^2 LC_0}$。

若补偿网络的阻尼率 $d=5\%$，网络全补偿运行（$v_c=0$），处于谐振状态，由式（10-2-6）可知，位移电压仅受 d 值控制，即只受回路损耗电阻的限制。此时，$U_0\approx\frac{U_{bd}}{d}=\frac{U_{bd}}{5\%}=20U_{bd}$。可见，接上消弧线圈后，中性点不对称电压将放大 20 倍。如取不对称系数 $K_{C0}=2.5\%$，则 $U_0=0.5E_1=0.5U_{ph}$，此值虽不会引起严重的过电压，但会使三相对地电压长期有较大的偏移，这对电气设备绝缘是不允许的。通常要求 $U_0\leqslant 0.15U_{ph}=0.15E_1$，为此，可降低不对称系数，使 $K_{C0}\leqslant 0.15d\approx 0.15\times 5\%=0.75\%$；或者，保持一定的脱谐度 v_c，由式（10-2-6）得

$$v_c=\sqrt{\left(\frac{U_{bd}}{U_0}\right)^2-d^2}\geqslant\sqrt{\left(\frac{K_{C0}}{0.15}\right)^2-d^2} \tag{10-2-7}$$

如仍取 $K_{C0}=2.5\%$，$d=5\%$，代入上式得 $v_c\geqslant 0.159$。

补偿网络正常运行时的不对称度是很小的，但当断路器非全相动作、线路发生单相或两相断线时，三相系统的对称性严重破坏，不对称系数和中性点位移均将显著增大，相对地的电压可能升到较高的数值。

在分析三相极不对称时，可认为每相单位长度导线对地自部分电容，三相是相等的。

设线路在离终端 x 处发生单相断线，如图 10-2-5（a）所示。图中 l 为电源变压器母线上所有出线长度；C'_0和 C'_{12}为每千米导线对地部分电容和相间互部分电容；在断口处应用电流叠加定理，可将三相电路转化为单相电路，如图 10-2-5（b）所示。I_x 为断线点在断线前通过的电流，$\dot{I}_x=\dot{E}_1 j\omega C'_1 x$；$C'_1$为每千米导线的正序电容，即 $C'_1=C'_0+3C'_{12}$。设 $\delta=\frac{C'_1}{C'_0}$，考虑到 $\nu_c=1-\frac{1}{3\omega^2 LC'_0 l}$，由等效电路图 10-2-5（b）可得断线后中性点的位移电压 U_0 为

$$\dot{U}_0=-\dot{E}_1\frac{\frac{x}{l}\delta}{\frac{x}{l}-v_c(1+2\delta)} \tag{10-2-8}$$

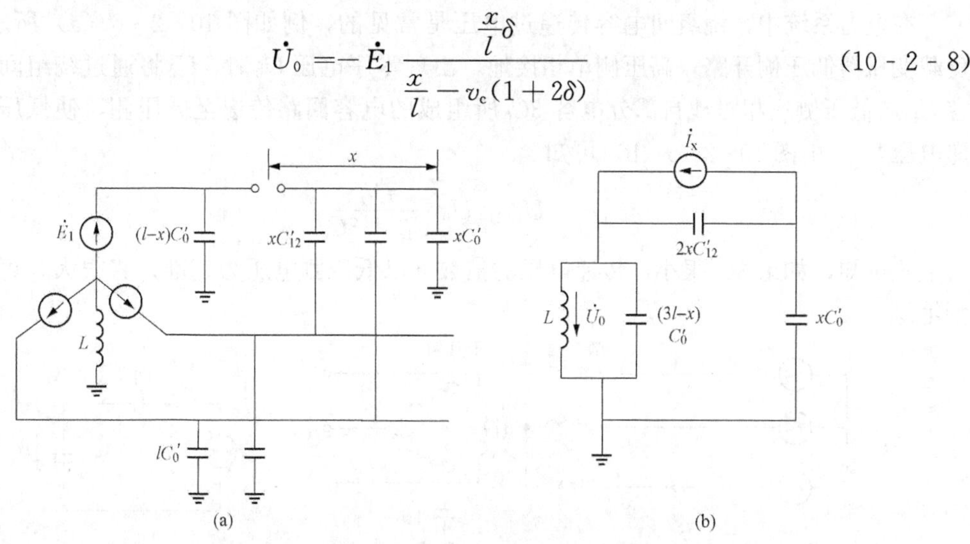

图 10-2-5 单相断线接线图及其等效电路

（a）接线图；（b）单相等效电路图

---

❶ 参见第五章式（5-5-5）。

由上式可知，$v_c>0$，即在欠补偿运行时，断线会使网络谐振，谐振条件为

$$v_c=\frac{x}{l}\times\frac{1}{1+2\delta}$$

实际上，消弧线圈在1.3～1.5倍额定电压作用下，铁心开始饱和，补偿电流迅速增大，电感量急剧下降，会自动地偏离了谐振状态。

$v_c<0$，即在过补偿运行时，此时网络对地容抗大于感抗，断线的发生，使容抗更大，因而不会产生谐振。如果此时只有一条出线并在首端单相断线，$\frac{x}{l}=1$，将会在中性点出现最大位移电压，即

$$\dot{U}_0=\frac{-\delta\dot{E}_1}{1-v_c(1+2\delta)}$$

这最大位移电压与断线相电源电动势反相，数值不超过相电压的δ倍。若$C'_{12}=\frac{1}{3}C'_0$，$\delta=2$，且$v_c=-0.1$，则$\dot{U}_0=-1.33\dot{E}_1$，可知变压器侧断线相电压为$0.33E_1$，其他两相略高于线电压，所以过补偿运行时，这种断线不会造成严重的过电压。

以上分析没有考虑负载变压器的影响，当线路接有轻载或空载变压器时，断线所引起的谐振将在本章第四节讨论。

三、传递过电压

当电网中发生不对称接地故障、断路器非全相或不同期动作时，网内可出现明显的零序电压和三相电流不对称，此时通过电容的静电耦合和互感的电磁耦合，在两相邻输电线路之间或变压器绕组之间，会产生工频电压的传递现象。当接有消弧线圈或电压互感器等接地的铁磁元件时，尚可能组成串联谐振回路，产生线性谐振或铁磁谐振传递过电压。

（一）绕组间的电压传递

在电力系统中，绕组间电容传递过电压是常见的，例如图10-2-6（a）所示的情况，负载变压器低压侧开路，高压侧单相接地，出现零序电压U_0时，U_0将通过绕组间互部分电容C_{12}与低压侧三相对地自部分电容$3C_0$所组成的电容回路传递至低压侧，使低压侧出现传递电压U_2。由图10-2-6（b）可知

$$U_2=U_0\frac{C_{12}}{C_{12}+3C_0} \tag{10-2-9}$$

由上式可知，如果$3C_0$很小，传递电压的倍数（以低压侧电压为基准）将很大，可损坏低压侧绝缘。

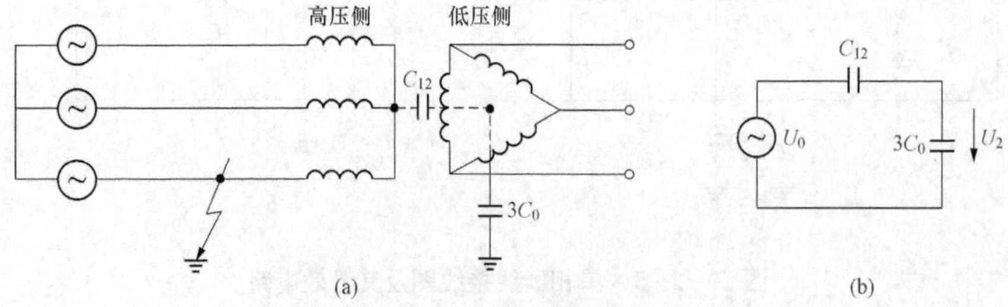

图10-2-6 绕组间电容传递过电压

（a）接线图；（b）传递回路

当升压变压器的低压侧接有发电机时，由于发电机的对地电容很大，电容传递过电压是很小的。但要注意，发电机出线接有中性点接地的电压互感器，有的发电机中性点还接有消弧线圈，如图 10-2-7（a）所示。在这种情况下，当高压侧出现零序电压时，传递回路如图 10-2-7（b）所示，其中 L 为电压互感器的励磁电感或它与消弧线圈并联后的电感（约等于消弧线圈的电感）。

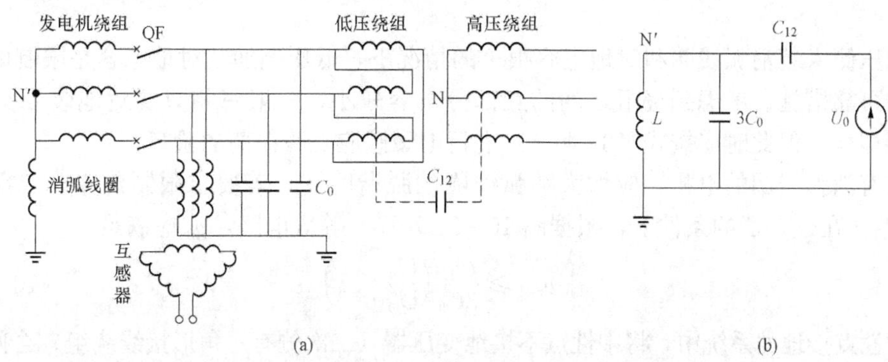

图 10-2-7　发电机—变压器绕组接线图和传递回路

（a）接线图；（b）传递回路

当断路器 QF 断开时，有可能低压侧对地电容 $3C_0$ 较小，其与电压互感器的电感并联后，等效电容很小$\left(通常\ \omega L>\dfrac{1}{3\omega C_0}\right)$，传递电压很高，于是互感器铁心饱和，电感减小，会出现 $\omega L=\dfrac{1}{3\omega C_0}$ 的状态，产生并联谐振。这对电源 U_0 来说，相当于开路，即 U_0 值全部加在低压侧，互感器铁心更饱和，$3C_0$ 与 L 并联后将等效为电感，直到该电感与 C_{12} 组成串联谐振达到稳定状态为止。

当断路器 QF 合闸，消弧线圈接入，由于电压互感器的感抗大于消弧线圈的感抗，此时可不计互感器的作用。消弧线圈通常是过补偿运行的，即 $3C_0$ 与消弧线圈并联后的等效阻抗是感性的，可与 C_{12} 组成串联谐振回路，谐振条件是

$$\omega L=\frac{1}{\omega(3C_0+C_{12})} \tag{10-2-10}$$

谐振时，传递过来的零序电压将严重威胁发电机的绝缘。若消弧线圈为欠补偿运行，则不会形成串联谐振回路，而是电容传递回路，传递电压比过补偿时低。因此，发电机中性点消弧线圈欠补偿运行，对防止传递过电压是有利的。

一般说，只有高压侧传递至低压侧才对绝缘有危害，但如高压侧有消弧线圈，并处于过补偿状态，则当低压侧出现零序电压时，由相间部分电容和高压侧等值电感组成谐振传递回路，传递电压也可使高压侧绝缘闪络。这种现象曾在我国某电厂的 13.2kV 侧与 6kV 侧之间发生过。

上述传递电压是工频稳态性质的，传递过来的零序电压将与原有的正序电压叠加，其结果是造成三相对地电压的不平衡，出现一相高、两相低，两相高、一相低的现象。严重时会损坏避雷器或造成绝缘闪络或击穿事故。

在运行中，也可能出现暂态性质的传递过电压。例如，中性点不接地的变压器的高压绕组非同期合闸时，中性点将出现较高的暂态电压，这一暂态电压传递至低压侧，会危及低压

侧避雷器。又如，在变压器高压侧的中性点直接接地时，也会出现某相绕组在电源电动势幅值时突然合闸，这与雷电波一样，通过绕组间的分布互电容可传递到低压侧。同理，低压侧中性点接地，也仍会出现这种瞬间传递。

避免产生零序电压是防止静电感应分量传递过电压的根本措施，如尽量使断路器三相同期动作，不出现非全相操作以及不使回路参数形成谐振等，后者更是防止事故的必要措施。

在低压侧未装消弧线圈和对地电容很小的情况下，低压侧加装对地电容是限制电容传递过电压的可靠措施。考虑到绕组之间的互部分电容较小，一般每相只要对地装 0.1μF 以上的电容器即可，但此时应按式（3-4-6）进行电磁感应是否振荡的验算。

对装有消弧线圈的电机，应增大消弧线圈的脱谐度 v_c。若要求限制传递至二次侧电压不超过 U_0'，在过补偿的条件下，根据图 10-2-7（b）等效电路，v_c 应满足

$$|v_c| \geqslant \frac{C_{12}}{3C_0}\left(\frac{U_0}{U_0'}-1\right) \tag{10-2-11}$$

在中性点接地的系统中，将中性点不接地变压器（二次侧有三角形接线绕组）合闸时，为了避免断路器非全相动作造成稳态传递过电压，可将变压器中性点临时接地。以图 10-2-8 所示线路为例，三相绕组只有 A 相连接电源，A 相一次侧有电动势 $\dot{E}_A$，其二次侧有 $\frac{\dot{E}_A}{n}$（n 为变比），通过二次侧三角形绕组，在一次高压侧 B、C 相上分别感应出 $\frac{\dot{E}_A}{2}$。这样，高压侧就不存在零序电压，从而消除了稳态传递问题。当两相连接于电源时，也有同样的结果。

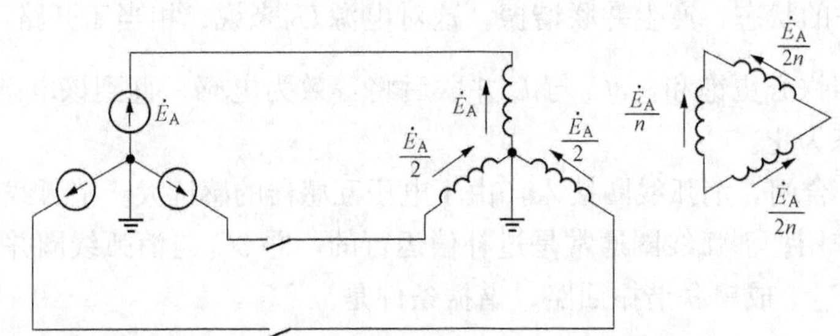

图 10-2-8　高压绕组直接接地和单相连接时的电压分布

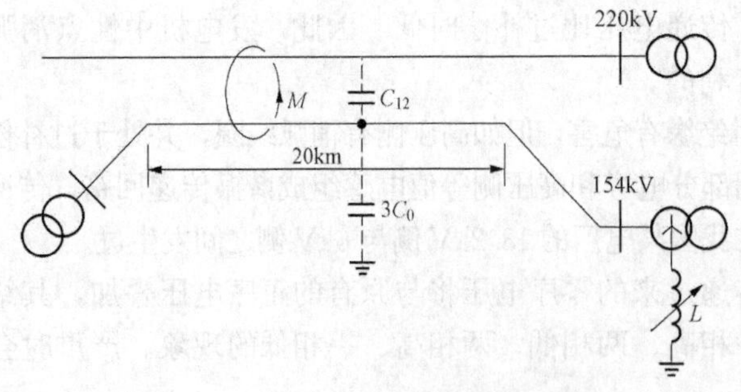

图 10-2-9　平行线路的电磁耦合

（二）平行线路间的电压传递

传递现象不仅会在绕组之间，显然也会在平行线路之间发生。当不同电压等级的线路共杆架设，或两线路间距离很小而平行较长距离时，都会使一个系统的零序电压或零序电流影响另一系统的运行，例如，我国某 220kV 线路，约 20km 的线段与一条 154kV 线路平行，间距约 100m。如图 10-2-9 所示，当 220kV 系统单相接地时，154kV 电网消弧线圈异常动作（发信号），这种现象是平行线路

的静电与电磁耦合所引起的。

在超高压、特高压线路上常采用单相重合闸装置，此时，传递现象将在相间产生。图 10-2-10（a）所示在 l 长线段中 A 相接地，两端断路器跳闸，A 相成为孤立导线，但 B、C 相仍连接于电源，基本上维持原来的运行状态。于是，健全相 B、C 相的工作电压和负载电流会通过相间互电容和互感，对 A 相产生静电感应和电磁感应，使故障相在断开电源后仍能维持一定的接地电流 I_j。I_j 称为潜供电流。当 I_j 在工频过零熄弧瞬间，故障点立即出现恢复电压，造成熄弧的困难。l 越长，电网的负载电流越大，额定电压越高，则接地电弧的熄灭越困难，单相重合闸也越难实现。

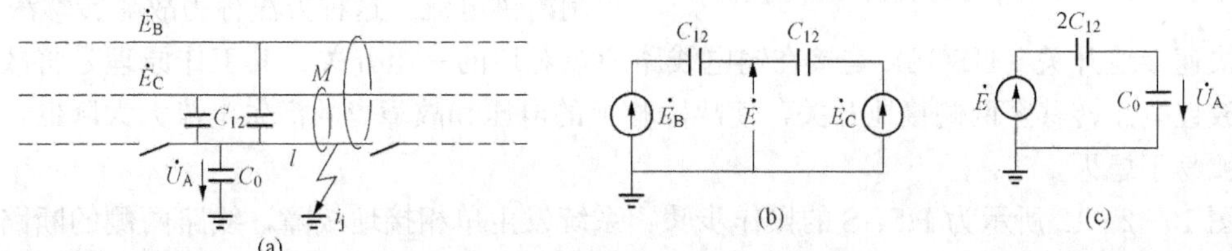

图 10-2-10 单相开断后的传递回路

（a）接线图；（b）等效电路图；（c）传递回路

由 B、C 相负载电流 $\dot{I}_B$、$\dot{I}_C$ 经互感 M 在 A 相导线上感应出来的电动势是纵方向的，它以 A 相导线对地电容为回路，供给部分接地电流，称之为潜供电流的纵分量。在接地电弧熄灭后，导线中点的感应电位为零，按正负极性向两侧递增，开路处电位最高。

超高压、特高压网络的电源变压器中性点是接地的，健全相 B、C 相可通过相间互电容供给故障点部分接地电流，称之为潜供电流的横分量。接地电弧熄灭时，A 相导线上将出现电容传递电压 U_A，忽略导线的电感，由图 10-2-10（b）可求得熄弧后 B、C 相对 A 相传递的等效电动势 $\dot{E}=\dfrac{\dot{E}_B+\dot{E}_C}{2}$。图 10-2-10（c）为熄弧后的电容传递回路，由此可得

$$\dot{U}_A=\dot{E}\frac{2C_{12}}{C_0+2C_{12}}=-\dot{E}_A\frac{C_{12}}{C_0+2C_{12}} \tag{10-2-12}$$

U_A 与导线长度无关，是个常量。

我国某 330kV 线路，$C_0\approx6.5C_{12}$，故 $U_A=\dfrac{E_A}{6.5+2}\approx0.118E_A$。

显然，如考虑长线路电容效应，则不同故障点的静电传递过电压会有所不同。

为了限制潜供电流和接地点的恢复电压，原则上可装设参数合适的并联电抗器加以解决。要消除潜供电流的横分量，可在导线间加一组三角形连接的电抗器，用于补偿相间电容 C_{12}，使相间阻抗趋向无穷大，这样潜供电流的横分量和 U_A 值都将趋于零。当然，这种三角形连接的电抗器也可用星形连接而中性点不接地的电抗器来代替（见图 10-2-11 中的 L_b）。要消除潜供电流的纵分量，可在导线首末端各加一组星形连接中性点接地的电抗器（见图 10-2-11 中的 L_{b0}），补偿导线对地电容 C_0，使潜供电流纵分量的回路阻抗趋于无穷大，电流趋于零。也可将上述两组星形连接的电抗器并为一组中性点经小电感 L_N 接地的电抗器组，如图 10-2-11 所示。在并联电抗器的中性点串接小电抗以限制潜供电

流的方法称为补偿法。

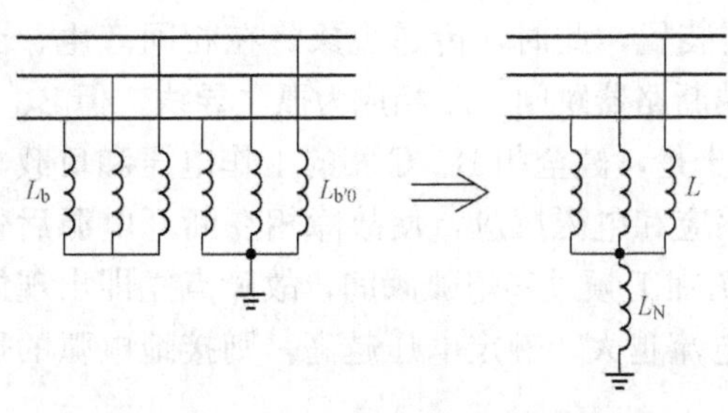

图 10-2-11 接有小电抗的并联电抗器

接入电抗器后，单相重合闸的成功率可大为提高，但在断路器非全相动作过程中，会不会造成铁磁谐振，事前应有检验。本章第六节将简要分析有关问题。

随着开关制造和控制技术水平的提高，在超高压和特高压电网中亦可采用快速接地开关（High Speed Grounding Switches，HSGS）来限制潜供电流，这种方法称为故障转移法。

快速接地开关（HSGS）是接在输电线路两端对地的一组开关，其工作原理是将故障点的开放性电弧转移至两侧接地开关，使故障相上的电压和故障点的潜供电流大大降低，从而使电弧易于熄灭。

图 10-2-12 所示为 HSGS 的操作步骤：系统发生单相接地故障，线路两侧的断路器动作跳闸；由于导线间的静电感应和电磁感应，在故障点流过潜供电流，它以电弧形式存在；线路两侧的快速接地开关动作接地，故障点的潜供电弧熄灭；线路两侧的快速接地开关动作跳开，线路消除故障；线路两侧的断路器重合闸，系统恢复正常运行。

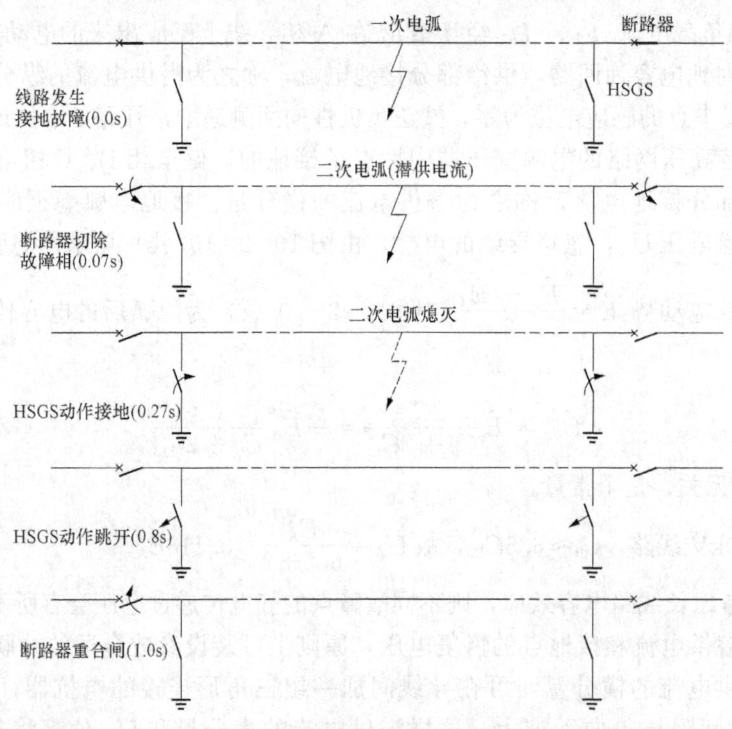

图 10-2-12 快速接地开关动作消除潜供电弧

第三节 含有非线性电感的电路

由于铁磁元件的磁饱和现象，铁心电感呈现非线性特性。在含有非线性电感的电路中谐振现象要复杂得多。在讨论具体的非线性谐振（铁磁谐振）过电压之前，这一节先介绍含有非线性电感电路的微分方程的近似解和解的稳定性。以便从理论上认识非线性谐振的出现、存在及其特征。

一、含有非线性电感的微分方程

下面来分析图 10-3-1 所示，由电阻 R、电容 C 及非线性电感 L 组成的串联电路合闸于正弦电压 $u(t)=U\sin\omega t$ 时的情况。电路微分方程为

$$\frac{d\psi}{dt}+Ri+\frac{1}{C}\int i dt=U\sin\omega t$$

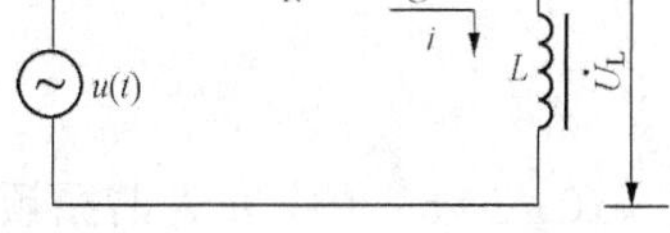

图 10-3-1　含有非线性电感的电路

或写成

$$\frac{d^2\psi}{dt^2}+R\frac{di}{dt}+\frac{i}{C}=\omega U\cos\omega t \qquad (10-3-1)$$

非线性电感的电流 i 与磁链 ψ 之间呈非线性关系，根据 ψ 和 i 同时变号的特点，常用下述多项式拟合非线性电感的磁化特性曲线，即

$$i=\sum_{S=0}^{\infty}a_{2S+1}\psi^{2S+1}$$

式中：S=0、1、2、3、…。

实际应用中可视铁心饱和程度，选取多项式前面几项进行拟合。对不太饱和的非线性电感，可选用

$$i=a_1\psi+a_3\psi^3=\frac{1}{\lambda}(\psi+b\psi^3) \qquad (10-3-2)$$

$$\frac{1}{\lambda}=a_1,\ b=\frac{a_3}{a_1}$$

为了认清系数的含义，可将式（10-3-2）取导数，得

$$\frac{di}{dt}=\frac{1}{\lambda}(1+3b\psi^2)\frac{d\psi}{dt}=u_L\frac{1+3b\psi^2}{\lambda}$$

其中，$u_L=\frac{d\psi}{dt}=L_W\frac{di}{dt}$，$u_L$ 与 $\frac{di}{dt}$ 的比值 L_W 是线圈的微分电感（或称动态电感），即

$$L_W=\frac{\lambda}{1+3b\psi^2}$$

由此可见，λ 即励磁曲线起始（线性）部分（当 $\psi=0$ 时）的微分电感值。而 b 则决定磁通增大时微分电感减小的速度。

将式（10-3-2）代入式（10-3-1）可得图 10-3-1 所示电路的非线性微分方程为

$$\frac{d^2\psi}{dt^2}+R(a_1+3a_3\psi^2)\frac{d\psi}{dt}+\frac{1}{C}(a_1\psi+a_3\psi^3)=\omega U\cos\omega t \qquad (10-3-3)$$

这类非线性微分方程无法获得精确的解析解，只能得到近似解。近似解的一般形式可写成

$$\psi(t)=\psi_1\cos\omega t+\psi_n\sin(n\omega t+\theta)+\psi_m\sin(m\omega t+\beta) \qquad (10-3-4)$$

式中：ψ_1 为基频磁链；ψ_n 为发生 n 次谐振时的 n 次谐波磁链，$n\neq1$；当 n 为小于 1 的分数时为分频谐振；ψ_m 为谐振时伴随的 m 次谐波磁链，$m\neq1$；θ 为 ψ_n 的初始相位角；β 为 ψ_m 的初始相位角。根据谐振的概念，如发生 n 次谐波谐振，则该次谐波的磁链、电流、电压等量将远大于伴随谐波相应的量。

二、非线性电感回路中的分频谐振

1. 分频谐振的解

现以回路产生分频$\left(\frac{1}{3}\text{次}\right)$谐振为例，即 $n=\frac{1}{3}$，说明非线性电路中出现非电源频率下的谐振条件及解的稳定性概念。

研究指出，在单相电路中非线性电感发生 n 次谐振（无伴随谐波，$\psi_m=0$）时，ψ-i 曲线的多项式中 $(2S+1)=k$ 的最小值应满足下列规则

$$a=bn \tag{10-3-5}$$

$$k=a+b-1 \tag{10-3-6}$$

式（10-3-5）中，n 为谐振频率对基频的比值，a、b 为满足式（10-3-5）的最小正整数，k 为奇数。

如上所述，当 $n=\frac{1}{3}$ 时，有 $a=1$，$b=3$，$k=3$，因此在讨论$\frac{1}{3}$次谐振时，可采用式(10-3-2)拟合的非线性电感特性。于是式（10-3-4）可写成

$$\psi(t)\approx\psi_1\cos\omega t+\psi_{\frac{1}{3}}\sin\left(\frac{1}{3}\omega t+\theta\right) \tag{10-3-7}$$

将上式代入式（10-3-2），并令 $\tau=\omega t$，通过一些三角公式运算，经整理后，可得流过电感的电流 i_L 为

$$\begin{aligned}i_L=&\left(a_1+\frac{3}{4}a_3\psi_1^2+\frac{3}{2}a_3\psi_{\frac{1}{3}}^2\right)\psi_1\cos\tau-\frac{1}{4}a_3\psi_{\frac{1}{3}}^3\sin(\tau+3\theta)\\&+\left(a_1+\frac{3}{2}a_3\psi_1^2+\frac{3}{4}a_3\psi_{\frac{1}{3}}^2\right)\psi_{\frac{1}{3}}\sin\left(\frac{\tau}{3}+\theta\right)\\&-\frac{3}{4}a_3\psi_1\psi_{\frac{1}{3}}^2\cos\left(\frac{\tau}{3}-2\theta\right)+\cdots\end{aligned} \tag{10-3-8}$$

式中已略去了我们不感兴趣的一些高次谐波项，如含 3τ，$\frac{5}{3}\tau$，$\frac{7}{3}\tau$，…的项。

由式（10-3-8）可明确以下概念：

（1）对一非线性电感而言（$a_3\neq0$），无论基频（包含有 $\tau=\omega t$ 的项）、分频（包含有$\frac{1}{3}\tau=\frac{1}{3}\omega t$ 的项），其 ψ 与 i 不再是同相位。

（2）非线性电感可看成为一变频装置。例如，基频电流不仅与 ψ_1 有关，也与 $\psi_{\frac{1}{3}}^2\psi_1$ 及 $\psi_{\frac{1}{3}}^3$有关。

（3）在基频电流中包含有功分量，即$-\frac{1}{4}a_3\psi_{\frac{1}{3}}^3\sin(\tau+3\theta)$ 项。当由式（10-3-7）所表示的 $\varphi(t)$ 作用在非线性电感上时，电感上的基频电压为

$$u_{L1}=-\omega\psi_1\sin\omega t=-\omega\psi_1\sin\tau$$

将这两基频分量相乘，并进行积分，可得

$$P=\frac{1}{4}a_3\psi_1\psi_{\frac{1}{3}}^3\int_0^{2\pi}\sin\tau\sin(\tau+3\theta)\mathrm{d}\tau=\frac{\pi}{4}a_3\psi_1\psi_{\frac{1}{3}}^3\cos3\theta \tag{10-3-9}$$

可见，只要 $\cos3\theta>0$，则 $P>0$，即非线性电感与线性电感不同，它在一个周期内获得的能

量不为零，这一多余的能量就可以使得有损失的回路内有稳定的分次谐波量 $\psi_{\frac{1}{3}}$、$i_{\frac{1}{3}}$ 等存在。这是特别值得注意的特性。

为了求得$\frac{1}{3}$次谐振的电压、电流，必须求得 ψ_1、$\psi_{\frac{1}{3}}$ 和 θ 值。下面先近似地决定 ψ_1 值。由于回路中发生$\frac{1}{3}$次谐波谐振时，回路离开基频谐振状态很远，而且一般电阻 R 是不大的，对基波幅值和相位的影响甚少，基波磁通将与外加电压间约有 90°的相位差，是按余弦规律变化的。这样，磁通的基波幅值 ψ_1 可由电路近似地求出为

$$\psi_1 \approx \frac{1}{\omega}\ \frac{\omega L_W}{\omega L_W - \frac{1}{\omega C}} U = \frac{U}{\omega}\ \frac{1}{1-\left(\frac{1/\sqrt{L_W C}}{\omega}\right)^2}$$

式中：L_W为非线性电感的微分电感。由于回路的$\frac{1}{\sqrt{L_W C}} \approx \frac{1}{3}\omega$，所以

$$\psi_1 \approx \frac{9}{8}\ \frac{U}{\omega} \tag{10-3-10}$$

求得 ψ_1 后，再来决定 $\psi_{\frac{1}{3}}$ 和 θ 值。由于电源电压只有基频分量，当式（10-3-7）为式（10-3-3）的解时，应有

$$u_{L(\frac{1}{3})} + u_{R(\frac{1}{3})} + u_{C(\frac{1}{3})} \equiv 0 \tag{10-3-11}$$

由式（10-3-7）和式（10-3-8），并且考虑到

$$u_{L(\frac{1}{3})} = \frac{[\psi(t)]_{(\frac{1}{3})}}{dt},\ u_{R(\frac{1}{3})} = R_{i(\frac{1}{3})},\ u_{C(\frac{1}{3})} = \frac{1}{C}\int i_{(\frac{1}{3})}\,dt$$

将它们代入式（10-3-11）中，分别令 $\sin\frac{\omega t}{3}$、$\cos\frac{\omega t}{3}$项的系数为零，可得以下两方程

$$RMx - \left(\frac{\omega}{3} - \frac{3}{\omega C}M\right)y = a_3\psi_1\left[\frac{3}{4}R2xy + \frac{9}{4\omega C}(x^2-y^2)\right] \tag{10-3-12}$$

$$RMy + \left(\frac{\omega}{3} - \frac{3}{\omega C}M\right)x = a_3\psi_1\left[-\frac{9}{4\omega C}2xy + \frac{3}{4}R(x^2-y^2)\right] \tag{10-3-13}$$

上两式中

$$M = \left[a_1 + a_3\left(\frac{3}{2}\psi_1^2 + \frac{3}{4}\psi_{\frac{1}{3}}^2\right)\right],\ x = \psi_{\frac{1}{3}}\cos\theta,\ y = \psi_{\frac{1}{3}}\sin\theta$$

将式（10-3-12）和式（10-3-13）两式整理后，得

$$\frac{\alpha k}{b}x + Ay = \frac{3}{4}\psi_1(x^2-y^2) \tag{10-3-14}$$

$$Ax - \frac{\alpha k}{b}y = \frac{3}{4}\psi_1 \times 2xy \tag{10-3-15}$$

上两式中

$$k = \frac{R\omega C}{3},\ b = \frac{a_3}{a_1},\ \alpha = \frac{\omega^2 C}{a_1}\ \frac{1}{9(1+k^2)} = \frac{\omega^2\lambda C}{9(1+k^2)},\ A = \frac{1-\alpha}{b} + \left(\frac{3}{2}\psi_1^2 + \frac{3}{4}\psi_{\frac{1}{3}}^2\right)$$

由式（10-3-14）和式（10-3-15），可求出$\frac{1}{3}$次谐波磁通 $\psi_{\frac{1}{3}}$ 和相位角 θ。

2. 分次谐波磁通幅值

不难看出，当 $\psi_{\frac{1}{3}}=0$（即 $x=y=0$ 时），能满足式（10-3-14）和式（10-3-15），这是

分次谐波的零值解（没有分次谐波）。

为了求 $\psi_{\frac{1}{3}}$ 的非零值解，可将式（10-3-14）和式（10-3-15）两式分别平方，然后相加。考虑到 $x^2+y^2=\psi_{\frac{1}{3}}^2$，则有

$$A^2+\frac{\alpha^2k^2}{b^2}=\frac{9}{16}\psi_1^2\psi_{\frac{1}{3}}^2$$

将 A^2 项展开，可得

$$\frac{9}{16}\psi_{\frac{1}{3}}^4+\left(\frac{27}{16}\psi_1^2-\frac{3}{2}\frac{\alpha-1}{b}\right)\psi_{\frac{1}{3}}^2+\left[\frac{9}{4}\psi_1^4-3\frac{\alpha-1}{b}\psi_1^2+\left(\frac{\alpha-1}{b}\right)^2+\frac{k^2\alpha^2}{b^2}\right]=0$$

于是，$\psi_{\frac{1}{3}}^2$ 的解可写为

$$\psi_{\frac{1}{3}}^2=\frac{4}{3}\frac{\alpha-1}{b}-\frac{3}{2}\psi_1^2\pm\sqrt{-\frac{7}{4}\psi_1^4+\frac{4}{3}\left(\frac{\alpha-1}{b}\right)\psi_1^2-\frac{16}{9}\frac{k^2\alpha^2}{b^2}} \qquad (10-3-16)$$

显然，$\psi_{\frac{1}{3}}$ 的解只有正实数才有意义，因此，可从上式得到 $\psi_{\frac{1}{3}}$ 的两个解。加上前面谈到的 $\psi_{\frac{1}{3}}$ 的零值解，共得到三个解。但式（10-3-16）的两个解是否存在还要看根号内的值是否大于零而定，要满足这个条件，必须有 $\frac{4}{3}\left(\frac{\alpha-1}{b}\right)>0$，即 $\alpha-1>0$。已知

$$\alpha=\frac{C\lambda\omega^2}{9(k^2+1)}$$

于是得到分次谐波存在的必要条件为

$$\frac{\omega^2C\lambda}{9}>k^2+1\text{ 或 }\frac{1}{\sqrt{\lambda C}}<\frac{\omega}{3}\frac{1}{\sqrt{k^2+1}}<\frac{\omega}{3} \qquad (10-3-17)$$

因为 λ 就是当 $\varphi=0$ 时线圈的电感（线性部分）。所以上式说明，要产生 $\frac{1}{3}$ 次分谐波，回路的固有角频率在励磁曲线的起始部分应当小于 $\frac{\omega}{3}$。这在物理概念上是明显的，因为只有这样，当 φ 升高使线圈的微分电感减小时，回路的固有频率才可能等于 $\frac{1}{3}$。

这一基本条件得到满足后，在给定的电阻值时，只有 ψ_1 处在一定范围内（即外加电压 U 在一定范围内）才可能有分次谐波的产生。为确定 ψ_1 的范围，令式（10-3-16）根号内的值为零，解得 ψ_1 的上下限各为

$$\psi_{1\max}=\frac{8}{21}(\alpha-1)\left[1+\sqrt{1-\frac{7k^2\alpha^2}{(\alpha-1)^2}}\right] \qquad (10-3-18)$$

$$\psi_{1\min}=\frac{8}{21}(\alpha-1)\left[1-\sqrt{1-\frac{7k^2\alpha^2}{(\alpha-1)^2}}\right] \qquad (10-3-19)$$

从上两式可看出，当 k 值减小时，也就是当电阻减小时，分次谐波振荡存在的范围就扩大了，即在较大范围的外加电压内，都可能产生分次谐波。反之，当电阻超过某一临界值 r_{lin} 时，分次谐波就会消失。令式（10-3-16）根号下的值为零，可解得临界电阻值，表示为

$$k_{\text{lin}}=\frac{R_{\text{lin}}\omega C}{3}=\frac{3}{4}\frac{b\psi_1}{\alpha}\sqrt{\frac{4}{3}\left(\frac{\alpha-1}{b}\right)-\frac{7}{4}\psi_1^2} \qquad (10-3-20)$$

3. 分次谐波的相位

为求分次谐波的相位，将式（10-3-15）乘以 y，将式（10-3-14）乘以 x，再将其相加，进行变换，消去 y，得 x 的方程

$$x^3-\frac{3}{4}\psi_{\frac{1}{3}}^2 x-\frac{\alpha k\psi_{\frac{1}{3}}^2}{3b\psi_1}=0 \tag{10-3-21}$$

用类似方法，又得 y 的方程

$$y^3-\frac{3}{4}\psi_{\frac{1}{3}}^2 y+\frac{A\psi_{\frac{1}{3}}^2}{3\psi_1}=0 \tag{10-3-22}$$

由于 $x=\varphi_{\frac{1}{3}}\cos\theta$、$y=\varphi_{\frac{1}{3}}\sin\theta$，而 θ 为分次谐波磁通待定的相位，于是得

$$\cos3\theta=\frac{4}{3}\frac{\alpha k}{b\psi_1\psi_{\frac{1}{3}}} \tag{10-3-23}$$

$$\sin3\theta=\frac{4}{3}\frac{A}{\psi_1\psi_{\frac{1}{3}}}=\frac{3\psi_{\frac{1}{3}}^2+6\psi_1^2-4\dfrac{\alpha-1}{b}}{3\psi_1\psi_{\frac{1}{3}}} \tag{10-3-24}$$

从式（10-3-16）可知，当根号前面为正号时，

$$\psi_{\frac{1}{3}}^2>\frac{4}{3}\frac{\alpha-1}{b}-\frac{3}{2}\psi_1^2$$

因此，对这个解来说，永远有 $\sin3\theta>0$，于是 $\theta>0$。由于 $\cos3\theta$ 也是正值，所以 3θ 应当在第一象限内，而 $\theta\leqslant30°$。

当式（10-3-16）的根号前为负号时，由下文可以看到这解是不稳定的，因此就不讨论其相位了。

4. 分次谐波谐振的稳定性

解的稳定性可用小偏离法来分析，即令解作一微小的变化，若这变化会随时间减小到零，则解是稳定的。将式（10-3-4）重写成

$$\psi(t)=\psi_1\cos3\delta+\psi_{\frac{1}{3}}\sin(\delta+\theta)=\varphi_1\cos3\delta+x\sin\delta+y\cos\delta$$

$$\delta=\frac{1}{3}\omega t,x=\psi_{\frac{1}{3}}\cos\theta,y=\psi_{\frac{1}{3}}\sin\theta$$

再将上式改写为

$$\psi(\delta)=\psi_1\cos3\delta+x(\delta)\sin\delta+y(\delta)\cos\delta \tag{10-3-25}$$

因为假定分次谐波的幅值和相位仅作微小的变化，则 x、y 将和常数差别很小，所以，$\frac{\mathrm{d}x}{\mathrm{d}\delta}$和$\frac{\mathrm{d}y}{\mathrm{d}\delta}$要分别比 x 和 y 小得多，$\frac{\mathrm{d}^2x}{\mathrm{d}\delta^2}$和$\frac{\mathrm{d}^2y}{\mathrm{d}\delta^2}$要分别比$\frac{\mathrm{d}x}{\mathrm{d}\delta}$和$\frac{\mathrm{d}y}{\mathrm{d}\delta}$小得多。考虑到这些情况，并将原微分方程（10-3-3）改写成对 δ 微分后，再将式（10-3-25）代入，然后进行与式（10-3-14）、式（10-3-15）类似的推演，可得

$$\left.\begin{aligned}\frac{\mathrm{d}x}{\mathrm{d}\delta}&=X(x,y)\\ \frac{\mathrm{d}y}{\mathrm{d}\delta}&=Y(x,y)\end{aligned}\right\} \tag{10-3-26}$$

如令$\frac{\mathrm{d}x}{\mathrm{d}\delta}=0$，$\frac{\mathrm{d}y}{\mathrm{d}\delta}=0$，自然会得到式（10-3-14）、式（10-3-15）的两个方程，其解是已可求得的 x_0 和 y_0，现假定很小的变动 ε 和 η，即

$$x=x_0+\varepsilon,y=y_0+\eta$$

式中：x_0、y_0 是稳态解，而 x、y 的稳定性是下面要研究的。将上两式代入式（10-3-26）中，可得

$$\left.\begin{aligned}\frac{\mathrm{d}\varepsilon}{\mathrm{d}\delta}&=X(x_0+\varepsilon,y_0+\eta)\approx X(x_0,y_0)+\frac{\partial X}{\partial x}\varepsilon+\frac{\partial X}{\partial y}\eta\\\frac{\mathrm{d}\eta}{\mathrm{d}\delta}&=Y(x_0+\varepsilon,y_0+\eta)\approx Y(x_0,y_0)+\frac{\partial Y}{\partial x}\varepsilon+\frac{\partial Y}{\partial y}\eta\end{aligned}\right\}\tag{10-3-27}$$

因为 x_0 和 y_0 是方程 $X(x, y)=0$ 和 $Y(x, y)=0$ 的解，所以上式等号右侧第一项为零。因此，有

$$\left.\begin{aligned}\frac{\mathrm{d}\varepsilon}{\mathrm{d}\delta}&=\frac{\partial X}{\partial x}\varepsilon+\frac{\partial X}{\partial y}\eta\\\frac{\mathrm{d}\eta}{\mathrm{d}\delta}&=\frac{\partial Y}{\partial x}\varepsilon+\frac{\partial Y}{\partial y}\eta\end{aligned}\right\}\tag{10-3-28}$$

式中，$\frac{\partial X}{\partial x}$、$\frac{\partial x}{\partial y}$、$\frac{\partial Y}{\partial x}$、$\frac{\partial Y}{\partial y}$应当在 $x=x_0$、$y=y_0$ 时算出，也就是说它们都是常数。因此，上式是具有两个未知数（ε 和 η）的线性微分方程组，其解答的形式为

$$\left.\begin{aligned}\varepsilon&=\varepsilon_0\mathrm{e}^{\alpha\delta}\\\eta&=\eta_0\mathrm{e}^{\alpha\delta}\end{aligned}\right\}\tag{10-3-29}$$

其中，α 可由下面的特征方程求出

$$\begin{vmatrix}\left(\frac{\partial X}{\partial x}-\alpha\right) & \frac{\partial X}{\partial y}\\\frac{\partial Y}{\partial x} & \left(\frac{\partial Y}{\partial y}-\alpha\right)\end{vmatrix}=0\tag{10-3-30}$$

若 α 的实数部分为负，则 ε 和 η 将随时间而衰减到零，即解答（x_0，y_0）是稳定的。要使 α 实数部分为负，其充分必要条件为：式（10-3-30）中 α 的一次方项及零次方项的系数都是正的，即

$$\left.\begin{aligned}&\frac{\partial X}{\partial x}+\frac{\partial Y}{\partial y}<0\\&\frac{\partial X}{\partial x}\times\frac{\partial Y}{\partial y}-\frac{\partial X}{\partial y}\times\frac{\partial Y}{\partial x}>0\end{aligned}\right\}\tag{10-3-31}$$

经演算可证明，上式第一个条件只要 $k=\frac{rC\omega}{3}$是正值就能成立，因此，它是永远成立的；而第二个条件只有在式（10-3-16）解中的根号前是正号时才成立，即该式根号前是负号的解是不稳定的。

虽然以上只是以$\frac{1}{3}$次谐波谐振为例，讨论了非线性电感电路中的分次谐波谐振问题，但可以看出，分次谐波谐振与线性电感回路中的谐振是很不相同的。如非线性电感具有变频特性，能供给非基频能量，就能在非线性电感有损回路中维持稳定的非基频磁通、电流、电压。非线性电感电路的谐振点并非一个，是多值的，但有的是不稳定的，有的是稳定的。这些都是在线性电感回路中不存在的特点。

三、非线性电感回路中的基波谐振

非线性电感回路中的基波谐振，即“基波铁磁谐振”，与线性电感回路中的谐振也存在甚大的差异。

仍沿用式（10-3-2）的二项式为非线性电感的 $\psi-i$ 特性拟合曲线，考虑到基频谐振时 $\varphi_1\gg\varphi_n$，$\varphi_1\gg\varphi_m$，故式（10-3-4）可写成 $\varphi(t)=\varphi_1\cos\omega t$，因而 $\psi-i$ 特性曲线具有有效值

的关系，可应用图解法进行分析。

1. 不计回路电阻

略去图 10-3-2（a）电路中的电阻 R，作非线性电感 L 的伏安特性曲线 $U_L=f(I)$（可按 $\psi-i$ 特性作出）和电容 C 的伏安特性曲线 $U_C=f(I)$，如图 10-3-2（b）所示。设 $U_L=f(I)$ 与 $U_C=f(I)$ 有交点，即铁心线圈的初始电感 L_0 满足

$$\omega L_0 > \frac{1}{\omega C}$$

这样，在电感未饱和时，电路的自振频率低于电源频率；而在饱和时，电感值下降，使回路自振频率等于或接近电源频率，这是产生基频谐振的必要条件。这与式（10-3-17）是产生 $\frac{1}{3}$ 次分频谐振的必要条件类似。

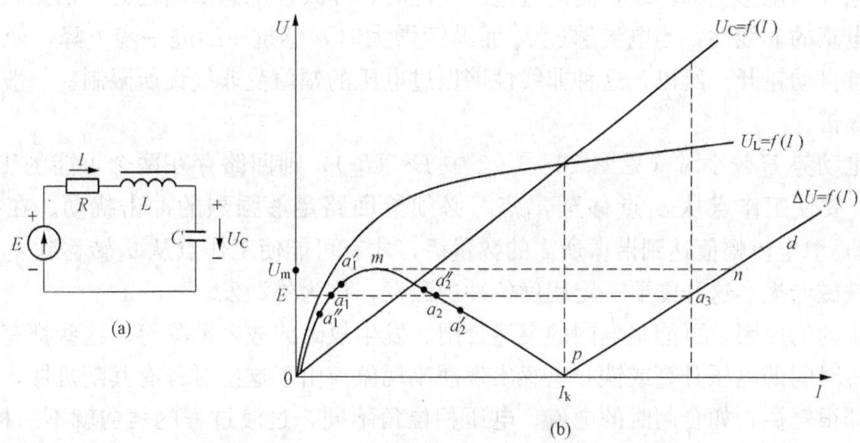

图 10-3-2 串联铁磁谐振电路及其特性曲线

（a）谐振电路；（b）特性电线

由于回路元件的总压降 $\Delta\dot{U}$ 应与电源电动势（有效值）$\dot{E}$ 平衡，则有

$$\dot{E}=\Delta\dot{U}=\dot{U}_L+\dot{U}_C$$

因 $\dot{U}_L$ 和 $\dot{U}_C$ 反相，以上平衡式用绝对值表示将为

$$E=|U_L-U_C|=\Delta U \tag{10-3-32}$$

$\Delta U=f(I)$ 的曲线见图 10-3-2（b）。根据电动势平衡条件，在一定的 E 作用下，电路出现三个平衡点，即 a_1、a_2 和 a_3。这就说明非线性电感电路微分方程解的多值性。下面仍用小偏离法来分析这三个工作点的稳定性。

对点 a_1 来说，若回路中的电流由于某种扰动而有微小增加，沿 ΔU 曲线偏离 a_1 点到 a_1' 点，则外加电动势 E 将小于总压降 ΔU，迫使电流减小回到原平衡点 a_1；相反，若扰动使电流有微小下降，到 a_1'' 点，则外加电动势 E 将大于回路上的总压降 ΔU，使电流增加回到 a_1 点。可见，平衡点 a_1 是稳定的。同理，可说明平衡点 a_3 也是稳定的。而 a_2 点则不一样，当回路中的电流有微小扰动，稍有增加，使电流由 a_2 点增加至 a_2' 点后，外加电动势 E 将大于 ΔU，使回路电流继续增加，直致到达新的稳定平衡点 a_3 为止；若扰动使电流稍有减小，使电流由 a_2 点减少到 a_2'' 点，则外加电动势 E 不能维持总压降，回路电流将继续减小，直致

到达新稳定点 a_1 为止。可见，a_2 点经不起任何微小的扰动，是不稳定的，不能成为回路的实际工作点。

由以上分析可知，当外加电动势 E 由零逐渐增加时，回路工作点将由 0 点逐渐上升到 m 点，然后突变到 n 点，回路电流将由感性（$X_L > X_C$）突然变为容性（$X_L < X_C$）。在非线性电感回路中，这种跃变使回路电流的相位发生 180°变化的现象，称为相位反倾。若 E 再继续上升，工作点将沿 nd 上升。如果随后电动势 E 下降，则工作点再不会沿 nm 回到 m 点，而会沿 np 降到 p 点，然后突变到 0 点。

当回路工作点在 a_1 时，回路中的 $U_L > U_C$，整个回路是电感性的，这时作用在电感和电容上的电压都不高，电流也不大，回路处于正常的非谐振状态；当电路工作由 a_2 点跃变到 a_3 点时，$U_C > U_L$，回路变为电容性的，回路电流急剧增大，已越过图 10-3-2（b）中的 I_k 值，而使电容和电感上都出现较高的过电压。此时，非线性电感回路已处于谐振状态。

由于电感的非线性，当电流越过 I_k 而继续增大时，感抗 ωL 进一步下降，使回路中的感抗和容抗自动错开。所以，这种非线性谐振过电压的幅值受非线性所限制，一般不超过电源电压的 3 倍。

在外电动势 E 较小时（见图 10-3-2 中 $E < U_m$），则回路存在两个可能的工作点 a_1、a_3。此时，要使工作点从 a_1 点移至 a_3 点，必须给回路足够强烈的冲击扰动。在扰动过程（过渡过程）中电流幅值达到谐振所需的数量级，才有可能使工作点从 a_1 转移到 a_3，激发起持续性的铁磁谐振。这种需要一定程度的冲击激发，称为外激发。

冲击扰动的原因，可能是电网的突然合闸、发生故障或故障消除等。这些都有可能造成电感两端短时间的电压升高或铁心电感出现涌流现象。由于这些过程有其随机性，有时很严重，有时却很轻微，如合闸时的电流、电压相位角不同，过渡过程的强弱就不一样。因此，并不是有外激发时，每次都会引起谐振，而是具有明显的随机性。

若外加电动势 E 大于图 10-3-2（b）中工作点 m 所对应的值时，回路只有一个稳定的谐振工作点，不需要外激发就处于谐振状态，这种现象称为自激现象。

2. 计及回路电阻

当计及回路电阻时，常利用图解法分析谐振电路。在图 10-3-2（a）的串联电路在基频铁磁谐振时有

$$E^2 = (U_L - U_C)^2 + (IR)^2$$

考虑到 $U_C = \frac{I}{\omega C}$，上式可改写成

$$U_L = \frac{I}{\omega C} \pm \sqrt{E^2 - (IR)^2} \qquad (10-3-33)$$

式中第二项 $\pm\sqrt{E^2 - (IR)^2} = U(I)$ 是以原点为中心，以 E 和 $\frac{E}{R}$ 为半轴的椭圆，如图 10-3-3 所示。图中，电阻 $R_1 < R_2$。椭圆和直线 $\frac{I}{\omega C}$ 叠加即表示了式（10-3-33）的关系。当 $R=0$ 时，椭圆变为两根平行斜线 $\left(\frac{I}{\omega C} \pm E\right)$；$R \neq 0$（如图中 $R=R_1$）时，叠加后的曲线为斜椭圆。由式（10-3-33）得到的曲线与铁心电感的伏安特性曲线（$I\omega L$）的交点，即为回路可能有的 3 个平衡点。这与图 10-3-2（b）相对应。图 10-3-3 中给出了 $R=R_1$ 时的三个平衡点

a_1、a_2和a_3，其中a_2是不稳定的平衡点，a_1是非谐振工作点，a_3是谐振工作点。在谐振工作状态时，$U_C>U_L$ 回路电流属于电容性。

从图 10-3-3 和式（10-3-33）可知，当回路中损耗电阻R较小，$R\ll\frac{1}{\omega C}$时，回路损耗对谐振幅值影响不大。当R增大时，不仅减小了谐振范围，且限制了过电压幅值。当R增大到一定数值时，回路只有一个稳定工作点（相应于a_1点），这个临界电阻值的含义与前述式（10-3-20）所表达的含义类似。如图 10-3-3 中的R_2就已超过临界电阻值，它使回路不能产生基频谐振。因而，增大谐振回路中的损耗电阻是限制谐振过电压的有效措施之一。

通过以上对非线性电路基频谐振的分析可知，其与线性谐振是有显著差异的：

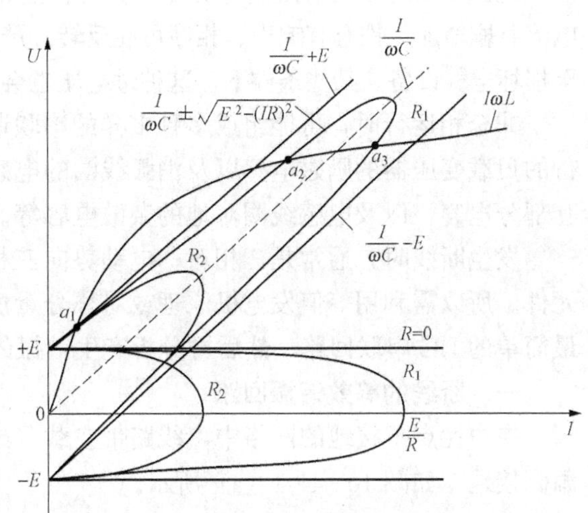

图 10-3-3　铁磁谐振电路的图解法

（1）线性谐振的参数条件是$\omega L=\frac{1}{\omega C}$，铁磁谐振则为$\omega L_0>\frac{1}{\omega C}$，对于一定的$L_0$值，在很大的$C$值范围内$\left(\text{即 } C>\frac{1}{\omega^2 L_0}\right)$都可能产生谐振。

（2）线性谐振与电源电动势的大小及电路的瞬间变化无关。但铁磁回路中，若施加电源$E<U_m$，且回路原来处于感性工作状态，则产生谐振必须有激发因素。当激发消失后，在正常电源电压作用下，较多情况下铁磁谐振能继续维持存在（自保持）。

（3）线性谐振是随着参数逐渐接近而逐渐发展的；而非线性谐振却是由激发而突然产生的，并伴随有反倾现象。在三相系统中，反倾（或称反相）可能使工频三相相序改变（由正序变为负序），从而使小容量电动机反转。

（4）在线性谐振中损耗电阻对限制过电压起决定性作用，而非线性谐振中限制过电压的主要因素是非线性电感本身的严重饱和。

现在再将产生非线性谐振的条件归纳如下：

（1）在含有非线性电感元件回路中，产生n次谐波谐振的必要条件是

$$\frac{1}{n\omega C}<n\omega L_0$$

或写成

$$\omega_0<n\omega \qquad (10-3-34)$$

其中，$n=S/m$，S和m为正整数，如$n=\frac{1}{2}$、$\frac{1}{3}$、$\frac{1}{5}$等是分频谐振，$n=1$为基频谐振，$n=$2、3、5 等是高频谐振。

（2）谐振回路的损耗电阻小于临界值。

（3）施加于电路的电动势大小在一定的范围内。

（4）需有一定的激发因素，在激发消除后，能维持谐振的存在。

下面以电力系统中，断线引起的铁磁谐振过电压、电压互感器饱和引起的铁磁谐振过电压及超高压网络中的铁磁谐振过电压为实例，进行分析。

第四节 断线引起的铁磁谐振过电压

在电力系统中，因导线的折断、断路器非全相动作或严重的不同期操作、熔断器的一相或两相熔断等，造成系统非全相运行时所出现的铁磁谐振过电压，都属于断线谐振过电压。

电网中出现断线谐振过电压时，系统中性点会发生位移、导线有电晕声，负载变压器绕组电流急剧增加、铁心有响声、相序可能反转。严重情况下，会导致绝缘闪络、避雷器爆炸，甚至损坏电气设备。某些条件下，这种过电压也会传递到变压器绕组的另一侧，产生危害。

非全相运行时，可能组成多种多样的串联谐振回路。这些回路中的电感是空载或轻载运行的负载变压器的励磁电感以及消弧线圈的电感等；电容是导线对地的自部分电容和相间的互部分电容，以及电感线圈对地的杂散电容等。

发生断线时，通常是三相对称电动势向三相不对称负载供电，回路较复杂，并有非线性元件。所以需利用等值发电机原理或对称分量法，将三相电路转化为单相等值电路，整理成最简单的 LC 串联回路；然后再分析产生谐振的条件，进行计算。

一、断线的等效谐振回路

在中性点不接地的网络中，线路带空载（或轻载）变压器，单相（A 相）断线，且在电源侧接地，如图 10-4-1（a）所示。

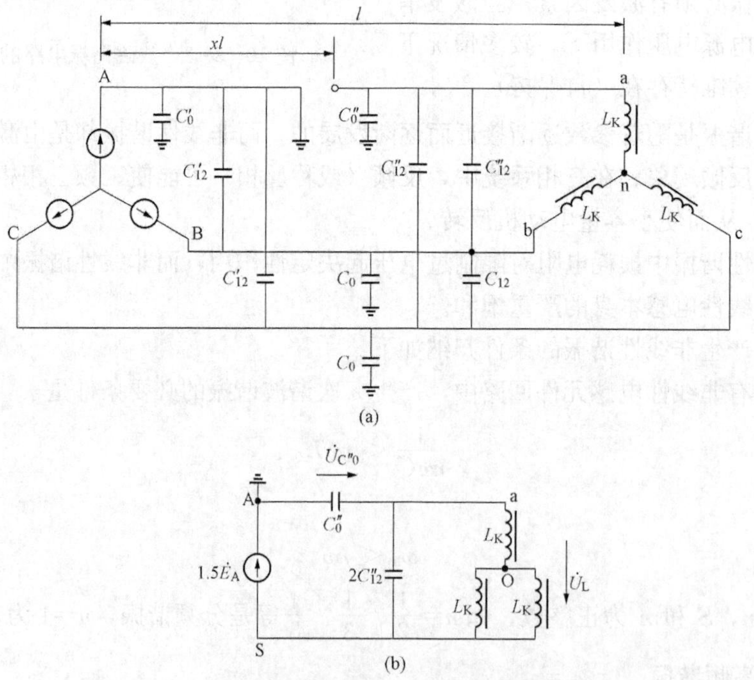

图 10-4-1 中性点不接地网络单相断线电源侧接地电路图

（a）电路图；（b）等效电路图

假定电源内阻抗、线路感抗与线路容抗相比可忽略不计。设线路长度为 l，离电源 xl 处单相断线（$x=0\sim1$）。线路对地自部分电容和相间互部分电容分别为 C_0 和 C_{12}。线路正序和零序电容的比值为

$$\delta=\frac{C_0+3C_{12}}{C_0}$$

由上式可知 $C_{12}=\frac{1}{3}(\delta-1)C_0$，一般 $\delta=1.5\sim2.0$。断线后，电源侧对地自电容为 $C'_0=xC_0$，相间互电容为 $C'_{12}=xC_{12}$；负载侧 $C''_0=(1-x)C_0$，$C''_{12}=(1-x)C_{12}$。

因电源三相对称，A 相断线接地，B、C 两相在电路上完全对称，所以三相电路等效为单相电路时，等效电动势为 $1.5E_A$，如图 10-4-1（b）所示。在单相图中略去了与电源（$1.5E_A$）并联的电容 $2C'_0$ 及 $2C'_{12}$，它们是不参与谐振的。另外，C'_0 被接地点短接，B、C 两相间的 C''_{12} 被电源所短接。余下的电容电感组成等效单相电路，如图 10-4-1（b）所示。

进一步将图 10-4-1（b）的电路应用等效发电机原理简化成为简单的等效串联谐振回路，如图 10-4-2 所示。图中有

$$L=1.5L_K$$

$$\dot{E}=1.5\dot{E}_A\frac{C''_0}{C''_0+2C''_{12}}=1.5\dot{E}_A\frac{3}{1+2\delta}=1.5Q\dot{E}_A$$

式中：Q 为系数，$Q=\frac{3}{1+2\delta}$。

$$C=C''_0+2C''_{12}=\frac{(1-x)(1+2\delta)}{3}C_0=KC_0$$

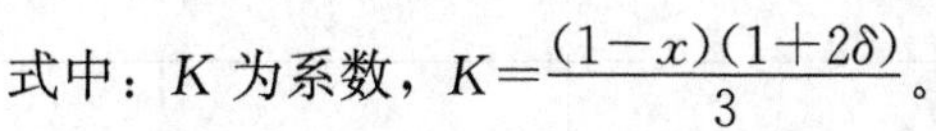

式中：K 为系数，$K=\frac{(1-x)(1+2\delta)}{3}$。

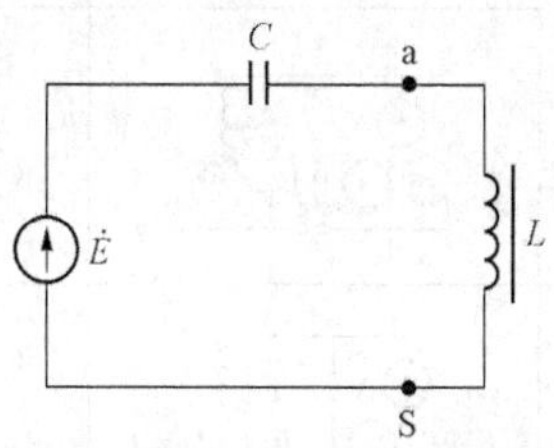

图 10-4-2 等效简单串联谐振回路

断线（非全相运行）的具体情况不同，相应的等效单相接线图和等效简单串联谐振回路也不同。表 10-4-1 列出了几种有典型断线电路图及其等效电路，还列出了相应的等效电动势 E 的系数 Q 值和等值电容 C 的系数 K 值，以供参考。其中序号 2 即为图 10-4-1 所示电路。显然，当电源侧断路器拒动或熔断器熔断时（相当于 $x=0$ 的断线情况），只有通过其他出线的对地电容 C_{80} 才能构成铁磁谐振回路。

表 10-4-1　典型断线电路图及其等效电路

序号	电路图	初始等效电路	$E=1.5QE_A$，$C=KC_0$，$L=1.5L_k$	
			Q	K
1	l，xl，$\dot{E}_A$，L_K，$\dot{E}_C$，$\dot{E}_B$	C''_0，C''_0，$1.5\dot{E}_A$，$2C_0$，$2C''_{12}$，L	$\frac{1}{1+\frac{2\delta}{x}}$	$\frac{(1-x)(2\delta+x)}{3}$

续表

序号	电路图	初始等效电路	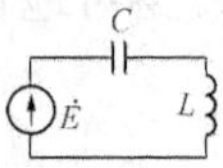 $E=1.5QE_A$ $C=KC_0$ $L=1.5L_k$ Q	K
2	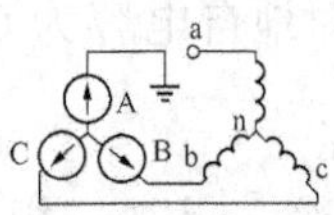	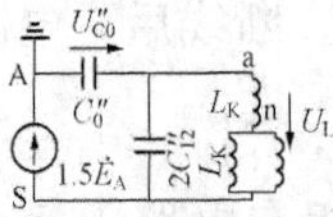	$\frac{3}{1+2\delta}$	$\frac{(1-x)(1+2\delta)}{3}$
3	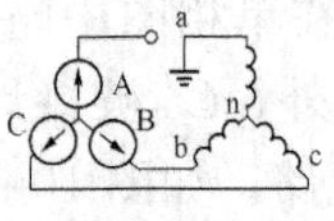	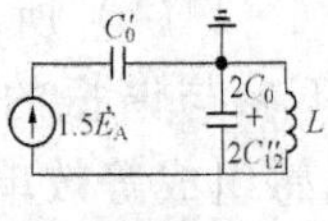	$\frac{3x}{4+5x+2\delta(1-x)}$	$\frac{4+5x+2\delta(1-x)}{3}$
4	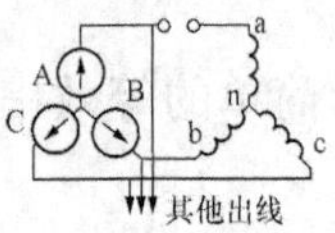 其他出线	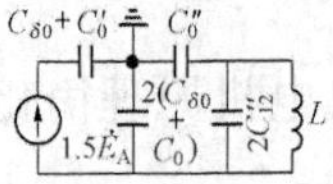 $(C_{\delta 0}>>C_0)$	$\frac{1}{1+2\delta}$	$\frac{(1-x)(1+2\delta)}{3}$
5	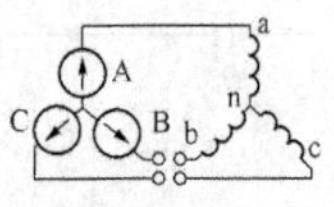	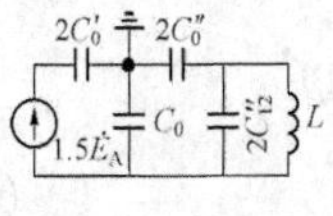	$\frac{1}{1+\frac{\delta}{2x}}$	$\frac{2(1-x)(\delta+2x)}{5}$
6	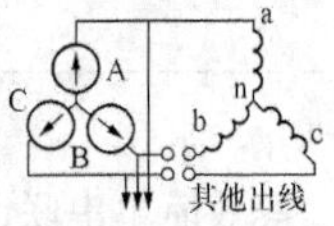 其他出线	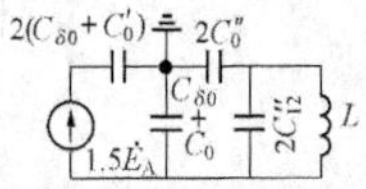	$\frac{1}{1+\frac{\delta}{2}}$	$\frac{2(1-x)(2+\delta)}{5}$
7	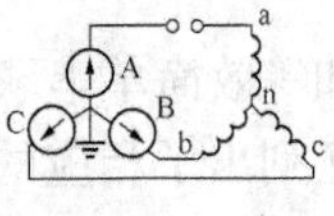	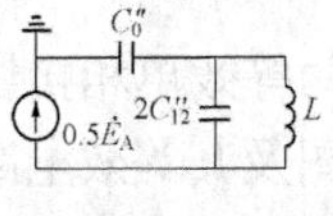	$\frac{1}{1+2\delta}$	$\frac{(1-x)(1+2\delta)}{3}$
8	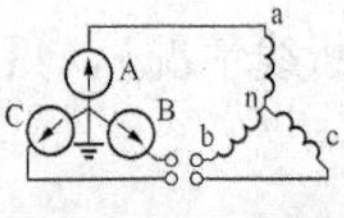	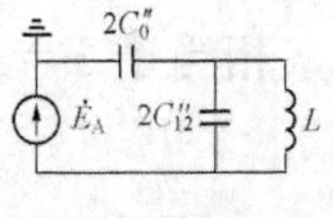	$\frac{1}{1+\frac{\delta}{2}}$	$\frac{2(1-x)(2+\delta)}{3}$

非全相运行组成的谐振回路，在一定的参数配合和激发条件下，可能会产生基频、分频或高频谐振。

二、断线基频谐振引起的相序反倾

当基频谐振时，会出现三相对地电压不平衡，如一相升高、两相降低，或两相升高、一相降低的现象。在负载变压器侧可能会使三相绕组电压的负序分量占主要成分，造成相序反倾。

仍采用图 10-4-1 (a) 所示的电路（即表 10-4-1 中序号 2）加以分析。假定回路已处在基频谐振状态，并由图 10-4-2 电路利用图解法得出 $U_L=2.0E_A$。于是，可根据图 10-4-1 (b) 的电路画出断线前后（谐振前后）的电压矢量图，如图 10-4-3 所示。图中，A、B、C 相为断线电源端电压，也是负载变压器绕组端点的电压。断线后，电源侧 A 相接地，网络出现基频谐振，$\dot{U}_L$ 与电源 $1.5\dot{E}_A$ 反相，电容 C''_0 上的电压 $\dot{U}''_{C0}$ 与电源 $1.5\dot{E}_A$ 同相，$\dot{U}''_{C0}$ 的数值 $U''_{C0}=1.5E_A+U_L=3.5E_A$，所以可由 A 点向下作 $3.5E_A$ 长度，得断线后负载变压器 a 相绕组端点 a，因 $\dot{U}_L$ 与 $\dot{U}''_{C0}$ 反向，$U_L=2.0E_A$，可从 a 点向上作 $2E_A$ 长度至 S 点，$\overline{Sa}$ 即为 $\dot{U}_L$，S 刚好是 C、B 连接线的中点。断线后负载变压器的中性点 n 可由 U_L 求得，因 $U_{ao}=\dfrac{2}{3}U_L=\dfrac{4}{3}E_A$，由 a 点向上作 $\dfrac{4}{3}E_A$ 长度即得 n 点。这样，断线后负载变压器绕组的电压矢量为 $\overline{na}$、$\overline{nb}$、$\overline{nc}$。可见，其相序与电源相反，若断线前负载变压器（或其低压侧）接有小容量的电动机，断线后，电动机就会反转。这是基频谐振所产生的反倾引起的。

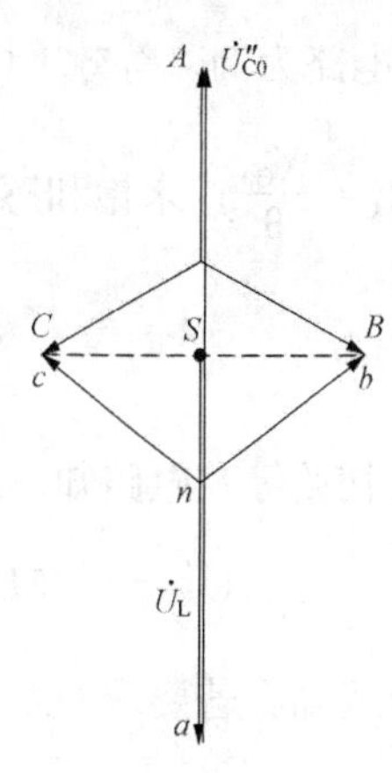

图 10-4-3 断线基频谐振电压矢量图

三、不发生基频谐振的条件

为了避免发生基频谐振，可使 $U_c=f(I)$ 和 $U_L=f(I)$ 两曲线无交点，即等效回路中的容抗 X_C 应大于初始励磁电抗 X_{L0}，也就是等效电容 C 应当足够小，线路要足够短。在中性点不接地系统中，当断线故障发生在负载侧时电容 C 最大，下面以表 10-4-1 序 3 电路为例说明。当 $x=1$ 时，系数 $K=3$，$Q=\dfrac{1}{3}$，所以等效 LC 串联电路中，$C=3C_0$，即容抗 $X_C=\dfrac{X_{C0}}{3}=\dfrac{1}{3\omega C_0}$；$L=1.5L_K$，未饱和感抗 $X_{L0}=1.5X_{LK0}$，即 $\omega L_0=1.5\omega L_{K0}$。

对此不产生基频谐振的条件为

$$X_C=\frac{X_{C0}}{3}=\frac{1}{3\omega C_0}>\omega L_0=1.5\omega L_{K0}=1.5X_{LK0}$$

或

$$X_{C0}=\frac{1}{\omega C_0}>4.5X_{LK0} \tag{10-4-1}$$

或

$$C_0<\frac{1}{4.5\omega X_{LK0}}$$

根据变压器的额定线电压 U_N（单位 kV），额定容量 P_N（单位 MV·A），空载电流对额定电流的百分数 $I_0(\%)$，不难计算出励磁阻抗 X_{LK0} 为

$$X_{LK0}=\frac{U_N^2}{I_0P_N}(\Omega)$$

设 l 为线路长度（单位：km）；每千米长导线对地电容为 C'_d（单位：pF），$C_0=C'_dl$。于是式（10-4-1）可改写成

$$l<\frac{I_0P_N\times10^{12}}{4.5\omega C'_dU_N^2}\quad(\text{km}) \tag{10-4-2}$$

例如，对 10kV 中性点绝缘系统来说，每千米线路 $C'_d=5000\text{pF}$，在线路末端接有 $P_N=100\text{kV}\cdot\text{A}$，$I_0=3.5\%$ 的空载变压器时，断线时不发生基波铁磁谐振的线路长度为

$$l>\frac{3.5\%\times0.1\times10^{12}}{4.5\times314\times5\times10^3\times10^2}=5(\text{km})$$

可见，在 10kV 电网中，断线引起铁磁基频谐振是完全可能的。

应该指出，即使不发生谐振，由于回路的电容效应仍能出现过电压。仍以表 10-4-1 序

3 的电路为例。等效 LC 串联电路的 $E=1.5QE_A=\frac{E_A}{2}$；等效 LC 串联电路的 $C=3C_0$，即容抗 $X_C=\frac{X_{C0}}{3}$；未饱和感抗 $X_{L0}=1.5X_{LK0}$，得电感 L 上的电压

$$U_L=E\frac{X_L}{X_C-X_L}=\frac{E_A}{2}\frac{1.5X_{LK0}}{\frac{X_{C0}}{3}-1.5X_{LK0}}=1.5E_A\frac{1.5X_{LK0}}{X_{C0}-4.5X_{LK0}}$$

由其初始等效电路知，断线相上的电压 U'_{C0} 是该电路的等效电动势 $1.5E_A$ 和 U_L 之和，即

$$U'_{C0}=1.5E_A+1.5E_A\frac{1.5X_{LK0}}{X_{C0}-4.5X_{LK0}}=1.5E_A\left(1+\frac{1.5X_{LK0}}{X_{C0}-4.5X_{LK0}}\right)$$

解上式知：若要求 $U'_{C0}<\sqrt{3}E_A$，应满足

$$X_{C0}>14X_{LK0} \tag{10-4-3}$$

若要求 $U'_{C0}<2E_A$，则应满足

$$X_{C0}>9X_{LK0} \tag{10-4-4}$$

比较式（10-4-4）与式（10-4-1）可知，对表 10-4-1 序 3 的断线情况，当要求断线相电压低于 2 倍电源相电压时，其允许导线长度要比可能产生基频谐振的长度减小一半。

还需要注意的是，满足式（10-4-1）的条件可避免基频及分频谐振，但仍有可能产生高频谐振。此时回路固有角频率 ω_0 可按式（10-4-4）的条件计算，即

$$\frac{\omega_0}{\omega}=\sqrt{\frac{X_C}{X_{L0}}}=\sqrt{\frac{X_{C0}}{3}\times\frac{1}{1.5X_{LK0}}}>\sqrt{\frac{9X_{LK0}}{3}\times\frac{1}{1.5X_{LK0}}}=\sqrt{2}$$

根据产生谐振的条件判断，有可能产生 2、3、5 次高频谐振。实验表明，在严重情况下，高频谐振与基频的叠加，能使过电压幅值达到 $2.5U_{ph}$ 以上。

四、中性点直接接地或经消弧线圈接地系统的断线谐振

在中性点接有消弧线圈的补偿网络中，当电源侧或负载侧断路器在操作时拒动，都可能形成谐振回路，图 10-4-4 为一相连接的情况。如图所示虽是三相形式，实质是单相图，在电路中因消弧线圈电感 L 远小于变压器励磁电感 L_K，所以谐振主回路中 L_K 是主要的，L 只起连接的作用。因而，不论消弧线圈原来是欠补偿还是过补偿，当负载变压器处在空载或轻载运行时，断路器拒动（或断线）的结果可能激发起谐振，出现过电压。若负载变压器带着有功负荷，相当于在铁心电感 L_K 上并联一个电阻，就能抑制谐振的产生。

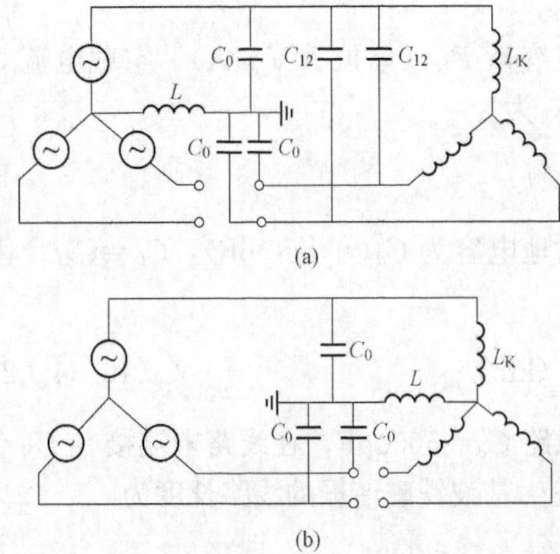

图 10-4-4　补偿网络中电源侧或负载侧断路器拒动时的谐振主回路
（a）电源侧；（b）负载侧

在中性点直接接地的 110kV 和 220kV 系统中，有时也会因断线、断路器拒动或不同期操作引起铁磁谐振，造成绝缘事故。尤其是保护分级绝缘变压器中性点的避雷器，因其额定电压低，常在谐振过电压下动作而爆炸。

限制断线过电压的措施通常有：

（1）不采用熔断器，保证断路器不发生非全相拒动，尽量使三相同期；

(2) 加强线路的巡视和检修，预防发生断线；

(3) 若断路器操作后有异常现象，可立即复原，并进行检查；

(4) 在中性点接地的系统中，操作中性点不接地的负载变压器时，应将变压器中性点临时接地，如图 10-2-8 所示。此时，负载变压器未合闸相的电位被三角连接的低压绕组感应出来的恒定电压所固定，不会谐振。但在中性点不接地的电网中，这种方法却不能消除谐振，图 10-4-5 为在中性点不接地的电网中负载变压器中性点直接接地后的谐振主回路。

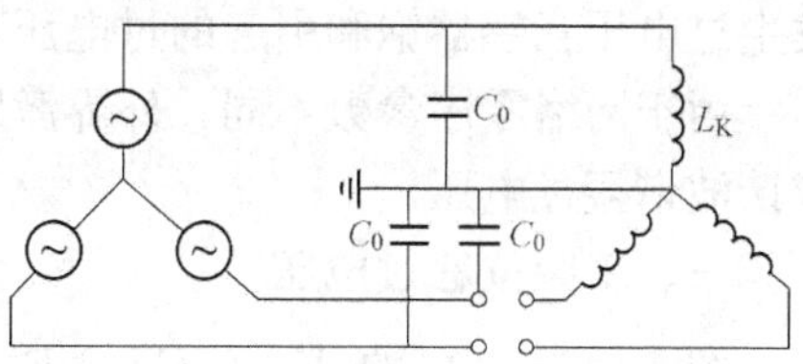

图 10-4-5　负载变压器中性点直接接地后的谐振主回路

第五节　电磁式电压互感器饱和引起的过电压

在中性点不接地系统中，为了监视绝缘（三相对地电压），发电厂、变电站母线上常接有 YN 接线的电磁式电压互感器。于是，网络对地参数除了电气设备和导线（或母线）对地电容 C_0 之外，还有电压互感器的励磁电感 L，如图 10-5-1 所示。正常运行时，电压互感器（简称压变）的励磁阻抗是很大的，所以网络对地阻抗仍呈容性，三相基本平衡，系统中性点 N 的位移电压甚小。但当系统中出现某些扰动，使电压互感器三相电感饱和程度不同时，电网中性点就有较高的位移电压，也可能激发起谐波谐振过电压。

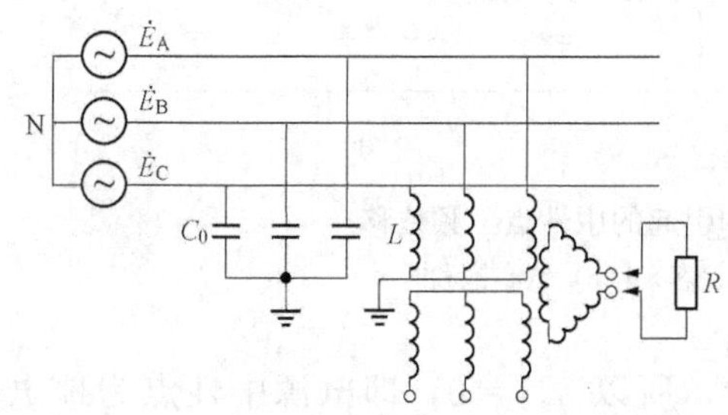

图 10-5-1　带有 Y_0 接线电压互感器的三相回路

常见的使电压互感器产生严重饱和的情况有：①电压互感器的突然合闸，使某一相或两相绕组内出现巨大的涌流；②由于雷击或其他原因，线路瞬间单相弧光接地，使健全相电压突然升至线电压，而故障相在接地消失时又可能有电压的突然上升，在这些暂态过程中还会出现很大涌流；③传递过电压，例如高压绕组侧发生单相接地或不同期合闸，低压侧有传递过电压使电压互感器铁心饱和。

由于电压互感器三相电感饱和程度不等，会出现互感器的一相或两相电压升高，也可能三相电压同时升高，即三相导线对地电压发生了变化。与此同时，由发电机正序电动势所决定的电源变压器绕组的电动势 E_A、E_B 和 E_C 则维持不变。因而，整个电网对地电压的变动表现为电源中性点 N 的位移。所以，这种电压升高的现象称为电网中性点的位移过电压。

既然中性点位移过电压是由零序电压引起的，只决定于零序回路的参数，所以可以判定，导线的相间电容、改善功率因数用的电容器组、电网内负载变压器及其有功和无功负荷对这种过电压都不起任何作用，因为它们都是接在相间的，而线电压由电源所固定是不变的，所以这些参数在图 10-5-1 中均未列入。

若电源中性点直接接地，则互感器绕组分别与各相电源电动势连接，电网内各点电位被固定，也就不会出现中性点位移过电压了。

在中性点经消弧线圈接地的情况下，由于消弧线圈的电感 L_Q 远比互感器的励磁电感 L 为小，零序回路中 L 被 L_Q 所短接，所以 L 的变化不会引起过电压。

但是，在中性点直接接地或经消弧线圈接地的系统中，由于操作不当，也会临时形成局部电网以中性点不接地的方式运行。因这种原因，我国 154kV 及以下的所有电网中，都曾发生过电压互感器饱和引起的过电压现象。

由于网络零序参数不同，外界激发条件不同，电压互感器饱和可以引发工频位移过电压或谐波谐振过电压。

一、工频位移过电压

图 10-5-1 中的 $\dot{E}_A$、$\dot{E}_B$、$\dot{E}_C$ 为三相对称电源电动势，为了简明起见，改画如图 10-5-2（a）所示。当铁心电感不饱和时（正常运行），电压互感器的感抗 X_L 与导线对地容抗 X_{C0} 并联后等效为容抗，对应于等效电容 C'。而当网络遭受干扰，例如 B、C 两相互感器的铁心可能出现饱和而使感抗下降时，$X_L < X_{C0}$，两者并联后仍是感抗，对应于等效电感为 L'。此时，B、C 相对地导纳 Y_B、Y_C 为感性，A 相导纳 Y_A 为容性［见图 10-5-2（b）］。以 E_0 表示中性点 N 对地的电位升，按基尔霍夫电压定理得

$$\dot{E}_0 = -\frac{\dot{E}_A Y_A + \dot{E}_B Y_B + \dot{E}_C Y_C}{Y_A + Y_B + Y_C} \tag{10-5-1}$$

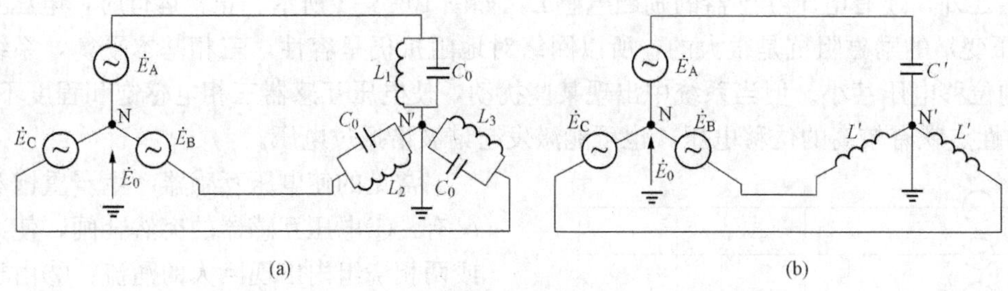

图 10-5-2 电压互感器饱和引起的中性点工频位移

（a）铁心未饱和时（正常运行状态）；（b）铁心饱和时

当 $Y_A = Y_B = Y_C$ 时，因 $\dot{E}_A + \dot{E}_B + \dot{E}_C = 0$，所以 $\dot{E}_0 = 0$，即电源中性点为地电位。现 $Y_B = Y_C = \frac{1}{j\omega L'}$，而 $Y_A = j\omega C'$，所以 $\dot{E}_0$ 必然存在，中性点必然有位移。假设 $L_2 = L_3$，则

$$E_0 = -\dot{E}_A \frac{\omega C' + \frac{1}{\omega L'}}{\omega C' - \frac{2}{\omega L'}} \tag{10-5-2}$$

从上式分母判断，似乎在 $\omega C' = \frac{2}{\omega L'}$ 时，$E_0 \to \infty$，就会发生谐振，其实不然，因 L' 和 C' 均为 E_0 的函数，而谐振时，不仅电感元件上的电压会升高，而且电容元件上的电压必定要高于电感元件上的电压。这样，C' 也就不存在了，因 C' 上的电压高到一定值后，就自动转为 L'，串联谐振回路也随之消失。当电压互感器两相饱和，使电网中性点出现 E_0 时，三相电压怎样平衡？E_0 值多大？此问题可借助电路定理，用矢量图定性说明之。如图 10-5-3（a）所示，若 E_0 值小于 E_A，在电压三角形之内，按式（10-5-2）知 $\dot{E}_0$ 与 $\dot{E}_A$ 反向，所以图中 N′N 即为 $\dot{E}_0$，相应的三相对地电压为 $\dot{U}_A$、$\dot{U}_B$ 和 $\dot{U}_B$，而电流 $\dot{I}_B$ 和 $\dot{I}_C$ 为感性，滞后 $\dot{U}_B$ 和

$\dot{U}_C$，$\dot{I}_A$为容性，超前$\dot{U}_A$，于是$\dot{I}_A+\dot{I}_B+\dot{I}_C\neq 0$。所以，N′点是不能在电压三角形之内的。将N′点移至三角形之外，如图10-5-3（b）所示。在此情况下，可有$\dot{I}_A+\dot{I}_B+\dot{I}_C=0$，三相电路可以平衡。并伴随有两相（饱和相）对地电压升高，一相（非饱和相）降低的现象。这与网络单相接地时出现的现象相仿，但实际上并不是接地，所以称为虚幻接地现象。显然，位移电压愈高，相对地过电压愈高。各相对地电压为

$$\left.\begin{aligned}\dot{U}_A&=\dot{E}_0+\dot{E}_A\\ \dot{U}_B&=\dot{E}_0+\dot{E}_B\\ \dot{U}_C&=\dot{E}_0+\dot{E}_C\end{aligned}\right\}\qquad(10-5-3)$$

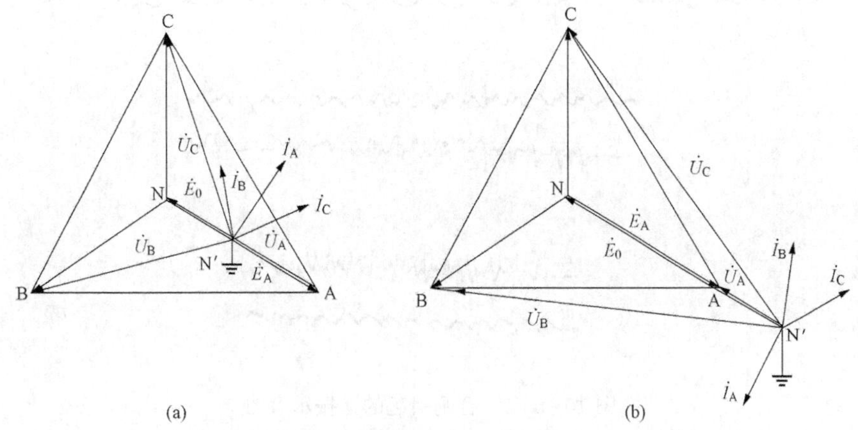

图10-5-3　中性点有位移电压时的三相电压、电流矢量图

(a) N′点在电压三角形之内；(b) N′点在电压三角形之外

扰动使互感器铁心饱和是随机的，所以出现虚幻接地时，哪一相是零电位（低电压）也是随机的。

虚幻接地现象是电压互感器饱和引起的工频位移过电压的标志。

二、谐波谐振过电压

由于电网电源是三相工频对称电动势，不存在谐波分量，即分析谐波谐振时，图10-5-2（a）中的$\dot{E}_A$、$\dot{E}_B$和$\dot{E}_C$均为零，等效电路可转化为如图10-5-4所示。L为电压互感器铁心电感，G为电感非线性效应形成的等效谐波发电机，C为网络对地电容。显然，这是个串联谐振回路。当线路很长，C很大，或者互感器的励磁电感L很大，回路的自振角频率ω_0很低时，有可能产生分频（通常为$\frac{1}{2}$次）谐振过电压；反之，当线路很短，C很小，或者互感器的励磁电感很小（如铁心质量差或电网中有很多台电压互感器），自振角频率很高时，就有可能产生高频谐振过电压。当然，会不会产生谐振尚与激发条件有关。

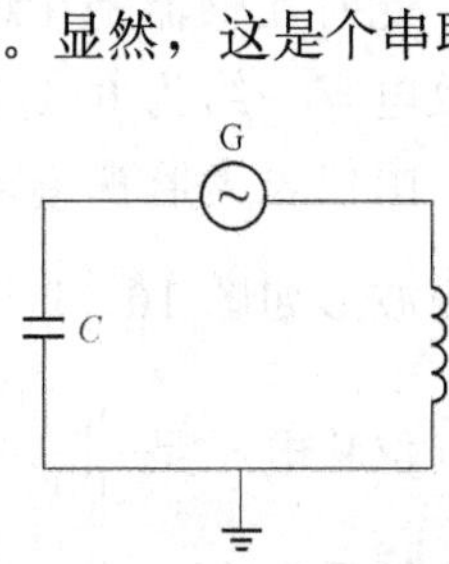

图10-5-4　谐波谐振

产生谐波谐振时，电源中性点的位移电压是谐波电压，不是工频。设谐波谐振时电网零序电压（谐波电压）的有效值为U_0，电源工频电动势的有效值为

E，则三相对地电压的有效值 U_X 为

$$U_X = \sqrt{U_0^2 + E^2} \qquad (10-5-4)$$

所以，出现谐波谐振的特点是三相对地电压同时升高。

图 10-5-5 列出了分次谐波、2 次谐波和 3 次谐波谐振过电压的波形图。从大量的试验得知，这些谐波谐振可能长久自保持，也可能持续一段时间后，自行消失，图 10-5-5 中分次谐波谐振就是一例。

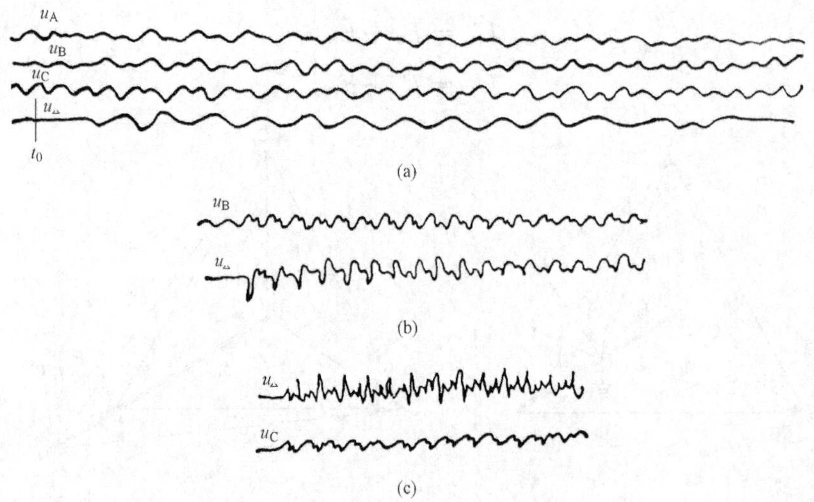

图 10-5-5　合闸引起的谐振示意图

(a) 分次谐波（母线侧），t_0 为合闸时间；(b) 2 次谐波（母线侧）；(c) 3 次谐波（互感器侧）

附带指出，电压互感器饱和引起的中性点工频位移或谐波谐振，显然都会使网络出现零序电压，只是零序电压的频率不同而已。电压互感器的开口三角绕组是专门为反映零序电压而设置的，所以开口三角绕组能全面反映电压互感器饱和引起过电压的零序电压的大小和频率。图 10-5-5 中的 $u_\triangle$ 就是在开口三角绕组端录得的波形。

举例：某变电站有两台并联的电压互感器，三个绕组的变比为 $\frac{35\,000}{\sqrt{3}}\Big/\frac{100}{\sqrt{3}}\Big/\frac{100}{3}$，测得线电压下并联励磁感抗 $X_{Le}=585\text{k}\Omega$（因为中性点不接地系统允许单相接地运行 2h，此时互感器是在线电压下工作的）。线路长 15.37km，每相对地自部分电容（包括杂散电容）约为 0.1μF，相应的 $X_{C0}=31.5\text{k}\Omega$。运行中，当线路落雷后，往往激发谐振，由仪表盘监视得知三相对地电压同时升高至 27kV，开口三角绕组电压 $U_\triangle$ 为 90V。实测波形如图 10-5-6 所示。由 $u_\triangle$ 可知，是 $\frac{1}{2}$ 次分频谐振。由 $U_\triangle=90\text{V}$ 可知高压侧中性点位移电压是 $\frac{90}{100}\times\frac{35\,000}{\sqrt{3}}\text{V}$，而相对地电压 $U_X=\sqrt{1+0.9^2}\times\frac{35}{\sqrt{3}}=27$（kV）。这与实测结果完全一致。

由实验知道，三相电路中分频谐振的频率总是电源频率的一半，而不像单相回路中最易产生 $\frac{1}{3}$ 次谐波谐振，并且 $\frac{1}{2}$ 次分频谐振的频率也并非严格等于电源的 $\frac{1}{2}$，而是稍小一些，一

般在电源频率一半的 96%～100%范围内（即 24～25Hz），这与三相电路的拓扑结构有关。由于分频谐波的频差现象，配电盘上的表计指示有抖动或以低频来回摆动现象。

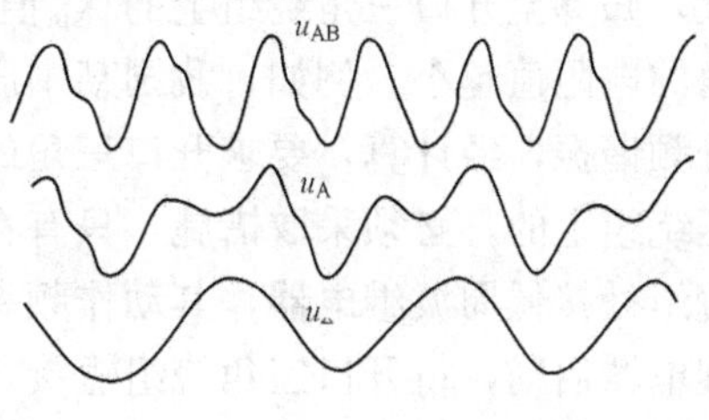

图 10-5-6 35kV 电压互感器的分次谐波谐振示波图

三、限制措施

实测记录表明，工频位移过电压和高频谐振过电压的幅值很少超过 $3U_{ph}$，故除非有弱绝缘设备，一般是安全的。分频谐振由于频率为工频的一半，互感器的励磁阻抗下降一半，又因铁心元件的非线性，使励磁电流大大增加，甚至可达额定励磁电流的百倍以上，互感器将工作在严重饱和的状态。此时虽然过电压被限制了（一般不超过 $2U_{ph}$），但由于分频谐振的大电流持续时间很长，会烧坏互感器的熔丝，会使互感器因严重过热而冒油，甚至爆炸。从危害性来说，分频谐振过电压是最大的。

在中性点不接地系统中，可采用下列措施限制电压互感器饱和过电压。

1. 选用励磁特性较好的电磁式电压互感器，或只用电容式电压互感器

在电网运行中，尚应注意到供绝缘监视用的电压互感器台数应减少到最低限度。因电压互感器并联运行的台数越多，需采取限制过电压的措施也越多。

2. 在零序回路中加阻尼电阻

电压互感器开口三角绕组为零序电压绕组，在此绕组的两端接上电阻 R（见图 10-5-1），相当于在互感器高压侧 YN 接线绕组上并联电阻，而这电阻只有在电网有零序电压时才起作用，正常运行时是不起作用的。也就是，零序电压绕组所接的 R 不会在正常运行时消耗电能，只在互感器饱和过电压时才起作用，这正是我们需要的。

显然，R 值越小，在励磁电感 L 上并联的电阻就越小，当 R 小于一定值时，网络三相对地参数基本上由等效电阻决定，L 的减小就不会引起明显的中性点位移。若 $R=0$，即开口三角绕组短接，则 L 为互感器漏感，三相相等，电压互感器饱和过电压也就不存在了。

但中性点不接地电网是允许单相接地运行两小时的，此时开口三角绕组亦有较高的电压，若 R 长期接着，阻值很小，会烧毁电压互感器。所以，开口三角绕组接 R 时，既要满足消除饱和过电压的要求，又要保证单相接地时不超过互感器的容量允许范围。

通过模拟试验，可得出在不同参数条件下，消除饱和过电压所需开口三角电阻的上限值，其结果是消除分频谐振的电阻值最小，工频位移过电压次之，高频谐振最大。因此，只要满足分频谐振所需的电阻值，则其他两种也就同时满足了。

GB/T 50064—2014《交流电气装置的过电压保护和绝缘配合设计规范》建议：在电压互感器的开口三角形绕组装设阻值 $R\leqslant\dfrac{X_m}{K_{13}^2}$ 的电阻。其中，X_m 为电压互感器在线电压下的单相绕组的励磁电抗值，K_{13} 为互感器一次绕组与开口三角形绕组的变比。显然，若 X_m 为网内每台电压互感器的励磁电抗，则在每台互感器的开口三角上都应接电阻；若 X_m 为网内多台电压互感器的并联值，则只需集中在网内某一台互感器的开口三角绕组上接相应的电阻，但是这样却往往会因阻值过小而增加麻烦。

随着电压等级的增高，电压互感器在线电压下的励磁电抗也随着增大，但变比也随着增

大，归算至开口三角绕组上的X_m值将随变比的平方而减小。因此，电压等级越高，开口三角的电阻值越小。例如，我国某中压网络，共有11台并联运行的电压互感器，曾多次发生分频谐振，经计算，要求开口三角的电阻$R=0.35\Omega$。这样小的电阻是不能长期接在零序电压绕组上的，必须采取措施，只有在分频谐振时接入，其他情况不投入。为此可在开口三角绕组处接低周波继电器，其动作频率整定在34Hz以下，动作电压在18V以上。分频谐振时继电器启动，将开口三角绕组短接，谐振消失，约1s后，继电器自动复归。这种装置的好处是在整个电网中只需要选择一台互感器进行控制，维护管理方便。

我国不少单位制造了专用的消谐器，用来消除不同情况下引起的电压互感器饱和过电压。其原理亦是根据开口三角绕组电压的大小和频率，投入相应的电阻。

对于35kV及以下的互感器来说，为了电阻取材的方便，满足开口三角绕组容量的要求，可考虑在每台互感器开口三角绕组上长期接入普通照明用的白炽灯泡。这利用的是钨丝电阻在冷热状态下电阻值变化很大的特点。例如，500W白炽灯在冷状态下的电阻只有7Ω左右，100V电压作用时的电阻可达70Ω。网络出现谐振前，白炽灯处于冷状态，电阻很小，能抑制谐振产生；单相接地时，$U_{\triangle}=100\text{V}$，电阻消耗功率$P_R=\frac{100^2}{70}\approx143$（W），这是在互感器开口三角绕组容量允许范围内的，不会影响互感器的正常工作。一般地说，35kV电网可接500～1000W的白炽灯，6～10kV电网可接200～500W的白炽灯。

但是，谐振往往是在单相弧光接地消失后产生，在单相接地期间，白炽灯因有电流通过而已发热，电阻显著增大，以致不能消除随后即将发生的谐振（主要是分频谐振），这是使用白炽灯作消谐措施时应注意弥补的缺点。

在网络中加零序电阻，除了在开口三角绕组上接电阻之外，尚可直接在电压互感器高压侧绕组中性点对地接电阻R_0，如图10-5-7所示。显然，R_0不能太小，因这是串联在回路中的，R_0太小，相当于互感器中性点仍然直接接地；R_0越大，越能限制电压互感器饱和过电压，若$R_0\to\infty$，则L不参与零序回路，也就不存在电压互感器饱和引起的过电压问题。但R_0值太大后，网络出现单相接地时，大部分零序电压降落在R_0上，电压互感器开口三角绕组电压将太低，影响保护装置的动作。对于6～35kV电网，一般情况R_0可取20～30kΩ，单相接地时，R_0上的压降不会超过1000V，不影响继电保护的动作，又能限制过电压的产生。R_0的热容量应不小于50W，沿面湿状态耐压应为2000V，时间为10min。

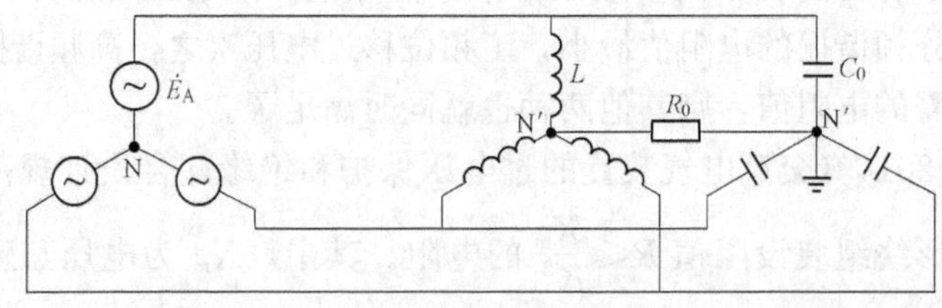

图10-5-7 电压互感器中性点经R_0接地

3. 增大对地电容

由试验知，当网络对地容抗X_{C0}与互感器高压侧在线电压下每相励磁感抗X_{L0}（多台时为并联值）之比满足$\frac{X_{C0}}{X_{L0}}<0.01$时，网络就不会出现电压互感器饱和过电压。个别情况下，在10kV以下网络内装设一组三相对地电容器，或利用电缆代替架空线路来减小X_{C0}值，使之满足上述条件，也可避免谐振。

4. 在判定已产生饱和过电压时，可采取临时措施，消除过电压

临时措施包括将电源变压器中性点临时接地；投入消弧线圈；投入事先规定的某些线路或设备；将互感器的中性点从接地点断开或者干脆切除互感器（应特别注意再投入时，可能重新出现过电压）。

图10-5-8为某电站投入35kV空载母线带两台电压互感器时形成的工频位移过电压的波形。由图清晰可见B、C相对地电压u_B、u_C显著增高，A相u_A却下降至很低值。同时，电压互感器开口三角绕组处反映出零序电压$u_{\triangle}$很高，网络出现虚幻接地现象。当消弧线圈在t_0时投入后，$u_{\triangle}$很快消失，网络三相对地电压恢复正常。

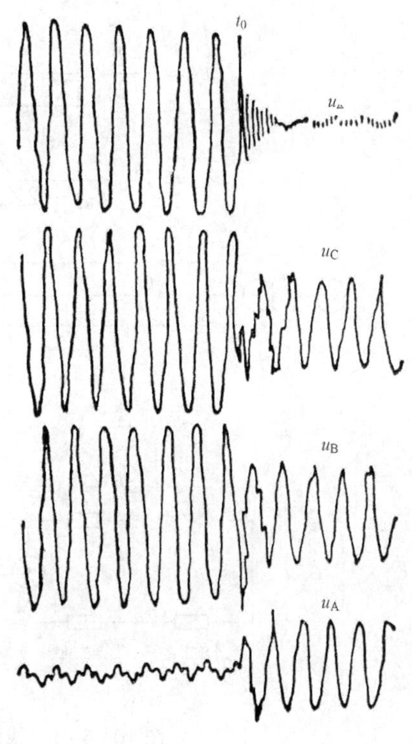

图10-5-8 消弧线圈限制电压互感器饱和过电压的示波图（t_0点投入消弧线圈）

第六节 超高压电网中的谐振过电压

超高压变压器中性点都是直接接地的，电网中性点电位已被固定，若无补偿设备，超高压电网中的谐振过电压是很少的，主要是电容效应的线性谐振和空载变压器带线路合闸引起的高频谐振。

但在超高压电网中往往有串联、并联补偿装置，这些集中的电容、电感元件使网络增添了谐振的可能性，主要有非全相切合并联电抗器时的工频传递谐振，串、并联补偿网络的分频谐振，以及带电抗器空长线的高频谐振等。

一、工频传递谐振

如图10-6-1（a）所示，线路末端接有并联电抗器L，线路首端两相（B、C相）合上，一相（A相）断开，B、C相电压将通过相间电容传递至A相孤立导线，使断开相仍有工频电压，并因有电抗器存在，当参数配合适当时，传递回路将成谐振回路，会在断开相（A相）上出现较高的基频谐振过电压，造成电抗器绝缘事故。

设X_S和X_{S0}为电源系统的正序和零序电抗，Z_{R1}和Z_{R0}为首端向终端看去的正序和零序阻抗，与图10-6-1（a）相应的等效电路如图10-6-1（b）所示。将图中m点打开，得其端电压为$\frac{\dot{E}_B+\dot{E}_C}{2}=-\frac{\dot{E}_A}{2}$，按等效发电机原理可画出图10-6-1（c）所示的单相等效电

路，求得未合闸相（A 相）的首端电压

$$\dot{U}_A = \frac{-\dot{E}_A}{2} \frac{\frac{Z_{R0} - Z_{R1}}{3}}{\frac{jX_S + Z_{R1}}{2} + \frac{j(X_{S0} - X_S)}{3} + \frac{Z_{R0} - Z_{R1}}{3}}$$

$$= \dot{E}_A \frac{Z_{R1} - Z_{R0}}{Z_{R1} + 2Z_{R0} + j(X_S + 2X_{S0})} \tag{10-6-1}$$

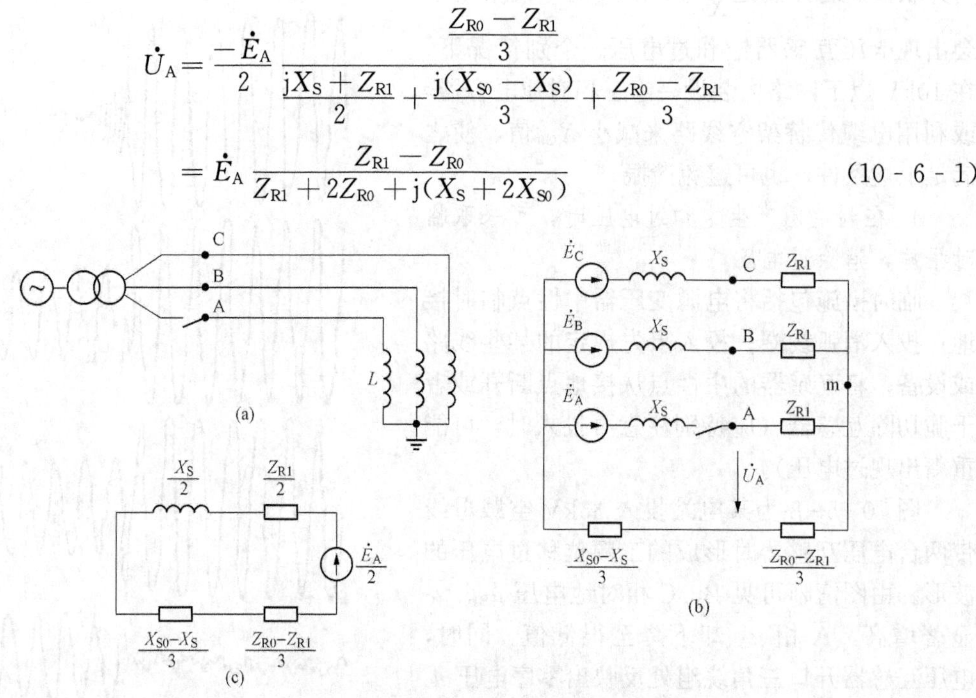

图 10-6-1　线路带并联电抗器的非全相运行

（a）接线示意图；（b）三相等效电路图；（c）单相等效电路图

设线末电抗器的正序和零序感抗为 X_L 和 X_{L0}，线路正序和零序波阻为 Z_1 和 Z_0，并略去线路损耗，线路的正序和零序相位系数为 α_1 和 α_2，线路长度为 l，则

$$\left.\begin{aligned} Z_{R1} &= jZ_1 \frac{\sin\alpha_1 l + \frac{X_L}{Z_1}\cos\alpha_1 l}{\cos\alpha_1 l - \frac{X_L}{Z_1}\sin\alpha_1 l} = jZ_1 \tan(\lambda_1 + \varphi_L) \\ Z_{R0} &= jZ_0 \frac{\sin\alpha_0 l + \frac{X_{L0}}{Z_0}\cos\alpha_0 l}{\cos\alpha_0 l - \frac{X_{L0}}{Z_0}\sin\alpha_0 l} = jZ_0 \tan(\lambda_0 + \varphi_{L0}) \end{aligned}\right\} \tag{10-6-2}$$

$$\varphi_L = \tan^{-1}\frac{X_L}{Z_1}, \varphi_{L0} = \tan^{-1}\frac{X_{L0}}{Z_0}, \lambda = \alpha_1 l, \lambda_0 = \alpha_0 l_0$$

若电源容量足够大，可忽略 X_S 和 X_{S0}，则式（10-6-1）可改写为

$$\dot{U}_A = \dot{E}_A \frac{Z_{R1} - Z_{R0}}{Z_{R1} + 2Z_{R0}} = \dot{E}_A \left[1 - \frac{3}{2 + \frac{Z_1 \tan(\lambda_1 + \varphi_L)}{Z_0 \tan(\lambda_0 + \varphi_{L0})}}\right] \tag{10-6-3}$$

为使物理概念清晰，在粗略计算时，可忽略导线的电感，即线路用对地电容 C_0 和相间电容 C_{12} 代替，如图 10-6-2（a）所示。图中 X_{12} 是计算电抗，它的大小满足化为星形接法后与 X_{L0} 的并联值等于电抗器的正序感抗 X_L，即

$$\frac{1}{X_L} = \frac{1}{X_{L0}} + \frac{3}{X_{12}}$$

可得

$$X_{12}=\frac{3X_{L0}X_L}{X_{L0}-X_L} \tag{10-6-4}$$

三个单相电抗器的正序感抗等于零序感抗，故 X_{12} 趋于无穷大，相当于开路。对于三相电抗器，$X_{L0}<X_L$，故 X_{12} 为负值，相当于容抗，即增大了相间电容。

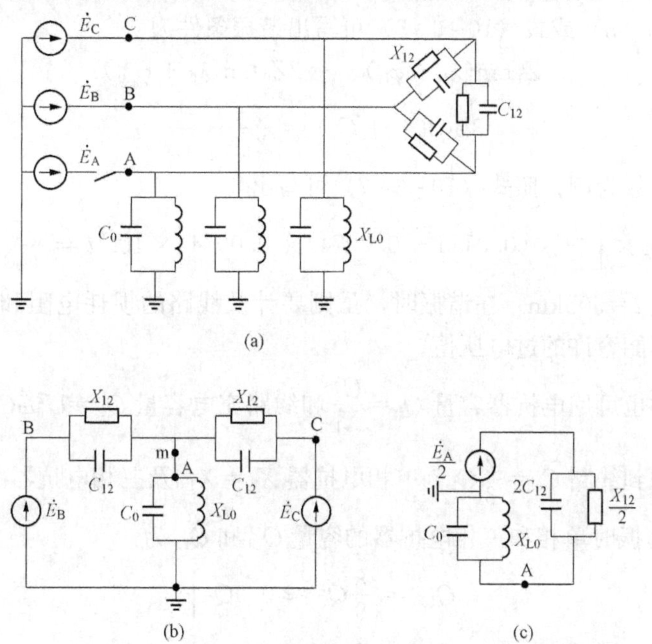

图 10-6-2　线路带并联电抗器非全相运行（粗略估算用）

(a) 三相电路；(b) 三相等效电路；(c) 单相等效电路

考虑到图 10-6-2 (a) 中 B、C 两点电位被 $\dot{E}_B$ 和 $\dot{E}_C$ 所固定，所以在图 10-6-2 (b) 中没有将连接 B、C 点间的 C_{12} 和 X_{12}，以及 B、C 点对地的 C_0 和 X_{L0} 画出。将图 10-6-2 (b) 中 m 点打开，其断口电压为 $-\frac{\dot{E}_A}{2}$，按等效发电机原理可转化为图 10-6-2 (c) 所示的电路。

显然，未合闸相（A 相）电压

$$\dot{U}_A=-\frac{\dot{E}_A}{2}\frac{j\omega 2C_{12}+\frac{2}{jX_{12}}}{j\omega 2C_{12}+\frac{2}{jX_{12}}+\frac{1}{jX_{L0}}+j\omega C_0}$$

$$=-\dot{E}_A\frac{\omega C_{12}-\frac{1}{X_{12}}}{\omega(2C_{12}+C_0)-\frac{2}{X_{12}}-\frac{1}{X_{L0}}}$$

$$=-\dot{E}_A\frac{\frac{X_L}{X_{L0}}-1+3X_L\omega C_{12}}{3X_L\omega(2C_{12}+C_0)-2-\frac{X_L}{X_{L0}}} \tag{10-6-5}$$

例如，某 330kV 线路，长 275.5km，正序、零序及相间的电容为

$$C_1 = C'_1 l = 0.0111 \times 275.5 = 3.06(\mu\text{F})$$
$$C_0 = C'_0 l = 0.00737 \times 275.5 = 2.03(\mu\text{F})$$
$$C_{12} = C'_{12} l = \frac{C_1 - C_0}{3} = \frac{1.03}{3}(\mu\text{F})$$

三相电抗器的 $X_L=1400\Omega$、$X_{L0}=700\Omega$，代入式（10-6-5），得 $U_A=3.65E_A$。

根据式（10-6-3）或式（10-6-5）可写出谐振条件为

$$Z_1 \tan(\lambda_1 + \varphi_L) = -2Z_0 \tan(\lambda_0 + \varphi_{L0}) \tag{10-6-6}$$

或

$$3\omega(2C_{12} + C_0) = \frac{2}{X_L} + \frac{1}{X_{L0}} \tag{10-6-7}$$

仍以上述线段的参数为例，照式（10-6-7）可写出

$$3 \times 314 \times \left[\frac{2}{3} \times (0.0111 - 0.0074) + 0.0074\right] \times 10^{-6} l = \frac{2}{1400} + \frac{1}{700}$$

计算可得谐振长度 $l=305$km。在谐振时，虽则要计及线路的损耗电阻和电抗器的磁饱和效应，但仍将达到不能容许的过电压值。

上述谐振条件也可用电抗器容量 $Q_L=\frac{U_e^2}{X_L}$ 和线路充电容量 $Q_C=U_e^2\omega C_1$ 表示，U_e 为网络标称线电压。考虑到线路 $C_0=\frac{2}{3}C_1$，单相电抗器 $X_L=X_{L0}$ 及三相电抗器的 $X_L=2X_{L0}$，由式（10-6-7）可得谐振时单相和三相电抗器的容量 Q_{L1} 和 Q_{L3} 为

$$\left.\begin{aligned} Q_{L1} &= \frac{8}{9}Q_C \approx 0.9Q_C \\ Q_{L3} &= \frac{2}{3}Q_C \approx 0.7Q_C \end{aligned}\right\} \tag{10-6-8}$$

同理，可得两相（B、C 相）开断时的首端电压和谐振条件。

开断相首端电压

$$\dot{U}_B = \dot{U}_C = \dot{E}_A \frac{\dfrac{Z_{R0} - Z_{R1}}{3}}{Z_{R1} + \dfrac{Z_{R0} - Z_{R1}}{3}} = \dot{E}_A \frac{Z_{R0} - Z_{R1}}{2Z_{R1} + Z_{R0}} \tag{10-6-9}$$

谐振条件为

$$2Z_1 \tan(\lambda_1 + \varphi_L) = -Z_0 \tan(\lambda_0 + \varphi_{L0}) \tag{10-6-10}$$

或

$$3\omega(C_{12} + C_0) = \frac{1}{X_L} + \frac{2}{X_{L0}} \tag{10-6-11}$$

由上例参数计算谐振长度为 443km。

两相断开，谐振时相应的电抗器容量为

$$\left.\begin{aligned} Q_{L1} &= \frac{7}{9}Q_C \approx 0.78Q_C \\ Q_{L3} &= \frac{7}{15}Q_C \approx 0.47Q_C \end{aligned}\right\} \tag{10-6-12}$$

由此可知，在实际线路中，谐振是有可能产生的，要求设计人员事先考虑这一因素，适当选择电抗器容量，避开谐振区域。

另外，要考虑非全相运行时的工频电压传递问题。根据式（10-6-3）和式（10-6-9）

可知，防止工频传递的条件，即断开相首端电压为零的条件为

$$Z_{R1} = Z_{R0} \tag{10-6-13}$$

或改写成

$$Z_1\tan(\lambda_1 + \varphi_L) = Z_0\tan(\lambda_0 + \varphi_{L0})$$

在作近似计算时，由式（10-6-5）得

$$\omega C_{12} = \frac{1}{X_{12}} \tag{10-6-14}$$

或者写成

$$X_{L0} = \frac{1}{\dfrac{1}{X_L} - 3\omega C_{12}} \tag{10-6-15}$$

满足式（10-6-14）的含义是：相间互电容的容抗$\dfrac{1}{j\omega C_{12}}$与电抗器的等效相间感抗 jX_{12}组成并联谐振，使相间参数呈现开路状态，电压传递和谐振现象就不可能发生了，开断相的电压也就降为零。这是一种简易的补偿接线方式。

为了满足式（10-6-14），由式（10-6-4）知，应有 $X_{L0}>X_L$ 的条件。这对三相或三个单相电抗器组本身是不可能的。目前广泛采用的办法是在电抗器中性点经小电抗 X_n接地，如图 10-6-3 所示。此时，式（10-6-15）中的 X_{L0}应代以 $X_{L0}+3X_n$，因而有

$$X_n = \frac{1}{3}\left(\frac{X_L}{1-3\omega C_{12}X_L} - X_{L0}\right) = \frac{X_L^2}{\dfrac{1}{\omega C_{12}} - 3X_L} + \frac{X_L - X_{L0}}{3} \tag{10-6-16}$$

例如，上述线路 $C_{12}=\dfrac{1.03}{3}\mu F$，当三个单相电抗器的 $X_L=X_{L0}=1400\Omega$，由式（10-6-16）得 $X_n=390\Omega$；当三相电抗器的 $X_L=2X_{L0}=1400\Omega$，则 $X_n=620\Omega$。

对 330kV 线路的计算和模拟试验表明，在电抗器中性点上加装 400Ω 左右的小电抗后，单相和两相断开时的传递电压下降到额定电压的 40%以下。

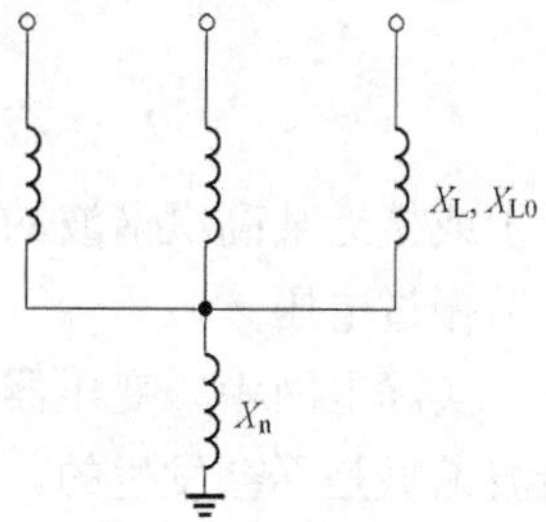

图 10-6-3 电抗器中性点接小电抗 X_n

二、分频谐振

如图 10-6-4（a）所示，线路接有串联补偿电容 C 和并联补偿电抗 L。在 L 之后线路上发生接地故障，断路器 QF 跳闸，即成 LC 串联回路，如图 10-6-4（b）所示。因切除故障时，并联电抗器上的电压得以恢复，可能出现较大的涌流，线路 l 上的电压也将有强烈的过渡过程，有可能激发谐振。谐振的性质主要决定于由电抗器 L 的初始值 L_0和电容 C 组成的自振角频率

$$\omega_0 = \frac{1}{\sqrt{L_0 C}} \tag{10-6-17}$$

如将 L_0和 C 用网络补偿度 K_L 和 K_C 表示，即

$$K_L = \frac{1}{\omega L_0 \omega C' l}, K_C = \frac{1}{\omega L' l \omega C}$$

式中，C'和 L'为线路单位长度导线的对地自电容和电感值。则式（10-6-17）经变换后可得

$$\frac{\omega_0}{\omega}=\lambda\sqrt{K_L K_C} \qquad (10-6-18)$$

其中

$$\lambda=\frac{\omega}{1/\sqrt{L'C'}}l=\frac{\omega}{v}l=\frac{\pi}{3\times 10^2}l$$

式中：v 为架空导线的波速，$v=\frac{1}{\sqrt{L'C'}}$。

通常，超高压线路的 $K_L<0.8$，$K_C<0.4$，若 $l=500\text{km}$，则 $\lambda=0.52$，$\frac{\omega_0}{\omega}=0.29$。因此，一般有$\frac{\omega_0}{\omega}<\frac{1}{3}$，这是产生$\frac{1}{3}$次分频谐振的必要条件。

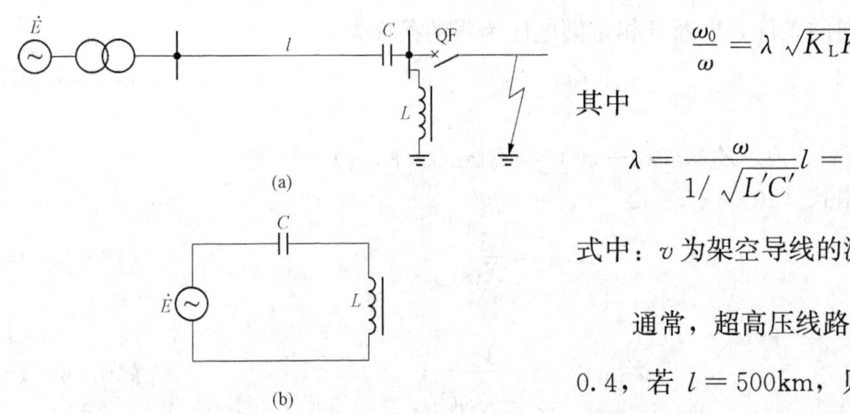

图 10-6-4 串联补偿网络中的分频谐振
(a) 接线示意图；(b) 等效电路图

若将电抗器中性点经百欧级的电阻接地，就可阻尼谐振的产生。

三、高频谐振

如图 10-6-5（a）所示，发电机变压器单元接线带有一条空载线路，在线路投入时，可能产生高频谐振。图 10-6-5（b）为其等效电路，图中 L_S 为电源漏感，L_m为变压器励磁电感，L_1和 C 为线路电感和电容。

通过非线性电感 L_m的励磁电流中除了基波分量之外，必然还包含有一些奇次的高频谐波分量。电路线性部分的自振角频率

$$\omega_0=\frac{1}{\sqrt{(L_S+L_1)C}}$$

小于或接近某高次谐波的角频率 $n\omega$，则可能产生 n 次高频率谐振，电网中将出现较高的奇次谐振过电压。

实际电网中，变压器常有三角形接线的绕组，它对 3 次谐波来说是短路绕组。所以 3 次谐波谐振是不会发生的，只有 5 次或更高次的谐波引起的奇次高频谐振过电压，其中以 5 次谐波谐振的可能性最大。

图 10-6-5（a）的接线也可能产生偶次，主要是 2 次谐波谐振。但变压器励磁电流中没有偶次谐波，所以高频谐振中偶次谐波谐振与奇次谐波谐振的产生机理是完全不同的。产生偶次谐波谐振是因为非线性含铁电感在交流电压作用下，电感发生着周期性的变化。而电感的变化频率又是电源频率的偶次倍，在一定的回路参数配合下，就可能出现偶次谐波谐振。例如，当变压器励磁电感以电源的四倍频率变化时，就有可能出现 2 次谐波谐振。这种谐振属于自参数谐振性质，具有“自激”的特点。

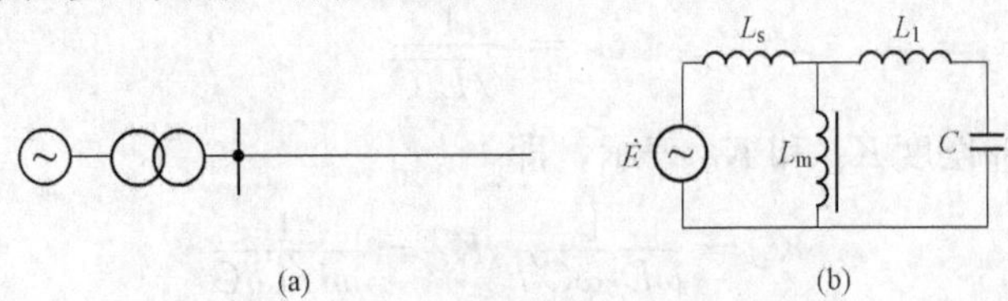

图 10-6-5 单电源带空线等值电路
(a) 接线示意图；(b) 等效电路图

当变压器以外的电路在 100Hz 时的电抗呈容性，并近似地等于变压器励磁电感在 100Hz 时的感抗值，图 10-6-5（a）接线就可能产生 2 次谐波谐振。

2 次谐波谐振的过电压幅值一般不高，但也要采取一些临时措施，如新投入发电机或切除线路等，以便限制过电压的持续时间。

第七节 参数谐振过电压

在含有周期性变化的电感回路中，当感抗周期性变化的频率为电源频率的偶数倍，并有一定的容抗配合时，可能出现谐振过电压，此即为参数谐振过电压。

一、参数谐振过电压的物理过程

为了阐明参数谐振的物理过程，可参看图 10-7-1 所示最简单的变参数振荡回路。

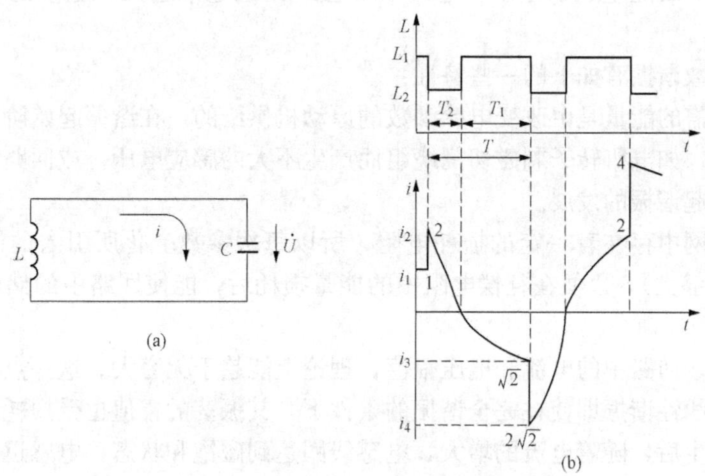

图 10-7-1 参数谐振的发展过程

（a）谐振回路；（b）谐振发展过程

设电感 L 在 $L_1 \sim L_2$ 之间作周期性突变，其周期为 $T=T_1+T_2$，同时 $L_1=2L_2$。而电容 C 的大小与电感的变动周期（T_1+T_2）相适应，即

$$4T_2 = 2\pi\sqrt{L_2C}$$

$$4T_1 = 2\pi\sqrt{L_1C}$$

设 $t=0$ 时，$L=L_1$，$i=i_1=1$。当 L_1 突变至 L_2 时，由于电感线圈中磁链 ψ 不能突变，电流将突变至 i_2，由 $\psi=L_1i_1=L_2i_2$，可得 $i_2=i_1\dfrac{L_1}{L_2}=2i_1$。

电感线圈中前后的储能为

$$W_1 = \frac{i_1^2L_1}{2}$$

$$W_2 = \frac{1}{2}L_2i_2^2 = \frac{1}{2}\frac{L_1}{2}(2i_1)^2 = i_1^2L_1 = 2W_1$$

由此可知，电感的突变使储能立即增倍，此能量是从改变电感参数的原动机的机械能转化而来的。

由于L_2时回路的自振周期为$4T_2$，故经时间T_2，电流将按正弦规律降至零值。此时电感中的磁场储能$W_2=2W_1$将全部转化为电容C中的电能，即$\frac{1}{2}CU^2=2W_1$，使电容C的电压U随之升高。此时，虽然电感由L_2突变升至L_1，但因电感中没有储能，所以回路的能量并不因之发生变化。

由于L_1时的自振周期为$4T_1$，故再过时间T_1，当电流升至负半波幅值i_2时，根据能量不灭定理，应有$\frac{1}{2}L_1i_3^2=W_2=L_1i_1^2$，注意到$i_1=1$，故$i_3=\sqrt{2}i_1=\sqrt{2}$。如果此时电感又突变至$L_2$，相应的电流应为$i_4=2i_3=2\sqrt{2}i_1=2\sqrt{2}$。储能为

$$W_3=\frac{1}{2}L_2i_4^2=\frac{1}{2}\frac{L_1}{2}(2\sqrt{2}i_1)^2=4\times\frac{L_1i_1^2}{2}=4W_1$$

循此以往，回路中的能量越积越多，电流i和电压U也越来越大，这就是参数谐振的发展过程。

由上可知参数谐振有如下的一些特性：

（1）谐振所需的能量是由改变电感参数的原动机供给的。在谐振起始阶段，回路中要具有某些起始扰动，如电机转子剩磁切割绕组而产生不大的感应电压，或回路中的电子热运动电流等，均可激起谐振的发展。

（2）实际电网中存在着一定的损耗电阻，所以每次参数变化所引入的能量应当足够大（即L_1-L_2应足够大），以便在补偿电阻中的能量损耗后，能使回路中的储能愈积愈多，保证谐振的发展。

（3）谐振后，回路中的电流和电压幅值，理论上能趋于无穷大。这一点与线性谐振现象有着显著区别，线性谐振即使在完全谐振的条件下，其振荡的幅值也受损耗电阻所限制。当然，参数谐振发生后，随着电流的增大，电感线圈达到磁饱和状态，电感迅速减小，会使回路自动偏离谐振条件，从而限制了谐振过电压和过电流的幅值。

（4）图10-7-1（b）中的曲线表明，当参数变化频率与电流振荡频率之比等于2时，谐振最易产生。如果比值等于1、$\frac{2}{3}$、$\frac{1}{2}$等，谐振亦可能产生，但随着参数变化频率的减小，能量的引入相应减小，因而难于抵偿回路中的能量损耗，谐振的可能性大为减小。

以上分析电感突变引起的参数谐振是一种理想情况。在实际中，同步电机的电抗是按正弦规律周期变化的，不是突变的，但就参数谐振的特点来说，两者完全一致。

二、发电机的自励磁

电力系统中，水轮发电机正常运行时，其电抗在$X_d\sim X_q$之间呈周期性变化；在异步工作时或在定子磁通变动下的同步工作状态时，无论水轮发电机还是汽轮发电机，它们的电抗在$X_d'\sim X_q$之间周期变化，变化频率均为工频的2倍，如果发电机带有空载线路，其容抗参数与发电机感抗配合得当，就可能引起参数谐振。此时，即使发电机的励磁电流很小，甚至为零，发电机的端电压和电流幅值亦会急剧上升。这种现象称为电机的自励磁。

自励磁现象是工频参数谐振，自励磁的能量由水轮机或汽轮机提供。在各种电压等级的电网中都可能产生自励磁过电压。

设电机两端的外电路由等值的工频容抗X_C和损耗电阻R串联组成。联解同步电机方程和外电路方程，经变换后，可近似求得不稳定的边界曲线，其解析式为

$$\left(X_C-\frac{X_d+X_q}{2}\right)^2+R^2=\frac{(X_d-X_q)^2}{4} \tag{10-7-1}$$

以及

$$\left(X_C-\frac{X'_d+X_q}{2}\right)^2+R^2=\frac{(X'_d-X_q)^2}{4} \tag{10-7-2}$$

此曲线如图 10-7-2 所示。在曲线范围内的 X_C、R 参数，将会引起自励磁。半圆曲线 I 的范围为自励磁的同步区；范围 II 为异步区，其实线和虚线部分分别表示无阻尼绕组和有阻尼绕组时的自励磁区域。

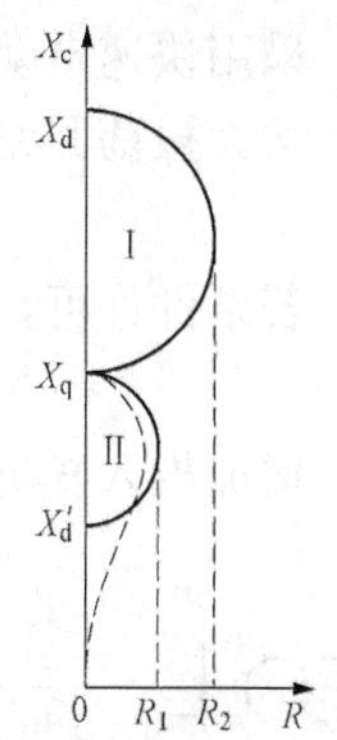

图 10-7-2 自励磁边界曲线

显然，对于凸极机来说，同步和异步自励磁均有可能发生；隐极机的 $X_d=X_q$，故只能发生异步自励磁。

若同步电机经升压变压器连至空载长线，设变压器的漏抗为 X_b，空载长线的入口阻抗是容抗性质的（$-jZ_C\cot\lambda$），则电机两端外电路的阻抗是

$$-jX_C=-jZ_c\cot\lambda+jX_b$$

即

$$X_C=Z_c\cot\lambda-X_b$$

现将电机电抗和变压器漏抗分别用标幺值 $X_d\%$、$X_q\%$和 $X_b\%$表示，并设电机和变压器的容量等于 S_P，线路自然功率为 P_n，标称线电压为 U_e，则同步和异步自励磁的条件分别为

$$X_q\%\frac{U_e^2}{P_n}<Z_c\cot\lambda-X_b\%\frac{U_e^2}{P_n}<X_d\%\frac{U_e^2}{P_n}$$

$$Z_c\cot\lambda-X_b\%\frac{U_e^2}{P_n}<X_q\%\frac{U_e^2}{P_n}$$

也可写成

$$\left.\begin{aligned}\frac{\frac{S_P}{P_n}}{X_q\%+X_b\%}>\tan\lambda>\frac{\frac{S_P}{P_n}}{X_d\%+X_b\%}\\ \tan\lambda>\frac{\frac{S_P}{P_n}}{X_q\%+X_b\%}\end{aligned}\right\} \tag{10-7-3}$$

实验表明，同步自励磁的过电压和过电流上升速度很慢（以秒计），目前采用的自动励磁调节装置具有足够快的调节速度，一般可消除这种自励磁现象。反之，异步自励磁的上升速度极快，自动调节装置来不及加以消除，因此这种过电压比较危险。图 10-7-3 表示了同步自励磁和异步自励磁时定子电流的变化情况。

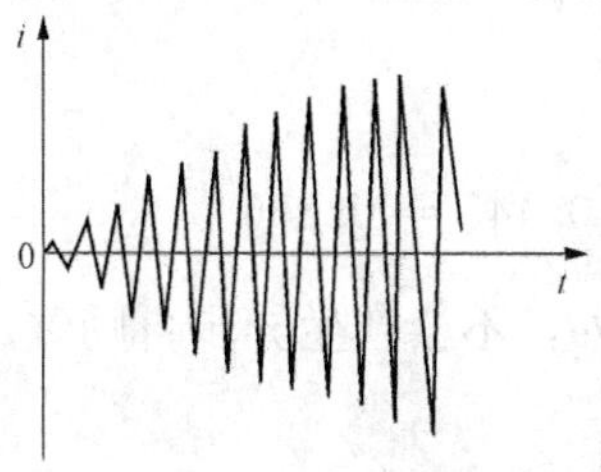

(a)

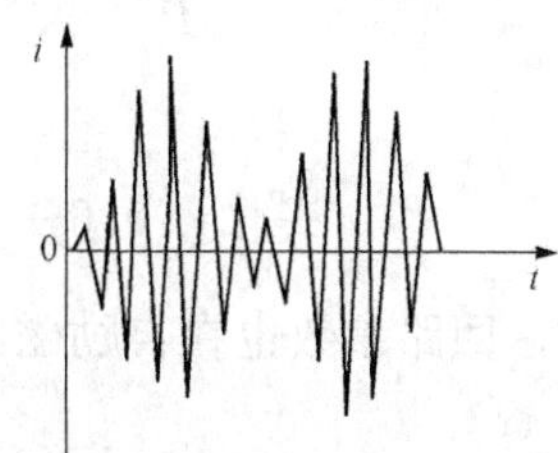

(b)

图 10-7-3 同步和异步自励磁时定子电流的变化情况

(a) 同步自励磁；(b) 异步自励磁

一般认为，考虑到磁饱和效应后，异步自励磁的过电压不会超过（1.5～2.0）U_{ph}。

异步自励磁现象也能在不对称情况下产生。详细的分析表明，若对称运行情况下的自励磁现象已消除，则不会在不对称状态下产生自励磁过电压。

在实际电力系统中可考虑如下的消除自励磁的措施：

（1）采用快速自动调节励磁装置，一般能消除同步自励磁。

（2）增大振荡回路中的阻尼电阻 R，使它大于图 10-7-2 中的 R_1 和 R_2，则可防止自励磁。

（3）若条件许可，空载线路的充电合闸，应在大容量的系统侧进行，不在孤立电机侧进行。

（4）增加投入发电机的数量（即容量），使总的 X_d 和 X_q 小于 X_C，破坏产生自励磁的条件。

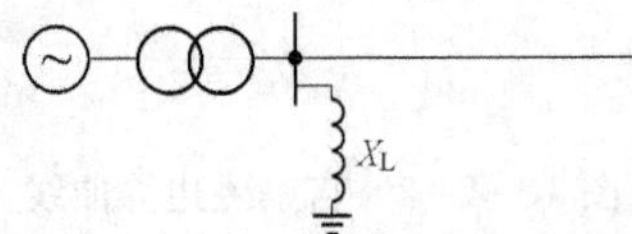

图 10-7-4 并联电抗器接在母线上

（5）在超高压电网中，可在线路侧装并联电抗器 X_L，补偿容抗 X_C，使总的等值容抗大于 X_d 或 X_q。以图 10-7-4 为例，消除同步或异步自励磁的条件分别为

$$X_C = -\frac{X_L \cdot Z_C \cot\lambda}{X_L - Z_C \cot\lambda} - X_b > X_d \text{ 或 } X_q$$

即
$$\frac{1}{X_L} > \frac{\tan\lambda}{Z_c} - \frac{1}{X_d + X_b} \text{ 或 } \frac{1}{X_L} > \frac{\tan\lambda}{Z_c} - \frac{1}{X_q + X_b}$$

令电抗器的三相容量为 $Q_L = \frac{U_e^2}{X_L}$，考虑到 $X_d = X_d\% \frac{U_e^2}{S_F}$，$X_q = X_q\% \frac{U_e^2}{S_F}$，上式可改写为

$$\left.\begin{aligned} \frac{Q_L}{P_n} &> \tan\lambda - \frac{S_F/P_n}{X_d\% + X_b\%} \\ \frac{Q_L}{P_n} &> \tan\lambda - \frac{S_F/P_n}{X_q\% + X_b\%} \end{aligned}\right\} \tag{10-7-4}$$

例如，$l=400$km，$\lambda=24°$，$\tan\lambda=0.445$，$\frac{S_F}{P_n}=0.2$，$X_q\%=0.6$，$X_b\%=0.2$，消除异步自励磁的条件为

$$\frac{Q_L}{P_n} > 0.445 - \frac{0.2}{0.6+0.2} = 0.195$$

若在上例中不装并联电抗器，而是增加投入发电机容量，由式（10-7-3）推知不产生异步自励磁的条件为

$$\frac{S_P}{P_n} > (X_q\% + X_b\%)\tan\lambda$$

于是得

$$\frac{S_P}{P_n} > (0.6+0.2) \times 0.445 = 0.356$$

即 $S_p > 0.356P_n$ 时，回路参数也在自励磁区域之外，不会产生异步自励磁。

习　题

1. 线性 L-C 串联回路接通工频电源，回路阻尼率 $\mu=0.05\omega$，电源电压为 E，角频率 $\omega=314$。分别计算回路参数 $X_C=2.5X_L$ 和 $X_C=X_L$ 时，电容上的稳态电压幅值 U_C。

2. 有一中性点不接地的 110kV 变压器，高压、低压绕组间互电容 $C_{12}=5900\text{pF}$，低压 10kV 侧三相对地电容 $C_2=21\ 000\text{pF}$。在 110kV 侧空载合闸充电，因断路器三相严重不同期，两相滞后较长时间合闸，试计算此过程中变压器 10kV 侧出现的传递过电压。若 10kV 侧接上三相励磁阻抗为 120kΩ 的电磁式电压互感器，则传递过电压有何变化？过电压值可能有多大？

3. 在超高压、特高压电网中，怎样限制潜供电流？说明其原理。

4. 为什么含有非线性电感的 L-C 串联电路会出现多个工作点？试分析电路损耗电阻对工作点的影响。

5. 将表 10-4-1 中序号 1 和 7 的断线图进行简化。推导出简单 L-C 串联等效电路的参数 E、C、L。

6. 环网运行的网络，发生单相断线，会不会引起断线谐振过电压？为什么？

7. 某 35kV 线路长 60km，线路每百千米每相对地自电容为 0.5μF，线末接有励磁电抗为 3kΩ 的变压器，试分析单相断线时是否会产生铁磁谐振。

8. 某 35kV 电磁式电压互感器，在线电压下的高压侧励磁电抗为 2MΩ，高压绕组和开口三角绕组的变化为 $\frac{35\ 000}{\sqrt{3}}:\frac{100}{3}$，计算在开口三角绕组端口上应加多大的电阻才能抑制铁磁谐振的产生？

9. 图 10-6-4 所示系统中，线路波阻为 Z_0，若串补电容的容抗 $X_C=\frac{1}{\omega C}=\frac{1}{3}Z_0$，并联电抗器未饱和时感抗 $X_{L0}=\omega L_0=5Z_0$，当断路器 QF 跳闸切除接地故障后，是否会引起 $\frac{1}{3}$ 次谐波谐振？

10. 某 500kV 系统中，由一台汽轮发电机和变压器带一条 300km 的空载线路，线路波阻为 260Ω，变压器漏抗 $X_b=200\Omega$，发电机 $X_d=2270\Omega$，$X_d'=282\Omega$（均已归算至 500kV）。试计算发电机是否会自励磁？若在线首接 $X_L=1835\Omega$ 的并联电抗器，能否防止自励磁？

第十一章 操作过电压

电力系统中的电容、电感均为储能元件，当操作或故障使其工作状态发生变化时，将有过渡过程产生。在过渡过程中，由于电源继续供给能量，而且储存在电感中的磁能会在某一瞬间转变为电场能量储存于系统的电容之中，所以可产生数倍于电源电压的操作过电压。它们是在几毫秒至几十毫秒之后要消失的暂态过电压。

电力系统中常见的操作过电压有：中性点绝缘电网中的间歇电弧接地过电压，开断电感性负载（空载变压器、电抗器、电动机等）过电压，开断电容性负载（空载线路、电容器组等）过电压，空载线路合闸（包括重合闸）过电压，系统解列过电压以及故障清除过电压和特快速瞬态过电压（VFTO）等。

操作过电压的研究是与电力系统的发展联系在一起的。在初期的中性点绝缘的电网中，单相间歇电弧接地引起的过电压最引人注意。之后，随着线路长度和传输容量的增加，电网标称电压的提高，系统中性点直接接地，开断空载变压器（简称切空变）过电压和开断空载线路（简称切空线）过电压就突出了。由于切空变过电压的能量较少，可用避雷器防护，因而切空线过电压成为高压电网中典型的操作过电压。随着超高压特高压远距离输电线路的建立，又出现了新的情况。因为空载长线的电容效应会引起很大的工频电压升高，在这基础上会出现幅值很高的合闸（重合闸）过电压，而断路器性能的改善及并联电抗器的存在，又使切空线过电压的幅值和出现的概率大大减小，所以在超高压、特高压电网中合闸（重合闸）空载线路过电压成为典型的操作过电压。在特高压电网中，在将操作过电压限制到很低水平时，原本不突显的单相接地故障及故障消除时的瞬态过电压，将会成为限制操作过电压值的底线。

由于电网运行方式、故障类型、操作过程的复杂多样，以及其他各随机因素的影响，往往会给操作过电压的理论分析和计算带来较多困难。目前，对操作过电压的定量分析，大都依靠系统中的实测记录、模拟研究和计算机数值计算来完成。根据过去多年来世界各国对操作过电压的大量实测，认为一般的过电压分布规律近似于正态分布，但也有些测量结果表明，断路器有合闸电阻时的合闸过电压较接近于二重指数（极值）分布。

操作过电压是决定电力系统绝缘水平的依据之一。随着电网电压等级的提高，操作过电压的幅值也随之增大，再加上随着避雷器性能的不断改善，雷电过电压保护的不断完善，在超高压、特高压电网中，操作过电压对某些设备的绝缘选择，将逐渐起着决定性的作用。所以，操作过电压的防护和限制是发展超高压、特高压输电的主要研究课题之一。

目前，我国有关规程规定选择绝缘时计算所用操作过电压值如下：

(1) 相对地绝缘。

35～66kV 及以下（电网中性点经消弧线圈接地或不接地） $4.0U_{ph}$

110～154kV（电网中性点经消弧线圈接地） $3.5U_{ph}$

110～220kV（电网中性点直接接地） $3.0U_{ph}$

330kV（电网中性点直接接地） $2.2U_{ph}$

500kV（电网中性点直接接地） $2.0U_{ph}$

750kV（电网中性点直接接地） $1.8U_{ph}$

1000kV（电网中性点直接接地） $1.6U_{ph}$～$1.7U_{ph}$

（U_{ph}为最高运行相电压幅值）

（2）相间绝缘。35～220kV电压等级电网的相间操作过电压可取对地操作过电压的1.3～1.4倍；330kV，可取1.4～1.45倍；500kV，可取1.5倍；1000kV，可取1.7～1.8倍。

第一节　间歇电弧接地过电压

单相接地是电网的主要故障形式。在中性点不接地的电网中，单相接地并不改变电源变压器三相绕组电压的对称性，并且接地电流一般也不大，不必立即切除故障线路中断对用户的供电。运行人员可借接地指示装置来发现故障并设法找出故障所在及时处理，这就大大提高了供电可靠性。当然，单相接地运行会使非故障相电压升高，但对66kV及以下的电网来说，这不会显著地增加投资。因此，我国66kV及以下电网采用中性点不接地的运行方式。

中性点不接地电网发生单相接地时，通过接地点的电流 $\dot{I}_e$是非故障相对地电容电流的总和，如图11-1-1所示。

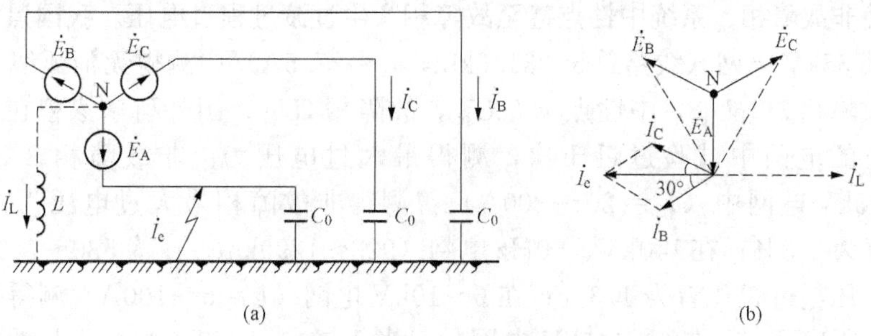

图11-1-1　单相接地电路图及矢量图

（a）电路图；（b）矢量图

设系统标称电压为U_n，取电源电动势 $\dot{E}$ 的有效值为$\frac{U_n}{\sqrt{3}}$，可得

$$I_e = I_B\cos 30° + I_C\cos 30° = 2U_n\omega C_0\cos 30° = \sqrt{3}\omega C_0 U_n \qquad (11-1-1)$$

对于6～66kV架空线路，每相每千米对地自部分电容为5000～6000pF。每米的接地电流可按表11-1-1作粗略估计。三芯电缆的接地电容电流约为架空线路的25倍，单芯电缆约为50倍。

表11-1-1　　单相接地电流的估算值

标称电压（kV）	单相接地电流（mA/m）	
	无避雷线	有避雷线
6	0.02	—
10	0.03	—

续表

标称电压（kV）	单相接地电流（mA/m）	
	无避雷线	有避雷线
20	0.06	—
35	0.10	0.12
66	—	0.20

由表 11-1-1 可知，当一个 10kV 电网的架空线路总长度不超过 1000km，一个 35kV 电网的架空线路总长度不超过 100km 时，它们的单相接地电流 I_e 将分别不超过 30A 和 10A。运行经验证明，此时由于电动力和热空气的作用，接地电弧会被拉长，一般能够在几秒至几十秒内自行熄灭。当电网总长度增大时，I_e 也将增大，此时接地电弧一般不能自熄。但实验证明，不论接地电弧能否自熄，在 I_e 为数安至数百安的范围内，都能产生电弧接地过电压。这是因为接地电流每一次通过零点时，电弧都会有一个暂时性熄灭，而当恢复电压超过其绝缘恢复强度时又会再一次发生对地击穿。当 I_e 很大时，这一暂时性熄弧的时间微不足道，可认为电弧是稳定地燃烧。当 I_e 很小时，由于绝缘强度恢复很快，难以再一次击穿，此时暂时性熄弧可以转变为永久性熄弧。而当 I_e 为数安至数百安时，电弧熄灭后约工频半个周期左右，电弧间隙将会被再次击穿。电弧间隙的每次再击穿，都会引起电网中电磁能的强烈振荡，使非故障相、系统中性点甚至故障相产生过渡过程过电压。我国黑龙江省电力试验研究所在某 35kV 电网（线路总长 231.6km，$I_e=27.5$A）中测得无消弧线圈时的最大过电压为：非故障相 $3.16U_{ph}$，中性点 $1.63U_{ph}$，故障相 $2U_{ph}$。国外科学家曾在 8.6kV（$I_e=$1.1～4.5A）的电网中试验过近千次，测得最大过电压为：非故障相 $3.5U_{ph}$；故障相 $1.8U_{ph}$；在 50kV 电网中（$I_e=20\sim300$A）曾测得非故障相最大过电压为 $3.1U_{ph}$，超过 $2.8U_{ph}$的概率为 3.8%；在 140kV、60Hz 电网（922～1290km，I_e 为 530～740A）中曾测得非故障相过电压超过 $3U_{ph}$者为 1.3%；在 6～10kV 电网（$I_e=5\sim100$A）测得最大过电压为 $3.1U_{ph}$。综上所述可知，在 6～140kV 电网中，当 I_e 在 1.1～740A 时，电弧接地过电压的最大值一般不超过 $3.1U_{ph}$，极个别的可达 $3.5U_{ph}$。

一、物理过程及数学分析

由于产生间歇电弧的具体情况不同，如电弧所处介质（空气、油、固体介质）不同；外界气象条件（风、雨、温度、湿度、气压等）不同，实际的过电压发展过程是极为复杂的。因此，理论分析只不过是对这些极其复杂并具有统计性的燃弧过程进行理想化后作的解释。长期以来，多数研究者认为电弧的熄灭与重燃时间是决定最大过电压的重要因素。以工频电流过零时电弧熄灭来解释间歇电弧接地过电压发展过程的，称为工频熄弧理论。以高频振荡电流第一次过零时电弧熄灭来解释间歇电弧接地过电压发展过程的，称为高频熄弧理论。高频熄弧与工频熄弧两种理论的分析方法和考虑的影响因素是相同的，但与系统实测值相比较，高频理论分析所得过电压值偏高，工频理论分析所得过电压值则较接近实际情况。故此处只阐述用工频熄弧理论解释的间歇电弧接地过电压的发展过程。

假定 A 相电弧接地，三相电源相电压为 e_A、e_B、e_C，线电压为 e_{AB}、e_{BC}、e_{AC}，工频接地电流为 i_e，各相对地电压为 u_A、u_B、u_C。它们的相互关系和波形见图 11-1-2。设 A 相电压在幅值（$-U_{ph}$）时对地闪络，此时 B、C 相对地电容 C_0上的初始电压为 $0.5U_{ph}$。由于 A 相接地，非故障的 B、C 相的对地电压 u_B、u_C 将过渡到新的稳态瞬时值 $1.5U_{ph}$。

由第一章第一节所述 $L-C$ 串联振荡回路的数学解知道，当回路中的电容从初始电压 U_0 过渡到另一稳态电压 U_W时，过渡过程中可能出现的最大电压 U_{max} 可由下式近似求得

$$U_{max}=2U_W-U_0$$

由此得到非故障相对地电压在振荡过程中出现的最高电压为 $2\times1.5U_{ph}-0.5U_{ph}=2.5U_{ph}$。其后，过渡过程很快衰减，B、C 相稳定在线电压 e_{AB} 和 e_{AC} 运行。同时，接地点通过工频接地电流 $\dot{I}_e$。根据图 11-1-1（b）的矢量图，$\dot{I}_e$的相位角比 $\dot{E}_A$滞后 90°。

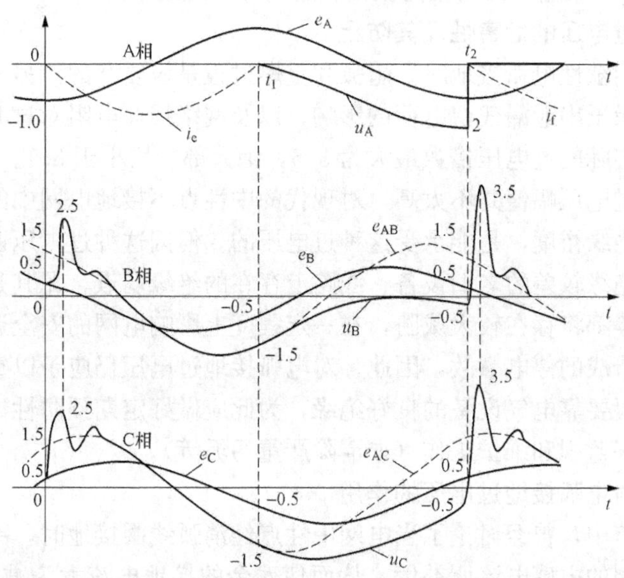

图 11-1-2　间歇电弧接地过电压（工频熄弧理论）

经过半个工频周期（t_1时），B、C 相电压等于（$-1.5U_{ph}$），i_e 通过零点，电弧自动熄灭，即发生了第一次工频熄弧。但在断弧瞬间，B、C 相电压各为（$-1.5U_{ph}$）而 A 相电压为零，此时电网储有电荷 $q=2C_0(-1.5U_{ph})=-3C_0U_{ph}$，这些电荷无处泄漏，将在三相对地自部分电容间平均分配，形成电网中的直流电压分量$\frac{q}{3C_0}=\frac{-3C_0U_{ph}}{3C_0}=-U_{ph}$。所以断弧后，导线对地稳态电压将由各相电源电动势和直流电压（$-U_{ph}$）叠加组成。断弧后的瞬间，B、C 相的电源电动势为（$-0.5U_{ph}$），叠加结果为（$-1.5U_{ph}$），A 相电源电动势为 U_{ph}，叠加结果为零。因此，在断弧后的瞬间，各相电压初始值与瞬间稳态值相等，不会出现过渡过程。

断弧后，A 相对地电压逐渐恢复，再经半个工频周期（t_2 时），B、C 相电压为（$-0.5U_{ph}$），A 相恢复电压则高达（$-2U_{ph}$），这时可能引起重燃。重燃的结果使 B、C 相电压从初始值（$-0.5U_{ph}$）趋于线电压的瞬时值 $1.5U_{ph}$，过渡过程的最高电压达 $2\times1.5U_{ph}-(-0.5U_{ph})=3.5U_{ph}$。过渡过程衰减后，B、C 相仍将稳定在线电压运行。

往后每隔半个工频周期依次发生熄弧和重燃，过渡过程将与上面完全重复，非故障相的最大过电压 $U_{BM}=U_{CM}=3.5U_{ph}$。故障相的最大过电压 $U_{AM}=2U_{ph}$。

附带指出，当电网中为改善功率因数而装有△（或 Y）接线的电容器组时，一般不会产

生严重的间歇电弧过电压。因为在故障相（A相）重燃瞬间，非故障相（B、C相）对A相的相间互电容C_{12}将与各自的导线对地自电容C_0并接在一起，电荷重新分配使得初始电压更接近于稳态电压，从而降低了振荡过电压。如图11-1-2所示，在第一次重燃前（t_2），非故障相C_0上的电压为（$-0.5U_{ph}$），C_{12}上的电压为$1.5U_{ph}$，闪络后两者并联，使起始电压变为

$$\frac{-0.5C_0U_{ph}+1.5C_{12}U_{ph}}{C_0+C_{12}}>-0.5U_{ph}$$

较无C_{12}时更接近于$1.5U_{ph}$，因而振荡振幅和过电压值随之下降。

二、电弧接地过电压的危害性及其防止

实际电网发生间歇性电弧接地时，熄弧和重燃过程是极复杂的。另外，尚应考虑线路相间电容的影响、绝缘子串泄漏残留电荷的影响，以及网络损耗电阻对过渡过程振荡的衰减作用等。如前所述，实际的过电压倍数最大为3.5，绝大部分均小于3.1。

间歇电弧接地过电压幅值并不太高，对现代的中性点不接地电网中的正常设备来说，因为它们具有较大的绝缘裕度，是能承受这种过电压的。但因这种过电压遍及全网，持续时间长，对网内装设的绝缘较差的老旧设备、线路上存在的绝缘弱点，尤其是直配电网中绝缘强度很低的旋转电机等都将存在较大威胁，在一定程度上影响电网的安全运行。我国曾多次发生间歇电弧过电压造成的停电事故，因此，对电弧接地过电压仍应予以重视。防止电弧接地过电压的危害，主要要靠电气设备的良好绝缘，为此应做好定期预防性试验和检修工作，并应在运行中注意做好监视和维护工作（如清除严重污垢等）。

三、消弧线圈对电弧接地过电压的作用

在第五章第六节中，曾经讨论了当电网中性点经消弧线圈接地时，单相接地故障的电容电流可以被消弧线圈的电感电流所补偿，从而使残余的接地电流大为减小，促使电弧自熄，这里分析一下消弧线圈对间歇电弧接地过电压的作用。

如上所述，接地电流每次过零点后，由于恢复电压超过介质恢复强度而多次重复击穿，就会产生较高的过电压。有了消弧线圈之后，恢复电压上升的速度可大为降低，从而对熄弧有利。参看图11-1-3所示的单相等效电路，图中g是考虑消弧线圈的损耗以及导线对地泄漏和电晕等损耗后的等效电导。

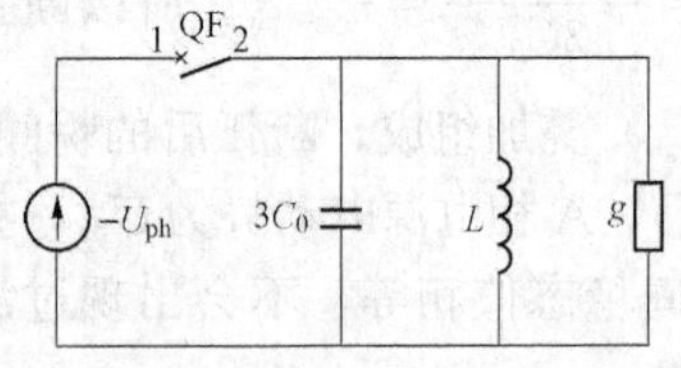

图11-1-3 补偿网络单相接地故障相恢复电压计算图

补偿网络的阻尼率为

$$d=\frac{I_0}{I_{3C}}=\frac{g}{3\omega C_0}$$

消弧线圈的脱谐度为

$$v=1-\frac{\omega_0^2}{\omega^2}$$

式中：ω为电源角频率；$\omega_0=\dfrac{1}{\sqrt{3C_0L}}$为电路自振角频率。

当单相接地电流过零时，电弧熄灭，相当于图11-1-3中断路器QF断开，于是点2的电位以ω_0变化，其变化规律也就是补偿网络中性点电位u_0的变化规律。设电源电压的最大值为U_m，u_0随时间的变化可写成

$$u_0(t)=-U_m e^{-\delta t}\cos(\omega_0 t+\varphi)$$

熄弧后，原故障相的电源电压为

$$e(t)=U_m\cos(\omega t+\varphi)$$

在上两式中 φ 为在电流零值瞬间，由电导 g 所决定的相角，φ 接近于零；$\delta=\frac{g}{6C_0}$ 为等效电路的衰减系数，$\delta=\frac{1}{2}\omega d$。

故障相对地的恢复电压为

$$u_h(t)=e(t)+u_0(t)=U_m[\cos(\omega t+\varphi)-e^{-\delta t}\cos(\omega_0 t+\varphi)]$$

一般补偿网络中的 v 是很小的，所以 $\omega_0=\omega\sqrt{1-v}\approx\omega\left(1-\frac{v}{2}\right)$，上式可改写为

$$u_h(t)=U_m\left[\cos(\omega t+\varphi)-e^{-\frac{\omega dt}{2}}\cos\left(\omega t-\frac{\omega vt}{2}+\varphi\right)\right] \quad (11-1-2)$$

显然，如果是全补偿网络，$v=0$，则故障相的恢复电压仅仅由于泄漏损耗作用使上式衰减项逐渐减小，故障相对地电压才能恢复至相电压，如图 11-1-4（a）所示。由于网络的阻尼率 d 很小，所以，恢复电压上升速度是很缓慢的。当 $v\neq0$ 时，恢复电压呈拍频性质，如图 11-1-4（b）所示，其拍振周期为$\frac{2\pi}{\omega-\omega_0}$，此时恢复电压上升的速度也远较无消弧线圈时（见图 11-1-2）为缓慢。

为了求恢复电压包络线 $u_{hb}(t)$，可将式（11-1-2）改写为复数形式，即

$$u_h(t)=\mathrm{Re}[U_m e^{j(\omega t+\varphi)}(1-e^{-\frac{(d+jv)\omega t}{2}})]$$

将上式中的复数表达式乘以该表达式的共轭量，取实数部分后再开方，即得恢复电压的包络线 u_{hb}（t）

$$u_{hb}(t)=\sqrt{\mathrm{Re}[U_m e^{j(\omega t+\phi)}(1-e^{-\frac{(d+jv)\omega t}{2}})][U_m e^{-j(\omega t+\phi)}(1-e^{-\frac{(d-jv)\omega t}{2}})]}$$
$$=U_m\sqrt{1+e^{-d\omega t}-2e^{-\frac{d\omega t}{2}}\cos\frac{v\omega t}{2}}$$

令$\frac{v}{\mathrm{d}}=S$，上式可写成

$$\left[\frac{u_{hb}(t)}{U_m}\right]^2=1+e^{-d\omega t}-2e^{-\frac{d\omega t}{2}}\cos\frac{Sd\omega t}{2} \quad (11-1-3)$$

图 11-1-5 画出了不同$\frac{v}{\mathrm{d}}=S$值时的一组包线。比较这些曲线可知，d 为定值时，随着 v 的减小，u_{hb}的幅值和增长速度均减小，有利于接地电弧的熄灭。

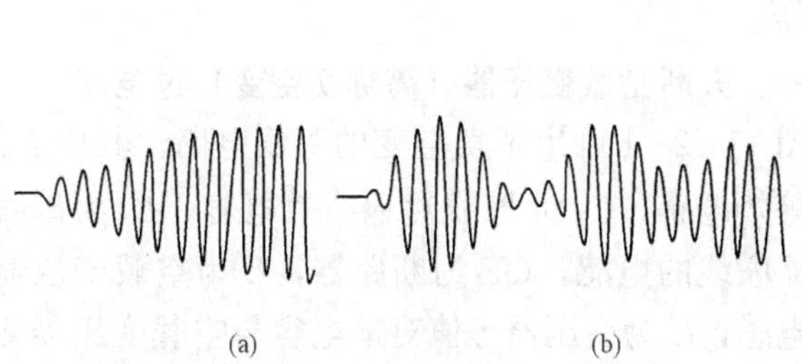

图 11-1-4 故障相恢复电压曲线

（a）$v=0$；（b）$v\neq0$

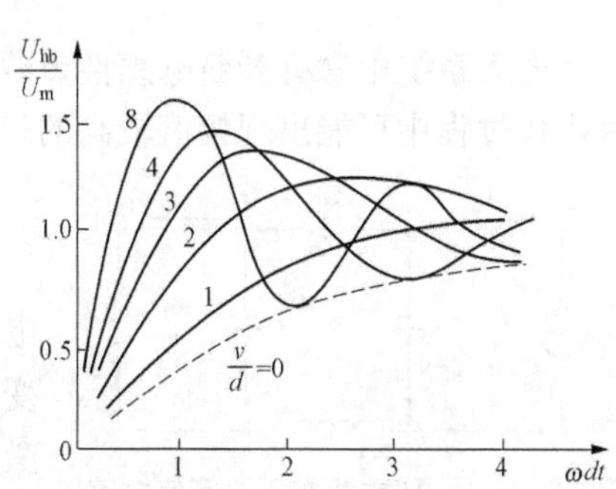

图 11-1-5 在不同比值 v/d 时恢复电压的包络线

根据以上分析可知，消弧线圈的存在可使恢复电压大为减缓，从而有利于接地残流电弧的熄灭。

但实际测量证明，接地残流电弧远不是在电流第一次通过零点时就能熄灭的，有时电弧可存在几秒钟之久。这是因为熄弧后经过半个拍振周期$\left(\frac{\pi}{\omega-\omega_0}\right)$，由于恢复电压幅值达到最大（接近$2U_m$）而往往再度发生击穿，此时在非故障相上所产生的过电压就和中性点没有消弧线圈时相仿了。在某些情况下，消弧线圈的存在甚至可使电弧接地过电压升高，这是因为从暂时熄弧的瞬间到恢复电压最大值这段时间较长，这就增加了原来电弧通道的去游离时间，因而就更加可能使原弧道在恢复电压最大时这一最不利时刻才发生击穿；而且消弧线圈的存在使接地电弧在通过高频振荡电流的零点时暂时熄灭的可能性增大，这也可使过电压增大。

消弧线圈的存在，虽然不能减低电弧接地过电压的最大值，甚至在某些情况下可使过电压值更大，但因它可使电弧存在的时间大为缩短，所以重燃的次数也就大为减少，这就使得高幅值过电压出现的概率减小，尤其在调谐良好的情况下更是如此。

有消弧线圈时电弧接地过电压的典型实测值如下：前述我国黑龙江省某35kV电网当装上消弧线圈时，在调谐良好的情况下，最大过电压非故障相为$2U_{ph}$；在严重过补偿❶时[$v=-(3.7\sim13.1)$]，非故障相为$4.5U_{ph}$，故障相为$4.37U_{ph}$，中性点为$2.75U_{ph}$，即分别比无消弧线圈时要高。我国重庆市110kV电网测得最大过电压为$3.2U_{ph}$。国外科学家曾在60～100kV电网内测得159个值，其最大为$3U_{ph}$，有3.8%超过$2.5U_{ph}$；也曾测得最大过电压与无消弧线圈时近似相等，但大幅值过电压的概率减小。

有鉴于此，同时考虑到电弧接地过电压不会对正常绝缘造成危害，所以不建议用消弧线圈作为降低电弧接地过电压的措施。

但消弧线圈仍然有其重要作用，这是因为当接地电弧不能自熄时，电弧可能波及非故障相导线，从而造成相间短路的事故跳闸。此外，当电网发生单相接地故障时，为了要判明故障发生在哪条线路（或母线）上，常常要拉开或合上多条线路。在断路器动作过程中，当接地电弧发生重燃时产生过电压，也可能导致非故障相闪络形成双重接地，并对断路器也不利。所以如第五章第五节所述，在I_{jd}超过30A（3～10kV电网）或10A（35kV及以上电网）时，应当装设消弧线圈。

第二节 开断电感性负载时的过电压

在电力系统中常有开断电感性负载的操作，如切除空载变压器，电抗器及电动机等。在这些操作过程中可能出现幅值较高的过电压。

一、开断空载变压器（简称切空变）过电压

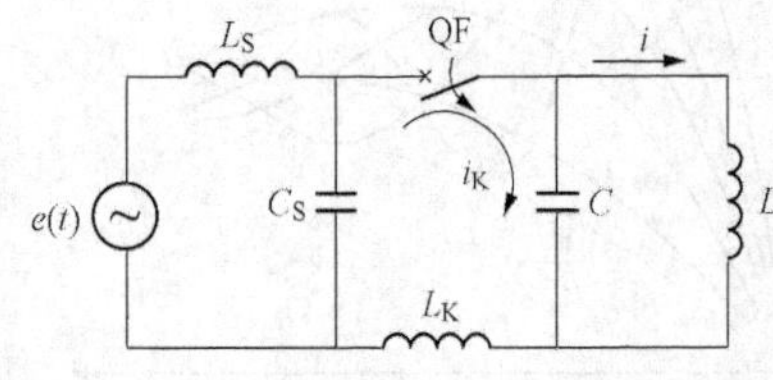

图 11-2-1 切空载变压器等值电路

图11-2-1画出了切空变的等值电路。其中L_S为电源等效电感，C_S为母线对地杂散电容，L_K为母线至变压器联线的电感，QF为断路器，L为空载变压器的激磁电感，C为变压器等值对地电容与空载变压器侧全

❶ 在事故过程中，以及测试过程中，有可能出现严重过补偿情况。

部连线及电气设备对地电容的并联值。

在开断空载变压器操作之前，回路受工频电压作用，流过 C 的电流远小于流过 L 的电流，所以可忽略 C 的存在。流过断路器 QF 的电流就是流过电感的电流 i，通常为变压器额定电流的 0.5～4%，有效值约几安至几十安。i 的大小与变压器所用的铁心材料有关，用热轧硅钢片作铁心的变压器空载电流大，而冷轧硅钢片作铁心的变压器空载电流很小，有的只有额定电流的 0.3%。

切除空载变压器的操作是通过断路器 QF 完成的，电流的切断过程显然与断路器的灭弧能力有关。在使用灭弧能力与电流大小有关的断路器（如一般油断路器）时，由于在切断小电流时熄弧能力较弱，不会产生在电流过零前熄弧的现象。在使用灭弧能力与电流大小关系不大的高压断路器（如压缩空气断路器、压油式少油断路器等）时，由于断路器的灭弧能力是按切断大电流设计的，当用这种断路器切断较小的励磁电流时，可能在励磁电流到达零点之前发生强制熄灭（如果励磁电流很小，甚至可在电流接近最大值时突然截断），这就是断路器的截流现象。图 11-2-2 给出电流被截断的情况，图中 I_0 为截断电流。由于断路器的截流，使回路中电流变化率 $\frac{di}{dt}$ 甚大，电感上的压降 $U_L = L\frac{di}{dt}$ 甚大，形成过电压。也可从能量观点阐述，参看图 11-2-1，截流瞬间，在绕组中储有磁场能量 $\frac{1}{2}LI_0^2$，在电容 C 中储有电场能量 $\frac{1}{2}CU_0^2$；然后，这些被储存的能量必然在 L-C 回路中振荡，由于 C 值一般很小，所以当全部储能都转化为电场能的瞬间，在电容 C 上将出现很高的过电压。总之，断路器截流是开断电感性负载形成过电压的原因。

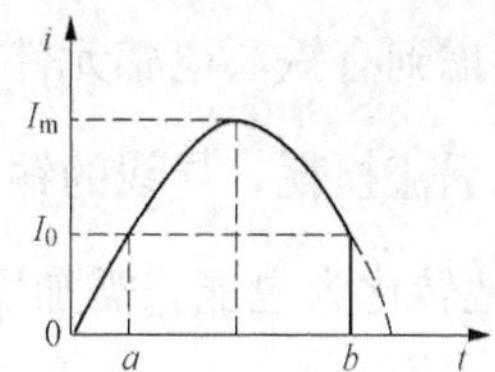

图 11-2-2 电感电流在 I_0 时被截断

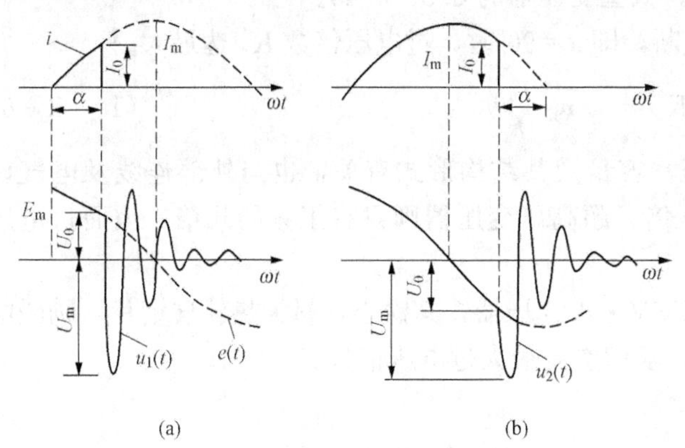

图 11-2-3 截流前后变压器上的电压波形

(a) 截流在电流上升部分；(b) 截流在电流下降部分

试验表明，截流可发生在工频电流的上升部分，也可发生在工频电流的下降部分，如图 11-2-3 所示。设 $i=I_0$ 时截流，即 $I_0 = I_m\sin\alpha$，此时电容上的电压为 $U_0 = \pm E_m\cos\alpha$，E_m 为电源电动势 $e(t)$ 的幅值。截流前一瞬间，电感的储能 A_L 和电容的储能 A_C 分别为

$$A_L = \frac{1}{2}LI_0^2 = \frac{L}{2}I_m^2\sin^2\alpha$$

$$A_C = \frac{1}{2}CU_0^2 = \frac{C}{2}E_m^2\cos^2\alpha$$

截流后，当回路总能量全部转化为电能时，如电容 C 上的电压为 U_m，则有 $A_L + A_C = \frac{1}{2}LI_0^2 + \frac{1}{2}CU_0^2 = \frac{1}{2}CU_m^2$，所以

$$U_m = \sqrt{U_0^2 + \frac{L}{C}I_0^2} = \sqrt{E_m^2\cos^2\alpha + I_m^2\frac{L}{C}\sin^2\alpha} \tag{11-2-1}$$

截流后的暂态电压数学表达式，可从回路微分方程求解获得。设回路的自振角频率为 ω_0，略去损耗，对应于图 11-2-3 的截流情况，可写出

$$u_1(t)=U_0\cos\omega_0 t-I_0\sqrt{\frac{L}{C}}\sin\omega_0 t \tag{11-2-2}$$

$$u_2(t)=-U_0\cos\omega_0 t-I_0\sqrt{\frac{L}{C}}\sin\omega_0 t \tag{11-2-3}$$

在图 11-2-3 中画出的是考虑了损耗后的 $u_1(t)$ 和 $u_2(t)$ 波形。由式（11-2-2）或（11-2-3）可知，截流值相同时，暂态电压 $u_1(t)$ 和 $u_2(t)$ 的最大值相同，即 $U_m=\sqrt{U_0^2+\frac{L}{C}I_0^2}$ 此结果与式（11-2-1）完全一样。

由式（11-2-1）可得截流后产生过电压的倍数 K_n 为

$$K_n=\frac{U_m}{E_m}=\frac{\sqrt{E_m^2\cos^2\alpha+I_m^2\frac{L}{C}\sin^2\alpha}}{E_m}$$

将 $I_m=\frac{E_m}{2\pi fL}$，$f_0=\frac{\omega_0}{2\pi}=\frac{1}{2\pi\sqrt{LC}}$ 代入上式得

$$K_n=\sqrt{\cos^2\alpha+\left(\frac{f_0}{f}\right)^2\sin^2\alpha} \tag{11-2-4}$$

考虑到有铁心电感元件的回路里，磁能转化为电能的高频振荡中必然有损耗，如铁心的磁滞、涡流损耗，导线的铜耗等。而式（11-2-4）根号内的 $\left(\frac{f_0}{f}\right)^2\sin^2\alpha$ 项表示的磁能不会100％地转化为电能，需加以修正，引入转化系数 η_m（$\eta_m<1$），于是式（11-2-4）应改写成

$$K_n=\sqrt{\cos^2\alpha+\eta_m\left(\frac{f_0}{f}\right)^2\sin^2\alpha} \tag{11-2-5}$$

η_m 值可由试验获得，一般情况 $\eta_m<0.5$，大型变压器为 0.3～0.45。

显然，当励磁电流在幅值 I_m 处被截断，即 $\alpha=90°$ 时，过电压倍数 K_n 达最大值

$$K_n=\sqrt{\eta_m}\,\frac{f_0}{f} \tag{11-2-6}$$

回路的自振频率 f_0 与变压器的额定电压，容量及其结构形式有关，也与外部连线及电气设备的杂散电容有关，一般等于工频的 10 倍。超高压变压器则只有工频的几倍，因而过电压较低。

［例 11-2-1］ 有一台 110kV、31.5MV・A 变压器，其铁心材料为热轧硅钢片，励磁电流 $I=4\%I_e$，连续式绕组，$C=3000$pF，求切空变最大过电压倍数。

［解］

$$L=\frac{U_e/\sqrt{3}}{\omega\times\frac{P}{\sqrt{3}U_e}\times 4\%}=\frac{U_e^2}{\omega P\times 4\%}=\frac{110^2\times 10^6}{314\times 31.5\times 10^6\times 0.04}=30.5(\text{H})$$

$$f_0=\frac{1}{2\pi\sqrt{LC}}=\frac{1}{2\pi\sqrt{30.5\times 3000\times 10^{-12}}}=525(\text{Hz})$$

取 $\eta_m=0.3$，则得最大过电压倍数为

$$K_n=\sqrt{0.3}\times\frac{525}{50}=5.75$$

［例 11-2-2］ 有一台 330kV，260MV・A 变压器，其铁心材料为冷轧硅钢片，励磁电

流 $I=0.5\%I_e$，纠结式绕组，$C=10\,000\text{pF}$，求切空变最大过电压倍数。

［解］$L=\dfrac{330^2}{314\times260\times0.005}=266$ (H)，$f_0=\dfrac{1}{2\pi\sqrt{LC}}=97.5$ (Hz)，取 $\eta_m=0.45$，则得最大过电压倍数为 $K_n=1.3$。

由以上两例可见，开断热轧硅钢片铁心连续式绕组的空载变压器，其过电压很高，可达5.75倍；但开断冷轧硅钢片铁心纠结式绕组的空载变压器，由于其励磁电流很小，等效对地电容较大，所以过电压很低。一般在2倍以下，不会对绝缘造成危害。

在切除空载变压器时，绕组中振荡电流产生的主磁通是链过整个铁心的，因此，变压器的另一侧对地电容也是参与切空变的振荡回路的。应注意按变比关系将电容归算到同一侧，若变压器接有一段较长的连接线，特别是电缆线，则对地电容 C 值显著增大，切空变过电压大为降低。

由于电磁联系，切空变过电压使变压器各绕组获得同样倍数的过电压值。考虑到高压绕组绝缘裕度较中、低压侧要小，所以在变压器中、低压侧开断时，同样会威胁到高压绕组的绝缘。

以上讨论是以断路器截流后触头间不发生重燃为前提的。实际上，在刚截流的初始片刻，触头间的抗电强度是有限的，而恢复电压却因高频振荡升高得很快，触头间容易发生电弧重燃现象。图11-2-4画出了触头间的恢复电压 U_h 和介质恢复强度的关系，由于介质恢复强度有很大的分散性，所以图中画出了它的上包线和下包线。显然，确定最大可能的过电压值应用上包线。图11-2-4同时画出了多次重燃时的电弧电流 $i_k(t)$ 和截流后的绕组两端电压 $u_L(t)$ 的波形。由图可见，在 t_0 时截流，随后恢复电压迅速上升，最大值为 U_{h1}，但实际上还没上升到 U_{h1}，在 t_1 时，恢复电压已等于介质恢复强度，断路器发生第一次重燃，电容 C 上的电荷就要通过 $C-L_k-C_S$ 回路进行高频放电，其储能迅速消耗，电容C上的电压，也即绕组两端的电压 u_L 下降到电源电压，并在 t_2 时再次熄弧。在高频放电的时间内，电感 L 中的电流虽然来不及作显著变化，可是它储藏的能量已经比重燃前少了，因它向电容充电的一部分能量在高频振荡中消耗了。在 t_2 后，电感又向电容充电，使触头间恢复电压重新上升，在不到其最大值 U_{h2} 时 ($U_{h2}<U_{h1}$)，又发生第二次重燃。依此下去，电弧多次重燃使电感中的储能越来越少，直到介质恢复强度高于恢复电压最大值时，触头间不再重燃。所以，在开断感性小电流时，触头间的重燃相当于自动放电的间隙，限制了最大可能的过电压幅值。因而，按式（11-2-6）计算的过电压倍数是预期的最大过电压倍数。

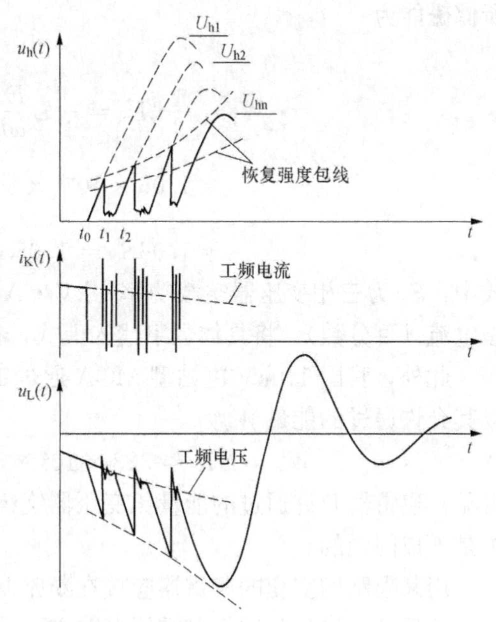

图11-2-4 多次重燃时恢复电压 u_k、电弧电流 i_k 和绕组两端电压 u_L 的波形

变压器中性点接地方式也会影响切空变的过电压值，在中性点非直接接地的三相变压器

中，会因断路器动作的不同期、三相触头熄弧的分散性，使切空变时出现复杂的相间联系，引起中性点位移和三相磁通中出现各序分量，在不利情况下，切断三相空载变压器的过电压会比单相的高出50%。

对热轧硅钢片连续式绕组的变压器实测数据的统计，大于3.5倍相电压幅值的过电压的概率不超过10%，通常为2～3倍，极少数可达4.5～5倍。我国对110～220kV变压器试验结果：中性点直接接地系统中过电压一般不超过3倍；中性点不接地系统中一般不超过4倍，个别可达7.4倍，相间达7.68倍。图11-2-5是用油断路器切除154kV空载变压器的实测波形。图中电压波形十分清楚地显示了断路器多次重燃过程，这与图11-2-4的分析结果是一致的。

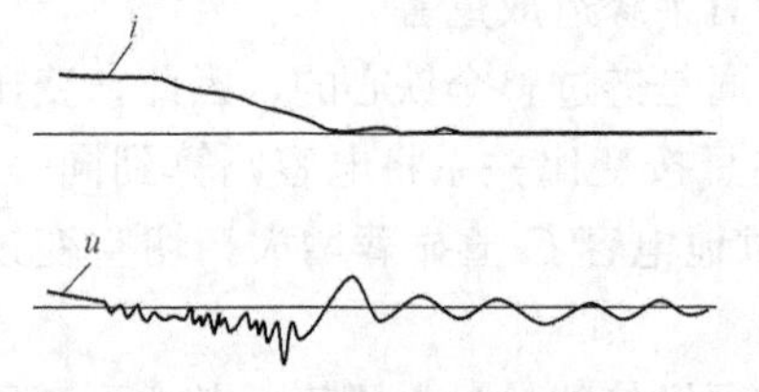

图11-2-5 油断路器切除154kV空载变压器的实测波形（I=5A）

目前，限制切空变过电压的主要措施是采用MOA。因切空变过电压虽然幅值较高，但能量不大，故可用避雷器限制过电压。例如110kV三相变压器容量为31.5MV·A，励磁电流为5%I_e，绕组所储磁能为

$$W_L = \frac{1}{2}LI_m^2 = \frac{1}{2}L\frac{E_m}{\omega L}I_m = \frac{E_m I_m}{2\omega} = \frac{3\times\frac{E_m}{\sqrt{2}}\times\frac{I_m}{\sqrt{2}}}{3\times 314}$$

$$= 1.06\times 10^{-2}\times 3\frac{E_m}{\sqrt{2}}\times\frac{I_m}{\sqrt{2}}$$

$$= 1.06S_0 = 1.06S\times I_0\% \quad (\mathrm{J})$$

式中：S_0为三相变压器空载功率，kV·A；S为三相变压器额定容量，kV·A；I_0%为励磁电流（百分数）。将具体数字代入上式，得W_L=1669.5J。

此外，我国110kV电站型MOA通过10μs等效矩形波电流5kA时的残压为323kV，所以其允许通过的能量W_y为

$$W_y = UIt = 323\times 10^3\times 5\times 10^3\times 10\times 10^{-6} = 16\ 150(\mathrm{J})$$

可见，避雷器允许通过的能量比变压器绕组所储磁能要大一个数量级，因此，用避雷器来保护是不成问题的。

用来限制切空变的避雷器应接在断路器的变压器侧，否则在切空变时将使变压器失去避雷器的保护。另外，这组避雷器在非雷雨季节也不能退出运行。如果变压器高低压电网中性点接地方式一致，那么可不在高压侧装这组避雷器，而只在低压侧装避雷器，这样就经济方便多了。如果高压侧中性点直接接地，而低压侧电网中性点不是直接接地的，则只在变压器低压侧装避雷器保护高压侧过电压时，低压侧避雷器应按切空变的要求设置。

另一种限制切空变过电压的措施是在断路器内配置高阻值并联电阻R和相应的辅助触头，如图11-2-6所示。分闸时，先投入R，不使绕组中的电流突然降到零值，从而限制了过电压。但如R值比绕组励磁阻抗小得多（如中阻值并联电阻R=1000～3000Ω）时，则在最后断开R时还会有较大的截流，仍会出现较高的过电压。因此，

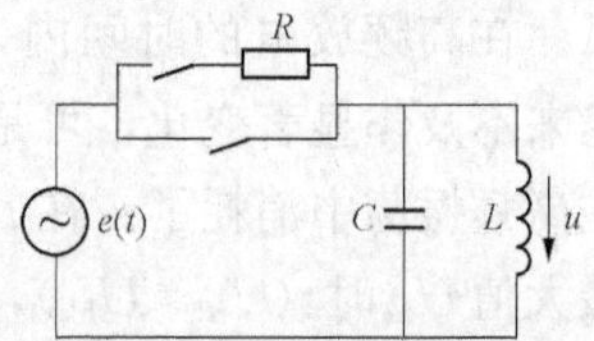

图11-2-6 切空载变压器时并联电阻的投入情况

一般要求 R 值与励磁阻抗同一数量级，约为几十千欧（高阻值并联电阻），才能限制切空变过电压。考虑到避雷器已能限制这种操作过电压，同时断路器并联电阻的设计应以限制切、合空线过电压为主要目的，所以断路器一般不装设高阻值并联电阻。

二、开断电动机过电压

开断高压感应电动机时，与切空变相似，断路器也要切断电感性电流，也会产生过电压。但由于电动机的参数随转差率的变化而变化，开断空载电动机与开断制动状态的电动机，其过电压值相差很大。使用的断路器类型不同，过电压也不一样，用少油断路器开断时，主要是由于截流产生的截流过电压；用真空断路器开断时，除截流过电压外，还会产生三相同时开断过电压和高频重燃过电压。

1. 截流过电压

截流过电压的物理过程与开断空载变压器相同，但要考虑电动机转差率的影响。开断空载运行的感应电动机的过程可用图 11-2-7 说明，图中 $\varphi_{10}(L_{10})$，$\varphi_{20}(L_{20})$ 分别为定子绕组和转子绕组的漏磁通（漏感），φ_{12} 为主磁通，e_2 为转子绕组的转差电动势。在空载时，转差率极小，约为 1%，故 φ_{20}、i_2 和 e_2 很小。断路器 QF 开断后，转子将因惯性而继续旋转，转子绕组是短路绕组，在断路器 QF 开断后它的磁链不能突变，被迫感应出一个电动势和电流，此电流所产生的磁场相对于定子来说是旋转的，使得定子绕组的端电压仍能基本上按原来的工频电压的规律变化，图 11-2-8 所示即为实测电压波形。此新的旋转磁场及定子感应电压的幅值将按指数规律衰减，其时间常数决定于转子绕组的励磁电感与其损耗电阻的比值，通常约在数百毫秒以上。由于定子绕组有感应电动势，从而降低了断路器 QF 触头间的恢复电压。

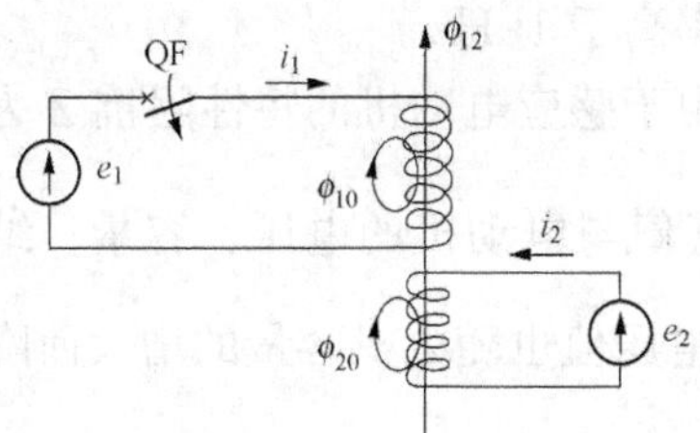

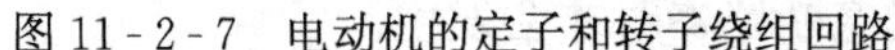
图 11-2-7 电动机的定子和转子绕组回路

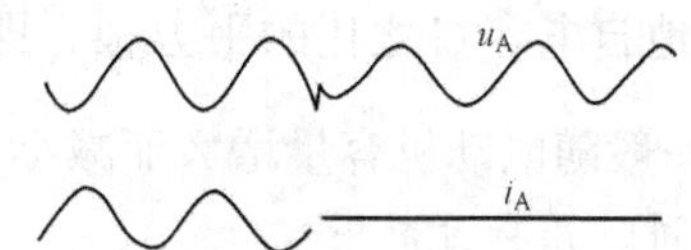

图 11-2-8 空载电动机切断前后 A 相电压和电流的波形

断路器在 I_0 时截流后，定子绕组开路，没有电流，于是 φ_{10} 显然不能维持，定子漏感 L_{10} 在截流时所储藏的磁能将转变为绕组端部的对地杂散电容 C 的电能，产生振荡电压，振荡频率一般在千赫以上。与切空变不同的是除了振荡电压之外，定子尚有感应的工频分量，因此，当截流相位角分别为 $+a$ 及 $-a$ 时，电压表达式各为

$$u_1(t)=E_{\mathrm{m}}\cos(\omega t+\alpha)-I_0\sqrt{\frac{L_{10}}{C}}\sin\omega_0 t+U_0\cos\omega_0 t \tag{11-2-7}$$

$$u_2(t)=-E_{\mathrm{m}}\cos(\omega t-\alpha)-I_0\sqrt{\frac{L_{10}}{C}}\sin\omega_0 t-U_0\cos\omega_0 t \tag{11-2-8}$$

式中：E_{m} 为电源电压幅值。由上两式可见，两种情况下的最大可能过电压幅值均为

$$E_{\mathrm{m}}+\sqrt{I_0^2\frac{L_{10}}{C}+U_0^2}$$

开断空载运行的电动机时，流过断路器的电流是电机的空载电流（励磁电流），为25%～30%额定电流，但由于影响过电压的电感是漏感，所以断路器截流时，定子漏感的储能不大，过电压也就不高。

在一些特殊情况下，如电机刚启动时立即出现很大的过负荷，电动机启动电流引起继电保护误动作时，断路器将开断制动状态的电动机。此时，转子转速近于零，转子绕组相当于短接的变压器二次绕组，有很大的短路电流 i_2，定子绕组中的电流为启动电流 i_1，$i_1=i_0+i_2'$，其中 i_0 为励磁电流，i_2' 为 i_2 折算到定子侧的转子电流。通常，启动电流为5.5～6.5倍额定电流，即 $i_1 \gg i_0$，所以 $i_1 \approx i_2'$，因而断路器的截流值也可能较大。此外，开断制动状态电动机时，除了定子绕组的漏感 L_{10} 之外，尚要考虑转子绕组的漏感 L_{20}。设 L_{20}' 为 L_{20} 折算至定子侧的漏感（通常有 $L_{20}' \approx L_{10}$），在计算截流后电动机的磁场储能时，要用到总漏感（$L_{10}+L_{20}'$）。从而可知，开断制动状态电动机的磁场储能要比开断空载运行电动机时大得多，所以过电压也较高。过电压的计算式与切空变时相同。

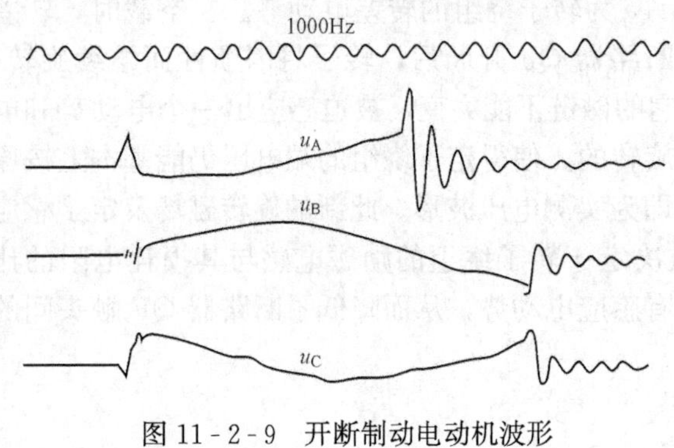

图 11-2-9 开断制动电动机波形

人们曾经记录到，在用 SN_1-10型和 SN_2-10型少油断路器开断3～6kV，110～2000kW空载运转的电动机时，最大截流为6A，最大过电压为2.43倍；同样接线条件下，开断启动状态电动机的最大过电压达4.9倍，而用熄弧能力较强的 SN_{10}-10型少油断路器开断，则高达6倍。图11-2-9是开断制动电动机的示波图，振荡频率高于1kHz。

由于感应电动机的特性阻抗 Z 为每相漏感 L_0 与对地自电容 C 之比的平方根，即 $Z=\sqrt{\frac{L_0}{C}}$，其值与电动机的电压、容量、结构等因素有关。一般随电动机容量增大而减小，所以截流过电压值也随电机容量的增大而降低。

2. 三相同时开断过电压

三相同时开断过电压只在使用截流能力很强的真空断路器时才会发生。

通常开断三相中性点不接地负载时，当某相工频电流先过零，则这相先断开，接着下两相必同时断开。但使用真空断路器开断小容量电动机时，曾发现三相同时断开的现象，如图11-2-10所示。这是由于电动机一般通过三芯电缆与电源连接，在电缆芯线间有相间互电容及互电感，当第一相截流而产生过电压和重燃时，其暂态高频电流会通过电磁耦合在其他两相同时感应出一个高频电流。这些高频电流与原有的工频电流叠加，其结果可使其他两相电流瞬间过零而被截断。对于工频来说，上述高频过程极快，可认为三相截流是同时的。这样，第二、三相的截流值可能很大，从而造成很高的过电压。在进行开断3kV/110kW的电动机试验时，同时开断过电压的最大值达4.3倍，平均值为2.81倍，它们均高于电动机的工频试验电压，这对电动机是危险的。

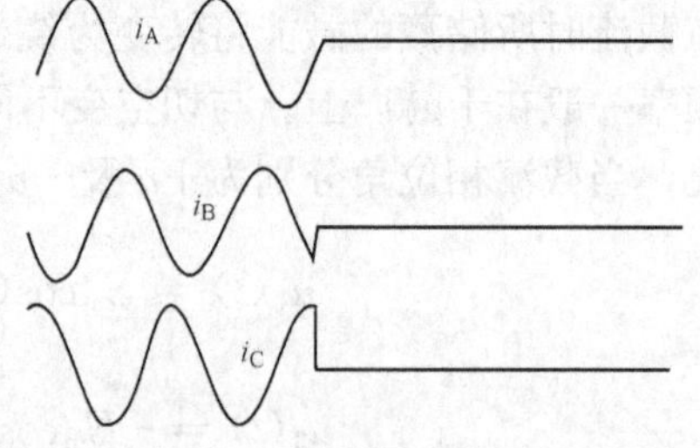

图 11-2-10 三相同时开断的电流波形

3. 高频重燃过电压

高频重燃过电压可能发生在用真空断路器切断制动状态的电动机时。

切空变时，断路器截流后，由于触头间介质恢复强度承受不了恢复电压而发生的多次重燃，会抑制过电压幅值，而此处所述的重燃是指真空断路器在被切断电流很大并不发生截流时出现的多次重燃，它能够形成幅值较高的重燃过电压。

设真空断路器在工频电流过零时熄弧（无截流），此时电源相电压为最大值 E_m。熄弧后，被切电动机侧的电压为 $E_m\cos\omega_0 t$ [参看式（11-2-2）]，其波形如图 11-2-11 中的曲线 1 所示。ω_0 是电动机漏感与杂散电容 C 组成振荡回路的角频率（类同于切空变时的图 11-2-1）。相对于工频来说，ω_0 是极高的，故在讨论重燃过电压时可以认为电源电压维持在 E_m 不变。真空断路器熄弧后，触头间介质恢复强度的包线以 E_m 为基线，在图 11-2-11 中用曲线 3 表示。熄弧瞬间（$t=0$），电感 L 中的电流 $i_L=0$，接着电容 C 向 L 放电，开始振荡，触头间出现恢复电压 u_h（曲线 1）；$t=t_1$ 时，$i_L=I_{L1}$，$U_h=U_{h1}$，此时恢复电压等于介质恢复强度，发生第一次重燃，出现高频振荡，其自振频率决定于断路器两侧电容及其连线（相当于图 11-2-1 中的 $C-L_k-C_S$ 回路），它比 ω_0 要高得多，振荡衰减的稳态值是趋于电源电压 E_m；振荡电压第一次到达最大值 U_1 时，$t=t_1'$；$U_1=E_m+U_{h1}$，高频振荡电流第一次过零，再次熄弧。在 $t_1\sim t_1'$ 的极短时间内，i_L 保持 I_{L1} 不变，I_{L1} 虽然数值不大，但已不是开断电动机时的零值。在 t_1' 之后，电动机侧电压的变化如图中曲线 2 所示。在 t_2 时再次重燃，振荡最大电压 $U_2=E_m+U_{h2}$，电感电流增大至 I_{L2}，t_2' 时又熄弧。类此下去，振荡过程越来越强烈，故在多次重燃后，过电压可达极高的幅值。实测到最大过电压为 5.1 倍，频率可达 $10^5\sim10^6$ Hz，陡度极大，对主绝缘和匝间绝缘都有严重的危害。

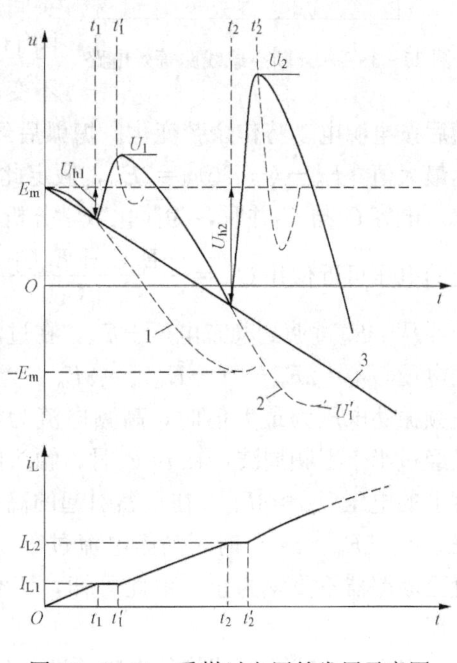

图 11-2-11　重燃过电压的发展示意图

在这种多次重燃过程中，I_L 的增大，相当于等值截流值不断增大，其结果使最大等值截流比真空断路器工频截流还大得多。因此过电压也较高。

限制开断空载及制动状态电动机过电压的主要措施是采用金属氧化物避雷器。性能良好的金属氧化物避雷器可将过电压限制在 2.6 倍以下，即不超过电机的预防性试验电压。

第三节　开断电容性负载时的过电压

开断空载线路或电容器组时，因断路器触头间的重燃，使线路或电容器从电源获得能量并积累起来，可形成过电压。

一、开断空载线路过电压的形成

开断空载线路（简称切空线）是系统中常见的操作，此时如断路器发生重燃将会产生过电压。切空线过电压不仅幅值高，且线路侧过电压持续时间可达 0.5～1 个工频周期以上。所以在确定 220kV 及以下电网的绝缘水平而考虑操作过电压的要求时，主要以切空线过电压为依据。

（一）用集中参数等效电路分析

空载线路是容性负载，可用一个电感$\frac{1}{3}L_0 l$ 和一个电容 $C_0 l$ 串联起来作为近似等效［参看第九章图 9-1-6（b）］。在电源中性点直接接地系统中切除空载线路，可用图 11-3-1 所示电路进行分析。图中 L_2、C_2 为被开断空载线路的等效电感和电容，C_1 为电源侧对地电容，L_1 为电源系统的等效漏感，电源电动势 $e(t)=E_m\cos\omega t$。

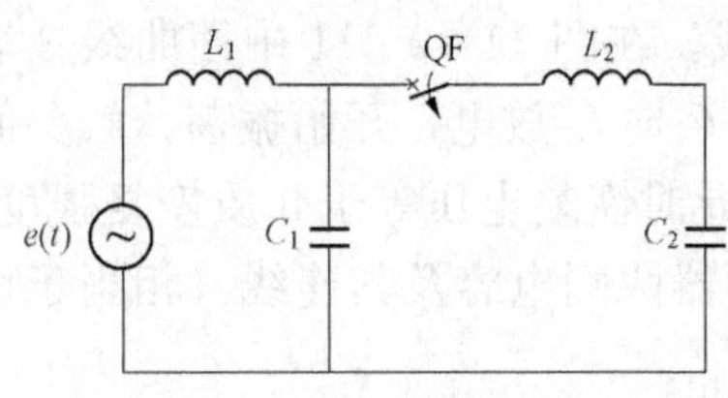

图 11-3-1　开断空载线路等效电路

在开断过程中，由于电弧的重燃和熄灭具有很大的随机性，从偏高地考虑过电压出发，在分析时，是以可能导致最大过电压为前提来决定电弧的熄灭和重燃时刻。设 $t=t_1$ 时通过断路器 QF 的工频电流过零值，断路器触头间熄弧，此时 C_2 上的电压为 $-E_m$，参看图 11-3-1 和图 11-3-2。若不考虑 C_2 的泄漏，C_2 上的电压将保持 $-E_m$ 不变，熄弧瞬间，C_1 上的电压虽有振荡，但衰减很快，随后按电源电动势作余弦变化。熄弧后经半个工频周期在 $t=t_2$ 时，断路器触头间恢复电压达最大值［$E_m-(-E_m)$］$=2E_m$，假定此时触头间绝缘强度不能承受这个恢复电压，电弧重燃，电容 C_1 与 C_2 并联，为简化数学分析，略去 L_2 的影响，则重燃瞬间电荷重新分配后电容上的电压可近似用 $U_{10}=\frac{-E_m C_2+E_m C_1}{C_2+C_1}$ 来计算。在 $C_1 \ll C_2$ 时，$U_{10}=-E_m$，此时 C_2 上的电压要从 $-E_m$ 过渡到稳态电压 $+E_m$，在过渡过程中出现高频振荡。高频振荡时 C_2 上出现的最大电压 $U_{2M}=2E_m-(-E_m)=3E_m$。重燃时流过断路器的电流主要是高频电流，当 $t=t_3$，高频振荡电压为最大值时，高频电流为零值，触头间再次熄弧，C_2 上保持的电压为 $3E_m$。又经过半个工频周波，在 $t=t_4$ 时，触头间恢复电压为 $4E_m$，电弧第二次重燃，重燃瞬间电容上的电压 $U_{20}\approx 3E_m$，在重燃引起的高频振荡过程中 C_2 上的最高电压 $U_{2M}=2(-E_m)-3E_m=-5E_m$。$t=t_5$ 时，高频电流过零，电弧熄灭，C_2 上保持 $-5E_m$ 的电压……依此类推，直至断路器不重燃为止。由此可知，切空线时，因断路器的多次重燃，将会产生很高的过电压。

以上是将线路用等值集中参数进行分析的。如要提高计算的准确度，则需考虑线路的分布参数特性，此时必须用波过程（分布参数等效电路）来分析。

（二）用波过程进行分析

下面来讨论断路器一次重燃时在线路上出现的波过程。

图 11-3-3 中 $e(t)$ 为电源电动势，L_S 为电源漏感，l 为线路长度，v 为电磁波在线路上的传播速度 $v=300\text{m}/\mu\text{s}$，波在线路上往返一次的时间 $\tau=\frac{2l}{v}$，Z 是线路的波阻抗。设在断路器 QF 第一次熄弧后线路上保持的电压为 $-E_m$，当电源为 $+E_m$ 时，断路器第一次重燃，重燃相当于从电源经过 L_S 送入一个入射波 u_{12}，u_{12} 经$\frac{\tau}{2}$时间到达线路末端，因线末为开路，波在线末全反射，反射电压 $u_{21}=u_{12}$，反射电流为负值。经 τ 时间后，反射波到达线首，在

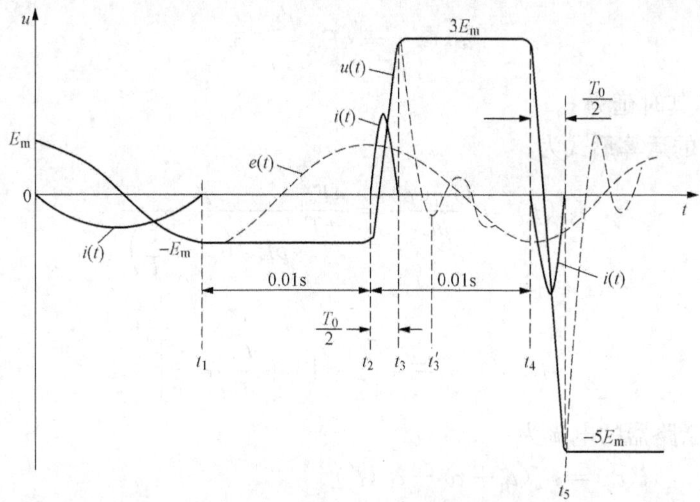

图 11 - 3 - 2　切断空载线路过电压的发展过程

t_1—第一次熄弧；t_2—第一次重燃；t_3—第二次熄弧；t_4—第二次重燃；t_5—第三次熄弧

线首发生折、反射，折射电压为 u_{10}，反射电压为 u'_{12}，反射电流亦经过断路器 QF，当入射电流 i_{12}与反射电流 i_{21}叠加后过零值时，断路器触头熄弧，此时线路上的电压为原有残留电压$-E_m$、u_{12}、u_{21}、u'_{12}四部分之和。这就是断路器一次重燃后在线路上形成的过电压值。现对 u_{12}、u_{21}、u'_{12}进行具体分析。

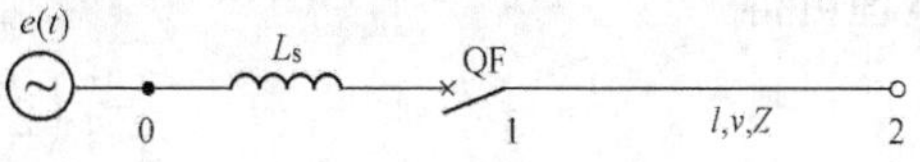

图 11 - 3 - 3　开断空载线路

设电源电动势为 E_m时断路器 QF 重燃，所以 u_{12}的运算形式为

$$U_{12}(p)=\frac{2E_m/p}{pL_S+Z}Z=\frac{2E_mZ}{pL_S}\frac{1}{p+\frac{Z}{L_S}}$$

令 $T=\frac{L_S}{Z}$，则

$$U_{12}(p)=\frac{2E_m}{p}\frac{1}{T}\frac{1}{p+\frac{1}{T}} \tag{11 - 3 - 1}$$

因而有

$$u_{12}(t)=2E_m(1-e^{-\frac{t}{T}}) \tag{11 - 3 - 2}$$

$$i_{12}(t)=\frac{2E_m}{Z}(1-e^{-\frac{t}{T}}) \tag{11 - 3 - 3}$$

线末开路，反射波到达线首发生折、反射，其折射电压 u_{10} 可将 $u_{21}(t')=2E_m(1-e^{-\frac{t'}{T}})$乘以折射系数$\alpha=\frac{2pL_S}{pL_S+Z}$求得。$u_{10}$的运算形式为

$$U_{10}(p)=u_{12}(P)\frac{2pL_S}{pL_S+Z}=\frac{4E_m}{pT}\frac{p}{\left(p+\frac{1}{T}\right)^2}$$

因而有

$$u_{10}(t')=4E_m\frac{t'}{T}e^{-\frac{t'}{T}} \tag{11-3-4}$$

时间t'滞后于t，其时延为τ。

折射电流i_{10}的运算形式为

$$I_{10}(p)=\frac{U_{10}(p)}{pL_S}=\frac{4E_m}{pT}\frac{p}{pL_S\left(p+\frac{1}{T}\right)^2}$$

因而有

$$i_{10}(t')=\frac{4E_m}{Z}\left[1-\left(1+\frac{t'}{T}\right)e^{-\frac{t'}{T}}\right] \tag{11-3-5}$$

这样，通过断路器的电流为

$$\begin{aligned} i(t') &= i_{12}(t'+\tau)-i_{10}(t') \\ &= \frac{2E_m}{Z}(1-e^{-\frac{(t'+\tau)}{T}})-\frac{4E_m}{Z}\left[1-\left(1+\frac{t'}{T}\right)e^{-\frac{t'}{T}}\right] \end{aligned} \tag{11-3-6}$$

人们感兴趣的是$i(t')$过零的时间t'_0，因此时触头间电弧熄灭，即$i(t'_0)=0$，所以

$$1-e^{-\frac{(t'_0+\tau)}{T}}=2\left[1-\left(1+\frac{t'_0}{T}\right)e^{-\frac{t'_0}{T}}\right]$$

整理可得

$$e^{-\frac{t'_0}{T}}\left(2+\frac{2t'_0}{T}-e^{-\frac{\tau}{T}}\right)=1$$

忽略$e^{-\frac{\tau}{T}}$项，可解得

$$t'_0\approx 1.65T \tag{11-3-7}$$

即第一次重燃（$t=0$）后，$t=(1.65T+\tau)$时，触头间再次熄弧。

由于反射波=折射波－入射波，因此，首端向末端传播的反射波u'_{12}为

$$\begin{aligned} u'_{12}(t') &= u_{10}(t')-u_{21}(t')=4E_m\frac{t'}{T}e^{-\frac{t'}{T}}-2E_m(1-e^{-\frac{t'}{T}}) \\ &= 2E_m\left[\left(1+\frac{2t'}{T}\right)e^{-\frac{t'}{T}}-1\right] \end{aligned} \tag{11-3-8}$$

在触头熄弧时，线路首端的诸波值为

$$u_{12}\big|_{t=1.65T+\tau}=2E_m(1-e^{-\frac{1.65T+\tau}{T}})=2E_m(1-e^{-1.65}e^{-\frac{\tau}{T}})\approx 2E_m$$

$$u_{21}\big|_{t'=1.65T}=2E_m(1-e^{-1.65})=1.64E_m$$

$$u'_{12}\big|_{t'=1.65T}=2E_m[(1+2\times1.65)e^{-1.65}-1]=-0.35E_m$$

另外，线路上原留有电压$-E_m$，所以在第一次重燃后熄弧瞬间，线路首端电压为

$$2E_m+1.64E_m-0.35E_m-E_m=2.29E_m$$

熄弧后，线首是开路状态，u_{12}，u'_{12}向线末传播，而$u_{21}(t')$是线末向线首传播的。熄弧后，线首电压为$2u_{21}(t')-E_m=2\times1.64E_m-E_m\approx2.29E_m$，保持熄弧瞬间的电压不变。随着时间增长，$u_{21}(t')$将从$1.64E_m$增高至$2E_m$，因为在数值上$u_{21}(t')$与$u_{12}(t)$相等，但相差时延$\tau$，在熄弧前，即$t=\tau$时，$u_{12}(t)$已可近似为$2E_m$，所以$t=2\tau$后，$u_{21}(t')$已为$2E_m$；另外，电压波$u'_{12}(t')$的大小可由式（11-3-8）知，当$t'=0.5T$时具有最大值为$0.4E_m$，

但熄弧是在 $t'=1.65T$ 时，即 $0.4E_m$ 幅值在熄弧前已向线末传播，当 $t'=(0.5T+\tau)$ 时返回线首。从而可知 $t=(2\tau+0.5T)$ 时（第一次重燃熄弧后）线首电压为最大值，即 $(2\times2E_m)+(2\times0.4E_m)-E_m=3.8E_m$，由于 $u'_{12}(t')$ 过了最大值后就迅速减小并转为负值，所以线首电压也急剧下降。

图 11-3-3 是根据某条 100km 长的 110kV 线路开断时的波形绘制的，并附有计算曲线相比较。由图可见，电弧重燃一次，线路上由于电压波的折、反射作用，过电压可达 3.8 倍，较开断用集中参数等值的线路要高，波形也较复杂。计算波形与试验波形基本一致，但因实际线路存在一定的损耗，所以试验波形比较平滑，过电压幅值也较低。

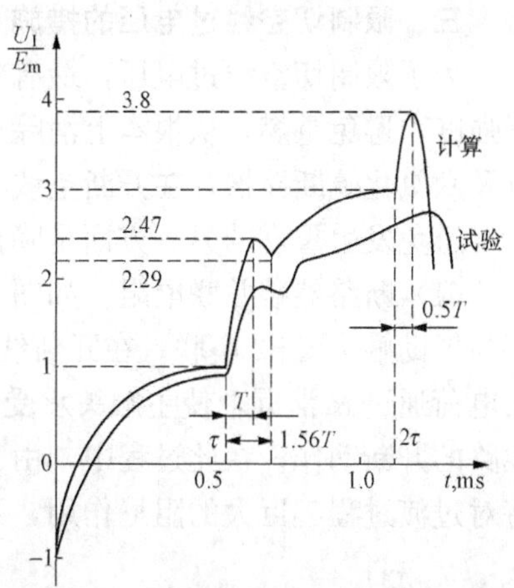

图 11-3-3 开断 110kV 空载线路试验波形及计算曲线

二、影响过电压的因素

以上分析的物理过程是理想化了的，在实际中过电压将受到一系列复杂因素的影响。

首先，断路器触头重燃有明显的随机性，分闸时，不一定每次都产生重燃，即使重燃也不一定在电源到达最大值并与线路残余电压极性相反时发生。如果重燃提前发生，则振荡振幅和相应的过电压会随之降低，当重燃在断弧后的 1/4 工频周期内产生（这种情况称为复燃），则不会引起过电压。正是由于这一原因，油断路器触头间介质抗电强度虽在断弧后恢复得很慢，可能发生多次重燃，但也不一定产生严重的过电压。图 11-3-4 为我国 220kV 电网的实测示波图，由于重燃并未在最严重的条件下发生，所以虽重燃两次，过电压幅值并不太高。

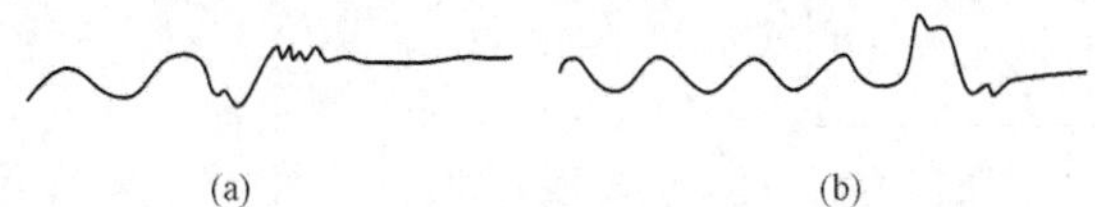

图 11-3-4 少油断路器切空线示波图
（a）SW6—220 切 225km 空线；
（b）SW7—220 切 300km 空线

其次，熄弧也有明显的随机性，重燃后不一定在高频电流第一次过零时熄弧。显然，若高频电流在第二次过零或更后时间才被切断，则线路上残余电压会大大降低，于是断路器触头间的恢复电压和重燃过电压都大大减小。

再次，当母线上有其他出线时，如图 11-3-1 中的 C_1 将增大，它能降低重燃时空载线路的初始电压，也能吸收部分振荡能量，使重燃过电压降低。此外，出线的有功负荷会增强阻尼效应，也可降低重燃过电压。

最后，电网中性点接地方式对切空线过电压有较大的影响。在中性点直接接地的电网中，三相基本上各自形成独立回路，所以开断过程的分析可近似用单相电路代替。但在中性点不接地或经消弧线圈接地时，因三相断路器动作不同期以及熄弧时间的差异等原因，会形成瞬间不对称电路，中性点有位移电压，而且三相之间互相牵连，在不利条件下，会使重燃过电压显著增大，一般地说，会比中性点直接接地电网的过电压增大 20%左右。更严重的是当线路发生单相接地，健全相电压会升至$\sqrt{3}$倍相电压，其分闸过电压会接近于中性点直接接地电网过电压的$\sqrt{3}$倍。例如，实测线路单相接地时的最大分闸过电压的结果为：东北某 44kV 电网为 4.84 倍，某 35kV 电网为 4.3 倍，而在某 60kV 电网中一次切单相接地的空线时曾引起多相避雷器爆炸。

在中性点直接接地的 110kV 和 220kV 电网中，我国曾进行过大量的切空载线路试验，实测的最大过电压值为：在用老式断路器时一般不超过 3 倍，个别曾达 3.34 倍，并符合正态分布规律；在用性能已经改进的各种断路器时，最大不超过 2.8 倍。

三、限制切空线过电压的措施

为了限制切空线过电压，最有效的措施是改善断路器的灭弧性能、提高触头间介质的恢复强度，避免重燃，从根本上消除这种过电压。现在使用的有压油式灭弧装置的少油断路器以及六氟化硫断路器，在开断空线时已基本不会重燃。

避免发生重燃的另一方面是降低断路器触头两端的恢复电压，为此，可采取下列措施：

(1) 断路器装并联电阻。如图 11-3-5 所示，在断路器中主触头 QF1 两端并联电阻 R，再与辅助触头 QF2 串联。在开断线路 l 时，QF1 先断开，R 被串接在回路中，线路上的残余电荷通过 R 泄漏，使主触头承受的恢复电压减低，然后，再将 QF2 开断，最终完成空载线路的开断动作。在此过程中，由于恢复电压较低，一般不会重燃，即使重燃，并联电阻 R 将对过渡过程起巨大的阻尼作用，不会出现严重的过电压。

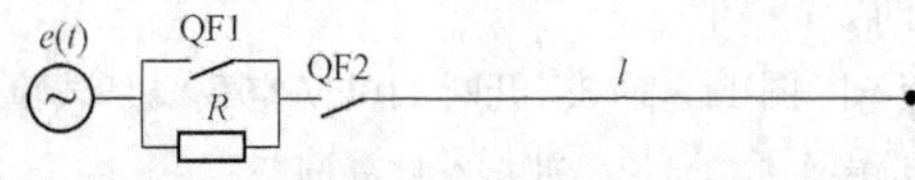

图 11-3-5 断路器带并联电阻切空线

为了选择合适的 R 值，需对分闸的两个阶段进行分析。图 11-3-6 (a) 是无穷大电源系统开断空载线路的简化等效电路，考虑到线路电感很小，在此予以忽略，C_0 为线路等效自电容，电源电动势 $e(t)=E_m\cos\omega t$，断路器未动作时，电容 C_0 上的电压 $u_C(t)=e(t)=E_m\cos\omega t$。

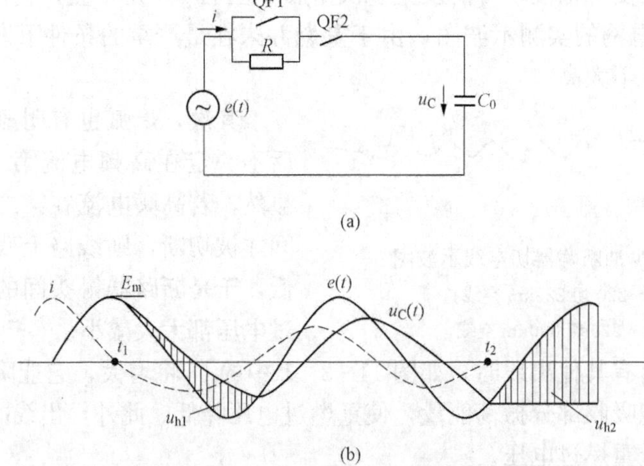

图 11-3-6 断路器带并联电阻切空线的等效电路及波形图

(a) 等效电路；(b) 波形图

设 QF1 先开断，在 $t=t_1$ 时流过断路器的工频电流 i 过零值而熄弧，这时 C_0 上电压为最大值 E_m，如图 11-3-6 所示。断弧后，电容电压经电阻 R 放电，由 RC 回路计算可知，在放电过程中电容电压为

$$u_C(t)=E_m\sin\theta\cos(\omega t+\theta-90°)+E_m\cos^2\theta e^{-\frac{t}{RC_0}} \tag{11-3-9}$$

电阻 R 两端的电压也就是触头 QF1 的恢复电压 $u_{h1}(t)$

$$u_{h1}(t)=E_m\cos\theta\cos(\omega t+\theta)-E_m\cos^2\theta e^{-\frac{t}{RC_0}} \tag{11-3-10}$$

上两式中 $\theta=\tan^{-1}\frac{1}{R\omega C_0}$。由式（11-3-9）可知，有 R 时，电容电压的稳态幅值由 E_m 下降为 $E_m\sin\theta$。可以证明，$u_C(t)$ 的最大值不大于 E_m。由式（11-3-10）可知，QF1 触头的恢复电压 $u_{h1}(t)$ 可能出现的最大值要比 $2E_m$ 小，而且 R 越小，$R\omega C_0$ 越小，θ 越大，QF1 触头的恢复电压越低，QF1 开断时越不易重燃。

经过 1.5～2 个工频周期之后，QF2 触头动作，设 $t=t_2$ 时电流 i 过零值电弧熄灭，参见图 11-3-6（b），此时电容电压最大值为 $-E_m\sin\theta$，这也就是线路残压，因而，QF2 的恢复电压为

$$u_{h2}(t)=e(t)-(-E_m\sin\theta) \tag{11-3-11}$$

最大恢复电压

$$[u_{h2}]_{max}=E_m(1+\sin\theta) \tag{11-3-12}$$

由上式可知，R 越小，QF2 上的恢复电压越大。

在分闸操作的两个过程中，从降低触头间的恢复电压考虑，断开 QF1 时希望 R 小些，断开 QF2 时希望 R 大些。根据式（11-3-10）和式（11-3-11）计算，若选 $R\omega C_0=3$ 或 $R=\frac{3}{\omega C_0}$ 是比较合适的。

[举例] 某 330kV 线路，其长度为 500km，相线为双分裂，其对地自电容为 4.8μF，为降低恢复电压，断路器所需并联电阻 R 值为

$$R=\frac{3}{\omega C_0}=\frac{3}{314\times4.8\times10^{-6}}=1990(\Omega)$$

即所需电阻值属于中值（几个千欧级）的范畴。

还应指出，由于在 110～220kV 中性点直接接地的电网中，切空线过电压最大值（$2.8U_{ph}$）是低于线路绝缘水平（$3U_{ph}$）的，所以我国生产的电压为 110～220kV 的各种断路器一般都不加并联电阻。

附带指出，如果断路器灭弧性能不好，以致在按 $R=\frac{3}{\omega C_0}$ 选用并联电阻后仍发生重燃，则 R 值还应降低。图 11-3-7 给出了 R 对重燃过电压的影响，开断 QF1 时，R 越大则 QF1 重燃时振荡振幅就越大，过电压越高，如曲线 1 所示；相反，开断 QF2 时，R 越大则过电压越低，如曲线 2 所示。定量计算表明，选用 $R\omega C_0=3$ 或 $R=\frac{3}{\omega C_0}$ 才能保证重燃过电压最低。但由于国内外断路器灭弧性能的改善，现在已经不需要按 $R=\frac{3}{\omega C_0}$ 的要求来选择分闸并联电阻了。

（2）线路侧接有电磁式电压互感器。为了系统并列，电磁式电压互感器有时接在断路器的线路侧。接有电磁式电压互感器时，断路器断开后，线路电容上的残余电荷将通过互感器释放。由于互感器的直流电阻很大（3～15kΩ），过渡过程衰减较快，线路残余电压在几个周波内就完全衰减掉，从而可使断路器两端最大恢复电压降低，避免重燃，或减小重燃后的过电压值。图 11-3-8 为实测的典型示波图。我国 220kV 线路多次分闸实测表明，线路侧互感器可使最大重燃过电压降低约 30%。

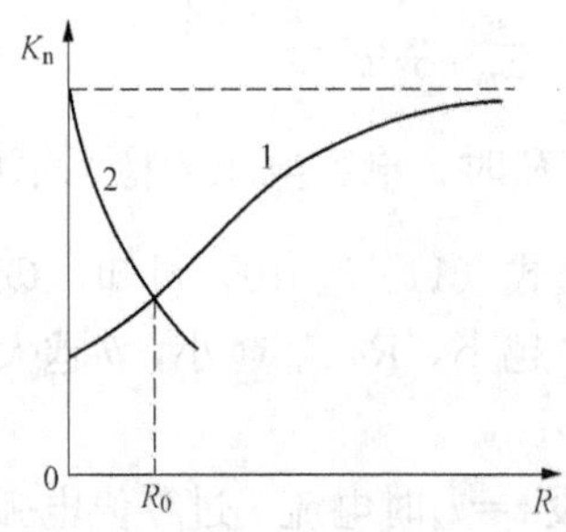

图 11-3-7 并联电阻 R 值在分闸过程中对重燃过电压的影响

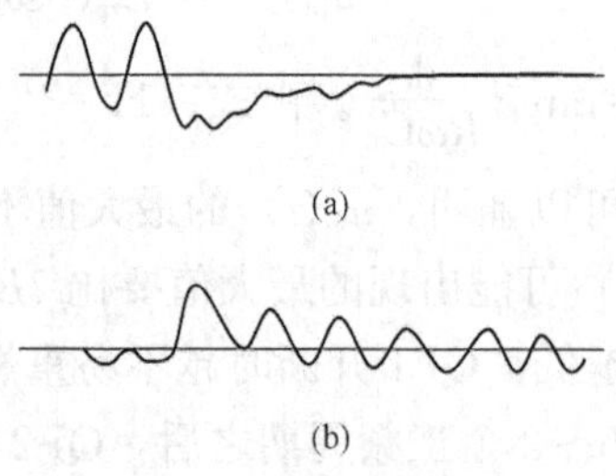

图 11-3-8 互感器的泄流作用
(a) 线路侧相电压；(b) 断路器恢复电压

(3) 线路侧有并联电抗器。线路侧有并联电抗器时，当断路器的触头断弧后，线路上残余电压不能维持恒定。此时线路电容与电抗器电感将组成振荡回路，其振荡频率与电源频率的差异不大，可使恢复电压上升速度大为下降，从而避免重燃，或使重燃过电压大为降低。显然，并联电抗器对切空线过电压的限制，是对超高压、特高压线路而言，一般高压线路无并联电抗器，也就不考虑这点了。

除了上述限制措施外，尚可利用金属氧化物避雷器限制切空线过电压。

四、开断电容器组过电压

先分析在电源中性点接地系统中开断中性点不接地的电容器组时的过电压。

设 A 相电流过零时，首先开断，此时 A 相电源电压为最大值 E_m，令 $E_m=1$，A 相开断后，A 相电容 C_A 上留有的直流电压分量为 1，B、C 相电容 C_B、C_C 上留有的各为 0.5，如图 11-3-9 (a) 所示。过半个工频周期，电源电压反相，A′点对地电压为（0.5+0.5+1.0)=2，电容中性点 N 对地电压为 1，A 相断路器触头间（A－A′）的恢复电压为 2－(－1)=3，如图11-3-9 (b)所示。若此时 A 相断路器重燃，三相电路恢复对称，中性点 N 的稳态电位应为零，A′点的稳态电位应为－1，因此 C_A 上的电压将由（+1）向（－1）振荡，当其高频振荡电流第一次过零时，电弧熄灭，C_A 上留有最大电压－3。同理，C_B、C_C 上将各有$-\frac{3}{2}$电压。如图 11-3-9（c）所示。此时 A′对地电位最大将为－4。再经过半个工频周期，电源再反相，参看图 11-3-9（d)，则中性点 N 的电位为－2，A′点电位为－5，（A－A′）间的恢复电压为 6。由前述已知，用单相电路分析开断电容时，第二次重燃前触头间恢复电压为 4，而 A′点的电位为－3。显然，现在用三相电路不对称分析的，开断中性点不接地的电容器组时的过电压，要比按单相电路分析的，对称开断中性点接地的电容器组时严重得多。

在实际中，A 相电弧重燃之前，其他两相也可能断弧，这使三相开断过程更复杂化。如 A 相断弧后，经$\frac{1}{4}$工频周期，B、C 两相电容在最大线电压作用下流过的电容电流过零。设此时 B 相开断而 C 相仍闭合，那么各点间的电压将如图 11-3-10（a）所示。再经过$\frac{1}{3}$工频周期，A、C 相间的线电压达最大值，各点间的电压将如图 11-3-10（b）所示。此时，中性点 N 的电位为 2.23，A′点电位为 3.23，断口（A－A′）的恢复电压为 4.1，此时若发生重燃并在高频电流过零时熄弧，则 C_A 上出现的过电压（指 A′点的对地电位）最大值可达

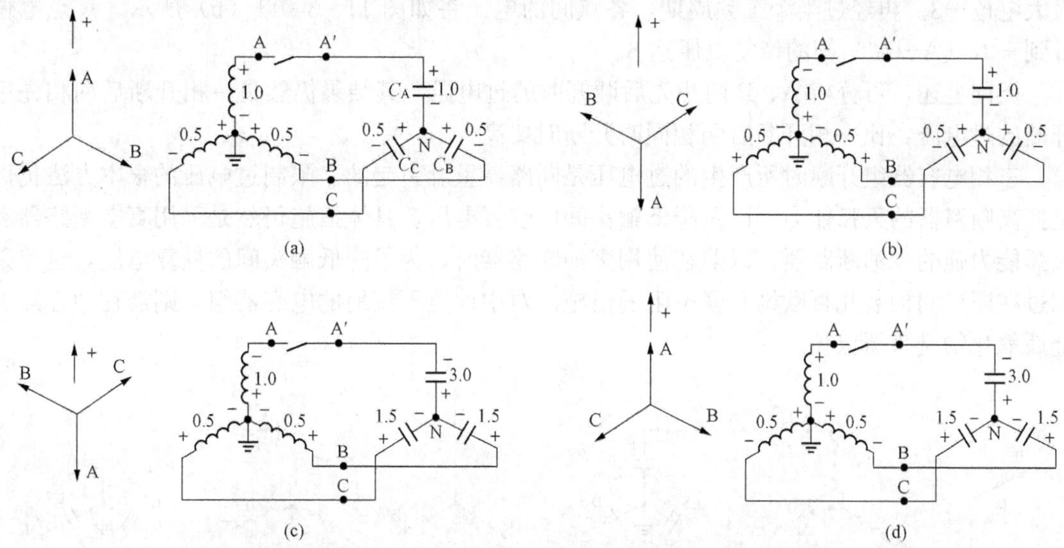

图 11-3-9　电源中性点接地系统 A 相先开断电容器组

(a) 电源电压为最大值时开断；(b) 电源电压反相；(c) 高频电流第一次过零；(d) 电源电压再反相

-4.96。这比 A 相单独先开断时还要高。

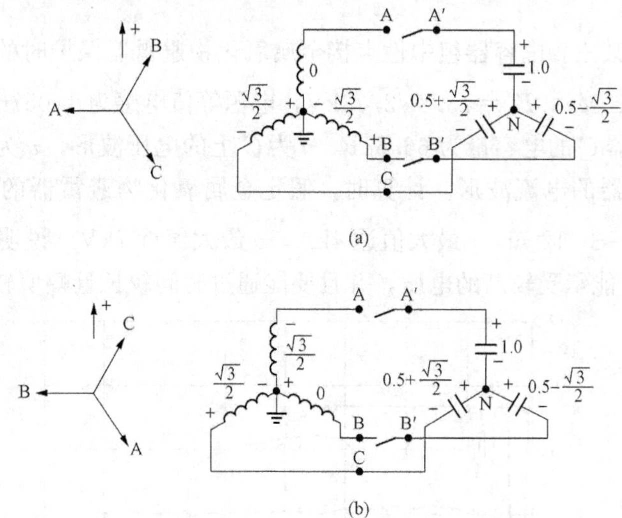

图 11-3-10　中性点接地系统先 A 相、后 B 相开断电容器组

(a) A 相开断后$\frac{1}{4}$工频周期；(b) B 相开断后$\frac{1}{3}$工频周期

由上可知，开断三相中性点不接地的电容器时，会在电容器及其中性点上出现较高的过电压。

下面再讨论电源中性点不接地系统中开断中性点接地的电容器时的过电压。

设电网 A 相在电压最大值（+1）时开断，经过半个工频周期时的各点电压如图 11-3-11 (a) 所示。此时，(A－A′) 间恢复电压为 3，若重燃并在高频电流第一次过零时熄弧，A′点有最大电位−3。再经过半个工频周期，各点间的电压将如图 11-3-11（b）所示。A 点电位升到+3，（A−A′）间的恢复电压达 6。

类同上述，可分析 A、B 两相先后断开时的过电压，其结果仍然是一相开断后两相先后开断的过电压，比一相开断后两相同时开断时要高。

三相电容器组开断时所产生的过电压是断路器重燃引起的。限制过电压的根本方法仍然是提高断路器的灭弧能力，以及降低触头间的恢复电压。具体措施仍然是采用真空断路器和灭弧能力强的少油断路器，以前在使用多油断路器时，为了降低触头间的恢复电压，也曾采用过在断口间加装几百欧姆并联电阻的措施。对中性点不接地的电容器组，则需在中性点加金属氧化物避雷器保护。

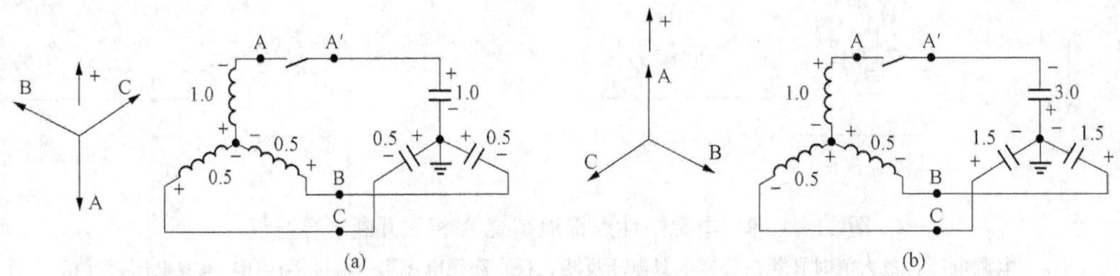

图 11-3-11 电源中性点不接地 A 相先开断电容器组
(a) A 相断开后半个工频周期；(b) A 相断开后一个工频周期

图 11-3-12 为某三相电容器组中性点接金属氧化物避雷器保护时的计算波形。其电源相电压 $e(t)=-E_m\cos\omega t$，$E_m=13.8\sqrt{2}/\sqrt{3}$kV，电源等值电感为 1.057mH，回路损耗电阻为 0.1Ω，单相电容器 C 的电容量为 66.6μF，u 为 C 上的电压波形，v 为中性点对地的电压波形，i 为流过避雷器的电流波形。计算时，假定金属氧化物避雷器的残压为常数（等于 $0.6U_{ph}\sqrt{2}$）。由图 11-3-12 知，i 最大值达 4kA，v 最大值近 7kV。说明用作中性点保护的金属氧化物避雷器要能承受较高的电压，并且要能通过时间较长且幅值较大的电流。

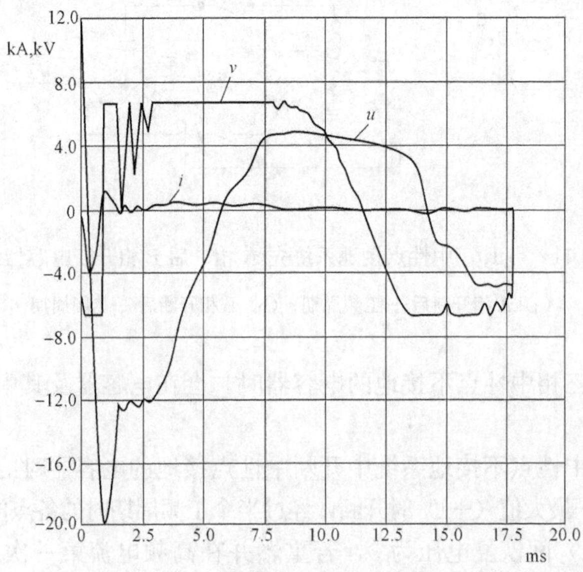

图11-3-12 电容器组中性点金属氧化物避雷器的电压和电流的计算波形

第四节 电力系统解列过电压

在多电源供电系统中，出现异步运行或非对称短路而使系统解列时，将会在单端供电的空载长线上出现解列过电压。

系统处于异步运行时，线路两端电动势的功角差 δ 可为 0～180°内的任意值，在不利情况下，两端电动势接近反相（即 δ 接近 180°）时断路器跳闸，系统解列，此时，解列过电压是最严重的。

如图 11-4-1 所示的两端供电网络，系统失步，在解列前（断路器 QF 闭合），沿线电压分布如图 11-4-1 中曲线 1 所示，因两端电源电动势接近反相，在线路中某处电压为零，断路器 QF 的线路侧电压为 $-U_K$。当 QF 跳闸，系统解列后，由于仍有电源 $e(t)$ 带空长线，线路末端电压上升，其稳态值为 $+U_W$，沿线电压分布如图 11-4-1 中曲线 2 所示。于是 QF 开断时，断路器两侧的电压要发生振荡，线路侧从 $-U_K$ 过渡到 $+U_W$，过渡过程中最大电压为

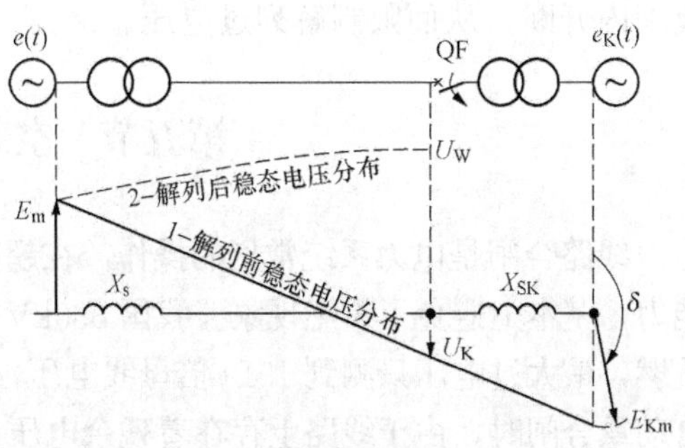

图 11-4-1 解列前后稳态电压分布

$$U_M = 2U_W - (-U_K) = 2U_W + U_K \qquad (11-4-1)$$

断路器 QF 的触头间的恢复电压最大值为

$$U_{KM} = U_M - (-E_{Km}) = 2U_M + E_{KM} \qquad (11-4-2)$$

可见解列时，断路器是在很严重的条件下工作的。

这里顺便说明，单端供电开断非对称接地短路时的过电压问题。如图 11-4-2 所示，故障时，接地点电压接近于零（$U_{2K}\approx 0$），沿线电压分布如图中曲线 1 所示。由于短路电流为感性，在断路器 QF2 熄弧瞬间，电源电动势 $e(t)$ 处于幅值 E_m，故 QF2 跳闸后，因电容效应，线路末端的电压升高，U_{2W} 很大。沿线稳态电压分布如图 11-4-2 中曲线 2 所示。显然，切除接地故障时，l_1 线段末端最大振荡电压

$$U_{2M} = 2U_{2W} - U_{2K} \approx 2U_{2W}$$

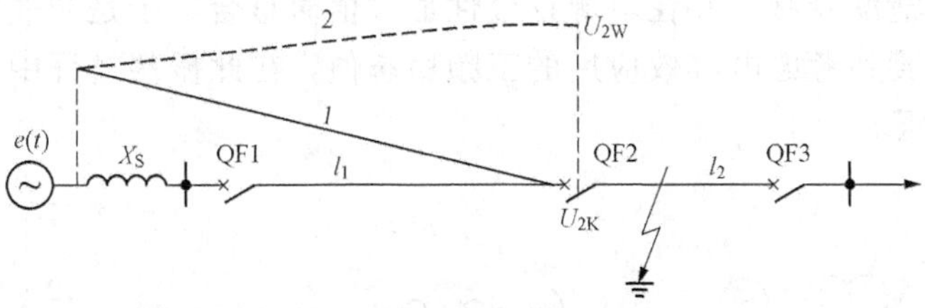

图 11-4-2 单电源切除接地故障过电压

实际上，考虑各次谐波到达幅值时间的差异和振荡的衰减，一般 $U_{2M}=(1.5\sim1.7)U_{2W}$。所以，单端供电开断非对称接地短路时的过电压不是很高。

若两端供电，线路发生稳定性单相接地，单相重合闸不成功，线路的一端三相解列跳闸，这时的解列过电压尚要计及线路不对称短路引起的电压升高，非故障相上的过电压将会很高。

由以上可知，影响解列过电压的主要因素是两端电动势间的功角差 δ，考虑到断路器不同期及补偿的影响，产生最大解列过电压的功角差 $\delta<180°$。其次是线路长度、运行状况以及解列后仍

带空长线的电源容量（X_S 值）。对一定的网络来说，在何处解列也会影响过电压大小，因为故障点位置会影响开断前后线路末端的U_W和U_K值，如开断点在零电位处，则过电压并不高，与切短路时一样。由于不容易同时满足几个不利条件，所以产生最大解列过电压的概率是不大的。

限制解列过电压，原则上可采用在断路器中设置分闸并联电阻的方法，但对超高断路器来说，并联电阻的主要任务是限制合闸过电压。若在断路器中同时设置分、合闸并联电阻，将使断路器结构过于复杂，减小了动作可靠性，故不宜采用这种限压方式，建议借助于金属氧化物避雷器来限制解列过电压。

另外，可采用自动化装置，使异步运行时的振荡解列在两端电动势摆动不超过一定角度范围内开断，从而限制解列过电压。

第五节 空载线路合闸过电压

线路合闸是电力系统常见的操作。在超高压、特高压电网中，由于断路器具有很强的灭弧能力，基本上避免了重燃现象。我国 330kV 线路上的试验表明，多次开断空载长线均未发生重燃，最大过电压只测到 1.19 倍母线电压，而合闸时最大过电压达 2.03 倍母线电压。在线路自动重合闸时，由于线路上存在着残余电压，所以重合闸过电压将更高些。由于在超高压、特高压电网中开断空载线路过电压已被限制，合闸（包括重合闸）空载线路过电压就成了主要矛盾。在选择超高压、特高压电网的绝缘水平时，空载线路的合闸过电压是起决定作用的因素。

线路合闸有两种类型：

（1）线路正常有计划的合闸操作。合闸前，线路不存在接地故障。合闸后，线路各点电压由零值过渡到考虑电容效应后的工频稳态电压值，在此过渡过程中会出现合闸过电压。由于线路具有分布参数特性，所以振荡电压将由工频稳态分量和无限多个逐渐衰减的谐波分量叠加组成。又因为线路有损耗，所以振荡电压的最大值一般小于 2 倍工频稳态电压，通常为 1.70～1.90 倍。

（2）运行线路发生单相接地故障，由继电保护系统控制跳闸后，经一短促时间再合闸，即自动重合闸操作。如图 11-5-1 所示，线路单相接地，断路器 QF2 先跳闸，线路成为带接地故障的空载线路。如图 11-5-2 所示，当断路器 QF1 动作时，经触头流过的电流过零时电弧断开，非故障相线路上将留有残余电压，假定为（$-U_0$）。大约 0.5s 以后，QF1 自动重合闸，若线路上（$-U_0$）没有泄漏衰减，并在电源正极性最大值时重合，于是非故障相线路上各点电压要从（$-U_0$）过渡到考虑电容效应后的工频稳态值，在此振荡过程中会出现接近 3 倍工频稳态值的暂态电压。

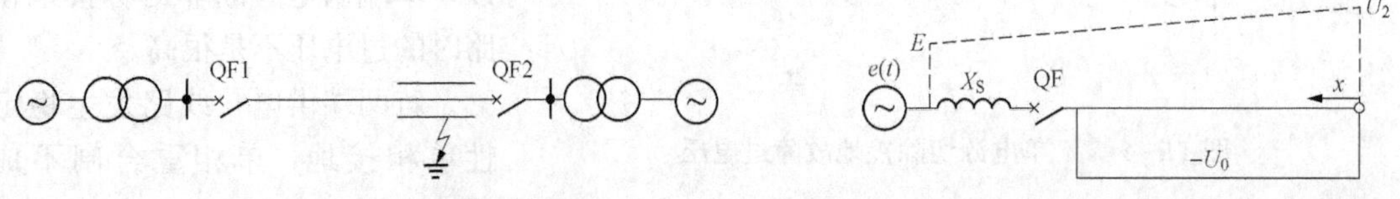

图 11-5-1 线路单相接地　　图 11-5-2 线路重合闸前后的稳态电压

显然，三相重合闸过电压要比计划性合闸过电压严重得多。由于空载线路各点工频稳态电压不等，合闸过电压幅值也不同，线末最高，线首最低。

一、合闸过电压计算

如图11-5-2所示，假定断路器三相完全同期操作，这时线路上三相的强制分量、暂态分量之和均为零。过渡过程的电压只决定于正序参数，即可用单相回路进行分析。设电源等效电动势 $e(t)=E_m\cos(\omega t+\theta)$。取电压 E_m、时间 $t=\frac{1}{\omega}$、线路波阻抗 Z 为基准值，并令 $\omega t=\tau$，$p=\frac{d}{d\tau}$。在稳态时 $p=j$，于是 $e(\tau)=\cos(\tau+\theta)\doteq e(p)=\frac{p\cos\theta-\sin\theta}{1+p^2}$。

合闸后线路上任一点 x（从线路末端算起的距离）的过渡过程运算电压，可利用叠加定理在断路器断口处加入一个大小相等、方向相反的电动势 $e(p)+\frac{U_0}{p}$（U_0以标幺值计）进行计算，得到

$$u(p,x)=\frac{e(p)+\frac{U_0}{p}}{pL_S+Z_R(p)}Z_R(p)K_{1x}-\frac{U_0}{p}$$

$$Z_R(p)=Z\text{cth}p\lambda$$

$$K_{1x}=\frac{\text{ch}p\eta}{\text{ch}p\lambda}$$

式中：L_S 为电源漏感；$Z_R(p)$ 为自首端向末端看去的运算入口阻抗；Z 为导线波阻；$\lambda=\frac{\omega l}{v}$；$K_{1x}$为 x 点对首端的运算电压传递系数，$\eta=\frac{\omega x}{v}$。

由此得到

$$u(p,\eta)=\frac{\frac{p\cos\theta-\sin\theta+\frac{U_0}{p}}{1+p^2}}{\text{ch}p\lambda+pL_S\text{sh}p\lambda}\text{ch}p\eta-\frac{U_0}{p}$$

利用分解定理，求出上式的原函数（推导从略），得合闸后线路上 x 点的过渡过程电压为

$$\begin{aligned}u(\tau,\eta)&=U_2\cos\eta\cos(\tau+\theta)-\sum_{i=1}^{\infty}K_i(U_0+S_i\cos\theta)\cos\omega_i\eta\cos\omega_i\tau+\sum_{i=1}^{\infty}K_iS_i\frac{\sin\theta}{\omega_i}\cos\omega_i\eta\sin\omega_i\tau\\&=U_2\cos\eta\cos(\tau+\theta)-\sum_{i=1}^{\infty}K_i\frac{U_0+S_i\cos\theta}{\cos\delta_i}\cos\omega_i\eta\cos(\omega_i\tau+\delta_i)\end{aligned}\quad(11-5-1)$$

$$U_2=\frac{1}{\cos\lambda-K_L\lambda\sin\lambda}$$

$$K_L=\frac{L_S}{L_0l}$$

$$S_i=\frac{\omega_i^2}{\omega_i^2-1}$$

$$\delta_i=\tan^{-1}\frac{S_i\sin\theta}{(U_0+S_i\cos\theta)\omega_i}$$

$$K_i=\frac{2}{\omega_i\lambda\sin\omega_i\lambda(1+K_L+K_L^2\omega_i^2\lambda^2)}$$

式中：U_2 为线路末端稳态电压幅值；L_0 为线路每千米电感；ω_i 为系统各次自振角频率。

式（11-5-1）中 ω_i 可由下式求得

$$\cot\omega_i\lambda = K_L\omega_i\lambda$$

令 $x_i=\omega_i\lambda$，得

$$\cot x_i = K_L x_i \tag{11-5-2}$$

可以证明，如果计及线路电阻 R_l 对自由振荡的衰减作用，则式（11-5-1）可写成

$$u(\tau,\eta) = U_2\cos\eta\cos(\tau+\theta) - \sum_{i=1}^{\infty} K_i \frac{U_0+S_i\cos\theta}{\cos\delta_i} e^{-\alpha_i\tau}\cos\omega_i\eta\cos(\omega_i\tau+\delta_i) \tag{11-5-3}$$

$$\alpha_i = \frac{R_l}{2\omega L_0 l}\left(1-\frac{2K_L}{1+K_L+K_L^2\omega_i^2\lambda^2}\right)$$

图 11-5-3 画出了 i=1、2、3 时的 x_i 与 K_L 的关系曲线。K_L 越大，即系统电源容量越小，自振角频率越小；当 K_L 足够大时，系统电源接近于开路状态，自振角频率亦相应地接近于某一固定值。

图 11-5-4 给出 i=1、2、3 时 K_i 与 K_L 的关系曲线。由图可看出，K_L 越大，自由振荡项的级数收敛越快。通常 K_3 值已相当小，在一般计算中取振荡的前三项已足够精确。随着 K_L 的增大，K_1 逐渐趋近于 1，K_2、K_3 逐步趋近于 0。

式（11-5-3）右边的前一项是过渡过程电压 $u(\tau, \eta)$ 的工频稳态分量（强制分量），后一项是衰减的暂态分量（自由振荡分量）。

合闸过电压的最大值发生在线末，由式（11-5-3）得线末电压为

$$\begin{aligned} u_2(\tau) &= U_2\cos(\tau+\theta) - \sum_{i=1}^{\infty} K_i(U_0+S_i\cos\theta)e^{-\alpha_i\tau}\cos\omega_i\tau + \sum_{i=1}^{\infty} K_iS_i\frac{\sin\theta}{\omega_i}e^{-\alpha_i\tau}\sin\omega_i\tau \\ &= U_2\cos(\tau+\theta) - \sum_{i=1}^{\infty} K_i\frac{U_0+S_i\cos\theta}{\cos\delta_i}e^{-\alpha_i\tau}\cos(\omega_i\tau+\delta_i) \end{aligned} \tag{11-5-4}$$

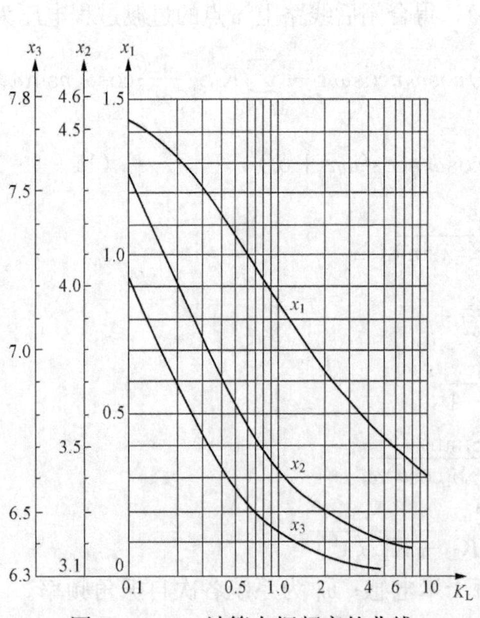

图 11-5-3 计算自振频率的曲线

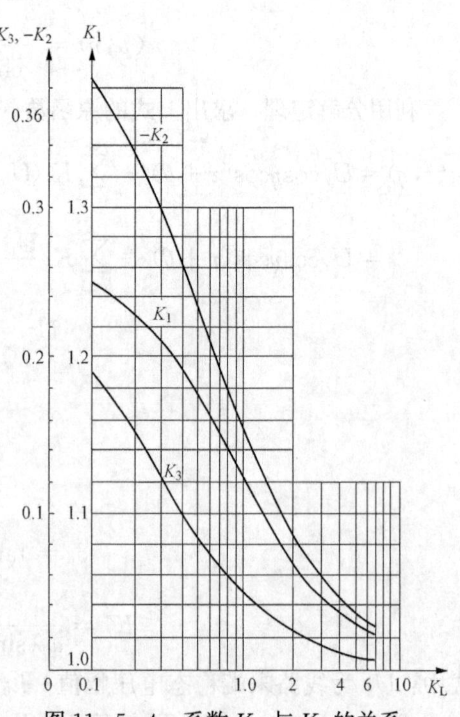

图 11-5-4 系数 K_L 与 K_i 的关系

合闸前，线路上无残余电压时的线末电压为

$$u_2(\tau)=U_2\cos(\tau+\theta)-\sum_{i=1}^{\infty}K_iS_i\cos\theta e^{-\alpha_i\tau}\cos\omega_i\tau+\sum_{i=1}^{\infty}K_iS_i\frac{\sin\theta}{\omega_i}e^{-\alpha_i\tau}\sin\omega_i\tau$$

$$=U_2\cos(\tau+\theta)-\sum_{i=1}^{\infty}K_iS_i\frac{\cos\theta}{\cos\delta_i}e^{-\alpha_i\tau}\cos(\omega_i\tau+\delta_i)\qquad(11-5-5)$$

线路有残余电压，并在电源电压最大值（$\theta=0$）合闸时的线末电压为

$$u_2(\tau)=U_2\cos\tau-\sum_{i=1}^{\infty}K_i(U_0+S_i)e^{-\alpha_i\tau}\cos\omega_i\tau\qquad(11-5-6)$$

线路无残余电压（$U_0=0$），在电源电压最大值（$\theta=0$）合闸时的线末电压为

$$u_2(\tau)=U_2\cos\tau-\sum_{i=1}^{\infty}K_iS_ie^{-\alpha_i\tau}\cos\omega_i\tau\qquad(11-5-7)$$

有了上述关系，即可根据系统参数计算具体的过渡过程电压方程式。

[例 11-5-1]　某 330kV 线路，长 400km，导线品质因数 $Q=\frac{\omega L_0 l}{R_l}=10$，$U_0=0$，$\theta=0$，合闸后线末稳态电压 $U_2=1.3E_m$。求线末过渡过程电压方程。

[解]

$$\lambda=\frac{\omega}{v}l=\frac{314}{300\times10^3}\times400=0.4187\ (\text{rad})$$

因为

$$U_2=\frac{E_m}{\cos\lambda-K_L\lambda\sin\lambda}$$

所以

$$K_L=\frac{\cos\lambda-E_m/U_2}{\lambda\sin\lambda}=0.848$$

过渡过程电压的自由振荡项取前三项，即取 $i=1$、2、3，计算项目列于表 11-5-1 中。参照式（11-5-7）可写出

$$u_2(\tau)=1.3\cos\tau-1.43e^{-0.0155\tau}\cos2.2\tau+0.17e^{-0.0425\tau}\cos8.3\tau$$
$$-0.05e^{-0.0475\tau}\cos15.4\tau$$

对于 2 次（$i\geqslant2$）以上的谐波，不论 K_L 为多少，从图 11-5-3 知其 $x_i\geqslant\pi$，若线路长度 $l<950$km，则 $\lambda<1$，$\omega_i=\frac{x_i}{\lambda}>\pi$，$S_i=\frac{\omega_i^2}{\omega_i^2-1}\approx1$。当 K_L 足够大时，从图 11-5-4 可见，$i\geqslant$ 2 的 K_i 将足够小，此时振荡电压中的高次谐波分量就可略去，而只剩下初次谐波分量（$i=$ 1）。例如，$K_L\geqslant5$，K_i 的 $|K_2|<0.04$、$K_3<0.01$，再考虑高次谐波的阻尼作用，忽略 $i\geqslant2$ 的谐波所引起的误差不大于 5%。

表 11-5-1　　**[例 11-5-1] 表**

i	x_i $\cot x_i=K_Lx_i$ 或查图 11-5-3	ω_i $\omega_i=\frac{x_i}{\lambda}$	S_i $S_i=\frac{\omega_i^2}{\omega_i^2-1}$	K_i	S_iK_i	α_i
1	0.925	2.2	1.26	1.135	1.43	0.0155
2	3.48	8.3	1.01	−0.17	−0.17	0.0425
3	6.47	15.4	1.00	0.05	0.05	0.0475

既然在一定条件下可只考虑系统的初次自振频率谐波分量，即此时可用一个集中参数的单频电路来等值计算分布参数线路的合闸过电压。

现将 $\cot x_i$用级数展开，并取前二项作近似计算，则有

$$\cot x_1 \approx \frac{1}{x_1} - \frac{x_1}{3} = K_L x_1$$

解得

$$x_1 = \sqrt{\frac{1}{\frac{1}{3} + K_L}}$$

所以

$$\omega_1 = \frac{x_1}{\lambda} = \frac{1}{\sqrt{\frac{\lambda^2}{3} + K_L\lambda^2}} = \frac{1}{\sqrt{\frac{(\omega\sqrt{L_0C_0}l)^2}{3} + K_L\ (\omega\ \sqrt{L_0C_0}l)^2}}$$

$$= \frac{1}{\omega\sqrt{C_0 l\left(\frac{L_0 l}{3} + L_s\right)}} \tag{11-5-8}$$

式中：C_0、L_0为线路每单位长度的电容、电感。

式（11-5-8）可用图 11-5-5 的电路表示。显然，它与图 9-1-6（b）的等效电路是一致的。按此电路，在 $U_0=0$ 的条件下合闸，电容上电压

$$u_C(\tau) = S_1[\cos(\tau+\theta) - \cos\theta\cos\omega_1\tau + \frac{\sin\theta}{\omega_1}\sin\omega_1\tau] \tag{11-5-9}$$

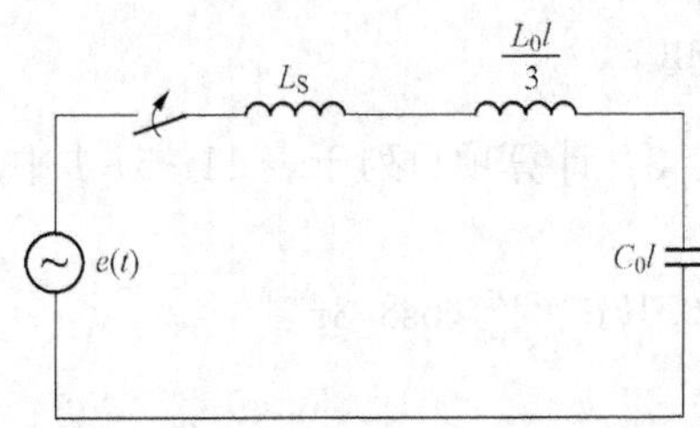

图 11-5-5　系统的近似等效电路

式中：$S_1 = \frac{\omega_1^2}{\omega_1^2 - 1}$。

图 11-5-5 电路中 u_C 的稳态分量幅值（标幺值）为 $U_2 = S_1$。若将 $K_1 \approx 1$，K_2，K_3，…为零，不计线路损耗电阻 R_1 及 $U_0=0$ 等条件代入式（11-5-5）后，其结果与式（11-5-9）完全相同。

借助图 11-5-5 的等效电路，可分析合闸过电压的波形。设 $U_0=0$，$\theta=0$ 时合闸，$u_C(\tau) = U_2(\cos\tau - \cos\omega_1\tau)$。图 11-5-6 画出了在$\frac{\omega_1}{\omega}=1.5$、2、3 时的电压波形。由图可见，过电压最大峰值可能在 u_C 波形的第一个峰、第二个峰或第三个峰。ω_1 越高，过电压最大峰值出现越早，其幅值以$\frac{\omega_1}{\omega}=3$ 时最低，因此时稳态分量的峰值与暂态分量峰值是反向的。

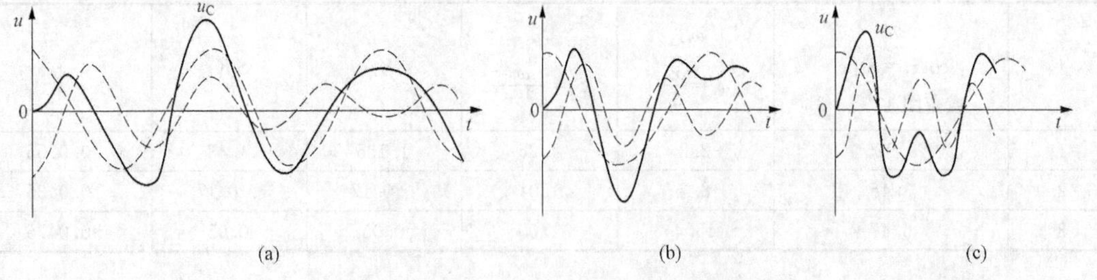

图 11-5-6　不同$\frac{\omega_1}{\omega}$时的合闸波形

（a）$\omega_1=1.5\omega$；（b）$\omega_1=2\omega$；（c）$\omega_1=3\omega$

二、影响过电压的因素

由于空载线路初始自振角频率 ω_1 可近似地认为决定于线路末端的稳态电压 U_2，$S_1=\frac{\omega_1^2}{\omega_1^2-1}\approx U_2$，而初次谐波的 K_i 值（K_1）大于 1，故暂态分量 $\sum|K_iS_i|>U_2$，即线路的操作冲击系数 K_{ch}（该处合闸过电压幅值与稳态电压幅值之比）可能大于 2。这是长线多频回路的特点。

在无穷多个自由振荡分量中，初次谐波项的 $|K_iS_i|$ 最大，起着决定性的作用。为便于分析，以 $U_0=0$，$\theta=0$ 时合闸为例，并将式（11-5-7）改写为冲击系数的形式

$$K_{ch}=\frac{u_2(\tau)}{U_2}=\cos\tau-\frac{K_1S_1}{U_2}e^{-\alpha_1\tau}\cos\omega_1\tau-\sum_{i=2}^{\infty}\frac{K_iS_i}{U_2}e^{-\alpha_i\tau}\cos\omega_i\tau \quad (11-5-10)$$

显然，K_{ch}基本上由上式右边前两项所决定，这时 $S_1\approx U_2$，α_1 和 K_1 只与系数 K_L 有关，所以 K_{ch}就决定于 K_L 值的大小，而与线末电压的稳态电压 U_2没有直接的关系。K_L 越小，K_1越大，冲击系数 K_{ch}随之增大；反之，则减小。通常，长线路的 K_L 较短线路的为小，故操作冲击系数亦较后者为大。当然，过电压幅值增大后尚需考虑电晕对冲击系数的影响。

对过电压幅值来说，K_L 值一定时，随着线路的增长，稳态电压 U_2迅速上升，过电压亦趋严重；反之，若 U_2一定，则较长线路因 K_L 值较小，各次谐波增加，K_1增加，过电压幅值亦随之增高。这说明长线路的合闸过电压要比短线路严重得多。对既定长度的线路，系统电源容量越小，漏抗 X_S 和 K_L 越大，线路电容电流流过 X_S 的电容效应越显著，稳态电压 U_2和过电压幅值急剧上升。所以，在确定线路最大合闸过电压时，应以系统电源最小容量为依据。

合闸过电压幅值尚决定于合闸时电源电压的相位角，如系统参数一定，$U_0=0$，由式（11-5-5)知初次谐波电压的幅值正比于$\frac{\cos\theta}{\cos\delta_1}$，在此 $\tan\delta_1=\frac{\tan\theta}{\omega_1}$，可推算得

$$\frac{\cos\theta}{\cos\delta_1}=\frac{\sqrt{\sin^2\theta+\omega_1^2\cos^2\theta}}{\omega_1}=\frac{\sqrt{1+(\omega_1^2-1)\cos^2\theta}}{\omega_1} \quad (11-5-11)$$

由此可见，$\omega_1>1$，则 $\theta=0°$（电源电压为幅值）时合闸，过电压辐值可能最大；$\omega_1<1$，则 $\theta=90°$（电源电压为零值）时合闸，过电压幅值可能最大。在实际中，通常线路的 $\omega_1>1$，故在电源电压幅值附近合闸，过电压最大。

由于断路器在合闸时有预击穿现象，即断路器触头在机械上未闭合前，触头间的电位差已足够击穿介质使触头在电气上先接通。因而，较常见的合闸是在接近最大电压时发生的。对油断路器的统计，合闸相角多半处在最大值附近的±30°之内，即 θ 在+30°～−30°之间。但对快速的空气断路器而言，预击穿对合闸相角影响较小，所以 θ 的分布较均匀，既有 $\theta=0°$时合闸，也有 $\theta=90°$时合闸。

线路上残余电压 U_0的极性和大小，对合闸过电压幅值影响甚大，这是重合闸过电压的重要特点。见图 11-5-1，由于电容效应和不对称短路的影响，在空载线路切除时，非故障相上的残余电压 U_0可大于相电压。其后，在自动重合闸的无电流间隔时间 Δt 内，残余电荷将通过线路泄漏电阻入地，残余电压按指数规律下降。图 11-5-7 为国外 110～220kV 线路中，实测残余电压与泄漏时间的关系曲线。因残余电压按指数规律下降的速度与线路绝缘子的污秽状况，大气湿度、雨雪等情况有关，所以其变动范围很宽。由图可见，在 0.3～0.5s 时间内，残余电压下降 10%～30%。对超高压线路来说，残余电压泄漏的包络线、尤其是

下包络线，也近似如图 11-5-7 所示。

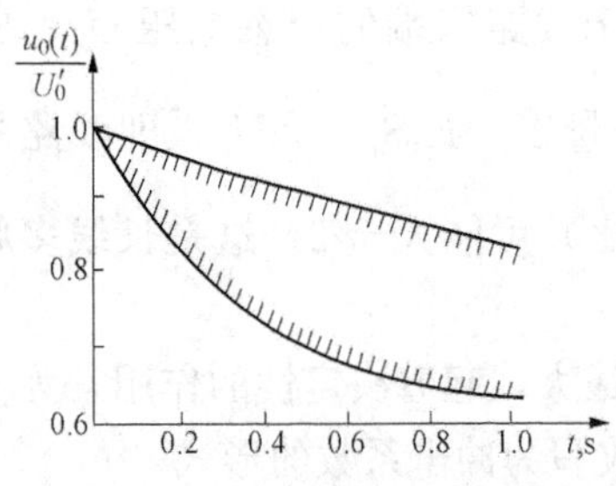

图 11-5-7　残余电压与泄漏时间的关系

在某些不利情况下，如断路器在切空线时，非故障相触头间有重燃，则线路上残余电压 U_0 可接近 $3U_{ph}$。但在这样高的电压作用下，将发生强烈电晕，经 0.3～0.5s 后，U_0 降低到接近导线的起始电晕电压。所以，最大残余电压 U_0 一般不超过 $1.3～1.5U_{ph}$。

由式（11-5-4）知，当线路是在电源电压为最大值并与线路残余电压反极性时合闸，重合闸过电压可能最大。

线路重合闸有时会因永久性故障而不成功，这时，重合闸后非故障相上的工频稳态电压比接地故障已消失后重合闸的要高。因此，不成功的重合闸过电压幅值高于成功的重合闸过电压。若线路上不采用三相重合闸而是单相重合闸，则重合闸过电压与计划性合闸过电压相同，因重合的原故障相上无残余电压。

图 11-5-8 是在过电压模拟装置上测得的重合闸波形，因有阻尼存在，在合闸后 3 个工频周期内，过渡过程已衰减完毕。从波形图可见，幅值较大的过电压可同时出现在 2 个或 3 个半波上。作为近似估计，合闸过电压的持续时间（过电压超过 $1.5U_{ph}$ 以上的时间）不超过 $\frac{T_1}{2}$，T_1 是系统初次自振频率的周期。一般线路的初次自振频率为工频的 1.5～4 倍。所以，过电压持续时间为 2.5～6.5ms。

在超高压、特高压长线路上，因各种需要，一般装有并联电抗器。从分析和试验可知，这种有并联补偿的线路的操作冲击系数 K_{ch} 与无补偿线路相仿。但并联电抗器能降低线路工频稳态电压，所以合闸过电压仍可被限制。如图 11-5-9（a）所示，电抗器接在线末，虽然 $K_{ch}=\frac{u_2(t)}{U_2}$ 与无电抗器时几乎一样，但是由于 U_2 下降了，$u_2(t)$ 也相应下降了。另外，并联电抗器将使系统的自振频率增高，如我国 330kV 的线路，有无并联电抗器时的初次自振角频率分别为 2.1ω 和 1.95ω，由于自振频率的增高，过电压持续时间相应地有所缩短。

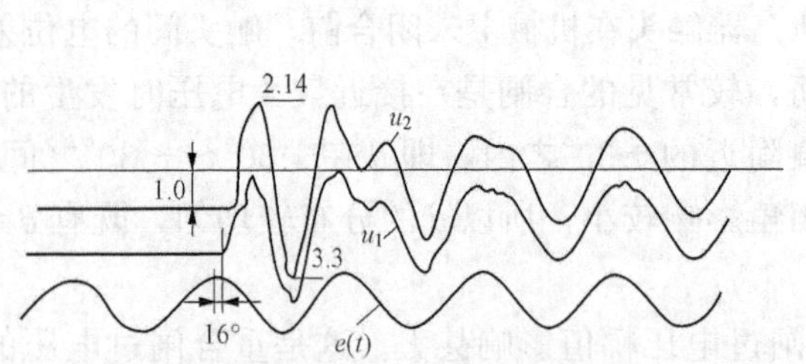

图 11-5-8　重合闸过电压波形

（l=420km，$U_2=1.36U_{ph}$，$U_0=U_{ph}$）

$e(t)$ —电源电压；u_1—线首电压；u_2—线末电压

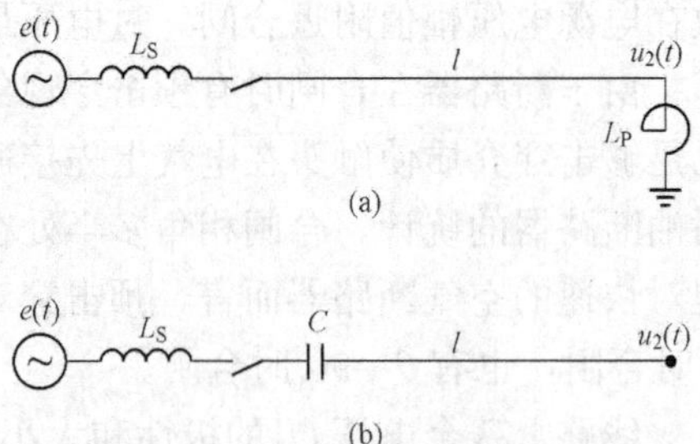

图 11-5-9　并、串联补偿线路的合闸

(a) 并联补偿线路；(b) 串联补偿线路

若线路中有串联补偿电容 C，如图 11-5-9（b）所示，因 C 能部分补偿线路的电感，使线末稳态电压降低，所以，串补电容亦能降低合闸过电压。此外，串补电容也增高了系统

的自振频率。显然，C 的位置越接近线路末端，它所起的降压作用就越小。但相对并联补偿而言，串补电容的作用通常较小。

影响合闸过电压的因素，除了上述系统参数、电网结构、合闸相角、残余电压等主要方面之外，还与断路器的同期性、母线的出线数、导线的电晕等有关。

一般说，断路器合闸时，三相之间总存在一定程度的不同期，这种不同期较大时可达10～20ms。由于断路器的不同期动作，会使线路处于瞬间不对称运行状态。由试验分析知，当一相或两相先合闸，主要通过相间电容的耦合，合闸相过渡过程电压会使未合闸相孤立导线感应出同极性的电压波形。若该相合闸时，电源电压极性适与感应电压相反，过电压就会升高。模拟试验表明，断路器的不同期动作可使过电压幅值增高10％～30％。

输电线路合闸时，变电站母线上可能有其他出线，如图11-5-10所示。由于这些出线与被合闸线路连在一起，合闸过程大体上为：首先发生其他出线上的电荷对被合闸线路充电的快过程，然后再出现电源经由电感 L_S 向所有线路充电的慢过程，由于前一过程使被合闸线路的“起始电压”与“稳态电压”的差值减小了，所以过电压就降低了。显然，只有并联线段 l' 的长度与将合闸的线路长度 l 相等或更长一些，才会有明显的降压作用。若 l' 线段带有负载，则降压作用会更大。

输电线路中的电晕损耗在很大程度上可降低内部过电压的幅值，过电压越高，导线直径越小，系统初次自振频率越低（过电压作用时间越长），则电晕的降压作用越显著。

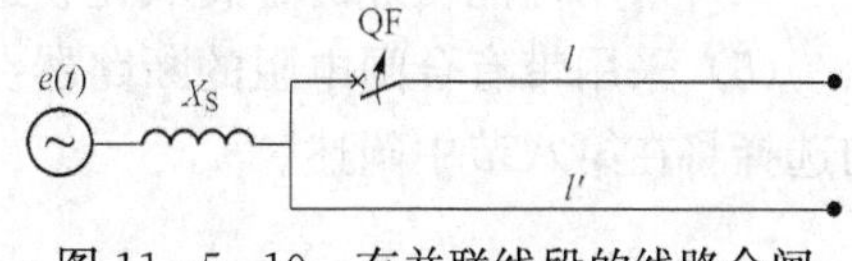

图11-5-10 有并联线段的线路合闸

对合闸过电压的研究，不仅要有理论分析计算以及模拟试验，重要的需在实际系统中进行试验和测量。我国曾在220kV线路上做了不少试验，综合这些试验数据，得出的最大过电压值列在表11-5-2中。可见，其值与理论分析相接近。

表11-5-2 220kV线路合闸、重合闸最大过电压倍数（相对地）

操作方式 \ 位置	母线	线首	线末
合闸	1.50	1.86	1.92
重合闸	2.50	2.61	2.97

三、限制合闸过电压的措施

（1）降低工频稳态电压。在两端供电的线路上，最好实现断路器的连锁动作。先合系统电源容量较大的一端，后合容量较小的一端，减低因电容效应引起的工频电压升高。

合理地装设并联电抗器是降低工频稳态电压的有效措施。

一般地说，超高压、特高压电网建设初期，电源容量较小，线路较长，合闸过电压严重。随着电网的发展，系统容量增大、出线增多、中间变电站和中间电站逐步建立，线路被分割成若干不长的线段，过电压将有明显的下降。

（2）消除和削弱线路残余电压。采用单相自动重合闸能避免线路残余电压的影响，考虑到零序回路的损耗电阻及其阻尼作用较正序的大，成功的单相重合闸过电压可能低于计划性合闸过电压。

因系统并列的需要，在线路侧装有电磁式电压互感器时，通过互感器绕组的直流电阻可泄放线路的残余电荷，降低重合闸过电压。

若线路上接有并联电抗器，则线路上电磁式电压互感器将不再起泄漏作用。因电抗器的电阻小，振荡过程主要发生在导线电容与并联电抗器组成的回路中。此时振荡的衰减要由电抗器的品质因数 Q 来估计，由于电抗器的等值损耗电阻很小，可取 $Q=333$。振荡衰减的时间常数 $T=\frac{2Q}{\omega}\approx 2.12$（s），经过 0.5s 后，残余电压幅值降至 $e^{-\frac{t}{T}}=e^{-\frac{0.5}{2.12}}=0.79$，再考虑线路的损耗电阻，衰减速度还要快些。在 330kV 线路上实测，分闸后经 0.5s，残余电压幅值降至初始值的 50%～60%。但要注意，这时的残余电压不是直流分量，而是正弦交变电压。由于电抗器补偿度很大，振荡频率与工频相近，若断路器触头合闸速度不高，总在触头间出现最大电位差时预击穿，则会造成反相重合的结果，过电压可能不低。

若断路器装有分闸并联电阻（中值并联电阻），线路故障分闸时，并联电阻较迟退出线路，为非故障相残余电荷提供一个泄漏途径，会使重合闸时残余电压有所下降。

(3) 同步合闸。通过专门装置，控制断路器在两端电位同极性时合闸，甚至控制在触头间电位差接近于零时完成合闸操作，使合闸暂态过程降低到最微弱的程度。这种同步断路器已在某些场合中试运行。

(4) 采用性能良好的金属氧化物避雷器作为后备保护措施。

(5) 采用带有合闸电阻的断路器。这是目前限制合闸过电压的主要措施。有关合闸电阻的选择将在第八节中阐述。

第六节 接地故障及故障清除过电压

输电线发生接地故障和分闸清除接地故障时，线路都要从一种运行状况过渡至另一种运行状况，其瞬间必将出现暂态振荡，此振荡电压叠加在工频电压上，就形成故障或故障清除过电压。随着线路标称电压的升高，此类过电压的基础电压越来越高，暂态过程也越来越激烈，而要求限制的过电压水平却越来越低，例如：500kV 电网，要求限制的过电压水平是 2.0p.u.；1000kV 电网，是 1.6～1.7p.u.。在特高压电网中，已采取了众多措施，将合闸、分闸等操作过电压限制到要求的水平，于是，原本不被关注的接地故障及故障清除过电压就突显出来，成为必须考虑的操作过电压。

国内外超、特高压电网的运行经验表明，在接地故障中，绝大部分为单相接地故障，两相和三相接地的概率很小，故此类过电压分析研究的重点在单相接地故障。

一、单相接地故障过电压

单相接地故障过电压是在线路发生单相接地，且故障相断路器尚未断开时，在健全相上产生的暂态过电压。

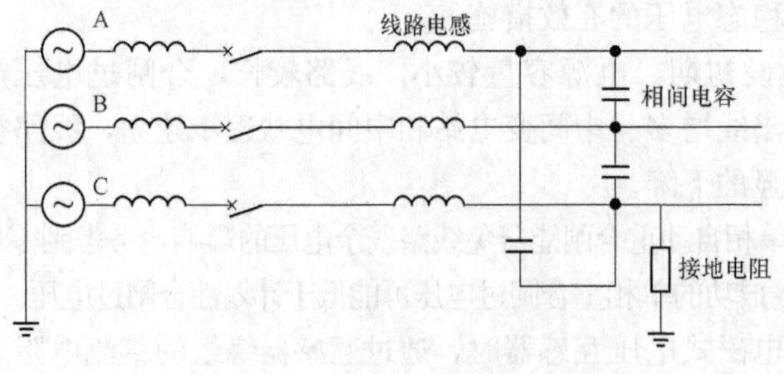

图 11-6-1 单相接地故障等效电路

图 11-6-1 所示为中性点直接接地系统单相接地故障的等效电路，当 C 相发生单相接地时，接地点电压由接地前的瞬时值突降至接地后的残余电压。由于相间电容的存在，健全相的对地电压不能突变，在故障点附近，B、A 两相对地电压的强制改变，

会在线路上形成突变的电压波，并在线路上多次折、反射。若当健全相电压在峰值时，其反射波正好同极性叠加，就会产生较高的过电压，过电压最大值往往出现在第一个工频周期中，此时线路断路器还没动作。

影响单相接地故障过电压的因素较多，主要是线路电源的阻抗特性，接地点位置、接地电阻大小。而线路传输功率，线路长度，高抗补偿度等因素的影响程度则不大。

单相接地故障过电压是建立在单相接地故障工频过电压（健全相上电压升高）的基础上的，单相接地时健全相上的电压升高与系数 $K=\frac{x_0}{x_1}$（从接地点看进去的系统零序阻抗与正序阻抗的比值）直接相关。对于一定长度的线路，K 值越大，健全相电压升高越大，产生的操作过电压也越大。

单相接地时，接地处的接地电阻越小，接地的暂态过渡过程越激烈，过电压越高；发生单相接地点的位置不同，从接地点望入的阻抗分布不同，因而过电压也有差异。

在计算某线路单相接地故障过电压的最大值时，可将输电线路传输功率设为零，线路补偿度取为 0.8，接地电阻取为 0.1Ω。在保证 K 值最大的前提下，选取几种有代表性的运行方式，改变接地点位置，计算每种运行方式的过电压值，其中最大的，即为该线路单相接地故障过电压的最大值。

我国晋东南—南阳—荆门 1000kV 输电线路的 2%单相接地故障过电压（指置信概率水平在 98%内的过电压）为 1.58p.u.，说明此类过电压对绝缘水平的选择尚不是控制因素。

由于发生单相接地故障是随机的，发生的地点、时间都难以预知，在过电压持续时，断路器还来不及动作，断路器的分、合闸电阻不能起到限制过电压的作用。因而，目前除了安装 MOA 和高补偿并联电抗器之外，没有其他更有效的限制措施。对于较长的特高压线路（超过 600km），可采用分段多组高抗补偿，多组 MOA 保护的限制方式。

二、单相接地故障清除过电压

单相接地故障清除过电压是线路发生单相接地，故障线断路器分闸，切除故障，使线路运行状态变化，引发暂态过渡过程而形成的操作过电压，这种过电压出现在线路故障段以及与故障段直接连接或间接连接的线路上，其中以出现在与故障段相连接的线路上的过电压较为严重。

如图 11-6-2 所示，当故障线路断路器 QF2 单相分闸切除接地故障时，由于接地处电压很低，分闸后故障段中故障相 1 的电压振荡很小，故障段的健全相 2，因相间电压的突变会产生暂态过程，形成过电压，其幅值也不大。然而，由于断路器切断故障电流 I_k 时，相当于在断路器旁加一个与故障电流反向的电流源（$-I_k$），此电流会在与故障相 1 相连的相邻线段 4 上流动，且折射、反射。因故障电流较大，它感应产生的过电压也较高。由于此过电压是从所连接的故障线段上转移过来的，故又称故障清除转移过电压。

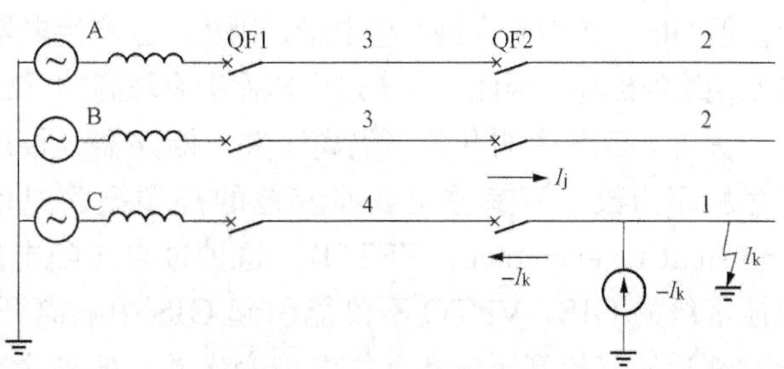

图 11-6-2 单相接地故障清除示意图

故障线段切除故障后，将会出现潜供电流。在潜供电流能自熄的条件下，断路器单相自动重合闸时，重合闸过电压不高；但若因某种原因，如带电作业时，重合闸退出，此时发生单相接地，会引起三相分闸，这种为切除单相接地而三相分闸时的过电压是较高的。

仍以晋东南—南阳—荆门1000kV输电线路为例，如图11-6-3所示，当南荆线的南阳侧发生单相接地，南荆线南阳侧线路1断路器切断故障电流，在相邻线路晋南线4上出现的清除故障过电压为1.66p.u.，若为三相分闸，则为1.79p.u.。若断路器带有700Ω分闸电阻，则过电压可分别降至1.41p.u.、1.54p.u.。

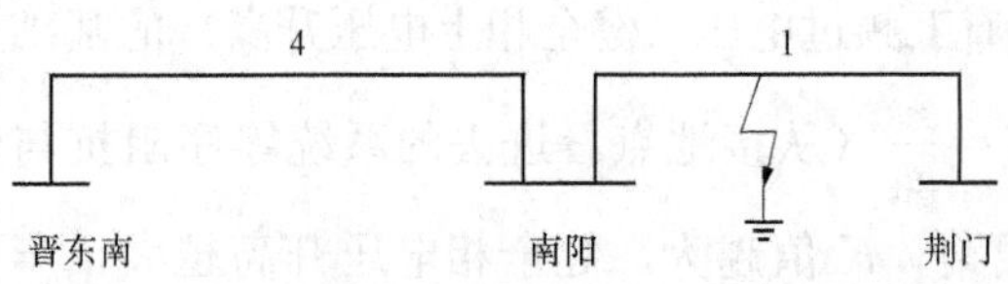

图11-6-3 清除南荆线接地故障时电路示意图

影响单相接地清除过电压的主要因素是接地点位置和线路输送功率。通常，接地故障点离线路开关站越近，断路器分闸切除故障时，在邻近线路上产生的过电压越大；线路输送功率越大，单相接地时接地电流也越大，清除故障过电压也会增大。

限制这类过电压的措施主要是安装MOA，对于输送距离较长，输送功率较大的特高压线路，要分段采用多组MOA防护。虽然断路器的分闸电阻对限制这类过电压也有明显的作用，但断路器中安装分闸电阻，会明显提高制造难度和成本，还可能降低断路器的运行可靠性，而实际上，发生相间短路，三相和两相接地故障的概率很低，甚至可认为这类接地故障清除过电压不会发生，而单相接地故障清除过电压，通过分段多组MOA已可予以限制，故断路器加分闸电阻的措施不会被采用。

第七节 GIS中的快速暂态过电压（VFTO）

GIS（Gas Insulated Substation）即气体绝缘变电站是将除变压器以外变电站内的高压电器设备（包括母线、断路器、隔离开关、接地开关、互感器等），封闭在一个接地的金属壳内，并充以一定压力（0.3～0.5MPa）的SF_6气体作为相间及相对地绝缘的封闭式电器。由于其结构紧凑、占地少、受外界影响小等优点，在电力系统中得到了广泛的应用。

GIS变电站的特点如下：

（1）GIS具有较小的导线波阻抗。例如某500KV GIS管线的波阻抗为68.8Ω，波速为103.8m/μs。

（2）GIS变电站各电气设备之间的距离较小，连接管线较短，每根管线一般不超过20m。当有行波在GIS变电站传播时，会形成极高频的多次折射、反射。

（3）GIS绝缘具有比较平坦的伏秒特性曲线，能与金属氧化物避雷器的保护特性能较好地配合。但GIS中绝对不允许产生电晕，因为一旦产生电晕，会立即发生击穿，将会导致整个GIS变电站绝缘的破坏。因此，要求过电压保护有较高的可靠性，在绝缘配合中要留有足够的裕度。

另外，GIS中的开关（隔离开关、断路器、接地开关）操作或GIS绝缘击穿放电时，会产生频率为数十万赫兹至数兆赫兹的高频振荡过电压，即特快速暂态过电压（Very Fast Transient Overvoltage，VFTO）。这种过电压随电压等级升高而增大，对于500kV及以上电压等级的GIS，VFTO不仅能引起GIS中隔离开关、绝缘子、套管等元件的故障，而且会对邻近的其他高压设备（如电力变压器）的绝缘造成危害，降低系统运行可靠性。

目前国内超高压、特高压系统越来越广泛地采用GIS，由VFTO引起的设备故障时有发生，亟须对此开展深入研究，根据GIS的结构特点和系统参数来计算、分析VFTO，掌握其幅值、频率特性及其对电气设备的影响，并且在此基础上实现 GIS 的优化设计及对 VFTO 的有效抑制。

一、VFTO 产生机理

1. 隔离开关操作引起的 VFTO

最典型的快速暂态过电压是由 GIS 中的隔离开关操作引起的。隔离开关触头的运动速度慢，完成操作需要几百毫秒。在隔离开关完全断开或闭合之前，断口间将发生多次重燃或复燃，触头间隙两端的电压在纳秒级时间内突然跌落会快速建立起阶跃电压，该电压沿 GIS 短管线传播，形成多次折、反射，会在 GIS 中产生波头极陡（3～20ns）、电压变化率极高（可高达 40MV/μs）的快速暂态过电压。

图 11-7-1 所示为 GIS 隔离开关 QS 开断小电容性负荷的系统接线图及其等效电路图。图中，$e(t)$ 为电源电压，Z_s 为电源阻抗，l_1、l_2 为两段 GIS 管线的长度，其波阻抗分别为 Z_1 和 Z_2，C_1 为电源侧对地电容，C_2 为负荷侧对地电容。

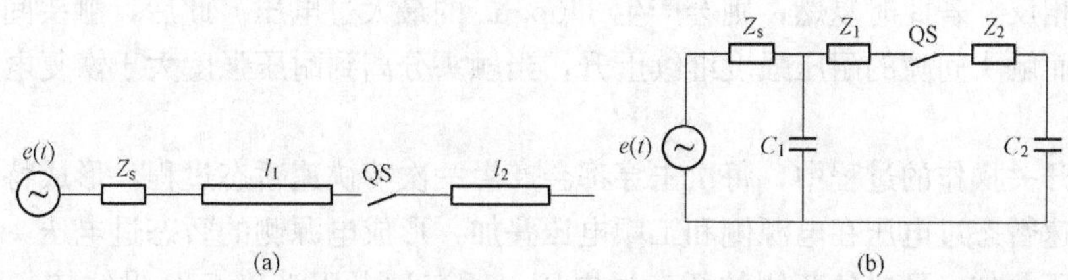

图 11-7-1 GIS 隔离开关 DS 开断小电容性负荷的系统接线及等效电路图

（a）系统接线图；（b）等效电路图

GIS 隔离开关 QS 在开断小电容负荷过程中，触头间隙发生的多次击穿、复燃，如图 11-7-2 所示。

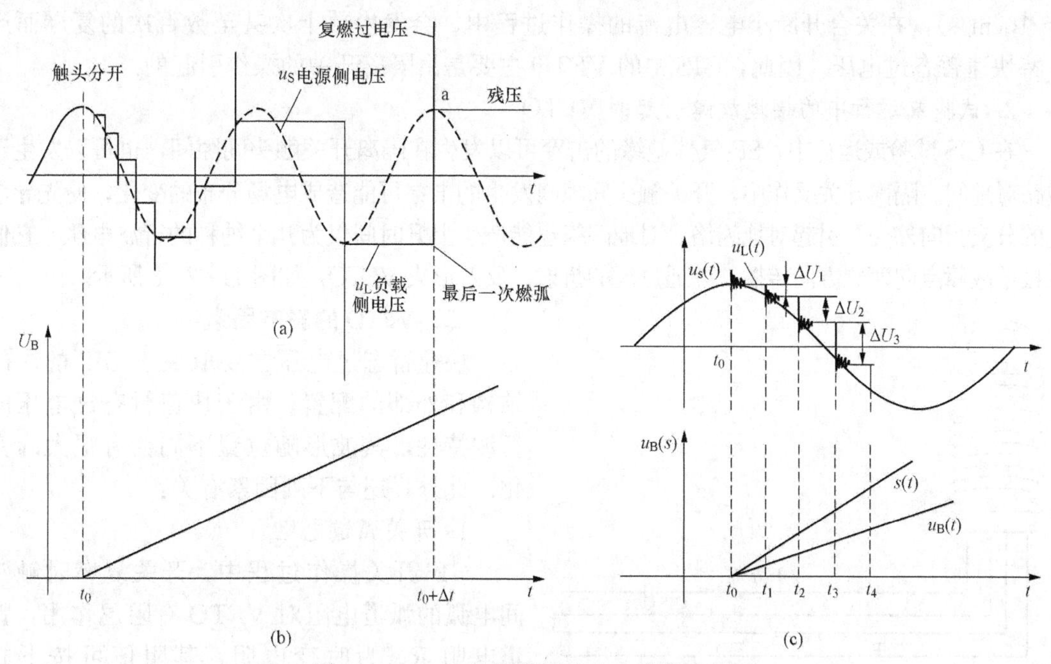

图 11-7-2 GIS 隔离开关多次重燃示意图

（a）分闸过程多次复燃波形图；（b）触头间距离与击穿电压的关系；（c）局部放大图

隔离开关 QS 开断电路前，电源侧电压 u_s 及负载侧电压 u_L 相等。电路开断后，u_s 仍按工频电源电压规律变化，u_L 可视为一恒定不变的直流电压（由于 GIS 内绝缘子泄漏电阻值很高，残余电荷衰减时间可达数小时），其值由熄弧瞬间的电压值决定。随着时间的推移，触头间隙距离及其电位差均增大，当触头间电压超过由相应距离决定的绝缘强度时，间隙击穿，从而出现复燃，引起高频振荡，产生特快速暂态过电压，如图 11-7-2（c）所示。图中，$u_s(t)$ 为电源电压，$u_L(t)$ 为负载侧电压，$s(t)$ 为隔离开关触头间隙距离，$u_B(t)$ 为间隙临界击穿电压，Δu 为隔离开关断口两侧电压差。设电源电压为峰值时（$t=t_0$）触头分离，随着触头间隙距离的增大，触头间隙的绝缘耐压强度随之上升。此外，触头间隙的恢复电压也在上升，当 $t=t_1$ 时，触头间隙恢复电压达 ΔU_1，若 $\Delta U_1 \geqslant u_B(t_1)$，触头复燃，产生高频振荡，当高频电流衰减以后，电弧熄灭。此后，当 $\Delta U \geqslant u_B(t)$，触头间会再次复燃，如此不断重复。如图 11-7-2（a）所示，负载侧对地电压波形表现为梯状，过电压随着触头间隙距离增大而逐渐增加。在 a 点处，负载侧的残余电荷电压等于电源电压峰值 1p.u.，极性与电源侧电压相反，若此时复燃，则会产生 3.0p.u. 的最大过电压。此后，触头间隙恢复电压不再增加，而触头间隙的耐压强度继续上升，当触头分离到耐压强度大于恢复电压时，开断过程完成。

在隔离开关操作的过程中，每次击穿都会产生一次特快速暂态过程，形成特快速暂态过电压。特快速暂态过电压在电源侧和工频电压叠加，形成电源侧的暂态过电压，在负荷侧和残余电荷电压叠加，形成负荷侧的暂态过电压。暂态过电压沿着 GIS 母线按行波规律向两侧传播，在传播过程中遇到波阻抗突变的位置就会发生折、反射，在 GIS 设备内任意一点的 VFTO 实际上是初始波形和多次折反射后波形相互叠加的结果。

顺便提及，断路器动作在 GIS 中虽也可能产生暂态过程，但因断路器触头的运动速度非常快，因而很少发生复燃。而隔离开关动作速度较低（通常低速隔离开关的运动速度为 3～10cm/s），在关合开断小电容电流的操作过程中，会发生数十次甚至数百次的复燃而产生特快速暂态过电压。因此，GIS 中的 VFTO 主要是由隔离开关的操作引起的。

2. 试验或运行中的接地故障引起的 VFTO

在 GIS 试验或运行中，SF_6 气体绝缘的击穿可以发生在隔离开关触头间隙间，也可以发生于线路对地间。隔离开关操作中，开关触头间隙间发生的击穿可能造成电场分布的变化，使先导放电的分支指向外壳，引起对地闪络。对地闪络也能产生上升时间仅为几个纳秒的行波电压，它们从接地故障点向两侧方向传播，并通过波的折射、反射形成 VFTO，如图 11-7-3 所示。

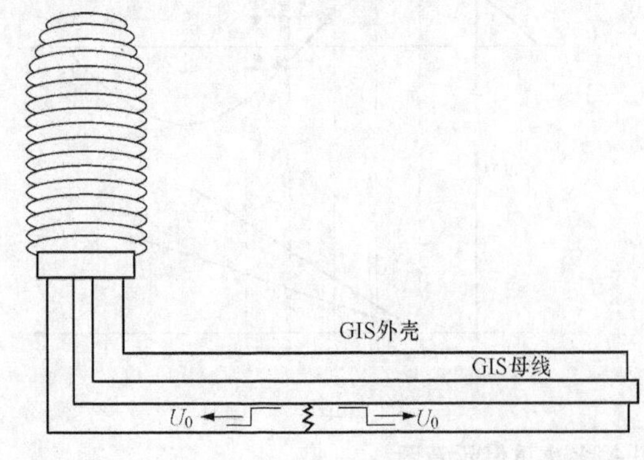

图 11-7-3 GIS 内部接地故障产生的行波

二、VFTO 的影响因素

快速暂态过电压主要取决于 GIS 的内部结构和外部的配置。由于快速暂态过电压的行波特性，其波形随位置不同会有很大的变化。此外，还与下列因素有关：

1. 开关弧道电阻

GIS 开关操作过程中，开关复燃时触头间电弧的弧道电阻对 VFTO 有阻尼作用，弧道电阻 R_{arc} 为时变电阻，其阻值可按下式计算：

$$R_{arc}(t)=R_0\mathrm{e}^{-\frac{t}{T}}+r \quad (11-7-1)$$

式中：R_0 取 $1\times10^{12}\Omega$；r 取 0.5Ω；T 取 1ns

VFTO 的幅值随 R_{arc} 的增加呈下降趋势，因此，在隔离开关中加装阻尼电阻可降低 VFTO 的幅值。

2. 变压器的入口电容

当 VFTO 这类陡波头高频率的电压波作用于变压器时，可以忽略变压器绕组中的电感电流，将变压器绕组用归算至首端的对地电容，即入口电容 C_T 来代替。由于电容电压不能突变，VFTO 行波传播到变压器入口处时，波头会被拉平，陡度会降低，变压器入口处的 VFTO 幅值也会随 C_T 的增加而降低。但另一方面，GIS 内部的 VFTO 幅值却会随变压器入口电容的增加而增加，这主要是因为 C_T 越大，储存的能量越高，在 GIS 开关触头重燃过程中，暂态振荡越剧烈。通常，变压器入口电容与变压器的电压等级和容量有关，变压器电压等级越高、变压器额定容量越大，C_T 越大。仿真计算表明：C_T 每增加 1000pF，VFTO 幅值约增加 0.2p.u.。

3. 残余电荷

当 GIS 开关开断带电的 GIS 母线时，母线上可能会存在残余电荷，残余电荷越多，母线残余电压越高，GIS 开关触头间隙重燃过程中的暂态振荡越剧烈，VFTO 的幅值也越高。通常，VFTO 幅值与残余电荷量近似呈线性关系。最严重情况下，残余电荷产生的电压为 1.0p.u.，极性与电源电压相反，在电源电压达到峰值时，开关触头间隙重燃，VFTO 幅值可达 3.0p.u.。残余电荷及残余电荷电压主要由开关开断电路时负载侧电容电流大小、开断速度、重燃时刻及母线上的泄漏等因素决定。

三、VFTO 的危害

GIS 中产生的 VFTO 频率高、波头陡，在 GIS 内部和外部传播过程中对 GIS 自身绝缘及外接电气设备的绝缘均构成威胁。VFTO 主要危害包括：

1. 危害 GIS 设备的主绝缘

目前，特高压 GIS 设备绝缘的 VFTO 典型试验波形和耐受电压标准尚未确定，GIS 耐受 VFTO 的绝缘水平多取其雷电冲击耐受电压（BIL）的 1/1.15。例如，500kV GIS，其 BIL 为 1550kV，VFTO 耐受电压可取为 1348kV（约为 3.0p.u.），特高压 GIS 的 BIL 为 2400kV，VFTO 耐受电压可取为 2087kV（约为 2.32p.u.）。由于 VFTO 最大幅值不超过 3.0p.u.，对于 500kV GIS 设备的主绝缘通常不会造成危害，但对于特高压 GIS 设备，虽然隔离开关操作产生的 VFTO 过电压幅值只达 2.5p.u.，但已超过设备绝缘的耐压能力，仍有可能造成设备主绝缘的损坏。

2. 危害变压器绕组绝缘

对于直接与 GIS 相连的变压器，电压波头上升时间只有数十纳秒的 VFTO 作用于变压器绕组时，类似于截波电压作用，此时作用于变压器绕组的电压按指数分布，绕组首端匝间绝缘将承受较高的电压。对于非直接与 GIS 相连的变压器，由于陡波在传输过程中经过了两个套管和一段架空线（或电缆），波头已变缓，与雷电冲击波相近，可在一定程度上减轻对绕组绝缘的危害。然而，VFTO 所含的谐波分量较丰富，会在变压器绕组的局部引起谐振，使变压器绝缘发生击穿。我国超高压 GIS 系统中，已发生过多起变压器绝缘损坏事故。

3. 对二次设备的影响

沿GIS壳体或外引线路传播的外部VFTO产生的瞬态电磁场，会影响GIS周围电子设备。同时，内部VFTO耦合到壳体与地之间，造成的暂态地电位升高和壳体暂态电位升高，会对与GIS相连的控制、保护、信号等二次设备产生干扰甚至损坏。

4. VFTO的累积效应

由于GIS隔离开关操作频繁，每次开关操作都可能产生VFTO并对电气设备绝缘造成伤害，会加速绝缘的老化。这种对绝缘的伤害作用累积到一定程度最终将引起设备绝缘损坏。

四、VFTO的防护措施

1. 隔离开关并联电阻

隔离开关并联合适阻值的电阻，可以有效抑制操作隔离开关所产生的暂态过电压，如图11-7-4所示。

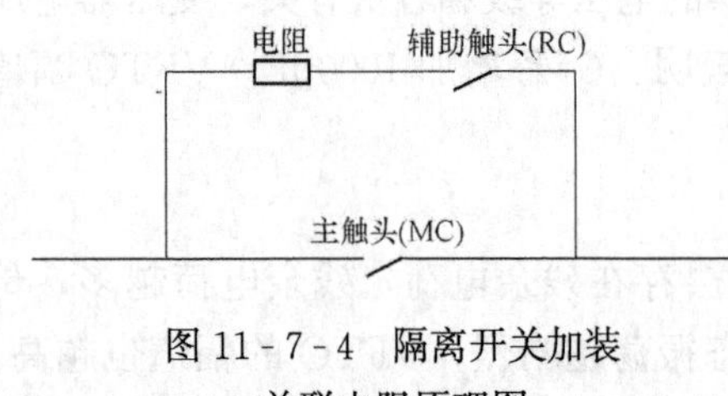

图11-7-4　隔离开关加装并联电阻原理图

隔离开关开断时，主触头首先断开，负荷侧的残余电荷通过并联电阻向系统侧泄放，起到缓冲作用后，断开辅助触头，使隔离开关彻底断开；隔离开关合闸时，先合辅助触头，使系统先通过并联电阻向负荷侧充电，起到缓冲作用后，主触头闭合，完成隔离开关合闸操作。隔离开关加装并联电阻，一方面可以使负荷侧的残余电荷通过并联电阻向电源释放，减少隔离开关发生重燃的概率；另一方面可以起到阻尼作用，吸收VFTO的能量，减小过电压的幅值。相关研究表明，当阻值为1000Ω时，VFTO可抑制到1.3p.u.以下。

2. 安装铁氧体磁环

铁氧体是高频导磁材料，在低频和高频工作条件下显示出不同的铁磁特性。在低频时主要呈电感特性，磁环损耗很小；在高频情况下，磁环主要呈电阻特性，可将高频能量转化为热能，起到抑制高频过电压的作用。将铁氧体磁环套在GIS隔离开关两端的导电杆上，能够改变导电杆局部的高频电路参数，相当于在开关断口和空载母线间串入了一个阻抗，使VFTO的幅值和陡度降低，同时也减弱行波折反射的叠加。

3. 采用金属氧化物避雷器MOA

MOA对附近设备的保护效果较好，但对远离MOA的设备上的VFTO抑制效果不显著。隔离开关未装并联电阻时，MOA对VFTO的抑制效果明显，而且母线侧避雷器的防护效果要比变压器侧避雷器的防护效果明显。但在隔离开关安装并联电阻后，MOA对VFTO的抑制效果就不明显了。

4. 快速动作隔离开关

使用快速动作隔离开关，提高触头的分合闸速度，缩短隔离开关切合时间，可以减少电弧重燃次数、从而降低快速暂态过程的出现概率，也会在一定程度上降低VFTO幅值。但是使用快速动作隔离开关并不能完全抑制VFTO的产生。

第八节　限制操作过电压的主要措施

限制操作过电压是降低系统绝缘水平的重要前提，尤其在超高压、特高压网络中，是技术经济上必须研究的课题。

从前述可知，电力系统的操作过电压种类繁多，特性各异。因此，所采用的限压措施亦各不相同。粗略地说，断路器的操作是大部分操作过电压的起因。除提高断路器的灭弧能力和动作的同期性外，采用具有并联电阻的断路器是限制操作过电压的有效措施。此外，作为后备保护，操作过电压也可以采用性能良好的金属氧化物避雷器来限制。由于操作过电压持续时间比雷电过电压长，虽则幅值较低，但能量很大，因此，对用作限制操作过电压的避雷器必须满足相应的技术要求。

一、断路器加并联电阻对操作过电压的限制作用

断路器并联电阻的阻值不同，限制过电压的效果也不同。例如，几十千欧（高值）的并联电阻可限制切空变过电压，几千欧（中值）的并联电阻可限制切空线以及系统解列过电压，几百欧（低值）的并联电阻可限制合空线过电压。考虑到切空变过电压可用一般的避雷器保护，切空线过电压可用提高断路器灭弧能力避免重燃的办法来解决，所以通常将断路器装设并联电阻作为限制合空载线路过电压的主要措施。因而下面只讨论合闸并联电阻的选择问题。

参看图 11-3-6，线路合闸时断路器主、辅触头动作次序与线路分闸时相反。合闸时，先合辅助触头 K2，接入并联电阻 R，后合主触头 K1，短接 R，完成合闸线路的操作。所以，合闸过程可分两个阶段讨论。

从限制过电压的角度出发，两个阶段所要求的 R 值是不相同的。第一阶段合上 K2 时，R 越大，过电压越小；$R=0$，相当于无并联电阻合闸，其最大过电压为 U_m。合闸第一阶段过电压与 R 值的关系，如图 11-8-1 曲线 1 所示。而第二阶段合 K1 时，恰好相反，R 越大，过电压也越大，$R\to\infty$时，相当于无并联电阻合闸，其最大过电压也为 U_m，过电压与 R 的关系如图 11-8-1 中曲线 2 所示。这样，两个合闸阶段所合成的过电压与 R 的关系是条 V 形曲线，其交点处的过电压 U_{m0} 最低。

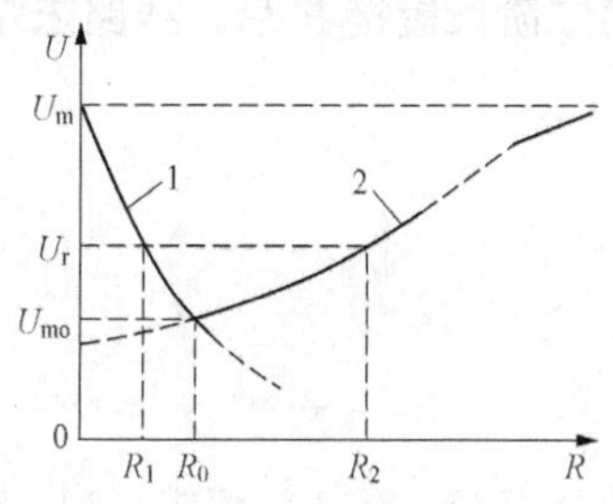

图 11-8-1　合闸过电压的 V 形曲线

对一定类型的断路器，最大合闸过电压将随电网结构、电源容量、线路长度不同而不同，相应的合闸过电压的 V 形曲线亦各有异，若在各种不同的具体情况下，都要求并联电阻是对应于 U_{m0} 的 R_0 值，是不切合实际的。一般是针对某一电压等级，经过技术经济比较的综合研究，提出限制过电压的水平，例如要求过电压不超过 U_r 值。从图 11-8-1 可知，在此要求下，并联电阻允许在 $R_1 \sim R_2$ 之间选择，为了尽量减小通过电阻的电流，保证热稳定，R 值选大的好。同时，R 较大，对辅助触头的灭弧能力的要求亦可降低。因此，实际上 R 值的选择决定于合闸的第二阶段。

下面对两个阶段的合闸过电压作些分析，并得出计算并联电阻的公式。

参看图 11-3-6，合闸第一阶段是合上 K2，串入电阻，线路与电源接通。假定电源容量为无穷大，并取并联电阻 R 等于线路波阻 Z，线路末端开路，不计线路损耗，应用行波概念可知线末电压恰好为电源电压，但有一个时延 $t_0=\dfrac{l}{v}$。若 $R>Z$ 则第一阶段合闸过电压将小于电源电压。

实际系统的电源容量是有限的，即电源等值漏抗 $X_S \neq 0$，计算过电压要复杂一些，由于并联电阻的大小取决于合闸第二阶段，所以就不再详细分析了。

在合闸第一阶段投入 R 后，只要电阻接入时间大于 10ms，对于一般长度的线路，其过渡过程已基本消失，处于稳定状态。因而，在第二阶段短接 R 所引起的过渡过程中，电压最大值可借助第一阶段的稳态电压作为第二阶段的起始电压来求得。

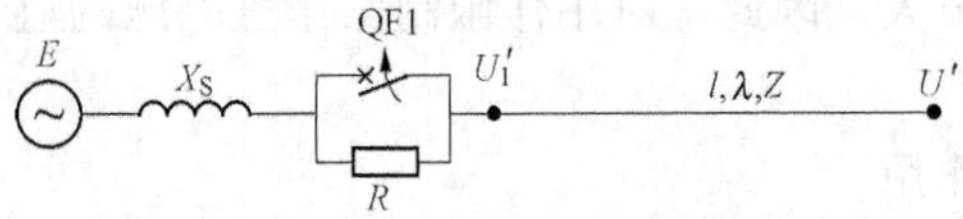

设空载线路投入前的电源电压为 E，电源等效漏抗为 X_S，如图 11-8-2 所示，线路末端开路时，从首端往末端看的入口阻抗 $Z_R = -jZ\cot\lambda$，线末到线首的电压传递系数为 $\frac{1}{\cos\lambda}$，而 $\lambda = \frac{\omega l}{v}$。

图 11-8-2 合闸第二阶段

第一阶段投入 R 后线路首端稳态电压 $\dot{U}_1' = \dot{E}\,\frac{-jZ\cot\lambda}{(R+jX_s)-jZ\cot\lambda}$，相应的线路末端电压为

$$\dot{U}' = \frac{\dot{U}_1'}{\cos\lambda} = \frac{\dot{E}}{\cos\lambda - \frac{X_S}{Z}\sin\lambda + j\frac{R}{Z}\sin\lambda} \tag{11-8-1}$$

第二阶段短接 R 后，线路末端稳态电压

$$\dot{U} = \frac{\dot{E}}{\cos\lambda - \frac{X_S}{Z}\sin\lambda} = \beta\dot{E} \tag{11-8-2}$$

$$\beta = \frac{1}{\cos\lambda - \frac{X_S}{Z}\sin\lambda},\ \beta > 1$$

由式（11-8-1）和式（11-8-2）得

$$\dot{U}' = \frac{\dot{U}}{1 + j\frac{R}{Z}\beta\sin\lambda} = \frac{\dot{U}}{1 + j\tan\theta} = \frac{\dot{U}}{\frac{1}{\cos\theta}e^{j\theta}} = \dot{U}\cos\theta e^{-j\theta} \tag{11-8-3}$$

$$\tan\theta = \frac{R}{Z}\beta\sin\lambda$$

式（11-8-3）也可改写成

$$\dot{U} = \frac{\dot{U}'}{\cos\theta}e^{j\theta}$$

式（11-8-3）表达了 R 短接前后线末稳态电压的关系。因为 $\cos\theta < 1$，所以 $U > U'$。图 11-8-3 中的 $u'(t)$、$u(t)$ 和 $e(t)$ 分别为 $\dot{U}'$、$\dot{U}$ 和 E 的波形，$u'(t)$ 滞后 $e(t)$ 一个 θ 角。

设断路器主触头 K1 在 α 角时闭合，由图 11-8-3 可直接看出短接 R 后线路末端电压将发生振荡，振荡过程的“稳态值”为 $\sqrt{2}U\sin\alpha$，其初始电压为

$$\sqrt{2}U'\sin(\alpha - \theta) = \sqrt{2}U\cos\theta\sin(\alpha - \theta)$$

自由振荡分量的振幅为

$$\sqrt{2}U\sin\alpha-\sqrt{2}U\cos\theta\sin(\alpha-\theta)=\sqrt{2}U\sin\theta\cos(\alpha-\theta)$$

考虑到超高压长线的初次自振频率比较低，一般在工频的3倍以下，所以暂态电压的最大值U_m可近似地由工频稳态电压幅值与自由振荡的振幅之和求得，即

$$U_m=\sqrt{2}U+\sqrt{2}Uk\sin\theta\cos(\alpha-\theta)$$

式中：k为无R合空线时的衰减系数。由上式知，当$\theta=\alpha$时，即$u'(t)$过零时短接R，U_m最大。

据此可得，短接R过程中出现的最大过电压系数K_m为

$$K_m=\frac{U_m}{\sqrt{2}U}=1+k\sin\theta \qquad (11-8-4)$$

式中$\sin\theta$可由$\tan\theta$求得为

$$\sin\theta=\frac{1}{\sqrt{1+\left(\frac{Z}{R}\frac{1}{\beta\sin\lambda}\right)^2}}$$

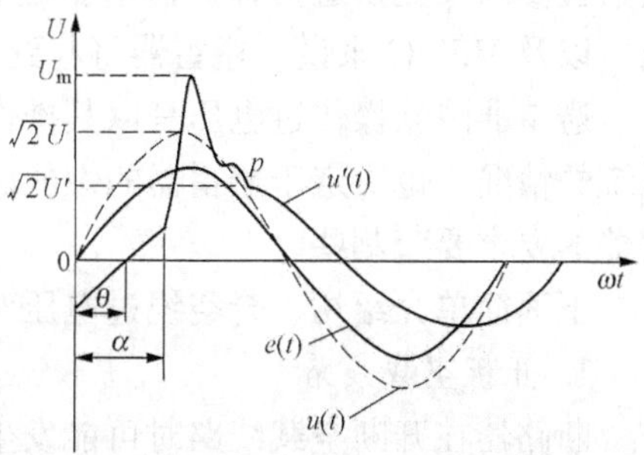

图11-8-3 第二阶段合闸前后的电压波形

由此可知，K_m的最大值出现在$\theta=90°$，$\sin\theta=1$时，此时$R=\infty$。这与图11-8-1曲线2所示，$R=\infty$，即无并联电阻时，合K_1将出现最大过电压U_m是一致的。

将$\sin\theta$代入式（11-8-4）得

$$\frac{R}{Z}=\frac{1}{\beta\sin\lambda}\frac{1}{\sqrt{\left(\frac{k}{K_m-1}\right)^2-1}} \qquad (11-8-5)$$

若要求过电压$U_m/\sqrt{2}E$不超过K倍，则由式（11-8-4）以及式（11-8-2）可知，需有$K=\beta K_m$，于是式（11-8-5）可改写为

$$R\leqslant\frac{Z}{\beta\sin\lambda}\frac{1}{\sqrt{\left(\frac{\beta k}{K-\beta}\right)^2-1}} \qquad (11-8-6)$$

[例11-8-1] 某500kV线路长400km，$\sin\lambda=0.41$，线路波阻$Z=260\Omega$，线路末端开路，无并联电抗器，线末工频稳态电压与电源电压之比$\beta=1.2$，要求限制的合闸过电压倍数$K\leqslant 2.0$，求断路器并联电阻的阻值R。

[解] 取$k=0.8$，由式（11-8-6）知

$$R\leqslant\frac{260}{1.2\times0.41}\times\frac{1}{\sqrt{\left(\frac{1.2\times0.8}{2.0-1.2}\right)^2-1}}\approx788(\Omega)$$

从上分析知，合闸并联电阻R的大小，在满足限制过电压的要求下，与线路长度（λ值）、线路波阻和电源容量（β值）等有关。当其他条件相同时，R值与线路长度大致成反比，线路长度增加1倍，则要求R值大约减小一半，所以R值要适合线路长度的要求。目前，我国500kV断路器上使用的并联电阻值为400Ω，国外500kV断路器的并联电阻在400～1200Ω范围内。对于更高电压等级的电网，要求操作过电压限制在2倍以下，断路器可采用多级并联电阻。例如美国的SF_6超高压断路器是两级电阻，合闸时先投入1500Ω，然后短接1200Ω，最后短接300Ω。并联电阻的级数越多，合闸的暂态过程越弱，过电压越低，但断

路器的结构就复杂了。

二、避雷器对操作过电压的限制作用

在我国，超高压、特高压网络中除了采用断路器并联电阻作为限制操作过电压的首要措施（第一道防线）之外，还将避雷器作为后备保护（第二道防线）。要求避雷器在断路器并联电阻失灵或其他意外情况出现较高幅值的过电压时能可靠动作，将过电压限制在允许范围内。这种配置可改善避雷器的工作条件，避免避雷器频繁动作而加速老化构成事故因素，或频繁检修以及更换避雷器。但对在超、特高压电网中突显出来的接地故障和故障清除过电压，以及 VETO 来说，避雷器将起到主要作用。

避雷器限制操作过电压是以其操作波电流下的残压表示其保护性能的。这些数值决定于系统的情况，也决定于避雷器的性能。在操作过电压作用下避雷器可能多次动作，因此对避雷器的要求要苛刻些。

下面简单介绍切、合空线过电压对避雷器的要求（主要是通流容量）。

1. 开断空载线路

断路器在开断空载线路时可能发生重燃，产生较高的过电压。根据波过程分析以及模拟试验的结果，可以对避雷器动作后流过避雷器的电流得出以下的结论：

（1）通过避雷器的电流的波形近于梯形，其持续时间与线路长度 l 成正比，且约为 $t=\frac{2l}{v}$（v 为光速）。

（2）放电电流的幅值与线路电压等级近于成正比，而与线路长度关系不大。在 330kV 线路中电流幅值约 1000A。这个电流幅值虽然不大，但持续时间比雷电流长得多，例如 275km 线路可达 1830μs。对避雷器的通流能力要求较高。

2. 合闸或重合闸空载线路

在合闸或重合闸过电压作用下，避雷器动作后将受到最严格的考验，因为线路与电源相连，过电压能量可从电源得到补充。为此需考虑避雷器多次动作的可能性，即要求避雷器有较高的通流能力。

由于超高压、特高压系统中输电线路较长，电容效应严重，线路末端电压将高于母线电压，所以需将避雷器分为线路型和电站型两类。对两类避雷器的通流容量规定了不同的方波幅值和宽度。

作为限制操作过电压的避雷器也有其保护范围问题。如图 11-8-4 所示，线末避雷器在过电压下动作后，相当于有一个反极性的电压波 u_f 沿线向线首方向传播，u_f 到达之处，过电压才会下降。设线长为 l、波速为 v，则在时间为 $\tau=\frac{l}{v}$ 之内，线首并不“知道”线末避雷器已动作。例如，$l=300\text{km}$，$v=300\text{m}/\mu\text{s}$，则 u_f 到达线首需 1ms，在此时间内，线首操作过电压很可能已越过最大值。因而，线末避雷器一般不能限制线首过电压。同样，接在线路首端的避雷器一般也不能限制末端过电压。通常取避雷器的保护范围在 100km 左右。当线路较长时，线路两端均应装避雷器。当线路更长时线路中段过电压可能高出 10%左右，其高于两端过电压的百分数，

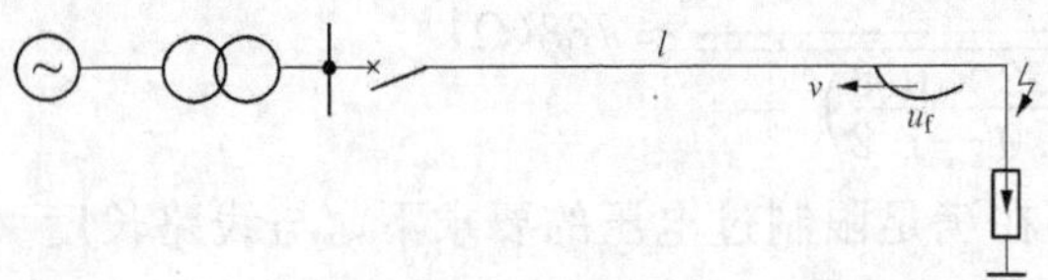

图 11-8-4　线路末端避雷器动作时的反极性波

随线路长度、过电压波形的陡度增大而增大。在进行线路绝缘配合和确定避雷器的动作电压时，应考虑线路中段的过电压偏高问题。

由于金属氧化物避雷器（MOA）非线性特性优异、通流容量大、耐重复动作能量强等特点，在超高压、特高压系统过电压防护中得到了广泛的应用。

选择无间隙 MOA 的电气参数时，要注意满足下列要求：

（1）避雷器持续运行电压应等于或大于电网最高运行相电压，以保持 MOA 的性能稳定性，防止 MOA 在长期运行电压作用下产生阀片非线性特性的退化；

（2）避雷器额定电压应高于安装点出现的暂时过电压，并考虑相应的持续时间，即要求避雷器的工频电压—时间特性必须高于系统暂时过电压幅值及相应时间特性；同时，要考虑避雷器能量吸收能力，即其初始能量的大小，保证避雷器的运行稳定性。从而保证 MOA 耐受暂时过电压的能力。

（3）标称电流下的残压低于被保护设备的耐受电压，并满足绝缘配合的要求。按目前我国 1000kV 电气设备绝缘水平，要求 MOA 的雷电冲击残压与额定电压幅值之比为 1.4 左右。

表 11-8-1 给出了我国 1000kV 交流特高压金属氧化物避雷器的参数。

表 11-8-1　　1000kV 交流特高压金属氧化物避雷器参数

额定电压（kV）	持续运行电压（kV）	直流 8mA 参考电压（kV）	1/10μs、20kA 陡波冲击残压（kV）	8/20μs、20kA 雷电冲击残压（kV）	30/60μs、2kA 操作冲击残压（kV）	吸收能量允许值（MJ）
828	638	1140	1782	1620	1460	40

在超高压、特高压系统中，避雷器除了抑制雷电过电压外，也是操作过电压的重要防护手段。避雷器的保护效果与避雷器的通流容量和残压密切相关，提高避雷器通流容量、降低避雷器残压是抑制超高压、特高压系统过电压的重要措施。

习 题

1. 中性点绝缘系统中发生间歇电弧接地过电压，用工频熄弧理论并考虑相间电容的影响，计算第一次重燃时非故障相振荡电压最大值。计算时可取$\frac{C_0}{C_0+C_{12}}=0.8$。

2. 以高频熄弧理论分析间歇电弧接地过电压，并用波形图表示之。

3. 两台 110/220kV、YN/yn 接法三相变压器、容量均是 120MV·A，第一台励磁电流为 2%，每相绕组对地电容为 5000pF；第二台励磁电流为 0.5%，每相绕组对地电容为 20 000pF。试计算在 110kV 侧切除这两台空载变压器时的预期过电压倍数，并分析比较之。

4. 试校核用金属氧化物避雷器限制开断空载变压器时产生过电压的可能性。变压器参数为：电压 110/220kV，YN/yn 接法，容量为 120MV·A，励磁电流为 5%，绕组每相对地电容为 5000pF。避雷器参数为允许通过等值陡波电流 5kA（10μs），其残压为 323kV。

5. 在开断某空载线路（等效电容为 C）时，母线上已接有等效电容 $C_m=\frac{1}{5}C$，求切空载线路两次重燃的最大过电压。

6. 试估算用金属氧化物避雷器限制切 110kV、200km 长空载线路时产生过电压的可能性。线路参数为 $C_0=9\times10^{-12}$F/m，$L_0=1.3\times10^{-6}$H/m。当线路过电压达 $2.5U_{ph}$时避雷器动作，避雷器通过矩形波电流为 5kA（10μs）时，残压为 230kV。

7. 影响合空线过电压的主要因素有哪些？

8. 解释断路器并联电阻能限制合空线过电压的物理过程。

9. 若线路末端接有并联电抗器，在估算断路器并联电阻值时，能否应用式（11-8-6），为什么？可以怎样修正？

10. 简述在特高压电网中要重视故障清除过电压的原因。清除哪种接地故障时，会出现较高的过电压？为什么？

11. 试述 GIS 中隔离开关操作过电压（VFTO）的特征及危害性，可采取什么限制措施？

12. 系统地列出超高压、特高压网络中限制操作过电压的措施。

第四部分　电力系统绝缘配合

第十二章　电力系统绝缘配合

第一节　中性点接地方式对绝缘水平的影响

中性点接地方式可分为有效接地（包括直接接地、小阻抗接地）和非有效接地（包括经消弧线圈接地，不接地）两大类。选择中性点接地方式是个综合性问题，它直接影响设备绝缘水平的确定、系统运行的可靠性、保护设备的工作条件和对通信线路的干扰等。

电网中性点接地方式对绝缘所承受的电压有较大的影响。在中性点有效接地系统中，相对地的绝缘所承受的长期最大工作电压为相电压；而中性点非有效接地系统允许带单相接地故障运行 2h，它的最大工作电压为线电压。两者所选用的避雷器的额定电压是不同的，前者可选用额定电压较低的避雷器，避雷器的残压也较低。所以在中性点有效接地系统中，电气设备承受的过电压要比中性点非有效接地系统低，约低 20%。

随着电网电压等级的提高，输变电设备绝缘部分的费用在总投资中的比重越来越大，尤其是超高压、特高压系统更为显著。如果中性点采用有效接地的方式，其绝缘水平的下降可降低设备造价，其经济效益是十分显著的。但在电压等级较低的电网中，上述优点就不突出了，相反，中性点有效接地会带来不少缺点。

由于单相接地故障在总故障中所占比重很大，在 6～66kV 电网中，若中性点有效接地，单相接地有很大短路电流，线路要立即切除，给断路器增加了严重的负担，而且会经常停电，供电可靠性不高。此外，以大地为回路的巨大短路电流对通信线的干扰也很厉害。若中性点改为非有效接地，则上述缺点大为减弱，这说明了不同电压等级应采用不同的接地方式。

在我国，3～66kV 电网全部采用中性点不接地或经消弧线圈接地的方式；110kV 及以上一般采用中性点直接接地的方式。但其中 110～154kV 系统，如处于雷电活动较强的山岳丘陵地区，其接地电阻不易降低，且电网结构简单（如单回路供电），若采用直接接地方式不能满足安全供电的要求，而且对将来联网影响不大时，也可采用中性点经消弧线圈接地的方式。

第二节　绝缘配合的原则

绝缘配合应根据电网中出现的各种电压（工作电压和过电压）和保护装置的特性来进行。在确定设备的绝缘水平时，必须全面考虑设备造价、维护费用和事故损失三个方面，力求达到安全、经济和高质量供电的目的。

对 220kV 及以下的系统，其绝缘水平一般由雷电过电压来决定。就是以避雷器的残压为基础来确定设备的绝缘水平，并保证输电线路有一定的耐雷水平。由于这样决定的绝缘水平在正常情况下能耐受操作过电压的作用，因此 220kV 及以下系统一般不需采用专门限制内部过电压的措施。

对 330kV 及以上超、特高压系统，变电站及线路的绝缘费用在设备整个造价中所占的比重较大，而且由于操作过电压是在运行电压的基础上产生的，随着运行电压的提高，操作过电压幅值将随之增大，所以在超、特高压电网的绝缘配合中，操作过电压将逐渐起主导作用。因此，在超、特高压电网中一般都采取了专门限制内部过电压的措施，如并联电抗器、带有并联电阻的断路器和金属氧化物避雷器等。世界各国对限压措施的要求不同，其绝缘配合的作法也不一样。俄罗斯主要用避雷器限制操作过电压，所以是按避雷器在操作过电压下的特性来决定系统绝缘水平的。日本、法国等则主要通过改进断路器性能，将操作过电压限制到预定的水平，而把避雷器用作操作过电压的后备保护。这样，系统绝缘水平也是以雷电过电压下避雷器残压为基础来决定的。我国是以带并联电阻的断路器和并联电抗器作为限制操作过电压的主要手段，同时以避雷器作为后备保护。因而，电气设备绝缘水平也是以避雷器残压为基础决定的。对于线路绝缘水平的选择，则以保证一定的耐雷水平为目标。

在污秽地区的电网，外绝缘的强度受污秽影响将大大降低。在恶劣气象条件下，即使在正常工作电压下也常会发生污闪事故，因此，严重污秽地区电网的外绝缘水平主要应由系统最大运行电压决定。

另外，随着电网标称电压的提高和限制过电压措施的不断完善，当过电压被限制到 1.6 倍或更低时，长时间工作电压就可能成为决定电网绝缘水平的重要因素。

在绝缘配合中是不考虑谐振过电压的，因此在电网设计和运行中都应当避开谐振过电压的产生。

在进行绝缘配合时，一般不考虑线路绝缘和发、变电站绝缘间的配合问题。因为若降低线路绝缘使之与变电站相配合，会使线路事故大增。

所谓电气设备的绝缘水平是指该电气设备能承受的试验电压值。考虑到设备在运行时要承受运行电压、工频过电压及操作过电压的作用，对电气设备绝缘规定了短时工频试验电压，对于外绝缘还规定了干状态和湿状态下的工频放电电压；考虑到在运行电压和工频过电压作用下内绝缘的老化和外绝缘的污秽性能，规定了一些设备的长时间工频试验电压；考虑到雷电过电压对绝缘的作用，规定了雷电冲击试验电压等。这些试验电压值在各国的国家标准中都有明确的规定。

对于超、特高压电气设备，考虑到操作波对绝缘作用的特殊性，还规定了操作波冲击试验电压。

为了确定电气设备绝缘水平而进行绝缘配合时所采用的方法有惯用法、统计法、简化统计法等。我国目前采用的方法是惯用法和简化统计法。

惯用法是按作用在绝缘上的最大过电压和最小的绝缘强度的概念进行配合的，即首先确定设备上可能出现的最危险过电压，然后根据运行经验乘上一个考虑各种因素的影响和一定裕度的系数，从而决定绝缘应耐受的电压水平。但由于过电压幅值及绝缘强度都是随机变量，很难有一个严格的规则去估计它们的上限和下限，因此，用这一原则选定的绝缘水平常有较大的裕度。这种方法在选定自恢复绝缘和非自恢复绝缘水平时均可采用。

第三节 绝缘配合的统计法

绝缘配合的统计法是根据过电压幅值和绝缘的耐压强度都是随机变量的实际情况，在已知过电压幅值及绝缘闪络电压的概率分布后，计算出绝缘故障率，在技术经济比较的基础上，合理确定绝缘水平。这种方法不仅能定量地给出设计的安全程度，并可按每年设备折旧费、运行费、事故损失费的总和为最小的原则，确定一个输变电系统的最佳绝缘设计方案。

图 12-3-1 画出了过电压概率密度函数 $f_g(U)$

$$f_g(U)=\frac{1}{\sigma_g\sqrt{2\pi}}e^{\frac{1}{2}\left(\frac{U-U_g}{\sigma_g}\right)^2}$$

和绝缘放电概率函数 $P(U)$

$$P(U)=\frac{1}{\sigma_j\sqrt{2\pi}}\int_{-\infty}^{U}e^{-\frac{1}{2}\left(\frac{U-U_{50\%}}{\sigma_g}\right)^2}\mathrm{d}U$$

式中：U_g、σ_g 分别为过电压的数学期望（理论均值）和标准偏差；$U_{50\%}$ 和 σ_j 分别为绝缘放电电压的数学期望（称 50%放电电压）和标准偏差。

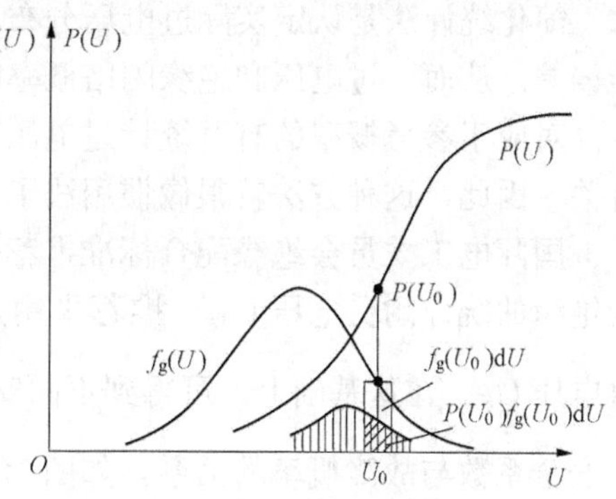

图 12-3-1 绝缘故障率的估算

图 12-3-1 中的 $f_g(U_0)\mathrm{d}U$ 为过电压在 U_0 附近 $\mathrm{d}U$ 范围内出现的概率，$P(U_0)$ 为在过电压 U_0 作用下绝缘放电的概率。二者是互相独立的，因此，出现这样高的过电压并损坏绝缘的概率为

$$P(U_0)f_g(U_0)\mathrm{d}U=\mathrm{d}R$$

式中：$\mathrm{d}R$ 称为微分故障率。

习惯上，只按过电压的绝对值进行统计（正负极性约各占一半），再根据过电压的含义，有 $U\geqslant U_{ph}$（运行相电压），所以过电压 U 的范围是 $U_{ph}\sim\infty$（或在某点截止），那么故障率等于

$$R=\int_{U_{ph}}^{\infty}P(U)f_g(U)\mathrm{d}U \tag{12-3-1}$$

考虑到 U 在（$-\infty\sim0$）范围内 $f_g(U)\equiv0$，以及 U 在（$0\sim U_{ph}$）范围内 $f_g(U)\approx0$，从而可将（12-3-1）式改写成

$$\begin{aligned}R&=\int_{-\infty}^{\infty}P(U)f_g(U)\mathrm{d}U\\&=\int_{-\infty}^{\infty}\left[\frac{1}{\sigma_j\sqrt{2\pi}}\int_{-\infty}^{U}\mathrm{e}^{-\frac{1}{2}\left(\frac{U-U_{50\%}}{\sigma_j}\right)^2}\mathrm{d}U\right]\times\frac{1}{\sigma_g\sqrt{2\pi}}\mathrm{e}^{-\frac{1}{2}\left(\frac{U-U_g}{\sigma_g}\right)^2}\mathrm{d}U\\&=\Phi\left(\frac{U_g-U_{50\%}}{\sqrt{\sigma_g^2+\sigma_j^2}}\right)\end{aligned} \tag{12-3-2}$$

通常，绝缘在负极性的操作冲击下的 $U_{50\%}$ 较高，若略去负极性下的故障，以 $\frac{n}{2}$（n 为年操作次数）乘式（12-3-2），即可得绝缘在操作过电压下的故障率的估算值。

由式（12-3-1）知，故障率 R 是图 12-1-1 中总的阴影部分面积。若增加绝缘强度，曲线 $P(U)$ 将向右移动，则阴影面积将缩小，表示绝缘故障率减小，但增加绝缘会使投资增大。因此，统计法可按需要进行一系列试验性设计与故障率的估算，根据技术—经济比较在绝缘成本和故障率之间进行协调，在满足预定的故障率的前提下，选择合理的绝缘水平。所以这时的绝缘裕度不是任意选择的，它与绝缘损坏的一定概率相对应。

在实际工程中严格采用统计法往往是困难的，例如对非自恢复绝缘进行绝缘放电概率的测定，其代价太高，无法接受。所以仍使用惯用法。对自恢复绝缘可建议用统计法进行绝缘配合。但各种统计数据（包括气象条件等影响因素）的概率分布有时并非已知，对此一般采用简化统计法。

简化统计法是认定实际过电压分布和绝缘放电概率的数学规律为正态分布，并已知其标准偏差。从而，过电压和绝缘闪络概率的整个分布可只用与某一个参考概率相对应的点来表示。对应于参考概率的有“统计过电压”和“统计耐受电压”。于是，故障率就与这两个值有关。因此，这种方法就很像惯用法了。

国际电工委员会绝缘配合标准推荐采用闪络概率为10%，即取耐受概率为90%的电压为绝缘的统计耐受电压U_W；推荐采用过电压出现的概率为2%的过电压值为统计（最大）过电压U_S，在这基础上，可得到不同安全系数$\gamma\left(=\dfrac{U_W}{U_B}\right)$下绝缘的闪络概率，进一步得到统计安全系数与故障概率的关系，如图12-3-2所示。

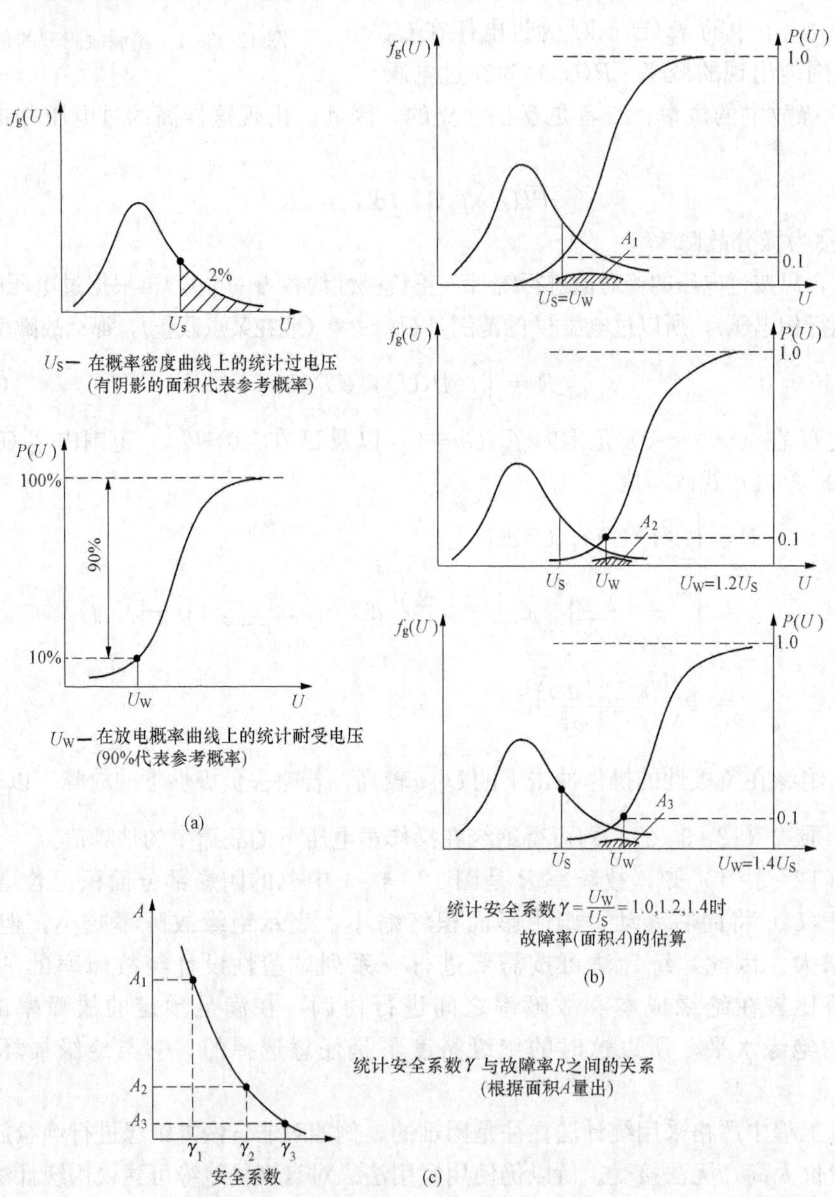

图12-3-2　简化统计法示意图

(a) 统计过电压及统计耐受电压；(b) 故障率面积；(c) 统计安全系数

电网结构不同，过电压大小也不同，造成事故后果也不同。一般情况下，在电网发展初期，是用长距离大容量的单回路输电，系统联系薄弱，一旦发生故障，经济损失较大，待到中期或后期，联系增强，个别设备损坏造成的经济损失减小。因此，国外电网的绝缘水平，初期都选得较高，待电网发展到中期或后期，选用的绝缘水平就较低。当然这也与过电压保护设备性能的改善有关。所以，在国际电工委员会制定的基本绝缘水平（BIL）中，对于设备运行电压在100kV以上者，同一电压等级有几个BIL。

应该指出，要准确计算绝缘配合是很不容易的。系统过电压的概率分布和绝缘放电概率分布未必都是正态规律。此外，为了估算绝缘故障率需要高幅值过电压的概率密度及低概率的绝缘放电电压，而要取得这样的数据，必须进行大量的试验，这是比较困难的。因此，目前电气设备的绝缘故障率估算还必须根据大量的现场运行经验的统计分析来决定。根据我国的具体情况，除了在估算方法上进行探讨并注意整理分析国外运行经验之外，更重要的是积累我国运行经验的资料，以提高我国电网的经济效益。

第四节　线路和变电站架空导线绝缘的选择

架空导线的绝缘包括绝缘子串和导线对杆塔（或架构）的空气间隙。

一、高压架空输电线路绝缘子串中绝缘子片数的选择

在选择架空导线的外绝缘时，如不特别说明，则是指导线所在地区的海拔不超过1000m。

先根据导线绝缘子串需承受的机械负荷和工作环境条件、运行要求，选定盘形悬式绝缘子的型号，再按满足下列条件确定绝缘子片数：

（1）在工频运行电压下不发生污闪；

（2）在操作过电压下不发生湿闪；

（3）具有一定的雷电冲击耐受强度，保证线路耐雷水平满足规定要求。

绝缘子片数选择的具体步骤是：先由工频运行电压，按绝缘子串应具有的统一爬电比距，初步决定绝缘子片数；然后，再按操作过电压及耐雷水平的要求，进行验算和调整。

统一爬电比距（USCD）是指绝缘子串的总爬电距离与该绝缘子串上承载的最高运行相电压有效值之比，即

$$\lambda = \frac{nL_0}{U_{pm}}(\text{mm/kV}) \tag{12-4-1}$$

式中：λ为线路绝缘子串的统一爬电比距值，mm/kV；n为绝缘子串的绝缘子片数；L_0为单片绝缘子的几何爬电距离，mm；U_{pm}为作用在绝缘子串上的最高运行相电压有效值，kV。

从我国电网长期运行经验知，在不同污秽地区的架空导线，当其绝缘子串的λ值不小于某一数值时，就不会引起严重的污闪事故，能满足线路运行可靠性的要求。于是，按工频运行电压选用的绝缘子片数n_1为

$$n_1 \geqslant \frac{\lambda U_{pm}}{L_0} \tag{12-4-2}$$

式（12-4-2）中的λ是该导线必须具有的最小统一爬电比距值，此值可在我国国家标准GB/T 26218—2010《污秽条件下使用高压绝缘子的选择和尺寸确定》第1部分、第2部分

的相关图表中获得。为此，事前要掌握该架空导线通过地区的现场污秽度（SPS）、污秽类型（A类或B类），据此在标准第2部分中查得相应的参考统一爬电比距（RUSCD），再经海拔及绝缘子直径因素校正后，才是选择绝缘子片数所需的最小统一爬电比距，即是式(12-4-2)中该用的λ值。

顺便提及，现行GB/T 26218.1—2010标准中所划分的5个污秽等级，与之前采用的GB/T 16434—1996中所划分的5个污秽等级，是不能直接对应的。此外，线路绝缘子串爬电比距的含义、数值和选取方式均不相同，要注意区分。

［**举例**］ 某110kV线路，其最高运行相电压为$\frac{110\times 1.15}{\sqrt{3}}$kV，通过A类污秽区，现场污秽在B等级（轻污区）。线路采用XP-70型盘形悬式绝缘子，几何爬电距离$L_0=305$mm。从标准中得知其应选用的参考统一爬电比距、经修正后为27mm/kV。于是，按式（12-4-2）可得工频电压下不发生污闪所需的绝缘子片数为

$$n_1\geqslant\frac{27\times 110\times 1.15}{305\sqrt{3}}=6.47$$

故将n_1取为7片。

由于式（12-4-2）是线路运行经验的总结，其中已自然计及可能存在的零值绝缘子（丧失绝缘性能的绝缘子），因此，所得n_1值即为实际应取值，不需再加零值片数。另外，式（12-4-2）对中性点接地方式不同的系统均适用。

计算出满足运行电压作用耐污闪要求的绝缘子片数n_1之后，接着要计算满足操作过电压作用下绝缘子串的绝缘子片数n_2，此时绝缘子串的湿闪电压U_{sh}要大于可能出现的操作过电压，并留有10%的裕度，即

$$U_{sh}=1.1K_0U_{ph.m} \tag{12-4-3}$$

式中：K_0为统计操作过电压倍数；$U_{ph.m}$为系统最高运行相电压幅值。

在没有完整的绝缘子串操作冲击湿闪电压数据时，U_{sh}可以近似地采用绝缘子串的工频湿闪电压。对常用的XP-70（或X-4.5）型绝缘子，n片绝缘子的工频湿闪电压幅值，可按下述经验公式求得

$$U_{sh}=60n+14\quad(\text{kV}) \tag{12-4-4}$$

应该指出，由式（12-4-3）与式（12-4-4）计算所得的绝缘子片数n中，没有包含零值绝缘子，实际选用时应根据表12-4-1所示，增加1～3个零值绝缘子。

表12-4-1 零值绝缘子片数

线路标称电压（kV）	35～220		330～750	
绝缘子串类型	悬垂串	耐张串	悬垂串	耐张串
n_0	1	2	2	3

［**举例**］ 按操作过电压要求，计算110kV线路XP-70型悬式绝缘子串应有的片数n_2。

（1）取$K_0=3$，由式（12-4-3）可得绝缘子串应达到的工频湿闪电压为

$$U_{sh}=1.1\times 3\times\frac{1.15\times 110\sqrt{2}}{\sqrt{3}}=341(\text{kV})$$

（2）由式（12-4-4）可得满足绝缘子串工频湿闪电压要求所需的绝缘子片数为

$$n'_2 = \frac{341-14}{60} = 5.45$$

故 n'_2 取为 6 片。

(3) 考虑零值绝缘子后，绝缘子片数 n_2 为

$$n_2 = n'_2 + n_0 = 6 + 1 = 7$$

若已掌握绝缘子串正极性操作冲击下的 50% 放电电压 $U_{50\%}$ 与绝缘子片数的关系，则绝缘子串应具有的片数可根据 $U_{50\%}$ 确定，即

$$U_{50\%} \geqslant K_s U_s \tag{12-4-5}$$

式中：K_s 为线路绝缘子串操作过电压统计配合系数，对范围Ⅱ（系统最高电压 $U_m >$ 252kV）取 1.27，对范围Ⅰ（系统最高电压 $U_m \leqslant$ 252kV）取 1.17；U_s 对范围Ⅱ为线路合闸、单相重合闸和成功的三相重合闸（如运行中使用时）中的较高值，对范围Ⅰ为计算用统计操作过电压（即 $K_0 U_{ph}$）。

由 $U_{50\%}$ 求得 n'_2，加零值绝缘子片数即可得 n_2 值。

最后，绝缘子片数还要按线路雷电过电压进行复核。一般情况下，按统一爬电比距及操作过电压选定的绝缘子片数能满足线路耐雷水平的要求。在特殊高杆塔或高海拔地区，按雷电过电压要求的绝缘子片数 n_3 会大于 n_2，成为确定绝缘子串绝缘子片数的决定因素。

现将按上述方法求得的不同电压等级线路的绝缘子片数 n_1 和 n_2 以及取用的片数 n 综合列于表 12-4-2 中。表中数值仅适用于海拔在 1000m 及以下的轻污秽区，绝缘子型号为 XP-70（或 X-4.5）型。但 330、500、750kV 等超高压线路是采用 XP-160、XP-300 型等高吨位型号的绝缘子，其几何爬电距离有所增大。因而，表 12-4-2 中超高压线路实际的绝缘子片数须稍作调整。

表 12-4-2　各级电压线路悬垂绝缘子串应有绝缘子片数

线路标称电压（kV）	35	66	110	220	330	500	750
n_1	2	4	7	13	19	28	43
n_2	3	5	7	13	18	22	32
取用值 n	3	5	7	13	19	28	43

高压输电线路耐张杆绝缘子串的绝缘子片数要比直线杆多一片。发电厂、变电站内的绝缘子串，因其重要性较大，每串绝缘子串的绝缘子片数可按线路耐张杆选取。

二、特高压架空输电线路绝缘子串的选择

特高压架空输电线路绝缘子串的选择要满足其特有的需求，因而，绝缘子串的选择方法与上述有所不同。

特高压线路，可能采用 8×500mm²、8×630mm²、8×800mm² 的分裂导线，线路绝缘子悬挂的相导线根数多，截面积大，加之风力、覆冰等极为苛刻的运行条件，必须具有足够大的机械荷载能力。国外对 1100kV 架空线路的研究表明，瓷和玻璃的盘形悬式绝缘子要求具有 540kN 的额定机械破坏负荷，结合我国制造水平及具体情况，所采用的是 300kN 及 400kN 电瓷绝缘子。

线路绝缘子在运行中要承受工作电压及过电压的作用，绝缘子承受工频电压的能力与绝缘子的爬电距离（L_0）相关，承受过电压冲击波的能力与结构高度（H）相关。特高压电网

的操作过电压是被深度限制的，在绝缘子选型时要充分注意这一特点，协调绝缘子的电气荷载特性。据研究，取$L_0/H \geqslant 3$较合适，例如三层伞型XSP-300型瓷绝缘子的$L_0/H=3.26$。

根据我国西北地区750kV线路绝缘子选型及运行经验，三层伞型瓷绝缘子的耐污闪性能最好；双层伞型次之，但即使在高海拔地区其耐污闪性能仍较好。特高压绝缘子应首选双层伞型及三层伞型。

特高压输电线路运行电压高，为减少局部放电产生的无线电干扰，特高压瓷绝缘子的球头、钢脚及其间隙距离、钢帽边缘形状和加工的粗糙度等，均要精心设计和处理。

特高压架空输电线路绝缘子串的片数选择采用污秽耐受电压法，其步骤大致如下：

（1）实地了解输电线路通过地区的现场污秽度（SPS），确定施加在绝缘子上的污秽量（盐度、污秽电导率、附盐密度）的值，必要时应对污秽物成分进行化学分析。

（2）将现场污秽度校正为附盐密度（SDD）。

（3）选定绝缘子型号和试验用长绝缘子串片数，在给定的基准污秽度下，按人工污秽试验程序，测出绝缘子串50%人工污秽工频耐受电压，并折算到单片的$U_{50\%}$值。

（4）确定单片绝缘子的计算用污秽工频耐受电压U_w。

（5）确定污秽设计目标电压值U_{phw}。

$$U_{phw} = K_4 U_{phm} \tag{12-4-6}$$

式中：U_{phm}为最高运行相电压；K_4为重要性修正系数，一般线路取1.1～1.3，重要线路取1.6，核电站出线取$\sqrt{3}$。

（6）计算线路绝缘子串片数n。

$$n = U_{phw}/U_w \tag{12-4-7}$$

（7）按不同性质的作用电压校核所选绝缘子片数。

绝缘子串片数主要应满足承受长期工作电压作用的要求，操作过电压和雷电过电压，不是选择绝缘子串片数的决定条件，仅是校验的条件。

海拔1000m以下地区1000kV输电线路，对应于不同污秽等级，按污秽工频耐压法确定的双伞型300kN瓷绝缘子串的绝缘子片数，见表12-4-3。

表12-4-3 不同污秽等级下1000kV线路绝缘子串的绝缘子片数

污秽等级	等值盐度（mg/cm²）	绝缘子片数	
		单Ⅰ串	单Ⅴ串
0	0.03	46	40
Ⅰ	0.06	52	45
Ⅱ	0.10	56	49
Ⅲ	0.25	67	58
Ⅳ	0.35	71	62

注 1. 设计目标电压为$1.1\times1100/\sqrt{3}$kV=700kV。
2. 绝缘子结构高度195mm，爬电距离485mm。
3. 表中污秽等级按GB/T 16343—1996划分，与GB/T 26218.1—2010所划分的等级不相互对应。

耐张绝缘子串的绝缘子片数一般可取悬垂串同等数值。

在Ⅲ级以上污区，复合绝缘子的结构高度和爬电距离应不小于同一污区瓷绝缘子串的

80%，但其结构高度不得低于Ⅰ级污秽等级的瓷绝缘子串长。

海拔超过1000m的地区，线路绝缘子的绝缘子片数需修正，其计算公式为

$$n_{\mathrm{H}}=n\left(p_0/p\right)^h \tag{12-4-8}$$

式中：n_{H}为高海拔下每串绝缘子片数；p和p_0分别为实际和标准状态下的气压；h为气压修正系数，各种绝缘子的h值应据实际试验数据确定，普通型绝缘子h取0.5，双伞防污型取0.38，三伞防污型取0.31。

运行经验说明，采用以上方法定出的线路每串绝缘子片数，能避免工作电压下的雾闪和内部过电压下的闪络，且在接地电阻合格时能满足对线路雷害跳闸率的要求。对变电站绝缘子串，因其串数不多，重要性较大，每串绝缘子片数可按线路绝缘子串片数适当加多。

三、导线对杆塔（或构架）的空气间隙的选择

架空导线的空气间隙包括导线对地、导线对导线、导线对架空地线及导线对杆塔（或构架）的空间距离。但决定导线绝缘水平的，主要是导线对杆塔（或构架）的空气间隙距离。

就线路空气间隙所承受的电压来看，雷电过电压幅值可能最高，内部过电压幅值次之，工作电压幅值最低；但就作用的持续时间来说，却次序相反。在确定间隙大小时，还应当考虑风吹导线使绝缘子串倾偏摇摆的不利因素。由于工作电压长时作用在导线上，故要考虑20年一遇的最大风速（25～35m/s），相应的风偏角θ_{g}最大；对内部过电压来说，考虑其持续时间较短，计算用风速可采用线路最大计算风速的50%，其风偏角θ_{ne}较小；对雷电过电压来说，其持续时间极短，因此计算风速一般采用10m/s，只在气象条件恶劣时，才采用15m/s，其风偏角θ_{da}最小。三种情况下的计算用风偏角θ_{g}、θ_{ne}和θ_{da}如图12-4-1所示。

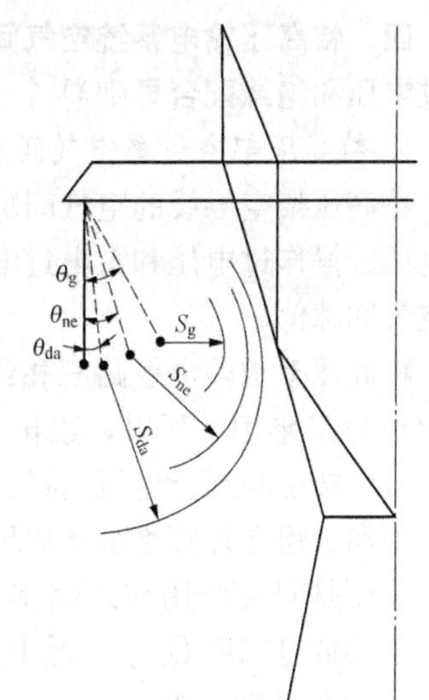

图12-4-1　绝缘子串的风偏角θ及其对杆塔的距离S

按工作电压选定绝缘子串风偏后的间隙S_{g}时，U_{g}值应满足下式要求：

$$U_{\mathrm{g}}\geqslant K_1\frac{U_{\mathrm{m}}}{\sqrt{3}} \tag{12-4-9}$$

式中：U_{g}为间隙S_{g}在工频电压下的50%放电电压，kV；K_1为导线空气间隙的工频电压统计配合系数，取1.13；U_{m}为导线持续运行线电压，kV。

按内部过电压选定绝缘子串风偏后的间隙S_{ne}时，应满足下式要求

$$U_{\mathrm{ng}}\geqslant K_2U_{\mathrm{ne}} \tag{12-4-10}$$

式中：U_{ng}为间隙S_{ne}的正极性操作冲击波50%放电电压，kV；U_{ne}为线路相对地统计操作过电压，kV；K_2为导线空气间隙操作过电压统计配合系数，对单回线取1.1；同塔双回线取1.27。

对于发、变电站S_{g}、S_{ne}需另加10%的裕度。

按雷电过电压选定绝缘子串风偏后的间隙S_{da}时，应使S_{da}的冲击强度与非污秽区的绝缘子串的冲击放电电压相适应。根据我国110～220、330kV线路的运行经验，S_{da}在雷电过电压下的50%放电电压取为绝缘子串的冲击放电电压的85%，其目的是宁愿间隙发生闪络而不希望沿绝缘子串闪络，以免损坏绝缘子。

对于发、变电站，对装有避雷针（线）的构架上的 S_{da} 应与其上绝缘子串的冲击放电电压相适应；对那些没有装避雷针（线）的构架上的 S_{da}，因不受直击雷的作用，而沿线路来的进行波又受避雷器的限制，所以只要按电气设备外绝缘的冲击试验电压选择再加 10%裕度即可。

绝缘子串在无风偏时对杆塔的水平距离，应取按上述原则确定的与 S_g、S_{ne} 和 S_{da} 相对应的最大的一个，即在 $S_g+l\sin\theta_g$，$S_{ne}+l\sin\theta_{ne}$ 和 $S_{da}+l\sin\theta_{da}$ 中选取最大的一个，其中 l 为绝缘子串长度。一般来说，220kV 及以下线路中对空气间隙选择起决定作用的是雷电过电压。按以上要求所得的间隙见表 12-4-4。

表 12-4-4　输电线路的最小空气间隙（cm）

标称电压（kV）	20	35	66	110（直接接地）	220	330	500	750
XP 型绝缘子个数	2	3	5	7	13	19	28	43
雷电过电压要求的 S_{da}（cm）	35	45	65	100	190	240	330	460
内部过电压要求的 S_{ne}（cm）	12	25	50	70	145	230	270	420
最大工作电压要求的 S_g（cm）	5	10	20	25	55	90	130	190

实际选择时，在考虑杆塔尺寸误差、横担变形和拉线施工误差等不利因素后，空气间隙应留有一定裕度。

四、特高压输电系统空气间隙的选择（参见 GB/Z 24842—2009《1000kV 交流输变电工程过电压和绝缘配合导则》）

1. 特高压架空线路空气间隙的选择

特高压架空导线的空气间隙距离的选择仍可采用简化统计法，按气隙在运行中承受的工频电压、操作过电压和雷电过电压分别进行计算，在选择相应的气隙距离后，综合确定导线的空气间隙值。

特高压架空输电线路三相绝缘子串的悬挂方式，通常采用 M 形，即两边相为直悬式、中间相为 V 形串。所以，边相与中相的气隙值是不同的。

(1) 按工频运行电压选择。边相导线对塔柱的空气间隙，是指悬垂绝缘子串受风偏后的气隙距离，但在计算绝缘子串风偏角时，应采用 100 年一遇的最大风速。此外还要考虑线路运行电压是同时作用在线路多个（m 个）并联空气间隙上的因素，即 m 个间隙并联后的 50%工频放电电压 $U_{50.m}$ 将低于单个气隙的 50%工频放电电压 $U_{50.1}$。

$U_{50.m}$ 的计算式为

$$U_{50.m}=(1-K_m\sigma_1)U_{50.1} \tag{12-4-11}$$

式中：σ_1 为单间隙工频放电电压的变异系数[1]，K_m 为与线路并联间隙数 m 及闪络概率相关的系数（通常设定线路多间隙的闪络概率为 0.135%）。

---

[1] 变异系数是统计学里的概念，是以相对数形式表示的变异指标。它是通过变异指标中的全距、平均差或标准差与平均指标对比得到的。变异系数=方差/均值。

据此可得 m 个间隙并联时的工频放电电压 $U_{r\cdot m}$ 为

$$U_{r\cdot m} = (1-3\sigma_m)U_{50.m} = (1-3\sigma_m)(1-K_m\sigma_1)U_{50.1} \tag{12-4-12}$$

式中：σ_m 为多间隙（m 个）工频放电电压的变异系数。

显然，$U_{r\cdot m}$应不小于线路最高运行相电压幅值 $U_{\mathrm{ph.m}}$。据此线路单间隙 50%工频放电电压，应满足

$$U_{50.1} = \frac{U_{\mathrm{ph.m}}}{(1-3\sigma_m)(1-K_m\sigma_1)} = K_{\mathrm{c}}U_{\mathrm{ph.m}} \tag{12-4-13}$$

$$K_{\mathrm{c}} = \frac{1}{(1-3\sigma_m)(1-K_m\sigma_1)}$$

式中：K_{c} 为统计配合系数。

取 $K_m=2.45$（$m=100$），1000kV 线路的 $U_{\mathrm{ph.m}}=\frac{1100\sqrt{2}}{\sqrt{3}}$kV，$\sigma_m=0.012$，$\sigma_1=0.03$，代入式（12-4-12）得

$$U_{50.1} = K_{\mathrm{c}}U_{\mathrm{ph.m}} = 1.12U_{\mathrm{ph.m}} \tag{12-4-14}$$

对于不同的海拔，尚需对 $U_{50.1}$进行修正，此外还要考虑一定的安全裕度。引入海拔修正系数 K_{h} 和安全裕度系数 K_{s} 后，得按工频运行电压选择的边相导线对杆塔气隙的工频放电电压要求值 $U_{50.1.r}$为

$$U_{50.1.r} = K_{\mathrm{c}}K_{\mathrm{h}}K_{\mathrm{S}}U_{\mathrm{ph.m}} \tag{12-4-15}$$

已知 $K_{\mathrm{c}}=1.1196$，取 $K_{\mathrm{s}}=1.05$，可得

$$U_{50.1.r} = 1.18K_{\mathrm{h}}U_{\mathrm{ph.m}}$$

然后，根据实验所得的特高压真型塔边相间隙工频放电电压与间隙距离的关系曲线，由 $U_{50.1.r}$值查得相应的间隙距离。如海拔 $H=1000$m，由相关导则推荐公式得 $K_{\mathrm{h}}=1.131$，则有 $U_{50.1.r}=1194$kV。据此所选择的间隙距离应为 2.9m。

线路中相（V 形串）导线对塔窗的空气间隙不受工频运行电压控制，可不计算。

（2）按操作过电压选择。按操作过电压计算绝缘子串风偏角时，采用百年一遇最大风速的 50%。

沿线最大的统计操作过电压 U_{s} 为 $1.7U_{\mathrm{ph.m}}$，有此过电压作用的并联间隙数 m 取 100。考虑并联多间隙的 50%操作冲击放电电压 $U_{50.\mathrm{s}.m}$要比单间隙的低，以及设计线路闪络概率为 0.135%的要求，单间隙 50%操作冲击放电电压 $U_{50.\mathrm{s}.1}$应满足

$$U_{50.\mathrm{s}.1} = \frac{U_{\mathrm{s}}}{(1-K_m\sigma_1)(1-3\sigma_{\mathrm{m}})} \tag{12-4-16}$$

取 $K_m=2.54$，$\sigma_1=0.06$，$\sigma_{\mathrm{m}}=0.024$ 代入上式得

$$U_{50.\mathrm{s}.1} = 1.26U_{\mathrm{s}} \tag{12-4-17}$$

考虑不同海拔，线路边相导线对杆塔的 50%操作放电电压要求值 $U_{50.\mathrm{s}.r}$为

$$U_{50.\mathrm{s}.r} = 1.26K_{\mathrm{h}}U_{\mathrm{s}} \tag{12-4-18}$$

式中：U_{s} 取 $1.7\times\frac{1100\sqrt{2}}{\sqrt{3}}$kV。如海拔为 1000m 时，$K_{\mathrm{h}}=1.049$，则要求 $U_{50.\mathrm{s}.r}=2023$kV。

按 $U_{50.\mathrm{s}.r}$值，依据真型塔，采用 1000μs 波前操作波做实验（不是标准操作波），所得 50%操作冲击放电电压与间隙距离的实验数据，选定间隙距离值。满足 $U_{50.\mathrm{s}.r}=2023$kV 的间隙值是：边相（I 形串）6.2m；中相（V 形串）7.2m。

(3) 按雷电过电压选择。特高压单回线路，雷电冲击电压对杆塔尺寸不起控制作用，可不规定雷电冲击的气隙距离值。

于是，我国海拔 1000m 地区单回 1000kV 线路的最小空气间隙距离值为：边相 6.2m；中相 7.2m。

2. 特高压变电站空气间隙（A 值）的选择

选择变电站最小间隙距离，是要分别确定：导线对构架的最小距离 A_1'，变电站设备对构架的最小距离 A_1''，变电站相间最小距离 A_2。

选择的原则是间隙的绝缘水平要与设备外绝缘水平相当。选择方法是简化统计法，先分别计算出各类电压作用下对气隙放电电压的要求值，再依据在真型构架中所做的试验数据，包括环—构架、软导线—构架、管型母线—构架之空气间隙的工频电压、操作冲击电压、雷电冲击电压的放电特性曲线，从而确定相应的最小空气间隙距离值。1000kV 变电站的最小空气间隙距离，见表 12-4-5。由表中数值可知，特高压变电站最小气隙距离是由操作过电压所控制的。

表 12-4-5　　1000kV 变电站最小空气间隙距离（m）

作用电压	A_1值		A_2值
	A_1'	A_1''	
工频	4.2		6.8
操作冲击	6.8	7.5	10.1（均压环—均压环） 9.2（4 分裂导线—4 分裂导线） 11.3（管型母线—管型母线）
雷电冲击	5.0		5.5

第五节　电气设备绝缘水平的确定

确定电气设备的绝缘水平即是确定其所应耐受的试验电压值，包括：额定短时工频耐受电压，额定雷电冲击耐受电压和额定操作冲击耐受电压。

一、额定短时工频耐受电压

额定短时工频耐受电压是进行工频耐受电压试验所用的电压。工频耐受电压试验用来检验电气设备对长期工作电压及暂时过电压作用的耐受能力，并能在工频耐受电压试验的升压过程中，监测设备绝缘的局部放电状况，确认其运行的可靠性。

电气设备的额定短时工频耐受电压（有效值）$U_{g\cdot w}$应高于最大工频暂时过电压 $U_{g\cdot z}$，并留有裕度，即

$$内绝缘\ U_{g\cdot w} \geqslant K_S K_c U_{g\cdot z}$$

$$外绝缘\ U_{g\cdot w} \geqslant K_h K_S K_c U_{g\cdot z}$$

式中：K_c 为统计配合系数；K_S 为安全系数，内绝缘取 1.15，外绝缘取 1.05；K_h 是依据海拔进行的大气校正系数。

额定短时工频耐受电压的加压时间通常为 1min，即 1min 工频试验电压。

二、额定雷电冲击耐受电压

额定雷电冲击耐受电压是进行雷电冲击耐受电压试验所用的电压。电气设备绝缘的雷电冲击耐受电压试验用来检验电气设备对雷电冲击的耐受能力。雷电冲击耐受电压是以 MOA 的雷电冲击保护水平为基础，乘以雷电冲击绝缘配合系数来确定的。

雷电冲击耐受电压试验用全波雷电冲击电压进行；也可通过雷电冲击系数换算成等效工频耐受电压后，用短时工频耐受电压试验替代。

额定雷电冲击耐受电压也即基本冲击绝缘水平(BIL)。

三、额定操作冲击耐受电压

额定操作冲击耐受电压是进行操作冲击耐受电压试验所用的电压。电气设备绝缘的操作冲击耐受电压试验用来检验电气设备对操作冲击的耐受能力。操作冲击耐受电压是以 MOA 的操作冲击保护水平为基础，乘以操作冲击配合系数来确定的。

操作冲击耐受电压试验用 250/2500μs 操作冲击电压进行；也可通过操作冲击系数换算成等效工频耐受电压后，用短时工频耐受电压试验替代。

额定操作冲击耐受电压也即操作冲击绝缘水平（SIL）。

针对作用于绝缘的典型过电压种类、幅值、防护措施以及绝缘的耐压试验项目、绝缘裕度等方面的差异，在进行电力系统绝缘配合时，按系统最高运行电压 U_m 值，划分为：

$$3.0\text{kV} \leqslant U_m \leqslant 252\text{kV}\ (\text{范围 I})$$

$$252\text{kV} < U_m \leqslant 800\text{kV}\ (\text{范围 II})$$

范围Ⅰ是系统标称电压为 3～220kV 的低、中、高压系统，范围Ⅱ中系统标称电压为 330、500、750kV 的超高压（EHV）系统。系统标称电压为 1000kV 的是特高压系统。

在范围Ⅰ的系统中，避雷器只是用来限制雷电过电压的，当操作过电压作用时不希望避雷器动作，即要求正常绝缘能承受操作过电压。通常，除了型式试验要进行雷电冲击和操作冲击试验外，一般只做短时（1min）工频耐受电压试验。这是因为操作或雷电冲击对绝缘的作用可用工频耐受电压等效，使试验工作方便可行。

短时工频耐压试验所采用的试验电压值往往比电气设备额定相电压高出数倍。图 12-5-1 表示了等效工频耐受电压确定的过程。图中 K_I、K_S 分别为雷电与操作冲击配合系数。配合系数是一个综合系数，主要考虑避雷器与被保护设备之间的距离、避雷器内部电感、避雷器运行中参数变化、设备绝缘老化（累积效应）、变压器工频励磁等因素的影响。

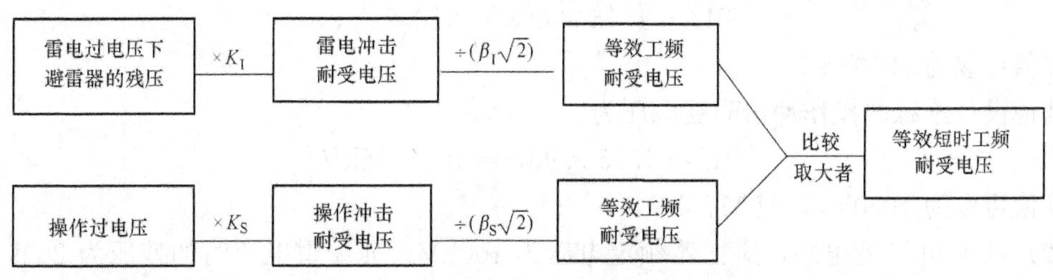

图 12-5-1　等效短时工频耐受电压的确定

β_I、β_S 分别为雷电与操作换算成等效工频的冲击系数。雷电冲击系数 β_I 通常可取 1.48，操作冲击系数 β_S 为 1.3～1.35（66kV 及以下取 1.3，110kV 及以上取 1.35）。

额定雷电冲击耐受电压（BIL）由下式求得

$$\mathrm{BIL} = K_{\mathrm{I}} U_{\mathrm{PI}} \tag{12-5-1}$$

式中：U_{PI}为标称雷电流下的避雷器残压；K_{I}为雷电冲击配合系数，国际电工委员会（IEC）规定 $K_{\mathrm{I}} \geqslant 1.2$，我国规定在电气设备与避雷器相距很近时取 1.25，相距较远时取 1.4。

额定操作冲击耐受电压（SIL）由下式求得

$$\mathrm{SIL} = K_{\mathrm{S}} K_0 U_{\mathrm{ph.m}} \tag{12-5-2}$$

式中：$U_{\mathrm{ph.m}}$为系统最高运行相电压幅值；K_0为计算用统计操作过电压倍数；K_{S}为操作冲击配合系数，$K_{\mathrm{S}}=1.15\sim1.25$。

在范围Ⅱ的系统中，避雷器将同时用来限制雷电与操作过电压，这时计算用最大操作过电压幅值取决于避雷器的操作冲击电流残压U_{PS}值。于是有

$$\mathrm{SIL} = K_{\mathrm{S}} U_{\mathrm{PS}} \tag{12-5-3}$$

由于操作冲击波对绝缘作用的特殊性，以及不能肯定操作冲击电压与工频电压之间的等价程度，在范围Ⅱ的系统中，操作冲击耐受电压不能用工频耐受电压替代。

为统一规范，BIL 和 SIL 值应从下列标准值中选取，即 325、450、550、650、750、850、950、1050、1175、1300、1425、1550、1675、1800、1950、2100、2250、2400、2550、2700kV；不宜使用中间值。

［举例］　以某 500kV 和 110kV 变电站为例，具体选择电气设备的绝缘水平。

（1）某 500kV 变电所，母线避雷器额定电压为 420kV，20kA 雷电流残压为 1046kV。断路器线路侧避雷器的额定电压和残压分别为 444kV 和 1106kV。避雷器在操作过电压作用下的残压分别为 858kV 和 907kV。

1）变压器绝缘的雷电冲击耐受电压为

$$\mathrm{BIL} = 1.4 \times 1046 = 1464.4(\mathrm{kV})$$

按标准值可取为 1550kV。

其他设备绝缘的雷电冲击耐受电压为

$$\mathrm{BIL} = 1.4 \times 1106 = 1548.4(\mathrm{kV})$$

按标准值可取为 1550kV。

在某些情况下，考虑到设备长期运行的可靠性，按经验会取比 1550kV 更高一级的 BIL 值（即 1675kV）。

2）变压器绝缘的操作冲击耐受电压为

$$\mathrm{SIL} = 1.15 \times 858 = 986.7(\mathrm{kV})$$

按标准值可取为 1050kV。

其他设备绝缘的操作冲击耐受电压为

$$\mathrm{SIL} = 1.15 \times 907 = 1043.1(\mathrm{kV})$$

按标准值可取为 1050kV，或 1175kV。

（2）某 110kV 变电站，避雷器额定电压为 100kV，5kA 雷电流时的残压为 260kV，系统统计操作过电压倍数 $K_0=3$。

于是有：

设备绝缘雷电冲击耐受电压

$$\mathrm{BIL} = 1.4 \times 260 = 364(\mathrm{kV})$$

按标准值可取为 450kV。

操作冲击耐受电压

$$SIL = 1.15 \times 3 \times \frac{1.15 \times 110\sqrt{2}}{\sqrt{3}} \approx 358(kV)$$

对 220kV 及以下电气设备，通常不进行雷电和操作冲击耐受试验，而用短时工频耐受试验代替，取雷电冲击系数 $\beta_l = 1.48$，可得由 BIL 转换的短时工频耐压值为

$$\frac{364}{1.48\sqrt{2}} \approx 174(kV)$$

取操作冲击系数 $\beta_s = 1.35$，可得由 SIL 转换的短时工频耐压值为

$$\frac{358}{1.35\sqrt{2}} \approx 185(kV)$$

其中较大者为 185kV，故取额定短时工频耐受电压为 185kV（有效值）。

详细的各电压等级电气设备的绝缘耐受电压值，可查阅相关国家标准。

我国特高压电气设备绝缘水平的确定，仍采用惯用法（或称确定性法）。但选用的配合系数及考虑因素有所不同，较为突出的是工频耐受电压试验，它要满足特高压长期作用的运行要求，为使工频耐受电压试验能检验设备绝缘在长期工作电压作用下的可靠性，需适当延长工频试验电压的加压时间，这对考验变压器在工频运行电压下的性能十分必要。我国 1000kV 电力变压器工频耐压试验所取的耐受电压值为 1100kV，加压时间为 5min。此外，变电站电气设备外绝缘的耐污闪能力，应满足变电站所在地区相应污秽等级的耐受长期工作电压作用的要求。

我国 1000kV 变电站选用的 MOA 的操作冲击保护水平为 1456kV（20kA）。对变压器、并联电抗器、电压和电流互感器等设备内绝缘的操作冲击绝缘配合系数取 1.15。外绝缘的操作冲击配合系数取 1.05。

MOA 的雷电冲击保护水平为 1624kV（20kA）、对变压器内绝缘的雷电冲击绝缘配合系数取 1.15，考虑运行老化，要再乘以裕度系数 1.10。断路器、电压和电流互感器等，因存在保护距离的因素，其内绝缘的雷电冲击绝缘配合系数取 1.4。外绝缘雷电冲击配合系数取 1.05。

电气设备外绝缘的耐受电压，要经海拔、气象因素的校正。经校正后的外绝缘耐受电压，可取该设备内绝缘相应耐受电压的同一值。

对变压器类设备应作雷电冲击截波耐受电压试验，其幅值可比额定雷电冲击耐受电压值高 10%左右。截波过零系数不大于 0.3，截断跌落时间一般不大于 0.7μs。

海拔 1000m 及以下地区，1000kV 主要电气设备额定耐受电压（规范值），见表 12-5-1。

表 12-5-1　　我国 1000kV 主要电气设备绝缘额定耐受电压

设备	雷电冲击耐受电压（kV）	操作冲击耐受电压（kV）	短时工频耐受电压（有效值）（kV）
变压器、电抗器	2250（截波 2400）	1800	1100（5min）
GIS（断路器、隔离开关）	2400	1800	1100（1min）

习 题

1. 电力系统绝缘配合的原则是什么？

2. 线路绝缘水平是否需要低于变压器的绝缘水平？为什么？

3. 绝缘配合的惯用法与简化统计法有什么区别？为什么统计法不宜用于非自恢复的绝缘配合？

4. 试计算确定 220kV 电气设备的短时工频耐受电压值。

5. 为什么特高压电网要采用长波前操作冲击放电电压选择空气间隙距离？与采用短波前操作冲击放电电压选择相比，有什么差别？

6. 特高压电气设备进行工频耐受电压试验，是要检验设备绝缘的哪些性能？

参 考 文 献

[1] 陈维贤．内部过电压基础．北京：电力工业出版社，1981.
[2] 陈维贤．超高压电网稳态计算．北京：水利电力出版社，1993.
[3] 陈维贤．电网过电压教程．北京：水利电力出版社，1995.
[4] 解广润．过电压及保护（增订版）．北京：电力工业出版社，1980.
[5] 解广润．电力系统接地技术．北京：水利电力出版社，1991.
[6] 吴维韩，张芳榴．电力系统过电压数值计算．北京：科学出版社，1989.
[7] 沈其工，方瑜，周泽存，等. 高电压技术．4 版．北京：中国电力出版社，2010.
[8] 高纬钹，何金良，高玉明. 过电压防护和绝缘配合．北京：清华大学出版社，2002.
[9] 舒廉甫．发电厂变电站过电压保护及接地设计．北京：中国电力出版社，2009.
[10] 鲁铁成．电力系统过电压．北京：中国水利水电出版社，2009.